VINS DE
BOURGOGNE

酒瓶里的风景：
勃艮第葡萄酒

林裕森 著

中信出版集团｜北京

图书在版编目（CIP）数据

酒瓶里的风景：勃艮第葡萄酒 / 林裕森著 . -- 北
京：中信出版社，2018.1（2022.11 重印）
  ISBN 978-7-5086-8321-8

  Ⅰ . ①酒… Ⅱ . ①林… Ⅲ . ①葡萄酒 – 文化 – 法国
Ⅳ . ① TS971.22

  中国版本图书馆 CIP 数据核字 (2017) 第 275206 号

原著：布根地葡萄酒 ©2012 林裕森，积木文化
本书经由城邦文化事业股份有限公司积木出版事业部授权，同意由中信出版集团股份有限公司出版简体中文字版本。
非经书面同意，不得以任何形式任意重制或转载。

酒瓶里的风景：勃艮第葡萄酒

著   者：林裕森
出版发行：中信出版集团股份有限公司
        （北京市朝阳区惠新东街甲 4 号富盛大厦 2 座 邮编 100029）
承 印 者：北京盛通印刷股份有限公司

开   本：787mm×1092mm 1/16   印   张：34.5   字   数：600 千字
版   次：2018 年 1 月第 1 版   印   次：2022 年 11 月第 3 次印刷
书   号：ISBN 978-7-5086-8321-8
定   价：468.00 元

目 录 contents

自序 _ I

导言 _ III

勃艮第全图 _ VII

第一部分 | **自然与葡萄树**
Nature et Vigne

第一章 自然环境（002-047）

气候 _ 003

微气候 _ 013

年份 _ 018

不同年代的岩层 _ 023

从岩层到土壤 _ 029

土壤中的元素 _ 032

从夏布利到薄若莱 _ 036

第二章 葡萄品种（048-073）

葡萄的生长周期 _ 049

黑皮诺 Pinot Noir _ 052

霞多丽 Chardonnay _ 058

佳美 Gamay _ 063

阿里高特 Aligoté _ 068

其他品种 _ 070

无性繁殖系 _ 072

第二部分 | **人与葡萄酒**
Homme et Vin

第一章 勃艮第葡萄酒的历史（076-091）

第二章 葡萄酒业（092-117）

葡萄酒商 _ 093

独立葡萄酒庄 _ 100

葡萄农 _ 106

济贫医院 _ 107

葡萄酒中介 _ 111

酿酒合作社 _ 113

酿酒顾问 _ 116

第三章 葡萄的种植（118-145）

不同流派的种植法 _ 119

改种一片葡萄园 _ 129

引枝法 _ 134

有关土地的农事 _ 136

有关葡萄树的农事 _ 139

采收 _ 142

第四章 葡萄酒的酿造（146-171）

霞多丽的酿造 _ 147

黑皮诺的酿造 _ 156

佳美的酿造 _ 164

糖与酸 _ 170

第五章 葡萄酒的培养（172-185）

葡萄酒的培养 _ 173

橡木与橡木桶 _ 179

第六章 AOP制度与分级（186-197）

勃艮第葡萄酒的分级 _ 187

第三部分

村庄、葡萄园与酒庄
Villages, Climats et Domaines

第一章 欧歇瓦区 Auxerrois（200-233）

夏布利 Chablis _ 204

Irancy、St. Bris与其他 _ 229

第二章 夜丘区 Côte de Nuits（234-327）

马沙内与菲尚 Marsannay et Fixin _ 236

哲维瑞−香贝丹 Gevrey-Chambertin _ 241

莫瑞−圣丹尼 Morey St. Denis _ 261

香波−蜜思妮 Chambolle-Musigny _ 272

梧玖 Vougeot _ 285

冯内−侯马内 Vosne-Romanée _ 291

夜圣乔治 Nuits St. Georges _ 313

夜丘村庄 Côte de Nuits Villages _ 324

上夜丘与上博讷丘

Hautes-Côtes-de-Nuits et Hautes-Côtes-de-Beaune _ 326

第三章 博讷丘区 Côte de Beaune（328-429）

拉朵瓦、阿罗斯−高登与佩南−维哲雷斯

Ladoix-Serrigny, Aloxe-Corton et

Pernand-Vergelesses _ 330

萨维尼与修瑞−博讷

Savigny-lès-Beaune et Chorey-lès-Beaune _ 342

博讷 Beaune _ 349

玻玛 Pommard _ 364

渥尔内 Volnay _ 371

蒙蝶利、欧榭−都赫斯与圣侯曼

Monthélie, Auxey-Duresses et St. Romain _ 378

默尔索 Meursault _ 384

普里尼−蒙哈榭 Puligny-Montrachet _ 395

夏山−蒙哈榭 Chassagne-Montrachet _ 408

圣欧班 St. Aubin _ 419

松特内与马宏吉 Santenay et Maranges _ 424

第四章 夏隆内丘区 Côtes Chalonnaise（430-453）

布哲宏 Bouzeron _ 433

胡利 Rully _ 435

梅克雷 Mercurey _ 439

吉弗里 Givry _ 442

蒙塔尼 Montagny _ 445

第五章 马贡内区 Mâconnais（454-473）

普依−富塞 Pouilly-Fuissé _ 461

普依−凡列尔与普依−洛榭

Pouilly-Vinzelles et Pouilly-Loché _ 464

圣维宏 St. Véran _ 466

维列−克雷榭 Viré-Clessé _ 468

第六章 薄若莱 Beaujolais（474-499）

圣艾姆 St. Amour _ 482

朱里耶纳 Juliénas _ 484

薛纳 Chénas _ 484

风车磨坊 Moulin à Vent _ 484

弗勒莉 Fleurie _ 486

希露柏勒 Chiroubles _ 488

摩恭 Morgon _ 488

黑尼耶 Régnié _ 489

布侬 Brouilly _ 490

布侬丘 Côte de Brouilly _ 491

附录

附录一 勃艮第最近半个世纪的年份特色 _ 502

附录二 勃艮第AOC名单 _ 511

附录三 Les climats du vignoble de Bourgogne _ 516

索引 _ 517

自序

传统酒瓶里的新风景

如年少时初恋的悸动，1992年烙印在我记忆里——我用单车完成第一趟勃艮第旅行。勃艮第的乡野风景——丰饶的平原、连绵的葡萄园山丘与恬静的酒村，清晰得恍若昨日的记忆。二十年来，勃艮第成为我最常造访、停留最久的葡萄酒产区。酒窖里存的、平时最常喝的，也大多是来自勃艮第的黑皮诺与霞多丽。耗去最多的时光与金钱，却带来最多的困顿与疑惑。即使如此，勃艮第葡萄酒仍一直让我乐此不疲。如此心甘情愿，除了最爱，应该没有别的了。

自2001年以来，这是我为勃艮第写的第二本书，虽然保留了前书的章节架构，但它更像是一部全新的著作。或者说，如同勃艮第的葡萄酒业，看似保存了最多的传统与永恒价值，却又充满创新与变动。有更多的流派、更多新晋的酒庄，甚至新的葡萄园，值得用新的视角与想法来认识。除最精英的金丘之外，本次还更详细地探讨了北方的夏布利和南方的夏隆内丘与马贡内区，甚至还新增了更偏南方、与勃艮第看似分离却纠结牵连的薄若莱（Beaujolais）。原本论及的百余家酒庄与酒商也增为三百余家。虽知永远无法窥得勃艮第的全貌，但这一回至少遗漏得不多。

勃艮第位于法国东北部，因为气候有些寒冷，葡萄不容易成熟，其种植的面积仅占全球的0.3%；产的酒也不多，虽然知名，但还称不上大宗或主流，可勃艮第在葡萄酒世界中却是一个极具影响力的地方。特别是勃艮第作为一个充满历史与地方感的葡萄酒产地，在全球的葡萄酒业中，标志着一个影响深远、建立在风土条件之上的葡萄酒价值体系。《酒瓶里的风景》虽专门谈论勃艮第葡萄酒，但读者很快就会发现书中的内容更像是在谈terroir，或者说，试着解读影响葡萄酒风味的诸多因素，而勃艮第只是一个范本。

我常将terroir这个法文词翻译成"风土条件"，英文中有时称它为"地方感"——sense of place，它们都指一个地区拥有独特的自然与人文环境，得以生产具有独特风味的地方名物。勃艮第是最早将风土条件与葡萄酒风味关联起来的地方。11世纪，在勃艮第夜丘区成立的熙笃会（Cîteaux）母院曾创立并经营历史名园梧玖庄园（Clos de Vougeot）六百多年，修士们发现在不同区域的土地上，会酿出风格殊异的葡萄酒。他们仔细研究，把风味特殊的葡萄园界定出来，有些还特别用石墙圈围起来。这样的传统一直延续至今，当地的酒业千年来也一直抱有以葡萄园为根基的酿酒信念。在勃艮第，如果无法酿出葡萄园的风味，酒酿得再美味可口，也是徒劳。

在面临全球化的冲击时，勃艮第依然执着于传统与地方风土，自立于瞬息万变的浪潮与变动之中，这靠的正是反映地方感的酿酒信念。

我始终相信，terroir 是一把开启葡萄酒大门的钥匙，以自然风土条件为核心的勃艮第完美地体现了人、葡萄与土地紧密相连的特性。在认识勃艮第的过程中，一条通往其他葡萄酒产区的捷径将豁然出现在眼前。这个源自勃艮第、流传近千年的酿酒理念与价值观，启发并鼓舞了无数新旧世界的酒庄与酿酒者。他们也选择酿造最能反映风土特性的葡萄酒风味，而不是任意地跟随流行风潮。

特殊的酒业传统让勃艮第即使园地小，也有 3,800 家酒庄。在当地许多闻名全球的名庄，酒尚未上市，就被预订一空，但它们却仍维持着贴近土地的葡萄农酒庄面貌，由庄主与家人亲自参与耕作与酿造，在越来越趋向于商业化与专业分工的葡萄酒世界里，保留了最后的真诚、手感及人情味。这让我有足够的理由说服自己，除了美味与附庸风雅，葡萄酒还能如土地的灵魂般蕴含深意，真的称得上是具有文化底蕴的饮料。

勃艮第是复杂难解的美味功课。再多的文字都比不上自酒杯中苏醒过来的勃艮第葡萄酒，它告诉我们的，绝对比几十万字的专著所述的还多。只期盼这本书可以让读者在亲自面对勃艮第时，稍解困顿与疑惑，更贴切地从酒杯中探看原产故乡的迷人风景。

复杂的细节常是勃艮第葡萄酒最有趣的地方，但从概念与原则来看，相较于法国其他产区，勃艮第其实并不特别难以理解，甚至因为是接近法国葡萄酒理念的典范产区，反而显得更清楚明白。以下是认识勃艮第葡萄酒最基本的五个概念，只是跟复杂的法文语法一样，有原则就一定会有许多特例。

单一葡萄品种

在法国较为寒冷的气候区，采用单一葡萄品种酿造即可达到优雅与均衡。但在南部较温暖的产区，常须混调多种品种才可酿成较为精致的葡萄酒。勃艮第位于法国东北部，已属偏寒冷的气候区，跟大部分法国北方的产区一样，采用单一品种酿造。红酒大多采用黑皮诺，酒风以优雅细腻闻名；白酒则几乎全使用霞多丽葡萄酿造，酒体丰厚饱满。这两种原产自勃艮第的葡萄，都是全球知名的明星品种，现在全球许多产区都有相当大面积的种植区，但勃艮第一直是这两个品种的最佳产区。

侏罗纪的石灰质黏土

勃艮第的葡萄园特性变化多端，即使是相邻的地块也常有不同的土壤结构。但区内几乎所有的葡萄园山坡都由侏罗纪时期的岩层构成，覆盖着风化与冲刷下来的石灰质黏土，只是分属于侏罗纪不同年代的沉积物——黏土、石灰与沙质石块的比例有所不同罢了。即使如此，与不同区域的气候、山坡角度与海拔高度相结合，也让黑皮诺与霞多丽变化出极为多样的酒风味。

葡萄农酒庄

跟法国其他产区一样，独立酒庄、酒商与酿酒合作社是勃艮第三个最重要的产酒单位。他们运作方式各异，也各有优点与不足。独立酒庄只生产自家葡萄园所产的酒，相对容易保持葡萄园的风味及庄主的个人风格。酒商可采买葡萄酿造，或直接买酿好的葡萄酒，经培养后以酒商的名义装瓶销售。也有一些无法自行酿酒的葡萄农，将采收的葡萄交给加盟的合作社酒厂，统一酿造与销售。因产量大，合作社常可供应更平价的勃艮第葡萄酒。

葡萄园通常被认作勃艮第的中心。酒商虽拥有较大的海外市场，但自己拥有葡萄园的独立酒庄更受关注，最精彩的勃艮第葡萄酒也大多产自酒庄。有些酒商也拥有一些葡萄园，自种自酿的酒亦常是各酒商的最佳酒款。因葡萄园的面积不大，常仅有数公顷，所以勃艮第酒庄的规模一般都相当小，庄主和家人常常兼营包括耕作与酿造在内的所有大小事务，不轻易

假手他人。因葡萄园面积小，且多位于邻近村内，可就近照顾，所以小酒庄常比酒商的专业种植团队更容易种出高品质的葡萄。在勃艮第，只要有好葡萄，不需要太复杂的技术与精密的设备，就能酿出精彩的葡萄酒。

精细分级的葡萄园

勃艮第的葡萄园几乎全部属于 AOP 法定产区，全区的葡萄园虽然不多，却分属于上百个 AOP 法定产区。勃艮第的葡萄园依据园中的自然条件被详细分成四个等级，虽然 AOP 产区与葡萄园的数量相当多，很难一一记住，但四个等级却很容易辨识。每一瓶勃艮第葡萄酒的标签上都会注明等级，通常等级越高，生产的规定就越严格，产量也就越少，价格也随之越高。

勃艮第的葡萄园分级是全法国，可能也是全世界最详尽完备的典范，其发展有相当长的历史渊源。细分成的葡萄园被称为 climat，它们各自具有不同的潜力，能酿出不同风味的葡萄酒。最常见的是地方性法定产区，通常其名称中会有 Bourgogne 一词，超过一半的葡萄园属此最低等级，大多位于坡底、平原、背阳或高海拔山区等条件不是特别优异的地带。

一些地理位置好、产酒条件佳的村庄，因长年生产品质出众的葡萄酒，则被列为村庄级产区，酿成的葡萄酒直接以村庄命名。在村庄级产区内，有些村庄中的一部分葡萄园因产酒条件更佳，被列为等级更高的一级园（premier cru）。目前全勃艮第各村加起来共有六百三十五片一级园，但面积却只占全区的 10%。品级最高的称为特级园（grand cru），仅有三十三片，占全区葡萄园面积不到 2%，大多是条件最好的村里最精华的区域。这些特级园各自成立独立的 AOP 产区，而且其酿成的葡萄酒单独以葡萄园命名。

南北六个产区

勃艮第的葡萄园由南到北断续排列，最远相隔 200 多公里，而且分成六个产区。因自然与人文环境的差异，即使栽种的是同样的品种，各区也有各自的独特风味。位于最北边的夏布利，因为气候寒冷，只产白酒，霞多丽出现酸度高、口感较为清淡的特点，并带有特殊的矿石香气。往南位于第戎市（Dijon）南边的金丘区（Côte d'Or）是勃艮第最知名也最精华的区段，该区的葡萄园多位于朝东面的山坡上。北半部以酒业中心夜圣乔治镇（Nuits St. Georges）为名，称为夜丘区（Côte de Nuits），主要产红酒，是全世界最佳的黑皮诺红酒产区，聚集了最多的名村、名园与名庄。

金丘区南段以最大的城市博讷（Beaune）为名，称为博讷丘（Côte de Beaune）。红、白酒皆产，除了出产较夜丘更柔美可口的黑皮诺，也是全球最佳的霞多丽白酒产地，在厚实的酒体与充满劲道的酸味中，常能保持别处少有的均衡与细致。再往南是葡萄园较为分散，同时出产红白酒的夏隆内丘（Côte Chalonnaise）。最南边则是马贡内区（Mâcon），这两个产区几乎都种植霞多丽，酿成的白酒多一点甜熟与温厚的口感，也更可口易饮一些。马贡区南边的薄若莱虽非直属勃艮第，但属大勃艮第产区（Grande Bourgogne）。这里虽主产红酒，但采用的却是佳美葡萄，是全球最佳产地，除了产适合早喝、易饮的薄若莱新酒，精华区的葡萄园位于北边的花岗岩区，还可酿成新鲜可口却又耐久的美味红酒。

勃艮第全图

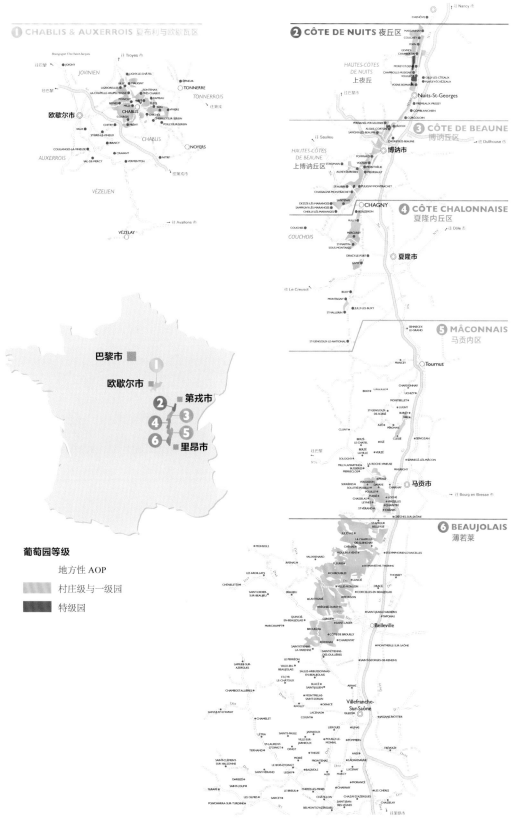

① CHABLIS & AUXERROIS 夏布利与欧歇瓦区

JOVINIEN

往Troyes 市

往巴黎

往巴黎

JOIGNY

LIGNY-LE-CHÂTEL

往第戎市

VILLY MALIGNY

LIGNORELLES

FONTENAY

LA-CHAPELLE-VAUPELTEIGNE PONCHY

MÉRÉ BÉRU

MILLY

FLEYS

CHABLIS

COURGIS FLEYS

BEINES

FYÉ

BÉRU

CHICHÉE

BYNEUIL

TONNERRE

TONNERROIS

VIVIERS

CHEMILLY-SUR-SEREIN

POILLY-SUR-SEREIN

CHABLIS

VAUX

ST-BRIS-LE-VINEUX

CHITRY

IRANCY

欧歇尔市

NOYERS

COULANGES-LA-VINEUSE

VAL-DE-MERCY

CRAVANT

AUXERROIS

VERMENTON

NITRE

VÉZELIEN

往第戎市

VÉZELAY

往 Avallons 市

② CÔTE DE NUITS 夜丘区

往Nancy市

CHENÔVE

MARSANNAY

COUCHEY

FIXIN

GEVREY-CHAMBERTIN

HAUTES-CÔTES DE NUITS

上夜丘

MOREY-ST-DENIS

CHAMBOLLE-MUSIGNY

VOUGEOT

GILLY-LÈS-CÎTEAUX

FLAGEY-ÉCHÉZEAUX

VOSNE-ROMANÉE

往巴黎市

Nuits-St-Georges

PREMEAUX-PRISSEY

COMBLANCHIEN

CORGOLOIN

PERNAND-VERGELESSES

ALOXE-CORTON

③ CÔTE DE BEAUNE

博讷丘区

SAVIGNY-LÈS-BEAUNE

CHOREY-LÈS-BEAUNE

往Saulieu

博讷市

往Dullhouse 市

HAUTES-CÔTES DE BEAUNE

上博讷丘区

POMMARD

VOLNAY

MONTHÉLIE

ST-ROMAIN

AUXEY-DURESSES

MEURSAULT

ST-AUBIN

PULIGNY-MONTRACHET

CHASSAGNE-MONTRACHET

SANTENAY

DEZIZE-LÈS-MARANGES

SAMPIGNY-LÈS-MARANGES

CHAGNY

④ CÔTE CHALONNAISE

夏隆内丘区

CHEILLY-LÈS-MARANGES

BOUZERON

RULLY

COUCHOIS

MERCUREY

ST-MARTIN-SOUS-MONTAIGU

夏隆市

DRACY-LE-FORT

GIVRY

往Dôle 市

往Le Creusot

BUXY

MONTAGNY

JULLY-LÈS-BUXY

ST-VALLERIN

ST-GENGOUX-LE-NATIONAL

SENNECEY-LE-GRAND

⑤ MÂCONNAIS

马贡内区

MANCEY

Tournus

CHARDONNAY

CHÉZEAU

BRAY

CRUZILLE

MONTBELLET

LUGNY

ST-GENGOUX-DE-SCISSÉ

BURGY

VIRÉ

AZÉ

PÉRONNE

SÉNOZAN

CLUNY

BERZÉ-LE-CHÂTEL

IGÉ

CLESSÉ

BERZÉ-LA-VILLE

VERZÉ

SOLOGNY

SENNECEY-LÈS-MÂCON

LA ROCHE-VINEUSE

往巴黎

MILLY-LAMARTINE

BUSSIÈRES

PIERRECLOS

PRISSÉ

VERGISSON

DAVAYÉ

马贡市

SERRIÈRES

SOLUTRÉ-POUILLY

POUILLY

FUISSÉ

CHARNAY

往Bourg en Bresse 市

CHASSELAS

LEYNES

LOCHÉ

VINZELLES

CHÂNES

ST-VÉRAND

CRÊCHES-SUR-SAÔNE

⑥ BEAUJOLAIS

薄若莱

ST-AMOUR-BELLEVUE

JULIÉNAS

LA CHAPELLE-DE-GUINCHAY

MONSOLS

CHÉNAS

ST-SYMPHORIEN-D'ANCELLES

AVENAS

MOULIN-À-VENT

ROMANÈCHE-THORINS

VAUXRENARD

THOISSEY

LES ARDILLATS

CHIROUBLES

LANCIÉ

FLEURIE

CHÉNELETTE

SAINT-DIDIER-SUR-BEAUJEU

VILLIÉ-MORGON

DRACÉ

CORCELLES-EN-BEAUJOLAIS

BEAUJEU

LANTIGNIÉ

MORGON

ST-JEAN-D'ARDIÈRES

RÉGNIÉ-DURETTE

TAPONAS

QUINCIÉ-EN-BEAUJOLAIS

CERCIÉ

SAINT-LAGER

Belleville

MARCHAMPT

BROUILLY

CÔTE DE BROUILLY

MONTMERLE-SUR-SAÔNE

SAINTE-ÉTIENNE-LA-VARENNE

ODENAS

CHARENTAY

SAINTE-ÉTIENNE-DES-OULLIÈRES

SAINT-GEORGES-DE-RENEINS

LE PERRÉON

LAMURE-SUR-AZERGUES

VAUX-EN-BEAUJOLAIS

SALLES-ARBUISSONNAS-EN-BEAUJOLAIS

ST-CYR-LE-CHÂTOUX

BLACÉ

ARNAS

CHAMBOST-ALLIÈRES

MONTMELAS-SAINT-SORLIN

SAINT-JULIEN

RIVOLET

Villefranche-Sur-Saône

SAINT-JUST-D'AVRAY

CHAMELET

LACENAS

COGNY

GLEIZÉ

JASSANS-RIOTTIER

SAINTE-PAULE

LIERGUES

LUMAS

LÉTRA

JARNIOUX

POUILLY-LE-MONIAL

RONNIÈRES

TRÉVOUX

ST-LAURENT-D'OINGT

OINGT

THÉIZÉ

ANSE

SAINT-CLÉMENT-SUR-VALSONNE

TERNAND

VILLE-SUR-JARNIOUX

LUCENAY

LACHASSAGNE

MOIRÉ

BAGNOLS

MARCY

DAREIZÉ

LE BOIS-D'OINGT

ALIX

SAINT-LOUP

SAINT-VÉRAND

LÉGNY

FRONTENAS

PORANCE

CHESSY-LES-MINES

LES CHÈRES

CHASSELAY

TABARÉ

LES OLMES

SARCEY

CHÂTILLON

CHAZAY-D'AZERGUES

PONCHARRA-SUR-TURDINE

SAINT-JEAN-DES-VIGNES

CHARNAY

往里昂市

BELMONT-D'AZERGUES

中央法国地图

巴黎市

欧歇尔市

①

② 第戎市

④ ③

⑤

⑥ 里昂市

葡萄园等级

地方性 AOP

村庄级与一级园

特级园

▲ 冰雪中的冯内-侯马内（Vosne-Romanée）村，黑皮诺葡萄正沉静地冬眠

不只勃艮第，任何一处地方都有其独特的自然环境，但是，勃艮第经过两亿年积累的侏罗纪山丘，却暗藏着比别处更多的味觉深意。

跟全球所有葡萄酒产区一样，关键的地理条件常直接影响酒的风味，但在勃艮第，产生影响的不仅是土壤质地或日夜温差这些关键的因素。即使是阳光角度、风向流动与石块大小等细微的自然变化，都会让酿成的酒有着截然不同的风味。葡萄酒与自然的关系并非勃艮第所独有。但勃艮第位处葡萄种植的极限区，年份变化更为不定，种植着对环境最敏感的黑皮诺与霞多丽；酿成的酒很少混调，不是出自同一村就是出自同一片葡萄园。这些都让勃艮第葡萄酒与原生土地有着比别处更密不可分的牵连。

在勃艮第，自然不只是最重要的美味根源，饮者还能像阅读文本一般，从酒中品读出葡萄园的自然面貌。

第一部分

自然与葡萄树

Nature et Vigne

第一章

自然
环境

寒冷的半大陆性气候与侏罗纪岩层的山坡是勃艮第在地理上的两大坐标。

勃艮第身处欧洲温带海洋性气候与温带大陆性气候的交界地带，这造就了它的寒冷与干燥，却又提供了刚好足够的温暖。这让葡萄差一点就不能成熟的临界温度，决定了勃艮第葡萄酒的北方特质及优雅精巧的酒风。

上亿年前勃艮第浅海里的海百合与牡蛎、数千万年之后的珊瑚与海胆，以及四千万年前开始的阿尔卑斯山造山运动，挤成现在成排的侏罗纪山坡；千万年来的风雨侵蚀与冲刷，让山坡上覆盖着一层以不同比例混合的石灰质黏土与岩块，在漫长的历史中，形成了一个专属黑皮诺与霞多丽的人间乐土。

气候

勃艮第位于温带海洋性气候与温带大陆性气候的交界地带，这样的气候环境决定了那里该产什么样的酒。这不是葡萄酒的命定论，而是这样的自然布局并没有为意外和偶然留下太多空间。葡萄该种在什么地方，该选哪个品种，该在何时采收，都是不变的，葡萄农并不像在地中海沿岸那般，随心所欲就能种出美味的葡萄来。

从勃艮第的最南边沿着罗讷谷往南到地中海有300多公里，往西跨越中央山地到大西洋沿岸则更远，有500公里。至于北边，则和法国极北的葡萄酒产区香槟连在一起。勃艮第位于法国东部偏北的位置。地中海干热的气候，最北也仅偶尔及于薄若莱南部，无法对勃艮第产生任何影响。但是，即使离得远，也会受到温带海洋性气候的影响。不过，勃艮第还是更接近相对极端的温带大陆性气候，比其他主产红酒的法国产区更寒冷，也更干燥，自然也更难让葡萄在严寒的冬天来临之前成熟。这样的环境让气候上的每一个细节环环相扣，而且都可能对酿成的葡萄酒产生巨大的影响。

● 温度

勃艮第位于北纬46.1到47.5度，与中国黑龙江省中部大约位于同样的纬度上。如果在北美洲，大约相当于加拿大魁北克省蒙特利尔市北边的地区。紧挨着勃艮第南边的薄若莱则

◀ 侏罗纪的石灰岩山坡上种着适应寒冷气候的葡萄品种，是勃艮第独特的自然样貌

在北纬 45.5 到 46.1 度之间，大概与库页岛的最南端同纬度，比北海道还偏北一些。这些和勃艮第位于同样纬度的地方，因为气候严寒，几乎无法种植葡萄。纬度偏高的西欧如此适合人居而且能酿造这么多样的葡萄酒，部分要仰赖墨西哥湾暖流为大西洋岸带来的温和水汽。这股因源自墨西哥湾而得名的暖流，从佛罗里达海峡流入大西洋，先往北，随后往东横穿过北大西洋，在北纬 40 度与西经 30 度的地方分成两股支流，南边支流流向赤道，北边支流则流向欧洲西岸，进入北海，又称为北大西洋暖流。它像一个暖炉一般，为西欧带来温和的气候，即使是位于内陆的勃艮第也受其利。

只是离海越远，大西洋的暖流影响会越弱。勃艮第所在的法国东部和西边的大西洋海岸隔着一整个中央山地，来自大西洋的温和潮湿的水汽有一部分在半途就被阻隔下来。海洋不只带来温暖，也让日夜温差与冬夏温差缩小。勃艮第 1 月份的均温只有 1.6℃，−10℃的低温颇为常见，−20℃的超低温偶尔也会出现；而最热的 7 月，均温也只有 19.7℃，但最热却高达 38℃，偏向冷热极端的温带大陆性气候风格。整体来说，勃艮第的气温比更偏东北的阿尔萨斯稍微温暖一些，但比香槟温暖许多。如果是卢瓦尔河产区，气候不但比勃艮第温暖，而且温差更小。南边更近大西洋的波尔多就更温暖一些。

勃艮第的气候已经接近葡萄成熟的临界点，对酿造红酒的黑葡萄而言更是如此。虽说越接近高纬度的临界点，葡萄越能表现细致优雅的风格，但是在这样的区域，葡萄很难到处种植，葡萄园的选择更为严苛，而且年份的差异更大。除此之外，因为气候寒冷，勃艮第必须采用高密度的种植以降低每株葡萄树的生产负担。即使如此，葡萄仍较难有足够的糖分。在勃艮第，葡萄农依规定可以靠添加糖分来提高葡萄酒的酒精度。

温度对葡萄生产的影响相当大，葡萄需要 10℃以上的温度才能发芽与生长。每年勃艮第 10℃以上的时间约有 2,000 小时，但地中海沿岸的产区却多达 3,000 小时，有更充裕的时间让葡萄成熟。温暖的日子少，选择种植比较早熟的葡萄品种便是勃艮第不得已的选择。当葡萄进入成熟期，温度越高，葡萄成熟得越快，但如果过热也会促使葡萄停止成熟以自保，不过这在勃艮第反而少见，只在 1998 年与 2003 年等较极端的年份出现过。

到了秋天，出现低于 10℃的气温时，葡萄树也可能停止给葡萄供应养分，转而储存能量以保留来年所需的养分。这种情况下，葡萄即使再晚收，也不会成熟，除非有强风蒸发水分来浓缩葡萄中的糖分。不过，随着近年来的气候变化，因为气温过低致使葡萄不成熟的情况已经不常见了，只出现在少数的地方和年份，如 2004 年和 2007 年。

气候变化是一个相当复杂的议题，但是，对于欧洲葡萄酒业来说，确实已经出现了明显而直接的影响，勃艮第当然也不例外，特别是在温度的变化上。自 20 世纪 90 年代至今，勃艮第的平均气温大约升高了 1℃，达到 15.9℃，在此之前，勃艮第的年均温度大约只有 15℃。

▶ 上：勃艮第的气候过于寒冷，必须小心利用每一缕阳光和自然优势，才能让葡萄在冬天到来之前成熟

下左：种植早熟的霞多丽是勃艮第应对自然的措施

下右：向阳山坡的高密度种植亦是勃艮第应对寒冷气候的措施

1℃的差距看似不大，但对葡萄的成熟度却会产生相当大的影响。现在勃艮第的年均温度已经跟20世纪60年代之前的波尔多一模一样，可这并不一定意味着勃艮第已经适合种植赤霞珠。但可以肯定的是，现在勃艮第在大部分年份都可以让黑皮诺和霞多丽完全成熟。在过去，大概十年内只有三年可以达到，特别是黑皮诺，几乎每年酿造时都须加一点糖才能达到足够的酒精度，但现在，加糖已经不是每年必须的了。

● 阳光

阳光能提供热能，温度升高能加速葡萄的成熟。不仅如此，阳光也能为葡萄提供进行光合作用所需的能量，使之获得生长发育必需的养分。葡萄叶子中的叶绿素在阳光的作用下，把经由气孔进入叶子内部的二氧化碳和由根部吸收的水转变成葡萄糖。阳光越足，葡萄树就能产生越多的养分，并长出越多的叶子来累积养分，最后再将养分储存在果实里，形成甜熟的葡萄。

因为降水量低，勃艮第的阳光还算充沛，每年约有2,000小时的日照，虽比香槟和阿尔萨斯分别多了200小时和100小时，但是，和法国地中海沿岸每年近3,000小时的日照相比，还是少很多，比波尔多也少200小时。不过，勃艮第的日照有四分之三出现在4月到9月的生长季，这至少弥补了日照偏少的问题。勃艮第位于纬度较高的地区，而纬度除了影响气温，也影响了太阳的角度。跟直射的阳光相比，勃艮第日照的角度偏一些，日照的效果也较差。在这样的环境里，葡萄园是否位于向阳坡就特别重要，勃艮第条件最佳的葡萄园都位于朝向东、东南和南边的山坡，因为这些地方可以在清晨就提早开始接收阳光。

阳光除了促进光合作用，还可以增加葡萄皮中的酚类物质，特别是有助于转色，让原本红色素不多的黑皮诺颜色加深。另外，也可以增加葡萄的香气。勃艮第种植的黑皮诺皮较脆弱，容易晒伤（不过这种状况在勃艮第不太常见），除了会丧失新鲜的果味，也可能让皮中的单宁变得更粗犷，甚至失去酸味与均衡。霞多丽因为是用来酿造白酒，所以一样要避免因晒伤而失去新鲜果味的问题。

● 降水量

因中央山地阻隔了来自大西洋的、饱含着水汽的西风，勃艮第全年的降水量大约只有700毫米，比沿海的波尔多少了100多毫米，也比地中海沿岸的一些区域还要少雨。在干旱

▲ 勃艮第年降水分布均衡，多小雨、少暴雨，而且也较少出现干旱

◄ 左：勃艮第最北边的夏布利降水量最少，越往南越多雨

　　右：勃艮第的纬度相当高，太阳的角度较偏，山坡的角度便扮演了重要的角色

的年份，降水量甚至会低于450毫米，不过，还是比香槟和阿尔萨斯地区要多雨。在勃艮第各区，越往南边越多雨，夏布利的降水量最少，金丘次之，到了马贡内和薄若莱地区，年降水量都超过800毫米。

勃艮第的降水量虽不多，但却相当平均，常飘小雨，少有暴雨，下雨的天数反而多。旱季和雨季并不明显，5月、10月和11月是全年最多雨的月份，2月、3月和8月最少雨。勃艮第偏低的降水量有益于葡萄的生长，因为年降水分布均衡，也很少出现干旱的问题。近30多年来，只有1976年、1983年、2003年和2005年这几年有一部分葡萄园出现过缺水的问题。

跟法国其他产区一样，勃艮第的葡萄园除了少数特例，如新种的树苗之外，都禁止人工灌溉。于是，自然的雨水成为葡萄唯一的水分来源，雨水的多寡和分布时间便成为影响年份特性的重要因素。4月和5月葡萄开始发芽生长，需要较多水分，但6月开花季如果多雨，则常会降低授粉与结果率，让产量减少。成熟季和采收季如果雨太多会阻碍葡萄成熟。不过，如果过于干燥，葡萄受到干旱威胁，也会突然中止成熟以保存生机，造成葡萄皮粗厚，内含粗犷未熟的单宁。在干旱的年份，位于山顶、岩石较多的葡萄园通常受到的影响较大，而山脚下壤土与黏土质土壤较多的葡萄园反而较易酿出品质均衡的葡萄酒。

● 风

勃艮第位处不同气候区的交界处，天气常因为风向不同而产生戏剧性的变化。不过，勃艮第离海较远，且四周有山脉屏障，相较于其他产区，较少刮风且强风不多。来自大西洋的西风与西南风不只温暖，还常带来水汽，因中央山地的拦阻，不像海岸区那么多雨水，但无论如何，吹西风常常意味着温和但带着阴霾的天气。

地中海沿岸温热潮湿的马林风（Marin）因地形阻挠，未到勃艮第。但因大西洋低压而起的南风，则相当干热，四季都有，可以让天气温暖一些，并加快葡萄的成熟，不过，南风常常会引进不稳定的锋面，带来降雨。高耸的阿尔卑斯山横亘在勃艮第的东南方，阻挡了来自东南边的风。不过，在偶尔出现的强风的影响下，越过阿尔卑斯山的风会变成非常干热的焚风（föhn），自东南边吹往勃艮第，如2003年的夏季。

拉比斯风（La Bise）是一种从东北方吹来的寒冷、干燥的风。因为水汽不多，有拉比斯风的日子，常常伴随着阳光耀眼的大晴天。这样的干冷天气，温度和湿度都低，可以抑制葡萄园中病菌的生长，也可以保持葡萄果实中的酸味。阳光还能加速葡萄成熟，提高甜度，让葡萄皮颜色更深也更有味道。在采收季吹拉比斯风，常能为勃艮第带来意外的美好年份，如1978年、1996年、2008年和2013年等年份。

勃艮第的葡萄园多位于山坡上，除了大范围的风系，山风和谷风的效应也常出现在大部分产区内。白天山坡受太阳照射，温度较高，空气沿山坡爬升，产生温热的谷风。日落后山区因地势较高，散热较快，于是气温迅速降低，冷空气自山顶沿山坡下降，形成较为寒冷的山风。勃艮第的葡萄园山坡经常为小背斜谷（combe）所切穿，山风常沿着小背斜谷进入平原区，让小谷地周围的葡萄园温度骤降，葡萄成熟较慢，保有酸味，且相对不易感染霉菌。

▲ 上、中、下：勃艮第位于法国东部，离海远，冬季常有低于−10℃的低温，是法国最寒冷的区域之一

▲ 低温虽让葡萄的颜色浅一些，但能保有较多的酸味

●霜、寒害与冰雹

寒冷的气候区虽然可以酿出风味优雅均衡的葡萄酒，但是有较多霜害与寒害的风险。不过，这两种气候灾害只有在特殊的时机，而且是在特定区域的葡萄园，才会真的对葡萄造成威胁。当出现低温时，热空气向上，冷空气往下，地势较低而且不开阔的封闭区域就会汇聚更低温的空气，一旦低于葡萄所能承受的温度，就很容易对葡萄造成伤害。在勃艮第，受霜害与寒害的大多是山坡底下的村庄级葡萄园，山坡中段的特级园较少受害。

葡萄树在冬季进入休眠期时，可以抵抗非常低的温度，即使比−20℃更低的温度都不会带来伤害，但在初冬或初春，葡萄处于还未完全休眠或已经开始苏醒时，则可能会被冻死。气候变迁虽然让年均温度升高，但同时，过冷或过热的极端气温也更常见。勃艮第冬季出现超低温冻死葡萄树的情况大多在1月和2月，1956年和1985年就是如此，但2009年在12月就提早出现−20℃的低温，冻死了许多尚未完全休眠的葡萄树。

春季气温回升，在出现10℃以上的气温之后，葡萄树就会开始发芽。但春季初生的嫩芽相当脆弱，只要在发芽后气温又降回−4℃就会出现春霜的危害。不过，在勃艮第，4月的发芽季很少出现0℃以下的低温，只在北部的夏布利偶尔出现。发生的时机也跟寒害类似，最常出现在清晨，受害的大多是容易积聚冷空气的谷底或低坡处。不过，气候变化使得气温提

▲ 在葡萄园点煤油炉加温，是夏布利保护葡萄芽免于冻死的方法

▶ 夜丘区已经接近黑皮诺葡萄的生长极限区，每一个微小的自然变化都会深深地影响葡萄的风味

▲ 地势低平的葡萄园较常遇霜害，架设风扇可以吹走冷空气

升，过去经常发生霜害的夏布利产区现在也较少发生。最近的两次发生在2003年和2012年，但灾害并不严重。近年来，当地大部分的酒庄已经不再经常为防止霜害做麻烦的准备工作。

现在，勃艮第最严重的气候灾害是较常出现在夏季的冰雹，从薄若莱到夏布利都有可能发生。冰雹因强气流而形成，在对流云中，水汽随气流上升，遇冷凝结成小水滴。温度随着高度增加而降低，至0℃以下时，水滴凝结成冰，在上升过程中因吸附其他冰粒而重量增大，直到无法为气流承载才往下降。若又遇更强大的上升气流，则再被抬升。如此反复多次，体积越来越大，直到重量大于空气浮力，往下降落，即为冰雹。

在勃艮第，冰雹主要发生在4月到8月，而且几乎每年都会发生在某个小区域。不过，通常受灾的范围不大，只集中在村中某一区域的葡萄园，但损害却可能相当严重。颗粒较大的冰雹会打烂葡萄的芽、枝叶和果实，甚至伤害树干，影响到隔年的收成。春季的冰雹影响较小，但如果在夏季采收前发生，葡萄酒的品质就必然受到影响。葡萄为冰雹所伤，会分泌修补的汁液包覆破损的皮，这样的汁液常带着青草气味，也就是俗称的冰雹味。而流出的葡萄汁会让葡萄更容易感染霉菌，枝叶严重受伤的葡萄可能会中止成熟，甚至影响隔年的收成。

微气候

气候使勃艮第成为绝佳的黑皮诺和霞多丽产区，但微气候（microclimat）却决定着葡萄园的风格与特性。营造特殊微气候环境的因素相当多，如山坡的朝向、高度和倾斜角度，此外，背斜谷的效应，土壤的颜色和结构，邻近森林还是村庄，甚至环绕葡萄园的石墙及葡萄园边的道路，都可能对一片葡萄园产生决定性的影响，至少，在勃艮第是如此。

● 山坡朝向

因属寒冷气候区，勃艮第的葡萄园须位于向阳的山坡才能有较佳的成熟度，但向阳的山坡从朝向东北，到朝东、朝南和朝西，都有不同的日照效果。在勃艮第，朝东的山坡被认为最佳，可以接收早上的太阳，让葡萄园提早升温，日照的时间也比较长，但不会有过热的午后西照阳光。朝东稍偏南边一点，葡萄的成熟度会更好，在寒冷的年份会有比较好的表现。在勃艮第，最好的葡萄园大部分是面向东边或东南边。稍偏东北的葡萄园日照少一些，通常寒冷一点，葡萄成熟慢一点，酸度也比较高，能产具有个性的白酒，特别是在过热的年份也能保持均衡，如夏布利的一级园 Les Lys，默尔索（Meursault）村的 Les Vireuils。

全然向南的葡萄园可接收清晨与傍晚的光照，太阳直射的时间也比较长，有更多的阳光，辐射热也让温度升高，可以种出成熟度更高的葡萄，但在炎热年份可能较少有酸味与细致变化。例如，夏布利的特级园克罗（Les Clos）、冯内-侯马内的一级园 Aux Brûlées 和一部分的特级园高登-查理曼（Corton-Charlemagne）。

勃艮第朝西南和朝西的葡萄园比较少见，这类朝向的葡萄园较晚接触到阳光，早上较冷，但全天最热的下午时段却有最强的阳光直接照射，在干热的年份可能影响葡萄的均衡。夏布利的一级园 Vaulorent、圣欧班（St. Aubin）的一级园 Les Champelots 和特级园高登-查理曼的西半边，都属于面朝西南的葡萄园。

● 山坡高度

勃艮第的葡萄园大多在海拔 200 米到 400 米之间，山坡都不算高，气温通常会随着海拔高度的增加而递减，200 米内的海拔变化大约只有 0.5℃的差距。但微小的温差在整个生长季会累积成很大的差异。例如，高坡处的葡萄园在比较寒冷的年份，葡萄可能会无法完全成熟，但在温暖的年份却有绝佳的均衡。如普里尼-蒙哈榭（Puligny-Montrachet）村，虽然只有 200 公顷的葡萄园，但在海拔高度上却有 180 米的跨度。村子位于海拔 220 米到 230 米之间，村中的特级园巴塔-蒙哈榭（Bâtard-Montrachet）位于海拔 239 米到 248 米间，蒙哈榭（Montrachet）最高处达 260 米，歇瓦里耶-蒙哈榭（Chevalier-Montrachet）最高处逼近300 米，而一级园 Sous le Puits 甚至已经接近400 米，专产酸瘦有力的白酒。

● 倾斜角度

山坡的倾斜度也会产生关键的影响，太陡的山坡土壤冲刷严重，多石少土，通常排水佳但是贫瘠，潮湿年份相对不易染病，而少雨年份则有干旱的问题。除此之外，面东的陡坡也会有阳光相对不足的问题。冯内-侯马内村位于特级园塔须上坡处的 Aux Champ Perdrix，最

▲ 香波-蜜思妮（Chambolle-Musigny）村南边的 Combe d'Orveau 背斜谷，常为周边的葡萄园带来较凉爽的山风

陡的地方坡度超过 40 度，夏季到了傍晚时，因为较难照到夕照，每天会比紧邻的塔须少一到两小时的光照；虽然与多处名园相邻，看似位置优异，但只是村庄级的葡萄园。

● 背斜谷

勃艮第金丘朝东的山坡，由称为 combe 的小背斜谷切分成不连贯的山坡。在金丘区，几乎各村都有大小不一的背斜谷，而且成为一些名园的名字，如香波-蜜思妮村的一级园 La Combe d'Orveau，或哲维瑞-香贝丹（Gevrey-Chambertin）村的一级园 Combe aux Moines，而普里尼-蒙哈榭的一级园 Les Combettes 则是"小背斜谷"的意思。在博讷丘甚至有些酒村直接位于背斜谷内，如萨维尼和欧榭-都赫斯。在夏布利，葡萄园山坡比较分散，但仍有许多背斜谷营造出特殊的自然环境。许多名园如特级园渥玳日尔（Vaudésir），一级园 Vaulorent 和 Vaucoupin 等，其词头的"Vau"便是当地对背斜谷的称谓。

在金丘区，这些谷地常常是西部山区的山风吹往平原区的通道。位于谷地周围的葡萄园通常通风较好，特别是在大型谷地，其夜间温度常因山风吹过而骤降。不过，并非所有山谷边的葡萄园都比较寒冷，许多背斜谷是东西向切开金丘，在山谷的北边形成东南朝向的山坡，因为可接收更多的日照，白天更温暖一些。相反，南侧则成为朝东北的斜坡，较阴暗寒冷。冯

▲ 夏布利的特级园渥珉日尔位于 S 形的背斜谷内，夏季常有高温的谷地效应

内-侯马内村在两个特级园李奇堡和埃雪索之间有一个称为 Combe de Concoeur 的小谷切过，北边面东南的山坡为一级园 Aux Brûlées，有"火烧园"的意思，酒风偏浓且多酒精。南边为 Les Barreaux，少阳光，多风，常保留较多酸味，过冷的年份黑皮诺较难全然成熟，因此只是村庄级。

● 石块颜色

表土或外露的石块颜色越深，在阳光的照射下，吸热效果越好，越有助于提升葡萄园的温度。深色的石块保温的效果尤其好，在夜间能慢慢地将白天吸收的热能散发出来。不过，白色的岩石也另有功用，它们具有反射阳光的功能，因此可以提高葡萄树的受光量。勃艮第多石灰岩，岩块大多为白色。特别是高坡处的葡萄园，常布满白色石块，具有反射阳光的效果。深色的岩块较常出现在薄若莱的特级村

庄，当地虽然以粉红色的花岗岩为主，但是布依丘（Côte de Brouilly）和摩恭（Morgon）的 Côte du Py 两处山顶上的葡萄园里布满一种蓝黑色的火成变质岩，极具吸热效果。这虽然并非唯一助因，但这两处的葡萄园却是以生产最圆熟浓郁的佳美红酒而闻名的。

● 采石场

金丘山坡除了产葡萄酒，也出产石材，采石业在金丘区也一样历史悠久。例如，夜圣乔治镇就有一处由熙笃会（Cîteaux）开发的采石场，生产知名的玫瑰石。这种矿石属侏罗纪中期巴通阶（Bathonien）的贡布隆香石灰岩（Comblanchien），因为含铁质且略微大理岩化，所以有着美丽的粉红色纹路。此采石场仍然存在，位于一片称为 Les Perrières，即"采石场"的一级园里，因为多石少土，所以酿成的红酒较为酸瘦。同样被称为采石场的葡萄园也相当

▲ 高登特级园的 Vergrenne 以白酒闻名，是一片由采石场的废岩块堆成的小圆丘

▲ D 122 是勃艮第的特级园之路，常对道路两旁的许多名园产生影响

多，最知名的是默尔索村的一级园 Les Perrières，以产多酸、多矿石香气的白酒闻名。其实，还有非常多的勃艮第名园位于废弃的采石场上，例如，高登特级园中的 Rognet，有一部分即种在填补后的石坑里；知名如蜜思妮（Musigny）或邦马尔（Bonne-Mares）的特级园也都有一部分葡萄园位于采石场遗址上。采石场因为地形凹陷，较为湿冷，且通风不佳，较难酿成饱满丰厚的红酒。

● 道路

除了采石场，人工开辟的道路也可能对微气候造成影响。在位于山坡上的葡萄园上方，一条横越山坡的公路就像一条拦水坝般影响葡萄园的排水。在寒冷的冬季或初春，甚至还会积聚冷空气，造成寒害或霜害。历史名园梧玖庄园虽为特级园，但最低处刚好与74 号公路（现已改名为 D 974）相接，因靠近坡底，排水本已不佳，而抬升的 74 号公路像是超过 1 米的堤防，阻碍园内的水继续往下坡流，也让土壤更加黏密潮湿，不利于葡萄的品质。74 号公路同样给冯内-侯马内和莫瑞-圣丹尼村带来负面的影响。冷空气因受公路阻挡而下降，两村靠近公路东侧的葡萄园是勃艮第最常发生寒害与霜害的地方。

年份

　　对于葡萄来说，勃艮第的气候较为寒冷，接近种植的极北区域，因为每年天气变化而产生的年份差异会比南部的产区来得明显，对酒的风格也常造成决定性的影响。其重要性有时甚至超越葡萄园与酒庄，尤其是在气候条件异常的年份，如1976年、1985年、1996年、2003年和2009年，大部分的酒庄都很难酿出不受年份特点影响的葡萄酒。勃艮第的产区范围南北相距200多公里，且有黑皮诺、霞多丽和佳美三个主要品种，在同一个年份中，各副产区及各品种也会表现出不同的年份特性。

　　年份的变量中，温度、阳光、降水量和湿度最为重要。在不同的季节，这四个要素的变化组合成每个年份的特性。因为变量太多，每一个年份都有自己独特的个性。虽然高温、多阳、少雨和干燥似乎是好年份的象征，但在勃艮第，却不全然如此。特别是对于需要保留酸味的白酒及讲究优雅风味的黑皮诺，比较寒冷或是多雨的年份，葡萄酒不一定就质量不佳。2008年勃艮第纯粹干净的红酒和酸味强劲的白酒就是最佳例证。

　　酒评家常会给每个年份的整体酒质打分，以此鉴定年份好坏。如果设定标准，确实能有好坏之分，不过，在很多情况下，年份的好坏比较类似于气象预报，装瓶之后，年份风格会随着时间转化，且常常变幻莫测。如1996年的酒刚酿成时，大部分媒体，包括我自己，都颇为看好这个不论红白酒都保有许多酸味的年份。但十多年之后，大部分1996年份的酒虽然已经发展出成熟的香气，但酸味仍然让酒相当坚硬封闭，不是特别迷人，于是有人开始怀

▲ 上：1978年，是勃艮第70年代最精彩的世纪年份

下：遭受冰雹伤害的霞多丽会分泌汁液修护表皮，造成较多的青草味，形成多冰雹年份的特色

疑是否会有变好的一天。

不过，更关键的并非分数而是年份特质。如 2005 年和 2009 年同样被视为勃艮第红酒的好年份，酒风却差距相当大。前者的酒体以严谨坚实为特色，后者却是丰厚圆熟的享乐式风格。造成这两个年份之间差别的关键在于 2005 年从 7 月到 9 月都相当干燥，缺水的压力让葡萄产生更厚的皮与更多的单宁。相反，2009 年降水量分配平均，干湿稳定循环，属风调雨顺的年份，葡萄没有缺水的压力，很容易就能酿出均衡可口的美味风格。就水分的供给而言，在一些欧洲产酒区如西班牙及大部分的新世界产区，可用人工灌溉的方式来弥补自然的不足。在这样的产区，不同年份间的差距自然不会像勃艮第这么大，但在保持质量稳定的同时，却失去了难得的保存自然变化的机会。

勃艮第酒业公会、葡萄酒杂志与酒评家会针对每个新年份提出了关于天气与葡萄生长状况的年份报告。在这些报告中，从几项重点可以窥探一个年份的特性。比如，春天是否来得太早？像 1985 年，春季温度升得太快，葡萄提早发芽，温度回降后会冻死葡萄芽。霜害有时会降低产量，但质量不一定差，甚至可能变好，1985 年即是一例。春天如果来得太晚，会延长葡萄的生长季，如 1983 年、1984 年和 1986 年，葡萄发芽晚，在寒冷的天气到来前才勉强成熟。不过，这样的情况近年来已经比较少见。

开花季的天气对年份特质，尤其是产量的多寡，有关键性的影响。如果在 5 月底到 6 月的开花季少风雨，也没有出现低温，开花与结果顺利完成，通常就会高产。葡萄收成太好，在勃艮第通常代表着有质量不佳的风险，1934 年和 1999 年是少数几个产量高却还

能有高质量的好年份（也许有人会觉得 1989 年和 2009 年也是）。开花不顺，除了产量降低外，开花的时间不均、花期拖延太久，也会造成将来同一串葡萄粒成熟不均，从而无法同时采收到完全成熟的葡萄串，让采收日期更加难以确定。同样地，开花季遇上低温或不稳定的气温，也可能会让果粒大小不均，或长出被称为 millerandage 的无籽小果。出现较多 millerandage 的葡萄串会降低整体产量，不过，有时也可以提高质量。小果粒不仅甜度高，也含有较多的单宁与红色素，使风味更浓郁，如 1990 年、2005 年和 2010 年。

6 月开花后通常约一百天就可采收，7、8 两月的天气状况对年份的影响相当关键，有时甚至超过 9 月采收季的天气。勃艮第葡萄农常说："8 月成就葡萄汁（août fait le moût）。"意思是葡萄酒的成熟度与是否均衡在 8 月就决定了。采收季的天气条件与葡萄的健康状况常常被媒体用以评断一个年份的好坏，实际上，年份特性更为复杂。不过，通过种植技术，葡萄农确实可以修正一部分的年份特性。开花顺利的多产年份，如 2004 年，葡萄农可以在 7 月进行绿色采收，剪掉一部分葡萄，降低总产量而不至于为高产量所累。

7 月的天气主要影响的是枝叶的生长及果实的体积。7 月如果寒冷多雨，枝叶储备的能量则不足，之后要储备充足就相当困难，2007 年即是典型的例子。即使 8 月底之后有好天气，葡萄也仍无法完全成熟。这样的条件对黑皮诺也许比较苛刻，不过，对于霞多丽来说，反而是强劲酸味的保证。8 月则直接影响葡萄的成熟进度，在月中葡萄转色之后尤为重要。此时温度高，葡萄就能顺利成熟，如 2009 年；

持续低温则会影响葡萄的成熟度，如 2006 年与 2008 年。但过高也可能让葡萄暂时停止成熟，如 1998 年。高温也会降低酸味，持续高温会有酸味过低的风险，葡萄酒口感的均衡会受到影响，而且不耐久存，如 1997 年的白酒和红酒。高温也会增进霉菌的生长从而影响葡萄的健康，2007 年虽然有许多霉菌，但勃艮第气温较低，受害情况没有波尔多那么严重。

夏季雨量的分配也是年份风格的重要指标，在雨水少的干旱年份，如前述的 2005 年，此外还有 1993 年、1976 年甚至 2003 年的部分时间，都出现了葡萄皮增厚、多涩味的干旱年份风格。夏季冰雹是勃艮第最常见的自然灾害，虽然受灾范围不大，但几乎每年都会发生，如 2011 年的松特内（Santenay），2004 年和 2008 年的渥尔内与玻玛（Pommard），2001 年的梅克雷（Mercury）与胡利（Rully）等。受夏季冰雹伤害的葡萄会分泌带着青草气味的汁液，包覆破损的皮，酿成酒后，就会留下冰雹味。冰雹的伤害可能会让葡萄停止成熟且容易染病。夏季阳光也扮演着重要的角色，在阳光充裕的年份，葡萄成熟快，也让黑葡萄的颜色变深。但和高温不同，阳光既不会促使病菌滋长，也不会让酸度快速降低，反而可以让葡萄均匀缓慢地成熟，如 1996 年和 1978 年。

虽然有时采收会提早到 8 月底，但大部分时候，勃艮第的采收季主要在 9 月，有时会延迟到 10 月。原本条件不佳的年份，如 2004 年、2006 年、2007 年和 2008 年，因为采收季是干燥多阳的好天气，也让葡萄在最后一刻增添了一些成熟度。不过，好年份的采收季不一定要有好天气。2005 年 9 月的一场及时雨让葡萄树免于因为干旱而停止生长的灾难。2003 年，虽然许多酒庄在 8 月底就已经采收，但在 9 月下雨且天气转凉之后，晚采收的葡萄却有更好的均衡感，而且保有较多的细致风味。

临近采收期，葡萄通常糖分较高，酸味日渐减少，会有更大病菌生长的风险。此时如果自东北方吹来拉比斯风，因其水汽不多，常常伴随着阳光耀眼的大晴天，便会形成寒冷多阳的干燥环境。在勃艮第，这样的干冷天

► 上左：产量大的年份通常质量较差一些，但 1999 年却是例外，酒的质与量均佳

上右：生长季末的好天气常会改变年份的特性，1966 年即是一例

下：红、白酒在同一年份的好坏表现常常相异，但 1969 年是红、白酒皆佳的世纪年份

气可以抑制葡萄园中的病菌，保持葡萄果实中的酸味。阳光还能加速葡萄成熟，提高葡萄的甜度，让葡萄皮更有风味。如果在采收季吹起拉比斯风，常能为勃艮第带来意外的美好年份。如1978年和1996年这两个年份，因受惠于拉比斯风而成为极佳且耐久的经典勃艮第年份。新近则有2008年，其原本将成为21世纪最悲惨的酸瘦年份，但由于9月开始吹拉比斯风，2008年竟意外地成为新鲜纯净的优秀年份。特别是在勃艮第北部，夏布利产区受拉比斯风的影响最多。

一年之间的冷热晴雨，常会刻画出相当不同的风味。除了好坏之分，最迷人的，是各年产的酒都有着一份独有的面貌与个性。这些特征在葡萄采收与酿造的时刻，常常就已经如命定一般，被烙进葡萄酒里，成了永远抹不掉的痕迹。条件完美的好年份确实有其独特之处，害怕冒险的人，可以比较安全地买到精彩的葡萄酒。不过，即使是多灾之年，如碰上干旱、酷暑、强风、冰雹等，葡萄因遭逢极端天气而带来的生存压力，相较于条件完美的年份，常常表现出独特的个性，甚至并不随着时间而隐去。如因干旱而极度粗涩的1976年，现在即使稍有软化，也仍旧封闭。一样多雨寒冷的1986年或1979年，虽已成熟适饮，但仍然冷调多酸。要不是因为比较便宜，很少有人会想买这些不完美的葡萄酒。不过，这些所谓的不佳年份却常能带来意外的惊喜。勃艮第的葡萄农常说，伟大的葡萄酒大多诞生在坏年份。

▼ 左：一些原本不是特别优秀的年份的酒，总被遗忘在酒窖深处，但常在半个世纪之后带来意外的惊喜

中：开花期遇雨常常会结无籽小果，产量降低，但能让葡萄酒的浓度提高

右：2007年有许多柔和、多果香的红酒，但白酒却藏着如刀锋般的锐利酸味

▲ 夏隆内丘区西边的三叠纪岩层　　▲ 蒙塔尼（Montagny）村内，侏罗纪早期的里亚斯岩层

不同年代的岩层

虽然勃艮第产葡萄酒的历史只有两千年，但这里葡萄酒的故事，其实应该从两亿年前恐龙主宰着陆地的侏罗纪时期谈起。包括勃艮第在内的整个西欧，曾经陷落成为一片海洋。历经六千多万年，或冷或热，或生物繁茂，各式各样的海洋生物残骸在以花岗岩为主的火成岩块之上，堆积出厚达上千米、属于不同时期的侏罗纪岩层。这些以石灰岩和泥灰岩为主的各式岩层是勃艮第葡萄酒风味的重要来源。

● 三叠纪岩层（Trias）

勃艮第的大部分葡萄园位于中生代的侏罗纪岩层，但是在产区的边缘地带，如金丘区南端、夏隆内丘南端及南部的马贡内区，以及偏西的 Couchois 等产区，有些葡萄园却位于同属中生代但比侏罗纪早数千万年的三叠纪的岩层上。这一时期的岩层比较贫瘠，介于火成岩、结晶岩及侏罗纪的沉积岩之间，以页岩为主，常混合着因结晶岩风化或冲刷作用而产生的物质，碎裂的云母页岩和红色砂岩是最常见的两种。由于年代较早，在金丘等产区，岩层大多深埋在百米以下的地底，很少对葡萄树产生影响。但是如果往山区走，在横切金丘区的峡谷内则经常可以看见这些较古老的岩层。夏隆内丘的蒙塔尼村内有一些葡萄园里有含极高比例的黏土质的三叠纪土壤，它能生产清淡、带矿石与香料味的霞多丽白酒。不过，一般而言，霞多丽和黑皮诺都不太适合这种土质，只有佳美有比较好的表现。

● 侏罗纪早期（Jurassic inférieur）

地层的陷落由巴黎盆地开始，接着勃艮第也逐渐为海洋所淹没，一直到侏罗纪结束，勃艮第和欧洲大部分的地区一样，几乎全泡在海底。这一时期的岩层称为里亚斯岩层（Lias），主要是由牡蛎等沉积物形成的蓝色石灰岩，也有一些石灰含量高的泥灰岩。在岩层中经常可以找到巨型菊石和箭石的化石，这些早期生物和牡蛎同为此时期当地最常见的生物。勃艮第葡萄酒产区的岩层以侏罗纪中期和晚期形成的为主。早期的里亚斯岩层，主要分布在偏西部的台地区域，在博讷丘南边松特内和马宏吉（Maranges）村内的普通村庄级葡萄园也可见到。种在这种土壤中的黑皮诺会酿出风格较粗犷的红酒。这种土壤在夜丘区则多位于哲维瑞-香贝丹村附近的坡底处。夏隆内丘南边以产白酒而闻名的蒙塔尼区内也有不少里亚斯土质。上夜丘与上博讷丘区内也偶尔可见这种土壤。

● 侏罗纪中期（Jurassic moyen）

在这一时期，地球开始进入温暖的周期，高温潮湿的气候让海洋中繁衍出大量的生物，海百合、牡蛎、贝类等死后沉积于海底而形成巴柔阶（Bajocien）与巴通阶两个侏罗纪中期的岩层，分别是今日夜丘区与博讷丘区最重要的土质来源。

巴柔阶早期最典型的岩层是海百合石灰岩（calcaires à entroques）。海百合这种当时生长于浅海的棘皮动物数量非常庞大，断落的触手残骸积累成质地坚硬的石灰岩层，不仅是本地重要的建材，也是夜丘区山坡中下段的主要岩层，更是区内许多顶尖葡萄园地底最重要的岩质，非常适合黑皮诺的生长。最著名的夜丘特级园包括香贝丹（Chambertin）、梧玖庄园、大埃雪索（Grand Echézeaux）等，都位于这样的土地上。

巴柔阶晚期的岩层较为柔软、黏密，含有许多泥灰质，并且也有不少小型牡蛎（Ostrea acuminata）化石。这一时期的岩层仅有8米

到10米厚，以泥灰质石灰岩为主，由于质地软，具有透水性，又可以积蓄水分。这一时期的岩层在勃艮第葡萄园也扮演着相当重要的角色，是种植黑皮诺的极优质土壤。这类岩层主要还是以夜丘区为主，山坡中段的精华区多位于此岩层之上，如莫瑞-圣丹尼村的特级园罗西庄园（Clos de la Roche）、圣丹尼庄园（Clos St. Denis）等名园，以及像蜜思妮、侯马内-康帝、侯马内（La Romanée）等其他名园。在博讷丘区，主要集中在南部的松特内村和夏山-蒙哈榭村南边，在马贡内区的Solutré和Loché等村也很常见。

地层不断陷落，使海水逐渐变深，海中生物不如浅海时期繁茂。到了巴通阶时期，沉积物中已很少见丰富的牡蛎、螺贝或海百合等浅海生物，也较少有含黏土质的泥灰岩，开始出现较为坚硬的纯石灰质岩。巴通阶年代最早、位于最底层的是质地细密、含有硅质的普雷莫玫瑰石（rose de Prémeaux）。这种矿石因为大理岩化，是勃艮第采石场的重要石材，除了在夜丘区颇为常见，博讷丘区的夏山-蒙哈榭村内的采石场也产同样年代的岩石。这种石灰岩层在夜丘区的山坡中段较常出现，如冯内-侯马内村的特级园李奇堡。蜜思妮、香贝丹-贝泽园（Chambertin Clos de Bèze）等名园的上坡处也都位于此岩层上。

紧接着覆盖在上面的，是碳酸钙粒间

▶ 左上：巴通阶最早期的普雷莫玫瑰石

右上：侏罗纪中期的红色泥灰岩与白色石灰岩

左下：巴柔阶早期的海百合石灰岩

右下：夜丘特级园上坡处颇常见的白色鱼卵状石灰岩

夹杂着其他化石堆积成的白色鱼卵状石灰岩（oolithe blanche），因为其质地粗松，所以较容易风化为土壤。此时期的沉积物变多，岩层厚达数十米。夜丘区各村庄，特别是北部几个村庄的上坡处常有鱼卵状石灰岩，通常紧贴着下面的普雷莫玫瑰石。博讷丘区在渥尔内和默尔索两村的交界处，包括 Clos des Chênes 及 Santenots 等一级园，也有许多这样的巴通阶石灰岩，此处出产较强硬的黑皮诺红酒。夏隆内丘区的梅克雷村也有类似的同期岩层。

最后，在巴通阶晚期，堆积出坚硬的贡布隆香石灰岩。这类岩石由于有大理岩化的变质岩，在侏罗纪各岩层中质地最坚硬，因此是勃艮第最佳的建材。博讷市 Place de Monge 广场的人行道上就铺着这样的石块。夜丘区山顶上贫瘠的硬石层多半由贡布隆香石灰岩构成。在博讷丘南部自默尔索村往南，较高坡处也有许多巴通阶时期的岩层，如勃艮第最知名的白酒特级园歇瓦里耶-蒙哈榭及蒙哈榭的上坡处。

● 侏罗纪晚期（Jurassic superieur）

到了一亿五千万年前，随着沉积物的增加及地层的上升，海水逐渐消退，勃艮第海又回到原本浅海的状态，生机盎然的海洋生物再度繁衍。最早期的 Callovien 岩层以珍珠石板岩（dall nacree）为代表，这种由大量的贝类残骸所积累成的岩层，因含有许多贝壳内部的珍珠质而有着美丽的光泽。在博讷丘区，这是下坡处主要的岩层，许多村庄内接近山脚的村庄级及一级园都在此岩层上，如博讷丘市的 Les Boucherottes、Les Grèves 及玻玛村的 Epenot 等一级园。更著名的是在普里尼-蒙哈榭村内的特级园巴塔-蒙哈榭，表土之下即是珍珠石板岩。

▲ 上：侏罗纪晚期的 Kimméridgien 岩层让夏布利的霞多丽酿出独特的海味矿石风味

下：侏罗纪中期的小型牡蛎常出现在夜丘特级园中坡处

▲ 不同质地的侏罗纪岩层为勃艮第提供了不同性质的土壤元素

　　覆盖在珍珠石板岩之上的是含有高比例铁质的红色鱼卵状石灰岩（oolithe ferrugineuses），有时混杂着泥灰质和菊石化石。岩层本身很薄，只有数米，在博讷丘内很常见，如玻玛村的 Pouture 及高登特级园的下坡处。

　　以上两种 Callovien 岩层在夏隆内丘区及马贡内区都相当常见。过了 Callovien 时期，开始进入以泥灰岩沉积物为主的 Argovien（又称 Oxfordien）时期。大量的浅色泥灰岩和泥灰质石灰岩构成了厚达上百米的 Argovien 岩层。这是博讷丘区中坡段精华区的主要地下岩层，这个区域有许多优秀的葡萄园如特级园高登–查理曼和高登，渥尔内村的 Clos des Ducs、Les Caillerets，玻玛村的 Les Rugiens，以及默尔索村的 Les Perriéres，等等。Argovien 岩层因各地沉积物质不同，质地相差很大，有泥灰岩、石灰岩或两者的混合。其中博讷丘区最常见的玻玛泥灰岩（Marne de Pommard）和佩南泥灰岩（Marne de Pernand）等属于质地黏密、较多黏土质的泥灰岩相。

　　接续 Argovien 的是 Rauracien 时期，因为这一时期的气候更为温暖，所以勃艮第海的浅海区生长了许多珊瑚与海胆，这些生物死后尸骸混合着鱼卵状石灰质，积累成坚硬的石灰岩层。博讷丘山顶上的坚硬岩盘，通常由这种珊瑚岩构成，因质地太坚硬而无法种植葡萄。高登山顶上的树林区是最典型的代表。勃艮第大部分葡萄酒产区的侏罗纪地下岩层到 Rauracien 之后就已经结束，更晚近的侏罗纪岩层全集中在欧歇瓦区的夏布利产区内。单独位于西北边的夏布利离金丘区 100 多公里，产区内的主要岩层虽然也属于侏罗纪晚期，但是完全不和勃艮第其他产区重叠。

Kimméridgien 岩层的年代较早，主要位于山腰处，属于含白垩质的泥灰岩，质地软，含水性佳，夹杂着石灰岩和小牡蛎（ostrea virgula）化石，适合霞多丽葡萄的生长。在夏布利地区，只要是品级较高的葡萄园全都位于 Kimméridgien 岩层上。年代较晚的 Portlandien 以石灰岩为主，所以质地坚硬，主要位于高坡处，通常是构成山顶坚硬岩盘的主要岩质，因此产自 Portlandien 的霞多丽白酒比较清淡、多果味。

勃艮第海在 14,000 万年前的 Portlandien 晚期又逐渐消退，露出海底，结束长达 6,000 万年的侏罗纪。但没隔多久，在白垩纪（Cretacerous）时期，勃艮第与欧洲大陆再度为海水所覆盖，堆积成颜色纯白、质地粗松的白垩岩。如今勃艮第葡萄酒产区内并没有留存这个时期的岩层，法国的白垩土质主要位于北方的巴黎盆地及香槟区内。

● 新生代第三纪（Tertiaire）

距今四千多万年前，在新生代第三纪的渐新世（Oligocene），阿尔卑斯山的造山运动造成地表上升，海水再次逐渐消退，让原本陷落的勃艮第海底又慢慢露出海面。地表板块的挤压又将这片刚升起的侏罗纪岩层推向西面的中央山地。岩质较为柔软的沉积岩碰上由硬质花岗岩构成的中央山地时，在交界处形成几道隆起的褶皱，最后挤压成南北向平行排列的山脉，推挤的过程中也形成了数道让岩层碎裂、山脉陷落的断层。这片沉积岩山区最东面的第一道隆起山脉就是如今勃艮第的金丘、夏隆内丘及马贡内的前身。造山运动让地势升起，同时也让侵蚀的速度加快，风和雨水蚀刮山上的岩层将土壤和石块带到山下，在谷地形成堆积。金丘区的断层带造成的地层陷落也由碎裂的岩石和冲积物慢慢地堆出一片朝东的山坡。现在勃艮第接近山脚的许多葡萄园里，都堆积着这一时期冲刷下来的土壤和石块。

● 新生代第四纪（Quaternaire）

距今两万年前，进入新生代第四纪。气温降低，地球进入冰河时期。勃艮第位于冰冻区的边缘地带，夏季短暂的融冰加上第四纪五次冰河期的大融冰，对当地的侏罗纪山坡进行大举侵蚀与冲刷，形成更为和缓的山坡，并在山坡上侵蚀出内凹的背斜谷，向外堆积成冲积扇，这不只将山顶的岩石带往山下，也形成特殊的微气候。植物根系也对岩层产生侵蚀破坏作用，将岩层表面化为土壤，土壤也被冲刷到山下。第三纪与第四纪的堆积作用，累积形成了土壤深厚、肥沃平坦的布雷斯平原，今日勃艮第葡萄酒产区的大致面貌就在此时完成。

从岩层到土壤

▲ 坡顶的葡萄园石多土少（上），坡底则土多石少（下），常酿出不同风格的葡萄酒

葡萄的根部可以向下扎得相当深，常达数米，不仅会穿过表土和底土，而且甚至可穿透岩层。研究葡萄园土质的重点不仅在于表土及底土，也在于对地下岩层的认识，毕竟土壤本身也是由岩层蜕变而成的。侏罗纪各时代的岩层虽然按照年代沉积下来，但勃艮第种植葡萄的区域刚好位于断层带上，因为板块挤压，岩层发生扭曲与倾斜，断层的错动更让两侧的岩层垂直位移，使得葡萄园内的地下土质错综复杂。

博讷丘的特级园蒙哈榭和歇瓦里耶-蒙哈榭就是最好的例子。一条南北向的断层横过这两个葡萄园的交界处，让下坡处蒙哈榭的岩层往下陷落成 Callovien 岩层，位居上坡的歇瓦里耶-蒙哈榭则相对向上抬升，出现较古老的巴通阶岩层。这个断层意外地让蒙哈榭葡萄园同时拥有夜丘和博讷丘的土质，形成相当复杂的组合。除了断层，历经上亿年的自然侵蚀，包括风雨、温差、酸碱变化及植物根部的作用等，岩石崩落，碎裂成小石块，一些较为脆弱的泥灰岩也转化为土壤，经年累月由雨水往山下冲刷，在岩层上慢慢堆积成土壤。

由于较大的岩块相对不容易被带到山下，所以上坡处通常坡度较陡峭，表土浅，石多土少，排水效果特佳，但无法蓄积水分，而且土地贫瘠，很难提供足够的养分。下坡处则刚好相反，汇集了来自山上各种不同岩层的土质与石块，坡度和缓，土壤较深，土质肥沃，不过结构黏密，排水效果稍差。其实勃艮第大部分质量最好的葡萄园位于山坡中段，除了缘于气候因素，也是因为地质条件比较均衡。葡萄园土壤的多寡和地下岩层的质地有关。若为坚硬的石灰岩，则不仅土少，而且很难让葡萄树根往下伸展。但若是泥灰岩，即使位于高坡处也有蓄水的功能，葡萄根也容易穿透岩层。

除了自然的力量，人为因素也让土壤产生了变化。勃艮第的葡萄种植有近两千年的历史，已经让地貌产生了重大改变。单独种植同一种葡萄树，而且每公顷多达 1 万株，让土壤内的养分与矿物质逐渐枯竭。此外，许多葡萄农曾自山区搬运土壤，以改善葡萄园的种植条件。最出名的是在

18世纪，冯内-侯马内村内的庄主 Philippe de Croonembourg 自上夜丘山区搬运来四百辆牛车的红土以改善历史名园侯马内-康帝的土质。不过，现在的葡萄酒法规已经禁止这样的行为。重型机械也曾被用于给葡萄园整地。碎石机把坚硬的地下石灰岩层搅碎，加深土壤的深度，让原本土层浅且贫瘠的土地更适合种植葡萄。但是，这种方法现在也被禁止使用，以保持葡萄园原本的特性。

这样的技术也曾用于辟建全新的葡萄园，因为在勃艮第的山丘上有许多地带由于岩层过于坚硬，甚至岩床外露，而完全无法种植葡萄。这些地带多位于高坡处，除了土壤的问题，其他条件都算优异，通过碎石机磨碎岩床，也可以改造成不错的葡萄园，例如，莫瑞-圣丹尼村的 Rue de Vergy，默尔索村的 Chaumes des Narvaux 等，甚至还包括一些一级园，如普里尼-蒙哈榭村的 Sous le Puits。无论如何，这些人工改造的葡萄园大多石多土少，需要更长的种植时间为土地带来更多的生命力，以营造均衡的土壤环境。

勃艮第岩层分布表（以百万年为单位）

年代	时期				岩层	特性	分布
1.8 之后	新生代	第四纪					波尔多
1.8—67		第三纪					南罗讷、普罗旺斯、西南部、兰格多克。
67—137	中生代	白垩纪 Cretace			白垩土	纯白、质地粗松、含水性佳。	巴黎盆地及香槟区，勃艮第区内非常少见。
137—195		侏罗纪 Jurassic	侏罗纪晚期	Portlandien	Portlandien	以石灰岩为主，质地坚硬。	主要全集中在夏布利产区内高坡处，常是构成山顶坚硬岩盘的主要岩质。
				Kimméridgien	Kimméridgien	属于含白垩质的泥灰岩，质地软，含水性佳，混杂着石灰岩和小牡蛎化石。	全集中在夏布利产区内，主要位在山腰处，夏布利特级葡萄园全属这种岩层。
				Rauracien	Rauracien	珊瑚与海胆死后的尸骸混合着鱼卵状石灰质积累成坚硬的石灰岩层。	博讷丘（Côte de Beaune）山顶上的坚硬岩盘经常由这种珊瑚岩构成，质地太坚硬，无法种植葡萄。
				Argovien	Argovien	浅色泥灰岩和泥灰质石灰岩。	博讷丘区中坡段精华区的主要地下岩层。如高登-查理曼（Corton-Charlemagne）和高登（Corton），渥尔内（Volnay）的 Clos des Ducs、Les Caillerets、玻玛村的 Les Rugiens 以及默尔索村（Meursault）的 Les Perrières 等。

年代	时期			岩层	特性	分布
137—195	中生代	侏罗纪 Jurassic	侏罗纪晚期	Callovien Oolithe ferrugineuses 红色鱼卵状石灰岩	含高比例的铁质，有时混杂着泥灰质和菊石化石。	博讷丘玻玛村的 Pouture 及高登下坡处，在夏隆内丘区（Côte Chalonnaises）及马贡区（Mâcon）也都相当常见。
				珍珠石板岩 Dall nacrée	由大量的贝类残骸积累成的岩层，因含有贝壳内部的珍珠质而有美丽的光泽。	博讷丘区，这是下坡处主要的岩层，博讷市（Beaune）的 Les Boucherotte、Les Grèves 及玻玛村的 Epenot，蒙哈榭和巴塔-蒙哈榭（Bâtard-Montrachet）。
			侏罗纪中期	巴通阶 Bathonien 贡布隆香石灰岩 Comblanchien	大理岩化的变质岩，质地坚硬。	在夜丘区山顶上贫瘠的硬石层，博讷丘南部自默尔索村以南高坡的岩层。如歇瓦里耶-蒙哈榭（Chevalier Montrachet）的上坡处。
				白色鱼卵状石灰岩 Oolithe blanche	碳酸钙粒间杂着其他化石，质地较粗松，较容易风化为土壤。	夜丘区各村庄上坡处，博讷丘区在渥尔内村和默尔索村交接处包括 Clos des Chénes 及 Santenots 夏隆内丘的梅克雷村（Mercurey）。
				普雷莫玫瑰石 rose de Prémeaux	质地细密，含硅质。	在夜丘区的山坡中段经常出现，如蜜思妮、李奇堡（Richebourg）、香贝丹-贝泽园（Chambertin Clos-de-Bèze）等名园的上坡处。
				巴柔阶 Bajocian 小型牡蛎化石 Ostrea acuminata	以泥灰质灰岩为主，质地软，具有透水性，是种植黑皮诺葡萄的最优土质之一。	以夜丘区为主，山坡中段的精华区。如罗西庄园（Clos de la Roche）、圣丹尼庄园（Clos St. Denis）、蜜思妮（Musigny）、侯马内-康帝（Romanée-Conti）、侯马内（La Romanée）等特级葡萄园。博讷丘内主要集中在南部，马贡区的 Solutré 和 Loché 等地也很常见。
				海百合石灰岩 Calcaires à entroques	质地坚硬的石灰岩层。	夜丘区山坡中、下段主要岩层，非常适合黑皮诺葡萄的生长。如香贝丹（Chambertin）、梧玖庄园（Clos de Vougeot）、大埃雪索等特级葡萄园。
			侏罗纪早期	里亚斯 Lias	混着牡蛎化石的蓝色石灰岩，以及含高比例石灰的泥灰岩。	包括博讷丘南边松特内和马宏吉村，夜丘区的哲维瑞-香贝丹村坡底处，夏隆内丘的蒙塔尼村（Montagny）及上夜丘与上博讷丘区。
230—195		三叠纪 Trias			比较贫瘠，介于火成岩、结晶岩及侏罗纪的沉积岩之间，以页岩为主。	博讷丘区南端、夏隆内丘南端及南部的马贡区，以及偏西的 Couchois 等产区。
230 之前	古生代				火成岩。	中央山地及薄若莱等地，在勃艮第并不常见。

土壤中的元素

由侏罗纪各时期岩层演变而来的勃艮第土壤，因含有不同的成分而呈现出独特的质地和结构，给生长于其上的葡萄树也带来不同的影响。勃艮第的土质虽复杂，但其实都是以海积石灰岩和泥灰岩为主的侏罗纪岩层转变而来的，所以土壤基本上都是不同比例的石灰质黏土。经过数千万年的冲刷与混合，许多土壤很难辨别来自哪一个岩层。不过，每一处的土壤中所含有的各种物质的比例却决定了土壤的特色。构成土壤的每一种元素都有其优缺点，不同的比例组合构成了不同的生长环境，从而影响之后酿成的葡萄酒风味。

● 黏土

黏土质是勃艮第土壤中重要的成分，只要雨天走一趟葡萄园就可以亲身体验——鞋底必定粘着一层厚厚的黏土。位于山坡中段的顶级庄园，如蒙哈榭、罗西庄园、香贝丹等，黏土含量都高达30%～40%，坡度较平缓的巴塔-蒙哈榭甚至高达50%。勃艮第的黏土来自风化的石灰质沉积岩，质地细滑，又黏密，保水能力强，但是干燥时容易结成硬块，排水和透气性都很差，对喜好干燥的葡萄有不良的影响。黏土质中含有矿物质，且常带有正负离子，产生的离子交换有助于葡萄根部吸收养分。黏土在物理结构上并不特别适合葡萄的生长，但能提供其他更重要的环境与元素。

一般而言，黏土质可以让生长于其上的黑皮诺含有更多的单宁，酿成的红酒带有更多涩味，有比较强烈的个性，但口感质地倾向于粗犷风格，较少有细致的表现。生长在黏土上的

霞多丽表现与黑皮诺颇为近似：酿成的酒更厚实，也常有更强有力的酸味，很少有轻巧的质地。在勃艮第，许多葡萄农认为多黏土的地方适合种黑皮诺，多石灰质的地方则适合种霞多丽，不过，这似乎只是一种习惯的说法。无论如何，在比较干燥的年份，黏土较多的葡萄园较少出现干旱的问题，产出的酒反而保有较佳的均衡感，甚至在较热的年份，也能让霞多丽保留较多的清新酸味，其应该还是很适合霞多丽的土壤。也有人认为黏土地酿成的葡萄酒相对不易氧化，可以承受较长时间的橡木桶培养，因此可使用较高比例的橡木桶。

● 沙质土

和黏土特性相反的是沙质土，土质粗松而不相连，排水性及透气性佳，但养分和水分都非常容易流失。法国因为禁止灌溉葡萄园，沙质土比较容易出现干旱的问题。生长于沙地上的葡萄树生长容易，成熟快。酿成的酒大多柔和可口，但比较简单直接。黏土中如果含有一些沙子，就可以让土壤的结构松散一些，增强排水透气的效果。在勃艮第，高比例的沙质土并不多，在薄若莱北部的许多葡萄园里倒是有许多风化的花岗岩沙土。这些沙质土主要由坚硬的粉红色花岗岩崩裂、侵蚀与风化而成，通常只有薄薄一层位于岩床之上，混杂着云母和长石，有机质相当少，贫瘠且干燥，属微酸性土壤，是种植佳美的最佳土壤之一。

● 石灰质

侏罗纪的岩层为沉积岩，几乎都是石灰岩，勃艮第的土壤中自然也含有许多石灰质。这类土壤排水性佳，但又能保留水分，因内含

▲ 左：不同的土壤结构会影响葡萄的生长环境，自然会生成不同风味的葡萄

中：梅克雷村的灰黑色黏土让黑皮诺发根不易，常长出风味粗犷的厚皮葡萄

右：粗松的沙质土壤排水佳，也透气，但较难保持水分与养分

碳酸钙，为碱性土壤。葡萄通常喜爱生长于中性的土壤中，这有利于它们吸收养分与矿物质。太酸或高碱度的土地都不适合种植葡萄。含有过多碳酸钙的土壤有碱度过高的问题，会影响葡萄吸收土壤中的铁质，严重的话会造成叶子枯黄甚至掉落，即葡萄农所说的黄叶病（chlorose）。这在到处都有石灰岩的勃艮第确实是个问题。不过，因为根瘤蚜虫病（phylloxera）的关系，勃艮第所有的葡萄树都嫁接在更耐碳酸钙的美洲种葡萄上，从而降低了黄叶病发生的概率。

勃艮第的土壤专家 Claude Bourguignon 认为，葡萄树本身可以中和石灰岩中的碱，碱性土壤不会影响黑皮诺或霞多丽的生长，同时他认为石灰岩土壤本身有利于菌根菌的生长，是非常优异的葡萄园土壤。菌根菌和葡萄树形成互利共生关系，有利于葡萄树获取土壤中的养分。在 Bourguignon 看来，含石灰质的土壤是酿造复杂多变的葡萄酒最关键的条件。他甚至认为有高比例的石灰岩地，是法国葡萄酒业在自然环境上的优势。在他心目中，勃艮第的石灰质黏土地更是法国葡萄园最佳的条件，可以酿出最均衡且多变化的葡萄酒。

勃艮第曾经因为过度使用氮肥而出现土壤酸化的问题，葡萄园生产的葡萄酒常口味失衡，酸味不足，而添加碳酸钙正是改善酸化土壤的方法之一。勃艮第的葡萄农认为碱性土可让葡萄保持较多的酸味，所以他们习惯将霞多丽种在石灰质含量较高的葡萄园里。也有人认为让黑皮诺和霞多丽在有压力的碱性环境下生长，较易结出个性更强烈的葡萄，其中也包括酸味较多的葡萄。除了酸味，勃艮第的酒庄还普遍认为，产自多石灰质土壤的黑皮诺常有优雅的风格，比多黏土的葡萄园来得细致一些。

● 岩石

混杂在土壤中的石块可以提高土壤的排水、透气性能。性喜干燥的葡萄树通常喜爱生长在多石的土中。在勃艮第几乎毫无例外，所有顶尖的葡萄园内都含有相当比例的石灰岩块。勃艮第葡萄园的黏土质多，但因多位于山坡上，土中含有许多石块，所以克服了土壤透气性与排水性不佳的缺点。在土中留下较多空隙，除了透气，也让雨水渗入底土，不会直接顺坡而下造成冲刷，使土壤流失。但岩石比例过高也有缺点，如缺乏土壤，有机质少，土地常会过于贫瘠，保水性不佳，在少雨的年份会有干旱缺水的问题。长在多石区的葡萄必须将根扎到更深的地底才能获得均衡的水分供给。

产自多石葡萄园的黑皮诺或霞多丽通常酒体比较细瘦，酸味也多一些，少见奔放的果香，常被本地的酒庄归为矿石系的葡萄酒。这类酒虽不一定有矿石香气，但白酒偏青柠檬味而少蜜瓜香气，红酒多野樱桃味而少黑樱桃香

气。不过，多石的葡萄园通常位于山坡顶端，比较高的海拔位置更增添了这样的风味。另外，一些位于向南坡的多石葡萄园也可能因为石头的吸热效果，让葡萄更成熟，酒体反而更丰满。

● 微生物与腐殖质

土壤中的腐殖质来自葡萄园内腐败的落叶或藤蔓等有机物质，但也可能来自人为的堆肥。腐殖质分解产生的二氧化碳、蛋白质、氮、磷、钾、钙、铁等都是葡萄树的主要养分来源。虽然葡萄树喜好贫瘠的土地，但仍需要适当的养分，土壤中的有机物质可以增加昆虫、细菌等土中生物与微生物的数量与活力，维持活的土壤生态环境。位于山脚下的土壤通常含有较多的腐殖质，特别是在由淤泥构成的平原区，腐殖质比例更高，土质常太过肥沃。腐殖质含量高的腐殖土保肥与保水性都不错，很适合一般作物的种植，但对于喜好贫瘠土地的葡萄来说比例却过高。

◀ 左：勃艮第主要的土壤都含有石
　　灰质，是极佳的种植葡萄的土壤

　　中：含灰黑色板岩的多石土壤，
　　营造出贫瘠干燥的种植环境

　　右：勃艮第的山顶上常由坚硬岩
　　盘构成，完全无法种植葡萄

▶ 左：除了矿物质，土壤中的微生
　　物在葡萄养分的供给上，也扮演
　　着重要的角色

　　右：腐殖质除了给土壤提供养分，
　　也增加土壤中的微生物

土壤微生物中，和植物形成共生关系的菌根菌影响最大。这些真菌类的细菌寄生在葡萄树的根部，其菌丝会在树根的皮层细胞内形成叉状分枝的丛枝体，并且产生囊泡。菌根菌能使土壤中的腐殖质分解，产生氮肥，并从土壤中吸收各种矿物质，以供给葡萄树的根部。而葡萄树则提供菌根菌所需的糖分和碳水化合物。缺乏菌根菌的协助，葡萄很难从土壤中吸收生长所需的矿物质。化学肥料及除草剂、杀菌剂等农药的使用，会让土壤失去平衡，微生物会大量减少。不但菌根菌数量变少，菌种的多样性也会降低，在这样的土壤中施用再多的矿物质肥料也无法让葡萄生长得更健康，酿出更多变的葡萄酒。

通过菌根菌，葡萄可以从土壤中吸收数十种矿物质，但是人工供应的肥料却仅集中于氮、磷和钾肥，无法真正满足葡萄的需求，很难酿造出复杂多变的葡萄酒。勃艮第有越来越多的酒庄采用有机或自然动力法来种植葡萄，对于这些方法是否能酿造出最精彩的葡萄酒也许有争议，但至少可以确定，这两种方法能让土壤更具生命力，保持数量更多、种类更多样的生物与微生物。

● 矿物质

土壤中所含的多种矿物质如氮、磷、钾、钙、氟、镁、铁等，都是葡萄生长所需的重要物质。如钾有助于葡萄茎干的生长，磷有利于葡萄果实的成熟，氮可使叶片生长茂盛，镁有助于增加葡萄的糖分和降低酸味。土中的矿物质部分来自岩石本身，但也可能来自土中的腐殖质、菌根菌或人工肥料。和土中其他元素一样，土壤中矿物质的含量必须均衡，才能让葡萄有最佳的表现，过多或不足都会带来麻烦。勃艮第在20世纪70年代发生的钾肥害即是一例。勃艮第的葡萄园经历了一千多年的单一作物耕作，土中有许多种矿物质已消耗殆尽，得依赖人工添加。谨慎的酒庄会先进行土质分析，再计划使用含有不同矿物质的肥料来补充土壤的肥力。

从夏布利到薄若莱

勃艮第的葡萄园南北延伸成细长的、断续的带状。北起夏布利所在的欧歇瓦区，经夜丘区与博讷丘区所组成的金丘区，再往南经夏隆内丘区，最南到达马贡内区，南北相距200公里。葡萄园地下岩层的年代，纵贯侏罗纪最早期到最晚期，相隔近一亿年。如果把马贡内南边的薄若莱产区也包括进来，勃艮第的范围又往南延伸了50公里，而岩层的年代也要再往前推数亿年。

● 欧歇瓦区（Auxerrois）

位于最北的欧歇瓦区，距离和它最近的勃艮第葡萄园金丘区有100公里之遥。但距离卢瓦尔河上游以寒冷气候下酿成的长相思（Sauvignon blanc）而闻名的桑塞尔（Sancerre）和Pouilly-Fumée产区，却不过50公里。由此往东20多公里即可到达香槟区南边的Aube产区。由于地缘关系，欧歇瓦区的地质年代和勃艮第其他地区不同，却和桑塞尔与香槟区南部同属于侏罗纪晚期的Kimméridgien和Portlandien。

欧歇瓦区的葡萄园大多位于低缓的丘陵区，因气候比勃艮第其他区更寒冷，葡萄园大多位于向阳坡。春霜曾经是欧歇瓦葡萄酒业面临的最大难

◀ 左：夏布利的特级园的土质大部分都是由Kimméridgien岩层构成的，山顶则多为年代更晚的Portlandien硬岩

右：勃艮第北部最常见的是有许多牡蛎化石的Kimméridgien岩石

题，但最近十多年来发生的概率已不高。在整个欧歇瓦区，葡萄园山坡主要的土质由 Kimméridgien 岩层构成，这是一种通常混杂着许多贝壳化石、含丰富白垩的泥灰岩土，因化石多、质地软、易碎裂，所以非常容易耕作，保水性也相当好，是欧歇瓦区最重要也最优异的葡萄园土壤。山顶则多为 Portlandien 岩层，是侏罗纪最晚期堆积成的，质地相当坚硬，颜色更白。坡顶的坚硬岩盘大多为此结构，碎裂风化后仍土少石多。相较于勃艮第其他产区复杂的岩层变化，欧歇瓦区较少断层，葡萄园的土质相当单一，不是 Kimméridgien 就是 Portlandien，或是两者的混合。前者大多位于山坡，后者则多盘踞山顶，位于上坡处的葡萄园则是两者的混合，山坡底部则有较多的石灰质黏土与较小的石块。

气候寒冷加上缺乏黏土质，欧歇瓦区并不特别适合种植黑皮诺，酒风经常显得清瘦，少见丰腴的口感，常有野樱桃酒香，变化不多。区内主要种植霞多丽，以夏布利最为著名。一般而言，Portlandien 的土壤让霞多丽表现为以果香为主的白酒，酒体偏瘦，酸度较高，本地酒庄多认为很适合年轻饮用，但也常见极耐久的例子。Portlandien 的岩层通常位于海拔较高的地方，且多为台地顶端地势比较平缓的区域。除了 Portlandien 的影响，这些因素也有可能对酿成的葡萄酒产生影响。生长在 Kimméridgien 土质上的霞多丽特别有个性，跟别处的霞多丽最大的不同在于经常散发独特的矿石味，更精确地说，是带着海水气息的矿石味。这样的霞多丽，有强劲甚至坚固的酸味，其耐久的潜力常超越金丘区的许多顶尖白酒。欧歇瓦区的最佳葡萄园，特别是在夏布利区，全都属于这种土质。在村子东边西连溪（Serein）右岸的多石山坡上有七个特级园，以及最知名的一级园，如 Fourchaume、Mont de Milieu 及 Montée de Tonnerre 等，都位于 Kimméridgien 岩层上。

● 夜丘区（Côte de Nuits）

夜丘区南北长约 20 公里，山坡较陡，适合种植葡萄的山坡比较狭窄，最窄处只有 200 米。夜丘区所处的朝东山坡，在靠近坡底处有一条苏茵断层经过，断层东侧即是平原区，是一片深度为百米以上的第四纪沉积土层，肥沃但排水不佳，并不适合种植葡萄。断层西面则是夜丘区主要的葡萄园所在的山坡，几条副断层呈南北向，沿着山坡平行切过，让侏罗纪中期各类岩层的分布出现上下位移。在岩层之上，附着一层相当浅的表土，特别是山腰上，土壤只有数十厘米厚，主要来自风化的泥灰岩，大多是混合许多小石头的石灰质黏土。夜丘区的土质石灰质含量高，是黑皮诺的最爱。

夜丘区内以侏罗纪中期的巴柔阶和巴通阶时期的岩层为主。下坡处的地下岩层经常由巴柔阶时期的岩层构成，如早期的海百合石灰岩，以及晚期质地较柔软、由许多小牡蛎化石构成的岩层。中坡以上则全是巴通阶时期的岩层，包括普雷莫玫瑰石和容易风化的白色鱼卵状石灰岩，这些都属于比较适合种植黑皮诺的土壤。夜丘区坡顶的岩层主要是巴通阶晚期的贡布隆香石灰岩，质地坚硬，难以耕作。

在夜丘区的葡萄园山坡不时会有冰河时期侵蚀成的背斜谷，并且在下坡处形成土壤较深厚的冲积扇。其中以哲维瑞-香贝丹（Gevrey-Chambertin）村、香波-蜜思妮村及夜圣乔治村最为明显。特别是哲维瑞-香贝丹本身就位于冲积扇上，背斜谷将山区的岩石与土壤冲积到山坡底下，让土壤的来源更加复杂，较大的背斜谷冲积扇甚至铺盖到更接近平原区的肥沃沉积土上，让少数接近平原区的葡萄园，如哲维瑞-香贝丹村的 La Justice，也能酿出高水平的葡萄酒。

▲ 夜丘的岩层年代较博讷丘早一些，多为侏罗纪中期巴柔阶与巴通阶的岩层

▶ 夜丘山坡虽然朝东，但不时有背斜谷切过山坡，营造出不同的山坡角度与风的流向

冯内-侯马内村岩层剖面图

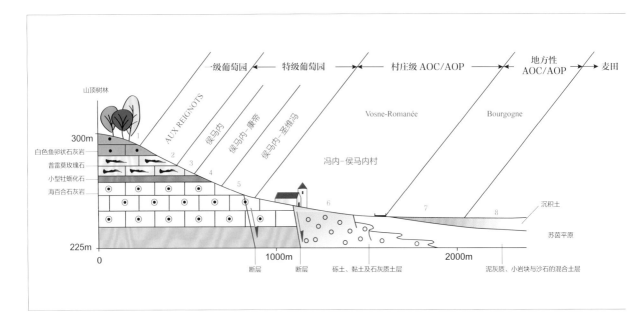

● 博讷丘区（Côte de Beaune）

　　位于金丘北半部的夜丘区岩层往上拱起，南半部的博讷丘区岩层相对陷落。两区的海拔高度相差不大，但岩层的年代却不相同。南部博讷丘的岩层在年代上普遍要比夜丘区晚，大部分属于侏罗纪晚期的岩层。下坡处常见 Callovien 时期的珍珠石板岩，山坡中段处则以 Argovien 时期的泥灰岩为主，呈白、黄及灰等颜色，两者之间又常掺杂着含丰富铁质的红色鱼卵状石灰岩。更高坡处常出现同属 Argovien 时期但相对更晚的泥灰质石灰土。至于博讷丘区山顶的坚硬岩盘区，则多半是更晚期的 Rauracien 岩层，土少石多，大多是无法耕作的森林区。

　　由于地层的错动，侏罗纪中期的岩层在渥尔内和默尔索两村的交界处再度拱起，往南一直延伸到松特内村。这一段的博讷丘上坡处出现了一些跟夜丘区一样的巴通阶与巴柔阶岩层，和下坡处的侏罗纪晚期的岩层混合交错。断层的变动让一些侏罗纪中期的岩层也出现在下坡处。如夏山-蒙哈榭村以巴通阶的白色鱼卵状石灰岩为主，与夜丘区的岩层接近，有较多的黏土质，适合种植黑皮诺。但进入松特内村之后马上转为侏罗纪晚期的 Argovien 岩层，随即又变为巴柔阶岩层。

　　多条断层通过博讷丘的葡萄园山坡，让本区岩层的分布非常多变，至少较夜丘复杂许多，几乎侏罗纪各时期的岩层都找得到。其中最常

▲ 蒙哈榭特级园中的鱼卵状石灰岩

▶ 上：博讷丘的地形更加开阔，也有更大型的背斜谷切穿金丘山坡形成东西向的谷地

左下：博讷市的一级园 Teuron

右下：博讷丘唯一的红酒特级园亮登，坡底的红色石灰质黏土可酿出粗犷有力的红酒

普里尼-蒙哈榭村岩层剖面图

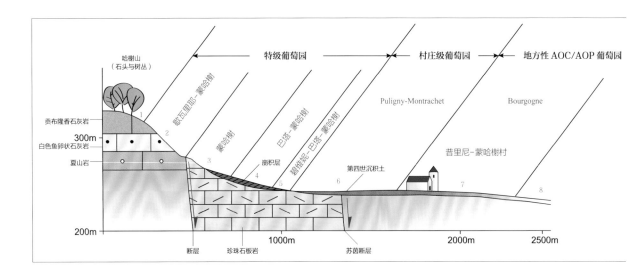

见的 Argovien 时期沉积的岩层厚达 100 多米，同一岩层在博讷丘各地都有不同的质地变化。这样的条件让博讷丘所产的葡萄酒也比夜丘区多元，无论红酒还是白酒都相当著名。

博讷丘的坡度比较和缓，山坡的面积因而比夜丘更广阔，可以容纳更多的葡萄园。跟夜丘区一样，博讷丘也有许多冰河时期侵蚀成的背斜谷及冲积扇，不同之处在于其数量更多，规模也更

大，如圣欧班甚至全村隐身在谷地内。在博讷丘区内甚至还多了几个宽广的河谷，在佩南-维哲雷斯（Pernand-Vergelesses）、萨维尼及欧榭-都赫斯等村，都有溪流横穿过博讷丘，形成东西向的峡谷，让博讷丘区的葡萄园除了位于朝东的山坡外，也退居峡谷内且往西面的山区延伸，除了形成朝南与朝东北的葡萄园，也出现了海拔更高的葡萄园，有些甚至超过 400 米。

▶ 夏隆内丘有如金丘的延伸，有着类似的自然环境，但到了最南端的蒙塔尼，开始有更早期的岩层出现

▼ 布哲宏村内种植阿里高特（右）与种植黑皮诺（左）的不同土壤

● 夏隆内丘区（Côte Chalonnaise）

夏隆内丘在地质上属金丘区向东南边的延伸，由 Dheune 河谷在邻近松特内的地方切穿山脉而与金丘分隔。在北部的精华区，岩层及土壤与金丘区并无太多差别，都是侏罗纪中晚期的岩层和以石灰质黏土为主的土壤。葡萄园同样位于中央山地和布雷斯平原交界的断层坡上，南北绵延 35 公里，海拔高度介于 200 米到 350 米，跟金丘区主要的葡萄园差不多，但似乎平缓一些。不同的是，夏隆内丘的葡萄园显得四散分裂，山丘分裂成数道谷地，山坡也不那么连贯；葡萄园较分散，而不是连成一条带状，有时掺杂在牧场与农田之间。除了如同金丘区的向东坡地，区内还有向西、向南等往各方倾斜的山坡。

北边的产酒村，如胡利、梅克雷及吉弗里等，大多位于侏罗纪晚期的岩层之上。葡萄园里的土壤多由石灰岩及泥灰岩风化而成的石块与石灰质黏土构成，与博讷丘十分相似。往南到蒙塔尼附近，因岩层拱起，构成葡萄园的岩层不太一样，有较多侏罗纪早期的里亚斯岩层，

▼ 上：Vergisson 村内的酒庄石墙是村内葡萄园岩层的最佳缩影

下：不同于金丘葡萄园全是侏罗纪岩层，马贡内区有更晚的白垩纪与更早的火成岩

以及比侏罗纪更早的三叠纪时期的岩层，也是泥灰岩土质居多，含有较多的黏土。

区内的霞多丽多种植于土壤中黏土质较多的葡萄园，这些土壤主要来自泥灰岩和泥灰质石灰岩，蒙塔尼和胡利两村是最典型的例子。黑皮诺比较偏好多黏土质与多石灰质的土壤，在梅克雷和吉弗里两村，以及胡利村部分地区都有这类适合种植黑皮诺的土壤。

● 马贡内区（Mâconnais）

因为位置最靠南，且偶尔受到来自地中海的影响，马贡内的气候比较温暖，降水量也是勃艮第最高的，这里通常也是勃艮第葡萄最早成熟采摘的产区。这些似乎可以从区内大量生产的柔和的霞多丽白酒中喝出来，但马贡多变的岩层及高海拔的山坡，也同样有潜力生产多酸味与有着矿石系香气的精致白酒。

在夏隆内丘区南边，侏罗纪岩层虽然继续往东南边延伸，但由苏茵河（Saône）的支流

果斯涅（Grosne）河截开。这一区的侏罗纪山坡更加分散，由几条北北东—南南西走向的平行的山脉构成，夹在东边的苏茵河谷和西边的果斯涅河谷之间。马贡内区南北长达50公里，东西宽15公里，范围广，葡萄园常分散穿插在森林和牧场之间。马贡内的地下岩层错综复杂，许多断层交错，而葡萄园的地下岩层与土质也相当混杂、多变，虽多为侏罗纪各个时期的岩层，但也有更早的三叠纪岩层，甚至数亿年前的火成岩，包括侏罗纪早期的里亚斯、中期的巴柔阶和巴通阶、晚期的Callovien、Argovien及Rauracien等。整体而言，马贡内区的葡萄园主要还是位于含较多石灰质黏土的地带，条件最好的葡萄园全都留给了霞多丽。至于黏土和沙质土，则大多留给了佳美。

位于马贡内区南部的普依-富塞（Pouilly-Fuissé）产区是全区最知名的精华区，也是复杂地层变化的缩影。横跨五个村子的产区也横跨了四个高低起伏的谷地，以及多道切换岩层年代的断层。从最东边的Chaintré村开始，近平原区海拔210米，多深厚的淤泥，往西边攀高开始转为黏土质，然后为巴柔阶早期的海百合石灰岩，进入富塞村后转为古老的花岗岩，然后是属于火成岩的灰黑色板岩区盘距整片朝西的山坡。到了富塞与普依两村的朝东山坡才进入侏罗纪中期的巴通阶岩层，但低坡处仍然为黏土区。再往西的Solutré村以侏罗纪中期的石灰质与泥灰岩质为主，山顶的Solutré石峰则由海百合石灰岩构成。再往西跨到Vergisson

▲ 马贡内区由侏罗纪与白垩纪岩层构成的Soultré巨岩

村，低坡处转为侏罗纪早期的里亚斯泥灰岩与黏土，上坡处才又出现石灰质土壤，海拔攀升到接近400米。这些全都属于普依-富塞的葡萄园，因自然条件，特别是岩层与海拔的变化，可以酿出风味相当不同的霞多丽白酒。

● 薄若莱区（Beaujolais）

薄若莱是否为勃艮第的一部分，这是一个相当复杂的问题。从文化与历史的角度看，薄若莱都比较接近南边的里昂，甚至在政治上，薄若莱也隶属奥弗涅-罗讷-阿尔卑斯大区（Auvergne-Rhône-Alpes）的罗讷县，不过不是全部。薄若莱北部有一小部分在勃艮第的行政区范围内，隶属勃艮第南边的Saône et Loire县。事实上，也有一部分的马贡内的葡萄园位于薄若莱境内。如果从葡萄酒业的角度看，薄若莱在种植与酿造上和勃艮第相当不同，但是与勃艮第南部有共同的酒商销售系统，有相当多的勃艮第酒商采买并经销薄若莱产的葡萄酒。

从自然环境来看，两区虽然南北相连，但薄若莱的地质年代与勃艮第有数亿年的差别。薄若莱的位置偏南边，在气候上也跟勃艮第不太一样。地中海的影响能沿着罗讷谷地北上，为薄若莱带来较为温暖的气候。这里的降水量比勃艮第多，气温也比较温暖，霜害相当少见，夏季也较常出现暴雨。不过，自然环境上最大的差异还是表现在岩层与土壤上。不同于以侏罗纪沉积成的石灰岩与泥灰岩为主的勃艮第，薄若莱精华区的葡萄园以年代更久远，也更坚硬的火成岩为主，如花岗岩及变质岩。不过，在离勃艮第较远的薄若莱南部却又转为以石灰岩为主的葡萄园山坡。

薄若莱产区南北长55公里，葡萄园东西

宽 10 公里到 15 公里，东边止于肥沃多雾的苏茵平原，往西直到与中央山地相接的薄若莱山区。葡萄园多位于高低不一、海拔介于 200 米到 450 米之间的平缓丘陵上。从地质上来区分，薄若莱以 Nizerand 河为界，在薄若莱主要城市 Villefranche-sur-Saône 的北边，分为南北两部分。北部的丘陵起伏较大，以由长石与云母构成的花岗岩层为主。这些花岗岩层约形成于三亿年前，然后在新生代第三纪中期的造山运动中浮出地表。这种常带粉红颜色的结晶岩虽然坚硬，但随着数千万年的侵蚀，风化崩裂成主要由长石、石英和云母构成的粗沙（本地的葡萄农称此土质为 gore），覆盖在花岗岩层上或堆积于山坳间。有时，沙中也混合着一点黏土质和氧化铁，这是薄若莱北部最常见也最重要的土壤，属酸性土，贫瘠但排水性佳，对于多产的佳美有降低产量的作用，可酿成单宁更紧致、更多变化也更耐久的红酒。这些粗沙主要位于山坡较高的地方，海拔较低的坡底或靠近平原区的葡萄园则常被石灰质黏土覆盖。

除了花岗岩，薄若莱北部的精华区也有一些以板岩为主的地带，最知名的是布依丘和摩恭村内的 Côte du Py 两处。两地都位于隆起的圆丘之上，是熔岩和火山灰在熔浆压力与高温作用下形成的变质岩，岩层颜色为偏蓝的灰黑色，在当地称为 roche purrie，意为腐烂的石头或是蓝岩（pierre bleue）。这种板岩让佳美葡萄有不同的表现，常有成熟的黑樱桃香气，酿成的酒也常有更厚实庞大的酒体。

Nizerand 河以南的薄若莱葡萄园则回到以侏罗纪的沉积岩层为主的状态，其中有多条断层切穿，岩层较为复杂，以侏罗纪中期的岩层为主，但也有一些早期的里亚斯，甚至侏罗纪

▲ 上左：由黑色云母与长石构成的粉红色花岗岩沙，是薄若莱北部最典型的优质土壤

下左：Côte du Py 的蓝灰色板岩

右：弗勒莉村的葡萄园几乎全位于粉红色的花岗岩区内

之前的三叠纪及古生代的岩层。区内的地势比较平缓，以石灰质黏土构成
的土壤较为深厚，也肥沃一些，这让佳美产量变大，皮薄多汁，能生产出
较柔和可口的红酒。因为本地侏罗纪中期的一种黄棕色岩石经常被用来建
造房舍和教堂，村子远望呈金黄色，薄若莱这一区又被亲切地称为黄金石
区（pierres dorées）。属酸性土的板岩岩层在西南边缘的圣维宏、Ternand
和 Létra 等村附近再度上升到地表，形成另一个条件佳，却很少被认识的精
华区。

第二章 | 葡萄品种

黑皮诺和霞多丽一黑一白，都在全球最受欢迎的品种名单之列，在许多酒迷心中占据着不可取代的位置。

它们的故乡正是勃艮第，也许因为在这片土地上已扎根数百年，如今，勃艮第仍然是它们的最佳产区，并且酿制出最多样多变的风格，也有最细致优雅的风貌。

Jean-François Bazin 说："在勃艮第，葡萄与土地共同谱写了一则热情、浪漫的故事。纯粹的爱情，让勃艮第葡萄酒无论黑皮诺或霞多丽，还是佳美与阿里高特，都绝不允许再混入其他的品种。"这样的酒在别处也许只是单一品种的葡萄酒，但在勃艮第，却已经演变成无数的村庄风格。葡萄与土地合二为一，成为永远不可分割的一对。

葡萄的生长周期

葡萄的生长伴随着四季的更替，葡萄树从春天发芽开始，到初夏开花结果，夏末变色，秋季成熟采收，直至初冬树叶落尽进入冬眠，不过数月，从无到有，即成一周期。勃艮第的位置偏北，气候寒冷，适合种植像霞多丽和黑皮诺这些早熟型的葡萄。早熟意味着发芽的时间也特别早。勃艮第各地气候不同，发芽早晚不定，如南部较温暖，发芽较早，寒冷的夏布利最晚，一般约在每年的 4 月。

● 发芽（débourrement）

经过一整个冬季的休养，葡萄树在春天回暖、气温超过10℃之后就会发芽。通常位于藤蔓顶端的芽眼会先膨胀然后露出叶芽，接着伸出叶子，然后就可以看到细小的花苞。等过了5月中旬，天气变热，藤蔓将快速生长，并长出更多的叶子，而花苞也开始增大并绽开。

● 开花（floraison）

勃艮第葡萄开花的时间约在6月，前后大概只有十天到十五天，枝叶的生长会先暂停，以便全力完成开花的任务。细小乳白的葡萄花依靠风与昆虫传递花粉。开花季的天气常会影响收成，如遇上大风或大雨，葡萄的结果率会降低，也可能因此拉长花期，而让葡萄成熟不均。

● 结果（nouaison）

受粉的花将会结果长成葡萄。其他未能受粉的花，连同子房则将枯萎掉落，称为落花，有时也会结成无籽小果。结果之后，原本细小的果实又绿又硬，第一阶段先增大体积，之后再开始步入成熟。

● 开始成熟（véraison）

到了8月开始成熟的阶段，葡萄藤蔓与叶子的生长将减缓，叶中经光合作用储存的养分被全力输送到葡萄内。从此时开始，果实逐渐膨胀，糖分将快速升高，酸度也将降低，酚类物质变多。黑皮诺的果实在此时会由绿转红，颜色逐渐变深；霞多丽则开始由绿变黄，同时葡萄也开始产生香味分子。

● 成熟期（maturation）

大约到了 9 月初，葡萄就差不多进入了成熟期。甜熟的葡萄内，葡萄籽也已成熟，由原本的绿色变为褐色。葡萄梗因木质化而变硬，甚至变黄。霞多丽的皮会变成黄绿色，略带透明，黑皮诺的外皮则深黑中带着红紫色。从开花开始算，大约一百天后可以采收，但因气候变化，现在大多九十多天即可采收。

● 落叶（chute des feuilles）

采收季过后，葡萄树不再供应养分，开始将剩余的养分储存起来。秋末低温出现后，葡萄叶开始变黄，黑皮诺和佳美甚至会转红。第一次结霜日之后，叶子转为褐黄，逐渐掉落，露出已经木化的葡萄藤蔓。

● 冬眠（dormant）

随着冬天的到来，叶子全掉光的葡萄树开始进入冬眠阶段，完全停止生长，以避寒害。葡萄藤上的芽经历了冬季低温，具备了发芽的能力，待来年春天转暖，一切又可重新开始。

未成熟的葡萄（verjus）

在生长季节的中途，葡萄蔓上有时会横长出新的芽，虽然比正常的季节晚，但还是会开花结果，只是来不及成熟冬天就已经降临，甜度不够，无法酿酒。这种酸度高、甜度低的未成熟葡萄被称为 verjus。偶尔会有酒庄在葡萄酸度不足的年份，将一小部分未成熟葡萄添加到成熟的葡萄中，以提高酸味。另外，它还常被厨师用来调制酸中带甜的美味酱汁。勃艮第名产"第戎芥末酱"的传统配方中也会添加一些未成熟的葡萄以增加酸味。

黑皮诺
Pinot Noir

在欧洲现存的数千个葡萄品种中，黑皮诺是最优雅的。这里说的优雅仅指酿成的葡萄酒的酒风，因为对葡萄农来说，黑皮诺是一个相当麻烦的品种。它体弱多病，要被很小心地照顾，对环境更是挑剔，经常水土不服，能成功种植它的地方并不多。黑皮诺优雅又难种，注定要成为让许多人心碎的葡萄。

黑皮诺是历史相当久远的葡萄品种，甚至有人推测罗马时期的农学家 Columelle 在公元 1 世纪所描述的由野生葡萄选育而来的小果串葡萄即是黑皮诺。这种推测虽无证据，但也不无可能。本笃会与熙笃会在中世纪所提到的 Noirien 或 Morillon 其实应该就是黑皮诺。不

过，确切的起源时间已经不可考。最早关于 Pinot 的文献记载是在 14 世纪，当时被称为 Pynos 或 Pineau。1375 年，勃艮第公爵菲利普二世（Philippe le Hardi）下令，由布鲁塞尔车队从巴黎运送 11 桶绝佳的黑皮诺葡萄酒到比利时的布鲁日（Bruges）。

取名 Pinot 应该跟葡萄的外形有关，黑皮诺的葡萄串小，葡萄粒也较其他品种娇小，而且非常紧密，葡萄粒之间几乎没有空隙。这样的外形和被称为 pomme de pin 的小巧松果很接近，可能因此得名。亨利·贾伊尔（Henri Jayer）说："一颗标准的黑皮诺葡萄只有 1 克重，一串约有 125 颗，重量只有 125 克。"

黑皮诺历史悠久，成名也相当早，深受勃艮第公爵的喜爱。在 14、15 世纪，公爵借强盛的公国之力，将其推广到欧洲各地的宫廷。因担忧所爱的黑皮诺被多产的佳美取代，勃艮第公爵多次发布禁种佳美的禁令，希望以黑皮诺葡萄代之。尽管今日佳美仍存在于勃艮第的

▼ 从右至左，黑皮诺葡萄从开始进入成熟期到完全成熟的不同阶段

葡萄园，但如果不算薄若莱，黑皮诺是生产优质红酒的唯一品种。

全勃艮第有 10,000 多公顷的黑皮诺葡萄园，金丘区占了约一半，达 6,300 公顷，大多位于博讷丘区，最知名的夜丘区内只有约 2,800 公顷。在夏隆内丘区和马贡内区有 3,100 多公顷，但主要在夏隆内丘区内，马贡内区仍以佳美为主。至于北部的约讷（Yonne），其黑皮诺种植面积不到 700 公顷，大多用来酿造气泡酒。虽然黑皮诺对环境的适应力不强，在原产地勃艮第之外成功种植的例子不多，但因其身为名种，而且皮薄、色浅且多酸，也很适合酿造气泡酒，所以分布仍然相当广。

法国香槟区甚至超越勃艮第，种植了 13,000 多公顷的黑皮诺，为全世界最重要的黑皮诺种植区。法国北部的阿尔萨斯、侏罗区（Jura）和卢瓦尔河区的桑塞尔也都产清淡型的黑皮诺。除法国之外，因为全球变暖，德国晚近也种植相当多的黑皮诺，种植面积甚至超过了以黑皮诺闻名的新西兰。不过美国才是除法国以外种植黑皮诺最多的国家。在欧洲，除德国以外，瑞士和意大利北部也种植了不少黑皮诺。黑皮诺自 21 世纪初成为流行品种后，已有相当多的地区开始抢种黑皮诺。主要的葡萄酒生产国，如澳大利亚、阿根廷、智利、南非等，也都有一定规模的黑皮诺葡萄园。

黑皮诺和霞多丽都属早熟型品种，黑皮诺甚至比霞多丽发芽还要早。黑皮诺要种植在比较寒冷的气候区，才可以缓慢地生长，而且在寒冬到来之前就能达到足够的成熟度。即便如此，勃艮第对黑皮诺来说还是过于寒冷，必须种植在条件较佳的向阳坡，并且要降低产量才有可能正常地成熟。而且，在大部分情况下，

需要添加糖分才能让酿成的酒中酒精度达到均衡。不过，如果种在炎热的地方，黑皮诺又会因为成熟太快而难以保持均衡与细致的风味。在土壤方面，黑皮诺似乎很喜爱勃艮第山坡中段混合着石灰岩块的石灰质黏土地。通常黏土越多，风格越强劲，但也越不细致。不过，在勃艮第以外的地方，黑皮诺似乎在其他土壤中也能生长得相当好。

黑皮诺虽然历史超过千年，但本身并非有竞争力的品种，它不只对环境的适应力差，也容易染病，而且产量必须降到非常低才有可能酿出好酒。黑皮诺与霞多丽、梅洛和雷司令（也称丽丝玲）等产量高仍可保证质量的品种不同，从葡萄农的角度来看，它应该是一个很快就会被淘汰的品种。之所以流传至今，应该跟中世纪修道院与勃艮第公爵单独从葡萄酒的质量来衡量黑皮诺的价值有重要的关联。黑皮诺的种植和酿造都特别费神，所以很难酿成价廉物美的酒。

黑皮诺的树体不太强健，藤蔓也比较细。长成的葡萄果实串小而紧，皮薄，单宁和红色素都不多，多汁少果肉，因脆弱且不通风，很容易感染霜霉病和灰霉病等疾病。黑皮诺对产量非常敏感，只要产量一高，就很难保证质量。勃艮第的法定产区对黑皮诺的产量有特别严格的限制，特级园每公顷只能产 3,500 升，比霞多丽特级园每公顷 4,000 升的规定少 500 升。虽然黑皮诺原本产量就不大，但要低于这样的产量，葡萄农还是必须花很多功夫。另外黑皮诺的成熟空间也比较窄，有许多品种像赤霞珠、梅洛、歌海娜等，越成熟越能出现圆熟丰美的口感，但过熟的黑皮诺香味会变得浓重粗糙，失去特有的细致变化与酸味。

除了比较难种植，黑皮诺的酿造也必须非常小心，许多酿造细节都可能给酿成的葡萄酒带来影响。如黑皮诺皮中的酚类物质本就不多，萃取少容易流于清淡，但萃取过多又会马上失去优雅的风味。一般而言，黑皮诺酿成的红酒颜色比较淡，刚酿好之后酒色是红中略带紫，但很快就变成樱桃红，比较偏正红色，甚至接近橘红，较少见蓝紫色调，也较难酿出深不见底的颜色。

黑皮诺品种本身的香气中要以樱桃的香气最为明显。在比较寒冷、葡萄不易成熟的年份或产区，常出现野樱桃、樱桃果核或樱桃白兰地的香气。在温暖一点的年份或产区，则可能是黑樱桃或樱桃果酱香气。草莓和新鲜李子的香气也颇常见，但花香与草香似乎不太典型。黑皮诺经橡木桶培养之后常有香料香气，但偏淡淡的豆蔻与丁香香气，与赤霞珠经木桶培养后的甘草和雪松味很不一样。过去曾经有葡萄酒作家称勃艮第的黑皮诺带有一点粪味，这应该不是黑皮诺的本性，可能是小酒庄的老旧木造酒槽常受到 brettanomyces 菌的感染造成的，现在已经不常见，顶多微带一点肉干味。

黑皮诺的口感，特别是勃艮第产的，因为酒精度较低，通常属中等酒体，有相当好的酸味，比一般的主流红酒来得纤细精巧。黑皮诺的单宁比较少，涩味相对较轻，但更关键的是其单宁常如丝般细滑，又紧又密。相较梅洛与赤霞珠如天鹅丝绒般的单宁触感，黑皮诺的单宁更细也更滑。有些黑皮诺红酒在刚酿成时因含较多单宁，涩味重，但很少见到艰涩咬口的情况。有些酒庄在酿制黑皮诺时会刻意保留一些葡萄梗以提高单宁的含量，如果梗的成熟度不足，反而会让酿成的酒出现较粗涩的单宁。细致的单宁似乎让黑皮诺比较早就可以饮用，但是，看似较脆弱且易氧化的黑皮诺却又常常可以久存，而且在瓶中熟化的过程中，除了能发展出陈酒的香气，更能保有果香，相当神奇，而且美味迷人。在勃艮第以外、种植于较温暖地区的黑皮诺酿成的酒，除了酸味少、酒精度比较高，也常显得柔软，甚至带一点甜味。

▶ 上左：黑皮诺的葡萄串比较小，但一些无性繁殖系也有较大的果串

上右：小而紧密的果串让黑皮诺易染病，但遇到开花不完全的年份也能长出容易通风的果串

下左：黑皮诺的皮较薄，颜色稍淡，单宁和红色素都比其他主流黑葡萄少

下右：进入成熟期的黑皮诺开始变色，即使是同一果串，变色成熟的速度也不一样

黑皮诺的基因比较不稳定，通过突变，会衍生出许多品种。加上千年以上的悠久历史，无论是自然生长还是人工选育的别种或无性繁殖系，数量都相当庞大，达千种之多，少有品种可与之相比。和黑皮诺的基因几乎相同，只是染色体突变的独立品种主要有三个，因为都有 Pinot 一词，常被称为皮诺家族——皮色紫红的灰皮诺（Pinot Gris）、属白葡萄的白皮诺（Pinot Blanc），以及叶子长细白毛的黑葡萄（Pinot Meunier）。此外，也有质量不佳的红汁黑皮诺（Pinot Teinturier）、Pinot Lièbault、Gamay Beaujolais。同其他品种杂交培育出的新种则相当多，如和 Cinsault 杂交产生的 Pinotage。和 Gouais Blanc 杂交产生的品种更多，包括霞多丽、佳美、阿里高特，以及又叫作 Melon de Bourgogne 的 Muscadet 等数种。虽说是新种，其实它们都已经有数百年的历史了。

　　无性繁殖系指的是来自同一个母株、直接用藤蔓接枝进行无性生殖所新培育的幼苗。每一个经选育认可的无性繁殖系都有一个编号作为辨识标志。由于黑皮诺的无性繁殖系研究主要在勃艮第和香槟两地，且酿造气泡酒与红酒对葡萄的需求不同，因此选育出的无性繁殖系也非常不一样。除了不易染病，香槟区的无性繁殖系通常都比较多产，以符合少色、少香及多酸的要求。521、743、779、792、870、872 和 927 均属用于酿造气泡酒的优秀黑皮诺。勃艮第区则较重质量，较早期的无性繁殖系也都以抗病力强、产量稳定为目标，但近年来的选育目标主要为低产量与小果粒，并且特别注意香气与口感。目前质量较好的有 114、115、667、777、828 和 867 等。

▼ 左、右：黑皮诺因果串小巧且紧密，外形有如松果而得名

▲ 霞多丽是勃艮第种植最广的葡萄品种

霞多丽
Chardonnay

相较于许多风格强烈的白葡萄品种，如雷司令或长相思，霞多丽是一个较平实，没有太多独特香气的品种。但这看似是缺点的特性，反而成为霞多丽的强项，使之晋身为全世界最受欢迎的白葡萄品种。

如果不算薄若莱，霞多丽是勃艮第种植最广的品种，占据葡萄园一半以上的面积，比黑皮诺还受葡萄农的喜爱。目前勃艮第大约有12,000公顷的霞多丽，而且还在逐渐增加。不过，霞多丽在最知名的博讷丘区仅种植约 2,500公顷，大部分的霞多丽反种植位于勃艮第的北部和南部，夏布利有 4,900 公顷，马贡内区与夏隆内丘区也有约 5,000 公顷。霞多丽不只是在勃艮第种植广，它还是法国第二大白葡萄品种，在香槟区和地中海南部沿岸地区也有相当大面积的种植。霞多丽也是全世界知名的白葡萄品种，广泛地种植在世界各国的葡萄酒产区，总

▲ 霞多丽是黑皮诺与 Gouais Blanc 杂交产生的新种

面积超过 17 万公顷。

如此重要的国际品种，曾有不同的起源传说，但通过基因分析已经确定其原产自勃艮第，出现的具体时间已经不可考，但至少在 17 世纪之前。1685 年的一份数据记载："St. Sorlin 村（现今马贡内区的 La Roche-Vineuse 村）出产最佳的 Chardonnet，但是产量非常少。"其实，在马贡内区有一个酒村也叫霞多丽，许多人便猜测这是霞多丽葡萄的发源地，不过并没有任何证据可以证实，特别是历史上未曾有文字记载产自该村的霞多丽葡萄酒。该村已有千年以上的历史，在 15 世纪时就已经定名为霞多丽，但品种定名成霞多丽是晚至 19 世纪的事。即使到现在，霞多丽仍存在许多别名，如在霞多丽称 Beaunois，在欧歇瓦区称 Morillon，在金丘区称 Aubaine，而马贡内产区则叫 Pinot Chardonnay。

霞多丽跟大部分源自勃艮第的品种一样，都是黑皮诺与白葡萄 Gouais Blanc 杂交产生的新品种。相较于知名的黑皮诺，Gouais Blanc

则相当少见，因为其被认为质量低劣，不在允许种植的酿酒葡萄名单之内。不过，这个原产自克罗埃西亚的品种在中世纪时于中欧与东欧颇为常见，约在 9 世纪时被引进到勃艮第。Gouais Blanc 和黑皮诺杂交产生的品种相当多，白葡萄除了霞多丽还有勃艮第的阿里高特和 Sacy，在卢瓦尔河有称为 Muscadet 的 Melon de Bourgogne 和 Romorantin，在阿尔萨斯和卢森堡有 Auxerrois；黑葡萄中较常见的只有薄若莱的佳美。在此家族中，以上所提到的品种都跟霞多丽有一模一样的亲本关系，同是以 Gouais Blanc 为母本、以黑皮诺为父本杂交成的。而以黑皮诺为母本的则都是极少见的品种，如 Aubin vert、Knipperlé 和 Roublot。

霞多丽的树体强健，枝叶茂盛，不易染病，对不同环境的适应力很强，因为很容易种植于不同的土壤与气候环境中，所以成为最受欢迎的白葡萄品种。不过，霞多丽属早熟品种，发芽期也较早，只比黑皮诺晚数日，特别适合种植于比较凉爽的气候区，如勃艮第。不过，在过于寒冷的地区有春霜危害的问题。霞多丽特别喜好混合着石灰岩块的石灰质沉积土，至少在勃艮第的环境是如此，此环境下酿成的酒酸度、均衡感、细致度和耐久性都佳。多一些黏土质，酒的风格会稍浓厚与粗犷一些，其酸味和耐久性也会颇佳。

霞多丽的果粒跟黑皮诺一样小，但葡萄串较大，也不那么紧密。葡萄的成熟速度快，成熟时葡萄皮会转变成黄绿色。葡萄的糖度高，酿成酒之后酒精浓度也比较高，酒体比较厚实。此外，霞多丽的产量也较大，而且，与黑皮诺相比，产量稍高也能酿出高质量的葡萄酒，所以同等级的法定产区中，霞多丽的最高单位产

▲ 上：因为天气过热或暴晒而出现干缩现象的霞多丽

下：因适应环境的能力较强，霞多丽可以在更广泛的产区种植

▶ 上左：因没有太强烈的品种特性，霞多丽更能反映特定产区的特性

上右：因开花不完全而结成的无籽小果，比一般霞多丽的果实小很多

下：霞多丽属早熟品种，在北部夏布利的寒冷气候中，若种植于向南的山坡仍可达到极佳的成熟度

量限制会比黑皮诺宽松，如同时可产红酒与白酒的特级园高登，黑皮诺的限制是 1 公顷 3,500 升，而霞多丽则为 4,000 升。但霞多丽最低酒精度的规定却比黑皮诺高，酿造高登红酒的黑皮诺葡萄最少要达到 11.5% 的成熟度，而高登白酒则要到 12% 以上。

霞多丽品种并无明显的香气，属于少香的中性品种。因此，它反而比较容易反映葡萄园的风土特色，甚至更容易顺应与承受酿酒师的不同酿造法所带来的改变，不会和品种的个性产生冲突。相较于雷司令，霞多丽是一个比较逆来顺受、可塑性强的葡萄品种。采用不同的酵母、不同的发酵温度，都能立即产生明显的效果。其中，影响最深远的是橡木桶这一因素。相较于其他白葡萄品种，霞多丽是最适合在橡木桶中进行酒精发酵及培养熟成的品种。霞多丽和橡木桶的香气，如香草、干果、奶油和烟熏味等可以很好地契合，厚实的酒体在橡木桶中也常能培养出如鲜奶油般滑润的质地。

这一特性让人们经常采用橡木桶酿造勃艮第白酒，也让许多人把橡木桶的香气与圆润的口感视为霞多丽白酒的特性。因为容易辨识，于是日后产生了特别强调橡木桶风味的国际风霞多丽白酒，并一度蔚为风潮，成为商业化最严重的葡萄酒类型。即使后来出现反风潮的无橡木桶霞多丽白酒，其原本偏中性无个性的特质也没有给予霞多丽迷人的风格。少了橡木桶，霞多丽反而更需要依赖较佳的自然环境来表现特性。中性的特征使霞多丽除了适合橡木桶，也非常适合用来酿造气泡酒。除了香槟之外，勃艮第北部产的霞多丽也可酿出优秀的 Crémant 气泡酒。此外，在马贡内区也有一些葡萄园采用霞多丽生产贵腐甜酒，但相当少见。

霞多丽也颇能反映环境，勃艮第就是最好的典范。由北到南，勃艮第的各个产区都分别出产风格殊异的霞多丽白酒，北边夏布利的酒口感清新、有矿石味；金丘区普里尼-蒙哈榭村所产的酒有细腻结实又多变化的经典风格；到了南边的马贡内区，则开始出现香瓜与熟果的柔和风味。

霞多丽白酒的耐久潜力早就得到肯定，在勃艮第，经数十年熟成仍然有绝佳表现的例子相当多。不过，20 世纪 90 年代之后，勃艮第白酒经常发生提早氧化的问题，人们对霞多丽的耐久潜力开始有了不同的看法。为了安全起见，有人认为各式等级的勃艮第白酒都必须在六年之内饮用，以免过老或氧化。大部分专家，包括酒庄自己，都相信特级园的霞多丽白酒比村庄级的更耐久放，而且认为橡木桶的发酵培养让霞多丽的酒质较为稳定，更能耐久存。不过，一些位于山坡顶的村庄级酒或是未曾进橡木桶的夏布利，也有可能比在全新橡木桶中培养的特级园白酒更耐久。

与遗传基因不稳定、衍生出许多变种的黑皮诺相比，霞多丽较为稳定，而且不同无性繁殖系之间的差异也较少，以至虽然在勃艮第选育霞多丽采用的无性繁殖系相当普遍，但较少见人讨论。目前可用的无性繁殖系相当多，有三四十种，如低产量的 76、95、96、548、1066 和 1067。其中 76 和 95 较均衡细致，有较多酸味，而 1066 则相当浓厚圆润。较多果香的，则有 77 和 809。霞多丽还是有些变种，如玫瑰红色的霞多丽，带有一些玫瑰与荔枝香气的蜜思嘉，为基因变异所产生的变种。

佳美
Gamay

　　自中世纪以来，佳美就是黑皮诺的竞争对手。即使勃艮第公爵曾经严禁种植佳美，甚至宣称此品种酿成的酒有害健康，佳美也一直不曾从勃艮第的土地上消失。现在如果统计包括薄若莱在内的大勃艮第区，佳美是全区种植面积最广的葡萄品种，面积多达 2 万公顷，不仅是黑皮诺的两倍，还比霞多丽多。但是，在狭义的勃艮第区内，佳美种植区仅有 3,000 多公顷，而且大多集中在马贡内区（2,500 公顷），在最精华的金丘区只种植于条件极差的平原地带，同时，酿成的酒还常挂上相当羞辱的名字——Bourgogne Grand Ordinaire（极平凡的勃艮第）。

　　佳美的历史相当久远，在 14 世纪就出现了一些文字记载。佳美有可能在 14 世纪 60 年代出现在金丘区夏山-蒙哈榭与圣欧班两村之间的同名酒村佳美。佳美因为产量较大，且容易种植，酿成的酒比较清淡易饮，颇受葡萄农的喜爱，很快就取代了产量低的黑皮诺，成为勃艮第的重要品种。1395 年，勃艮第公爵菲利普二世以佳美的质量低下为由下令禁止种植，不过，并没有完全成功。菲利普三世（Philippe le Bon）在 1441 年以维护勃艮第公爵的品味为由重申禁令，甚至法国国王查理八世在 1486 年也再度明令禁止种植佳美。官方如此三令五申却仍无法绝对禁止，这也透露出此品种确实有非常吸引人的特质。

　　虽然勃艮第公爵独爱精致的黑皮诺，但是佳美酿成的清淡红酒更柔和易饮，价格也更便宜，因此特别受农民与大众的喜爱。经过数世

▲ 上：在 14 世纪就出现的佳美葡萄，由黑皮诺与 Gouais Blanc 葡萄自然交配产生

　　下：位于金丘区的 Gamay 村可能是佳美葡萄的发源地

纪直到今天，通过佳美和黑皮诺的爱好者，仍然可以看出不同社会阶层之间的品味差异。黑皮诺难种且产量低，相比之下，佳美易种且多产，从经济上考虑，佳美自然有其存在的价值。在19世纪末的极盛期，佳美甚至成为法国最重要的品种之一，种满了法国十分之一的葡萄园。佳美在勃艮第之外也相当受欢迎，种植区面积多达16万公顷，在根瘤蚜虫病暴发之后才大量减少。

跟霞多丽一样，佳美也是9世纪自克罗埃西亚引进的白葡萄 Gouais Blanc 与黑皮诺杂交产生的新品种，也同样以 Gouais Blanc 为母本，黑皮诺为父本。佳美亦存在不同的变种，如质量不佳的红汁佳美（Gamay teinturier），以及目前最常见、质量最优的白汁佳美（Gamay à jus blanc）。中世纪时为公爵所厌恶的也可能是其他较差的变种。在无性繁殖系方面大体上分成两个系列，一个是强调多果香且鲜美多汁的系列，如 222、282 和 284，适合酿造新鲜早喝的新酒或顺口清淡的年轻红酒。另一个系列则以较有结构和耐久存为特性，如 565、358 和 509，但无论如何，产量还是稍高一些，需种植在贫瘠多花岗岩的土地上并配合短剪枝，才能达到较佳的效果。

佳美适合种植在以花岗岩为主的酸性火成岩土壤中。在带有石灰质的碱性土壤中，酒的风格会变得较为粗犷，这也是多石灰质黏土的勃艮第葡萄园无法生产优质佳美红酒的关键原因，相反，薄若莱北部多花岗岩的山丘正是生产佳美红酒的精华区。

白汁佳美的树体强健茂盛，颇为多产，所以很适合采用杯形式或高登式这些短剪枝的引枝法以降低产量。因颇易生长，其根通常扎得

不太深，常常出现因为干旱而停止生长的现象，致使葡萄的酸味较高。虽然佳美的糖分不易飙高，但相当容易成熟，比黑皮诺要早熟一到两周，可以种植在海拔较高的地方，也适合寒冷的气候区。不过在进入成熟期后，不太适合晚摘，必须在比较短的时间内完成采收，否则容易失去新鲜果香，甚至落果。

佳美的果粒中等，但果串紧密，果粒间空隙小、不通风，很容易感染霉菌。成熟时葡萄皮的颜色近深黑，带着偏蓝的色调，果皮较薄，含有比较少的单宁。酿成的葡萄酒颜色鲜艳，带蓝紫色调，常有新鲜的红浆果香气，也常有芍药花香及胡椒香等，酿成新酒时也常有乙酸异戊酯造成的香蕉油香气。

一般佳美红酒的酒精度低，很少超过13%，酒体较为轻盈，酸度稍高一点，但涩味不多，口感相当柔和，比大部分品种的红酒更适合早喝。

这样的风格除了源于佳美品种本身的特性之外，也跟酿造法有关。浸皮的时间短，采用皮与汁接触少的二氧化碳浸皮法，整串葡萄进入酒槽发酵，都加强了佳美红酒鲜美顺口的特性，使之成为绝佳的日常佐餐酒。不过佳美也有可能酿成耐久型的红酒，如产自薄若莱北部的风车磨坊，经过较长时间的浸皮酿造，也能成为结构严谨的红酒，经过一段时间的熟成，偶尔会产生非常类似黑皮诺的香气。虽然年轻时就相当可口，但佳美的耐久潜力却比我们想

► 上：佳美的果串和果粒都比黑皮诺大一些，但若种植于贫瘠的花岗岩沙上也可能长出小果串

中：由右至左，分别为佳美葡萄从未成熟进入成熟期，再到完全成熟的不同阶段

下：小果串的高质量佳美

象的还要好，经数十年还能保持均衡风味的薄若莱红酒确实相当常见。但大部分时候，佳美都是在上市后一两年内就被开瓶喝掉的。

佳美现在主要的种植区集中在薄若莱。当地有99%的葡萄园种植佳美，是单一品种种植比例最高的产区，而且全球四分之三的佳美都种在薄若莱。由于地缘的关系，在勃艮第南边的马贡内区，红酒的主要品种并非黑皮诺，而是佳美。不过，马贡内区向来以白酒闻名，红酒不太受重视，当地产的红酒只能称为 Mâcon，无法成为 Mâcon Villages 等级。在勃艮第，有三个地区性 AOC 或 AOP 等级的酒采用佳美：佳美和黑皮诺混合酿制的 Bourgogne Passe-Tout-Grains 中，佳美至少占15%，但不得多于三分之二；新近推出的 Bourgogne Gamay 则以85%到100%的佳美酿成；另有随机添加本地品种的 Bourgogne Grand Ordinaire（已改名为 Coteaux Bourguignon），是勃艮第最平价的酒之一。此外，出于成本考虑，也有一些佳美会混合其他品种酿成勃艮第气泡酒（Crémant de Bourgogne），但其他品种添加的比例不能超过20%。

因为早熟，佳美也常种在其他气候寒冷的地方，如卢瓦尔河的 Touraine 区、阿尔卑斯山区、瑞士和意大利北部等地。不过，也有一些和佳美名称类似的葡萄并非真的佳美，如加利福尼亚颇常见的 Gamay Beaujolais，其实是由勃艮第人 Paul Masson 引进的黑皮诺变种。

▲ 嫁接在砧木上的佳美树苗

▶ 上左：佳美产量大，须降低产量才能酿成高质量的葡萄酒

上右：开始变色进入成熟期的佳美

下左：佳美大多舍弃树篱，采用自由生长的杯形式引枝法，有利于降低产量

下右：佳美的果粒大，皮与汁的比例较黑皮诺低

▼ 薄若莱的风车磨坊是全球最佳的佳美产区

阿里高特
Aligoté

阿里高特是除霞多丽之外勃艮第最重要的白葡萄品种，种植面积约 1,700 公顷，只占葡萄园的 5.7%。阿里高特一样原产于勃艮第，但与霞多丽不同，除了东欧，阿里高特很少种到其他地区。Jean Merlet 在 1667 年出版的《佳果简编》（*L'Abrégé des Bons Fruits*）一书中就提到这个品种，当时称为 beaunié。跟霞多丽和佳美一样，阿里高特也是黑皮诺和白葡萄 Gouais Blanc 杂交产生的新品种，以 Gouais Blanc 为母本，黑皮诺为父本。

表面上看起来，阿里高特是一个相当平庸的品种，果串和果粒都比霞多丽大，整体产量也相当高，汁多皮少，成熟慢，糖分低，而且酸味特别高。现在，阿里高特主要种在土壤比较肥沃、日照与排水条件较差的平原区。葡萄农多选择在不锈钢桶里发酵，很少入木桶，酿成的白酒多青苹果香，口味清淡，酸度高，一般认为适合早饮，不太耐久放。有一种专属于地方性的法定产区，称为 Bourgogne Aligoté，其通常产出的是本地市场上最便宜的白酒。勃艮第有一种相当知名的调配酒 Kir，是在白酒中添加黑醋栗香甜酒（Créme de Cassis）调配而成，而清淡的 Bourgogne Aligoté 被公认为最适合调 Kir 的白酒。多酸清淡的个性让阿里高特也常被用作酿造气泡酒的主要原料。

不过，阿里高特的平庸并非全然出自品种本身。没有选育质优的无性繁殖系也是关键，现有的三个质量好一些的无性繁殖系 263、264 和 651 产量也都相当高。因种植阿里高特的酒庄相当少，连第戎大学都尚未选育出较佳的阿

▲ 上：成熟时变成金黄颜色的阿里高特

下：Domaine Ponsot 种植于 1911 年的一级园 Mont Luisant 里的阿里高特葡萄

里高特，勃艮第葡萄种植技术协会（ATVB）只能建议葡萄农剪枝时尽量不要留太多叶芽，或者直接采用高登式的引枝法来降低产量。夏隆内丘北端的布哲宏村是勃艮第唯一以出产阿里高特闻名的酒村，村内还留存着一些质量较佳的老树，葡萄粒较小，成熟度佳，跟一般皮很青绿的阿里高特不同，它成熟后颜色会变为金黄，称为金黄阿里高特（Aligoté doré）。村内的名庄 A. et P. de Villaine 正在联合其他葡萄农进行复育计划，让有意种植阿里高特的葡萄农有高质量的树苗可选。

大多种植于条件差的葡萄园也是阿里高特无法酿出好酒的原因之一。除了布哲宏村，现在很少有人将阿里高特种到条件最好的向阳山坡上。勃艮第的法定产区规定，只允许布哲宏村使用阿里高特酿造村庄级或更高等级的葡萄酒。这意味着即使种在村庄级、一级园或特级园的阿里高特也必须降级成 Bourgogne Aligoté，由于价格差异太大，葡萄农自然会拔除种在山坡上的阿里高特，改种霞多丽。

20 世纪 30 年代之前，在高登山上，特别是在现在位于佩南-维哲雷（Pernand-Vergelesses）村内的特级园高登-查里曼里，种有比例相当高的阿里高特。甚至到现在，有些七十年以上的老树葡萄园中仍有混种的阿里高特。阿里高特的叶子比霞多丽色深且大，而且相当浓密，其实很容易辨识。勃艮第葡萄种植技术协会的阿里高特选育计划主要在这一区实施。当年在特级园内有此混种绝非偶然，阿里高特很有可能并非如一般所说的那样不耐久存或不适合橡木桶培养。

莫瑞-圣丹尼村的老牌独立酒庄 Domaine Ponsot 就是绝佳的例证。他们在村内的一级园 Monts Luisants 拥有 0.9 公顷的葡萄园，该葡萄园就位于特级葡萄园罗西庄园上方。早期还种有一部分霞多丽，2005 年之后全部种植阿里高特，其中一部分还是 1911 年庄主的曾祖父种植的，平均树龄近百岁，采收后在橡木桶中完成发酵与培养。Domaine Ponsot 的这款酒证明了，种在极佳环境下、产量低的阿里高特也可以酿出独具个性，而且非常耐久的伟大白酒。

其他品种

● 灰皮诺（Pinot Gris）和白皮诺（Pinot Blanc）

灰皮诺和白皮诺这两个属于皮诺家族的白葡萄品种在勃艮第虽然存在，却相当少见。依据法定产区的规定，理论上这两个品种在勃艮第是不能够单独装瓶的，只能够混合黑皮诺酿成红酒。有趣的是，这两个品种除了勃艮第丘（Coteaux Bourguignon）外，不能用来生产白酒，也不能和霞多丽混合。这样的规定其实有历史脉络可寻。

过去，人们对红酒的品鉴并不像现在这么偏好颜色深、味道浓，反而特别喜爱柔和顺口的红酒，有时甚至还会加水调和。在种植黑葡萄时，园中常会混种一些白葡萄，一起采收并混酿，让酿成的红酒更圆润可口。如果添加的葡萄比例得当，白葡萄有定色的效果，反而可以让酒的颜色变得更深。黑白葡萄混种以酿造红酒，在历史上相当常见，如知名的特级园梧玖庄园在 19 世纪 20 年代之前曾经种植多达40% 的白葡萄。

灰皮诺在本地又称为 Pinot Beurot，是黑皮诺的变异种，皮的颜色呈深粉红或浅红紫色，属早熟品种，和黑皮诺一起采收时经常已经过熟，所以口感甜美圆润，有浓郁的果味。白皮诺也是黑皮诺的变异种，在勃艮第比较常见的是夜丘区的 Henri Gourges 酒庄发现并保留的突变种。这和阿尔萨斯的白皮诺不太一样，它的香气较少，口感也比较坚实。虽然不被允许，但在勃艮第仍可找到一些 100% 的白皮诺或灰皮诺白酒，如夜圣乔治的一级园 Les Perrières 所产

▲ 上：进行玛撒选种法的黑皮诺葡萄母株

下：风格粗犷的恺撒通常只用来调配，很少单独装瓶

▲ 灰皮诺和白皮诺都是黑皮诺变种产生的新品种　　　　　　　▲ 白皮诺

的酒。勃艮第北部的 Bourgogne Côte St. Jacques 产区也采用灰皮诺酿造相当独特的淡粉红酒（vin de gris），酸味不高且圆润，颇为可口。

● 恺撒（César）

勃艮第北部的欧歇瓦区也保留着一些相当少见的品种，如黑葡萄恺撒和 Tressot，以及白葡萄 Sacy。其中以恺撒最著名，Tressort 几乎消失，Sacy 则只酿成气泡酒。恺撒虽较为常见，但目前全勃艮第的种植面积仅有 5 公顷，主要在 Irancy 村。恺撒据传为罗马军团引入，但实为黑皮诺与 Gänsfüßer 的后代。恺撒的葡萄树体颇强健，皮的颜色深黑，酿成的葡萄酒颜色深，风格粗犷，有相当多的单宁，涩味重，虽可久存，但不适合单独酿造，和黑皮诺混合之后可以变得柔和一点。在 Irancy 产区最多只能添加 10% 的恺撒，以免破坏酒的优雅风味。

● 长相思（Sauvignon blanc）

欧歇瓦靠近夏布利附近的 St. Bris 村也种植着不少长相思，现已成为法定产区，有 100 多公顷的种植面积。长相思是 20 世纪初才自卢瓦尔河产区引进的品种。事实上，St. Bris 村无论是在自然环境上还是实际距离上，都和卢瓦尔河的桑塞尔相隔不远，不过长相思在本地的表现还是以花草与热带水果香气为主，较少矿石与火药味，口感也来得清淡一些。

▲ 白皮诺

无性繁殖系

勃艮第的几个主要品种如黑皮诺、霞多丽和佳美都是有相当久远历史的品种，因为自然的基因变异，衍生出相当多的变种，这意味着即使同是黑皮诺或霞多丽，各变种之间也会有强烈的差异，诸如成熟期、产量、抗病能力、糖度的多寡、酸度的高低、果粒的大小等，各不相同。这些品种如黑皮诺一般果粒小，产量不高，但也有一种称为 Pinot Droit 的变种，该变种果粒大，产量高，质量平庸。

除了品种自然产生的变异，也可通过人工选种，选育出具有不同特性的无性繁殖系。所谓无性繁殖系指的是所有新培育的幼苗全来自同一个母株，由于直接用藤蔓接枝进行无性繁殖，所以基因稳定，可以不断地复制。为了改善勃艮第状况不佳的葡萄园，1955 年 Raymond Bernard 博士开始研究选育无性繁殖系，并成为全球霞多丽与黑皮诺选育的先驱，他先在葡萄园中通过多年的观察选出较健康的葡萄树，然后进行嫁接选种。法国于 1962 年也在地中海沿岸成立国家级的葡萄种植技术研究单位

ENTAV（原称为 ANTAV），与国家农业研究单位 INRA 及地区性的研究单位一起选育不同特性的无性繁殖系。到 20 世纪 70 年代初，霞多丽和黑皮诺都有人工选育成功的无性繁殖系。这些特性不同的母株都是经过多年的选种而成的，通常抗病力强，产量稳定。每一个无性繁殖系都有一个编号作为辨认标志。

早期的无性繁殖系着重于抗病性与产量，不太注重质量，常常茂盛多产，酿成的酒较无特色。但近期已经出现从质量出发的无性繁殖系，酿成的葡萄酒有较佳的表现。目前质量较好的无性繁殖系黑皮诺有 114、115、667、777 和 828 等，霞多丽则有 76、77、95、96、548、809、1066 和 1067，虽然无法达到完美，但比过去改善了许多。因为要培养出一个稳定的无性繁殖系至少得十年以上的时间，所以进程相当缓慢。经过数十年的研究，包括黑皮诺、霞多丽和佳美葡萄在内，勃艮第有三四十种无性繁殖系可供葡萄农选择。葡萄农可以通过同时混种多种无性繁殖系增加葡萄的复杂度，也可避免基因特性过于单一的问题。

虽有人工选种的葡萄品种，但是也有非常多的酒庄继续采用传统的玛撒选种法。其方法并非采用单一母株，而是采用很多质量优异的植株，生成更多样的基因混合。通常酒庄先选定一片种有老树且质量佳的葡萄园，每年在园中观察，选出健康、产量稳定的葡萄树，然后在其靠近根部的地方绑上带子做记号。每年重复一次，不合格的解掉带子，合格的则加绑一条。几年之后，就可选出条件较好的葡萄树作为基因仓库。等需要种新的葡萄树时，就可以选这些绑有多条带子的葡萄树的藤蔓来接枝。这样的方法虽然原始，需耗掉葡萄农许多时间，而且可能无法完全避免葡萄受病毒感染，但却具有保留葡萄传统基因的重要功能。

过去，玛撒选种法必须由酒庄自己做，但现在勃艮第葡萄种植技术协会（ATVB）与许多酒庄以集体合作的方式进行玛撒选种，选育出质量佳、稳定，而且不用太担心病毒感染的树苗。现在已经有多种通过玛撒选种法挑选出的霞多丽和黑皮诺品种供酒庄选择。目前，在勃艮第有几个地方保留了这些不同的无性繁殖系，形成相当珍贵的基因仓库。在博讷附近的勃艮第葡萄种植技术协会种有不同时期选育出来的 547 种黑皮诺、72 种霞多丽和 26 种阿里高特；在马贡内区的 Davayé 有 344 种霞多丽的无性繁殖系；在薄若莱的 SICAREX Beaujolais 研究中心也保留着 316 种佳美葡萄的无性繁殖系。

▲ Chablis 一级园 Montée de Tonnerre 采收

在勃艮第，即使最顶尖的酿酒师也自称是自然的奴仆。虽然如此看重葡萄园，但其实人一直是勃艮第葡萄酒的中心。很少有其他产区可以像勃艮第这么贴近葡萄园，同时却又与酿造者如此亲近，在酒的背后也常能望见庄主的身影。

勃艮第有为数庞大的由葡萄农自耕自酿、充满人本主义精神的小酒庄。以父子相承为根基的勃艮第传统，不同于专业分工的现代化酒业。即使是闻名的明星酒庄，庄主和家人也常亲自入园耕作，而且自己酿造。他们把大部分的时间花在葡萄园里，相信只要有好的葡萄，不需要复杂的技术与设备，就能酿出自然天成的难得美味。但因为是自家小规模酿造，所以常常在酒中留下手工制作般的触感。仿佛带着生命刻痕的手工制作，也许不是那么完美均衡，但变得更独特，也更加迷人。

第二部分

人与葡萄酒

Homme et Vin

自罗马时期以来的两千年间，教士、公爵、酒商与农民，不同的社会阶层在勃艮第的葡萄酒史里，曾轮番扮演过重要的角色。中世纪熙笃会的教士开启了对葡萄酒与风土条件间关系的研究，开辟出由石墙围绕起来、流传至今的历史名园。

从中世纪跨入文艺复兴时期，历任有着精致品味的勃艮第公爵，通过政治权力确立了今日勃艮第不可替代的细腻风味。18 世纪兴起的酒商将勃艮第葡萄酒的名声带往更远的市场，而 20 世纪才开始的独立酒庄装瓶风潮，让葡萄农首次成为勃艮第的主角。

一部分历史虽然已成陈迹，但依旧深深地影响着今日的勃艮第葡萄酒业。这样的背景也让勃艮第成为一个坚守着最多传统的葡萄酒产区，这里保留了旧时的种植与酿造法，甚至酒业体制与葡萄园分级，也都有历史根源。

● 起源

勃艮第葡萄酒的风格与过去千年来的历史变迁息息相关，悠长的勃艮第葡萄酒史汇聚成了今日勃艮第葡萄酒的典范。传统的经验加上时代的变迁，让勃艮第的土地在每个世代都能培育出最让人渴望的美酒。虽然当地的酒庄常常为何者才是真正的传统勃艮第葡萄酒争论不休，但放眼全世界，勃艮第却是在不断创新的同时保有最多旧时传统的葡萄酒产区，这些传统包括葡萄品种、葡萄园分级、种植法、酿造法等，都是在历史演进中逐渐形成的，只是这些所谓的传统有数十年、百年与千年的差别罢了。时间经常在勃艮第的酒窖里失序，再先进的酿酒窖里都难免充斥着各式各样的古今杂陈，每一家酒庄都有自己对传统的诠释和面对历史的方式。守旧如勃艮第，历史

▲ 在两千五百年前，勃艮第开始出现希腊双耳尖底陶瓶，装着产自地中海沿岸的葡萄酒

▲ 欧丹市的罗马古城门 La Porte d'Arroux

也常变成创新的护身符，许多新式的酿酒法都因和传统制法扯上一点关系而被葡萄农们所接受。

勃艮第并非法国历史最悠久的葡萄酒产区，在罗马人占领勃艮第之前，居住在勃艮第的凯尔特人（Celts）并没有留下酿造葡萄酒的痕迹。虽然历史性的假设可以提供想象的空间，但酿酒史只能上溯到罗马时期。

不过，葡萄酒的历史反而可以往前推五百年，勃艮第出土的双耳尖底希腊陶瓶及葡萄酒器，证明在公元前 5 世纪，居住于当地的凯尔特人就开始享用葡萄酒了，这些酒主要来自希腊和腓尼基人的殖民地及意大利半岛。本地自制的酒精饮料是以大麦酿造的一种酒精度更低的啤酒。这些稀有的葡萄酒是专属于统治阶级的饮料，有时也用来鼓舞与奖励战士的勇气。大约到公元 1 世纪，这些希腊尖底陶瓶才消失，由当地烧制的陶瓶所取代，而且人们开始使用橡木桶。依据推测，勃艮第的葡萄酒酿造很可能是从这个时候开始的。

不过，曾经写过勃艮第葡萄园起源的 Pierre Forgeot 却认为时间应该更早。在公元前 400 年左右，现今法国境内的高卢人（Gaulois）曾经为了美味的葡萄酒入侵意大利半岛。有三十万人移居意大利北部，在各地定居以便就近享用葡萄酒。在这些高卢人中，有一支来自勃艮第的凯尔特人，称为 Eduens（Aedui），他们定居在米兰与科摩湖（Lago di Como）之间，由游牧转为农耕，开始学习种植葡萄与酿酒。一百多年后，Eduens 族被罗马人驱赶，逐渐从意大利的土地上消失，其中有一部分人迁回了现今的勃艮第。Pierre Forgeot 根据希腊与罗马历史学家的记载，推断从意大利回到勃艮第的

▲ 1114 年创立、在夏布利拥有历史名园 La Moutonne 的 Pontigny 教会

Eduens 族人必定会带回葡萄树苗来酿酒。

不过，由于没有精确的史料佐证，关于勃艮第葡萄酒的起源时间有不同的说法。Jean-François Bazin 推测是在 1 世纪下半叶，法国农业史学家 Roger Dion 则认为是在公元 3 世纪，Gaston Roupnel 甚至认为从公元前 4 世纪就已经开始。但无论如何，被罗马占领的地区，必定会发展葡萄酒业。恺撒大帝在公元前 1 世纪曾在勃艮第停留一年，不过并没有留下任何关于当地葡萄酒的记载。罗马人占领勃艮第之后，对葡萄酒的需求日增，他们将葡萄树引入勃艮第就地种植葡萄，并酿制葡萄酒以替代从意大利引进的葡萄酒。这不仅是理所当然的事，而且如同在其他地区一样，短时间内就发展起来。即使罗马皇帝曾经发布禁止在意大利之外种植葡萄的禁令，也无法禁绝。

不过现存的有关勃艮第葡萄种植的文字记载，却晚至 4 世纪初才出现。希腊裔的官员 Eumenius 出生于勃艮第中部离金丘区不远的欧丹市（Autun），那是当时区内最大的城市。Eumenius 于公元 312 年写给罗马皇帝君士坦丁（Constantine）的减税辩词中提到了现今博讷一带 Pagus Arebrignus 地区的葡萄园。为了能降低税收，Eumenius 强调当地的葡萄园与高卢其

▲ 罗马时期的欧丹市是勃艮第区内最大的城市，仍留存着当年占地广阔的罗马剧场

他地区不同，因环境艰苦，无法随处种植，只能选择丘陵森林与苏茵平原之间的山坡，以避开有霜害风险的平地与岩盘交错的山顶。

随着西罗马帝国的衰败，北方民族开始入侵。不过，即便如此，勃艮第葡萄酒的发展也没有受到阻碍。来自北欧的勃艮第人（Burgondes）于 5 世纪以里昂（Lyon）及日内瓦（Geneve）为首都建立勃艮第王国，领土广及如今的瑞士与法国东部，占领了大部分的罗讷谷地，并在 5 世纪末占领勃艮第。虽然这个王国在公元 534 年被法兰克王国消灭，但是自此，勃艮第成为法国东边这片土地的名字，并流传至今。

● 中世纪教会

占领高卢地区的北方民族逐渐皈依天主教，教会经常受到国王或贵族的馈赠。在勃艮第，自 6 世纪起，开始有将葡萄园献给教会的记录，从而开启了勃艮第教会种植葡萄与酿造葡萄酒的千年传统。在中世纪，包括葡萄园在内的所有土地都归国王与封建贵族所有，教会通过接受赠予，也拥有土地，甚至还可以向贵族买地扩充面积。教会的影响一直延续到 18 世纪法国大革命才真正画下句号，所有教会的葡萄园全部充公，最后经拍卖变成私人的产业。

墨洛温王朝（Mérovingiens）的勃艮第国王 Gontran 在公元 587 年首开先例，将葡萄园

▲ 曾为克里尼修会产业的哲维瑞城堡

捐给第戎市 St. Bénigne 修道院的修士们。公元 640 年，Amalgaire 公爵将哲维瑞-香贝丹村的葡萄园捐赠给贝泽修道院（Abbaye de Bèze），成为现在的特级园贝泽园。公元 775 年，查理曼大帝（Charlemagne）将阿罗斯-高登村的葡萄园捐赠给 St. Andoche 教会，成为现在的特级园查里曼，教会经营此园近千年，直到法国大革命时才结束。867 年，查理曼大帝的孙子，西法兰克王国的查理二世（Charles II）也曾经将夏布利及 St. Loup 修道院捐赠给 St. Martin de Tour 教会。

拥有葡萄园的修道院内，有专门负责种植葡萄与酿造葡萄酒的修士或修女。虽然修道院强调劳动的价值，但他们并不一定参与所有的工作，通常会雇用农民帮忙完成较简单且粗重的农事。修士们除了负责生产教会所需的葡萄酒，也对葡萄的种植与酿造进行试验和研究。举凡葡萄的修剪、引枝、接枝、酿酒法，以及葡萄酒的品尝分析等，都曾经是修士们研究的主题，这让勃艮第在技术上有了长足的进步。勃艮第葡萄酒的精髓——climat 的概念，就是中世纪教会提出的新观念。climat 指的是一片有特定范围和名称的土地，因拥有特殊的条件，可以生产出风格特殊的葡萄酒，也就是法文中的 terroir 一词在勃艮第的传统用法。他们经常把这些特殊的 climat 以石墙为界划分开，成为所谓的 clos（围园），这个传统一直延续至今。现在勃艮第的葡萄园虽然面积不大，但数以千计，其中还包括许多围有石墙的历史名园。

在诸多教会中，对勃艮第葡萄酒影响最深的是 910 年在马贡内区成立、属本笃会（Benedictine）一支的克里尼修会（Cluny），以及 11 世纪在夜丘区成立的熙笃会，这两者都是源自勃艮第，但影响遍及全欧洲的重要教会。虽然这些带着改革色彩的教会关注的核心并非酿造葡萄酒，但却意外地奠定了勃艮第葡萄酒业的基石与名声。欧洲其他地区，如德国莱茵高（Rheingau）产区，也有熙笃会的 Kloster Eberbach 修道院，都在其所在地的葡萄酒发展史上扮演了非常重要的角色。

克里尼修会的葡萄园大多位于马贡内和夏隆内丘区，如马贡内地区主教所捐赠的位于霞多丽村的葡萄园。同属克里尼的圣维冯修道院（St. Vivant de Vergy），在夜丘区也拥有葡萄园，如冯内−侯马内村的侯马内−圣维冯。在哲维瑞−香贝丹村也有 11 世纪初由贵族与地区主教捐赠的哲维瑞城堡（Château de Gevrey），虽不是修道院，但却是克里尼修会的产业与酿酒窖。

克里尼修会为复兴本笃会精神而兴起，在极盛期全会有一千四百五十家修道院。但两百年间，修道院内的会规日渐松懈，生活过度逸乐，本笃会强调祈祷与劳动并重的精神变得淡薄，之后便逐渐没落。为了延续本笃会的精神，Roberto di Molesmes 于 1097 年在勃艮第第戎市南方的沼泽区熙笃，成立了强调劳力与苦修的熙笃会。修会内的生活相当简朴，甚至可以说清寒，连祈祷礼仪也力求纯朴。因将工作视为祷告，修士亲自从事农耕、烹饪、纺织、木工等以生产生活所需。这样的改革理念引起许多回响，到 12 世纪时全会在欧洲有多达五百多家修道院，也意外地推动了农工技术的发展。

▲ 1141 年由 Notre Dame de Tart 修道院所创建的塔尔庄园流传至今，仍保留着完整、不曾分割的独占园

▶ 左：曾由熙笃会修士经营了六百多年的梧玖庄园

右上：塔尔庄园酒窖中 16 世纪的木造榨汁机

右下：夏布利酒商 Laroche 位于 L'Obédiencerie 修道院旧址，并留存着 13 世纪的木造榨汁机

除了以葡萄酒闻名，熙笃会也生产与修道院同名的奶酪。

熙笃会母院离金丘区葡萄园不远，也有相当多捐赠的葡萄园，如现今的特级园李奇堡。

不过，最知名的是由熙笃会修士经营六百多年的梧玖庄园，这是勃艮第最有名的历史名园，主要来自 12 世纪的捐赠。修士协同葡萄农耕作，在园中亦设有酿酒窖。公元 1336 年，这片广达 50 公顷的葡萄园四周开始筑起围墙，成为 clos（围园）的典范。其他熙笃会的修道院也拥有一些名园，如 Notre Dame de Tart 修道院所拥有的塔尔庄园，自 1141 年以来，这片 7.5 公顷的葡萄园都没有分割，完整地保存至今。又如夏山-蒙哈榭村的 Abbaye de Morgeot。另外，创于 1114 年、位于夏布利北方 10 多公里的 Pontigny 修道院，除了拥有产红酒的 La Vieille Plante 葡萄园外，也在夏布利拥有包括历史名园 La Moutonne 在内的葡萄园，并在城内设有酿酒窖 Petit Pontigny。

● 勃艮第公爵

14 世纪到 15 世纪，在中世纪跨入文艺复兴的时代，位于神圣罗马帝国与法国之间的勃艮第公国，成为欧洲的重要强权。从菲利普二世开始，接连四任勃艮第公爵都来自瓦洛王朝（Valois），其华丽的宫庭，精致豪奢程度为当时欧洲之最。公爵所钟爱的勃艮第葡萄酒，借着勃艮第公国的政治实力与影响力，在公爵亲自推荐下，变成高质量的商品，销往巴黎、教皇国，以及欧洲其他国家，是当时西欧最知名的葡萄酒。

公元 1361 年，年仅 15 岁、尚无子嗣的勃艮第公爵菲利普一世（Philippe de Rouvre）因感染黑死病过世。法国国王约翰二世（Jean II Le Bon）是公爵的继父，兼具姑表伯父的身份，便趁机继承勃艮第公爵国。1363年，约翰二世为了保证公国的独立，指派最小的儿子为勃艮第公爵（菲利普二世）。新任的公爵迎娶菲利普一世的妻子、法兰德斯的继承人玛格丽特公主（Marguerite de Flandre），让公国的领土远及大西洋沿岸的法兰德斯。

公爵的庞大产业中，亦包括葡萄园与酒窖，所产的葡萄酒除了供家族自饮与宫廷所需，也经常当作馈赠教皇、国王与贵族的礼物，剩余的也对外出售。勃艮第葡萄酒不断地出现在公爵的庆典及外交场合上，如1370年菲利普二世赠送给新任教皇格雷瓜十一世（Grégoire XI）的博讷红酒，又如1454年菲利普之子约翰（Jean sans Peur）举办的雉鸡飨宴（Le Banquet du Faisan）。现在勃艮第还留存着当年公爵的葡萄园，如渥尔内村的一级园 Clos de Duc。在第戎南郊的 Chenôve 村也留有公爵的酿酒窖与木造榨汁机。位于夏隆内丘区的吉弗里村北郊，也还保留着菲利普二世送给公爵夫人玛格丽特的城堡 Château de Germolle。城堡曾拥有15公顷的葡萄园，生产宫廷专用的葡萄酒。

公爵不仅提升了勃艮第葡萄酒的知名度，而且对酒的质量的提高起到了更长远的影响。1395年，菲利普二世沿着罗讷河往南，携带9大桶、4,000多升的渥尔内红酒前往亚维侬拜见教皇 Benoît XIII。这批酒在到达亚维侬时，竟然已经变得粗犷而难以入口。这个意外促使菲利普二世在当年发布了一项影响勃艮第酒业的重要法令——他禁止种植当时人们认为多产且质量低的佳美葡萄，代之以质量优异的黑皮诺葡萄。黑皮诺最早的历史记载是在1375年，当时菲利普二世下令将一批黑皮诺葡萄酒从巴黎运往法兰德斯。佳美则可能源自同名的佳美

▲ 勃艮第公爵菲利普二世曾下令禁止种植佳美葡萄

▶ 上：博讷市曾是勃艮第公国的首都，城中心仍留存着当年的公爵酒窖

下左：菲利普二世送给公爵夫人的城堡庄园 Château de Germolle

下右：由菲利普三世的掌印大臣 Nicolas Rolin 所创建的博讷济贫医院

村，在 14 世纪 60 年代开始出现。这两个品种在当时已经是勃艮第最重要的黑葡萄品种。佳美因为较易种植，产量大，很受葡萄农的喜爱，但不及黑皮诺优雅，也被认为较不耐久存。

菲利普二世在禁令中甚至强调，佳美是非常差、非常不诚实的葡萄，这种糟糕的品种产量非常大，他还说佳美不只有恐怖的苦味，而且危害人体健康，很多人因为喝佳美红酒而得了非常严重的病。除了禁种佳美，公爵也禁止农民在葡萄园中靠施用肥料来提高产量；禁令中还制定了金额非常高的罚则。不过即使如此，仍有农民继续种植佳美葡萄。菲利普二世的孙子菲利普三世在 1441 年重申此令，而且要求拔除所有种在平原区的佳美葡萄。甚至 1486年法国国王查理八世还再度禁止勃艮第种植佳美葡萄。黑皮诺得以成为今日勃艮第最主要，且几近唯一的黑葡萄品种，除了自然环境因素，也肇因于菲利普二世的法令。

菲利普三世在位期间，其掌印大臣——相当于今日之首相——侯兰（Nicolas Rolin）亦对后世的勃艮第酒业有所影响，他和妻子莎兰（Guigone de Salin）在 1443 年于博讷市内创立了博讷济贫医院（Hospices de Beaune），提供贫民医疗服务。五百年来靠着国王、贵族与其他善心人士的捐赠，济贫医院累积了许多资产，其中包括许多葡萄园。自 19 世纪中叶起，博讷济贫医院每年举办自产的葡萄酒拍卖会，这成为勃艮第每年最重要的盛会。

第四任公爵查理（Charles le Téméraire）于 1477 年过世，他并无子嗣，只留下女儿玛丽（Marie de Bourgogne）。法国国王路易十一世（Louise XI）趁机进攻并占领勃艮第。玛丽为寻求神圣罗马帝国的支持，嫁给了未来的皇帝马克西米利安一世（Maximilien I），但 1482年，勃艮第仍被正式纳入法国版图，而公国其他的土地则被纳入神圣罗马帝国，从而结束了勃艮第公国的历史。

● 资产阶级的兴起

勃艮第公国的消失，让勃艮第葡萄酒失去了原有的绚丽舞台，教会修道院也日渐式微，必须卖掉部分葡萄园产业。在贵族与农民之间，富有的资产阶级逐渐兴起，除了成为葡萄园主，还催生了勃艮第酒业的一种新兴行业——葡萄酒酒商（négociant）。

1720 年，勃艮第的第一家酒商 Champy在博讷市成立。此后，酒商便如雨后春笋般冒出，如 1725 年成立的 Lavirotte、1731 年的Bouchard P. & F.（Bouchard Père et Fils）、1747年的 Poulet、1750 年的 Chanson P. & F.（Chanson Père et Fils）、1797 年的 Louis Latour 等。新兴的资产阶级酒商取代了过去的教会与贵族，在勃艮第葡萄酒业中开始担任最重要的角色。法兰德斯与比利时因曾隶属勃艮第公国，一直是勃艮第葡萄酒重要的市场，比利时商人常于采收季之后到勃艮第采买葡萄酒，他们通常由葡萄酒中介（courtiers gourmets）陪同，以保证酒的来源和质量。但 18 世纪兴起的勃艮第酒商改变了这样的形式，他们除了买入与销售葡萄酒，同时还扮演调和与培养的角色。除了供应巴黎与比利时的市场，酒商也开始将葡萄酒卖到英国和德国。

1789 年法国大革命之后，葡萄园的所有权重新分配，教会与贵族拥有的葡萄园在充公后，被逐批拍卖，勃艮第的葡萄园逐渐被当时兴起的资产阶级收购。被拍卖的包括最精华的名

◄ 博讷市的勃艮第公爵府现已改为葡萄酒博物馆

▼ 左：博讷市内的 Louis Latour 酒商创立于 1797 年，至今仍由原家族经营

右上：铁路的兴起让勃艮第葡萄酒可以销售到更遥远的地区

右中：1905 年采收季酒商 Louis Latour 的照片

右下：自 18 世纪玻璃瓶得以量产，瓶装葡萄酒开始取代桶装酒成为市场主流

园，如候马内-康帝、塔须、香贝丹、贝泽园等，而 50 公顷的梧玖庄园在公元 1791 年由巴黎银行家 Foquard 以 1,140,600 古斤银的价格标得。土地重新分配使得居住在城市的资产阶级及少数的富农成为勃艮第葡萄园的主要园主。

勃艮第葡萄酒虽有名，但在当时并非葡萄酒贸易的主流。法国道路的改进、勃艮第运河的开通，以及由第戎通往巴黎的铁路通车，才让勃艮第葡萄酒的市场潜力大增。精品市场的勃兴，以及勃艮第新兴酒商的营销，也使人们对勃艮第葡萄酒的需求大幅提高。葡萄园不断扩张，平原区再度种满多产的佳美葡萄。18 世纪中期，勃艮第开始有玻璃瓶厂可以大量供应装瓶所需，到 1780 年，大部分的勃艮第葡萄酒已经是装瓶后才上市，而且开始贴上标签。这些更耐久存，也更适合运输的勃艮第葡萄酒比过去橡木桶装的酒更能保证原产品的质量。葡萄酒的等级划分变得更加迫切。

勃艮第的葡萄酒分级一开始就以葡萄园为分级单位，不同于波尔多以酒庄为单位的分级。从 1827 年开始，就已经有作家或爱好者为勃艮第的葡萄园进行多次分级，其中最重要的是 1855 年 Jules Lavalle 为金丘区的葡萄园所做的详尽分级。他将金丘区的葡萄园共分为四级，现今的特级园与一级园几乎在当时就几乎已经被选列在最高的两个等级里，这为日后的正式分级奠定了基础。

19 世纪后半叶，勃艮第南边的产区有 23,000 多公顷的葡萄园，而夏布利地区更达 40,000 多公顷。所有的葡萄酒几乎都通过聚集在博讷和夜圣乔治的酒商销售出去，但繁荣景象并没有维持太久。由新大陆传入的葡萄病害，在 19 世纪末几乎毁掉了所有的葡萄园，源

自北美的葡萄瘤蚜虫病从法国南部沿着罗讷谷地往北，1874 年传到了薄若莱的 Morgon 区，次年就传到马贡内区，1878 年传到金丘区的默尔索村，最后在公元 1886 年传到夏布利，勃艮第的葡萄园几乎无一幸免。这场灾难，最后以嫁接抗蚜虫病的美洲种葡萄而平息，不过，只有条件较佳的葡萄园得以重新种植。霜霉病在 1884 年传入，紧接着粉孢病（Oïdium）在 1899 年传到勃艮第。

勃艮第葡萄园在重建过程中，也经历了种植技术的转变，原本随意混种、以压条法培育新株的方式被迫舍弃，葡萄园改用成排篱笆式的引枝法，种植密度也由原来的每公顷 20,000 到 25,000 株减少为 8,000 到 10,000 株，有秩序的空间可以方便马匹进入葡萄园协助犁土等农事，进行更科学与有效率的耕作。

● 葡萄农的世纪

勃艮第酒商独占葡萄酒市场的情况，到 20 世纪才开始出现转机。因为 20 世纪初第一次世界大战带来的不景气，从 20 世纪 20 年代开始，贵族与资产阶级开始卖掉在勃艮第的葡萄园。地价低廉，让葡萄农有机会从地主手中小面积、逐步地买下耕作了一辈子的葡萄园，土地的所有权逐渐由农民持有。现今金丘区的知名独立酒庄，大多是在这个时期建立起来的。葡萄农除了耕作，也酿造葡萄酒，但几乎全部整桶卖给酒商，并不自己装瓶销售。在此之前，市场上只有挂着酒商品牌的勃艮第葡萄酒，并无酒庄酿造的产品，勃艮第的葡萄农默默地做了两千年的幕后英雄。

景气连年不佳，使酒商减少从葡萄农手中采购葡萄酒，更严重的是，酒商引进法国南部

▲ 左：酒庄装瓶的风潮让勃艮第葡萄酒保有更多独一无二的个性

　　右：勃艮第虽拥有许多数百年历史的独立酒庄，但都是晚近才以酒庄的名义自己装瓶上市

廉价的葡萄酒，混进勃艮第葡萄酒中销售。在20世纪30年代，几乎所有金丘区的酒商都从罗讷南边的教皇新城堡产区（Châteauneuf-du-Pape）采购葡萄酒，有些酒商甚至采买更便宜、来自北非法国殖民地的酒混入勃艮第葡萄酒中滥竽充数。勃艮第的声誉因此受到影响，也造成市场的混乱。许多葡萄农积压了大量卖不掉的葡萄酒，于是自行装瓶销售成为一个不得已的办法。

于是一般强调自产自销、完全采用自家园地酿制成的葡萄农葡萄酒（le vin de vigneron）的风潮由此展开。至今声名依旧的酒庄如Domaine Ponsot、Armand Rousseau、Henri Gouges、Marquis d'Angerville、Leflaive、Ramonet、Domaine des Comtes Lafon等，都是当年最早的先锋。原产与质量的保证加上媒体的鼓吹，酒庄装瓶这个新观念逐渐传开并为大众所接受，抢走大部分酒商的市场。全勃艮第独立酒庄的数目也从19世纪时的五十家发展到现在的三千多家。

由此开始，勃艮第的葡萄农不仅种植葡萄、亲自酿造，而且用自己的名字装瓶销售。每个葡萄农的种植、酿造与培养的方法都不相同，让勃艮第的葡萄酒在风格上变得更加多样。勃艮第今日如此的多元多变，除了因为葡萄园的细分，还有一部分原因是小酒庄林立。由于勃艮第酒庄的独特形式，即使小酒庄的葡萄农也可能成为全球知名的酒业明星，其中有许多还是与家人亲自入园工作而不假手他人，如Coche-Dury、Claude Dugat等。

除了卖给酒商或自己成立酒庄，从20世纪初开始，酿酒合作社还提供给葡萄农一个选择。在20世纪20年代，几乎每一个酒村都有酿酒合作社，葡萄农只需负责种植，不用为酿酒的设备和技术操心。独立酒庄的风潮让合作社在金丘区几乎消失，但在勃艮第其他产区仍扮演着重要的角色。

20世纪30年代，葡萄酒市场的混乱不仅催生了酒庄装瓶的观念，同时也催生了影响更深远的法定产区（AOC）制度。1935年，通过立法，法国成立了法定产区管理制度，并设有国家级管制单位——INAO（国家法定产区管理局）。这个经常以酒的原产地命名的制度设有生产规定，除了保证酒的原产与质量，更重要的是规范各区的传统葡萄酒风味。此外，法定产区制度也对全区的葡萄园巨细靡遗地，划分成四种等级，建立了全世界最复杂详尽的分级系统，评选出三十三个特级葡萄园和五百多个一级葡萄园。这套管制系统至今一直规范着勃艮第葡萄酒的生产。至2010年，勃艮第已有101个法定产区，居全法国之冠。

勃艮第葡萄园的分级并不是一蹴而就的，中世纪起，教会修士就已留下许多研究成果；历年来对勃艮第葡萄园的研究与经验累积，都是后来法定产区分级的重要依据。不过，也有相当多的利益折冲，如原本仅有3公顷的特级园埃雪索，列级时竟然扩为30公顷。时代背景也让夜圣乔治、博讷、玻玛、渥尔内和默尔索等村错失被列为特级园的机会。当时葡萄酒的销售以厂牌为主，对于葡萄园的列级并不热衷，葡萄园大多为酒商所拥有的产区，如博讷并没有积极争取。村名响亮，且拥有许多名园的酒村，如夜圣乔治、玻玛与默尔索为了保留村名的称号，当时对是否被列为特级园并不在意。

独立酒庄的兴起迫使勃艮第酒商的角色发生转变，特别是重视质量的酒商，也开始更努力地种植自有的葡萄园。除了买成酒调配之外，越来越多酒商采购葡萄自己酿造葡萄酒，越来越像大规模的独立酒庄。不过，与此同时，却也有越来越多的知名独立酒庄开始经营酒商的生意，除了自己的葡萄园，也采买别的葡萄农的葡萄酿酒。历史有时像是不断的轮回，勃艮第葡萄园的耕作方式也经历了类似的转变，经过20世纪60年代与20世纪70年代盛行的机械化、化学肥料与农药的风潮，现在又转向传统、有机与手工。新的土地观念让勃艮第的土壤得到喘息与重生，为葡萄树提供最佳的生长环境。这股走出酒窖回到葡萄园的潮流在勃艮第延续了一段时间，在新的世纪里这些努力的成果将继续展现。

▶ 左上、右上：父子相承的葡萄农酒庄虽然有的设备简陋，但常能酿出相当精彩的佳酿

下：20世纪30年代建立的法定产区制度与分级系统，让勃艮第源自中世纪修会的单一葡萄园 climat 的观念得以落实为实际的法令制度。图为特级园蜜思妮与梧玖庄园两片历史名园

勃艮第的葡萄酒业自成系统，而且是一个相当古老，却仍运作自如的葡萄酒产销体系。这里的独立酒庄、葡萄酒商、葡萄农、地主、中介与酿酒合作社，甚至济贫医院，共同汇集成一个建立在人际网络上的极为错综复杂的酒业生态。他们各司其职，各有专长与特性，但也各自有其不足之处。这些常常直接反映在他们所酿造成的葡萄酒上。这也让厘清每一瓶酒的身份背景成为勃艮第酒迷的重要功课。

酒商、酒庄与合作社是勃艮第三个主要的产酒单位，彼此间有着合作与竞争的关系，独立酒庄自耕自酿，合作社为葡萄农社员代酿，酒商则向酒庄与合作社采买成酒装瓶销售。但他们的关系却不止于此，酒商也拥有独立酒庄，自耕自酿，而只用自家葡萄的独立酒庄竟也经营起采买葡萄与成酒的酒商生意。要厘清身份，需带着几分侦探的精神。

葡萄酒商

虽然独立酒庄在勃艮第酒业中的角色越来越重要，但是在产量上，酒商还是一直占优势，特别是在海外市场上。勃艮第酒商在 18 世纪开始发展。1720 年即已创立的 Champy P. & Cie 位于博讷市内，是现存最老的酒商。第一次世界大战后，勃艮第的酒商几乎掌握了区内所有葡萄酒的销售，虽然 20 世纪 30 年代后，独立酒庄开始兴起，自行装瓶销售，但至今还是有近 50% 的勃艮第葡萄酒是通过酒商卖出去的，每年销售量高达 45,000 万瓶。

勃艮第酒商在法国葡萄酒的商业史上扮演着重要角色，他们靠着既有的营销网络，除了勃艮第葡萄酒，也曾掌控大部分的薄若莱及一部分罗讷葡萄酒的销售。不过，勃艮第酒商已从 20 世纪 50 年代的三百多家减少到 20 世纪末的一百一十五家，现在又增加到二百五十家。随着时代的演变，勃艮第酒商扮演的角色越来越多。和法国其他地区的酒商不太一样，他们从最早期的装瓶者（embouteilleur）及培养者（éleveur），到如今逐渐增加的酿造者（vinificateur）和种植者（viticulteur），身份非常多样。但无论如何，勃艮第的酒商大多以自己的厂牌销售葡萄酒，很少像波尔多的酒商替独立酒庄做经销的工作。因为勃艮第是依据葡萄园而非酒庄进行分级，所以许多勃艮第酒商的品牌酒仍然能有蒙哈榭、香贝丹等特级园的高价酒，而不像波尔多酒商的品牌酒无法晋身为高价顶级酒款。

装瓶者及培养者是勃艮第酒商最传统的角色，过去种植与酿造都是葡萄酒庄的事，酒商只是将买来的葡萄酒在自家酒窖培养一段时间，然后装瓶卖出。这样的工作看似简单，但也可以很复杂。在葡萄园非常分散的勃艮第，如何拥有好的来源，如何买到足够且符合质量，甚至能表现酒商风格的葡萄酒是一件非常麻烦的事，通常需要葡萄酒中介来协助完成。除此之外，调配也是传统酒商的重要工作，虽然勃艮第讲究单一品种与单一葡萄园，但是因为葡萄农的种植规模实在太小，酒商经常将不同来源的葡萄酒混合调配。同一村庄的酒，如果调配得当，可以让酒的风味更为多变且更均衡。酒商可以混合多个村庄法定产区的酒，如 Côte de Beaune Villages 红酒，还可以混合较紧涩粗犷的 Maranges 村酒及柔和多果味的 Chorey-lès-Beaune 村酒，来调配出刚柔并济的口味。而勃艮第法定产区的酒，更是酒商最关键、最大量的酒款，可以通过勃艮第南北不同区的葡萄酒来调配。

像教导小孩一样，葡萄酒经由不同酒商培养到装瓶时，酒的风味已带有酒商的特色。每年博讷济贫医院的拍卖就是很好的例子，常有多家酒商竞标到同一批酒，而且用的是同一批由 François Frères 制作的新橡木桶，但培养后却常有很大差别，好像连酒里都盖上了酒商的戳印一样。特别是一些风格强烈的酒商，如红酒里风格偏色淡、多熟果香气的 Louis Latour，或是口感特别浓厚的 Dominique Laurent，会在培养后出现明显的转变。毕竟，除了橡木桶的影响，过滤、沉淀、搅桶，甚至酒窖的温度等，都会改变葡萄酒的风味。

虽然培养相当重要，但在勃艮第，葡萄酒与葡萄的质量才是根本。由于更多的独立酒庄将葡萄酒留着自售，在意质量的精英酒商在好酒越来越难找的情形下，除了尽可能购买优质的成酒外，也开始采买葡萄、自行酿造，以便更精确地控制葡萄酒的质量与风格。除了买葡萄，在酿造白酒时，许多酒商也选择采买已经完成压榨的葡萄汁。自行酿造必须要有更大的酒窖与更多的酿酒设备，近几年来，勃艮第主要的精英酒商都相继建立更大更新的酒窖，以顺应角色的转变。

在对葡萄种植越来越重视的勃艮第，酒商如果能够拥有葡萄园，自己种植葡萄，那就能够像独立酒庄那样全程掌控葡萄酒的质量，不用太担心买不到好酒或好葡萄，而且更关键的是，可以避免受整桶成酒价格或葡萄价格波动的影响。不过，以近年来的葡萄园价格来看，地价过高可能导致无法回本，从投资的角度来看并不实际。大部分酒商的葡萄园都是家族原本就已经拥有的。目前所有的酒商共拥有 2,000 多公顷的葡萄园，其中 Faiveley、

▲ Bouchard P. & F. 位于博讷市北郊的新建酒窖采用多层设计，除了有最传统与最新式的酿酒槽，也可利用重力取代泵的作用

Bouchard P. & F. 及 Louis Jadot 都拥有超过 100 公顷的葡萄园，由相当专业的种植团队负责自有葡萄园的耕作，在不太讲究精细分工的勃艮第算是特例。

如今勃艮第的知名酒商多少都拥有一些自有葡萄园，而且常被当作酒商的招牌。一般自有庄园的酒在标签上会有特别的标识，无论是"采自自有庄园"（Récolt du Domaine）、在酒商的名称之前直接加"独立酒庄"（domaine），还是标示"在自有独立酒庄装瓶"（Mis en bouteille au Domaine），都属于酒庄酒。从最近十多年的趋势来看，勃艮第的酒商，特别是最知名的几家，越来越像是独立酒庄。如勃艮第规模最大的酒商 Boisset，将旗下品牌所有的葡萄园集合成拥有蜜思妮等名园的 Domaine de la Vougeraie，很快就成为勃艮第的名庄。十多年前从酒庄转为酒商的 Vincent Girardin，现在又转为以经营酒庄酒为主，是拥有许多名园的白酒精英酒商。

与此同时，勃艮第有许多酒庄却开始经营起酒商的事业，其中包括许多明星级的名庄，这一风潮应该很快就会让勃艮第的酒商数重回20世纪50年代的极盛期，不过，大多数都是小型的精英酒商。酒庄想当酒商有许多原因，除了自有庄园的葡萄酒供不应求，想要增产赚钱之外，有时也是不得已。勃艮第的酒庄主大多是农民出身，很少自拥广阔的葡萄园，除了自有的部分之外，其余都是租来的，特别是向家族里的亲戚租来的。在勃艮第，自有葡萄园其实还包括这些有长期租约的葡萄园。不过，近年来因为葡萄园价格高涨，租约通常长达十多年，且种植者有买园的优先权，所以有些园主为了方便卖地，只订短期契约，而酒庄如果

继续耕作此园，因是短约，不算酒庄酒，只能当作酒商酒销售。

目前设立酒商的酒庄大多是名庄，有些只是买进成酒，有些自酿，但也有连耕作都包的，非常多样。就连在取名上，也有非常多的方式，要清楚辨识并不容易。有完全不同名的，如 Claude Dugat 酒庄的 La Gibryotte；有些是以家族的姓氏命名的，如 Montille 酒庄的 Deux Montille；也有以儿子的名字命名酒商，以父亲的名字命名酒庄的，如 Michel Magnien 酒庄和 Fréderic Magnien 酒商。不过，并非每一家酒庄都区分得如此明显，如 Méo-Camuez 酒庄以 Méo-Camuzet F. & S.（Méo-Camuzet Frère et Soeurs）作为酒商的品牌名，而 Etienne Sauzet 酒庄所附设的酒商品牌甚至直接称 Maison Etienne Sauzet。

除了酒庄附设的酒商，称为 Micro-Négociant 的小型精英酒商也越来越多，有许多是新的外来投资者，如 Lucian Le Moine（1999）、Olivier Bernstein（2007）和 Maison Ilan（2009），他们的共同点是产量小，而且只生产一级园和特级园的高价酒，过去几乎不存在此类型的酒商。另外勃艮第酒业的老手自立门户的也很多，如 Pascal Marchand（2006）、Philippe Pacalet（2001）和重建 Séguin-Manuel 的 Thibaut Marion。当然，还有最知名的 Nicolas Potel，自20世纪90年代末快速崛起，却于十年后失败，转卖给集团。

勃艮第的葡萄园虽然面积不大，但是有上百个法定产区，大型酒商每年上市的葡萄酒种类都相当惊人，如 Louis Jadot，每个年份推出超过一百五十款葡萄酒，提供北至夏布利，南到薄若莱的各色葡萄酒。不过，也有酒

▲ 位于防卫碉堡内的博讷城堡自 1820 年成为 Bouchard P. & F. 的总部

商专精于某些类型的葡萄酒，如主产白葡萄酒的 Olivier Leflaive 和 Verget。也有专精于地区性酒款的酒商，如马贡内区的 Bret Brother 和 Rijckaert，夏布利区的 Laroche 和 Louis Moreau 等。在薄若莱地区，酒商扮演着更重要的角色，当地的酒商约有二十五家，不过，勃艮第的酒商也跨界瓜分薄若莱葡萄酒的市场。

● 酒商实例：Bouchard P. & F.

位于博讷市的 Bouchard P.&F. 是一家有上百名员工的老牌酒商，为香槟酒商 Joseph Henriot 的产业。Bouchard 同时扮演葡萄酒的装瓶者、培养者、酿造者和葡萄种植者的角色，出产勃艮第各区的葡萄酒，属于全功能型的酒商，年产 500 多万瓶。公司总部位于博讷城堡内，酿酒窖与地下培养酒窖则位在博讷北郊。

葡萄园的耕作中心位于城西，由一个有三十二人的耕作大队负责照料 130 公顷的自有庄园。除此之外，在夏布利有 William Fèvre 酒庄，拥有 78 公顷葡萄园，在薄若莱的 Fleurie 也拥有酒庄 Villa Ponciago 和 50 多公顷的葡萄园。

不同于独立酒庄由庄主个人决定一切的运作模式，酒商成功的关键在于精密的专业分工及密切的团队合作。除了极为庞大的种植与酿造团队，Bouchard 和大型的酒商一样，在管理、销售、营销、公关和仓储等各个领域，都聘请专业的人负责。分工与专业虽然可能减少酒的个性与手工酿造的趣味，但可以减少错误与意外。虽然 1995 年 Bouchard 家族已经完全卖掉产业，但家族中还有两位留下来担任要职：一位是负责销售的 Luc Bouchard；另一位是担任技术总监的 Christophe Bouchard（2015 年退

休后转任顾问），他统领着四个生产部门的运作。除此之外，William Fèvre 和 Villa Ponciago 两家酒庄另有其他团队负责。

　　·酿酒与培养：由首席酿酒师 Philippe Prost 指挥二十六名酿酒师酿制所有 Bouchard 的葡萄酒。

　　·采购：由采购主任 Jean-Paul Bailly 负责采买所需的葡萄与葡萄酒。

　　·实验室：由品管主任 Géraud Aussendou 负责检测葡萄与葡萄酒样品，并且进行质量改进试验。

　　·葡萄园种植：由葡萄园总管 Thierry de Beuil 与三十二人组成的全职耕作队及其他半职葡萄农，负责耕作 130 公顷的葡萄园。

　　Bouchard 每年生产约 106 款葡萄酒，另外再加上 William Fèvre 的 19 款夏布利，以及数款 Villa Ponciago。在组织上确实相当复杂，因为空间有限，红酒原在博讷城堡旁的 Cuverie Colbert 酿造，白酒在默尔索村另有酿酒窖。2005 年，位于萨维尼（Savigny-lès-Beaune）村边的 Cuverie St. Vincent 新建完工后，酿造、培养、装瓶与储存全集中在一起。唯一保持不变的是藏身于中世纪城墙里的储酒窖。Bouchard 办公室所在的博讷城堡，位于城的正东边，独占两座被称为 bastion 的大型防卫碉堡。超过百万瓶一百多种年份的陈年老酒与新的顶级酒仍然保存在此，因为其石墙厚达 7 米，内部阴暗潮湿，温度凉爽稳定，是绝佳的熟成环境。

　　新的酿酒窖采用多层设计，酿造和培养都可以利用重力，不需使用泵，位于地下的培养酒窖深及 10 米，有不错的湿度和温度条件。在进入采收季前，酒商需要做的准备工作比酒庄更复杂，特别像是 Bouchard 这种采购葡萄自酿的酒商。自 1976 年就进入 Bouchard 工作的采购主任 Jean-Paul Bailly 原本是酿酒师，现在虽然只负责采购，但也需要非常丰富的酿酒专业知识，他每年须买进五百笔以上、多达 300 多万升的葡萄或葡萄汁。Bouchard 的采买策略和大部分高质量的酒商一样，都是尽量提高采购的葡萄而不是葡萄酒的比例，因为自酿能够保证质量，保持 Bouchard 所要的风格。Bouchard 用成酒的价格来采买葡萄，这对葡萄农相当有利，可免除酿制的麻烦与开支，又能卖到与成酒相同的价格。

如果是采买葡萄或葡萄汁，Jean-Paul 在采收之前就要开始追踪这些即将买进的葡萄，包括葡萄的成熟度与健康状况。有些葡萄农与其有长期合作的契约，因此必须依照 Bouchard 所提供的种植规范种植。此外还有自有的葡萄园，葡萄园总管 Thierry de Beuil 和酿酒师 Philippe Prost 也要进行多次的成熟度检测，交由实验室分析，结合即将买进的葡萄及气象预报来建立采收与酿造的计划。在采收季，Bouchard 需要雇用两百名以上的采收工人，一天可采 10 公顷的葡萄。无论出自自有的葡萄园还是买进的葡萄，全部都是手工采收的。买进的葡萄通常由葡萄农负责采收，但如果葡萄农无法自采也可能动用自己的采收队伍。几乎每一片葡萄园都分别采收且独立酿造，酒窖内有上百个酒槽，容量从数百升到数万升不等，有不锈钢槽，也有许多传统的无盖式木制酒槽。

Philippe Prost 于 1978 年进入 Bouchard，是现任的技术总监。不同于波尔多城堡酒庄的酿酒师每年只酿制一两款酒，Philippe Prost 和其他大型酒商的酿酒师一样，每年常常要酿制上百款葡萄酒，包含年产数十万瓶、以不锈钢桶酿造的 Bourgogne，以及年产只有几百

瓶、纯手工酿制的特级园酒。不过，他和许多勃艮第的名酿酒师一样，认为最重要的都已经在葡萄园里完成，他们只是在一旁帮衬而已。Bouchard 的酒风越来越纯净透明，也许与这样的想法有关。

采收季之后，开始进入采买葡萄酒的阶段。Bouchard 在马贡内区及夏隆内丘区的葡萄酒大多是自酿，但在金丘区还是要靠采买成酒才能满足需求。其中有一部分酒是靠长期经营的人际关系才能买进来的，而所需的其他葡萄酒还得靠葡萄酒中介来买全。固定合作的中介有十个，都是专精于某些村庄酒的中介，从 10 月底开始，他们会带来葡萄农生产的成酒样品。Jean-Paul 要根据价格、质量及市场需求，从数千款的样品中选出五百多款葡萄酒，光是试饮就需要花费非常长的时间。采购的葡萄酒的质量决定了传统酒商的优劣，但采购价格的高低，则直接影响酒厂的盈亏。有些酒商会因为订单的压力，不得不用高于市场行情的价格大肆采购葡萄酒，造成市场大起大落。中介也会试图利用舆论与风声来影响采买的决定，炒作价格。这些都是酒商经营的难处。勃艮第因为市场小，供需容易失衡，价格的起落更是严重。

采买旺季过后，Jean-Paul 还得确认交货时每笔葡萄酒确实与品尝时一样，以免为酒农所蒙蔽，更重要的是，得和各个供应葡萄或葡萄酒的酒庄保持联络，以确保下一年份的酒源与质量。在勃艮第，大部分葡萄农还是偏好口头承诺，很少签约，葡萄酒的采买很难稳定下来。

（关于 Bouchard P. & F.，其他内容请参考第三部分第三章博讷市的酒庄与酒商）

独立葡萄酒庄

葡萄酒业已变成分工高度专业的产业，从耕作到销售之间的无数环节，都发展出专业的学科与部门。为了精益求精，酒厂可以聘任专业的人才来负责不同的工作。如波尔多的城堡酒庄，其庄主大多是住在城市内的资产阶级，酒庄事务完全委托总管处理，而种植、酿造、公关、会计甚至园丁、厨房和管家的事务也都有专业团队负责，另外也会聘任知名的酿酒顾问协助调配葡萄酒，群策群力的目标在于，无论年份好坏，都要酿造出最完美、协调的葡萄酒。但是勃艮第的酒庄却不是如此。

勃艮第独立酒庄的庄主大多是葡萄农出身，在自己经营的小酒庄里，庄主常常一人兼营酒庄内所有大小事务，即使 Coche-Dury 或 Claude Dugat 这些世界级的明星酒庄，庄主和家人也仍亲自入园耕作，而且自己酿造，一点一滴地做着体力劳动，不轻易假手他人。相较于各有所长的专业团队，葡萄农一人独揽全包，而且限于自有的小片葡萄园，较难在每个年份都酿成完美无缺的葡萄酒。但也许就因为这份不完美，勃艮第的酒庄酒才显得更具人性。毕竟，许多迷人的独特个性常常源自看似有缺点的地方，因为有所不足，反而具有生命刻痕般的美感，从而成就更能感动人心的葡萄酒。不过，这份不足也常会让人以大失所望收场。

当然，勃艮第并非只有葡萄农经营的独立酒庄，也有一些由贵族或资产阶级拥有的酒庄，这些酒庄通常由专业的总管代为经营，如玻玛村的 Comte Armand 酒庄、香波－蜜思妮村的 Comte Georges de Vogüé 酒庄。Vosne-Romanèe 村的 Liger-Belair 酒庄在 20 世纪 90 年代之前也曾经交由酒商 Bouchard P. & F. 酿造销售，村内的 Méo-Camuzet 酒庄在 1985 年之前，将葡萄园全部租给包括亨利·贾伊尔在内的葡萄农耕作。晚近的外来投资者如塔尔庄园、des Lambray、d'Eugenie 和 de l'Arlot 等，全交由专业团队经营。但这些在勃艮第，反而算是特例。

勃艮第出现独立酒庄装瓶的历史相当晚，直到 20 世纪 30 年代才真正发展起来。除了因为葡萄酒销售全为酒商所垄断之外，依照葡萄园而非酒庄分级也是关键所在。勃艮第有许多历史名园，但是，几乎不见历史名庄。酒商靠名园的盛名就可售得高价，不太需要酒庄的名号。勃艮第的酒庄开始装瓶是有特殊原因的。第一次世界大战后，连年的萧条让葡萄园与酒身价大跌，酒商引进更廉价的酒冒充，勃艮第的名声因此被毁，葡萄农被迫自寻生路，才催生了强调自产自销的葡萄农葡萄酒（le vin de vigneron）。通过媒体的鼓吹，酒庄装瓶这个新观念才逐渐散布开来，名声甚至超越酒商。

勃艮第带着人本主义精神的葡萄农独立酒庄生产结构，即使历经严酷的商业竞争，也留存了下来。虽然不是出身尊贵的名庄与数百年基业的酒商，但也同样能成为带着光环的明星。不同的是，葡萄农的酒中除了美味，还能因为多一份手作的精神与温暖的人味，而显得更加难得和珍贵。最有趣的是，现在也有勃艮第的酒商开始效法酒庄的精神，在酒中保留更多人性的成分。勃艮第酒商虽有专业的团队，但独立酒庄的葡萄园面积小，大多位于邻近的村子里，可以就近照顾并累积父子相承的经验，对葡萄园的条件有较深的认识，这些都是酒庄的强项。当然，前提是庄主有天分并且够努力，各项全能的小酒庄庄主毕竟不太常见。因设备或能力不足，许多酒庄不见得能超越酒商，特别是葡萄酒的质量，常因年份不同而有很大落差。

勃艮第有 3,800 多家酒庄，其中只有三分之一年产量超过 10,000 瓶。平均一家酒庄只有 6 公顷的葡萄园，经常分散成数十片，分属于多个不同的法定产区，不仅管理困难，而且还要添置全套的酿酒设备。在这样的环境下，较小的庄园经常由庄主自己兼营所有的工作，如哲维瑞－香贝丹村的 Claude Dugat 酒庄，有 6 公顷的葡萄园，种植、酿造、装瓶、销售及公关、会计等数百项的事务，全由庄主自己和儿子及两个女儿负责，只有在采收季才临时雇用一些采收工人。一瓶产自独立酒庄的葡萄酒，背后其实就是庄主和他的家人，有点像是庄主自己生下的小孩，和他血肉相连。

虽然 Claude Dugat 的酒价高昂，但他和他的三个子女要靠自有的葡萄园维持生活还是有些困难的。很多葡萄农必须向地主租葡萄园，以便达到合理的种植面积。租用的方式有许多种，在勃艮第主要采用 Fermage 和 Métayage 两种，全都属于长期租约，差别只在于付租金的方式。法国的法律特别保护实际耕作者的权益，葡萄园的租用者有较多保障，出租人只有自己耕种才比较容易要回出租的葡萄园。因为法国的法律规定，土地继承时必须均分给所有子女，所以即使在小酒庄里，葡萄园的所有权也还是非常分散。如一家有 6 公顷葡萄园的家族酒庄，可能负责种植的只有一二公顷，其他都是向兄弟姐妹或叔伯姑舅等以长期租约的方式租来的。这也是勃艮第特别复杂的原因之一，若姐妹嫁入其他酒庄，租约到期后可能会

▲ Christophe Roumier 自 1999 年接手这家以其爷爷的名字命名的酒庄

▲ 酒庄有 0.4 公顷的爱侣园，是向二叔 Paul Roumier 租来的

▲ 虽然已经是名庄，但位于香波村内的 Roumier 酒庄仍如简朴的农舍

▲ 莫瑞村的一级园 Clos de la Bussière 是酒庄的独占园

跟之转移。

Métayage 的方式是地主和葡萄酒农一起分葡萄酒，这种独特的租约方式在法国其他地区已经不太常见。一般地主每年可分得产量的三分之一或二分之一。以位于香波-蜜思妮的 Georges Roumier 酒庄为例，酒庄耕作的特级园乎修特-香贝丹（Ruchottes-Chambertin）有 0.54 公顷，由鲁昂市（Rouen）的 Michel Bonnefond 先生以 Métayage 的方式租给现任的庄主 Christophe Roumier，依约 Michel Bonnefond 每年可以该园总产量的三分之一作为租金。例如，该园每年约产 7 桶、共 1596 升的葡萄酒，Michel Bonnefond 可得其中的三分之一，即 532 升，Roumier 酒庄则实得剩余的 1064 升。无论产量增加或减少，都依此比例分配。

Fermage 则完全以金钱支付租金，但计算的标准还是葡萄酒，不过并不是按比例，而是一个定量，通常每年不论收成多寡，每公顷需支付相当于 4 桶（每桶 228 升）葡萄酒的现金作为租金，至于每桶酒的价格则以官方公布的该等级葡萄酒的平均价格为准。如 Georges Roumier 酒庄的一级园 Les Amoureuses 共 0.4 公顷，是向 Christophe Roumier 的二伯 Paul Roumier 以 Fermage 的方式租来的，依约（每十八年续约一次），无论产量多寡，每年的租金就是相当于 1.6 桶 Les Amoureuses 的现金。在收成好的年份，若以 Métayage 的形式，地主可以拿到比较多的租金，但是当歉收时反而是 Fermage 对地主比较有利。通常耕作与酿酒的所有支出全部由承租人负责，但是像重新种植葡萄园这种庞大且数十年才发生一次的活动支出，则必须由地主承担。因为租约常常跟家人或亲戚有关，外人很难弄清楚一款酒是自家种植酿造的，还是仅是邻居付的租金。

独立酒庄其实有许多不同的类型，其中，有些是完全不自己装瓶，酿成的葡萄酒全部卖给酒商；有些则全部自售；最常见的是一部分自售，一部分卖给酒商。就连侯马内-康帝（简称 DRC）这样的名庄也曾把整桶的酒卖给酒商。酒农们常会告诉访客，最差的酒才会卖给酒商，最好的都留着自己装瓶。不过为了维持人际关系和更多的现金收入，许多酒庄还是会卖出部分质量好的桶装酒，即使名庄也一样。

继承问题是勃艮第独立酒庄最难解决的问题，由于不断被均分，葡萄园越来越小，直到几乎无法耕作与酿造的地步。例如，位于松特内村的 Lequin-Roussot 酒庄在 1992 年两个儿子分家后分成 Louis Lequin 和 René Lequin-Colin，9 公顷的十二块葡萄园全部被均分，特级园高登-查理曼就被分成仅 0.09 公顷的小片葡萄园，到下一代，还可能分成更小块。关于继承，还有庞大遗产税的难题。葡萄园的价格不断攀升，特别是特级园，每公顷已经到了千万欧元的天价。葡萄农看似更富有了，但如果葡萄园只是用来生产葡萄酒的工具，而不是不动产投资，天价的葡萄园只会让年轻一代更难建立酒庄，也会导致葡萄农在过世之后，其下一代因高额的遗产税而被迫卖掉葡萄园，让虎视眈眈的财团有机可乘。不过相比其他农牧业，新一代的年轻人非常乐意承接酒庄的工作，这让勃艮第的独立酒庄有相当光明的前景。

● 独立酒庄实例：Domaine Georges Roumier

这家位于香波-蜜思妮村的著名酒庄在第二次世界大战后才开始自己装瓶。如今的管理者 Christophe 的爷爷 Georges 在 1924 年娶了村中 Quanquin 家的女儿，开始了 Roumier 家族的酿酒历史。Georges 的三个儿子中，老大 Alain 成了村内名庄 Comte de Vogue 的庄务总管，现在，Alain 的两个儿子在村内分别成立 Laurent Roumier 和 Hervé Roumier 两家酒庄，Georges 的酒庄则最后由三儿子 Jean-Marie 在 1961 年接手管理，1999 年又传给了 Jean-Marrie 的儿子 Christophe。由于在 1965 年改制为公司，由家庭的各个成员分别持有股份，而不是 Christophe 一人独有，所以酒庄一直沿用 Georges 的名字，和一般因被儿子继承而跟着改名的情况有点不同。这样可以避免葡萄园因为继承或家族成员间的关系改变而被瓜分。

酒庄本身并不拥有葡萄园，大部分葡萄园由家族所有，以 Fermage 的方式租给酒庄。目前由酒庄负责酿制的葡萄园详列如下。

特级园：

邦马尔	1.60 公顷	（分成多块，由多位家族成员所有）
蜜思妮	0.09 公顷	（Christophe 所有）
高登–查理曼	0.20 公顷	（Christophe 的母亲 Odile Ponnelle 所有）
乎修特–香贝丹	0.54 公顷	（Métayage，租金 1/3，Michel Bonnefond 所有）
马索耶尔–香贝丹	0.27 公顷	（Métayage，租金 1/2，Jean-Pierre Mathieu 所有，以 Charmes Chambertin 销售）

香波–蜜思妮村一级园：

Les Amoureuses	0.40 公顷	（Christophe 的二叔 Paul 所有）
Les Cras	1.76 公顷	
Les Fuées		（酿成村庄级等级）
Les Combottes	0.27 公顷	（酿成村庄级等级）

香波–蜜思妮村庄级：

Les Véroilles

Les Pas de chat（Village 等级）

Les Cras（Village 等级）

共 3.70 公顷

莫瑞–圣丹尼村一级园：

Clos de Bussière　　　　2.59 公顷

Bourgogne 等级：

Bourgogne　　　　0.46 公顷

总计：11.88 公顷

Fermage：11.07 公顷（全部自己装瓶，不卖给 Négociant）

Métayage：0.81 公顷（以 Christophe Roumier 的名义装瓶）

▲ 独立酒庄：Domaine Georges Roumier

▲ 传统的勃艮第葡萄农酒庄，酒庄的大部分工作都由庄主亲自负责

　　负责管理酒庄的 Christophe Roumier 几乎插手所有工作，除了他之外，Christophe 的二妹（Christophe 有三个姐妹）在照顾小孩之余兼职会计与秘书的工作，另外还雇用了四个在葡萄园或酒窖里工作的全职工人，以及一个专门负责装瓶和贴标签的半职工人。虽然人员不多，但在勃艮第已算颇具规模。到了采收时，Christophe 为了能集中在四天内采完葡萄，得临时雇用四十至四十五个采葡萄的工人。每年葡萄酒的总产量大概有四万到六万瓶，因年份不同而不等。

　　（有关葡萄种植与酿造，请参考第三部分第二章香波－蜜思妮）

葡萄农

葡萄农（vigneron）在勃艮第有很多含义，可以指在葡萄园工作的工人，也可能指租地或自己拥有土地、只生产葡萄的葡萄农，就连自酿葡萄酒的酒庄庄主也以葡萄农自称。这里要谈的，单指在葡萄园工作的工人。在勃艮第，无论酒商还是独立酒庄，葡萄园经常四散分布，在胡利的酒庄可能因为继承的关系，有一小片葡萄园在50公里外的哲维瑞–香贝丹村，要自己照顾不仅浪费时间，不敷成本，而且没有办法像对邻近村庄内的葡萄园一般细心呵护，所以通常会就近请人照料。

在勃艮第雇用葡萄工人常采用一种类似责任制的方式。雇主将一片葡萄园托付给工人，按照葡萄园的面积与工作内容计算工资，至于工作的时间则完全由工人自主决定，只要照顾好葡萄，在预定时间内完成工作即可。这样的方式在本地称为塔须（tâche，这也是知名特级

▲
勃艮第雇用葡萄农大多采用责任制，由其自行安排工作时间

园 La Tâche 名称的由来），以这种方式工作的工人就叫作 tâcheron，工作时间很有弹性，可半职或全职，也可同时帮多家酒庄工作。葡萄种植经常受气候条件限制，如太冷不能剪枝，刚下雨不要剪叶等。勃艮第的葡萄园单位面积小，位置也很分散，因此机动性强的 à la Tâche 显然较其他方式更适用于勃艮第的葡萄酒业。

一般的 tâcheron 跟全包式的代耕不同，不负责所有的农事，只负责最耗时的手工农作，如冬季剪枝与烧藤蔓，春天除芽，初夏绑藤蔓或秋季采收。至于翻土、施肥、补种新苗或修叶等需要动用机械的农事，一般都由酒庄或是酒商自己的耕作团队负责。不过，也有可能雇用所谓的 vigneron tractoriste 负责需要使用耕耘机的农事。Tâcheron 的薪水一般依照所照顾的葡萄园面积，以及负责的项目而定。剪枝1公顷可得约500欧元，如果连除芽在内，则约700欧元。

● 葡萄农实例：Marie-Helene Chudant

家住莫瑞–圣丹尼村的 Marie-Helene，平时在家照顾小孩及料理家事，但她同时也是博讷市酒商 Louis Latour 的 tâcheron。虽然 Louis Latour 在阿罗斯–高登村有庞大的葡萄种植中心，但在夜丘区的葡萄园还是过于遥远，所有剪枝、除芽等手工活都交由当地的葡萄农料理。Marie-Helene 负责的是 Louis Latour 在夜丘区里最顶尖的两块特级园——0.8公顷的香贝丹及整整1公顷的候马内–圣维冯。此外，她也替酒商 Dufouleur Frères 照料四片葡萄园。两家合起来不过2.5公顷，还可抽空料理家事。

济贫医院

在勃艮第，连同薄若莱，共有五个由济贫医院设立的葡萄酒庄园。医院酿酒确实有些不务正业，但是善心人士捐赠葡萄园，由医院经营耕作、酿酒，再义卖成为医院的整修与慈善基金，除了嘉惠病患，也有助于医院的财务。五家济贫医院中，最知名的是有五百多年历史、位于博讷市的博讷济贫医院（Hospices de Beaune），这家医院每年 11 月举办的拍卖会是勃艮第葡萄酒业最重要的年度活动。夜圣乔治的夜圣乔治济贫医院（Hospices de Nuits St. Georges）创立于 13 世纪，也有十几公顷的葡萄庄园，包括独占一级园 Les Didiers，拍卖会在次年 3 月于 Château du Clos de Vougeot 举办。

第戎市的第戎济贫医院（Hospices de Dijon）虽有 4,000 多公顷的土地，但只有 21.5 公顷的葡萄园，其中有 18 公顷是上博讷丘区的 Chenovre-Ermitage 庄园，由残障人士耕作，交由默尔索城堡酿造与销售，并未公开拍卖。另外一家在薄若莱，是 Beaujeu 镇的薄若莱济贫医院（Hospices de Beaujeu），葡萄园面积最广，多达 81 公顷，历史也最悠远，已经有七百多年，而且拥有历史庄园 La Grange Charton，自 2004 年由 Boisset 集团旗下的薄若莱酒商 Mommessin 负责经营管理。有多家分院的里昂医院（Hospices Civils de Lyon）源自一家一千四百多年前创立的济贫医院，约在一百年前开始接受捐赠，也在薄若莱拥有 7 公顷的葡萄园，因为面积不大，自 1994 年由酒商 Collin-Bourisset 负责管理和独家销售。除了这五家，薄若莱的 Romanèche 村一家 Romanèche 济贫医院，原本有 6.8 公顷的葡萄园，从 19 世

▲ 上：博讷市内的济贫医院是闻名全球的酿酒医院

下：夜圣乔治济贫医院每年 3 月在 Ch. Clos Vougeot 举行拍卖会

▲ 1443 年创立的博讷济贫医院现已迁往郊区，原址改为博物馆，是全法国访客最多的古迹之一

纪开始，酿成的酒都通过拍卖会卖出，1926 年之后由酒商 Collin-Bourisset 负责管理和独家销售。

● 济贫医院实例：博讷济贫医院

有辉煌历史的博讷济贫医院是在勃艮第公爵菲利普三世时期设立的。确切时间是 1443 年，也就是英法百年战争之后，民不聊生的时期。创办人是侯兰（公爵的掌印大臣）和其第三任妻子莎兰。济贫医院为穷困病人提供免费的医疗与照顾，院址位于博讷市中心，是一座充满原创力的华美建筑，也是中世纪勃艮第建筑风格的代表。靠着包括法国国王路易十四在内的善心人士的捐赠，济贫医院逐渐建立了自己的资产。捐赠物包括各式各样的财物及不动产，当然，也包括许多葡萄园。法国大革命之后，博讷济贫医院被纳入一般医疗系统，由市政府管辖，并在 20 世纪 70 年代迁到城郊，现在医院原址已经改成博物馆。

累积了五百多年的捐赠，博讷济贫医院已拥有 60 公顷的葡萄园，其中 50 公顷种植产红酒的黑皮诺，白酒相当少。大部分葡萄园集中在博讷市附近的几个村庄，而且以一级园和特级园为主，但也有远在马贡内的普依-富塞和夜丘的葡萄园。博讷丘的特级园包括高登、高登-查理曼及经常拍卖出最高价的巴塔-蒙哈榭，在夜丘有马立-香贝丹和罗西庄园。不论等级如何，葡萄园全都依照不同的捐赠者划分成四十五个单位，由二十二个葡萄农各自负责照料一到两个单位的葡萄园。济贫医院和葡萄农采用责任制的合作关系，有点像 tâche 的方式，不同的是葡萄农都是医院的员工，还会依照葡萄酒拍卖的结果得到分红，有相当好的待遇。

收成后的葡萄运送到济贫医院现代化的酿酒窖统一酿造。每单位内生产的葡萄全部混合在一起，如 Nicolas Rolin 这一单位（一般称为 Cuvée Nicolas Rolin），包括博讷产区 0.14 公顷的 Les Bressandes、0.33 公顷的 Les Grèves、1.4 公顷的 Cent Vignes、0.2 公顷的 En Genèt，以及 0.5 公顷的 Les Teurons 等六片共 2.57 公顷的一级园。不同于勃艮第的单一葡萄园概念，博讷济贫医院近 20 公顷的博讷一级园分别由十名捐赠者所捐，院方抛开分级逻辑，也不以最完美的混合为准则，仅将来自同一捐赠者的葡萄园混合在一起，因为唯有如此才能让大众知道善心的捐赠者的大名。

现任的酒庄总管 Ludivine Griveau 在 2015 年初代替 Roland Masse 全权管理属于医院的葡萄酒部门，种植和酿造全部由她负责。平时她只有两个助手，但到了收成季节，许多医院里的技术员会被临时派来帮忙。济贫医院的酿酒窖位于城的西北边，是 1994 年建成的，采用不锈钢酒槽而非传统的木制酒槽。在酿红酒时，大部分葡萄会去梗，但有些年份会采用整串葡萄。发酵与浸皮的时间通常也不太长，只有十多天，有时甚至更短。在 2005 年之前，发酵完成的红酒，不论年份好坏或葡萄酒的等级高低，100% 采用新橡木桶发酵；白酒也全在新桶中发酵。如 Leroy 和 Domaine de la Romanée-Conti 酒庄，一律采用 François Frères 橡木桶厂的全新木桶。不过，从 2006 年开始有些改变，有一部分酒是在一年的旧桶中熟成。

酒刚酿好，白酒有时甚至还没完成酒精发酵，就要在 11 月的第三个星期日举行拍卖会。几百年来，医院不自己装瓶，而是整桶卖给酒商，早期采用招标的方式，1859 年才开始公开拍卖。原本由济贫医院自办拍卖会，2005 年开始由专业的拍卖公司佳士得（Christie's）负责，到此时，一般民众才有机会直接下标，不过，拍得的酒还是必须由勃艮第酒商培养与装瓶。博讷济贫医院葡萄酒的拍卖会是法国葡萄酒界的年度大事，从 1859 年开始举办到现在，欧洲王室、政要、电影明星等都曾担任过拍卖会的主席。拍卖前，当年的所有新酒都会提供试饮作为采买的参考。除了酒商，一般民众也可以通过网络或电话参加竞标，每年大约有 550 桶到 800 桶新酒在拍卖会卖出，济贫医院自己留存约 40% 的葡萄酒，除了装瓶自用外，还会在来年春天将一部分转卖给酒商，但这些酒商酒不能贴济贫医院的标签。至于济贫医院自己装瓶的葡萄酒，也会拿出一部分年份较老的藏酒进行拍卖。

在佳士得介入之前，拍卖品常常整批被酒商标走，但现在对一般人开放竞标之后，常常只以桶为单位，标到之后，需要再另外支付佣金及橡木桶的钱。如果是勃艮第酒商买到，在来年 1 月 15 日前可到济贫医院的酒窖取酒运回，继续完成桶中培养再装瓶。为了防止仿造，酒标由院方统一印刷，再分发给得标酒商印上自己的厂牌名。如果是非勃艮第酒商标得，则必须委托一家勃艮第酒商帮忙完成培养与装瓶的工作，每家酒商所收的金额各不相同，得在标价之外额外加上其他费用，让济贫医院的每一瓶酒在价格上都比同等级的酒要贵许多。无论如何，因为带点慈善义卖的意味，价格超出市值好几成似乎理所当然。许多买主只是为了看到自己的名字印在济贫医院的酒标上。过去勃艮第的葡萄农常会以济贫医院拍卖价的涨跌作为新年份成酒交易的价格指针，但自从佳士得主持拍卖会，酒价经常飙高之后，参考的价值已经不高。

因为太知名，有太多媒体报道，博讷济贫医院也常遭到本地酒业的批评，有人觉得新橡木桶的比例太高，有人提倡拍卖改到来年春天甚至一年之后，这样比较能喝出酒的质量，也有不少人指控济贫医院拍卖会拍出的高价，是勃艮第葡萄酒价格不断攀升的罪魁祸首。面对质疑，济贫医院院长 Antoin Jacquet 一贯提出反问，有谁能对几百年的传统做出更改呢？也许这就是博讷济贫医院在全球葡萄酒界中如此与众不同的原因吧！

▼ 上左：济贫医院的病床

上右：博讷济贫医院在萨维尼村的葡萄园

下左：拍卖会当日早上于济贫医院内举行的新年份试饮

下左二：拍卖会前的餐会

下左三：拍卖会现由佳士得拍卖公司主持

下右：在博讷市场内举行的拍卖会

葡萄酒中介

葡萄酒中介是一个相当古老的行业，他们帮葡萄农酿的酒找买家，也帮酒商找葡萄酒，买卖的主要是整桶的成酒。在勃艮第，葡萄酒中介最早出现于1375年，当时称为 courtiers gourmets，他们担任外国酒商与本地葡萄农之间的中介者，负责保证酒的来源和质量，避免发生假冒的问题。虽然酒商直接采购已经变得越来越常见，但是，在葡萄园非常分散的勃艮第，葡萄酒中介在酒业里还是扮演着非常重要的角色。在金丘区，有70%到80%的葡萄酒还是通过中介进行交易。

精细的分级及均分继承导致葡萄园多，却又狭小，勃艮第酒商每次采买的常常仅数桶，却有数百批，采购工作非常烦琐，很难独自完成，常需专业的中介帮忙。中介的专长在于熟知葡萄园的特性，也了解葡萄农在种植与酿造上的专长与缺点，对于年份对各村的影响略知一二，对市场行情与葡萄农的库存也颇熟稔。当然，跟酒农建立的长期的人际关系更是十分必要。酒商虽然可以自己找葡萄农采买，但还是宁可借助中介的专业与关系，这样买卖也较有保障。

在勃艮第，葡萄酒的交易全是口头承诺，许多酒商宣称和许多酒庄立有长期契约，事实上多半只是口头上的约定。经中介买卖葡萄酒，至少有人居间保证酒的质量，同时也可以保证卖出的酒最后可以收到钱。通常年底卖出葡萄酒后，葡萄农要到来年春天才会收到款项。中介长年穿梭于产酒村、酒庄打探消息，即使自己装瓶的顶尖独立酒庄，有时缺现金，也可能卖桶装的葡萄酒。在勃艮第，几乎每一家酒商都多少要通过中介才能买全所需的葡萄酒。

虽然早期中介负责的是成酒的交易，但是近年来酒商自酿的比例越来越高，中介的工作也越来越复杂。买卖的可能是葡萄、酿白酒的葡萄汁、整桶的葡萄酒，甚至已经装瓶的成酒。每一种产品，中介需要提供的服务也不同。如果是买葡萄，中介须在采收之前，提早到葡萄园实地查看葡萄的质量与健康状况，也必须协助酒商与葡萄农确定采收日期，采收当天还要到场确认葡萄没有被调包，毕竟，离开葡萄树之后，要想确认一批葡萄是来自哪一村哪一园并不容易。

桶装成酒的买卖仍是最大宗的。因酒商有各自喜好的葡萄酒风格，对质量的要求及预算都不一样，每年10月、11月葡萄酒刚酿成时，中介会到酒庄收集样本，依各酒商的风味及要求做筛选，再带给酒商试饮。中介也可能受酒商之托，寻求某些特定的酒款。酒商若确定购买，在谈好价格与数量后即可成交，但交易并不就此完成。为减少对新酒的干扰，通常得等到来年春天完成乳酸发酵后，酒商才会提货，付款依惯例以九十天为期，分三次付清。至于酒的价格常由中介居中协调，但也有可能以来年春季的市场行情为准，价格呈浮动式。为了保证质量，提货前中介还得再试饮以确定与样品无出入。按行情中介费是买卖双方各付2%的佣金，有时卖方会付到3%。

刚酿成的新酒质量变化大，特别是在未完成乳酸发酵前，葡萄酒中介必须对这方面非常了解。勃艮第从北到南相隔200多公里，通常中介也有领域之分，专精于优质葡萄酒的中介，往往经营小区域的葡萄酒。金丘区因为没有酿酒合作社，葡萄园也特别分散，因此中介特别

◀ 左：Pierre-Alain Cairo 是
新一代的中介

右：出身博讷葡萄酒中介
世家的 Jérom Prince

多，约有五十多位，但在马贡内和薄若莱地区中介仅十多位，数量少，通过中介买卖的比例也比较低。夏布利因为距离遥远，自成一区，当地的中介很少跟别区重叠。

● 葡萄酒中介实例：Jérom Prince

虽然要成为葡萄酒中介必须通过相关的考试取得证件，但在这个老式的行业中，最核心的部分还是与酒商和葡萄农的关系，所以中介大部分都是父子相承，直接将一生建立的人脉资产传给下一代，这是最成功的模式。博讷市的 Jérom Prince 出身中介世家，承袭其父亲，成为勃艮第葡萄酒中介工会会长。名酒商 Leroy 与 Louis Latour 是他最大的两个客户。有五十多家酒庄通过他将酒或葡萄卖给十多家固定合作的酒商。固定合作的葡萄农集中在金丘及夏隆内丘，以销售高级酒为主。虽然中介在其他产区已日渐式微，有些外来的酒商对于中介制度颇不以为然，但他相信，在勃艮第，中介的角色是无法取代的。

● Pierre-Alain Cairo

专精于夜丘区红酒的 Pierre-Alain Cairo 是另一个例子，一样出身中介世家，也是以销售高级酒为主，Faiveley、Joseph Drouhin 和 Albert Bichot 是他最主要的客户。他记得一开始，父亲给他一个装样品的提篮，要他自己去敲酒庄的门，建立自己的人脉。不过，光是递出名片，Cairo 这个姓就不会全无意义。不同于 Jérom Prince，Pierre-Alain Cairo 因为曾经在酒商工作，所以除了当中介，也投资专精于日本市场的葡萄酒商。自己是中介便可为自己找寻优秀的葡萄酒，不过，这样的结合在勃艮第还是相当有争议的。

▶ 左：大部分酒款都采用不
锈钢酒槽发酵与培养

右：也有一小部分的夏布
利会在橡木桶中培养

酿酒合作社

在欧洲，酿酒合作社曾经是一种提升酿酒
质量的模式。当葡萄酒的酿造成为一项专门的
科学技术时，许多葡萄农不再自己酿酒，而是
将葡萄交给设备齐全的合作社，由专业的酿酒
师来酿造。在20世纪20年代，几乎勃艮第
的每一个酒村都有合作社。20世纪50年代是
极盛期，有三十五家合作社。现在独立酒庄自
己酿酒及装瓶，合作社越来越不受重视，因此
仅剩二十三家，虽然数量少，但产量大，每年
有近四分之一的勃艮第葡萄酒产自合作社。个
人主义盛行的勃艮第，似乎不太容得下合作社
的生产方式，特别是在金丘区，仅留下 Caves
des Hautes Côtes 一家。在夏隆内丘也仅 Cave
de Buxy 一家为人所知，在夏布利则只有 La
Chablisienne 一家，不过这两家在当地有着重
要的影响力。唯有在马贡内区，合作社较多，

而且是最重要的产酒单位。另外，薄若莱产区
内也有较多的酿酒合作社扮演着重要角色，有
十八家。

合作社的好处是可以在酿酒技术与设备上
做较大的投资，也有专人负责营销和销售，让
一些自有土地面积小、无力自酿的葡萄农有生
存的可能。和合作社签约的葡萄农，只需负责
种植葡萄，采收后交由合作社。酿制、培养、
装瓶与销售，全都由合作社的人负责，葡萄农
只要等着领钱即可。不过，来自各葡萄农的葡
萄，大多是机器采收的葡萄，再混合酿造，在
大量生产的情况下，较难提升酒的水平，也许
能有平均水平，但相对缺乏特色，优点是价格
便宜而且酒源充足，有能力供应大众市场。一
般人对合作社葡萄酒的印象大多也是如此。不
过，在勃艮第还是有些表现杰出的酿酒合作社，
关键在于他们会对葡萄的质量做分级。

只要葡萄的单位产量与成熟度等符合法定

产区的标准，合作社依约须收购社内葡萄农的所有葡萄，价格则依照葡萄园等级与重量而定。同工同酬很难鼓励葡萄农种出高质量的葡萄，特别是对产量敏感的黑皮诺，现有的合作社大多专门酿造白酒，可见合作社的模式不适合黑皮诺。为提升质量，有几家合作社会针对葡萄做分级，等级较高的可以得到奖金。葡萄种植越来越受关注，以质量为重的合作社也开始为葡萄农提供种植技术的建议，有专业的品质管理团队到各葡萄农的葡萄园检视并提供建议，同时在酿酒法上也在现代的设备中包容传统的技法，以保留产地的特色。

特别值得注意的是，酿酒合作社主要位于生产白酒的产区，如夏布利的 La Chablisienne、蒙塔尼区的 Cave de Buxy、维列-克雷榭（Viré-Clessé）区的 Cave de Viré，以及马贡内区的 Vignerons des Terres Secrètes 等。不过，也有位于 St. Bris 的 Bailly-Lapierre，这是一家专门生产气泡酒的合作社，但主要以黑皮诺酿成，质量常超越勃艮第所有大型酒商生产的气泡酒。勃艮第的合作社之间也有一些合作，如 Blason de Bourgogne，是五家分属于五个产区的合作社共同经营的厂牌，提供勃艮第全区的葡萄酒，包括夏布利的 La Chablisienne、产气泡酒的 Bailly-Lapierre、金丘的 Caves des Hautes Côtes，夏隆内丘的 Cave de Buxy，以及马贡内区的 Vignerons des Terres Secrètes。

● 酿酒合作社实例：La Chablisienne

在法国七百多家合作社中，1923 年成立的 La Chablisienne 可能是质量最高的一家。这是夏布利唯一的合作社，也是当地最大的酒厂，社员包括三百多个酒农，葡萄园共 1,200 公顷，占全区四分之一的面积，年产 700 多万升葡萄酒。熟知勃艮第的人大概难以想象合作社会有这样的规模。La Chablisienne 不单以大出名，还拥有许多顶级葡萄园，特级园就有近 12 公顷，七个特级园中，只缺瓦密尔（Valmur），其中格内尔（Grenouilles）更多达 7.5 公顷，占此特级园近五分之四的面积。一级园则有十八个之多，总面积近百公顷。1999 年，La Chablienne 以合作社的资金买下 Château Grenouilles，组建了一个独立的团队负责这个只有特级园的城堡酒庄的耕作和酿造工作。合

▲ 左上：看似工厂般的新式酿酒窖却常酿出非常具有地方风味的夏布利白酒　　左下：La Chablisienne 的品酒室

右：拥有 7.5 公顷 Grenouilles 特级园的 Château Grenouilles 是 La Chablisienne 自有的独立酒庄

作社也扮演独立酒庄的角色，在法国算是颇少见的例子。

为了提升质量，葡萄农如果愿意保留产量低的老树，或者种出质量特优的葡萄，都能得到较高的报酬。夏布利地区大都采用机器采收，La Chablisienne 也不例外，只有不到 30% 是人工采收。采收后的葡萄直接在葡萄农家中榨汁，再由合作社将葡萄汁运回酒厂酿造。经沉淀去杂质，再经皂土凝结沉淀，而后加入来自香槟的中性酵母。发酵的温度经常维持在 20℃～22℃ 之间，避免温度过低产生太多果香，大部分发酵都在大型的不锈钢槽中进行，但也有一部分在橡木桶中进行。

不同于许多合作社以生产讨喜可口的商业酒款为主旨，La Chablisienne 以酿造出具有夏布利地方特色的白酒为首要目标。他们在酿造上强调的不是果味，而是夏布利特有的矿石香气。他们通常把含果味的酒卖给酒商，留下较有个性的酒装瓶。位于镇边的酒厂非常现代化，设有一个品酒室和零售店，三百多位葡萄农轮班到这里接待访客，供应的试饮酒款有三十款以上，是一窥夏布利全貌的最佳地点。

酿酒顾问

为酒庄或酒厂提供酿酒建议的专业顾问，在全球葡萄酒业中扮演非常重要的角色，几位知名的明星级顾问，其酿酒风格甚至还在葡萄酒世界里引发了新的风潮。虽然比波尔多，甚至全世界其他主要产区晚了几十年，但是在勃艮第，酿酒顾问确实也盛行起来了，成为酒业中的重要角色，只是形式还有些不同。

酒庄聘任酿酒顾问，其实是在 20 世纪 90 年代中期才变得比较普遍。早期的酒迷也许还记得，黎巴嫩裔的酿酒顾问 Guy Accad 在 20 世纪 80 年代末，曾经因为极端的酿造法在勃艮第掀起浪潮。虽然 20 世纪 90 年代末他已经在勃艮第销声匿迹，但是他让酒的风格产生了明显而直接的变化，这让勃艮第许多庄主深植于心。在 20 世纪 90 年代中期，现在最重要的两家酿酒实验室 Centre Oenologique de Bourgogne（COEB）和 Burgundia Oenologie，开始为顾客提供酿酒建议，一来因为葡萄酒世界的进步迫使勃艮第的顶级酒庄即使再守旧也必须跟进；二来也是因为勃艮第的知名酒庄开始变得富有，可以支付顾问的费用。

在法国，oenologue 是指有正式酿酒师文凭的人。跟一般没有文凭的酿酒师不同，oenologue 必须受过五年以上的酿酒学高等教育，而且要通过考试获得国家文凭。这些酿酒师不一定都从事酿酒，他们有很多是进行酿酒学研究，或者在酿酒实验室为酒厂做样品检验。勃艮第大部分的酒庄至今仍然是父子相承式的手工艺酿造，除了酒商或是大型的酒庄，很少雇用专职的酿酒师。酿酒科技看似离勃艮第非常遥远，除了无法负担聘任费用的原因，许多酒庄也并不认同专业的酿酒师可以酿出更好的葡萄酒，甚至认为他们比较像葡萄酒医生，只是为了向他们推销昂贵却多余的酿酒设备与酿酒产品，如酵母菌、酶、酸和单宁等。

不过，新一代的酒庄主虽继承自父辈，但也有几位拥有专业的酿酒师文凭，即使不是酿酒专业毕业，也可能是高职酿酒专业毕业，至少也修过短期的酿酒学课程。他们虽然延续了传统的酿造法，但更愿意将现代酿酒学引进酒庄，采用科学的方式进行葡萄酒的酿造，或至少当作酿酒的参考。这些酒庄虽然没有聘请酿酒顾问，但除了少数有检测仪器的酒庄外，大部分都会委托实验室帮忙检测葡萄酒样品。不同的科学数据提供酿造时的重要参考数值。之前提到的 COEB 是勃艮第酒业公会附设的葡萄酒检验单位，有很多酒庄将葡萄酒样品送到那边的实验室做分析。除了被动的检验，COEB 的服务项目也包括提供酿酒建议，依据检验数据与品尝，帮助葡萄农解读分析并提出改进的方法。

其他的实验室也开始提供类似的服务，如夏布利区的 Jacques Lesimple 与 Thierry Moreau，马贡内和薄若莱的 Oeno-Service 和 Vigne et Vin Conseils，在金丘区则有 Académie Oenologique de Bourgogne、Burgundia Oeenologie 和 COEB 等。波尔多的酿酒顾问除了提供酿造的建议之外，主要工作在于协助葡萄酒的调配；在勃艮第，则主要在于酿造与培养上，特别是黑皮诺的酿造。一个顾问大概只能服务三十家到四十家酒庄，因为在采收期，每一家酒庄每天至少要去一次，四十家已经是极限，所以顾客超过二百家酒庄的实验室如 Burgundia Oeenologie、Académie Oenologique de Bourgogne 和 COEB 等，都有多位专业酿酒顾问一起合作。

酿酒科学逐步进入勃艮第酒庄，提升了勃艮第葡萄酒的整体质量，也让气候条件不佳的年份里同样可以酿出高质量的酒，因错误决定而被酿坏的酒也较少出现。不过，酿酒顾问也让一部分酒庄通过特定的技术，酿造出类似的符合市场需求的风格，特别是立即而明显的黑皮诺颜色萃取技术及一些酶与酵素对香气与口感的影响。有些酿酒顾问甚至宣称可以针对不同知名酒商采购桶装酒的喜好提供酿酒建议。过多的技术操控是否真能酿出更好的勃艮第葡萄酒，是否会造成风格的同一？这些是很值得深思的问题，毕竟，在还没有酿酒学之前，勃艮第就已经酿出非常多精彩的葡萄酒，许多传统的酿造技术也一直沿用至今。不过，短期内有效的市场效应对于葡萄农来说还是非常具有吸引力的。

● 酿酒顾问实例：Kyriakos Kynigopoulos

来自希腊的 Kyriakos Kynigopoulos 是目前勃艮第最受推崇的酿酒顾问。他开设的 Burgundia Oeenologie 酿酒实验室为勃艮第两百多家酒庄提供酿酒建议，他的客户包括本地大部分最知名的酒庄。这位常被昵称为希腊人（Le Grec）的顾问，在法国之外也为三十多家酒厂提供服务。1982 年，他来到勃艮第深造酿酒学之后，就一直留在勃艮第。1988 年，他在博讷市的 SGS Oenologie 酿酒实验室工作。他结合失传的传统酿酒法与现代技术的酿酒法，吸引了许多酒庄主的注意，特别是他所建议的发酵前超长低温浸皮，可让酒庄酿出从未见过的超深酒色与丰厚酒体。2006 年，他将 SGS Oenologie 改制，创立现在的 Burgundia Oeenologie。

身为勃艮第酿酒顾问职业的开创者之一，Kyriakos Kynigopoulos 的成功源于他让那些已经闻名全球的酒庄在原有的基础上再往前迈进一些，同时他还擅长沟通。其实，许多由他提供服务的酒庄庄主自己就已经拥有酿酒师文凭和坚定的酿酒理念，但通过他，庄主们多了一个够理解情况的人参与讨论，可以做出更谨慎的决定。特别是 Burgundia Oeenologie 通过数以千计的样品分析，可以更全面、精确地掌握每个年份的特性，让他的建议更具参考价值。

在勃艮第，所有的改变与创新都立足于传统的氛围与根基，葡萄的种植更是如此。因为在意葡萄园，勃艮第酒庄竭尽所能地专注于土地与耕作，也尝试了更多的新方法，但种植法却越来越复古，仿佛将葡萄种植带回过去，回到了还没有化学农药的年代。

自20世纪90年代，勃艮第开始将葡萄种植的重心放在土壤的生命力，采用更着重倾听自然的复古农法，以解救因滥用农药而奄奄一息的葡萄园。经历了过度主宰与操弄自然的现代农业，有机种植法和自然动力法现在已蔚为风潮，回归随时可能会面对自然威胁，却更能与自然相合的耕作传统。虽然葡萄农不再可以高枕无忧，但酿成的葡萄酒却更自然均衡，也更能表现风土特性。

不同流派的种植法

跟酿造法一样，勃艮第的葡萄种植法也非常多样，各家酒庄各有坚持的信念与想法。作为全法国最注重葡萄园，而且葡萄农酒庄为数

◀ 在勃艮第，葡萄园管理与种植的重要性常常远超过酿酒技术，起到绝对关键的作用

非常庞大的产区，勃艮第的庄主自己管理葡萄园，甚至自己耕作，对种植法的注重程度，少有其他产区可以相比。在勃艮第，大部分酒庄甚至酒商都相信葡萄酒的质量和风味大多在采收酿造之前就已确定。目前，当地的精英酒庄主要采用理性控制法（lutte raisonnée）、自然动力种植法（biodynamie）种有机种植法（biologique）三种不同理念的种植方式。当然，还是有一小部分的知名酒庄继续习惯性地喷洒化学农药，但这已经越来越少见，有机种植的比例近十年来在勃艮第大幅成长，已有接近十分之一的种植面积采用有机或自然动力种植法，是法国有机种植比例最高的产区之一。

● 理性控制法

这是最多精英酒庄采用的种植法，在有机种植兴起之前，酒庄并不会特别强调葡萄园以何种方法耕种。在全然放弃化学农药的有机法与大量使用农药的耕作习惯之间存在许多可能性，20世纪90年代开始出现的理性控制法是其中最广泛采用的方式。不过，这样的种植法只是强调理念，并没有特别施行细则或规范，主要标志着酒庄在种植上的态度和想法，并不

存在任何认证。是否为理性控制，主要源自酒庄的自我认定。

理性控制法会使用一般的农药来保护葡萄，但是采用的剂量与频率较温和、谨慎，除非葡萄确实遭遇危险、迫不得已时才会使用。跟惯性施用农药的耕作法不同的是，理性控制法要求更注意观察葡萄园的状况，实地了解病害后才依实际情况施用小剂量的药物，而不是仅依据排定的喷药时间表，定时定量地喷洒各式化学药剂以预防染病与虫害。除此之外，此种植法更强调科学的依据，会实际考虑气象变化等因素，更精确地施用药品，以达到少量、有效的目的。

基于这样的理念，经科学证明且实际有效的一些生物防治法，也可能被应用在以此法耕作的葡萄园中。最知名的例子是葡萄蛀蛾的防治。Eudémis 及 Cochylis 这两种生命周期相近的蛾，是葡萄最主要的害虫。它们在一年内有两到三次机会由毛虫变成蛾并交尾产卵，母蛾会散发激素吸引公蛾前来交配。春末孵化的第一代幼虫会咬食葡萄花，夏末孵化的毛虫会直接咬破葡萄钻入葡萄内，传染霉菌，造成葡萄腐烂。从 1995 年开始，酒庄尝试在葡萄园内放置装有人工母蛾激素的小塑料盒，每公顷安置 500 个，各装 500 微克，使葡萄园的空气中散布着母蛾气息，让公蛾迷失母蛾踪迹，无法顺利完成交配，从而降低繁殖的数量。葡萄蛀蛾的活动范围为 15 公顷到 20 公顷，所以如果要有效防治，装置的覆盖面积必须超过 20 公顷。现在勃艮第几乎各处的葡萄农都加入了合作计划，不只葡萄蛀蛾的数量减少，因减少喷药，葡萄园的生态环境也变得更平衡。

许多采用理性种植法的酒庄同样也支持可

持续发展的葡萄农业，但他们并没有采用有机种植，原因不仅是他们认为有机种植无法保证在大部分的年份都生产出最好的葡萄，而且他们认为有机或自然动力种植法并不一定对环境最友善，也不是最无损生态体系的农作法，他们想让自己有更多自由选择的空间，以做出对葡萄园与葡萄树最好的选择。

例如，以硫化铜为主要成分的波尔多液（bouillie bordelaise），是有机种植法中防治葡萄霜霉病和灰霉病等主要疾病的喷剂，在潮湿的年份即使喷洒多次也不见得有效，如果喷洒太频繁，这种蓝绿色药剂中所含的铜会堆积到地底，破坏土壤的生态平衡。又如从植物中萃取出的防虫药剂，因为来源于自然，常被有机种植法采用，但也可能比一般化学药剂更容易伤害葡萄园中的益虫。

● 自然动力种植法

在面对自然时，采用建立于科学与理性上的现代农业科技来种植葡萄，是大部分葡萄农的选择。但是，也有一些酒庄放弃掌控与主宰，改用与自然并生共存的方式来面对，让葡萄树在与自然相应相合中生长出与天地万物合一的果实。这样说，也许有一些玄虚，但是，一种称为自然动力（或译为生物动力）的葡萄耕作法正在勃艮第精英酒庄间盛行起来。不管是否认同，"自然动力"已经是勃艮第酒迷们不能不知道的关键词。

自然动力种植法虽针对所有农作物提出，但发展至今，其对葡萄酒业的影响最为深远。施行自然动力种植法的酒庄比例虽然不高，但大多是精英酒庄，尤其是许多知名产区的第一名庄，如阿尔萨斯（Alsace）产区的 Zind

▲ 左上：微不足道的剂量却能产生不错的效果，是自然动力种植法最奇特的地方之一

左下：混合乳清的制剂强化后，置入铜制的喷洒器内进行人工喷洒

右：在勃艮第，无论是否为采用自然动力种植法的酒庄，使用马犁土已经相当常见，如 Arlaud 酒庄饲养了两匹马专门进行犁土的工作

Humbrecht、Vouvray 产区的 Huet、北罗讷的 Chapoutier、薄若莱产区的 Château des Jacques、西班牙 Bierzo 产区的 Descendiendes de J.，新西兰 Central Otago 产区的 Felton Road、澳大利亚 Margaret River 产区的 Cullen，以及产自法国勃艮第的、全球酒迷都梦想能喝上一口的、最珍衡昂贵的侯马内-康帝，全是以此法耕作酿造的。

虽然如此，"自然动力"仍然是一个带有神秘色彩而且极富争议的农法。如其依据占星学建构的种植年历，又如各式混合植物、矿物甚至动物的诡奇制剂、铜制水槽中长时间顺逆时针搅拌的强化方法，以及结晶图分析等，都很难有明确的科学解释与根据。从西方理性科学的角度来看，这些"农法"反而比较近似迷信或巫术。但是，将自然动力种植法应用到某些酒庄的葡萄园里，却似乎颇具效力。有许多酿酒师并不相信占星学，却为"自然动力"的成效所说服。

自然动力种植法由奥地利哲学家 Rudolf Steiner 创立，1924 年，他在奥地利的 Koberwitz 庄园为农民举行了八场演说，针对当时农业所面临的问题，首度提出自然动力种植法的理念。演讲的内容在次年被编印成册，成为此农法的理念基础。Rudolf Steiner 是哲学家，他提出的人智学（Anthroposophy）企图在自然科学之外，建立灵性的科学。自然动力种植法也被视为人智学在农业上的应用。演讲之后不到十个月 Steiner 就过世了，他在演说中所提到的许多观念比较像是哲学或宇宙观，而非实际的种植方法。Steiner 留下了深奥难解的内容，由后人摸索尝试，找出应用的可能性，并依据每个人的理解做出不同的诠释。

例如，Steiner 关于植物繁殖的想法就与正统生物学不同，他认为所有在地表之上的植物为阳性，地表以下的植物为阴性，植物受粉并非生殖，只是产生种子而已。生殖的关键在于发芽，必须将在地表阳性世界产生的种子放入土壤，即阴性的"器官"中，才是真正的生殖。Steiner 的独特生殖观将土壤视为植物的生命之本，他认为自然动力种植法是维护土壤健康的种植法，有健康的土壤才能有健康的植物，才能为人类与动物提供健康的食物。

在 Rudolf Steiner 之后，一些跟随者开始从种植经验中归纳出可实际应用的种植法，其中包括德国人 Maria Thun 所编制的《自然动力年历》。占星学相信星体与黄道十二宫和世间诸事皆有对应，植物的种植或播种，以及其他农事的施作时间，如果能依据星盘及月球与地球的对应关系，挑选最适合的时刻来进行，必能使植物的生长更顺遂。月球是离地球最近的星体，相对于其他行星，对植物的影响也最关键。Maria Thun 这份年历便是以月亮在十二星座间的运行为准，再参考太阳与各行星的宫位制定成的农事历。

其原理并不复杂，月亮约每 27.3 天绕行地球一圈，从占星学的角度看，在这段时间里，月亮将绕行黄道十二宫一圈，约两到四天就会从一个星座进入另一个星座。每当月亮进入一个宫位，就会将这个星座的影响力量传到地球。他们认为火象星座如射手、白羊和狮子座，对应于植物的水果或种子，当月亮进入火象星座时为"果日"，最适合采收葡萄或种植水果类的植物。土象星座如处女、摩羯和金牛座，则

象限	星座	对应的器官
火象	狮子座，射手座，白羊座	果
土象	处女座，摩羯座，金牛座	根
风象	双子座，天秤座，水瓶座	花
水象	巨蟹座，天蝎座，双鱼座	叶

对应于植物的根部，如犁土或种植番薯、芋头等根类植物时最好选择月亮在土象星座时的"根日"。水象星座对应植物的茎和叶，风象星座则对应植物的花。

实行自然动力种植法的酒庄进行各项农事时，会参考这份每年更新的农事历来安排耕作，不过在实际运用中并不一定完全遵循。以采收为例，火象的果日虽然是最佳采收时机，但有些酒庄的采收期长达一两周，无法在两到四天的果日采完，如果等到下一次的果日再采，葡萄可能过熟，所以酒庄可能会在风象的花日采收。也有酒庄认为在土象的根日采的葡萄会有比较内敛的个性，并不一定不好。有些酒庄偏好在果日装瓶以保有最多香气，但也有偏好根日的酒庄希望在酒比较沉静的时候进行装瓶，也有酒庄依据年份特性决定在果日还是根日装瓶。除了应用在种植、酿造上，这份年历也被用于确定品尝葡萄酒的时机，如果月亮绕行黄道对植物产生影响，那就也可能对葡萄酒的风味产生影响。Maria Thun 甚至建议在花日、果日品尝葡萄酒，而要避开根日、叶日。

这份年历也标出了月球轨道与黄道面相交的月结点，此时无论月亮进入哪一宫，都不适宜进行任何农作。其他包括日食与月食、月球近地点与远地点、行星交会、相冲与对座等都连同之前的原理被写入这份种植年历中。此外，Maria Thun 认为在月亮从射手座走向双子座的上升阶段，植物的树液会往上升，植物的上部充满树液与生命力，是最适合进行嫁接的时候，也是采收水果的好时机，这时的水果最为多汁，也有更长的保鲜期。而在月亮从双子座走向射手座的下降阶段，树液会下降到根部，这时特别适合进行修叶或剪枝。此时土壤中的微生物也特别活跃，是犁土、施肥、播种或种植新苗的良好时机。

Maria Thun 不认为月亮盈亏的月相改变会对植物体产生多大影响，所以他的种植年历上对这方面着墨不多，但仍然有一些葡萄农会依据月相来安排农事。如避免在满月时剪枝，以免损耗葡萄树的元气。葡萄农也认为此时的酒比较混浊，最好不要进行装瓶或换桶。新月到满月的这段时期，常被认为是植物体最强健，也能对抗疾病的阶段，此时适合进行会降低树势的农事，如剪枝、采果等。

自然动力种植法将植物视为一个生命体，所以农事的重点在于强化植物本身的生命力，而不是外在看起来是否茂盛健康。植物染病并非植物体本身的问题，而是环境，特别是土壤出现了问题。只能表面上解决局部问题，却对土壤造成伤害的化学农药与肥料，必须完全舍弃。自然动力种植法只在这个方面跟有机种植有较类似的地方，但也仅限于此，自然动力种植法更进一步，企图让植物体能与宇宙间的自然力量相合，在农事耕作上必须按照特定的时机，施用特殊的制剂。

自然动力种植法的实践者会调制混合着动植物与矿物质等天然材料的制剂，配合年历中的时机来使用，强化植物的力量。使用这些有着不同功能的制剂，原则是必须建基于大地、植物体与宇宙三者间的协调。这些配方的材

◀ 左：蒲公英是葡萄园边常见的植物，是制作 506 的原料，须装入牛肠中转化

中上：Leroy 酒庄的黄道十二宫图

中下：500 须放存于陶罐中，再置于木箱中保存

右：Domaine de la Vougeraie 酒庄的药草室收藏用于配制各种制剂的药草

料主要为蓍草、春日菊、荨麻、橡木皮、蒲公英、柳条、牛粪及硅石等自然物质。有些配方需经过发酵转化，而且通常在动物的器官中进行。如最常用的"500"的制剂，是将牛粪装入牛角中再埋到土里进行发酵。来年春天挖出来之后，只要约100克就可强化1公顷的葡萄园，方法是加到30升到35升的水中搅拌数小时，而后必须挑选在"土象日"，如此有利于增强土壤的结构与力量。又如将石英粉装入牛角中，埋在土里转化成"501"，于"果日"或"花日"施用于茎叶上，有利于植物体的生长。501的施用剂量更小，每公顷只需2克到4克。

500因为是作用于土壤，通常在3月到5月的春天发芽前，以及秋天9月到11月采收后施用。501刚好相反，是作用于露出地表的植物体本身，所以施用的时间是在5月到9月的生长期。强化过程最好是在铜制的容器中进行，木桶次之。先搅动桶中液体，形成很深的漩涡之后再逆向搅动，产生激烈的水花，如此不断循环一小时或更久。虽然最好用人工强化，但是较大的酒庄会采用特制的机器来强化。

500和501是自然动力种植法中最基本的配方，其他常用的还有从502到507六种配方，都是以植物为主，在动物的器官中发酵转化而成，所以也都以植物为名。例如，502为蓍草，其主要功能在于增加肥料中的硫与钾。其制作方法是以太阳进入狮子座时所采摘的蓍草花为原料，如果配合时机，在月亮进入火象星座时的果日采摘则更佳。干燥的花塞入鹿的膀胱，悬挂风干，在10月选在根日埋入土中，而后在来年的复活节后挖出，最好挑选火星进入白羊座时出土。等制作肥料时，再添加进去。Steiner曾说，这些施肥法是无法用自然科学来解释的，只有思想能进入灵性世界的人才能了解，也唯有通过灵性的探寻，才能发现这些肥料的秘密。

除了以上九种源自Steiner的理念的制剂，也有其他后人的制剂配方，如Maria Thun的牛粪堆肥配方，以两边开口的橡木桶当发酵转化的容器，也添加了Steiner的502、504、506和507四种配方调制。

结晶图感应（cristallisation sensible）是人智学，或自然动力种植法对农产品质量的分析法，是Ehrenfried Pfeiffer依据Steiner的建议在1925年发明的，除了用在自然动力种植法上，也应用于化妆品与医药业的分析。方法非

配方	主要材料	转化或保存容器	作用
500	牛粪	牛角	土壤
501	石英	牛角	植物茎叶
502	石英	鹿的膀胱	堆肥：增加硫与钾
503	甘菊	牛肠	堆肥：促使有机质分解
504	刺荨麻	陶盆	堆肥：增加氮和铁
505	橡木皮	猪、牛或羊的脑腔	堆肥：增加钙且减少植物病害
506	蒲公英	牛的肠衣	堆肥：增加硅和氢
507	蒲公英	玻璃瓶保存	堆肥：增加氟
508	木贼	泡水两周	对抗霉菌

❶ CHABLIS & AUXERROIS 夏布利与欧歇瓦区

Bourgogne Côte Saint-Jacques

往 Troyes 市

往巴黎 ● JOIGNY

JOVINIEN

● LIGNY-LE-CHÂTEL

● ÉPINEUIL

往巴黎 VILLY ● ● MALIGNY

○ TONNERRE

LIGNORELLES ●
LA-CHAPELLE-VAUPELTEIGNE ●

FONTENAY-
PRÈS-CHABLIS
● RAMEAU

TONNERROIS

POINCHY ●
BEINES ● FYÉ ●
MILLY ● FLEYS ●
BÉRU ●

往第戎市

欧歇尔市 ○

CHABLIS
COURGIS ●

VIVIERS ●
CHICHÉE ●
CHEMILLY-SUR-SEREIN ●

VAUX ●
CHITRY ● PRÉHY ●

POILLY-SUR-SEREIN ●

ST-BRIS-LE-VINEUX ●

CHABLIS

IRANCY ●

○ NOYERS

COULANGES-LA-VINEUSE ●

CRAVANT ●

AUXERROIS

VAL-DE-MERCY ● VERMENTON ●

NITRY ●

A6

往第戎市

VÉZELIEN

往 Avallons 市

VÉZELAY ○

VINS DE
BOURGOGNE

勃艮第全图

葡萄园等级

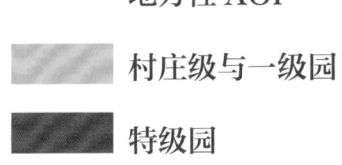

地方性 AOP

村庄级与一级园

特级园

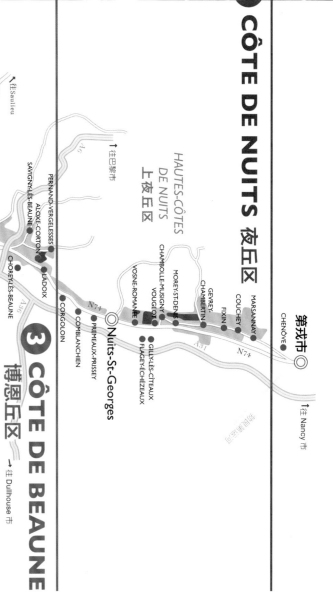
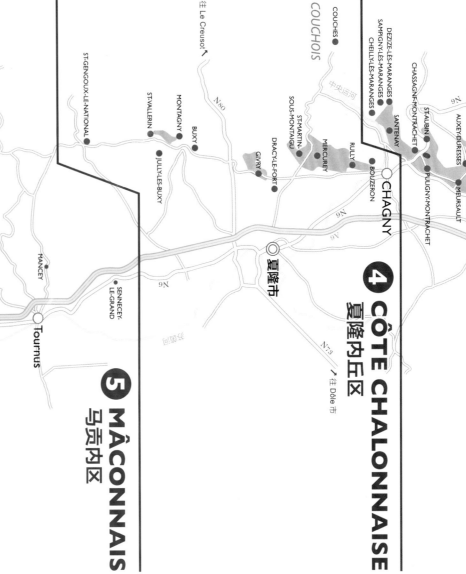
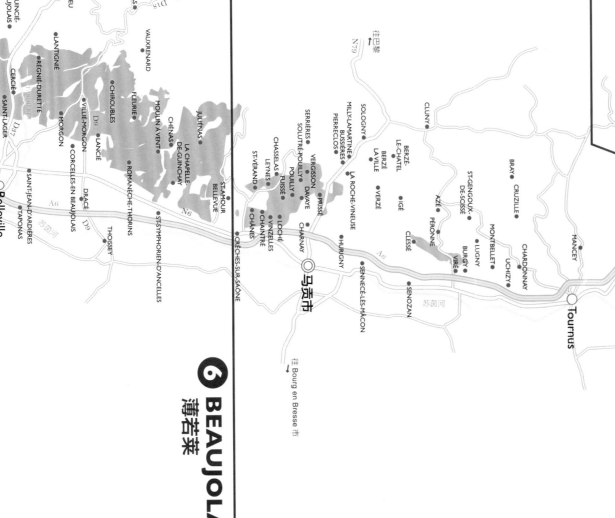
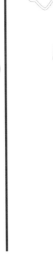

▲ 上左：500 与 501 都需要装在牛角中埋入地下才可以制成

上中：从牛角中取出的 500

上右：以石英制成的 501 粉末

下左：生产全世界最高价葡萄酒的候马内－康帝特级园已经全面采用自然动力法种植

下中：于橡木桶中进行强化的 500

下右：通过水流漩涡强化力量的灌溉水

常奇特，却颇为简单。即将要做分析的样品，如土壤、葡萄酒、牛奶或血液等，加入混合氯化铜的液体，注入玻璃皿中，在温度 28℃ 与湿度 58% 的环境下静置十四小时，随着水分蒸发，皿中的氯化铜会形成结晶。实验室再依据结晶的形状提出分析报告。分析的内容经常与力量和老化程度有关，各实验室的诠释也不一定相同，通常越有生命力的样品，会有越明显或越集中、有秩序的结晶。分析有时可以非常

明确，如遭霉菌感染的葡萄所酿成的酒，经常在结晶的中央部分出现正十字形的结晶。添加二氧化硫较多的葡萄酒，则常出现羽状无秩序的结晶。而以自然动力种植法酿成的葡萄酒，也常有非常密集的结晶。

自然动力种植法在法国的发展比在德国、奥地利和瑞士晚，法国并没有任何农业学家接受这样的种植理念，只有零星的实践者，其中包括卢瓦尔河 Coulée de Serrant 产区的 Nicolas

Joly。他虽然被视为法国自然动力种植的先驱与推广者，也出版了多本相关著作，但他在20世纪80年代初才开始尝试自然动力法，到1984年才完全采用。勃艮第则在20世纪70年代末开始出现实践的例子。Jean Claude Rateau酒庄位于博讷市，庄主在1979年接手家族酒庄，并在博讷的村庄级园Clos des Mariages试用自然动力种植法，建立了勃艮第最早实行此法的葡萄园。

在20世纪80年代，Lalou Bize-Leroy受到Nicolas Joly的启发，在Domaine de la Romanée-Conti进行试验，之后于1988年成立的Domaine Leroy全部采用了自然动力种植法种植。Leflaive酒庄也在1990年开始局部试验，到1997年全部采用。这两家由女庄主经营的名庄，成为勃艮第采用自然动力种植法的典范酒庄。François Bouchet是当时勃艮第主要的自然动力种植法顾问，他在1962年就开始以自然动力种植法耕作位于卢瓦尔河的葡萄园，他的协助使许多感兴趣的酒庄得以减少自己摸索的时间，也吸引更多葡萄农加入。另外，马贡内区的Pierre Masson也是重要的自然动力种植法顾问，他采用彼此分享经验的团体学习法，而其所经营的公司Bio-dynamie Service也提供相关

的产品与制剂，让酒庄更容易改用自然动力种植法，再也不会不得其门而入。20世纪90年代，加入的酒庄越来越多，其中包括Domaine des Comtes Lafon、Michel Lafarge、Domaine Trapet、Comte Armand和Joseph Drouhin等名庄。到21世纪，自然动力种植法已经是勃艮第相当常见的耕作法，特别是在金丘区的名庄中间。

虽然有许多酒庄自称实行自然动力种植法，不过大多依据个人的体验施行，不一定完全依据既定的规则与方法。1997年成立的Demeter International，则对采用自然动力种植法的农庄提供自然动力农法的认证，通过认证的酒庄可以在标签上印上Demeter的认证标章作为标识。在勃艮第，已经有不少酒庄得到了Demeter的认证，不过，他们并不一定会标在标签上；也有相当多的酒庄认为采用自然动力种植法的目标并不在于取得认证，所以并不热衷于申请。

以此种方法酿成的酒又如何呢？虽品尝过数千款采用自然动力种植法的葡萄酒，但此耕作法在风味上的共同性似乎不易定义。我曾经认为有更多的酸味与更澄澈的香气、以更纯粹透明的方式表现风土特性是它们的共同点，不

◀ 左一：刺荨麻是制作 504 制剂的材料，最好在 5 月花季前选
择花日采收、装入陶罐并埋于地下　左二：普依-凡列尔产区
内采用有机种植、充满生命的土壤　左三：高登山上关于葡萄
园生物多样性的研究　左四：散布母蛾激素以扰乱公蛾交配的
生物防治法

▶ 左上：Biodyvin 自然动力种植法认证标识　左下：Demeter
自然动力种植法认证标识　右上：旧的有机种植认证标识　右
下：新的有机农产品认证标识

过随着实行自然动力法的酒庄越来越多，现在
共同点似乎只在于少有失衡的酒款，而且大多
有极高的质量。无论如何，特别注重自然与土
地的酒庄，其实并不容易酿出质量不佳的酒。

常常有人问我对此耕作法的看法，我虽然
无法相信占星术，但我相信在理性与迷信之间，
并不一定存在截然分明的界限，而其定义也常
常要视宇宙观而定。例如，此耕作法对西方理
性科学来说或属异端，但若从道家或《易经》
的宇宙观来看，却并不难理解。当地球的永续
生存问题成为每一个人都必须面对的课题时，
自然动力种植法其实通过出产许许多多的葡萄
酒，为我们提供了一个非常美妙的方向与解答。

● 有机种植法

在化学肥料及合成农药开始被应用于种植
之前，欧洲的葡萄园在实际的运作上都算是有
机种植，当时也只有有机肥料可用。19 世纪中
期，以化学方法制成的工业肥料开始出现，结
合了杀虫、灭菌与除草等功能的合成农药，使
现代农业开始朝向追求高产量和高效率发展，
同时也开始对人体健康及环境造成负面影响。
有机种植法与自然动力种植法都是因化学农药
的滥用而产生的，两者都主张尽可能地少用或

完全不用化学农药。

有机种植除了作为一种农耕法，还更接近
于一种价值观，它从更长远的、可持续发展的
角度来看待土地利用，以种植本身不会对环境
造成负担与伤害为首要前提。至于有机种植是
否可以种出质量较高的葡萄，不一定是考虑的
重点。化学农药常能有实时的效果，在病害比
较严重的年份也许更能保护葡萄树，可以种出
更健康的葡萄。但对有机种植的酒庄来说，并
非完全无病害的葡萄树才能产出最自然均衡的
葡萄，因为能除掉病虫害或杂草的农药也会杀
死其他有益的生物，让葡萄园失去生命力与均
衡多样的生态环境。无论如何，有机种植可以
让葡萄园有更健康、更具有生命力的土壤，从
长远的角度看，也许更能酿出均衡的葡萄酒。

有机种植的理念认为施肥并非直接给予植物
所需的养分，而是通过养育富饶的土壤，将养分
供给植物。事实上，从植物与菌根菌的共生关系
来看（见第一部分第一章"土壤中的元素"），有
机种植确实可以保留更多数量的菌根菌，使菌种
更多样，也可以为葡萄树提供更多元的矿物质与
微量元素。葡萄园的土壤中如果缺乏这些微生
物，即使施用再多的矿物质肥料，葡萄也很难从
土壤中吸收生长所需。因为禁止使用除草剂，采

用有机种植法的葡萄农必须以翻土除草的方式来取代，翻土为土壤带来更多氧气，更容易接收雨水，土壤的生命力也比没有犁过土的葡萄园更旺盛。有机种植相信生物的多样性可以维持更平衡的生态，避免土地因种植单一作物而造成的失衡，有些酒庄也会在葡萄树间种植一些谷物，或者在葡萄园边种植果树。

勃艮第是一个特别讲究葡萄园特性的产区，有机种植在理念上确实跟葡萄园风味的想法相契合，有越来越多的酒庄相信每一片葡萄园都生长着不同种类的酵母菌，而这跟葡萄园的土壤与位置一样，造就了葡萄园的风味。很明显，如果使用太多药剂，很容易将这些珍贵的微生物消灭，或只留下少数有抗药性的菌种。不过在实际应用上，勃艮第的气候并不特别干燥，黏土多，葡萄的种植密度高，树篱低，贴近潮湿的地面，种植的黑皮诺又是很脆弱易染病的品种，要实行有机种植比其他地区困难一些，葡萄农必须更小心地观察葡萄园，以便及早发现病兆，提早解决问题。

无论如何，不喷药其实并不能完全避开染病的风险。有机种植也允许使用一些药剂，不过，使用的大多是一些用自然材质制成、对环境没什么伤害的农药。除了知名的波尔多液，防霉菌的硫黄粉、从鱼藤根部提取的天然杀虫剂鱼藤酮、除虫菊精、窄域油、苏云金芽孢杆菌和木霉菌等，也都可以采用。虽然这些天然农药效果多半有限，但相较于自然动力种植法，有机种植法的药剂都是被科学验证为有效的。

除了价值观与理念，有机种植本身也涉及认证，毕竟口说无凭，而且有机种植的成本通常也常比一般的耕作法高。从 1980 年开始，法国官方开始认可有机种植，并在 1985 年由农业部建立了认证的标准与制度，现在由国家级单位 INAO 法定产区管理局来管理有机农产品认证（L'agriculture biologique）。除此之外，法国也存在其他有机认证的组织，如 Ecoccert 和 Nature & progrès 等。

在法国，有机耕作的酒庄并不一定能生产出质量较高的葡萄酒，不过在勃艮第，采用有机种植法的酒庄通常水平不会太差。而因为在勃艮第自然动力种植法非常盛行，所以很多原本采用有机种植法的酒庄都更进一步实行了自然动力种植法，如莫瑞村的 Domaine Arlaud，冯内村的 Bruno Clavelier，渥尔内村的 Domaine de Montille。

◀ 左：冬季休眠期施用的有机肥料

右：可持续发展的葡萄农业常常是有机种植的主要目标，但同时也常酿出更均衡自然的葡萄酒

改种一片葡萄园

　　葡萄是多年生藤蔓植物，寿命可以比人还长。年轻的葡萄树活力旺盛，产量也大；老的葡萄树产能会降低，病死的葡萄株随时间递增而增多，老树葡萄园的种植成本比较高。但是，老树产的葡萄却又常有较佳的质量，特别是对产量敏感的黑皮诺，长得较不茂盛的老树反而会以较自然均衡的方式生产小串的黑皮诺。为了产量稳定，也为了让葡萄园比较容易管理，在大部分葡萄酒产区，特别是在波尔多，当葡萄树过了四十岁，就会开始考虑拔掉重种。但在勃艮第，所需考虑的就复杂得多。

　　葡萄园的面积小，又分属于不同村庄与等级，许多勃艮第酒庄在一些稀有的特级园常面积极小，如 Faiveley 的特级园蜜思妮仅有 0.03 公顷。改种后至少需等上三年才能有收获，要让年轻的葡萄树长出好葡萄，至少又要等十年，小型的酒庄很难承受这样的损失。葡萄园面积小，让勃艮第更新葡萄园的计划通常很难执行，许多酒庄宁可保存小面积顶级葡萄园里的老树，也

▶ 左：除了重种，也可以选择接枝换品种。如 Champy 在黑皮诺上嫁接霞多丽，以酿造出高登-查理曼白酒

右：改种之前须拔除葡萄树，进行葡萄园消毒

原株嫁接

　　拔掉重种旷日持久，在红白酒皆产的葡萄园，如博讷、萨维尼等地也会酒庄直接在成年的黑皮诺葡萄树上嫁接霞多丽葡萄。如此，不用等四年就能采收霞多丽葡萄。这样的方法因新芽的存活率不高，所以还不是特别普遍，但在白酒缺乏的时代，还是值得一试。酒商 Bouchard P. & F. 独有的博讷一级葡萄园 Clos st. Landry，在嫁接之后，全部改为生产霞多丽白酒，不再产黑皮诺。

绝不重种，而是改为每年在老死的葡萄树空缺上补种新株（repiquage）。除了衰老，老树多少都会感染病毒，其中有许多病毒，如 Esca 和 Court-noué 等都是绝症，除了拔掉消毒，别无他法，所以补空缺的补种法会让葡萄园健康状况堪虑。而且采用补种的方式，树苗的存活率通常不太高，不是很有效率。

一旦决定重种，酒庄得先申报，一个月后即可动工。老树必须连根拔起，连须根也不能放过，全部就地焚烧成灰烬以免遗留病毒。土地需经过整地、施肥、消毒及一年以上的休养才能再种。过去，有些酒庄甚至还会趁机从别的地方运土过来，以改善土质。最著名的例子是1749年，侯马内-康帝的园主 Croonembourg 从山区运来四百辆牛车的土，倒入这片葡萄园。根据当年的记载，产量因此增加一倍。现在，除非经过申请，这种改变葡萄园自然条件

的做法已被全面禁止。酒庄也可做土质的分析检定，以确认土质的改善之道并提供选种所需的信息。选用哪一种新苗，以及搭配哪一种砧木，是葡萄园改种时面临的最大问题。

● 品种的选择

虽然在勃艮第酿造红酒采用黑皮诺，酿造白酒采用霞多丽，似乎没有选择，但在勃艮第有许多村庄可以同时生产红酒与白酒，重种时可能从原本的黑皮诺换成霞多丽，如夏山-蒙哈榭和圣欧班村都曾经是以种植黑皮诺为主的村子，但现在却完全相反。除了葡萄园的特质，市场酒价也起到了重要的影响。不过，市场的转变并不容易预料，新种的葡萄要到十年之后才进入最佳状态，那时市场流行的风潮可能已经转向。

选好品种之后，接着要决定是用自家葡萄

葡萄育苗场 pépinière

如果是选用无性繁殖系来种植，酒庄只需直接依选定的砧木及无性繁殖系向葡萄育苗场订购即可。但如果是玛撒选种法，则需要先将挑选出的葡萄藤送到育苗场，请他们代为接枝。

育苗场多位于平原区，提供数十种的砧木和无性繁殖系供选择，也为一些著名的酒庄做玛撒选种法的接枝。进行接枝时首先选择三年的砧木，连根拔起，切掉所有枝蔓，只留根部，切口向内凹入。另一面将嫁接的藤蔓裁切成小段，每一段需有一个芽眼，切口向外凸出。将砧木与藤蔓的切口相接，然后用蜡封住。之后放入培养室，铺上木屑保湿，并加热消毒，即可种植。

园以玛撒选种法选出来的树苗，还是人工选育的无性繁殖系（见第一部分第二章"无性繁殖系"）。如果选后者，需要决定的还包括选哪一个或哪几个，无论是霞多丽、黑皮诺还是佳美，都有数十种可供选择，每一种都各有特色，葡萄农可以依据抗病性、产量、香气、糖分的多寡、酸度的高低、果粒的大小与耐久等来挑选。勃艮第的大部分酒庄会同时挑选数个无性繁殖系，然后混种在一起，以保持基因的多样性，避免品种的同质化。这跟新世界产区习惯将同一个无性繁殖系分开种植，分开采收和酿造，最后再混合调配在一起的习惯很不一样。因此，勃艮第还是有非常多的酒庄宁可选择以玛撒选种法选出来的树苗。

● 砧木的选择

为了防止根瘤蚜虫病，所有的新苗都要嫁接在美洲种葡萄的砧木上。为了适应不同的土质与环境，勃艮第目前常用的有十多种砧木，主要是采用美洲野生葡萄 Riparia，或 Berlandi 与 Rupestris 的混血种，极少部分混有欧洲种葡萄。抗病与抗虫性能是首选，但是太健壮的砧木又常会让葡萄树过于多产。葡萄园的条件通常是选择砧木的决定性因素，土中含石灰质的多寡、酸碱度、湿度与肥沃度等都要考虑。如位于平地的葡萄园可以采用抗湿且适合黏土的101-14MG 或适合深土的3309C，位于山坡、石灰质含量高的葡萄园，则适合采用质量好又抗石灰及干旱，不过抗虫性稍差的161-49C，或可采用也颇抗石灰的420A 和 Fercal。但如果是位于坡顶的贫瘠土地，也许可以考虑健壮、早熟、抗石灰、干旱，而且多产的 SO4（虽然 SO4 因多产而恶名昭著，但在条件险恶的土地

上：以芽眼嫁接的新式种植技术　中、下：嫁接砧木的黑皮诺树苗

上却能长得很好），或是容易生长又适合浅土的 5BB，后者因为存活率高也常被选为补空缺时用的砧木。如果想要有更高的酸度，则可以选择 Riparia。

虽然不同的砧木并不会影响黑皮诺和霞多丽葡萄的风味，但是会对葡萄的产量及成熟的时间产生很大的影响，如日照佳的特等葡萄园无须选用太早熟的砧木，以免成长太快，让葡萄失去特色。相反，湿冷的土地就必须依靠早熟砧木达到应有的成熟度。由此可以看出，并没有完美无缺的砧木，这需要葡萄农巧妙地选择与应用。大部分酒庄都直接向种苗场买嫁接好的新苗，有些新的种植技术则是直接在葡萄园种植砧木，待长成之后再嫁接，可以有更高的存活率。

● 种植的密度

现在勃艮第葡萄园的种植密度大约在每公顷 10,000 株到 12,000 株，在法国已经是高密度种植区，因为在南部还可见到每公顷只有 3,000 株到 4,000 株的葡萄园。即使如此，在勃艮第还没有采用直线式篱笆，尚未施行机械化耕作的时代，每公顷甚至还可能高达 20,000 多株。高密度的种植可以让葡萄树彼此竞争养分，不会过于多产，而且分配到每株葡萄树的产量较低，可以提高葡萄的质量。如一片每公顷仅种植 5,000 株的葡萄园每年出产 5,000 升的葡萄酒，每株葡萄生产 1 升；同样的产量，在勃艮第每 2 株才生产 1 升。若是过去的 25,000 株，则每 5 株才产 1 升。

但是否密度越高就越好呢？目前 12,000 株似乎已是极限，因为要让犁土及剪叶的机器通过，至少得有 1 米的间距，有些较新式的机

低密度高篱的种植法

种植密度提高，虽然质量可能提高，但种植的成本也相应提高。一些酒价低的产区如上博讷丘（Hautes-Côtes-de-Beaune）或上夜丘区（Hautes-Côtes-de-Nuit）等地，常可见到每公顷只有 3,000 到 3,333 株的葡萄园。树篱的间距大，方便机械进出。树篱相当高，有时超过 2 米，可以吸收更多的阳光。因为方便有效又经济，这种低密度的种植法在美国、澳大利亚等新兴的葡萄酒产区相当常见，但在勃艮第只允许在上述两地采用。

器甚至需要 1.2 米的空间。所以密度增加，就得缩小葡萄树间的距离，但是距离若低于 0.8 米就无法让每株葡萄树有足够的空间伸展枝叶。Domaine de la Romanée-Conti 酒庄曾经试验过每公顷 16,000 株的高密度种植，但因为短剪枝使得葡萄树长得太茂盛，已经不再续种。Hubert Lamy 酒庄甚至在某些葡萄园以每公顷 20,000 株到 30,000 株的密度种植，全以手工耕作，葡萄成熟更快，糖分也更浓缩。

勃艮第的种植密度其实也因各区的传统与环境而有所不同，北边的夏布利区密度低，每公顷约 5,500 株。金丘区几乎全在每公顷 10,000 株以上，至于马贡内区则以每公顷约 8,000 株为主。

▼ 左：Hubert Lamy 酒庄的高密度葡萄园，每公顷多达 30,000 株

中、右：新种的树苗相当脆弱，须以塑料管保护以防寒害和野生动物破坏

● 树篱的方位

葡萄树篱沿着南北向还是东西向生长，才能吸收到更多的光线？在金丘区，葡萄园多位于朝东的山坡，若让树篱长成南北向，耕耘机很容易翻覆，所以安全问题优先于光线问题。但最近一些酒庄把坡度比较和缓的葡萄园改种成南北向，让葡萄一大早就能大量地接收到阳光的照射，提高葡萄的成熟度。几个著名的特级葡萄园像塔尔庄园、梧玖庄园及埃雪索，坡度不大，已经出现南北向种植。

种植新苗的时机主要是年初到春天，在勃艮第，每年 7 月之后种的新苗很难在冬天到来之前长成足以抗寒的硬木。刚种下的头两年，葡萄树很难结葡萄，即使有，也很难成熟，到第三年才勉强可以有一些收成。勃艮第本来规定要到第四年才能采收，但已改成三年。事实上许多酒庄会将这些用年轻的葡萄树结出的果实酿造的酒主动降级，酿成较低等级的葡萄酒。

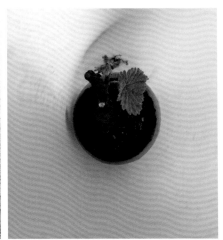

引枝法

在 19 世纪末，根瘤蚜虫病自美洲传入欧洲之前，勃艮第的葡萄园和现在成行种植的葡萄园相差很大。葡萄树直接通过压条繁衍，所以葡萄毫无组织地在园里到处栽种，密度可达每公顷 20,000 多株，园区内的工程要完全仰赖人力。蚜虫病的威胁使得压条法被嫁接美洲种葡萄的新苗所取代，于是，必须全部重建的葡萄园有了新的面貌，葡萄树开始成行地排列，木桩和铁丝架起的树篱方便藤蔓攀爬，使其更有效率地吸收阳光，采收时也更为方便。为了让取代人力的机械通过，种植的密度也减半，变成 1 公顷 10,000 株。为了顺应这个改变，葡萄农修剪葡萄树，并将葡萄枝蔓绑在铁丝上，让葡萄易于长成成排的树篱，同时借此控制产量，防止葡萄树快速老化。

顺应不同产区的环境与传统，不同的引枝法在各地发展出不同的形式，以生产风味更均衡的葡萄。每种引枝法都各有长处与缺点，并无绝对完美的方法，须配合其他条件才有可能种出好葡萄。

● 杯形式 goblet

杯形式的特征为无任何支撑，任由葡萄树像一株小树般独立生长，主干短，数支分枝向外分开，每一分枝的顶端都留有一小段结果的母枝，通常各留两个芽，发芽后将长出葡萄蔓、叶和花苞。因为葡萄被遮蔽在葡萄叶下，可以防止被晒伤，但也因此无法用机器采收。这种引枝法历史相当久远，在罗马时期即开始采用，在地中海地区非常普遍，但在勃艮第已经很少采用。不过，在薄若莱产区仍是最重要的引枝法，也是佳美葡萄最主要的种植法。此法因无树篱，通风性与受光面积都不太理想，而且很难机械化，相当耗费人工。

● 居由式 Guyot

居由式是勃艮第现在最常见的引枝法，无论黑皮诺还是霞多丽都相当适合。居由博士是法国 19 世纪的农学家，经过他的努力推广，法国的葡萄园开始采用直篱式的种植法，居由式引枝法即是以他的名字命名。居由式由一长一短的两枝年轻葡萄藤组成，短枝上有两个芽眼，长枝上则有五至十个，每个芽眼会长出葡

萄藤蔓、叶子，然后开花结果。居由式也有不同的变形版本，最常见的是双居由式（Guyot double），共留有两长两短的藤蔓，在波尔多地区颇为常见，在勃艮第只有在马贡内区常被运用。居由式的通风佳，产量多且稳定，也较少有因剪枝造成染病的风险。

● 高登式 Corton de Royat

通常离树干越远的树芽越多产，这暴露了居由式的缺点，特别是采用一些多产的无性繁殖系时很难降低产量。因此，高登式引枝法在勃艮第越来越常被采用，因只留短藤蔓，不留长藤蔓，产量较易控制，有越来越普遍的趋势，尤其常用于年轻多产的霞多丽。高登式也是19世纪发明的，葡萄树干被牵引成和地面平行的直线状，几枝仅包含有两个芽眼的短藤蔓自树干上直接长出。在勃艮第，依规定，短藤蔓最多不能超出四个，芽眼只可留八个，以免产量过高。高登式目前在博讷丘南部的夏山-蒙哈榭及松特内等地非常普遍。高登式也有双重式的变形版，但只用在高篱式低密度种植的葡萄园中，每株葡萄可留十六个芽眼。

● 其他引枝法

夏布利地区的环境和勃艮第其他地方相差很大，在引枝法上也独树一帜。当地的种植密度比较低，每公顷只种 5,500 株葡萄树，所以每株葡萄树的产量也相对高，树间距离也比较大，约 1.7 米。本地的引枝法（请见下图左一）是由三根向同一边伸展的老枝构成，老枝的长短不一，顶端在剪枝后共保留含三至五个芽眼的藤蔓，另外，在树干边再留一个只有一两个芽眼的短藤蔓以备来年取代老枝。总计每株葡萄树大约会有十到十七个芽眼。每年剪枝时，最长的老枝将被剪掉，由新生的藤蔓取代，以免过长。

马贡内地区的霞多丽也有特殊的引枝法，称为 Queue du Mâconnais（请见下图右）。跟居由式类似，一条留有八至十二个芽眼的藤蔓向上拉之后，往下绑在铁丝线上形成一个倒钩状。至于马贡内地区的佳美葡萄则大多与薄若莱一样采用杯形式。

◀ 左一：杯形式引枝法

左二：居由式引枝法

左三：高登式引枝法

左四：夏布利的引枝法

左五：Queue de Mâconnais 引枝法

有关土地的农事

在 20 世纪 60 与 70 年代，化学肥料与除草剂曾为勃艮第葡萄农带来许多方便，但很快，这些化学药剂对土地的伤害就变成许多酒庄的噩梦，需要很长时间才能修复。而这个转折让勃艮第区内的葡萄农比其他地区的酒庄更加关心土壤的健康与土地的可持续发展。速成与人定胜天的观念已逐渐在勃艮第消退，许多被遗弃的传统种植理念再度被运用，勃艮第的葡萄园也慢慢地重现过往的生机。无论是否采取有机种植的方式，活的、有生命力的土壤已经是大部分勃艮第精英酒庄努力的目标。

● 犁土与覆土

过于茂盛的草不仅与葡萄竞争养分，而且会提高湿气，让葡萄芽容易遭受春霜的危害，也易滋长霉菌。在除草剂发明之前，犁土是每年必须多次进行的工作。犁土曾是去除杂草最

有效的方法，如果将除草剂带来的副作用考虑进来，犁土现在也仍是最佳的方法，而且还可带来其他的好处。在春季将土翻松，可接收雨水，储蓄水分，也可防止因大雨冲刷造成土壤流失。松土的过程改变土壤的结构，也会顺便挖断往侧面生长的葡萄根，除掉这些根，可以让主根往地底下更深处生长。土中的有机物质与空气接触可提高养分转化的速度，翻动的过程将表土上的有机物带入土中腐化，还可以成为自然的肥料。

一年通常须犁土四次，最后一次是在秋末冬初。勃艮第位于内陆，冬季气候严寒，经常出现-10℃的低温，采用传统耕作法的酒庄会犁土覆盖住葡萄树的根部，以增加其抗寒力，这被称为 buttage。在春天时再犁开覆土，则称为 débuttage。勃艮第的土壤大多含有黏土质，耕耘机开进葡萄园常会让被压过的表土变得更坚硬，现在勃艮第有非常多的酒庄重新使用马来进行犁土，以保持更佳的土壤结构。有些酒

庄，如 Claude Dugat 和 Arlaud 等，甚至特别饲养马匹来进行犁土的工作。

犁土并非全然没有缺点，有时甚至有风险。在多石灰岩块的葡萄园，碎裂的石灰岩块会产生过多的石灰质，从而导致葡萄树无法吸收土中的铁质，失去光合作用能力，进而引起黄叶病，使叶子变黄、产量骤减。

● 除草与植草

除杂草可防霜害，并保留养分给葡萄树，这是葡萄农重要的工作。然而，有些酒庄却在葡萄园里植草。植草主要应用于平原区潮湿肥沃的葡萄园，人工培植的草可以通过降低土中过多的养分，减少葡萄的产量，让葡萄早一点成熟，同时植草也可以消耗土中过多的水分。如果是在位于斜坡的葡萄园里种草，还可以降低土壤流失的危险。植草虽然功能多，但种植时机却必须相当精确，春天发芽时容易造成霜害，初秋葡萄成熟期容易感染霉菌，都应

该避免。现在大部分勃艮第的精英酒庄都以犁土的方式除草，不过，有些地势陡峭的葡萄园，耕耘机无法到达，除了手工之外，只能采用除草剂。

● 施肥

虽然葡萄树喜欢贫瘠的土地，但石多土少的葡萄园很难完全供应葡萄树的需要，特别是勃艮第种植密度高，土地容易枯竭。通过土壤分析，葡萄农可依据土壤的需要，精确地施用肥料，使土壤保持均衡。化学肥料也曾在勃艮第风行，特别是钾肥，曾使一些葡萄园有钾肥过剩的问题。钾肥可以让葡萄树加速光合作用，增加葡萄糖分，但同时也会中性化酒石酸和苹果酸。当钾肥过多时，会让葡萄的酸味不足。为了避免类似的问题，即使不采有机种植的精英酒庄，也都转而使用有机肥料。有组织专门制作有机堆肥，在秋冬之际，将堆肥洒到葡萄园里，经由冬季覆土的过程埋入土中，让土壤

吸收、转化与储存，之后再由葡萄吸收。

● 搬土

勃艮第的葡萄园大多位于坡地，经过大雨的冲刷，土壤的流失非常严重。这虽是自然现象，但是会改变葡萄园的自然环境，位于坡顶的部分经常只剩石块，而坡底又堆积了大量泥沙。大部分庄园每隔几年就得将山脚下沉积的土壤搬到坡上去，以维持土质的结构。在葡萄园里植草或铺上木屑可以防止土壤流失。

▼ Henri Gouges 酒庄正进行春季初耕

● 土壤的分析

在 Claude Bourguignon 及 Yve Herody 等人的研究与新观念的催化之下，勃艮第许多顶尖酒庄已经可以精确地掌握其拥有的葡萄园的详细土壤性质。借助这些信息，酒庄可以针对土壤的需要进行各种农事，以维护珍贵的自然环境。在这方面勃艮第超前于其他葡萄酒产区甚多。这些土壤分析并不仅是学术研究，还实际应用在许多酒庄的葡萄种植上。"活的土壤"这个看似理念性的主张也早已成为众多葡萄农的指引方针。在葡萄种植上，勃艮第又慢慢地走回更合乎自然的传统技艺之路。

GEST

这一个以研究葡萄园的土壤为目的的民间组织，集结了勃艮第一百多家顶尖酒庄和酒商，成员几乎涵盖了勃艮第所有精英庄园。土壤专家 Yve Herody 担任组织的顾问，并主持一些研究计划。可惜其研究的成果并不对外公布，我在其会员处看过这份相当精细的土壤结构分析。GEST 除了替成员做土壤分析，以更精确地了解土壤的状况，也制作有机堆肥，有多种不同配方的肥料，成员可依葡萄园的需要选择。

有关葡萄树的农事

梅克雷村的一位酒庄主认真地计算之后说，自3月到9月采收，每株葡萄树他都得巡视40多遍，他耕种的10公顷葡萄园种了将近10万株葡萄，这意味着他在半年之间付出了400万次关心。他也许太多虑，但只是完成基本的工作，30趟也是少不了的。特别是种黑皮诺的庄园，得尽可能降低产量；在不同的年份条件下，要健康均衡地达到成熟，就很难采用放任自然生长的方式来耕作。

● 剪枝

进入冬天，叶子枯萎掉落时，剪枝的工作就可展开。但大部分葡萄农还是相信春天是修剪葡萄树的最好时机。一般认为，冬天剪枝后，伤口会暴露四至五个月的时间，容易感染病菌。春天剪枝可稍延后发芽时间，防止树芽遭遇霜害，因为剪枝后葡萄会流失一部分水分，分泌让切口愈合的物质，因此延迟发芽。

由于4月份葡萄就会发芽，剪枝的工作必须在此之前完成，所以3月是最好的时机，不过大部分的葡萄农都必须修剪数万株葡萄树，很难全集中在3月完成。修剪的工作通常分两次进行，先进行一次预剪，除掉较大的藤蔓，然后再依据引枝法的形式进行修剪。剪枝时须留意保留的芽眼数量以控制产量，每个芽眼会长出一两串甚至更多的葡萄。芽眼留少一些，理论上产量会变小。不过有些酒庄认为留的芽眼太少，葡萄虽较易成熟，但果粒却会变大，不见得品质就能提高。也有葡萄农认为，葡萄树若受到过度修剪，多余的养分会在葡萄树干上长出多余的叶芽，反而还要费工夫拔除。如何保持葡萄的品质是要首先考虑的，并非芽眼留得越少质量就能越好。

▶ 上：酒商 Chanson P. & F. 的葡萄农正进行冬季剪枝

中：夏布利 Vaulorent 一级园正进行剪枝

下：Louis Latour 的葡萄农正在为高登特级园进行除芽，以降低产量

一个有经验的葡萄农一天可修剪约一千株,一公顷地需十天才能完成。天气太冷时,葡萄的枝蔓容易折断,剪枝也可能导致葡萄冻死,所以不可以在 0℃ 以下的低温环境进行。大型酒庄在初冬就开始修剪,主要是担心无法在发芽前完成工作,勃艮第冬季低于 0℃ 的日子其实相当常见。修剪是一件需要靠经验才能操作自如的工作,虽有定则,但仍须视每株葡萄树的生长状态来决定该如何下刀。因此也完全无法由机械取代。完成剪枝之后,会产生大量的葡萄藤蔓,葡萄农通常有铁桶制成的焚烧炉,边剪边烧,可以取暖,烧完的灰烬还能充作肥料。也有酒庄将剪下的藤蔓磨成细块,洒在葡萄园内作为肥料,亦能改善土壤的结构。

● 防霜害

剪枝后,紧接着犁土,温度升高后树芽开始膨大。但气温通常又会降回冬天的水平,刚冒出头的树芽非常脆弱,在潮湿寒冷的早晨容易为春霜所害。勃艮第主要有四种防霜害的方法,每一种都相当昂贵。在葡萄园放置成排的煤油炉,燃烧煤油增温是最传统的方法,主要在夏布利采用。在葡萄园洒水也是夏布利常用的方法,即在有霜害预警的前一晚,当气温降

至冰点时,在葡萄园内洒水。附着在叶芽上的水结成冰之后就形成保护膜,这层冰约 -1℃,可让能耐 -4℃ 的寒冷的树芽免于冻死。装设防霜害风扇的方法在金丘区比较常见,在可能结霜的晚上打开设立在葡萄园里的大型风扇,带动气流,可避免水汽凝结成霜。还有一个由几家法国电力公司合作研发的方法,即在葡萄藤架上架设金属线,遇低温时可自动通电增温。

● 除芽

自然生长的葡萄树芽眼可达数百个,但为降低产量,在勃艮第,剪枝之后每株葡萄可能只留下不到十个芽。在如此不自然的情况下,当发芽的季节开始,在芽少、养分多的情况下,葡萄树干上就会冒出许多原本不该冒出的芽来,当地称为 "vasi",有时,甚至还会从砧木上长出被称为 "gourmand" 的芽来。此外,新生的藤蔓上也常会横生出叫作 "entre-coeur" 的额外的新芽。总之,这些芽全都得除掉,而手工操作是唯一的方法。除芽之后还会再长,每年自发芽到开花这段时间,葡萄农得不断地和这些不受欢迎的新芽抗争。如果不去除,任由其生长,则会长出太多葡萄串而无法让葡萄达到足够的成熟度。

● 绑枝

树芽逐渐长成藤蔓后，会四散生长，要让葡萄树依着树篱有秩序地攀爬，葡萄农必须将藤蔓固定在树篱的铁丝上。通常用细草绳或夹子绑缚，或直接将其夹入两条铁丝之间。随着藤蔓的生长，这样的工作总共要做三次，才能让葡萄树叶能在最佳日照条件下进行光合作用。

● 修叶

当葡萄沿着树篱成排地生长，接近开花时，修叶的工作就可以开始了。修叶主要是剪掉刚长出来的藤蔓与叶子，因为通风好的葡萄树不太容易感染霉菌等病害。修掉新叶，留下老叶，在干旱的年份也可让葡萄树更为抗旱。修叶使葡萄集中全力让果实成熟。修剪的时机和次数主要依实际情况而定，修剪得太早常会让藤蔓上长出 entre-coeur 新芽，若枝叶太茂盛就得多剪几次。

● 剪掉下层的叶子

结实的葡萄通常长在树篱的下层，因为被遮蔽在茂密的叶子之下，很少照射到阳光。有些酒庄在葡萄进入成熟期之后，会剪掉葡萄四周的叶子，让葡萄接收更多的阳光，加深葡萄的颜色。较好的通风效果也让葡萄不容易滋生霉菌。不过，也有酒庄只除掉北面的叶子，避免葡萄被太阳灼伤。

● 绿色采收

在葡萄快要进入成熟期时，可看到葡萄园里有被剪掉丢弃的葡萄串。除芽如果无法完全降低产量，7 月底可以通过剪掉多余的葡萄串来维持质量，这被称为绿色采收。修剪必须赶在葡萄进入成熟期之前，但也不能太早。如果过早，葡萄会把多出的养分用于树干、叶子与藤蔓的生长，甚至冒出新芽，而且可能在来年变得更为多产。太晚，产量虽降低，但质量并不会有改变。剪掉的葡萄数量必须超过全株的 30%，否则效果有限；若剪掉的数量过多，葡萄树则会把预留的养分全集中到剩余的葡萄串中，使得葡萄粒过于膨大，对质量也有害。

● 喷药

葡萄可能遭遇的病害与虫害相当多，其中还包括许多完全无法医治的疾病。并非每一种都需要喷洒农药来解决，有些生物防治法及植物的萃取物也普遍应用在葡萄园的防护上。采用有机种植法的酒庄只能以硫化铜调配成的波尔多液来防治所有的病菌，效果相当有限，而自然动力种植法能用的制剂就相当多，其中有许多是通过增强葡萄树的抵抗力来降低染病的风险的。自然动力种植法虽然更加耗费时间与人力，在防治效果上也不如化学农药直接有效，不过，却不会带来副作用，亦不会对葡萄园与葡萄农造成污染与伤害。

采收

除了像 1976 年、2003 年及 2001 年这些特别早熟、8 月就开始采收的年份，每年 8 月下旬的半个月通常是勃艮第葡萄园里最安静的时刻。在法国，即使是忙碌的葡萄酒庄的工作人员，也和所有人一般，会在这时出门度假。本地人会强调他们绝非丢下葡萄园不管，而是这时已接近采收季，再多的努力也是徒然。一进入 9 月，采收的准备工作马上展开，葡萄农开始注意葡萄的成熟度，以确定最佳的采收日。一般而言，从开花中期开始往后推一百天，通常就是葡萄成熟的采收日，不过，因为气候变化与种植技术的转变，大约九十天之后葡萄就成熟可采。另外，法国也存在百合花开后第九十天可采葡萄的说法，据说非常准确。不过，现在大部分的葡萄农都会进行较科学的成熟度检测，以决定何时、从哪一片葡萄园开始采。

● 成熟

进入成熟期的葡萄，糖分升高，酸度下降，葡萄皮变厚，颜色变深。这时，葡萄农要到葡萄园内检测葡萄的成熟度。采收时间会影响酒的风格，太早采会过于酸淡，太晚又会缺乏清新活力。考察的项目主要还是糖分与酸度，酿酒师通常会带着糖度仪直接在葡萄园测甜度。葡萄的皮和籽也是观察的对象。观察黑皮诺的皮，主要是为了了解皮中单宁的成熟度。至于葡萄籽，主要是因为它是葡萄成熟的重要指标，虽然酿酒时不会用到，但葡萄树产葡萄的目的在于传播种子，所以当葡萄籽成熟时，葡萄也必定成熟。葡萄的健康状态也是考察的项目之一，如果霉菌扩散严重，就必须考虑提早采收。

检测的方法非常多，最简单有时也最实用的是直接吃葡萄。经验多的葡萄农，吸一口葡萄汁感受酸味与甜味的比例，再咬一咬葡萄皮评估单宁熟不熟，颜色容不容易萃取，然后看看葡萄籽是否变褐色而且彼此分开，就能评估出大概。虽然新科技的测量仪器已经普遍使用，但勃艮第还是有酒庄比较相信人的舌头和眼睛。

酒商与较大型的酒庄都会在葡萄进入成熟期后定期进行科学的检测。他们在每一块葡萄园进行采样，有的酒庄采整串葡萄，有的只采葡萄粒当样品。从同一片葡萄园不同角落采来

▲ 上：普里尼-蒙哈榭村内名园 Les Demoiselles 的霞多丽葡萄

下：薄若莱弗勒莉村，采收后的佳美葡萄先经过筛选再运回酒窖酿造

◀ 左一：夏布利的 Droin 酒庄正在采集样品以检测成熟度

左二：手工挤出葡萄汁来进行甜度与酸碱值的检验

左三：夏布利因过于斜陡而必须人工采收的葡萄园

左四：特级园塔须有时会分多次采收，以采摘最佳成熟度的葡萄

的葡萄经过称重、榨汁后，可测出甜度、酸度、酸碱值、苹果酸和酒石酸比例等。以 Bouchard 的庄园为例，上百公顷的葡萄园共分为两百多个单位，每个单位都须在采收前分三次进行采样检查，每次需随机摘采三十串葡萄。由此可以推算出当年的产量及恰当的成熟时机，并为将来的酿酒做准备。

每一个 AOC/AOP 法定产区都规定了该区葡萄的最低成熟度标准，这通常和葡萄园的等级有关，例如，在金丘区，一般村庄级的红葡萄酒酒精浓度须在 10.5% 以上，即每升含糖量要超过 178.5 克才行。如果是一级葡萄园则须在 11% 以上，而特级葡萄园更高，要达到 11.5%。霞多丽通常成熟较快，所以成熟度的标准较高，每一等级都必须比红酒多 0.5%。

当然，这些只是最低标准，并非最佳成熟度。除了酿制勃艮第气泡酒需要选择尚未成熟的葡萄以保有爽口的酸味外，采用全熟的葡萄是酿制好酒的基本要求。不过，不同的酒庄对于成熟的看法不一定相同，有些人讲究酸味与甜度的均衡，有些人强调单宁的成熟与红葡萄的红色素多寡，还有些人偏好甜熟果味与圆厚口感。一般而言，霞多丽没有过熟的问题，虽然太熟的葡萄会酸味不足，但依旧能保有迷人的甜美果味。与之相对，黑皮诺的成熟空间就比较少，过熟的葡萄会完全失去可口的果味，同时也会失掉黑皮诺的细致美味，Bouchard 的酿酒师 Philippe Pros 说黑皮诺的采收时机只有十天至十二天。过与不及都不是最佳的抉择。

勃艮第位于较寒冷的气候区，属于允许加糖提高酒精度的区域，只是由加糖所提高的酒精浓度不能超过 2%，而且每公顷加糖不得超过 250 千克。因为可以加糖，勃艮第的酒庄在成熟度的选择上多了一点自由，如果情况需要，可以稍早一点采收。另外，只要没有加糖，在勃艮第也允许添加酒石酸增加酸味，这也让葡萄农可以延后采收，等到单宁等酚类物质更成熟之后再采，不用担心酸味会太低。虽然加糖或加酸可以让勃艮第的酒庄有更多采收上的自由，不过，通过人工添加糖或酸却不一定能保证酿出口感均衡的葡萄酒。

在实际的操作中，葡萄的成熟度只是人们考虑的重点之一，葡萄的健康状况及未来几日的天气也都要考虑。如果即将有暴雨，或葡萄有染病之虞，最好还是马上采收以免葡萄全部腐烂。越临近采收季，葡萄的保护越少，因为无法再使用防病药剂，如果有灰霉菌等肆虐，再加上温热的天气、降雨，葡萄则可能很快就被毁掉。

● 手工或机器采收

"用机器采收也能酿出很好的酒，只是，从情感上我没有办法用这样的方式来对待葡萄。"在讨论机器采收时，夏布利的一位知名庄主这样说。这确实也是我心中的疑惑，如果不考虑心理因素，用手工还是机器采收会带来质量或是风格上的差别吗？

如果将白酒与红酒分开来看，这个问题也许会清楚一些。酿造红酒的葡萄皮和汁会浸泡相当长的时间，最短也要一周以上，葡萄的健康状况对质量的影响较深，机器采收相对难保证采到的都是完美的葡萄。特别是黑皮诺，在酿造的每一个细节上都要小心翼翼，机器采收很难超越手工采摘的水平，尤其是在成熟度与健康条件较差的年份。机器采收会直接从树上摘下果粒，将梗留在树上，所以不像手工采收般可再经过挑选，除掉质量不佳的葡萄。另外，因为在葡萄园就已经去梗，所以也不可能添加一部分的整串葡萄一起酿造。

如果是酿造白酒，以机器采收就不见得全然只有缺点。"酿造白酒重点在于要有好的葡萄汁，而不是好的葡萄。"一家拥有先进采收机的酒庄庄主很有自信地这样说。这家酒庄有一部分的葡萄园也是采用人工采收，但我必须承认，在品尝时，我无法清楚地辨别。霞多丽在采收之后通常就直接进行榨汁，也常去梗之后再入榨汁机，机器采收和人工采收在程序上很接近。但比起以整串葡萄直接进行榨汁的方式，差异还是大一些。

机器采的优势在于迅速、有效率，安排采收计划非常容易，常可以在坏天气到来之前完成，也可在清晨葡萄还处在低温时进行采收。新式的机器可以精确地调整力道，如果操作得当，未成熟的葡萄并不会被采下，较不成熟的白葡萄有时连采收工人都不容易分辨。但机器采收的缺点也很多，氧化是最大的疑虑，葡萄汁接触空气后就会开始氧化，如果和葡萄皮上的酵母接触也可能开始发酵，必须添加更多的二氧化硫保护。现在也有酒庄以氮气来防氧化。葡萄园必须离酒庄很近才能完全避免葡萄氧化。

人工采收比较耗时，二十个人一天只能采完1公顷的葡萄园，支出的费用也比机器昂贵许多，勃艮第葡萄酒的酒价较高，影响不大，只是人工采收的机动性与速度比不上机器。各产区的采收期越来越靠近，要雇用足够的采收工人有时并不是容易的事，因为需要的人手很多，所以大部分都是生手，有许多打工的学生或来自东欧和南欧的临时工人，即使 Domaine de la Romanée-Conti 这样的酒庄都无法全部雇用熟手采葡萄。有些酒庄还为工人提供食宿，这对小型酒庄来说，是颇庞杂的事。大型的酒

商，如 Bouchard，会在采收季雇用多达两百人进行采收，但还是得花上一个星期以上才能采完葡萄。

在勃艮第，以产白酒为主的夏布利和马贡内区，采用人工采收的比例较低，在夏布利，即使一级园或特级园也可能使用机器。在金丘区，大部分的酒庄都采用人工采收，在夜丘区比例更高。这也许和酒庄规模小，且葡萄园分散有关，但夜丘主产黑皮诺，用机器采收质量难以保证，特别是在天气不佳的年份，机器无法保证只采收成熟健康的葡萄。在薄若莱，按照产区规定，必须用人工采收，机器采收还停留在试验的阶段。

● 挑选葡萄

有些酒庄为了避免采到质量不佳的葡萄，会事先派遣熟手在采收前剪掉不熟及染病的葡萄，以确保不会采到质量不佳的葡萄串。传统的采收方式是将采下的葡萄全部放进拖车，整批运回酒庄，但为了避免葡萄互相挤压，流出汁液造成氧化，也有许多酒庄将葡萄先放进小型的塑料盒内，运回酒庄之后先进行挑选，再放进酒槽或榨汁机。葡萄先倒在输送带上，经手工筛出叶子，以及还没完全成熟或染病的葡萄，才进酒槽酿酒。有些输送带本身具有震动或吹风的功能，可以除掉葡萄上的水滴。也有酒庄会先去梗，再逐粒挑选出不佳的葡萄粒，有些精密的设备还能自动逐粒汰选质量不佳的葡萄粒。

一般而言，黑皮诺比霞多丽更需要汰选，或者说，霞多丽如果挑选太严格，有可能会让酒风因为太干净而变得较为单一、少变化。略为染上霉菌的霞多丽，只要情况不太严重，数量不多，其实可以像贵腐葡萄一般为葡萄酒增添许多特殊的香气，不但无害，反而有利，而少量不熟的霞多丽也一样可为白酒增加酸味。如果全都剔除，除了让产量降低，还有可能让酒变得不那么迷人。

第四章

葡萄酒的酿造

勃艮第虽采用单一葡萄品种酿酒，但方法却极为多样，并没有一种完美的、标准式的勃艮第酿造法，酒庄都各有想法和理念，极少采用同样的方式。在酿造黑皮诺时，甚至产生了很多分歧，勃艮第的个人主义倾向明显地体现在流派纷杂的各种酿法中，也形成了变化多端的酒庄与酒商风格。

在勃艮第，真理并非只能有一个，在酿造上更是如此。不过，各流派间并非完全没有交集，如手工小量酿造、顺应自然、少人为干扰，以及因年份与葡萄园而异的工匠式酿造，都是勃艮第最根本的酿酒理念。作为最精英的霞多丽与黑皮诺产区，勃艮第在酿造上的理念，也传播应用到全球许多以勃艮第品种闻名的葡萄酒产区，形成了崇尚自然与手工价值的酿造风格。

▲ 酿酒师正在检视霞多丽发酵的状况

◄ 霞多丽葡萄与榨汁后的葡萄渣

霞多丽的酿造

相较于黑皮诺多样与繁复的酿造方法，霞多丽的酿造相对简单许多，不过，较之其他产区的白酒酿法，勃艮第酒庄在酿霞多丽时，却又多费许多功夫，不只更耗时、更繁复，方法也更多样。霞多丽的品种特性不那么强烈，香气也表现得较中性，除了容易表现地方风味，也很容易因酿造法的不同而改变。这样的特性让酿酒师有较大的空间，可以运用不同的酿酒技法来塑造霞多丽白酒的风格。在酿造时，没有其他葡萄品种比霞多丽更倚赖橡木桶的使用，便是最好的佐证。

自20世纪90年代中期开始出现的白酒提早氧化现象，迫使勃艮第的酿酒师与庄主们深切地反省从种植、采收、酿造、培养到装瓶的所有细节，至今还没有完全找到造成氧化的原因。每家酒庄依照自己的诠释，重新确立霞多丽的酿造方式，从而出现了更多样的酿造理念和方法，酿成的霞多丽白酒风格也更多元、多变。这个危机促使勃艮第白酒不再只是跟随流行风潮，而是全然地百家争鸣。

● 破皮

完成采收运回酒窖的葡萄通常会在最短的时间内进行榨汁，比较严谨的酒庄还会先经过汰选的程序。如果是机器采收的葡萄，因为葡萄梗留在树上，无须去梗就可以直接放进榨汁机内进行榨汁；不含梗，排汁效果差，会让榨汁进行得较缓慢，需要常翻转滚筒，让汁与皮浸泡，而榨出较粗犷，或微带涩味的葡萄汁。如果是手工采收的葡萄，酿酒师则可以选择跟香槟区一样，将整串的霞多丽直接放入榨汁机中。这是比较晚近的方法，不先破皮就榨汁，可以得到更干净的葡萄汁，不过，因为皮与汁的接触少，与空气接触并氧化的时间也比较短，风格可能更细致柔和一些。

不过，整串葡萄榨汁并非最流行的方式，最常见的是有一部分或全部的葡萄会先用破皮机压挤葡萄果粒，但通常不去梗，以保持榨汁机内较好的排汁效果，不需要用到高压或太常翻动滚筒就能完成榨汁。破皮直接在榨汁机上进行，汁、果粒、梗、皮等直接进入机器内。使用这样的方法会有 60% ～ 70% 的汁先流出来，所以可以提高一次榨汁的量。

● 榨汁

在白酒的酿造过程中，榨汁是相当关键的环节，榨汁机的选择、压榨的时间长短、力量大小与节奏，都会决定葡萄汁的质量与个性。目前勃艮第的酒庄大多采用气垫式的榨汁机，通过内部膨胀的气囊所产生的压力榨出葡萄汁。气垫式的优点在于力量轻柔均衡，不那么容易榨出葡萄皮、籽及梗中所含的单宁、油脂和草

▲ 气垫式榨汁机

短暂的浸皮

酿造白酒的葡萄须尽快榨汁，减少皮与汁的接触，防止皮内的单宁进入酒中造成涩味。去梗且轻微破皮的葡萄，在低温环境下经四至八小时浸皮，可酿出具有更多果味的白酒。此法容易表现品种本身的香味，对霞多丽来说效果不那么明显，主要用于一般等级的勃艮第白酒，如 Bourgogne、Mâcon 等。

▲ 不同阶段榨出的葡萄汁

▲ 以机器采收的葡萄直接进榨汁机压榨

味。另外，气垫式可以使用微电脑控制压榨的程序、力道与时间，甚至有不同的压榨模式供挑选，酿酒师不需要一直守候在榨汁机旁。高糖分的葡萄汁十分浓稠，不易流出，所以榨汁通常要分多个阶段进行，需要将挤成硬块的葡萄弄散再继续进行。气垫式榨汁机可以自动旋转，让葡萄分散后再继续榨，非常方便。当然，更有经验的酿酒师并不一定会用自动模式来榨汁，他们会依据出汁的状况，并通过品尝榨出的葡萄汁来决定压榨的程序。

在 20 世纪 80 年代之前，大部分的酒庄使用水平机械式的 Vaslin 榨汁机，借由两侧的铁片往中间挤压来进行榨汁。机械式压榨力道较强，会有较多的酚类物质被榨出来，葡萄汁会比较有个性，但也比较浑浊。相较于气垫式，机械式的榨汁机必须手动控制，且清洗不易、耗时，不是很方便。即便如此，也有一些酒庄刻意保留了这种看似过时的老式榨汁机，因而能榨出气垫式所不及的风味。有些酒庄认为，气垫式虽能榨出较优雅干净的葡萄汁，但减少了具有抗氧化作用的酚类物质的含量，这可能是 20 世纪 90 年代白酒出现提早氧化问题的原因之一。

不同阶段所榨出的葡萄汁也有不同的特性，一开始会有一些附着在葡萄皮上的泥沙和杂质，但不久就会变干净，这个阶段的汁最甜，也含有最多酸味。后段压力增大，所榨出的甜度会减少，但是香气和味道却更重，每翻转一次就会多增一点草味。大部分的勃艮第酒庄都会保留前、中、后阶段榨出的汁，不会分开酿造，但前段与后段如果太浑浊，可能会先分开澄清，确定没有问题后再混入中段的葡萄汁一起发酵。

▲ 榨汁机流出的夏布利一级园葡萄汁

● 除杂质

榨汁所得的葡萄汁含有许多杂质与葡萄残渣，常浑浊不清，容易变质，且会产生怪异的草味，必须先去除再进行发酵。最常用的是自然沉淀法，只要半天到两天的时间就可以完成。天气较热或葡萄质量不佳的年份，需要通过降温或添加二氧化硫来抑制氧化与发酵，因为只要一发酵，产生的二氧化碳气泡就会干扰沉淀，无法达到澄清的效果。

二氧化硫是一种自然的抗氧化剂与抗菌剂，除了在葡萄园中可用来防治粉孢菌，在葡萄酒的酿造过程中也经常使用，最后在装瓶时也必须添加，具有保存、防腐的功能。没有添加二氧化硫的葡萄酒，相当脆弱、不稳定，很容易变质。霞多丽是对于氧化耐受度较高的品种，在榨汁后，如果一开始就添加二氧化硫保护，可能会降低之后的抗氧化能力。在勃艮第的酿酒传统中，曾经流传先让葡萄汁氧化变浑浊，转成棕绿色后再添加二氧化硫的做法，这可以避免之后葡萄酒提早氧化的风险。新式的酿酒法从一开始就添加二氧化硫，让霞多丽失去习惯氧化的机会，反而增加了氧化变质的风险。

发酵前的澄清并不需要做到绝对纯净，这样反而会让酒失去一些风味与个性。有些酒庄甚至会直接跳过发酵前去渣的程序，其中包括知名的酒庄，如夏山-蒙哈榭村的 Ramonet。

▲ 左：在夏布利有较多的霞多丽是在不锈钢槽中发酵的　　右：橡木桶不只是容器，也是工具与原料

榨汁后直接入桶发酵，完全不经沉淀。这种方法要求在之后的酿造上更加小心，须减少搅桶与换桶，以降低酒变质的风险。

有些年份的葡萄汁会过于浓稠，很难通过沉淀澄清，有些酒庄会加入特殊的酶，将汁中的果胶水解成可溶于水的物质，降低浓稠度。有些地区澄清的方式更为复杂，在夏布利地区，由于机器采收较多，有时为了让葡萄汁更干净，还会通过凝结或过滤法来澄清葡萄汁。

● 酒精发酵

澄清过的葡萄汁可以开始进行酒精发酵。只要温度适宜，葡萄汁中的野生酵母会将葡萄糖转化成酒精。这个看似简单的过程，在勃艮第却存在许多可能性，酿酒师可以通过不同的方式来酿造霞多丽。勃艮第因为气候较冷，如果需要，酿酒师可以通过加糖来提高1%～2%的酒精度，但也可以完全不加。大约加17克的糖可以提高1%的酒精度。现在虽然大部分的酒庄会采用人工选育的酵母，但是仍有酒庄不会另外添加，而是直接让原生酵母自然发酵。

过去，为了让酵母一开始就快速起作用，有些酒庄会在采收开始之前预先采摘一点葡萄培养酵母，以添加在第一批葡萄汁中，让酒精发酵可以实时开始。发酵会产生二氧化碳，因为二氧化碳的比重较空气稍大一些，有保护葡萄汁免于氧化的功能。葡萄汁越晚发酵，氧化的风险就越高，由于二氧化硫也会抑制酵母菌

▲ 木桶发酵容量小，可自然调节温度，但有时仍需使用控温器

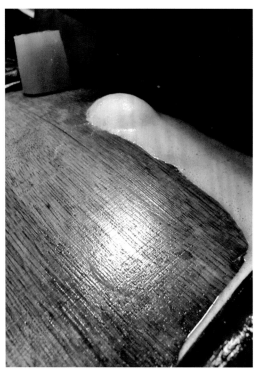

▲ 进行酒精发酵的霞多丽

的作用，所以此时不适合再添加，以免让发酵更加延迟。

为了方便控制温度及保留新鲜果味，大部分的白葡萄酒是在不锈钢酒槽内进行酒精发酵的。但在勃艮第却有些不同，有很多酒庄选择在容量相当小的橡木桶内进行，尤其是产自金丘区的白酒，大多在木桶中发酵，越顶级的越是如此。霞多丽是白葡萄中和橡木桶最契合的品种，仅通过选择橡木桶，酿酒师就可以展现自家风格。在勃艮第，每家酒庄的葡萄园面积都不大，而且常常需要分开酿造，一片只有0.1公顷的葡萄园，大概可以酿造一到两桶228升的白酒，如果要在不锈钢酒槽酿反而麻烦。勃艮第葡萄园分散的特性让霞多丽在橡木桶中发酵显得顺其自然，而事实上这也是勃艮第的传统。不过，作为一种发酵容器，橡木桶确实为霞多丽带来很多风味上的改变（下一章将专门介绍）。

除了适合小量酿造，橡木桶也容易控温、让酒变得圆润，同时增添特殊香气，但酒庄却需要增加更多的成本与时间。橡木桶在博讷丘区的酒庄最常采用，在夏布利和马贡内区则有较多酒庄选用不锈钢槽。以橡木桶发酵的不便在于每一桶都必须独立照顾，因为发酵的速度和温度都不相同。为了方便照顾，有许多酒庄会先在不锈钢槽内发酵，然后再入木桶。通过这样的方式，酒精发酵会比较一致，酒商通常采用这种方式。由于全球的葡萄酒迷习惯直接将霞多丽和橡木桶的味道联系起来，所以即使酒槽发酵的酒，也常会放入橡木桶中培养一段时间，以泡出橡木桶味。

红酒和白酒发酵的最大不同在于最佳发酵温度，红酒一般在30℃，但白酒却低很多，必

须控制在 15℃～ 20℃，若是 17℃～ 18℃更好。因为温度过高会加快发酵，无法保留清新细致的果味，香气会过于浓腻、不清新。相反，温度过低，发酵慢，会产生菠萝等热带水果香气，虽然可口，但同一化的味道常常掩盖了葡萄本身特有的风味。当葡萄汁温度升到 13℃时，酵母就会开始起作用，将糖发酵成酒精和水，同时也会发热，使温度升高。在发酵的高峰期，温度会升得相当快，大型的酒槽必须具备冷却系统，以免温度过高。木桶的温控较为自然简单，因为容量小，升温慢，在阴冷的地窖中，自然能维持在 15℃～ 20℃。因为低温下发酵比较慢，会拖一个月或更久的时间，特别是在发酵末期，酒精度高、糖分少，酵母已不太活跃，若遇上冬季低温，甚至可能中止发酵。也有到来年春天回暖时才完成酒精发酵的例子。

勃艮第的白酒大多会进行乳酸发酵，不过，因为勃艮第的葡萄农并不急于完成，所以常跟白酒的培养同时进行（此部分将于下一章中讨论）。

勃艮第气泡酒

离香槟区不远的勃艮第也产瓶中二次发酵的优质气泡酒。在 20 世纪 70 年代成立了专属的法定产区 Crémant de Bourgogne。采用的品种除了至少占 30% 的黑皮诺和霞多丽，还可以添加佳美、阿里高特、Melon、Sacy 等品种。酿制的方式和香槟完全一样，二次发酵必须在瓶中进行，培养的时间必须超过九个月才能上市。

勃艮第白酒
提早氧化的问题

曾听收藏家抱怨葡萄酒进口商的藏酒环境有问题，因为他买的勃艮第特级园白酒常出现氧化变质的情况。有些时候，损害这些名贵珍酿的并不一定是进口商，问题可能出在酒庄本身。勃艮第白酒大量出现提早氧化的问题，自 2004 年开始在葡萄酒界引发许多讨论。出现提早氧化问题的勃艮第白酒大多来自知名的酒庄，如 Etienne Sauzet、Bonneau du Martray、Colin-Deleger 和 Fontaine-Gagnard 等，甚至连超级名庄如 Ramonet 和 Domaine des Comtes Lafon 都有一部分白酒出现类似的问题。而年份主要集中在 1995 年、1996 年和 1999 年等当时被认为较优异的年份，且其中珍贵稀有的名园还占相当高的比例。当然，这绝对跟消费者对这些酒的期盼较高有关，毕竟，不知名酒庄的不佳年份酒大多早早喝完，如果六七年后出现氧化，抱怨的人应该也不会太多。但连最顶尖昂贵的白酒都无法幸免，就让勃艮第酒业不得不认真面对这个问题。

勃艮第酒业公会（BIVB）从 2006 年才开始针对这个问题进行研究，虽然有些晚，但至少开始有较全面的科学研究。Jean-Philippe Gervais 是勃艮第葡萄酒公会技术部门 CITVB 的主任，他也负责领导关于氧化的研究。他们找出了一些可能的原因，并针对这些原因提出了改善的方法，但是没有任何原因可以解释现存白酒氧化的问题。"应该是多方面原因造成的。"他这样说，不过，意思其实是没有明确的答案。多项实验和研究仍在进行。氧化有一部分是在六年之后发生的，实验所需的时间非常漫长，现在只是开端。较晚近年份的酒出现提早氧化问题的数量已经变少，不过，并没有完全消失。

金丘区一家名庄的庄主心有余悸地说："不知道发生了什么事，装瓶十八个月之后，美国进口商说有氧化问题，检验后发现瓶中添加的二氧化硫消失不见了。但有些酒氧化变色，有些却没有。"未知原因的威胁是最恐怖的事，这正是过去几年来勃艮第酒庄的真实写照。但也正是这份不可知与恐惧感，迫使勃艮第生产白酒的酒庄和酒商必须从种植、酿造、培养与装瓶的所有细节来思考可能的原因，然后做出改变。不可否认，勃艮第白酒近几年来有非常快速且激进的转变，动力正是源于此。勃艮第酒庄对于提早氧化的看法分歧相当大，他们对此所做的改变，也成为勃艮第白酒这几年的新潮流。

提早采收

在 20 世纪 90 年代，开始盛行较晚采收、让葡萄达到更高的成熟度，以酿成更圆润浓厚的白酒的做法。有些酒庄认为，过熟的葡萄会降低葡萄酒的耐久潜力，如果早一点采收可以保留更好的酸味，酒的香气也会更清新，不会过于浓腻甜熟。默尔索村以早采著称的 Roulot 就很少出现提早氧化的问题。无论如何，现在勃艮第支持提早采收霞多丽的酒庄越来越多，提早采收的霞多丽不仅更加清新均衡，也经常能喝到如刀般锐利的酸味。

加强榨汁力道

Vasselin 是气垫式榨汁机风行之前，勃艮第最常用来榨汁的机器。因为压榨的力道比较大，清洗不易，而且出汁较混浊，已经很少有酒庄采用，目前也已经停产。继续使用的名厂非常少，默尔索村的 Coche-Dury 是少数之一，有趣的是，他们所酿的白酒几乎没有提早氧化的问题。香槟区习惯用整串的葡萄榨汁，以榨出更细致干净的葡萄汁，这个方法也有许多勃艮第的酒庄采用。气垫式榨汁机则能让霞多丽榨出的汁非常地干净细致，也较少有酒渣。有些酒庄相信，这样的榨汁法让酒中较少有酚类物质，虽然干净，但比较难抗氧化。有些酒庄开始采用旧式的榨汁机，或者稍微加强榨汁的力道，让酒多一些个性。

先氧化后还原

讲究科学的现代酿酒技术已经完全取代父子相承的传统白酒酿法。氧化问题让酒庄重新思考，为何在没有科学支持的年代，反而酿出了许多经得起数十年时间考验的勃艮第白酒。有些酒庄开始找寻过去酿造白酒的老方法，以及那些被摒弃的技术，如延迟添加具有抗氧化功能的二氧化硫。相较于其他品种如长相思，霞多丽较耐氧化，在榨汁时并不一定要马上以二氧化硫保护，过度保护有时反而会降低日后抗氧化的能力。"小时候看我爸爸等葡萄汁氧化到快变成棕色了才添加二氧化硫，后来我自己酿酒时绝对不允许这样的事发生，但现在，我的酿酒顾问竟然说我爸是对的。"一位精英庄主有点无奈地这样说。但他以此旧法酿成的白酒确实非常干净可口，没有任何氧化的迹象。

少新木桶

使用高比例甚至全新的橡木桶培养霞多丽，在 20 世纪 90 年代确实变得相当流行。带着香草、烟熏与奶油新桶味的葡萄酒，在当时也颇受欢迎。新桶与旧桶最大的差别除了价格更加昂贵，还在于更容易让装在桶内的葡萄酒氧化，通过桶壁渗透进酒中的氧气比同等大小的旧桶要多许多。酒价攀升让葡萄农买得起更多的新桶，高比例的新桶虽然让成本提高，但并不一定会让质量变好，反而会让葡萄酒更快氧化。现在，使用全新木桶培养白酒的酒庄已经大量减少，过多的香草、烟熏与奶油香气也开始被视为缺点。不过，跟前几个转变一样，这似乎也算是回到过去的复古风之一。

少搅桶

死酵母的自解过程会为葡萄酒带来圆润的口感。在培养的过程中，搅动沉淀在橡木桶底的酵母可加速水解，产生具有圆润口感的甘油，称为搅桶。这也是在 20 世纪 90 年代开始盛行的酿造技术之一。虽然搅桶也在传统酿造中使用，但主要是为了让酒精发酵顺利完成，并不会太常搅动。但后来，有些酒庄为了提升效果，有时每周搅动超过两次，每搅一次都会带进氧气，而且减少了二氧化碳的保护。不过提早氧化的问题让酒庄在进行搅桶时有所节制，这也让勃艮第近年来较少出现过度肥润的霞多丽白酒。

塑料塞封瓶

有些酒庄直接认为氧化问题是因软木塞而起的，所以在封瓶上，有一些勃艮第的酒庄做了比较激进的选择，如 Bouchard P. & F. 将所有半瓶装的特级园白酒全部采用合成木塞 Diam，Domaine Ponsot 甚至用塑料材质的 AS-Elite 为其所产的所有红白酒封瓶。在夏布利，也出现了用金属旋盖封瓶的特级园白酒。

提早氧化的问题也许让勃艮第白酒声誉受到损害，但是也造就了今日勃艮第白酒的新气象。虽不能说是因祸得福，但至少，现在的勃艮第白酒已经不再是 20 世纪 90 年代的样子了。变化如此之大，真的是拜氧化之赐。这也让那些经常在酒还未上市就被抢购一空的知名酒庄主们愿意虚心检讨。至于这些最新风格的勃艮第是否经得起考验，只有时间可以给我们最后的答案。

黑皮诺的酿造

▲ 黑皮诺与完成发酵及榨汁后的皮渣

▲ 黑皮诺的葡萄梗

黑皮诺常被称为全球最优雅的葡萄品种，许多酿酒师在酿造黑皮诺时会特别采用不同于其他品种的酿法，以表现黑皮诺较为细致的风味。作为黑皮诺的原产地，勃艮第酿制红酒的方法也常被当作典范。本地酒庄大多强调采用传统制法，不过，从中世纪的熙笃会修士开始，勃艮第酒庄在酿造黑皮诺时所采用的方法就非常多样，各家酒商和酒庄对于传统酿法的诠释各不相同，也衍生出不同的流派与酒风。完全采用同一种酿法的酒庄并不多见，勃艮第的个人主义在此表露无遗。

此外，勃艮第作为地方风土特性的典范产区，如实呈现自然的风味，也是大部分本地酿酒师的酿造哲学。他们经常自称是土地的仆人，而不是主宰自然，表现个人风格。于是，庄主如何诠释每一片葡萄园的自然风味，对传统酿造的不同看法，以及私下采用的新式酿造科技，便成为每家酒庄独特的黑皮诺酿造法。在勃艮第，有太多的细节影响葡萄酒的风味，在红酒的酿造上更是如此。

在勃艮第，很少有酒庄聘任专业的酿酒师，即使名庄也都由庄主一人决定，一念之间，酿造法便可能因此改变。凭感觉与直觉酿酒在勃艮第相当常见。玻玛村的一位酒庄庄主说："每一个年份的葡萄都不一样，酿法也会不同。2003年我几乎完全没有进行踩皮……"

● 去梗与破皮

黑皮诺采收后经过汰选，葡萄马上就会放入酒槽。勃艮第传统上使用无盖的木造酒槽酿造黑皮诺。木槽通常容量不大，控温和保温的效果都相当好，但缺点是酿造、清洗和维护都很麻烦，而且有感染细菌的风险；因为无盖，所以无法密封，也有氧化的风险。有许多酒庄继续使用水泥酒槽，厚重的水泥墙内有一层防水涂料，容易清洗和酿造，保温的效果也非常好。当然也有改用较为便利干净的不锈钢槽酿造的，从最简单的无盖式酒槽，到直式、横式甚至可自动旋转、自动控温、淋汁、踩皮或倒出葡萄皮的酿酒槽都有，不仅方便省力，而且可以完全密封，避免氧化。不过，不锈钢槽主要为大型酒商所采用，在精英酒庄中比较少见。

在葡萄入酒槽前，大部分酒庄会先用去梗机除掉葡萄梗，然后用破皮机挤出果肉和葡萄汁，不过，也有酒庄选择保留完整的葡萄串。是否以整串葡萄酿造一直是黑皮诺酿法中的重要分野。主张完全去梗的代表人物是已经过世的亨利·贾伊尔，他的追随者相当多。他说："很成熟的葡萄梗很少见，通常只会为葡萄酒带来尖酸的涩味。"所以他在酿造前一定会先去梗，然后轻微地破皮。完全去梗一度很盛行，但现在大部分的勃艮第酒庄采用局部去梗的做法，依据葡萄园和年份的不同而保留一小部分的整串葡萄。

不过，还是有些酒庄在大部分的年份采用整串葡萄酿造，其中包括 Domaine Dujac、Leroy 和 DRC 等名庄。整串葡萄的酿造方式有几个特点，因葡萄皮还没破，大部分的葡萄汁没有释出，葡萄皮上的酵母菌没有同汁中的糖分接触，发酵会很缓慢，必须靠踩皮才能释出葡萄汁，葡萄农要到葡萄堆上踩几下，让流出的葡萄汁和酵母接触。一旦开始，速度也不会太快，升温较缓和，浸皮酿造的时间也较长一

点。但此法不得不连葡萄梗一起酿造，梗会吸收红色素，可能会让酒的颜色变淡，梗中含有许多钾，也可能降低葡萄酒的酸味，未完全成熟木化的梗也会为葡萄酒带来粗糙的单宁甚至草味。

即使是完全去梗破皮，也会有葡萄农将去梗机所除掉的梗加回酒槽中，特别是在皮较薄、单宁比较少的年份，他们企图加梗以提高酒的涩味，但无论多成熟的梗，其单宁都不及葡萄皮的单宁细致，现在很少有酒庄采用这样的做法。较先进的去梗机器可以调整强度，除梗后保留完整的葡萄粒，可以有整串葡萄延缓发酵的效果，又不会有葡萄梗的缺点。破皮机的强度也能调整，强一点可以释出较多的汁，让发酵与浸皮更快速完成；弱一点则可保持较完整的果粒形状，在葡萄皮内进行的发酵和流出在外的发酵会有不同的香气表现。

● 发酵前浸皮

酵母菌在 15℃以下的低温环境中活性较弱，无法繁殖，勃艮第的采收季通常天气已转凉，如遇较冷年份，酒槽内的葡萄会延迟数日才开始发酵。特别是采用整串葡萄酿造的酒庄，如果不特别加温，可能会延迟一个星期。在这段时间内，葡萄还是会产生一些变化。亨利·贾伊尔说："在采收季较冷的年份，发酵较晚开始，酿成的酒会多出许多果味，而且颜色也比较漂亮。"在比较温暖的年份，他会让酒槽降温，以酿出类似的风味。这个过程在法国称为发酵前浸皮，英文中则叫作冷泡法（cold soak）。

有些酒庄会刻意在清晨采收，目的就是让葡萄的温度较低。在气候比较炎热的地区，

▲ 左：完成去梗后的葡萄梗　中：经去梗与挤粒后的黑皮诺　右：在酒槽内添加干冰可降温，也可产生二氧化碳保护葡萄免于氧化

已经有许多酒庄设有冷藏室，先将葡萄降温后再放进酒槽，不过，这在勃艮第还相当少见，只有薄若莱区的一些酿造自然酒的酒庄会在采收季租用冷藏柜。一般的冷泡温度在10℃～15℃之间，也有的低至7℃，温度越低，效果越好，但也越会改变葡萄原本的风味而使其失去特色。有些酒庄会完全避免冷泡的阶段，葡萄一进酒槽就马上加温启动酒精发酵。

酒精发酵会产生比重比氧气高一些的二氧化碳，可防止葡萄氧化，但在发酵之前，除了低温外，也可通过添加具有抗氧与抑菌效果的二氧化硫来保护葡萄。勃艮第曾经流行在酒槽内添加大量的二氧化硫以延迟发酵，从而酿出颜色非常深、有着奔放果香的黑皮诺红酒，但近年来已经很少采用。二氧化硫的抑菌效果会降低酵母的活力，添加太多则很难只用原生酵母，必须另外添加人工培养、选育的酵母菌才能顺利启动发酵。二氧化碳在-78.5℃会直接由气体凝结成固态的干冰，因为温度非常低，

且不会变成液体，现在也被应用在黑皮诺的酿造上。干冰除了可降温，也会产生二氧化碳保护葡萄，葡萄皮保持超低温，有更明显的冷泡效果。相较于去梗的葡萄，整串酿造的另一优点是可以让发酵前浸皮以更自然的方式进行。

● 发酵与浸皮

当酒槽的温度升到15℃以上时，酵母开始繁衍，将葡萄糖与果糖发酵成为酒精。为了有较稳定的发酵效果，很多酒庄会添入人工培养的酵母，但也有越来越多的酒庄选择不添加，直接让附在葡萄皮上的原生酵母自行繁殖发酵。不过当葡萄的状况不佳，如有霉菌感染而原生酵母不足时，还是要用人工酵母。在还无选育的干酵母可用之前，接近采收季时，葡萄农会先采收一点葡萄进行小量发酵，繁殖酵母菌，称为 pied de cuve，等采收开始时再加入酒槽中，让酒精发酵可以马上开始。

● 温度控制

当酵母开始运作，发酵产生的热能让酒槽内的温度逐渐升高时，发酵的速度开始加快。霞多丽理想的发酵温度在 15℃～ 20℃，而黑皮诺的发酵温度比较高，通常维持在 30℃左右最佳，太高发酵太快，会缩短浸皮的时间，而且会丧失许多香味，太低可能会让发酵中止。传统的酒槽并没有控温设备，发酵的温度由自然决定，但现在，勃艮第几乎所有酿造红酒的酒庄都装有控温设备，酿酒师可以通过控制温度来掌握酒精发酵的进程。传统的木造酒槽和水泥槽也可用外加设备控温，只要在发酵时放进通过内部水温调节的金属控温器即可。

原生与人工选育的酵母

葡萄皮上自然附着有酵母菌，只要温度适宜，就可以将葡萄汁酿成酒。酵母菌的种类非常多，各有不同的特性，有的耐高温，有的可以散发浓重果香，通常同一葡萄串就附有多种酵母菌。许多酒庄将酵母视为自然条件的一部分，认为每一片葡萄园里滋生的酵母都有所不同，所以坚持直接让这些葡萄园原生的酵母发酵，不另外添加，以保留自然的风味。不过，这些野生的酵母具有许多不确定性，也容易出现发酵中断或很难启动的意外。

但无论如何，原生的酵母常能酿出更多层次与变化的葡萄酒。附着在葡萄皮上的原生酵母种类非常多样，并非只有一种。在发酵过程中，随着酒槽中的环境改变，如温度和酒精浓度的改变，不同的酵母菌得以繁殖，通常都是不同菌种以接力的方式完成酒精发酵。最早由在低温下即可起作用的酵母开始，最后以能适应高酒精浓度的酵母来结束发酵。

自 20 世纪 70 年代，人工选育的酵母出现后，有不少酒庄开始采用。这些为了特殊目的而通过人工选育出来的酵母通常有稳定的发酵成效，操控容易，可以保证一定的质量，对大型的酒商来说，使用人工选育酵母是最安全的做法。有些人

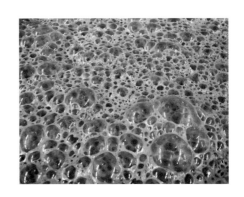

工培养的酵母特性非常强烈，葡萄酒的风味很容易被其所主宰，变成风格单一、变化少的葡萄酒。

不过，并非所有选育的酵母都是如此，勃艮第酒业公会的技术中心曾经从本地的原生酵母菌种中选育出三种酵母菌，供葡萄农选用，以保持勃艮第的地方特色。其中，有适合黑皮诺的 RA 17 和 RC 212，前者主要表现黑皮诺的品种特性，酿成比较柔和、多果香的均衡风味，后者可让酿成的酒保留更多的酚类物质，有较多单宁和较深的颜色，也较多香料香气。适合霞多丽的有 CY 3079，可以在 13℃ 的低温下发酵，而且容易水解，增加酒的圆润度，也能承受 15% 的高酒精环境，有利于完成所有糖分的发酵。不过，还是有酒庄喜欢选用外地的酵母，如夏布利的 La Chablisienne 酿酒合作社，就偏好香槟区风格较中性的酵母。

温度的控制是一个复杂的技术，对葡萄酒的风格有决定性的影响。通常温度越低，发酵速度越慢，甚至可能中止；但如果温度过高，如超过40℃，也可能热死酵母菌。通常在发酵初期需要加温，但在中期则需要降温以防止过热。在30℃的环境中，只需三四天就可完成酒精发酵，如果是在无盖的木槽中发酵，酒精发酵一完成，就需要马上结束浸皮，以免葡萄酒氧化变质。在这么短的时间里，皮中的单宁和红色素都来不及萃取出来，通常酿成的酒会比较清淡柔和。如果想酿造浓厚一点的红酒，则需要让发酵的时间长一些，以便延长浸皮的时间。维持低温是让发酵变慢的方法之一，而且低温发酵所酿成的葡萄酒在香气的表现上比较内敛，口感也会比较刚硬一些。

不过，让发酵温度突然上升，然后迅速下降，也可让一部分不耐高温的酵母减缓发酵。高温本身有利于萃取出皮中的红色素，另外也会让酒的香气浓郁一些，但可能少一些清新的香气，口感变得比较圆润。当所有糖都发酵完后，酵母菌将失去活力，逐渐死亡，温度也跟着降回常温。

● 踩皮与淋汁

酒精发酵产生的二氧化碳会将下沉的葡萄皮向上推，浮升到酒槽顶端，形成一块厚重的硬皮，只剩一小部分还浸在发酵的葡萄汁里。由于红酒需要的红色素、单宁及香味分子都在皮内，酿酒师必须采用不同的方法让皮与汁接触，提高浸泡的效果。踩皮与淋汁是最普遍也最有效的两个方法。黑皮诺主要采用前者，采用后者因为容易氧化且对黑皮诺来说属于过于激烈的方式，除了在发酵初期，一般较少有

酒庄采用，不过这反而是波尔多红酒的主要酿造法。

在勃艮第，较常用的踩皮法是将浮出并结块的葡萄皮踩散，泡入未完成发酵的葡萄酒中。比较坚持传统的酒庄会由庄主或酒窖工人直接爬到酒槽上方，赤脚踩散葡萄皮。他们认为双脚能有效却又轻柔地踩皮，是机械所无法取代的，甚至认为与发酵中的葡萄接触也有助于对发酵进程的了解。人工踩皮除了用脚，现在大部分的酒庄还采用一种末端装有半球形塑料碗的踩皮棍（Pigeou）。发酵产生的二氧化碳经常积在葡萄皮层下，在踩皮时会突然大量释出，相当危险，常有葡萄农因二氧化碳中毒而沉溺于酒槽中。为了安全考虑，有相当多的酒庄改用装置于酒窖顶的气压式机械踩皮机。

除了安全，用机器踩也较省力，在发酵最快的阶段，葡萄皮层硬且厚，葡萄农必须非常用力才能踩碎，使用机器可以避免在繁忙的采收季因体力有限而无力完成。踩皮至少早晚各一次，间隔的时间太久，葡萄皮无法保持湿润，将变得干硬，需要费更大的力气才能踩散，也会有发霉的风险，有些酒庄甚至一天要进行五次。不过，在发酵的初期和后期，葡萄皮层比较柔软湿润，不必过于频繁地踩皮。

踩皮即使较为柔和，但如果频率过高，且

▶ 上左：发酵中的黑皮诺

上中：开口式的木造酒槽虽然简单，却是酿造黑皮诺的最佳酒槽

上右：Louis Latour 酒窖中有控温装置的传统木槽

中左：已经完成浸皮，即将进行榨汁的葡萄

中右：在勃艮第仍有许多酒庄偏好以双脚进行人工踩皮

下左、下中：以踩皮棍进行人工踩皮

下右：发酵初期，葡萄皮并不会浮出酒面太高，踩皮较易进行

用力过度，还是有可能萃取过度，酿成过于粗犷的葡萄酒。黑皮诺的皮比赤霞珠和西拉等品种薄、色淡，单宁也较少，酿造时主要讲究细致变化而不是浓缩厚实，踩皮的目标并不一定是把皮内的所有物质都萃取出来，而是要有均衡精巧的风味。近年来，勃艮第在踩皮的频率上有降低的趋势，方式上也更温和，酿造的过程中有越来越多的酒庄采用泡茶的浸泡方式，而不是激烈的萃取，特别是在如 2001 年、2003 年和 2005 年等风格比较粗犷的年份，更要小心萃取。

淋汁跟踩皮相反，是从酒槽底部抽取葡萄酒，然后淋到漂浮在最顶层的葡萄皮上，让汁液渗过葡萄皮再流回槽中。淋汁会提高氧化的风险，须使用泵抽取葡萄酒，不太适合黑皮诺，采用的酒庄较少。不过淋汁可以为酵母菌带来氧气，促使细胞膜合成胆固醇，特别是在发酵的初期，有些酒庄会在发酵的前期使用。淋汁的频率最多每天一次即可，特别是在酸度不够的年份，葡萄较脆弱，不能经常淋汁。

其实可以借助先进的酿酒机械，如内附自动转轮搅拌的酒槽、自动旋转搅拌的横式酒槽、内部有自动踩皮机的自酿酒槽，还有能瞬间充入大量氮气并弄碎葡萄皮结块的酒槽，不少酒商、酿酒合作社有这些较方便、先进的设备。不过，大部分的勃艮第酒庄还是保留了传统的简单酒槽与手工酿造的方式，他们相信这是酿造黑皮诺的最佳方式。

▶ 左：Louis Jadot 的机械踩皮机
右：淋汁

原生与人工选育的酵母

勃艮第的粉红酒（rosé）并不常见，最出名的是 Marsannay 以黑皮诺酿成的可口粉红酒。Marsannay 是本地唯一能出产粉红酒的村庄级 AOC/AOP。一般见到的都是属 Bourgogne 的勃艮第地方性等级。

▲ 左：在不同的酿造阶段，有些酒庄会进行实验室检测　右：Taupenot-Merme 酒庄记录各酒槽发酵历程的黑板

● 发酵时间的长短

发酵与浸皮是酿造红酒的关键环节，有些酒庄一个星期就能完成，但也有的长达一个月。由于酒精发酵结束后，原本浮在表面的葡萄皮逐渐沉入酒中，会让刚酿成的葡萄酒直接和空气接触。为防氧化，发酵结束后浸皮也要马上停止，迅速进行榨汁。在勃艮第，发酵时间的长短直接影响浸皮的时间，要泡久一点就不能发酵太快。

一般而言，浸皮越长，酒就越浓、越涩。低温和整串葡萄可延缓发酵，在发酵快结束时，每天加一点糖也能让发酵延长几天。发酵后期酒精浓度高，比较容易萃取出单宁，喜好重单宁的酒庄会特意延长这个阶段，甚至当发酵停止后，还会盖上真空盖再多泡几天，称为发酵后浸皮。这样的方法很难应用于连葡萄梗一起发酵的酒庄，因为可能会释出梗中太多的单宁

让酒变得太粗涩。不过葡萄酒中的单宁会彼此聚合成较大的分子，发酵后浸皮虽然让单宁变多，但有时却可以让酒的质地喝起来较圆厚一些，不会特别粗涩。

● 榨汁

发酵完成后，先排出葡萄酒，直接流入另一个可密封的酒槽保存，这部分称为自流酒（ vin de goutte ）。剩余的葡萄皮中还含有葡萄酒，需榨汁取得，这部分称为压榨酒（ vin de press ）。前者较为细致，酸味高，后者含有较多的单宁与色素，风格也较为粗犷。酿酒师通常会将两者分开储存，待日后再依比例调配。不过也有许多酒庄在榨汁后马上将两者混合在一起。在葡萄健康状况不佳的年份，为免质量受损，压榨酒大多被全部放弃，或经过滤后才能加入。

  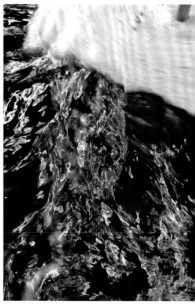

▲ 左：佳美经常采用整串葡萄酿造，即使在完成榨汁后，皮渣也保持整串的形状　中：又称为天堂（Paradis）的榨汁酒　右：加糖

佳美的酿造

将整串葡萄放进充满二氧化碳、完全密封的酿酒槽中酿造，是佳美最知名的独特酿法。因葡萄皮与汁没有接触，酿成的酒柔和、少涩味，而且有着奔放的新鲜果香。这种二氧化碳浸皮法是大部分薄若莱新酒的标准酿造法，皮薄、少单宁的佳美葡萄似乎特别适合这样的酿法，即使是趁鲜喝也非常可口易饮。不过，这只是佳美葡萄的众多酿法之一。黑皮诺的酿造方式已经相当多样，但在薄若莱，酿造佳美的形式更多样，有时更前卫、更工业化，但也可能更加传统与手工艺化。

● 二氧化碳浸皮法

薄若莱是香槟区外唯一禁止用机器采收葡萄的产区，这与当地采用二氧化碳浸皮法酿造

有关，佳美必须手工采收、保留整串的葡萄才能以此法酿制。采收之后葡萄不去梗也不破皮，直接放入酒槽，数量不可太多，以免葡萄的重量压破葡萄皮流出汁液。酒槽必须能够密封，因为要加进二氧化碳气体，让酒槽内成为无氧的状态。酒槽的温度也必须维持在20℃以上才能产生效果，最好能达25℃～32℃，让无氧代谢加速进行。而整串酿造的黑皮诺大多采用温度在15℃以下的冷泡法，浸皮温度是两者最大的不同。

二氧化碳浸皮的时间至少要在两天以上才有较佳的效果，在这样的环境下，葡萄会散发出非常明显、强烈的果香，苹果酸也会大幅减少，降低葡萄的酸味。此时酵母菌和葡萄汁没有接触，浸皮时酒精发酵在理论上还没有真正开始。但是，在酵素的作用下，会有一小部分的糖转化成为酒精。而皮和汁也没有外部的

▲ 左：尚未完成发酵就进行榨汁　右：薄若莱以手工采收为主，只有精英酒庄会进行葡萄筛选

接触，只在葡萄粒内部进行，只有非常少的单宁和红色素被萃取进葡萄汁中。不过因为温度较高，而且不能添加二氧化硫（以免过后酵母菌无法起到作用），此时槽中微生物生长迅速，有很高的变质风险。

在实际的操作上，百分之百的二氧化碳浸皮法几乎是不可能的，除非非常少量，且非常小心轻放，不然多少还是会有一小部分的葡萄被压破。另外，酵素也会让葡萄皮逐渐变得脆弱易碎，压破后会流出更多的葡萄汁。因葡萄汁总量不多，通常二天至七天酒精发酵就可完成。大部分的葡萄汁还被封在葡萄果实内，自流酒的比例低，反而有较多的榨汁酒，而且榨出的汁中充满未发酵的糖分。因有着葡萄汁一般的甜味，还有发酵的熟果香，喝完有上天堂的感觉，当地的葡萄农将这种榨汁酒称为天堂（Paradis）。葡萄汁很快就会放进酒槽中，混合

自流酒，跟白酒一样，在没有和葡萄皮泡在一起的情况下继续完成酒精发酵，接着进行乳酸发酵。酿成的多为即饮型的清淡红酒，很少会入橡木桶培养，大多在酒槽中简单培养之后就直接装瓶。

● 半二氧化碳浸皮法

二氧化碳浸皮法比较像是理论上的酿造方式，薄若莱的许多酒庄在酿造佳美时，实际采用的是半二氧化碳浸皮法。半二氧化碳浸皮法的主要特点是：一、有一部分的葡萄因为挤压会破皮而流出葡萄汁；二、可能采用的是无法完全密封的水泥酒槽，也可能没有添加二氧化碳，直接借助酒精发酵产生的二氧化碳来让葡萄处于无氧的环境，通常也会有淋汁或踩皮。这样的方法比较类似黑皮诺的整串葡萄酿法，也会有稍多的涩味被泡出来，香气也可能多变

一些。佳美葡萄即使已经相当成熟，其葡萄梗也常常是不熟的青绿色，比较容易泡出草味及不熟的粗犷单宁，在采用整串葡萄酿造时须非常小心，浸皮的时间也不宜太长，最好在一周之内结束。除了新酒，一些早喝型的薄若莱也很适合这样酿造。

▲ Clos de Mez 酒庄舍二氧化碳浸皮法，以传统的方式酿造

▼ 左：发酵中的佳美有非常鲜艳的紫红颜色

　　中：经过一天的高温差酿造，即能有非常深黑的颜色

　　右：格架浸皮法可以强迫皮与汁一直泡在一起

● 高温差酿造法

这是一种比较晚才形成的酿法，主要是通过短时间内葡萄的高温差变化萃取出更多红色素。佳美颜色本来就不深，加上浸皮的时间短，酿成的红酒颜色通常不会太深，但高温差酿造法却可以在两三日的浸皮间，让酒色变成惊人的深黑紫色。酒庄必须有特殊的控温设备才能以此法酿造。为了方便加温，葡萄会先去梗，然后通过加热器升温到75℃～85℃，维持数分钟至数小时之后快速降温到10℃～35℃。由于温度太高，所有原生的酵母菌与乳酸菌一并被杀死，降温后必须再另外添加人工选育的酵母才能开始发酵。

通过这种极端的控温过程，在没有萃取出带涩味的单宁之前，酒的颜色就变得相当深，薄若莱的酿酒师通常选择在经过一两天的浸皮与发酵后马上榨汁，继续在另一个酒槽内完成发酵。虽然红色素必须跟单宁结合成比较稳定的分子才能保持深红的

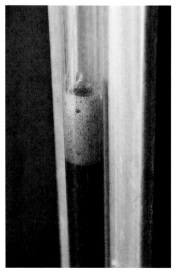

酒色，但高温差酿造法酿成的颜色实在太深黑，即使后来颜色变浅一些，对佳美来说还是非常深。无论年份好坏，这样的酿法都可以酿出颜色非常鲜艳且深浓的佳美红酒，而且高温差会让酒的果香更甜熟，也更奔放，甚至口感也变得更圆润，加上单宁不多，没有太多涩味，喝起来非常柔和顺口。这样的新技术对于常要赶早上市的薄若莱新酒确实相当实用，目前薄若莱产区内大部分的酿酒合作社与酒商都经常采用，甚至许多独立酒庄也添购或租用加热设备。虽然这种方法让酒很快变得可口，但高温差酿造的过程会完全摧毁葡萄园特有的风味，而且酿成的酒不耐久存，必须尽快饮用。

● 格架浸皮法

在薄若莱北部的花岗岩区，有几个村庄如 Moulin à Vent，出产风格特别强硬的多涩味红酒。这种特别的佳美酒风除了跟当地的自然环境有关，也跟区内的一种酿造法相关。薄若莱

的传统酒庄大多采用水泥酒槽，Moulin à Vent 的葡萄农大多会去梗破皮酿造，浸皮的时间也比较长，常超过一个星期，以酿成更有个性也更耐久的佳美红酒。除此之外，他们也习惯在装满葡萄的酒槽内放一个木造的格架，其大小刚好比酒槽顶端的开口大一些。酒精发酵启动后，葡萄皮被发酵产生的二氧化碳推升到酒槽顶端时，刚好被放置于酒槽口的格架挡住，皮被迫与酒完全泡在一起。这样的简单设计不仅可以省去踩皮或淋汁的麻烦，而且提升了浸泡的效果，可以萃取出更多的单宁和更深的颜色。

为了延长发酵与浸皮的时间，薄若莱北部的许多酒庄会选择去梗，以避免不熟的佳美葡萄梗浸泡出太粗犷且不熟的单宁。许多酿造黑皮诺的方法也常被用来酿造佳美，特别是近年来，有越来越多的勃艮第酒商和酒庄到薄若莱投资设厂，也引进了更多的勃艮第酿造技术，以酿成更适久存、风格更高雅的红酒。

自然酒

自 20 世纪 80 年代开始发展起来的自然酒（Vin naturel），与其说是一种酿造法，不如说是一种酿酒的理念，它是针对越来越工业化的葡萄酒业提出的反对意见。类似于有机种植带着回归传统小农更贴近自然的耕作模式的情怀，自然酒也有回归传统手工艺式酿造的情怀。

确实，葡萄酒可以是非常自然的饮料，不需添加任何葡萄以外的原料就能酿成，不过，还是有许多葡萄酒除了葡萄外，还添加了非常多的添加物，如加糖提高酒精度，加酒石酸提升酸味，加人工选育的酵母菌进行发酵，或者更常见的添加二氧化硫保护葡萄酒免于氧化。这些都是大部分酒庄偶尔或经常使用的添加物，虽然都是合法的天然原料，但无论如何，还是会改变一些葡萄原本的个性。至于浸泡橡木屑、添加红酒增色剂、混入植物萃取的单宁等更激进的做法，虽然有可能让酒变得更好喝，或者得到酒评家更高的分数，但很容易让葡萄失去原产土地的自然风味。

自然酒的理念在于尽可能不添加葡萄以外的任何原料，也不用太过激进的酿造技术，如微氧化处理、逆渗透浓缩机、高温差酿造法等。他们希望能对葡萄做最少的改造，让葡萄酒如实呈现原本纯粹的自然个性。虽然所有的葡萄酒都需要酿酒师来酿造，但信奉自然酒理念的酒庄会用"跟随"的态度来酿酒，不会刻意主宰和改变葡萄。自然酒的理念主要是针对酿造这部分过程发展出来的，但基于维护、尊重自然与生命的前提，在种植上也反对使用人造肥料、除草剂和除虫剂等化学农药，连机器采收也不允许。正在发展中的自然酒目前并没有非常明确的定义，也没有任何认证系统。法国自然酒协会（AVN）是一个由七十多家自然酒酒庄所组成的组织，他们虽然都签署了一份自然酒契约，但是该组织并没有任何查验与规范的方法。

在众多的添加剂中，最不可或缺的要属二氧化硫，几乎所有的葡萄酒都必须添加这种可防止葡萄酒氧化变质的天然添加物。自然酒在酿造上最困难、风险最大的地方就在于不使用或仅使用非常少量的二氧化硫。自然酒常被定义为不添加二氧化硫的酿造法，其原因也在此。不过，二氧化硫也是自然酒唯一允许的添加物，但仅允许添加极低的剂量，如红酒每升不得超过 30 毫克。薄若莱区内的酒商兼酿酒学家 Jules Chauvet（被称为法国的自然酒运动之父），为不加二氧化硫的独特酿法提供了理论基础与实际可行的酿造方法，并且出版了相关的著作，如今法国的自然酒酿酒师多少都受到了他的启发。在薄若莱地区有相当多知名的自然酒酒庄，如摩恭村的 Marcel Lapierre、Jean Foillard 和 Jean-Paul Thévenet 等。

佳美因为经常采用二氧化碳浸皮法酿造，并用整串葡萄加二氧化碳保护，所以只要严格淘汰掉不健康的葡萄，保持干净的酒槽，浸皮的温度不太高，不使用二氧化硫酿造确实也可行。特别是佳美，因具有还原特性，不太容易氧化，所以比黑皮诺更适合酿造自然酒。薄若莱的自然酒酒庄在采收季大多会租用冷藏货柜车为手工采收的葡萄降温，经过一到四周的浸皮、榨汁，而后像白酒一样在酒槽或橡木桶中以低温完成酒精发酵，接着进行乳酸发酵、培养后，手工装瓶上市。有些酒庄可全程不添加二氧化硫，有些只在清洗酒槽和橡木桶时使用，事实上，在发酵的过程中，有些酵母菌也会自然产生二氧化硫。装瓶时完全不添加二氧化硫的葡萄酒会脆弱一些，必须一直保存在 14℃ 以下的环境中才能避免氧化或变质的问题。为了降低风险，一些要经长途运输的自然酒也会添加微量的二氧化硫。

在勃艮第，同样有酿酒师在酿造黑皮诺时不添加二氧化硫，如如圣欧班村的 Dominique Derain、St. Romain 村的 Domaine de Chassorney 和 Marcel Lapierre 的外甥 Philippe Pacalet，以及在夜丘区的 Domaine Bizot、Prieuré-Roch 和 Domaine Ponsot 等。在勃艮第黑皮诺常要添加糖以提高酒精度，自然酒因反对加糖，酿成的黑皮诺红酒通常酒精度较低，酒体比较轻盈，这成了自然酒的特色。白酒因为较容易氧化，原本不用二氧化硫酿造的酒庄比较少，不过因为霞多丽的抗氧化能力强，近年的研究发现，在乳酸发酵完成之前不添加二氧化硫，让霞多丽先经历氧化阶段，之后培养与装瓶后反而不太容易发生提早氧化的问题。一直到乳酸发酵后才添加二氧化硫的酒庄突然增加许多，成为另一酿造流派。特别强调自然酒，到最后装瓶才添加或完全不加的，则有夏布利的 De Moor，普依-富塞的 Valette 等酒庄。霞多丽因为常在橡木桶中发酵培养，有较高的氧化风险，完全不加二氧化硫的白酒经常会出现因氧化而产生的苹果香气。

▶ 发酵前，整串葡萄在低温的酒槽中进行浸皮是自然酒常用的酿造法

▼ 上左：过滤葡萄酒用的枝蔓

上中：在酒槽内添加二氧化碳可避免葡萄氧化，无须使用二氧化硫

上右：发酵到一半的佳美葡萄榨汁后继续在木桶中完成发酵

下左：整串葡萄不去梗，直接进入酒槽

下右：Marcel Lapierre 酒庄采用老式的木造垂直榨汁机来酿造自然酒

糖与酸

在法国，地中海沿岸的产区因为天气较温暖，葡萄容易成熟，依规定，完全不能添加糖分酿造。勃艮第因位置偏北，和法国北部产区一样，享有加糖提高酒精度的权利。添加的可以是蔗糖或甜菜糖，也可以是葡萄糖。酒精度高一些，可以让酒喝起来更圆润可口，加糖也可略提高产量，每公顷可多出一两百升。虽然全球变暖的趋势让勃艮第越来越不需要为了提高酒精度而加糖，但是在酿造上，加糖还是有功效的。

加糖是延长红酒发酵与浸皮时间的绝佳做法，在发酵的末期，分多次将糖加入酒槽中，可以让发酵的时间延长。当红酒发酵结束之后，因发酵而产生的二氧化碳消失，原本因气泡而浮在酒面上的葡萄皮会逐渐下沉，失去保护葡萄酒的功能，因此浸皮的过程必须马上停止，以防氧化。在发酵末期，加糖可以延长浸皮的时间。

除了各等级的葡萄园有最低自然酒精浓度的规定，勃艮第加糖所提高的酒精浓度依规定也不能超过 2%，而且每公顷所加的糖也不得超过 250 千克。要提高酒精度，加糖并非唯一的办法，去掉葡萄汁的水分、让糖分更浓缩也有同样的效果。浓缩法虽是新出现的方法，不过根据史料，19 世纪时勃艮第就已经有让葡萄酒更浓缩的方法。酒商在严冬的夜晚将葡萄酒装入铝桶内，放置在室外，等水分结冰后拿掉浮在桶中的冰块就可达到浓缩目的。酒商 Champy 19 世纪末的酒单里就常出现冰冻过的李奇堡或玻玛，价格也比一般没有冻过的酒昂贵。如 1889 年的李奇堡一瓶可卖 6 法郎，冰

▲ 即将送往实验室检测的葡萄汁样品

▲ pH 酸碱值的检测

▲ 葡萄甜度的检测

▲ 葡萄甜度的检测

冻浓缩后可卖到 7 法郎。

新近的浓缩法以蒸馏法及逆渗透法为主，后者在勃艮第较少见，前者常见一些。依照规定，酒庄只能对 10% 的葡萄汁进行浓缩。Durafroid 及 Entropie 是蒸馏浓缩系统主要的厂家，其借助的原理是，在真空状态下沸点大幅降低，只要加热到约 40℃ 就可以蒸发掉一部分水分，提高葡萄汁中的糖分浓度。浓缩法不仅使糖分浓度增加，也让酸度、单宁及颜色等变得更浓，比加糖的方法更容易改变葡萄酒原本的面貌。勃艮第在酿造红酒时偶尔也会采用流血法（saignée），流掉一部分的葡萄汁，提高皮相对于汁的比例，以加深红酒的颜色、提高涩味，不过不会提高糖度。

酸味具有保存葡萄酒的功能，也是构成均衡口感的要素，勃艮第允许酸味不足时在酒或葡萄汁中加酸，但仅限于酒石酸。若是加在酒中，每升可加 2.5 克；若是加在葡萄汁中，则不能超过 1.5 克。不过加酸越早越好，因为可以防止酸味不够的葡萄遭受细菌的侵害，特别是可以避免酒精发酵未完成时乳酸就开始发酵。这些在发酵前就加入的酒石酸，大部分在酿制完成之前就会凝结沉淀，并不会影响口味；但若是在酿成之后再加入就会留在酒中。后添加的酸很难和葡萄酒和谐地混合在一起，因此会产生粗糙的酸味，甚至出现金属味，严重影响葡萄酒的质量。

依照欧盟的葡萄酒法令，不能在同一产品上加酸又加糖，所以理论上勃艮第部分酒庄加酸又加糖的行为是违法的。勃艮第人普遍肯定加糖的益处，但对加酸多少有负面看法。加酸虽可提高酸味，但很少能和葡萄酒协调地混合，即使经过多年的瓶中培养也很难改善，所以加酸只能算是补救措施，绝非提高质量的方法。

葡萄酒的培养

第五章

在法文中，培养和饲养用的是同一个词"élevage"，这并非巧合，因为葡萄酒的酿造有如生命的诞生。发酵完成之后，有如畜牧业中一般，酿酒师还必须在酒窖里豢养这些初生的葡萄酒，使其经过时间的琢磨与培养，熟化成更均衡丰富、更适饮的成熟风味。

过去，勃艮第的酒商很少自己酿酒，而是向酒农买来成酒培养后再装瓶卖出，他们常以葡萄酒的培养者（éleveur）自居。其实到了培养阶段，一款酒的风格已经大致确定了，但酒商依旧能通过培养过程展露酒的潜力，建立自家厂牌的风格。

橡木桶是培养葡萄酒的最重要容器，勃艮第优雅的酒风也让勃艮第产的橡木桶特别适合用来培养风味细腻的葡萄酒。因此，橡木桶成为葡萄酒之外勃艮第酒业的另一个特产。

葡萄酒的培养

通常，完成酒精发酵之后，葡萄酒将进入培养的阶段。称之"培养"，就好像葡萄酒是

▲ Domaine Dujac 即将装进 2010 年份新酒的全新橡木桶

有生命的饮料。如果说发酵让葡萄酒诞生，那么将初酿成的葡萄酒留在酒窖里一段时间，就能使其长成更精致均衡、更成熟适饮的葡萄酒。在培养的过程中，无论霞多丽还是黑皮诺，勃艮第都有一套独特的培养方式，这也成为这两个品种在其他国家或产区最常采用的培养法。在酒庄装瓶兴起之前，勃艮第的酒商很少自己酿酒，他们常以培养者自居，向葡萄酒农购买成桶的葡萄酒，经过培养、调配之后再装瓶卖出。虽然新酒初酿成时，质量和风格已经大致确定，不过，还是有些酒商可以通过培养的过程，让最后装瓶的葡萄酒具备厂牌的风格。

氧气会让葡萄酒失去新鲜的果香，产生较深沉的成熟香气，过度的氧化甚至会让葡萄酒出现苹果、李子干或肉桂等氧化的气味，所以适合年轻品尝，不太耐氧化的葡萄酒通常会在完全密封、没有氧气的不锈钢酒槽中进行培养。不过，缓慢且适度的氧化，也可让一些原本比较坚硬封闭的葡萄酒变得更可口，具有细微透气性的橡木桶便是一个优秀的培养容器，除了可增添木桶香气，也能让存于其中的葡萄酒慢慢地氧化成熟，成为更可口的葡萄酒。

在勃艮第各品种间，因为特性不同，培养的容器与方式也有差异。佳美酿成的红酒大多

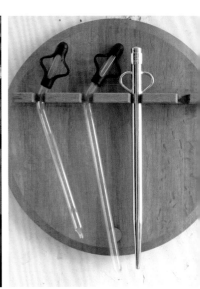

▲ 左、中: 旧木桶清洗与消毒后可再次使用

　　右: 从橡木桶中汲酒用的取酒器

强调新鲜可口, 培养的时间通常较短, 也很少进橡木桶培养, 大多在酒槽内完成乳酸发酵后就直接装瓶。黑皮诺需要较长时间的培养, 通常在橡木桶中进行, 只有少数比较清淡的红酒才会在酒槽内培养。阿里高特酿成的白酒大多在不锈钢酒槽内酿造, 培养也多留在槽内, 很少进橡木桶, 通常仅数月就会装瓶, 适合趁早饮用。霞多丽的培养方式则较为多样, 夏布利地区和马贡内区的平价白酒经常在钢槽内培养, 时间也较短。但在金丘区的霞多丽则大多在橡木桶内进行发酵, 完成后也继续在桶内培养, 常常要一年多的时间才会装瓶。

● 乳酸发酵

　　葡萄中的酸以酒石酸为主, 但也含有苹果酸和柠檬酸等。当葡萄进入成熟的阶段, 其中含有的酸, 特别是苹果酸会迅速减少。勃艮第的气候寒冷, 葡萄成熟度不是特别高, 在冷一点的年份如 2008 年, 酿成的葡萄酒常含有非常多的苹果酸, 而成熟度佳的年份如 2009 年, 苹果酸则相当少, 与其他葡萄内含的酸相比, 苹果酸的酸味比较强劲, 也较为粗犷。只要环境适合, 乳酸菌会将葡萄酒中的苹果酸转化为口感比较柔和的乳酸, 同时也会产生一些二氧化碳和酸奶般的气味。这个过程称为乳酸发酵。不过, 一直晚至 20 世纪 50 年代, 葡萄农才开始知道乳酸发酵的存在与成因, 在此之前, 常误认为是葡萄酒出现了问题。

　　并非所有的葡萄酒都会完成乳酸发酵, 只要添加较多的二氧化硫就可以抑制乳酸菌。但在气候偏冷的勃艮第, 大部分的红酒都会完成乳酸发酵, 很少中止, 因为乳酸发酵可降低酸度, 让酒变柔和一些, 也可让口感圆润一些, 最重要的是会让酒比较稳定, 不会在装瓶后发生乳酸发酵的意外, 装瓶后须等待多年才适饮的红酒几乎都会让苹果酸完全转化。白酒则有些不同, 特别是在比较热的年份, 当霞多丽可能酸味不足的时候, 抑制乳酸发酵可以让酒的酸味强一些, 喝起来也较新鲜, 不会过于肥腻。但如果是成熟度不足的年份, 乳酸发酵反而能

▲ 左：博讷酒商 Chanson P. & F. 位于防卫碉堡内的培养酒窖　右：沉积在橡木桶底的死酵母

让酒变柔和一些，不会过度酸瘦，所以有不少酒庄会依年份的风格来决定是否进行发酵，或采取局部发酵。不过，无论如何，相较于其他品种，霞多丽是一个很适合进行乳酸发酵的品种。在转化的过程中，乳酸菌会产生一种叫作丁二酮的香气物质，让酒闻起来有奶油的香气，跟霞多丽很契合，但与丽丝玲或长相思等品种的香气混在一起则会显得突兀，发酵过程也会让这些品种原本清新的果香变成熟果的香气。

跟波尔多的传统不同，完成酒精发酵的黑皮诺会直接放入橡木桶中培养，不会先在酒槽完成乳酸发酵。霞多丽有时会留在原桶中，即使换桶也是进入另一个橡木桶。在勃艮第，进木桶培养的葡萄酒，乳酸发酵几乎都是在桶中进行。这样的方法会让原本就不易控制的乳酸发酵过程更难掌控，因橡木桶的新旧与环境不同，每一桶的进度都不一样。乳酸菌在20℃～22℃比较活跃，但采收、酿完酒之后，勃艮第的气温通常很快就会降低，乳酸发酵通常都要等到来年春天天气回暖才逐渐完成。乳酸菌是一种普遍存在的细菌，通常不需要添加就会产生，不过，对添加二氧化硫保护的葡萄酒会比较难起作用。

● 死酵母培养法

酒精发酵结束之后，已无糖分供酵母存活，死去的酵母菌会逐渐沉积到酒槽或橡木桶底部，堆积成泥状，这些物质称为 lies。这些无生命的死酵母在培养的过程中会影响葡萄酒的风味，因此常被酿酒师利用。不过，这些物质也有可能为葡萄酒带来怪味，所以通常人们会先去除其中的杂质，通过换桶保留比较健康、沉淀在上层的较细的 lies，也可先处理过后再将一部分放回酒中和葡萄酒一起培养。

泡在酒中的死酵母在酵素的作用下，会水解成许多不同的物质，包括蛋白质、氮、有机酸、香气物质和甘油。和 lies 一起培养的葡萄酒，在乳酸发酵的过程中会比较顺利，其产生的甘油也会让酒的口感变得更为圆润，在香气上，常会让白酒产生熏烤与烘焙面包的香气。

● 搅桶

为了让死酵母菌的水解更有效地进行，很多酒庄会进行搅桶来加速水解。在发酵控制不太发达的时代，为让酒中残余的糖分全部发酵成酒精，葡萄农常在发酵末期用一根棒子搅拌桶内的葡萄酒。现在，酿酒师也会在白酒培养的阶段进行搅桶，目的在于让沉淀的死酵母和葡萄酒充分混合，加快水解。通常用顶端呈长钩状的金属棒伸进橡木桶内搅动，大多一周搅桶一两次，但也有酒庄在最频繁时会一天多次。搅桶的方法又分两种，一种是温和地搅动沉淀物，另一种是当遇到有还原问题时，要由上往下搅，顺便将空气打入酒中，通过适度的氧化减少还原的怪味。

搅桶常要贯穿整个培养的阶段，但后期次数会减少，约一个月一次。搅桶过度可能引发氧化的问题，也可能让酒变得过于肥腻而失去均衡，有些酒庄仅在前几个月进行低频率的搅桶，有时甚至完全不做。在发酵之前没有进行沉淀去酒渣的酒庄，为避免产生怪味，通常很少进行搅桶。非木桶培养的白酒同样可利用死酵母来提升香气与圆润感，现在也有一些不锈钢桶内部具备旋转扇叶，可定时旋转，让沉淀的酵母与酒充分混合。培养黑皮诺红酒时很少采用搅桶的方式，不过，还是会有酒庄偶尔采用滚动木桶的方式。

● 换桶

自然沉淀是让培养阶段的葡萄酒变得更干净、澄清的最简易方法。只要一段时间静止不动，酒中较大的悬浮物就会沉淀到酒槽或橡木桶底。这些混合着死酵母和其他沉淀物的酒渣，有时会让封存在桶中的葡萄酒因为缺乏氧气而产生类似臭鸡蛋气味的还原怪味。有些酒庄在培养阶段每隔一段时间就会进行换桶，例如，在乳酸发酵完成后，葡萄酒由原来的桶中流到清洗干净的橡木桶中，以去掉桶中沉淀的酒渣，同时，在换桶的过程中，也可以让酒与空气接触，降低出现还原气味的风险，若是红酒则可以借此柔化单宁。换桶通常需要用泵抽送，对比较敏感的葡萄酒可能产生伤害，在勃艮第，现在更常用利用重力作用的虹吸法或气压法来进行换桶，以减少对葡萄酒的影响。

不过，现在勃艮第坚持不换桶的酒庄也相当多，大部分酿酒师认为，酿造黑皮诺时多一事不如少一事，培养时除非必要，最好不要去惊动正在熟成的黑皮诺，培养时不换桶除酒渣的做法相当盛行。在酿造霞多丽时，有的酒庄从发酵前将葡萄汁注入橡木桶，一直到装瓶之前，都使用同一个橡木桶，让葡萄酒和原来的酵母与酒渣泡在一起。人们也相信霞多丽在培养的阶段最好不要过多打扰，做越多事反而越有害。也许因为 lies 的作用，完全不换桶的酒庄常能保留饱满浓厚的味道。有些酵素可以保证死酵母不会产生异变，不一定非换桶不可。

● 黏合澄清法

葡萄酒中常会有胶质物悬浮，只通过沉淀无法去除，这是葡萄酒经过数月培养仍然混浊，严重时还会让白酒变成褐色的原因之一。这些胶质都是带有阴离子的大分子，只要和带有阳离子的大分子絮凝之后，就会成为不溶性的胶体分子团（micelle），因为重量较大，会逐渐沉淀到桶底。在下沉的过程中，胶体分子团还会继续吸附酒中的其他阴离子悬浮物，一起下沉到桶底，让酒变干净。这是黏合澄清法的原理。

酿酒师可将蛋白、明胶、酪蛋白和鱼胶等含蛋白质的凝结剂（colle）添加到酒中，和酒中杂质凝结成较大的分子。好让葡萄酒更为澄清，酒质更稳定。在酒中添加蛋白的效果相当好，也不会影响酒的风味；只有红酒在黏合的过程中酒中的单宁会因和凝结剂产生絮凝现象，含量略为降低一些。完成这道工序大约要六个星期，橡木桶底会增加许多沉淀物，完成后通常会进行换桶去除酒渣。除了蛋白，在勃艮第，皂土也常用来作为黑皮诺的凝结剂。

● 调配

勃艮第经常强调单一葡萄园的特色，而且大多是单一品种酿造，较少有酒庄像波尔多产区的城堡酒庄那么专注于葡萄酒的调配。不过，对勃艮第的酒商来说，调配还是相当重要的酿酒技艺，特别是在生产产量较大的地区性葡萄酒时。勃艮第一般葡萄园的面积都相当小，酒商购买同一个 AOC/AOP 产区或者是同一个村庄的葡萄酒，得同时向不同的酒庄采买才能凑到足够的葡萄酒，如果还希望每一个年份都能够维持一定的厂牌风格，那绝对必须通过调配的方式才能达到。

调配的不一定是最低等级的葡萄酒，有些酒商为了供应国际市场，在生产一些知名村庄的一级园酒，如 Beaune 1er cru 的红酒、Meursault 1er Cru 的白酒时，也可能要混合不同的一级园酒才能满足市场的需求。这些来源不同的酒有时在培养阶段一开始就混合，也有时要依据培养之后的表现来混合。把最好的葡萄酒都加在一起并不一定能调出最好的葡萄酒，如何做到互补才更重要。例如，许多酒商的 Côte de Beaune Villages 经常是由 Maranges 和 Chorey-lès-Beaune 混合而成，前者粗犷，后者柔和，刚好形成互补，调配出协调均衡的味道。

◀ 左上：搅桶用的钢棒

左下：换桶

中：蛋白凝结澄清

右上、下：添桶

有些面积较大的独占园，也有可能采用类似波尔多城堡酒庄的方法来进行调配，例如，7.53 公顷的塔尔庄园将葡萄园依树龄、方位与土质分成八片分别酿造，经过一段时间培养后，再试喝挑选，按不同比例试调、比较，最后混合，剩余的酒挑选一部分混成二军酒 La Forge du Tart，其余的则可能卖给酒商，或给酒窖工人与葡萄农当作平时的佐餐酒。

● 添桶

由于橡木桶不是完全密封的容器，在长达数月甚至一两年的橡木桶培养过程中，会有一小部分的葡萄酒因蒸发而消失，虽然量不多，却会产生空隙，让桶中的葡萄酒有氧化的风险，因此必须每隔一段时间将葡萄酒添加到每一个橡木桶内，称为添桶。添桶的频率与酒窖的湿度有关，越潮湿越不需要经常添加。

● 过滤

质量优异的葡萄酒不一定要澄清明亮，看起来干净透明的酒在勃艮第也并不一定是优质酒。特别是一些小量手工生产的酒款，培养完成之后完全没有换桶，没有黏合澄清，也没过滤就直接装瓶，酒虽然不一定浑浊，但也不会非常纯净透明。现在有越来越多的勃艮第酒庄，除非必要，绝不过滤或凝结澄清。他们认为每过滤一次，就会滤掉葡萄酒中一部分珍贵的风味，越干净透明的酒反而内容越少。不过，大量生产的葡萄酒，特别是酒商生产的商业酒款，为了追求稳定的质量，以及避免消费者抱怨，大多会在装瓶之前进行过滤。过滤要采用最温和的方法，尽可能不对酒造成伤害。为了少用泵，过滤程序通常都在装瓶之前，完成后马上装瓶，不再存回酒槽，大多在培养的最后阶段进行。

● 装瓶

勃艮第的许多酒庄因为规模较小，并没有自己的装瓶设备，常常要租用移动式的装瓶车到酒庄装瓶。不过，有些富有的名庄也会有自己的装瓶设备。装瓶前需要为葡萄酒添加二氧化硫，也常需要用泵来移动酒或进行过滤，这常会让葡萄酒突然封闭起来，要经过一段时间才会恢复。为避免惊动葡萄酒，在勃艮第还是有些酒庄，如 Claude Dugat、Bizot 等，继续采用手工装瓶的方式，直接让酒由橡木桶流入瓶中。

几乎所有的勃艮第葡萄酒都是采用宽身的传统勃艮第瓶来装瓶。这种称为 bourguignon 的玻璃瓶，经常是如落叶般带点黄的深绿色。有时装白酒的瓶子颜色会浅一些，呈黄绿色，这样的瓶型也大多被当成霞多丽白酒与黑皮诺红酒的标准瓶型，在全球的其他产区普遍采用。因为传统的氛围太强，除了夏布利的 Laroche 和金丘的 Boisset，勃艮第采用金属旋盖封瓶的酒厂非常少，大多还是使用自然软木塞封瓶。通过压制重组软木屑制成的不会染上软木塞怪味的 Diam 软木塞在勃艮第相当常见。意大利 Guala 公司用号称可维持百年以上的塑料材质研发制成的 AS-Elite 塑料瓶塞，现在也开始被一些精英酒庄采用，以避免出现氧化及软木塞怪味的问题。

▲ 左：自然风干是桶厂最耗时的步骤，须历时数年

中：经过四年自然风干的橡木片，木头质地较软，单宁也较柔和

右：橡木桶烘烤的轻重程度会影响葡萄酒的风味

橡木与橡木桶

在勃艮第的酿造与培养过程中，橡木桶经常扮演相当重要的角色，除了作为保存葡萄酒的容器，也是酿酒工具，甚至因为橡木中会有物质渗入酒中而成为葡萄酒的原料，为勃艮第葡萄酒带来许多变化。酒庄选择橡木桶的方式也常常影响该酒庄的酒风。

比如，橡木桶有不同大小的分别，采用的橡木也有来自不同森林的分别，除了法国，也可能来自东欧或俄罗斯，但西班牙常见的美国橡木却不曾被采用。此外，木桶熏烤的程度也有分别，不同的程度会影响酒的香气和口感，酿酒师可以针对烘烤的深浅程度做选择。不同的橡木桶厂有不同的木桶风格，酿酒师或酒庄也各有偏好。新桶会给葡萄酒带来比较直接、明显的影响，采用新桶培养的比例及橡木桶培养时间的长短，也会直接反映在酒的风味之中。

● 木桶的大小

勃艮第传统的橡木桶容量为228升，其实，这至今也还是勃艮第葡萄酒业的计量单位，称为 Piéce，如葡萄农与酒商之间的成酒买卖都还是以228升为单位来计算价格。不过，在夏布利产区则是以当地传统的132升的 Feuillette 木桶为单位。虽然传统的228升木桶是勃艮第的主流，但是当出产的葡萄酒无法装满一桶时，酒庄偶尔也会使用114升的半桶装橡木桶。桶越小，每升葡萄酒接触桶壁的面积越大，受橡木的影响也会越大。

最近几年，有不少酒庄开始思考228升是否为最佳容量，于是开始采用容量更大，如400升、500升，甚至被称为 demi-muie 的600升容量的橡木桶，从而让桶对葡萄酒的直接影响再少一些，以更多地表现葡萄酒本身的风味。传统数千升的大型木造酒槽在勃艮第比较少见，只有南部的马贡内及薄若莱产区经常用来培养佳美红酒。这种大型木槽大多有数十年的历史，内壁常结满酒石酸结晶，只会让佳美受到极轻微的氧气与木桶的影响。

● 橡木的产地

因气候适当，且管理完善，法国橡木是制作橡木桶的首选材料。全法国有 4 万多公顷的橡木林，都属于质量较高的品种。法国橡木主要产自中央山地，其中产量最大的是稍偏西南的 Limousin 地区，偏东边一点有 Allier 地区的 Tronçais 森林，Nevers 地区的 Bertrange 也是优良橡木的产地。中央山地之外，勃艮第的平原区，如熙笃森林及北面阿尔萨斯的弗日山区（Vosges），也都产质量相当好的橡木。

不同的森林因为有不同的自然环境，长成的橡木也有不同的特性。Limousin 地区因为土地肥沃，橡木生长快，年轮间距较宽，木质松散，木材内的单宁容易释入酒中，氧化的速度也比较快，有时还会带来苦味，虽然香气较明显，但不适合用来培养白酒或像黑皮诺这般细腻的红酒，常用来储存波尔多或干邑白兰地，在勃艮第相当少见。相反，Tronçais 森林较为贫瘠，橡木生长慢，木材的质地紧密，年轮间距小，纹路细致，是优质橡木的代表，木香优雅丰富。弗日山区的橡木近年来也越来越受勃艮第酒庄的喜爱，寒冷的气候让木头的质地更加紧密，密封效果好，香味浓，纹路细致。

不过，因为全球各地的精英酒庄都希望能采购法国橡木制成的木桶，而优质的 Tronçais 橡木并不多见，所以勃艮第的酒庄反而不像 20 世纪末那么在意橡木的来源，而是更注重橡木的质量，如是否为缓慢成长，年轮密度是否紧

密。在酒窖进行桶边试饮时，试饮分别存于不同橡木桶中的同款葡萄酒，常常会发现令人印象深刻的巨大差距。

不过，现在大部分的葡萄农更在意的还是各桶厂产品的质量与风格，只要求质量好，其余的则让木桶厂去操心。这个态度比较接近传统的方式，也较为实际。同一片森林里的橡木就有好坏之分，甚至同一棵树的各个部分也有差别，加上各厂制作技术的差异，来自哪一片森林似乎不是那么重要。能和制桶厂老板有好交情，优先取得上等木材才是更重要的。这样的想法也让勃艮第酒庄开始接受用来自东欧的橡木制成的木桶，这类产品不仅便宜，而且质量可以相当好。

● 橡木桶的制作

制作橡木桶，至今还是工匠式的行业，即使有好橡木，也要凭师傅的经验和手感，因为每一片橡木片的特性都不一样，若太偏重科学和理性的标准程序，只会制成质量参差不齐的木桶。复杂的制作过程很难为机器所取代，即使是勃艮第最大的桶厂 François Frères 也全采用纯手工制作。这也是法国产的橡木桶价格一直居高不下的主要原因。拜黑皮诺全球流行之赐，勃艮第的顶尖桶厂制作的木桶已经销售到全球主要的黑皮诺与霞多丽产区，常有新世界的酒庄庄主很骄傲地强调只使用勃艮第产

▶ 左上：传统的勃艮第桶为 228 升，但因葡萄园面积小，酒庄也常备有不同容量的橡木桶

右上：虽然少见，但偶有勃艮第酒庄采用大型的木槽来培养葡萄酒

左下：箍紧橡木桶的工具

右下：采用 Allier 森林的橡木制成的橡木桶

的橡木桶，连位于干邑区的全球最大的木桶厂 Seguin Moreau 在十多年前也到勃艮第设厂，以供应勃艮第制作的木桶。不过，为了供应来自全球各地的需求，勃艮第生产的橡木桶的质量似乎也不再像以前那么稳定。

无论如何，勃艮第还存在一些小型的工匠式的橡木桶厂，老板和学徒独立包办制作的每一个过程，常常一天只能生产数个木桶。这样的方式也让每一家木桶厂的产品多少带有各自的特色与风格。不少酒庄都有自己的偏好，如 Leroy 及 Domaine de la Romanée-Conti 都大量采用第一名厂 François Frères 的木桶。又如在夏布利地区，很多酒庄偏好采用还保留着工匠式传统的 Chassin 桶厂的产品。其他的名厂还包括 Rousseau、Cadus、Mercurey 和 Sirugue 等。为了能折中各家的优缺点，大部分的酒庄通常会同时采用几家不同厂牌的橡木桶，然后再将酒混合，以免孤注一掷。但也有酒庄认为与桶厂的关系最为重要，大量采买同一家才有可能拿到质量最佳的木桶。

橡木桶的制作

1. 将橡木锯成数段。
2. 用斧头劈成细长的木块，劈比锯更能保持木纤维的完整性，有更好的不透水效果，木材中的单宁也不易渗入酒中。
3. 修整成平整的木片。
4. 风干是最缓慢也最重要的程序。木片必须在室外放置一年半到三年的时间。经过风吹日晒和雨淋，除了木片变得更为干燥，橡木中的纤维、单宁及木质素等也将产生变化，不会让酒变得太粗涩。高温的烤炉也可以烘干橡木，但做成的木桶会让酒变粗糙，质量无法与自然风干的橡木相比。
5. 风干后，木片将被修切成合适的大小，两端往内削，同时略呈弧形，以组合成圆桶。勃艮第的橡木桶采用厚 3 厘米的木片，比波尔多的厚 1 厘米，容量是 228 升，也比波尔多 220 升的容量大一点。
6. 挑选出约二十块大小不一的木片。
7. 组合成木桶的雏形，敲击铁圈固定住一端。
8. 接着进行熏烤的工序，这道工序有三个目的：首先，通过熏烤加热提高橡木片的柔软度方便成形；其次，加热柔化单宁，不会太影响酒的味道；最后，让橡木产生香味，为葡萄酒添加特殊的香气。不同的熏烤程度会让橡木产生不同的香味，轻度熏烤常有奶油和香草味，若加重则有咖啡、可可甚至烟熏味出现。酒庄在订购橡木桶时都会指明熏烤的程度。
9. 趁着木片还热，紧缩木片，用铁圈箍住，固定成形。
10. 桶底都是另外制作，也是由橡木制成的。木片之间夹芦苇以防渗水，通常并不经过熏烤，直接嵌入橡木桶两端预留的凹槽内。至此，橡木桶已大致成形。
11. 为防漏水，橡木桶换上新的铁圈之后，会加入热水进行测试。
12. 最后磨光美化，印上烙印。

▲ 上左：François Frères 是勃艮第最知名、最大的桶厂

上右：源自于邑的 Taransaud 桶厂在博讷市内也设有专门制作勃艮第桶的分厂

下：特别强调工匠精神的小型精英桶厂 Chassin

● 橡木桶对葡萄酒的影响

木桶与酒之间的交流是多方向的。橡木桶为葡萄酒提供一个半密闭的空间，通过橡木桶的桶壁渗透进来的微量空气，可以让葡萄酒进行缓慢的氧化，红酒经过氧化后会降低涩味，变得较为可口、圆熟，且香味更成熟。由于能够进入桶中的氧气不多，葡萄酒不会有过度氧化之虞。这是一般酒槽无法提供的培养环境。虽然新的技术可在不锈钢密闭酒槽中定时打入微量的氧气，或许较为经济，但还是比不上橡木桶的效果。由于氧化的关系，储存在橡木桶内的白酒颜色会加深，变得较为金黄，红酒则会变得稍微偏向橘红。

橡木的主要成分包括纤维素、半纤维素、木质素及单宁，而后三者都可能进入葡萄酒中，虽然量非常小，但还是会让酒出现可观的变化。橡木中的可溶性单宁进入酒中后会让酒变涩，而且涩味较葡萄皮中的单宁来得粗犷，不过因为量很少，对原本涩味就很重的红酒并不会产生太大的影响，但对清淡型红酒及白酒就可能产生口感上的明显变化，特别是使用新桶酿造及培养的白酒，在年轻时偶尔会带些微的涩味，要过一两年后才会慢慢消失，熏烤较重的橡木桶通常不会有太重的涩味。半纤维素本身并不会直接进入酒中，但是橡木桶制作过程中的熏烤阶段，会让半纤维素产生一些香味分子。而本身属水溶性的木质素在分解时也会产生多种带香味的乙醛，它们会在培养的过程中溶入葡萄酒，为其增添香草、咖啡、松木、烟草、奶油、巧克力及烟熏的香味。

● 新旧橡木桶的选择

全新的橡木桶会为葡萄酒带来比较多的直接影响，一年以上的旧桶会随着时间推移逐渐变成比较中性的容器。新桶会直接为葡萄酒带来更明显的木桶香气，也会释出更多的橡木单宁，同时因为尚未装过葡萄酒，桶壁木片中的含气量比较高，会为葡萄酒带来更多的氧气。如果葡萄酒的个性不是很强，又是比较脆弱易氧化的葡萄酒，通常不适合使用全新的木桶来培养。葡萄酒的质量甚至可能因此变得更差，至少会让葡萄酒本身的香气与口感特质完全被掩盖；使用新桶培养一年后，通常仅剩不到一半的行情，除非是个性强烈且耐氧化的酒款，否则很不值得使用新桶培养。

大部分的酒庄都只有一部分的酒会使用新木桶培养，如风格较强的特级园香贝丹或邦马尔等，其余则依比例用一年到五年的旧桶来培养，一般的村庄级酒或勃艮第等级的酒则很少使用或完全不用新桶。不过，每家酒庄都各有原则，有些酒庄全都用新桶，如只拍卖桶装酒的博讷济贫医院，几乎只有特级园的 DRC，以及完全不加二氧化硫酿造的 Bizot，不论哪一款酒，都采用新桶培养，不重复使用旧桶。

曾经有勃艮第的酒商不仅采用全新木桶，而且在培养后期通过换桶让黑皮诺再进入另一新桶，这样激进的方式并不适合黑皮诺，也很少再有酒庄使用。相反，现在开始有名庄如 Domaine Ponsot，以及精英酒商如 Philippe Pacalet，完全摒弃新橡木桶，即使是特级园的葡萄酒也使用旧桶来培养，以保留更多葡萄酒原本的风味。使用新橡木桶的比例也跟产区的传统有关，在金丘区，无论红酒还是白酒都使用最高比例的新橡木桶，但在南边的薄若莱，使用新桶培养的酒庄非常少见，最北边的夏布利产区也很少有酒庄用全新的木桶来培养，甚至还有相当多的酒庄完全不采用橡木桶，如 Louis Michel et Fils，即使特级园酒也在不锈钢槽内进行。

除了新旧桶比例的差别，橡木桶培养的时间长短也会影响酒风。白酒相对不耐氧化，培养时间很少超过十二个月，红酒则在一年到一年半之间，很少超过两年。不过，还得依酒庄及酒的等级、特性与年份而定。一般而言，越清淡简单的酒储存时间越短，越封闭紧涩则储存越久。在勃艮第，因为乳酸发酵都是在橡木桶中进行，有些年份如 2008 年，因为乳酸发酵延迟超过一年，让木桶培养的时间也跟着延长。木桶培养的时间越长，氧化的程度就越高，新鲜的果香也会跟着减少，以年轻香气为主要特色的葡萄酒就不适合培养太久，但如果是久藏型的酒款或年份酒，则可以再延长一些。橡木桶的香气通常在前三个月的时候最为明显，但桶藏一年之后，葡萄酒和橡木反而能彼此协调地混合成丰富多变的香气，而不会只是直接而明显的桶味。

La Chablisienne
2006
la sereine
CHABLIS
APPELLATION CHABLIS CONTROLÉE
PRODUCE OF FRANCE
75cl
CHABLIS 1ER CRU

葡萄园的分级是勃艮第酒迷最为关注的，但也可能带来最多误解。在凡事遵循传统的勃艮第，分级也同样有其历史根源。

有着近千年传统的葡萄园分级，经过历年的修改与更正，如今即使有些不足，也是葡萄酒世界中最为详尽与完善的。勃艮第将葡萄园分成四个等级，其实并不复杂，只是因为葡萄园的名字太多，很难一一记住。分级本身代表了一种价值观，而非绝对价值。如勃艮第位于寒冷的北方，特级园常位于葡萄最易成熟的区域，但不太容易成熟的地方在某些年份也能酿成精彩的顶尖佳酿。

在理念上，分级所依据的只是葡萄园的潜力，而非永恒的品质保证，常常需要与年份的变化、葡萄树龄、种植与酿造方法，以及采收的早晚相对照，才能更明确分级的参考意义。

勃艮第葡萄酒的分级

自 2010 年开始，为了与欧盟的分级接轨，法国葡萄酒从原本的四级制改成三级，而且也有了各自的新名字，最低等级的日常餐酒 Vin de Table 改为 Vin de France，地区餐酒 Vin de Pays 改名为 IGP（Indication Géographique Protégée），而原本的 AOC 法定产区则改名为 AOP（Appellation d'Origine Protégée）。这个可能对法国葡萄酒业产生巨大影响的改变，但对勃艮第来说似乎无关紧要，因为勃艮第几乎所有的葡萄酒都属于法定产区等级，从 AOC 改成 AOP 只是换个名称，而已经取消的 VDQS 等级，勃艮第早在多年前就将之升级为法定产区。至于勃艮第的地区餐酒则相当少见，只有博讷附近平原区的 Vin de Pays de Sainte-Marie-la-Blanche，产量非常少。

在法国法定产区的制度与理念中，能成为 AOC 或 AOP 等级的葡萄酒，首先必须是具有传统与知名度的葡萄酒，而且葡萄园要具备特殊的自然环境，并有当地特有的种植与酿造传统，酿成的葡萄酒还要具备别处无法模仿的特殊风味。最后，还要有一套完备的管理方法。这虽然是理想，不是每个法定产区都是如此，但大致上还是符合这样的精神，而且，在实际的规范上，每一个 AOC 或 AOP 产区都会界定完整的范围，种植特定的葡萄品种，每公顷葡萄树种植的密度、产量等也都有限制，葡萄在达到规定的成熟度之后才能采收，酿制成的葡萄酒类型也有规定。酿成的酒除了要经过检验，也要经过委员会的品尝，装瓶之后标签上的用字与标识也都有规范。

全法国有四百多个 AOC 或 AOP 法定产区，其中，勃艮第就占了其中的一百个，而勃艮第的葡萄园其实只占法国葡萄园不到 3% 的面积，有数量如此庞大的独立法定产区，跟当地的葡萄园非常分散有关，而勃艮第非常精细的分级制度则是另一个原因。这一百个法定产区有等级上的差别，通常产地范围越小，葡萄园位置越详细，规定越严格的 AOC 或 AOP，等级也越高。全区 2 万多公顷的法定产区等级葡萄园，全都依据自然与人文条件，分为四个等级。作为具有风土条件的典范产区，勃艮第的葡萄园分级也是法国葡萄酒业分级的典范。

这四个等级中有产区范围广阔的 Bourgogne 地方性法定产区，接着是以村庄命名的村庄级法定产区，其中有些村庄还有列为一级园（Premiére Cru）等级的葡萄园，最高等级的则是由单一葡萄园命名的特级园（Grand cru）法定产区。勃艮第葡萄园的分级并不是一蹴而成的，中世纪教会的修士留下的许多研究成果，再加上历年来对勃艮第葡萄园的研究与经验累积，都是后来法定产区分级的重要依据。

自 19 世纪开始，就有多份勃艮第，特别是金丘区的葡萄园分级名单与地图，最为知名的是 1855 年由 Jules Lavalle 在 *Histoire et Satistique de la Vigne des Grands Vins de la Côted'Or* 一书中为金丘区所做的非正式分级。当时分四级，最高的等级称为 Hors Ligne 或 Tête de Cuvée，之后是一级（Première Cuvée）、二级（Deuxième Cuvée）和三级（Troisème Cuvée，有些村子如莫瑞-圣

▲ 上：哲维瑞村内特级园、一级园与村庄级的红酒

下：夏山村内的一级园红酒

▲ 印着特级园 Montrachet 与一级园 Clos St. Jacques 标记的软木塞

丹尼村还出现了四级）。在 1961 年之后，为博讷治区所采用、具有官方色彩的分级简化为三级，将原本 Hors Ligne、Tête de Cuvée 和一级全部合并成一级。这份名单也曾经在 1862 年的巴黎万国博览会上展示过，这个分级版本因为是由博讷治区制作的，当年香波–蜜思妮村以北、隶属第戎治区的村庄则没有列级。

Jules Lavalle 的分级是针对山坡上种植黑皮诺的优质葡萄园所做的，至于山顶与平原区的葡萄园则只被列为平凡区域（Région des Ordinaires）。这些在金丘山坡外的葡萄园面积其实更广阔，当年主要种植佳美葡萄，酿成供应当地市场的家常酒。当时金丘区有 26,500 公顷的葡萄园，但种植于山坡上的黑皮诺却只

有 3,600 公顷。Lavalle 强调，金丘的好酒非常有限，适合种植的葡萄园也只限于少数条件类似，却几乎彼此相连的狭小区域。Jules Lavalle 的分级建立于历史、知名度与实际的观察经验，甚至也可能跟当时葡萄园的拥有者有关。

1936 年，法定产区制度成立之后，葡萄园的分级由国家法定产区管理局（INAO）负责，并逐步完善成今日的分级。如今的分级大体上跟 Lavalle 的这份名单吻合。与 1961 年的版本相比，一级的葡萄园都被列为特级园或一级园，二级中少数较好的葡萄园也成为一级园，而大部分二级与三级则成为村庄级，未列级的平凡区域则是勃艮第地方性法定产区。

不过，分级的过程也有不少折冲或利益的

考虑，有些特级园将邻近的葡萄园一起合并，如原本仅有 3 公顷的埃雪索，列级时将周边的十多片葡萄园合并为超过 30 公顷的特级园。又如夜圣乔治市的 Les St. Georges、渥尔内村的 Les Caillerets 及默尔索村的 Les Perrières 等，虽然都可能列级特级园，但因为考虑到特级园只能单独标示葡萄园，不标示村名，这些产酒名村的葡萄农最后选择可以标示村名的法定产区，而失去了列级特级园的机会。当时博讷市的酒商以销售厂牌酒为主，而博讷市的葡萄园又多为酒商所有，酒商对于列级并不热衷，因此没有积极争取将博讷市的优秀名园列级为特级园，如被 Lavalle 选为 Tête de Cuvée 的 Les Grèves 和 Les Fèves。

勃艮第的一级园是在第二次世界大战期间，于 1943 年才建立的等级，虽处战乱，却在极短的时间将许多葡萄园升为一级园，主要可能是为了应对德国占领区不强征列级园的政策。当时不属于德国占领区的勃艮第南部产区，因无此急迫性，所以没有建立一级园的分级，至今，马贡内区仍未建立任何一级园的分级系统。不过，区内的普依-富塞等产区已经开始朝一级园努力，薄若莱也希望在将来可以建立更详细的分级。

因为行政区的划分与距离的因素，薄若莱、马贡内和夏隆内丘等三个南部产区自成一个酒商销售系统。1874 年，Antoine Budker 曾经针对这三个产区建立了一份分级名单，1893 年发表在由 Danguy 和 Vermorel 合著的书中。三个地区知名酒村的主要葡萄园都一一被列入五个等级，如弗勒莉的 Poncié，Moulin à Vent 的 Clos des Thorins 和 Rocheg，梅克雷的 Champ-Martin，吉弗里的 Clos Salomon 等都名

列一级。

夏布利的分级发展跟金丘区有些不同，在根瘤蚜虫病之后，夏布利的葡萄园只剩数百公顷，并没有全部重新种植，因此在分级时，还涉及许多尚未种植葡萄的土地，有较多的争议。在 1938 年成立 Chablis 法定产区时，特别成立委员会来界定产区范围，必须是 Kimméridgian 时期的岩层和土壤才能成为生产夏布利的葡萄园。在同一年，也建立了特级园的分级，一共有七片列级，共同成为一个法定产区，不各自独立。不过，夏布利的一级园却是比较晚近才发展出来的分级，到 1967 年才由村庄级中再分出一级园，原有二十四片葡萄园列级，但现在已经增加到七十九个。

勃艮第葡萄园的分级一开始是建立在葡萄园的历史因素与知名度上，并非完全以葡萄园的自然条件与潜力为标准，在分级的时候也很少有精确的地质研究作为参考基础。现在经过历年来的修改与更正，整体看起来大致称得上详尽与完善，但是跟所有分级一样，绝对不是勃艮第葡萄酒质量的绝对标准，一级园或村庄级的葡萄酒优于特级园的并不少见。勃艮第将一片独立的葡萄园称为 climat，虽然有等级上的差别，但更重要的是都自有个性，若论个人的风格喜好，有许多独特的村庄酒也可能比特级园或一级园更迷人。更何况因年份、树龄、种植与酿造方法等诸多因素，产自同一个 climat 的葡萄酒也常有不同的风格表现。

● 地方性法定产区

这是等级最低的法定产区，涵盖的范围也最广，超过一半以上的勃艮第葡萄酒属于这个等级。法国大部分的葡萄酒产区，地方

▲ 左：产自金丘区的 Bourgogne 等级酒将来可能会有自己的法定产区 Bourgogne Côte d'Or

右：Haut-Côtes-de-Beaune 区的 Bourgogne 红酒

性的 AOC/AOP 通常只有一个，如罗讷丘（Côtes du Rhône）或阿尔萨斯（Alsace），但在勃艮第却多达二十三种（详细名单请见附录）。不过，这个等级的 AOC/AOP 除了 Mâcon、Mâcon Villages、Beaujolais 和 Beaujolais Villages 外，名称全都有"Bourgogne"这个词，相当容易辨识。

这些命名可以归纳成七种类型：最常见的是直接称 Bourgogne 的法定产区；也有以葡萄品种为名的，如 Bourgogne Aligoté、Bourgogne Pinot Noir 和 Bourgogne Chardonnay，2011 年新增了 Bourgogne Gamay，所有这些 AOC/AOP，依欧盟的标准，只需采用 85% 以上即可附加品种名；有以酿造法命名的，如产勃艮第气泡酒的 Crémant de Bourgogne；有以酒的颜色取名的，如产粉红酒的 Bourgogne Rosé；有以产区位置为名的，如金丘 Bourgogne Côte d'Or、上博讷丘 Bourgogne Hautes-Côtes de Beaune 和夏隆内丘 Bourgogne Côte Chalonnaise 等；也有以产酒村庄为名的，如 Bourgogne

▲ 即使是勃艮第最低等级的酒，也常能带来意外的惊喜

▲ 现在已经是村庄级等级的 Marsannay 曾经只是 Bourgogne 等级

提高产量的规定

虽然勃艮第各级葡萄酒都有最低产量的规定，但是在勃艮第葡萄酒法中还有一项提高产量的可能，称为 Plafond Limite de Classement。这项常常简称为 PLC 的规定，允许葡萄农将产量提高 10% ～ 20%，只要事先提出申请并获通过即可。

Epineuil 和 Bourgogne Chitry 等，没错，虽有村庄名，但不是村庄级的酒；也有以混合品种命名的，如 Bourgogne Passe-Tout-Grains（至多三分之二的佳美混合至少三分之一的黑皮诺）和 Bourgogne Grand Ordinaire（红酒和粉红酒可混合黑皮诺、佳美和恺撒与 Tressot，白酒则可混合霞多丽、阿里高特、Melon de Bourgogne、Pinot Gris、Pinot Blanc 和 Sacy，此 AOC/AOP 自 2011 年开始改名为 Coteaux Bourguignons，产区范围扩及全薄若莱）。

其中最常见的是 Bourgogne 法定产区的酒，有将近四百个村子可以出产，如果是酒商所制的酒，则可能由来自勃艮第各区的酒调配而成，但如果来自独立酒庄，就可能是单一葡萄园的酒。此等级在产量规定上较其他等级低，如红酒产量每公顷不超过 5,500 升，白酒则可达 6,000 升，最低自然酒精浓度的要求也较低，红酒 10%，白酒 10.5% 即可。

● 村庄级法定产区

一些地理位置好，产酒条件佳的村庄，因长年生产质量出众的葡萄酒，被列为村庄级产区。勃艮第目前有 56 个，马贡内区和夏隆内丘区各有 5 个，北部夏布利邻近地区有 5 个，薄若莱有 10 个，其余全都在金丘区（21 个在博讷丘，10 个在夜丘区）。这些村子因条件不同，有些只能产白酒，如普依-富塞；也有些只能产红酒，如玻玛；红白酒都产的也不少，如博讷。

村庄级 AOC/AOP 的葡萄园范围并不以村庄为限，有时也会将周围的几个村子包含进来，大一点的，如夏布利，产区范围扩及 20 个村子。无论如何，分级主要还是以葡萄园的自然条件为准，所以村内条件较差的地带也只能评为地方性 AOC/AOP，甚至连 AOC/AOP 等级都列不上。这个等级的葡萄酒大多用村名来命名，在酒标上还可以加注葡萄园的名字。但也有例外，如夜丘村庄和博讷丘村庄这两个村庄级产区，前者包含 Comblanchien 和 Corcoloin 等五个较不知名的酒村，而且红白酒都产；后者则可以自由混调 14 个博讷丘村庄级产区的红酒。

这个等级的产量规定通常标准高一些，红酒产量每公顷不超过 4,000 升，白酒则为 4,500 升。最低自然酒精浓度，红酒 10.5%，白酒 11%，如果标示葡萄园的名字，成熟度的标准还会提高 0.5%。不过这是金丘区的标准，在其他产区，产量还可以更高，如夏布利可达 6,000 升。村庄级的葡萄酒大约占勃艮第三分之一的产量，而且其中有三分之二是白酒，主要因为夏布利有近 4,000 公顷的葡萄园，且单位产量高，单是一个村庄级 AOC/AOP，产量就比整个夜丘区还高。

● 一级园

在村庄级产区内，有些村庄的部分葡萄园因产酒条件佳，被列级为一级园。在酒标上，这个等级的葡萄酒会在村名之后加上一级园或 1er Cru，然后再加上葡萄园的名字，例如，Meursault 1er cru Les Perrières 也可能写成 Meursault Les Perrières 1er cru。但如果是混调村内不同的一级园，就不能标出葡萄园的名字，仅能在村名后标上一级园。目前全勃艮第各村加起来共有 635 个一级园，预计数目还会继续增长。不过一级园的总面积并不大，每年的产量只占全区 10% 左右。55 个村庄级 AOC/AOP

▲ 上左：夏布利一级园 Les Vaucopins

上中：佩南村最知名的一级园 Les Vergelesses

上右：吉弗里村的一级园 Clos du Cellier aux Moines

下左：默尔索村的村庄级园 Les Narvaux

下中：普依-富塞虽然没有一级园，但有一些名园已具有一级园的身价

下右：哲维瑞村的一级园 Bel Air

并非每村都有一级园，如薄若莱和马贡内区的村庄级产区都没有。在金丘区也有自然条件较普通的圣侯曼、修瑞-博讷和 Marsannay 等村没有一级园。一级园虽是独立的等级，但都附属于各村庄级的 AOC/AOP，并没有独立的一级园 AOC/AOP 产区，在生产的规定上大多和村庄级中标示葡萄园名称的葡萄酒一样。

在勃艮第，有些酒村的一级园数量非常庞大，如夏布利和夏山-蒙哈榭，为了方便消费者记忆，在命名上会允许一些较不知名的数个一级园用隔邻较知名的一级园命名，这样的设计也可以让酒庄混调数个一级园，但仍可以在标签上标示一级园的名称。例如，夏布利的一级园 Vaillons 收纳了村子西南边包括 Les Lys、Les Beugnons、Chatains 和 Sécher 等在内的 12 个一级园，它们都位于一片面向东南，绵延超过 2 公里的山坡上。一瓶标示 Vaillons 的一级园葡萄酒，可能来自这 12 个一级园中的一个，但其实更可能混合多个，而且大部分不是来自真的叫 Vaillons 的葡萄园。

● 特级园

勃艮第虽然有 33 个特级园各自成立独立的 AOC/AOP 产区，但是葡萄园面积和产量都非常小，特别是每一家酒庄的特级园常切分成小块，有不少

葡萄园的升级

一般村庄级的葡萄园想要升为一级园，首先要得到该村酒业公会的同意。通过后，由公会准备一份详尽的资料，证明此葡萄园从条件与近年来的表现来看值得升为一级园。通常必须先做土质与地下岩层的分析，同时最好有历史资料佐证这片葡萄园曾经相当知名。准备好之后向 INAO 地方单位提出申请。经过实地的查验，相关的档案报告将送交由酒业代表所组成的勃艮第 INAO 委员会评审。

若勃艮第委员会同意，要再经过全国委员会审核，在此期间还要再聘请专家查验，若通过，再送交农业部裁定发布。如果是由一级升为特级，则更为复杂，因为这等于是成立一个新的 AOC/AOP 产区，目前只有兰贝雷庄园和大道园成功升级。不过，也有一些一级园通过并入隔邻的特级园升级，如香波-蜜思妮村有部分的一级园 La Combe d'Orveau 并入特级园蜜思妮。

酒庄的特级园每年产量仅有数百瓶，常成为有行无市的逸品级酒款。而全勃艮第的特级园葡萄酒产量仅占全区的 2%。产白酒的特级园不到 200 公顷，有一半在夏布利。在博讷丘区，有六个只产白酒的特级园，包括蒙哈榭和歇瓦里耶-蒙哈榭等，其中高登-查理曼就占了其中一半以上的面积。另外还有两个以产红酒为主的特级园，高登和蜜思妮也出产一点白酒。

红酒的特级园全位于金丘内，有 400 多公顷，分属于 26 个特级园，其中只有高登位于博讷丘，其余全在夜丘区。它们的面积差别相当大，最小的是 0.85 公顷的侯马内，但面积最大的高登却有 160 公顷。除了自然条件佳，特级园也大多是历史名园，如塔尔庄园。生产的规定也最严格，红酒产量每公顷不得超过 3,500升，白酒不超过 4,000 升，夏布利的要求较低，不超过 4,500 升。在葡萄的成熟度方面，要求也高，红酒须达到 11.5% 的自然酒精浓度，白酒要 12%，不过夏布利只要 11%，巴塔-蒙哈榭、碧维妮-巴塔-蒙哈榭及克利欧-巴塔-蒙哈榭则为 11.5%。

在勃艮第，有许多酒村的村名之后都添加了村内最知名的特级园，以提升村庄的知名度，例如，哲维瑞村在 1847 年首开先例改名为哲维瑞-香贝丹，在 1865 年时甚至一度要求村名直接改成香贝丹，幸好没有通过。之后也有更多的村子跟进，如夏山-蒙哈榭和香波-蜜思妮等等，让勃艮第的酒村名特别长，也让许多村庄级的酒标在村名后标示了特级园的名称，常被初入门者混淆。

降级的葡萄酒

法国的法定产区制度中规定，不合格的葡萄酒可以降一级销售。如特级园李奇堡所产的葡萄酒，若酒的风格或生产方式不符合特级园规定，则可以降级并以冯内-侯马内一级园的名称上市销售，不过，仍须符合该等级的基本标准。在某些比较困难的年份或是对于比较年轻的葡萄树，有些酒庄也会主动降级。勃艮第因为没有全区的 IGP 或 VDP 地区餐酒，所以以 Bourgogne 等级的葡萄酒如果降级，将直接降为 VDT 或 Vin de France 等级的葡萄酒。另外，薄若莱产区的十个特级村庄，可降级为 Beaujolais Villages 或 Bourgogne，不过 2011 年之后则可降级为新增的 Bourgogne Gamay。

▲ 上左：夜丘区的特级园大埃雪索

上中：Corton 特级园中最知名、位居山坡中段的 Les Bressandes 园

上右：莫瑞−圣丹尼村的特级园罗西庄园

下左：产自夏布利特级园布尔果园中位置最斜陡的 Côte Bougerots

下右：高登−查理曼特级园白酒

▲ 夜丘区北边的菲尚村以生产粗犷有力的黑皮诺红酒闻名

为了吸引读者的眼光，许多关于勃艮第的书，都不是从最北边的欧歇瓦（Auxerrois）开始，而是先谈金丘（Côte d'Or），往南到马贡内（Mâconnais）之后再回来谈最北边的欧歇瓦。如果你刚开始认识勃艮第，请直接翻到第二章吧！地理与位置是认识勃艮第的关键，请容我由北往南来谈这个迷人多样的葡萄酒产区。

勃艮第在行政区上分为四个县，最北边的是约讷县，县治是欧歇尔市（Auxerre），附近的产区称为欧歇瓦。中部是最知名的金丘县，县治是兼为勃艮第首府的第戎市（Dijon）。最南边则是 Saône et Loire 县，县治是马贡（Mâcon），周围的产区便称为马贡内（Mâconnais），再往南则进入薄若莱（Beaujolais）。西边还有 Nèvre 县，属卢瓦尔河区，以长相思闻名的 Pouilly Fumée 则位于县内的西北角。

第三部分

村庄、葡萄园与酒庄

Villages, Climats et Domaines

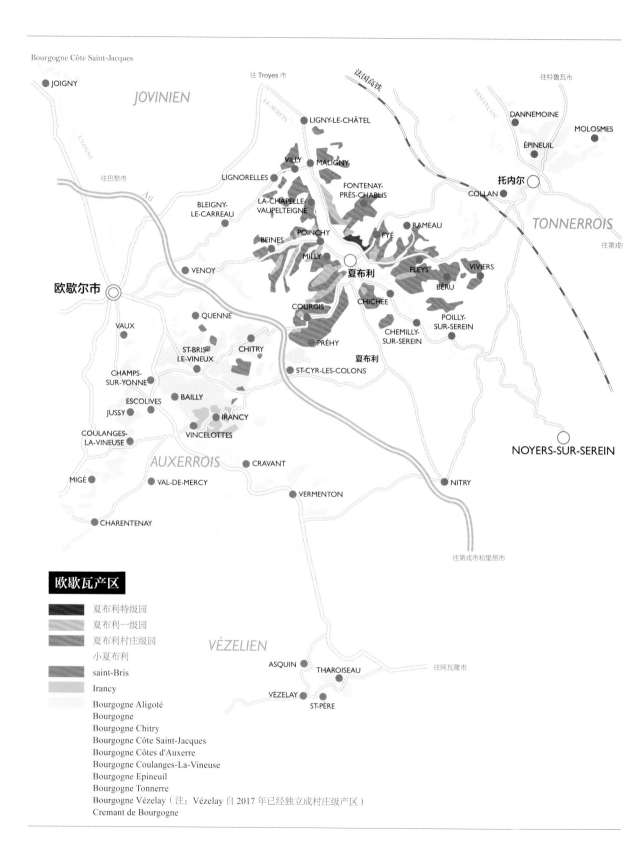

Bourgogne Côte Saint-Jacques

JOIGNY

JOVINIEN

往 Troyes 市

法国高铁

往特鲁瓦市

LE SEREIN

DANNEMOINE

MOLOSMES

ÉPINEUIL

LIGNY-LE-CHÂTEL

VILLY   MALIGNY

LIGNORELLES

FONTENAY-
PRÈS-CHABLIS

托内尔

COLLAN

TONNERROIS

往巴黎市

A6

BLEIGNY-
LE-CARREAU

LA-CHAPELLE-
VAUPELTEIGNE

RAMEAU

往第戎

BEINES   POINCHY

FYÉ

欧歇尔市

VENOY

MILLY

夏布利

FLEYS   VIVIERS

BÉRU

COURGIS

CHICHÉE

POILLY-
SUR-SEREIN

VAUX

QUENNE

CHEMILLY-
SUR-SEREIN

PRÉHY

ST-BRIS-
LE-VINEUX

CHITRY

夏布利

CHAMPS-
SUR-YONNE

ST-CYR-LES-COLONS

NOYERS-SUR-SEREIN

ESCOLIVES

BAILLY

JUSSY

IRANCY

COULANGES-
LA-VINEUSE

VINCELOTTES

AUXERROIS

CRAVANT

MIGÉ   VAL-DE-MERCY

NITRY

VERMENTON

CHARENTENAY

往第戎市和里昂市

欧歇瓦产区

- 夏布利特级园
- 夏布利一级园
- 夏布利村庄级园
- 小夏布利
- saint-Bris
- Irancy
- Bourgogne Aligoté
- Bourgogne
- Bourgogne Chitry
- Bourgogne Côte Saint-Jacques
- Bourgogne Côtes d'Auxerre
- Bourgogne Coulanges-La-Vineuse
- Bourgogne Epineuil
- Bourgogne Tonnerre
- Bourgogne Vézelay（注：Vézelay 自 2017 年已经独立成村庄级产区）
- Cremant de Bourgogne

VÉZELIEN

ASQUIN   THAROISEAU

往阿瓦隆市

VÉZELAY

ST-PÈRE

第一章 | 欧歇瓦区 Auxerrois

虽然位处寒凉的勃艮第北方，但邻近巴黎的欧歇瓦（Auxerrois）在 19 世纪时却曾是法国北部最重要的葡萄酒产区，极盛时期近 4 万公顷的葡萄园因某些因素几乎绝迹，即使今日已经逐渐复苏，也仅及当时的八分之一。

除了一些具有历史意义的葡萄园，欧歇瓦还因出产知名的夏布利（Chablis）白葡萄酒而在勃艮第占有重要的地位。这些产自夏布利镇邻近山坡的白酒，虽然也采用霞多丽葡萄酿造，但欧歇瓦的寒冷气候与葡萄园山坡上的 Kimméridgien 岩层，让酿成的白酒带有冷冽的矿石香气、刀锋般锐利的酸味，以及灵巧的高瘦酒体，这是最难以复制，也最独特的霞多丽风格。

► 因为有便利的水运通往巴黎，在 19 世纪时，欧歇瓦附近曾有多达 4 万公顷的葡萄园

如果有人不相信自然风土能对葡萄酒的风味产生明显而直接的影响，那夏布利带着海潮气息的矿石风味就是最佳证明。

勃艮第将北部的产区称为欧歇瓦，指的是欧歇尔市附近的地区；欧歇瓦最知名，也最重要的产区是夏布利。事实上，大部分的勃艮第酒迷只认识夏布利，未曾听闻欧歇瓦。Yonne（约讷）是勃艮第北部的县名，也是一条塞纳河支流的名字，欧歇尔市就位于河岸边，顺流而下约百公里可及首都巴黎。这个邻近消费区的地理优势，让欧歇瓦在交通不便的年代，成为法国重要的葡萄酒产区。19 世纪时，连夏布利在内，欧歇瓦区有 4 万多公顷的葡萄园，比今日全勃艮第的葡萄园还多，是当时法国仅次于波尔多的最大葡萄酒产区，大量供应清淡易饮的白酒以满足巴黎市民的庞大需求。

在陆运变得更便利之后，欧歇瓦逐渐失去邻近优势，让出市场给来自南部的葡萄酒产区，地中海沿岸的干热环境比气候寒冷的欧歇瓦更容易让葡萄成熟，可以为巴黎供应更廉价，也更浓郁的葡萄酒。经过葡萄根瘤蚜虫病及两次世界大战的摧残，欧歇瓦的大部分葡萄园都逐渐弃耕，有些改种谷物，有些甚至成为树林。在 20 世纪 70 年代，夏布利区仅存不到 800 公顷的葡萄园，其他区则几乎消失始尽，只剩下一些供应附近村民日常饮用的零星葡萄园。但正是从那个时候开始，欧歇瓦又逐渐开始复苏，四十年间，夏布利的葡萄园增长了五倍，一些历史上的葡萄园也重新种植葡萄酿酒。只有时间可以告诉我们，欧歇瓦是否还是勃艮第的晦暗角落。

▲ 除了闻名全球的夏布利，欧歇瓦区内也有不少有趣的小产区，如 Irancy（上），Chitry（中）和 Tonnerre（下）

▲ 上：虽然位处寒冷北方，但 Irancy 村却是一个专门生产红酒的村庄级产区

　左下：邻近香槟区南边的欧歇瓦区也生产极佳的气泡酒

　右下：寒冷的冬季低温与春季的霜害曾是欧歇瓦区葡萄种植面临的最大自然威胁，但近十年却因气候变化而减少

欧歇瓦和金丘隔着较远的距离，在气候、土壤与历史发展上都有自己的特性，这也反映在葡萄品种上。这里除了勃艮第招牌的黑皮诺和霞多丽外，还种植一些少见的品种，例如，白葡萄有 Sacy，黑葡萄有恺撒和 Tressot，这些品种大多以极小的比例混进黑皮诺或霞多丽酿造，很少单独装瓶，最后一种甚至已近消失。20 世纪初，长相思从卢瓦尔河引进欧歇瓦种植，经过一个世纪的适应，现在也成为勃艮第北部的本土品种，甚至有专属的村庄级法定产区 St. Bris。

寒冷的气候曾经是欧歇瓦的劣势，但在变暖的趋势中，过于浓厚的葡萄酒越来越多，冷凉的气候和更轻巧的酒风反而成为最珍贵的优势。得益于变暖，欧歇瓦产区不用再经常面对霜害与难以成熟的难题。原本被视为酸瘦少果香的夏布利曾经一度乏人问津，但今日却以锋利的酸味与独特的矿石香气大受欢迎，改变的不仅是自然，而且是与葡萄酒市场喜好的变迁结合后形成的时代趋势。

受益的不仅是霞多丽，黑皮诺也需要更多的阳光和温暖才得以成熟，欧歇瓦的黑皮诺不再只有酸瘦清淡的格局。欧歇瓦虽因白酒闻名，但曾经有许多产红酒的名园与酒村，如 Irancy 村，现在也有了自己专属的村庄级法定产区，精巧的黑皮诺配上粗犷坚硬的恺撒，混成专属于欧歇瓦的红酒风格。气泡酒更是欧歇瓦值得骄傲的酒种，冷凉的气候优势让勃艮第最优质的 Cremant 气泡酒大多来自欧歇瓦，特别是以黑皮诺酿成的粉红与白气泡酒。不过，很少有人知道这些可口平价的勃艮第气泡酒来自欧歇瓦，更少有人知道这里跟香槟区最南边的酒村 Les Riceys 有着一样的岩质，而距离只有 30 公里。

夏布利
Chablis

作为一个世界级的著名霞多丽产区，夏布利的名声却是建立在与霞多丽个性不同，甚至相反的独特酒风上。这跟夏布利的气候与土壤有紧密的关联，也跟当地酒业的发展历程相结合，共同融汇成夏布利白酒难以仿造的地方风味。

从气候条件来看，夏布利的气候偏冷，葡萄不易成熟，特别是在比较湿冷的年份，常常会酿成不是特别容易亲近的酸瘦白酒。为了能在采收季前达到最低标准的成熟度，夏布利全区都种植早熟的霞多丽葡萄，但霞多丽早发芽的特性，也经常让夏布利的葡萄农要直接面对春季霜害的风险，必须投入许多时间和金钱来防止树芽被冻死。不过，气候的变化与升温却也让夏布利这种北方的葡萄酒产区面临的霜害压力相对和缓，在 21 世纪的前十年中，仅有 2003 年出现过。

即使如此，夏布利的环境还是较难让霞多丽自然成熟，必须将其种植于排水较佳、较温暖的向阳山坡才能达到应有的成熟度。而温度低也意味着，酸味以较慢的速度缓减，糖分增加慢，所以夏布利白酒的酸味大多比勃艮第南部温暖的产区高，酒精度也低一些。在秋天温

▶ 左上：夏布利镇是一个带有酒村气氛的迷人小镇

中：含有许多小牡蛎化石的 Kimméridgien 石灰岩

左下：酸瘦的酒体与海味矿石酒香让夏布利成为全世界最独特的霞多丽白酒

右上：早期的夏布利白酒大多装进较小型的 Feuillette 橡木桶运往巴黎销售

右下：每年在采收季后举行的初生新年份装瓶受洗仪式

度开始下降时，如果突然出现特别低的温度，葡萄树常会中止或减缓成熟，准备冬眠，而霞多丽常要靠生长季后水分的蒸发提高甜度，所以夏布利的霞多丽白酒保有更高的酸度。

中世纪晚期，夏布利就以出产适合佐配生蚝的白酒闻名，诗人厄斯塔什德·尚（Eustache Deschamps, 1346—1406）曾写过，愿用财富与头衔换得以生蚝和夏布利买醉的诗句。夏布利与生蚝的关联，其实也体现在葡萄园的土壤中。勃艮第金丘区的葡萄园地下常有断层经过，地质年代非常多变，相对地，夏布利和邻近区域的岩层同构性非常高，山坡上的土壤几乎全部来自距今一亿多年前侏罗纪晚期的 Kimmèridgien 年代所堆积成的岩层，没有太多变化。当时勃艮第与巴黎盆地都陷落海中，夏布利附近地区有丰富的海中生物，除了鹦鹉螺和海胆，还有非常多被称为 Ostrea virgula 的小牡蛎，它们堆积成一种岩质较软、富含白垩、颇易碎裂，且含水性佳的白灰色泥灰岩，岩层中常常间杂着非常多的小牡蛎化石。

由于种植在这样的土壤上，霞多丽酿成的白酒常会散发出非常明显的矿石香气，而且是带着海潮气息的矿石味。夏布利酒特别适合佐配生蚝也可能与这些土壤中的牡蛎化石有关。而 Kimmèridgien 岩层的土壤被认为是夏布利风味的主要根源，也是夏布利与全球其他霞多丽产区最大的不同。在制定夏布利产区范围时，也常以此作为划定范围的标准。

接续在 Kimmèridgien 之后的是 Portlandien 年代堆积的岩层，年代较晚，通常位于山坡的坡顶处。Portlandien 时期的生物较少，属于坚硬的白色石灰岩。种植于这种岩层上的霞多丽通常比较酸瘦一些，以绿柠檬和青苹果的香气

▲ 流经夏布利镇上的西连溪将夏布利的葡萄园分成左右两岸

为主，不太有矿石香气。夏布利也有一些葡萄园岩层以 Portlandien 岩石为主，但这些大多属于小夏布利（Petit Chablis）法定产区，而不是夏布利法定产区。（夏布利更详细的自然环境分析，请见第一部分第一章）

● 夏布利酒庄

夏布利产区从 20 世纪 70 年代不到 800 公顷的葡萄园，发展成了今日 4,000 多公顷的规模。不像金丘区因为继承的关系而面积分割得非常小，夏布利较晚才开始种植，酒庄的葡萄园较具规模，平均面积达 10 公顷，是金丘区的两倍，像 Maligny 村的 Jean Durup et Fils 酒庄有超过 200 公顷的葡萄园，连金丘区的大型酒商如 Faiveley 和 Bouchard 等都无法超越。许

夏布利共有超过 4,000 公顷的葡萄园，分属于 20 个村庄，图为 Les Lys 一级园与 Milly 村

多葡萄农原本是种植谷物的农民，父子相承的酿造传统也不如金丘区常见。这样的背景让夏布利葡萄农的个性与金丘区的小酒庄传统有些差异，很多的葡萄农不自己酿酒，全部交由酿酒合作社负责，因此造就了法国质量最佳的合作社 La Chablisienne。

比起金丘区白酒手工艺式的酿造，夏布利白酒的酿造比较简单，许多酒庄的酒窖外表看起来常像是工业区的厂房，也较常见新式的不锈钢控温酒槽。夏布利既有许多纯粹的酒庄，也有非常多的酒庄自行采买葡萄来酿造，并较常使用大规模酿造的技术，如使用人工选育的酵母或进行过滤。有的酒庄会使用橡木桶发酵或培养，但更多的酒庄完全不用，或仅使用一小部分。新桶的比例较低，培养的时间也比较

短。夏布利的传统木桶称为 Feuillette，容量是 132 升，比金丘 114 升的 Feuillette 大，但较金丘区最常用的容量为 228 升的 Pièce 小。虽然现在夏布利已经没有太多酒庄使用 Feuillette 培养，但当地成酒买卖还是以 Feuillette 计价，和以 Pièce 计价的金丘区需要换算之后才能相通。

夏布利的葡萄园耕作也较为机械化，为了方便大型的耕耘机通过，夏布利的种植密度只及金丘区的一半，每公顷约为 5,500 株，而且，也有比例相当高的葡萄园用机器采收，其中包括许多特级园。夏布利对于每公顷产量的规定也比较宽松，同等级的葡萄园可以比金丘生产更多的葡萄酒，成熟度要求也较低。金丘区和夏布利并没有好坏的差别，虽都在勃艮第，两个产区却有相当不同的酒区风情，这些都成为

▲ 左上：传统的夏布利橡木桶是 132 升装的 Feuillette

左下：大部分的夏布利白酒在不锈钢桶中酿造，较少采用木桶发酵与培养

右：夏布利酒庄的葡萄园面积较大，耕作上较仰赖机器

葡萄酒风格的一部分。最有趣的是，虽然夏布利的生产方式比较粗放，但是，整体而言却又比金丘区的白酒有更强烈的地方风味。

● 二十个村庄与左右岸

夏布利的葡萄园超过 4,000 公顷，是勃艮第最大的村庄级法定产区，产区的范围也扩及邻近的 19 个村庄。夏布利镇位于西连溪（Serein）的左岸，海拔高度 130 米，而周围是海拔仅 200 多米的和缓丘陵地，由西连溪从东南往西北侵蚀成一条较宽的谷地，几条小支流与背斜谷在左右岸也切出多条小谷地。这些谷地旁的向阳坡地便是夏布利葡萄园的所在处。

右岸的葡萄园多朝西南方，左岸则朝东南居多。

朝东南的葡萄园提早接收晨间的光照，避过午后较强烈的阳光，酿成的夏布利酒通常比较轻巧，有极佳的酸味。朝西南的葡萄园有较多午后的阳光，成熟度较佳，比较有重量感，有较多的熟果香气。这两种葡萄园风格在夏布利可以约略归纳为左岸风格与右岸风格，右岸名园的酒风较厚实，左岸的则较灵巧。

包括所有的特级园和几个最知名的一级园在内，夏布利主要的葡萄园几乎都位于夏布利镇和紧邻的三个村庄，如左岸的 Milly、Poinchy，以及右岸的 Fyé。除了名园较多，这里也有一些老树葡萄园。这个核心区域内

▲ Union des Grands Crus de Chablis 是由 15 家拥有夏布利特级园的酒庄所组成的推广协会

也汇集了最多的酒庄和酒商，以及知名的 La Chablisienne 合作社。

北边 La Chapelle-Vaupelteigne 和 Maligny 的葡萄园较佳，有包括 Fourchaume 在内的一级园。北边的 Lignorelles 跟 Villy 等村则有较多晚近增设的葡萄园。西边的 Beine 村也多为 20 世纪 70 年代后才新增的葡萄园，而且有相当多新列级的一级园，如 Vau de Vey。西南边的 Chichée 和 Fleys 是较不知名的精华区，也有 Vaucoupin 和 Les Fourneaux 等一级园。南边的 Courgis 和 Préhy 两村海拔稍高一些，出产风格较轻巧的夏布利。

● 夏布利的分级

夏布利产区内的葡萄园共分为四个等级，跟金丘区的分法有些不一样。夏布利最常见的葡萄园虽然面积几乎和整个夜丘区近似，但仍属村庄级法定产区，其中有八十九片葡萄园列级一级园，在标签上会标示 Chablis Première Cru。等级最高的也是特级园，不过，夏布利虽有七片特级园，但并不像金丘区的各自独立，而是共同组成一个称为 Chablis Grand Cru 的法定产区。夏布利分级中最特别的是小夏布利（Petit Chablis）法定产区，虽然名称中有小字，但还是属于村庄级的法定产区，大多位于坡顶，是以 Portlandien 岩层为主的葡萄园。小夏布利所表现的，便是 Portlandien 岩层及坡顶葡萄园较冷且少日照的风格，虽然较为清淡，但也更多酸，亦具耐久的潜力。不过，在夏布利常被视为多新鲜果香、比较简单、适于早喝的日常酒种。

● 特级园

夏布利镇东北面过西连溪到右岸，邻近 Fyé 和 Poinchy 两村的交界处，是特级园的所在。这片离河岸不远的山坡，是典型的夏布利风景。山顶是树林，底下是肥沃的耕地，山坡上是布满白灰色 Kimmèridgian 泥灰岩与风化土壤的葡萄园。两个一大一小的背斜谷切过，让这片朝东南的山坡相当多样，甚至带点戏剧性的地形变化。由东往西共有七片，总面积 102.92 公顷。

布隆修（Blanchot，12.7 公顷）

位于最东边往 Fyé 村的峡谷边缘，地势狭迫陡峭，是唯一朝向东南方的夏布利特级园。

▲ 夏布利的七片特级园彼此相连，位于村子东北边的一片朝西南边的山坡上

▲ 因为有两个背斜谷切过特级园山坡，各特级园的地形与地势有相当多的差异与变化

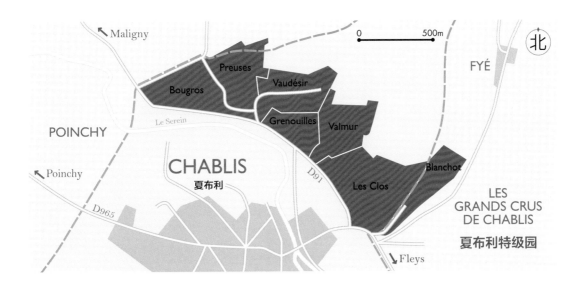

这里可接收较多晨间的光照，但较少有午后阳光，因谷地效应，受到较多寒凉北风的影响，酒的风格较为细致优雅，常混合白花与矿石香气，酒体较轻巧，很少浓厚粗犷，酸味也许较漂亮干净，但不那么坚强有力。Laroche 的面积最大，独拥 4.5 公顷，Vocoret et Fils（1.77 公顷）和 Long-Depaquit（1.65 公顷）次之。

克罗（Les Clos，26 公顷）

面积最大，也最知名，是许多酒评家与本地酿酒师心中最佳的夏布利特级园。除了边缘两侧外，克罗方正完整，正面几乎完全朝向西南边，有极佳的向阳效果，让霞多丽葡萄有很好的成熟度。由坡底到山顶共爬升 80 米，各区段的自然条件差异颇大，坡顶多石少土，虽有许多 Kimmèrigien 岩石，但也混有一些自山顶冲刷下来的 Portlandien 硬石块，相当贫瘠，但排水性佳，酒风较硬挺。坡底虽然也有非常多的石块，但土壤较多，较肥沃，质地黏密一些，有较多黏土质，酒风偏饱满。

克罗分别由二十多家酒庄拥有，William Fèvre 独占 4.11 公顷，主要位于高坡处。仅

次其后的是 Louis 和 Christian Moreau，两家各拥有 3.6 公顷，主要在下坡处，这两家酒庄还对分园内一片占地 0.8 公顷的独占园 Clos des Hospices，这个葡萄园曾为夏布利济贫医院的产业，名称经过法国法定产区管理局认可，可直接标示在标签上。同样位处坡顶的还有 Vincent Dauvissat，而 Raveneau、Vocoret et Fils、Louis Michel et Fils 和 Long-Depaquit 则位于中坡处，Domaine des Malandes 较偏坡底。不过，也有许多酒庄在山坡的上下都有葡萄园，如 Pinson、Drouhin-Vaudon、Benoît Droin 等。

即使有上下坡段的差别，克罗的酒风还是非常明显，是最具主宰性的夏布利白酒，有厚实且具重量感的酒体、钢铁般的强硬酸味及近似火药般的矿石气，通常不太适合早喝，需要一点时间熟成。因为个性强烈，许多酒庄会特别使用橡木桶来酿造，于是，受一点木桶的影响，有木香与圆润的质地也变成酒的特色。克罗的酒成为比较近似博讷丘风格的夏布利酒，但其酸味与矿石气，却是博讷丘白酒所不可及的。

瓦密尔（Valmur，13.2 公顷）

紧邻克罗的瓦密尔位置较高，虽同是面向西南边的山坡，但有一个小型背斜谷从中穿过，在山坡上侵蚀成一个有南北两坡的小谷。北边一面略朝东南，如 Christian Moreau、Droin、Raveneau、Moreau-Naudet、Vocoret et Fils 和一部分的 William Fèvre，而南边则略朝西北，如面积最大的 Guy Robin（2.6 公顷）和面积次之的 Jean-Claude Bessin（2.08 公顷）。

南北两坡的风格亦有所不同，略朝北最上坡处的 Jean-Claude Bessin 有非常锋利冷冽的酸味，年轻时严谨内敛，需要很漫长的瓶中培养才能熟成适饮。朝南边的瓦密尔产出的酒体虽然较圆厚一些，但仍然是强硬型的夏布利风格，需要时间熟化才能有比较多的柔情。在较炎热的年份亦能有坚挺的酸味支撑。

格内尔（Grenouilles，9.3 公顷）

位于瓦密尔下坡处，坡度比较和缓，山势由西南转向正面朝南，邻近西连溪畔，因常有蛙鸣声而称为格内尔（"青蛙园"的意思）。格内尔在七片特级园中面积最小，较为少见，大部分为属于 La Chablisienne 的 Château 格内尔（7.5 公顷）所独占，虽然不是真的有城堡，但 Château Grenouilles 也是法定产区管理局所认可的名称，可直接标示。Droin（0.5 公顷）和 Louis Michel et Fils（0.5 公顷）在稍陡一点的高坡处也有葡萄园。格内尔的风格较为柔和，丰富多香，但不是特别强硬，矿石味也少一些，年轻时较瓦密尔和克罗更可口易饮。

渥玳日尔（Vaudésir，14.7 公顷）

在夏布利，有非常多葡萄园的名称以 vau 开头，如一级园中的 Vaulorent、Vau de Vey 和 Vaucoupin 等，都是位于谷地边的葡萄园，夹在格内尔和普尔日两个特级园之间的 Vaudésir 便是其中最典型的例子。一条背斜谷自山顶的小夏布利葡萄园往南向下切穿特级园山坡，受格内尔的阻挡，谷地转而朝西横切，最后遇普尔日和布尔果阻挡再转往东南。渥玳日尔的葡萄园就位于这个谷地朝西横切的谷地两侧。

此区大部分的葡萄园都位于谷地北边完全向南的陡坡上，

▲ 上：占满整片山坡，正面朝向西南边的克罗级园

　　下：克罗园接近上坡的部分有比例非常高 Kimméridgien 石灰岩块

▶ 左上：夏布利唯一朝东的特级园布隆修，其酒特别轻巧的酒体

　　右上：位处山坡高处背斜谷内的瓦密尔特级园

　　下：丰厚酒体、钢铁般坚硬的酸味与浓郁的矿香气，让克罗成为夏布利最具主宰性的特级园

如 Long-Depaquit（2.6 公顷）和 William Fèvre（1.2 公顷），光
照效果甚至优于克罗，加上谷地效应，夏季常聚积暖空气，这
里常是所有特级园中成熟度最佳的区域。 不过，也因为谷地效
应，早春的低温冷空气也常聚集在谷内，让较低坡处的葡萄园
易受霜害危害。 在谷地南边与格内尔相连的地方也有一部分的
葡萄园是朝西与西北方向的，如 Louis Michel et Fils、Domaine
des Malandes 和一部分的 Droin，酒会有不同的风格。

不同于瓦密尔和克罗带有一些野性与粗犷风，渥玳日尔的
酒风比较饱满丰盛，也较文明，具有无侵略性的均衡酸味，在
矿石气中也多带一些熟果香，或许对于畏惧酸味的人来说是最
佳的夏布利特级园酒。

在向南山坡的最西侧与普尔日交接处，有一片称为 La
Moutonne（2.35 公顷）的葡萄园，主要在渥玳日尔这边，但
也有一小部分在普尔日。 法国大革命之前，它一直为 Pontigny
修道院所有，酒风特别饱满圆熟，也特别厚实。 现为 Long-
Depaquit 酒庄的独占园，和同一酒庄拥有的渥玳日尔连成近 5
公顷的特级园区域。 La Moutonne 虽然没有成为独立的特级园，
但是有极佳的地理位置，再加上是历史名园，因此也是法国法
定产区管理局所认可的名称，可直接标示在标签上。

普尔日（Preuses，11.4 公顷）

过了渥玳日尔之后，特级园山坡转为面向西边，而且坡
度变得比较和缓，比较像是一片倾斜的台地，普尔日（或称为
Les Preuses）就位于这片台地的上坡处。 酒风不像渥玳日尔那
么丰盛，反而是更经典的多酸与多矿石味，但不及克罗和瓦密
尔的强势，比较含蓄优雅一些，但又不像布尔果那么轻盈。La
Chablisienne 在最高坡处独拥 4 公顷，William Fèvre 次之，有
2.55 公顷。Vincent Dauvissat 也有 1 公顷，但位于 La Moutonne
边上、渥玳日尔谷地尽头开始转向东南边的山坡上，酒风强劲
且均衡。

布尔果（Bourgos，12.6 公顷）

位处最西边，在普尔日的下坡处，坡度最和缓，土壤也
最深厚，但在近坡底的地方却又急转为陡坡，称为 Côte de

▲ 上：邻近河岸，有如一隆起的小圆丘的青蛙园

下：呈"S"形的渥玳日尔背斜谷不只光照佳，
且常有热气凝聚，非常温暖

▶ 上左：坡度和缓的青蛙园底端为 La Chablisienne
的 Château Grenouilles

上右：La Moutonne 园是夏布利特级园中最炎热
多阳的地带

下：渥玳日尔园的南边略朝北，常能保有多一点
的酸味

Bouguerots，是此区的精华区。布尔果的酒风一般较为平顺柔和，常排在七个特级园之末，但 Côte de Bouguerots 区的酒风却转而坚挺酸紧，很有张力，有清澈如矿泉般的明晰风味。William Fèvre（6.2 公顷）独拥近半的葡萄园，其中有 2 公顷的 Côte de Bouguerots 分开酿造装瓶，和其他 4 公顷的布尔果有着完全相反的酒风。

● 一级园

夏布利有 89 片面积共 776 公顷的葡萄园列为一级园，无论面积和数量都属全勃艮第之最。在 20 世纪 60 年代建立一级园分级时只有 24 片，之后多次扩增而形成今日的规模，但数目实在太多，按夏布利的生产法规，邻近的数片一级园组成一个群组，每个群组的葡萄酒都可以用区内最知名的一级园命名。数据庞杂，需要多达五页的表格才能详列各一级园之间的命名关系。

以 La Chapelle Vaupelteigne 村内的 Fourchaume 为例，因与周边横跨 4 个村庄的 15 片总面积超过 132 公顷的一级园组成一组，组内的一级园全都可以在酒标上标示 Fourchaume。事实上，这 15 片葡萄园又分成 L'Homme Mort、Vaupulent、Côte de Fontenay 和 Vaulorent 四个小组。其中，L'Homme Mort 小组内，除了 L'Homme Mort 之外，还包括 La Grande Côte、Bois Seguin 和 L'Ardillier，除了可叫自己的名字外，也可叫 L'Homme Mort 或者 Fourchaume。在 Vaulorent 的群组内则有 Les Quatre Chemins、La Ferme Couverte 和 Les Couvertes 三片一级园，也可以称为 Vaulorent 或 Fourchaume。这个复杂的系统让大部分夏布利的一级园名称从来不曾出现在酒标上。

▶ 一级园 Fourchaume 的北段称为 L'Homme Mort（死人园），可能因有古刑场而得名

▼ 右上、右下：邻近河岸，地势特别陡峭的 Côte de Bougurots

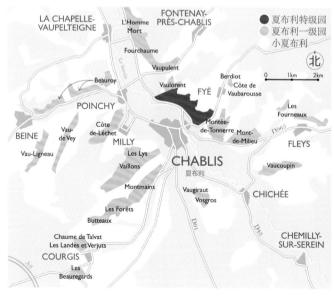

一级园本园名	主要一级园，邻近小园亦可使用其名	可称 Fourchaume 的一级园	主要村庄
Fourchaume	Fourchaume	Fourchaume	La Chapelle Vaupelteigne
	L'Homme Mort	L'Homme Mort	Maligny
		La Grande Côte	Maligny
		Bois Seguin	Maligny
		L'Ardillier	Maligny
	Vaupulent	Vaupulent	Poinchy
		Les Vaupulans	Poinchy
		Vaupulent	La Chapelle Vaupelteigne
		Fourchaume	Fontenay
	Côte de Fontenay	Côte de Fontenay	Fontenay
		Dine-Chien	Fontenay
	Vaulorent	Vaulorent	Poinchy
		Les Quatre Chemins	Poinchy
		La Ferme Couverte	Poinchy
		Les Couvertes	Fontenay

右岸主要一级园

Montée de Tonnerre

和特级园仅隔着一个谷地，同样朝西南方向，在风格上最接近克罗的一级园。该园酒体浓厚，酸味坚实，充满矿石气，也颇耐久，是夏布利最知名的一级园。除了山坡中段的本园，还收纳了 Pied d'Aloup、Les Chapelots 和 Côte de Bréchain 三片一级园。

Mont de Milieu

位于 Montée de Tonnerre 的西边，仅隔一个小谷地，但 Mont de Milieu 的山坡转而全面向南，有更多的日照，葡萄也更易成熟。酿成的夏布利有更多的熟果香气，也有较多圆滑的质地。

Fourchaume

夏布利北区最重要的一级园，除了本园外，还收纳了其他 12 片葡萄园。Fourchaume 本园为朝西的和缓山坡，土壤较深厚，酒风较为圆润，也多熟果香气，较适合早饮。位于更北边的 L'Homme Mort 虽然地势更平缓，但有较多的酸味与矿石气，也有酒庄以此名销售。南边的 Vaulorent 比 Fourchaume 更为均衡精巧一些，因与特级园普尔日相邻，所以特别受重视，也常以本名上市。

▶ 左上：属于 Fourchaume 的 Vaulorent 一级园直接位于特级园普尔日的北侧

右上：Mont de Milieu 因曾位于法国与勃艮第的交界而得名

中左、中右：Montée de Tonnerre 本园常有接近特级园布尔果的酒风

左下：由园区左岸望向右岸的 Fourchaume 园，是一个由多片朝西山坡组成的绵长一级园山坡

右下：Fourchaume 本园与南侧的 Vaupulent

Vaucoupin

右岸南区的一级园，位于一个海拔稍高、较斜陡一点的东西向谷地内，为一片全面朝南的葡萄园。酒风较为清丽优雅，是右岸少数较优雅且多矿石味的一级园之一。

Les Fourneaux

在夏布利东边的 Fleys 村有五片一级园，分列在两片朝向东南与西南的山坡上，全都归于 Les Fourneaux 的名下，本园朝东南，虽和 Mont de Milieu 位于同一山坡，但稍冷一些，多黏土，有较强的酸味，也均衡内敛一些。

左岸主要一级园

在夏布利的西边有三个平行相邻的谷地，这些东西向的谷地内都有朝向东南边的向阳坡，是左岸的精华区，由北往南分别是 Côte de Léchet、Vaillons 和 Montmains 三片一级园，是夏布利左岸风格的代表。

Côte de Léchet

位于 Milly 村的上方，曾是 Pontigny 修道院的产业，山势非常陡，坡度达 38%，多石少土，相当贫瘠，但这样的环境却酿成较厚实且矿石味更重的风味，常比 Vaillons 成熟得快，也外放一些，但灵动的强烈酸味仍保有左岸的精致。

Vaillons

紧邻夏布利镇的西南边，坡上集聚了 13 片共 100 多公顷的一级园，其中最知名是 Vaillons，位于中高坡处，酸味强劲漂亮，细致均衡，常带有海味、矿石味。其他包括 Les Lys、Les Beugnons、Chatains 和 Sécher 等在内的 12 片一级园，也都可以称为 Vaillons，除了

▲ 朝东南的 Côte de Léchet，对面山顶为略偏北的独特一级园 Les Lys

▶ 上：Vaillons 是左岸最知名的一级园，酒风相当优雅均衡
下左：耸立于 Milly 村之上的 Côte de Léchet 一级园
下右：Montmains 本园

Raveneau 全用本园葡萄酿制外，市售的类型大都是混合不同的一级园而成。Les Lys 是其中最常独立装瓶的葡萄园，位居山坡顶端，而且面朝东北方，酒风与其他 Vaillons 不同，是更典型的夏布利左岸风格，有较酸紧的口感，清丽高雅。与 Vaillons 本园同位于中高坡的 Sécher（Séchet）和 Les Beugnons 也都是精华区，是少数会出现在标签上的名字。

Montmains

位处邻近 Vaillons 南边的向阳山坡，由 Montmains、Les Forêts 和 Butteaux 等六片一级园组成，最东边近夏布利镇为 Montmains 本园，附近的一级园都可以其为名。此区的坡度比较低缓，海拔稍低，有些区段除了泥灰岩外，还含有较多黏土质，酒的风格稍沉稳，没有 Vaillons 那么流畅轻快，但更有力，也更多变与耐久。往西接连的 Les Forêts 有较多的石灰与泥灰质，风格较为内敛含蓄。更往东为

Butteaux，海拔更高，黏土质更多，葡萄相当晚熟，风格紧实，较具野性。混合三区的酒常能调配成非常均衡多变化的 Montmains。

Vosgros

在夏布利的正南边，Chichée 村内有一个独立的小丘陵区，在面西的西北角有三片一级园，都可称为 Vosgros，风格比较柔和可口，较多果味，矿石气少一些。

Beauroy

在夏布利北边的 Poinchy 村附近有被一条西连溪的支流横切成的较大的谷地，往西一直上溯到 Beine 村，形成一个连绵 3 公里的颇陡峭的朝南山坡，有九片相对较晚升级的一级园位于此，其中最知名的是最西边的 Beauroy，这一区的一级园也大多借用此名。Beauroy 成熟较快，酸味低一些，口感较柔软易饮。

Vau de Vey 和 Vau Ligneau

在 Poinchy 到 Beine 村之间的谷地南侧有两条平行斜向西南方的谷地，在 20 世纪 70 年代才开始种植葡萄，是比较晚才升级的一级园。该园谷地比较狭窄，坡度相当陡，葡萄园虽朝东南，但因前山阻挡，阳光较少，酿成的夏布利酸瘦有劲，酒体虽不太厚实，但多青柠与矿石味，非常有精神。两条谷地上有八片一级园，但主要称为 Vau de Vey 跟 Vau Ligneau。

Beauregards

在夏布利区内最南边的 Courgis 和 Préhy 两村附近，近期增加了八片一级园。此处的海拔较高，都超过 200 米，一级园主要位于朝南或朝东南的陡坡上，酒风较为清淡。以 Beauregards 较为有名气，也收列了其他五片一级园。

▲ 位于夏布利南端的一级园 Beauregards，位处有如圆形剧场的谷地内

▼ Vau de Vey 的谷地深处，葡萄园的坡度稍微和缓，但仍常酿成酸瘦风格的夏布利

酒庄与酒商

Jean-Claude Bessin（酒庄）

公顷：12 主要特级园：瓦密尔（2.08 公顷）

主要一级园：Fourchaume, Les Forêts, Montmains

风格严谨，带有强烈海味、矿石气的小型酒庄。Jean-Claude 自 1992 年接手岳父 Tremblay 家族的葡萄园后，只用原生酵母，有一小部分在橡木桶发酵，一级园以上都经过一年半以上的熟成才装瓶。以老树酿成的 Fourchaume、La Pièce au Comte 特别圆熟饱满，瓦密尔则相当坚实，要十几年熟成才能适饮。

Billaud-Simon（酒庄兼营酒商）

公顷：20 主要特级园：布隆修（0.18 公顷），克罗（0.44 公顷），渥玳日尔（0.71 公顷），普尔日（0.41 公顷） 主要一级园：Mont de Milieu, Montée de Tonnerre, Vaillons

这家位于西连溪畔的百年酒庄，是夏布利镇上拥有众多名园的精英名厂，酒风纯净且经典。2015 年被酒商 Faiveley 并购，但仍维持原本独立酒庄的经营模式。

Samuel Billaud（酒商）

离开 Billaud-Simon 后，自 2009 年开始采买葡萄酿造，专精于右岸的名园，如 Monté de Tonnerre 和克罗等。

Pascal Bouchard（酒庄兼营酒商）

公顷：33 主要特级园：布隆修（0.22 公顷），克罗（0.67 公顷），渥玳日尔（0.56 公顷） 主要一级园：Mont de Milieu, Fourchaume, Montmains, Beauroy

20 世纪 70 年代末，Pascal 继承岳父 Tremblay 家族的葡萄园，自有相当多名园，后成立酒商，扩充规模。儿子 Romain 加入后，采用较多的橡木桶进行培养，但酒庄的自有葡萄园仍具有典型的夏布利地方风味。

Jean-Marc Brocard（酒庄兼营酒商）

公顷：180 主要一级园：Beauregards, Côte de Jouan, Montmains, Vaucoupin

1973 年从 1 公顷的葡萄园开始，现在已经拥有 180 公顷的葡萄园，是夏布利第二大酒庄，自己种植的加上采买的葡萄，年产葡萄酒近 200 万瓶，酒厂位于最南边的 Préhy 村。第二代的 Julien 接手种植之后，大部分的自有葡萄园陆续采用有机与自然动力法。Brocard 的风格较为简单自然，反而更能体现夏布利的特色。只用原生酵母，大多以不锈钢桶酿制，仅特级园采用大型木槽。Brocard 也生产 St. Bris 和 Irancy 的酒款，以及三款以 Jurassic、Portlandien 和 Kimméridgien 葡萄园岩层命名的 Bourgogne 白酒。

La Chablisienne（合作社）

公顷：1,200 主要特级园：布隆修（1 公顷），克罗（0.5 公顷），瓦密尔（0.25 公顷），格内尔（7.5 公顷），渥玳日尔（0.5 公顷），普尔日（4 公顷），布尔果（0.25 公顷） 主要一级园：大部分的一级园

夏布利唯一的合作社，也是最大的酒厂，占全区四分之一的产量，独拥 7.5 公顷格内尔特级园，是法国最受推崇的酿酒合作社之一。详细介绍请见第二部分第二章。

Philippe Charlopin（酒庄）

公顷：5 主要一级园：Fourchaume, Beauroy

2007 年金丘区哲维瑞村名庄在夏布利成立的酒庄，采用金丘区的种植与酿造概念，超低产量，全在木桶中发酵，酿成极为浓缩的奇诡夏布利白酒风格。

Vincent Dauvissat（酒庄）

公顷：12 主要特级园：克罗（1.7 公顷），普尔日（1 公顷） 主要一级园：Les Forêts, Séchet, Vaillons

声誉仅次于 Raveneau 的精英名厂，酿酒风格也相当接近，以整串葡萄压榨，在旧的橡木桶中发酵与培养，但不搅桶，也局部采用传统的 132 升小型 Feuillette 木桶。他认为较多石头的葡萄园，适合采用这种小桶培养，如酒庄位于克罗山顶，质量极佳的小夏布利。近年来葡萄园亦逐步采用自然动力法种植。克罗（Les Clos）是最知名酒款，葡萄园分成四片，主要位于高坡处较多石，也较陡斜的区域，葡萄除成熟度佳、丰厚之外，常带有清冽矿石气，结构却有极为酸紧坚硬的独特风格。普尔日位于 La Moutonne 南侧，酒风较为圆润平易。一级园以 Les Forêts 最为特别，因多黏土质，晚熟一些，有更多野性和力量。

Daniel-Etienne Defaix（酒庄）

公顷：26　主要特级园：布隆修（0.25 公顷），格内尔　主要一级园：Les Lys, Vaillons, Côte de Léchet

Defaix 是 Milly 村的世家，也开设餐厅与饭店，主要的葡萄园都在左岸最佳区段朝东的山坡上，有相当多老树。酿法相当传统，无木桶，但培养时间较长，因认为夏布利须久存才适饮，所以通常经四年到十年才会上市，大多混合着蜂蜜、矿石及烤面包味等，有非常迷人的成熟酒风。

Jean-Paul & Benoît Droin（酒庄）

公顷：25　主要特级园：布隆修（0.16 公顷），克罗（1.2 公顷），瓦密尔（1 公顷），格内尔

（0.5 公顷），渥玳日尔（1 公顷）　主要一级园：Montée de Tonnerre, Mont de Milieu, Fourchaume, Vaucoupin, Vosgros, Vaillons, Montmains, Côte de Léchet

自 1620 年至今延续了五个世纪的葡萄农家族，拥有相当多的名园，五片特级园中还包括稀有的格内尔，位于朝正南边的高坡处常是此园的最佳典范。第十四代的 Benoît 自 1999 年接手以来，较其父亲时期少用木桶，酒的风格变得更加清新，能更精确地表现各葡萄园的特色。新建的酿酒窖位居克罗坡底，有相当先进的设备和不锈钢酒槽，目前仅有 20% 在木桶发酵培养，留在夏布利城内的传统地下酒窖进行。Benoît 聪明豪迈的作风，似乎特别适合夏布利，虽大多以机器采收和去梗榨汁，但每一款酒都能明确地表现葡萄园的特色。Droin 的克罗偏处坡底，风格较为优雅柔和，瓦密尔则粗犷强烈。各一级园中以 Vaillons 最为优雅精巧，Montée de Tonnerre 则相当浓厚结实，是最佳的两片一级园。

Drouhin-Vaudon（酒庄兼营酒商）

公顷：39　主要特级园：克罗（1.3 公顷），渥玳日尔（1.5 公顷），普尔日（0.5 公顷），Bourgos（0.4 公顷）　主要一级园：Montmains, Séchet, Vaillons

博讷著名酒商，庄主 Joseph Drouhin 从 20 世纪 60 年代就开始在夏布利经营葡萄园，而且也是区内最早实行有机种植与自然动力法的酒庄。

▲ Jean-Claude Bessin　▲ Vincent Dauvissat　▲ Daniel-Etienne Defaix　▲ Benoît Droin　▲ Jean Paul Durup

虽然拥有的葡萄园颇具规模且多特级园，但所有的酒都在博讷的母厂酿造。Joseph Drouhin 的酒风以优雅均衡著称，在夏布利亦延续此风。只有特级园采用木桶发酵，而且全无新桶，其他等级皆采用不锈钢桶发酵培养。

Jean Durup et Fils（酒庄兼营酒商）

公顷：203　主要一级园：Fourchaume, L'Homme Mort, Montée de Tonnerre, Montmains, Vau de Vey

是夏布利，也是全勃艮第拥有最多葡萄园的酒庄，位于北部的 Maligny 村，主要的葡萄园都在产区北边的 Lignorelles 和 Maligny，但也有 25 公顷的一级园，Vau de Vey 就占了 15 公顷。Durup 向来不采用橡木桶酿造培养，酒风较为自然一些，最值得注意的是三款 Chablis 的特殊 Cuvée：La Marche du Roi、Le Carré de César 和 Vigne de la Reine，以及混合一级园调成的 Reine Mathide。与 Jean-Marc Brocard 一样，因葡萄园相当大，常分成不同的酒庄销售，如 Château de Maligny 和 Domaine de L'Eglantiére。

William Fèvre（酒庄兼营酒商）

公顷：48　主要特级园：克罗（4.11 公顷），瓦密尔（1.15 公顷），渥玳日尔（1.2 公顷），普尔日（2.55 公顷），布尔果（6.2 公顷）　主要一级园：Beauroy, Lys, Vaillons, Montmains, Montée de Tonnerre, Fourchaume, Vaulorent

拥有 15% 特级园的超级酒庄，1998 年成为 Henriot 香槟的产业，是 Bouchards Père et Fils 的姐妹厂。由酿酒师 Dedier Séguier 改造成全新风格的精英名厂。采收稍微早一些，且全部手工采摘，经筛选，整串榨，完全舍弃新桶，钢槽与老木桶并用，木桶培养亦不超过六个月，全不搅桶。虽是外来的团队，但成功地以非常干净纯粹的风格表现夏布利名园的精彩特性，带有透明感的酒风甚至成为一股新的潮流。包括强硬中带着轻盈的克罗，优雅精巧的普尔日，酸紧高挺的瓦密尔和 Côte de Bouguerots，以及左岸的 Les Lys 都以 William Fèvre 的方式精确地酿出葡萄园特色。

Corinne et Jean-Pierre Grossot（酒庄）

公顷：18　主要一级园：Fourchaume, Les Fourneaux, Mont de Milieu, Côte de Troësmes, Vaucoupin

Fleys 村的最佳酒庄，虽无特级园，但有相当出色的一级园。只用小比例的木桶培养，是 Vaucoupin 和 Les Fourneaux 的重要范本，La Part des Anges 是浓烈矿石版的村庄级酒，有 Montée de Tonnerre 的架势。

Laroche（酒庄兼营酒商）

公顷：101　主要特级园：布隆修（4.5 公顷），克罗（1.12 公顷），布尔果（0.31 公顷）　主要一级园：Vaillons, Côte de Léchet, Montmains, Vau de Vey, Beauroy, Fourchaume

▲ Dedier Séguier

▲ Michel Laroche

▲ Fabien Moreau

▲ Long-Depaquit

夏布利最大的酒商之一，也是第三大酒庄，在镇上也设有餐厅与饭店。2009 年，成为南法酒业集团 Jean-Jean 的一分子，不再是传统的夏布利家族酒庄。Laroche 的酒风较为简约利落，优雅的布隆修是招牌，每年挑选其中的 15% 混成 Réserve de l'Obédience，属于更多酸、更有结构，也更多木香的版本。Laroche 也是最早采用金属旋盖的夏布利酒厂，现由波尔多的 Stéphane Derenencourt 担任酿酒顾问。

Long-Depaquit（酒庄兼营酒商）

公顷：65　主要特级园：布隆修（1.65 公顷），克罗（1.54 公顷），渥玳日尔（2.6 公顷），La Moutonne（2.35 公顷），普尔日（0.25 公顷），布尔果（0.52 公顷）　主要一级园：Vaillons, Beugnon, Les Lys, Les Forêts, Montée de Tonnerre, Vaucoupin.

1791 年买入 Pontigny 修道院的葡萄园而创建，酒庄位于镇上的城堡内，1967 年成为博讷酒商 Albert Bichot 的产业，虽然一部分卖给 Joseph Drouhin，但仍拥有非常多的名园。一级园以上的葡萄全部采用人工采收，一部分在木桶发酵，也会搅桶，但比例日渐减少，如 La Moutonne 只用 25%，其余都用钢桶。除了矿石味外，还有较多的熟果与蜂蜜味，口感也较丰润一些。

Domaine des Malandes（酒庄）

公顷：26　主要特级园：克罗（0.53 公顷），渥玳日尔（0.9 公顷）　主要一级园：Côte de Léchet, Montmains, Fourchaume, Vau de Vey

女庄主 Lyne Marchive 是 Tremblay 家族的女儿，薄若莱的新锐酒庄庄主 Richard Rottiers 是她儿子。葡萄酒则由以前 Long-Depaquit 的酿酒师 Guénolé Breteaudeau 酿造。大多使用不锈钢桶再混合一部分旧橡木桶培养。酒风稍浓一些，但都有强劲的酸味支撑，耐久却可早喝。渥玳日尔园的区域稍朝北，酒非常均衡优雅；Fourchaume 在本园内，丰满圆熟；Côte de Léchet 和 Vau de Vey 有浓厚与强酸对比，可口也有个性。

Domaine Marronniers（酒庄）

公顷：20　主要一级园：Montmains, Côte de Jouan

位于 Préhy 村，20 世纪 70 年代成立的优秀酒庄。全部采用不锈钢槽发酵培养，酒风明晰干净，特别是非常活泼有力的 Montmains，其实由 Butteaux 的葡萄酿成。

Louis Michel et Fils（酒庄）

公顷：23　主要特级园：克罗（0.5 公顷），格内尔（0.54 公顷），渥玳日尔（1.17 公顷）　主要一级园：Montée de Tonnerre, Mont de Milieu, Fourchaume, Vaillons, Montmains, Les Forêts, Butteaux

▲ Domaine des Malandes 的女庄主与酿酒师

▲ Charléne Pinson

▲ Bernard Raveneau

夏布利不锈钢桶派的代表，1850 年创立，目前由 Jean-Loup 和外甥一起经营。大部分一级园以上的葡萄由人工采收，也开始用原生酵母，不过即使特级园也仍然不采用橡木桶发酵或培养。相对简单的酿造方式让 Louis Michel et Fils 的酒风干净透明，年轻时较为含蓄封闭，要多一点时间熟成。

Alice et Olivier de Moor（酒庄）

公顷：6.5

夏布利少见的自然酒酿造酒庄，位于最南边的 Courgis，除了夏布利酒也产南边的 Bourgogne Chitry 和 St. Bris 酒。庄主夫妻原都是在酒商工作的专业酿酒师，除了采用有机种植，也选择用最自然的方式酿酒，使用原生酵母，不加糖也不加二氧化硫，在旧桶中发酵培养。因不加糖，加上 Courgis 的海拔较高，所以要降低每公顷的产量且晚采收。不论夏布利还是 St. Bris，风味都颇圆润，有均衡酸味，香气则以苹果香气为主。

Christian Moreau（酒庄兼营酒商）

公顷：12　主要特级园：布隆修（0.1 公顷），克罗（3.2 公顷），Clos des Hospices（0.4 公顷），瓦密尔（1 公顷），渥玳日尔（0.5 公顷）　主要一级园：Vaillons

原本葡萄园租给隶属 Boisset 集团的酒商 J. Moreau，在 2002 年收回自酿，买下 William Fèvre 的部分酿酒窖成立独立酒庄，并采买一部分村庄级酒。目前由儿子 Fabien 负责，逐步采用有机种植，全部手工采收，经筛选整串压榨，村庄级酒采用钢槽发酵培养，一级园以上 30%～50% 采用旧桶。虽然创立较晚，但酿造严谨，酒风非常精确干净，和 William Fèvre 非常近似。Vaillons 和克罗是招牌，精致却非常有活力，专有的 Clos des Hospices 因位于坡底较多土的区域，风格较成熟，比一般的克罗来得可口，少一些矿石味。

Louis Moreau（酒庄）

公顷：50　主要特级园：布隆修（0.1 公顷），克罗（3.2 公顷），Clos des Hospices（0.4 公顷），瓦密尔（0.99 公顷），渥玳日尔（0.45 公顷）　主要一级园：Vaillons, Vaulignot

Christian Moreau 的侄儿所开设的酒庄，与许多葡萄园相邻。酒庄亦是 2002 年创立，设在 Beine，也有村内的 Vaulignot 一级园，村庄级葡萄园较多。不同于堂哥 Fabien 毕业于 Dijon 的酿酒师学校，Louis 在美国修习酿酒与种植。全部使用钢槽酿造，但有一部分在乳酸发酵完成后才放进木桶进行极短暂的培养。酒风属清新多酸风格。

Pinson（酒庄）

公顷：13　主要特级园：克罗（2.57 公顷）　主要一级园：Montée de Tonnerre, Mont de Milieu, Montmains, Vaillons

由 Laurent 和 Christoph 两兄弟共同经营，全部人工采收，有一部分在橡木桶发酵与培养。采用较多新桶发酵，也进行较多搅桶，培养的时间相当长，克罗的 Authentique 特别版甚至长达两年。Pinson 的酒风比较浓烈强劲，而且非常有力，受木桶的影响也较多。

Raveneau（酒庄）

公顷：9.29　主要特级园：布隆修（0.6 公顷），克罗（0.54 公顷），瓦密尔（0.75 公顷）　主要一级园：Montée de Tonnerre, Chapelot, Vaillons, Montmains, Forêts, Butteaux

夏布利最知名，也可能是最精英的独立酒庄。1948 年由 François Raveneau 建立，现由儿子 Bernard 和 Jean-Marie 一起经营。酿造的方式仍然相当传统，葡萄全部手工采收，一部分在橡木桶发酵，偶尔用一些新桶，也有一部分在酒槽进行，但培养熟成全在橡木桶内，不过没有新桶，也采用一些 132 升的 Feuillette。培养的时间通常长达 18 个月，2007 年新增的村庄级 Chablis 是 2003 年新种的，只培养 9 个月。Bernard 认为橡木桶也是夏布利的传统，在 19 世纪时区内有非常多的木桶厂，酿成的酒直接装进 Feuillette 桶运到巴黎，因为木桶不会再运回来，所以当时采用的大多是新桶。

Ravenaeu 的酒风较为强硬，属久存型的夏布利，但都贴切地表现了各葡萄园与年份的特性。Montée de Tonnerre 是 Raveneau 最常见的右岸酒款，葡萄园位于高坡处的 Pied d'Aloue 属刚硬坚固的大格局夏布利白酒，左岸的 Butteaux 多黏土质，葡萄较晚熟，亦属强硬型，但比 Montée de Tonnerre 精巧一些，不过隔邻的 Montmains 和 Les Forêts 却反而属柔和风格。三个特级园中布隆修特别精致优雅，克罗位于中坡处，则既厚实又坚挺有力，而且非常耐久，瓦尔密位于向阳面，也是类似风格。

Régnard（酒庄兼营酒商）

公顷：10　主要特级园：格内尔（0.5 公顷）

由 Pouilly-Fumée 的 de Ladoucette 家族所有的夏布利酒庄，同时也拥有酒商 Albert Pic，不使用木桶，酒风较为老式自然，一级园酒 Pic 1er 混合在左右岸的一级园而成，颇均衡多变。

Servin（酒庄）

公顷：30.5　主要特级园：布隆修（0.91 公顷），克罗（0.63 公顷），普尔日（0.69 公顷），布尔果（0.46 公顷）　主要一级园：Montée de Tonnerre, Vaillons, Les Forêts

夏布利镇上的知名酒庄，有相当多名园，除优雅的布隆修外，特级园酒都采用橡木桶发酵培养，有些局部使用新桶，但少有明显桶味。一级园则多不锈钢桶发酵，各级酒与左右岸的酒都酿得相当典型。

Simonnet-Febvre（酒庄兼营酒商）

公顷：5　主要特级园：普尔日（0.26 公顷）　主要一级园：Mont de Milieu

出产夏布利酒、Irancy 红酒与气泡酒的百年老

厂，现为 Louis Latour 的产业。虽多为采买的葡萄，但酒风越来越精致均衡，如 Montée de Tonnerre 和 Mont de Milieu。

Château de Viviers（酒庄）

公顷：17　主要特级园：布隆修（0.5 公顷）　主要一级园：Vaillons, Vaucoupin

位处最东边的 Vivier 村，属酒商 Loupé-Cholet 在夏布利的酒庄，现由 Long-Depaquit 的团队酿造，风格颇近似，但因该区较冷凉，酒风较为多酸。

Vocoret et Fils（酒庄）

公顷：51　主要特级园：布隆修（1.77 公顷），克罗（1.62 公顷），瓦密尔（0.25 公顷），渥玳日尔（0.11 公顷）　主要一级园：Montée de Tonnerre, Mont de Milieu, Côte de Léchet, Vaillons, Montmains, Les Forêts

老牌的精英酒庄，左右岸的传统名园都相当齐全。特级园酒大多在 3,000 升到 5,000 升的木造酒槽发酵，现也采用 600 升和一般的木桶来培养。各园的酒风颇为精确，特别是几个常让特级园失色的顶尖一级园，如用老树果实酿造的 Les Forêts 和 Montée de Tonnerre。

缩写名称

DO：酒庄（Domaine）

NE：酒商（Négociant）

DN：酒庄兼营酒商（Domaine + Négociant）

CC：合作社（Cave cooperative）

GC：主要特级园（Grand Cru）

PC：主要一级园（Première Cru）

HA：公顷（自有或有长期租约的葡萄园面积）

Irancy、St. Bris与其他

欧歇瓦除了葡萄园密集的夏布利，还有相当多的酒村，只是葡萄园的面积不大，而且较为分散，最主要的产区位于欧歇尔市的南郊及西南郊，全区约有 1,500 公顷，大多属于 Bourgogne 等级的地方性产区，其中有相当多用于生产勃艮第气泡酒。不过，也有属村庄级的 Irancy、St. Bris 和 Vézelay。

● Irancy

位于欧歇尔市南郊 10 公里外的丘陵区，村子本身位于山坳处，葡萄园仅有约 160 多公顷，大多位于村子的北、西、南三面主要朝南或朝西的山坡上，跟夏布利一样，葡萄园的海拔高度在 130 米到 250 米之间，也大都位于 Kimmérigien 岩层上，有不同比例的泥灰质和黏土，最知名的葡萄园 Palotte 在村南，位居约讷河边向南的坡地。 与夏布利不同的是，Irancy 全部种植黑皮诺和极小比例的恺撒葡萄，酿造成红酒和一点粉红酒。Irancy 向来以产红酒闻名，并不产白酒，在勃艮第所有以红酒闻名的酒村中位置最偏北。

跟金丘区相比，Irancy 产的黑皮诺比较清淡，酒体轻盈多酸，常有野樱桃和黑醋栗果香。也颇适合酿造粉红酒，在 20 世纪 70 年代风行过，不过现在还是以红酒为主。 除了自然因素，Irancy 的风味还受到恺撒品种的影响，这个风格非常粗犷、比黑皮诺还晚熟的品种原本被认为是公元 2 世纪时由罗马军团带到勃艮第种植的，但通过 DNA 分析，已确定是黑皮诺与德国黑葡萄品种 Gänsfüßer 自然交配产生的后代，酿成的红酒颜色比较深，涩味非常重，单独酿造时几乎无法入口，即使经十几年熟成仍无法柔化。

Irancy 有些酒庄完全不加恺撒，但也有的像 Domaine Colinot 那样在大部分的黑皮诺中添加小比例的恺撒以加强个性，添加的比例在 3% ～ 10% 之间，事实上依规定也不得超过 10%。 这样的组合并不一定让酒变得更美味，但肯定更 Irancy，它不单单只是北方黑皮诺的风格，而且有更紧涩的单宁和更丰富的香气。Irancy 受年份的影响较大，但葡萄园的位置也逐渐受到重视，如朝南的 Palotte、Les Mazelots、Côte du Moutier 和 Les Cailles。

▲ 位于夏布利与 St. Bris 之间的 Chitry 也有相当多的 Kimméridgien 岩层，生产类似的白酒

● St. Bris

欧歇瓦距离卢瓦尔河上游以长相思闻名的 Sancerre 和 Pouilly-Fumée 并不太远，仅约 70 公里，地质条件也颇类似，也可以是不错的长相思产区，不过，长相思并不是勃艮第的传统品种。位于欧歇尔市近郊 7 公里以南的 St. Bris 在 20 世纪初即引进长相思试种，其中有一些老树葡萄园保留至今，不过，在 20 世纪 70 年代才开始有较具规模的种植。因非勃艮第传统，St. Bris 从 20 世纪 70 年代设立法定产区以来就一直是等级较低的 VDQS（现已取消），直到 2003 年才成为独立的村庄级产区。

St. Bris 村虽然有颇多葡萄园，但种植长相思的只有 133 公顷，其他还是以霞多丽和黑皮诺居多，前者通常占据朝东南的葡萄园，后者则多位于更温暖的向南及朝西南的坡地，长相思则反而较常种在朝北与西北的位置。St. Bris 到夏布利最南的葡萄园只有 6 公里，山坡上的土壤也一样是 Kimmèrigien 岩质。St. Bris 的长相思通常很容易就可酿成带葡萄柚与草香的清淡多酸的可口白酒。夏布利的 Jean-Marc Brocard 和 William Fèvre 都属此类，不过也有酒庄如 Goisot 酿成更浓厚、更多熟果香气的风格。

▲ 左：只产红酒的 Irancy 村除了黑皮诺，也种植极为少见的恺撒葡萄，但依规定添加不可超过 10%

右：St. Bris 村除了长相思也种植颇多樱桃，生产美味的酒酿樱桃

Vézelay 在 2017 年才升级为村庄级产区，位于欧歇瓦南边的朝圣古镇 Vézelay 周边的四个村庄，现仅有七十多公顷，多位于河谷边的石灰岩向阳山坡，只产霞多丽白酒，酒风较为高瘦多酸。区内的酒庄以自然派的 Domaine de La Cadette 和晚近成立的 La Croix Monjoie 最为知名。欧歇瓦区内的其他产区虽然都是地方性产区，但也有较知名的历史产区，在 Bourgogne 后可以加上地区或村名成为独立的法定产区，这样的产区一共有六个。其中 Bourgogne Côtes d'Auxerre 因直接位于欧塞尔古城边，从 7 世纪起就相当知名，如 Clos de Migraine 和 La Chaînette 等名园，不过现在只剩下曾为本笃会修道院产业，现为县立医院所有的 Clos de la Chaînette 还保留着 4.5 公顷葡萄园。

其他包括出产较细致黑皮诺红酒的 Bourgogne Coulanges；邻近夏布利南区的 Bourgogne Chitry；位于北边的葡萄园几乎消失，只剩 13 公顷；因三星主厨 Michel Lorain 而受注意的 Bourgogne Côte St. Jacques，曾以产淡粉红酒闻名；东边近香槟区的 Tonnerre 镇附近的 Bourgogne Tonnerre 和 Bourgogne Epineuil，前者产白酒，后者只产红酒。

酒庄与合作社

Bailly-Lapierre（合作社）

公顷：660

欧歇瓦的气候环境很适合酿造气泡酒，1936 年法定产区创立之前，欧歇瓦区内产的葡萄酒有一部分会卖到香槟区制成香槟。除了夏布利的 Simonnet-Febvre，区内并没有专精于气泡酒的酒厂，本地多酸清淡的基酒还一度卖到德国酿造 Sekt。到了 1972 年才在约讷河边的 Bailly 村成立专门酿气泡酒的合作社 Bailly-Lapierre。酒厂直接位于原为采石场、占地 4 公顷的地下岩洞中，巴黎万神殿的石材即源自此处。到酒厂参观的访客须直接开车进入岩洞中。

合作的会员共有 600 多公顷的葡萄园，全位于夏布利以外的欧歇瓦区，在比较炎热的年份，会员会将大部分的葡萄酿成无气泡酒销售，但在比较冷的年份则卖较多酸味佳、成熟度低的葡萄给合作社酿造气泡酒。地下岩洞提供完美的瓶中二次发酵环境，窖藏约 800 多万瓶。Bailly-Lapierre

最主要的品种为黑皮诺，有一小部分的佳美、阿里高特和霞多丽。共产十一款气泡酒，其中以黑皮诺酿成的 Blanc de Noirs 质量最佳，如 Pinot Noir Brut 和熟成更久的 Ravizotte Extra Brut，可口多果香的粉红气泡酒也相当美味，不只价格低廉，全勃艮第的气泡酒也很少能超越其水平。

Domaine Guilhem & Jean-Hugue Goisot（酒庄）

公顷：27

St. Bris 产区内的最佳酒庄，从 2005 年采用自然动力种植法种植葡萄，不过长相思只占三分之一，种植较多的是霞多丽和黑皮诺。分属于 Côte d'Auxerre 和 Irancy，现由儿子 Guilhem 负责酿造。相较于同产区的酒，Goisot 的酒无论红白，都特别丰满圆润、浓厚可口，但都有不错的酸味，也有不错的熟成潜力，这也许跟低产量、晚采收及有机种植有关，也可能与发酵温度较高、全部完成乳酸发酵有关。Corp de Garde 系列是较高级的酒款，风格更为明显，其中霞多丽在橡木桶中发酵培养一年多，黑皮诺在木造酒槽中酿造、木桶中培养，但都不为木桶所主宰。

Irancy 的葡萄园位于村边向南的 Les Mazelots，风格更加浓厚。Goisot 另外也推出三款单一葡萄园的霞多丽白酒，如 Les Gueules de Loup 甚至更加圆熟强劲。

Domaine Colinot（酒庄）

公顷：12.5

Irancy 村内最知名的酒庄，现由女儿 Stephanie 负责酿造。Colinot 的葡萄园都在村内，拥有相当多的老树及最佳区段的葡萄园，如 Palotte、Les Mazelots、Côte du Moutier 和 Les Cailles，只产 Irancy 红酒和一款粉红酒，以及佳美酿成的可口 Passe Tout Grains。葡萄园的面积虽不大，但前述的葡萄园都推出单一葡萄园版本，是体现 Irancy 各园风格的重要典范。Stephanie 不去梗，采用整串酿造，在不同的酒中添加不同比例的恺撒葡萄混酿，Les Mazelots 甚至高达 10% 的极限，因为相当晚采，所以葡萄成熟度高，即使混合恺撒仍相当均衡可口。除一小部分外，培养阶段都在酒槽中进行，Les Mazelots 并没有进橡木桶，约一年之后装瓶。

▲ 上：Guilhem & Jean-Hugue Goisot 酒庄

下：Colinot 酒庄产自 Irancy 村的单一葡萄园红酒 Les Mazelots，是该酒庄少数进行橡木桶培养的酒款

◀ 左：Bailly-Lapierre 的气泡酒全都在广阔的地下岩洞中培养

右：Bailly-Lapierre 合作社生产以黑皮诺为主酿成的气泡酒

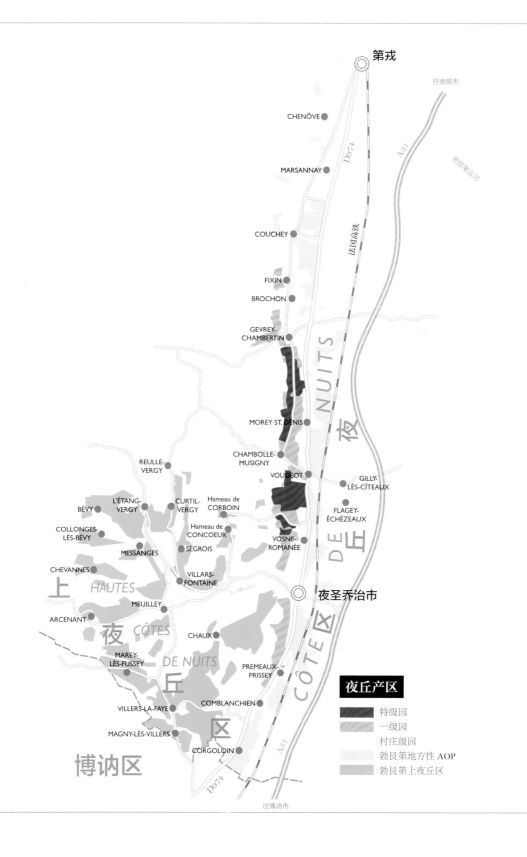

第戒

往南锡市

CHENÔVE

MARSANNAY

COUCHEY

FIXIN

BROCHON

GEVREY-
CHAMBERTIN

MOREY ST. DENIS

CHAMBOLLE-
MUSIGNY

VOUGEOT

GILLY-
LÈS-CÎTEAUX

FLAGEY-
ÉCHÉZEAUX

REULLE-
VERGY

L'ÉTANG-
VERGY

BÉVY

CURTIL-
VERGY

Hameau de
CORBOIN

COLLONGES-
LÈS-BÉVY

Hameau de
CONCOEUR

SEGROIS

VOSNE-
ROMANÉE

MESSANGES

CHEVANNES

HAUTES

VILLARS-
FONTAINE

夜圣乔治市

MEUILLEY

CÔTES

ARCENANT

CHAUX

DE NUITS

MAREY-
LÈS-FUSSEY

PREMEAUX-
PRISSEY

夜丘产区

VILLERS-LA-FAYE

COMBLANCHIEN

特级园

一级园

MAGNY-LÈS-VILLERS

村庄级园

CORGOLOIN

勃艮第地方性 AOP

博讷区

勃艮第上夜丘区

往博讷市

第二章

夜丘区

Côte de Nuits

　　金丘区（Côte d'Or）是勃艮第最知名，也最精华的区段。满布着贫瘠的侏罗纪石灰岩与石灰质黏土的葡萄园，位于细狭长条的面东山丘，南北绵延 60 公里，汇集了全勃艮第最多的名村、名庄与名园。

　　北半部以酒业中心夜圣乔治镇为名，称为夜丘区。这里是种植黑皮诺葡萄的极北界，却是全世界最优秀的黑皮诺产区，没有任何一个地方可与之相比。

　　南北相接的十几个村落，每一村都各自成为黑皮诺红酒的重要典范，如雄浑磅礴的哲维瑞－香贝丹（Geverey-Chambertin）、温柔婉约的香波－蜜思妮（Chambolle-Musigny）、丰美圆厚的冯内－侯马内（Vosne-Romanée）和结实坚挺的夜圣乔治。除了金丘南部的高登（Corton），所有勃艮第产红酒的特级园没有例外，全都位于夜丘区内。

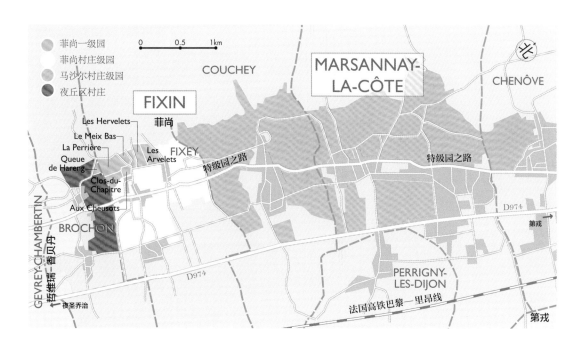

马沙内与菲尚
Marsannay et Fixin

金丘最北边位于第戎市附近的山坡，在中世纪时以产白酒闻名，曾是勃艮第重要的产区，称为第戎丘（Côte Dijonnaise）。如今大多已消失，成为郊区、住宅区，甚至是墓园，少数重建存留下来的，只有南边一点的 Chenôve、马沙（Marsannay-la Côte）和 Couchey 村内的少数葡萄园，共同组成夜丘区最北边的村庄级产区马沙内，主要生产红酒、白酒与粉红酒，这是勃艮第唯一允许同时生产这三种酒的村庄级产区。由于太接近市中心，葡萄园逐渐被城市所包围，不过，因为有越来越多的明星酒庄，如 Denis Mortet、Méo-Camuzet、Philippe Charlopin 和 Joseph Roty 等，到此投资葡萄园，因此葡萄酒质量与知名度反而日渐提升。

马沙内成立的时间相当晚，原本想加入夜丘村庄（Côte de Nuits Villages），被拒后才于1987年独立。事实上，因为生产粉红酒的葡萄园条件比较宽松，几乎跟 Bourgogne 等级的葡萄园一样，所以马沙内是由只生产红酒、白酒的马沙内和只产粉红酒的 Marsannay Rosé 两个村庄级产区共同组成的。产区范围有500多公顷，但目前只有约230公顷的葡萄园以种植黑皮诺为主，也有约35公顷的霞多丽，是夜丘区最重要的白酒产区，多为清爽、瘦一些的简单风格。勃艮第的粉红酒常添加佳美葡萄酿制，在马沙内则全为黑皮诺，20世纪20年代时由村内的 Clair-Daü 酒庄（现在的 Bruno Clair 酒庄的前身）开始酿造后，全黑皮诺的粉红酒便成为此地的招牌酒种。大部分粉红酒贵一些，但也细致一些，清爽可口，有樱桃香气，颇值得一饮。不过，现在却逐渐以产红酒为主。

金丘山坡在马沙内附近坡度较低，而且有多道背斜谷切穿，常有冷风直接自山区吹过来，葡萄成熟的速度比较慢。背斜谷边及坡底较肥沃的区域大多只能生产粉红酒，产红酒的葡萄园则大多位于山坡中段比较温暖的区域。也许得益于气候的变化，此地的黑皮诺常较十年前更容易成熟，有比较厚实的酒体。但无论如何，如果跟南边的菲尚（Fixin）红酒相比，则柔和顺口一些，多为中等浓度，不是那么深厚有力，但常常更可口易饮。

马沙内目前并没有一级园，不过村内的酒庄较为团结，自2005年起，就在进行一级园的列级计划。现在大部分的酒庄已经习惯针对一部分葡萄园单独装瓶，其中最知名的是 Chenôve 村内的 Clos du Roy 和 Marsannay-la-Côte 村北的 Longeroies，它们是最有可能成为一级园的精华区。

村内最重要的明星酒庄为 Bruno Clair，拥有最多葡萄园的是博讷酒商 Patriarche 所拥有的 Château de Marsannay，另外包括 Domaine Bart、Jean Fourrier、Olivier Guyot、Hugenot 和 Sylvain Pataille 等，还有 Bouvier 家的两家酒庄 Régis Bouvier 和 René Bouvier，前者为儿子独立后开设，后者现由另一个儿子 Bernard 负责（现已搬迁到哲维瑞村的新建酒窖）。

不同于马沙内稍柔和的风格，南边菲尚村的红酒较为强硬一些，通常有比较多单宁的涩味。虽以红酒为主，但也有一点白酒。菲尚的面积不大，由菲尚村和北边的 Fixey 村共同组成，有两个紧邻的小背斜谷切过山坡，只有约100公顷的葡萄园，也是五个生产 Côte de Nuits Villages 的村庄之一，有些酒庄也可能卖

▲ 上左：马沙内村 Les Favières 葡萄园与 Château de Marsannay

　上中：菲尚村的一级园 Clos du Chapitre

　上右：马沙内是夜丘区最北边的村庄级产区，靠近平原的葡萄园主要生产粉红酒

　下：菲尚村的历史名园 Clos de La Perrière

▲ 菲尚村有多个背斜谷穿过，引进更冷的风流

▲ Gelin 酒庄的独占园 Clos Napoléon 是村内最知名的一级园

给酒商调配，因酒风比较多涩味，所以可提高酒的架构。在 19 世纪的分级中，有 Clos de la Perrière 和 Clos de la Chapitre 被列为最高等级的 Tête de Cuvée，不过，现在并没有特级园，只有六片一级园，多为石墙围绕的历史名园，共 21 公顷，因大多是独占园，在市面上并不常见。村内的酒庄不多，以 Manoir de la Perrière、Pierre Gelin 和 Berthaut 最为著名。

● 菲尚一级园

Clos de la Perrière 是 Manoir de la Perrière 酒庄的独占园，有 6.8 公顷，位于菲尚村南侧的最高坡，其中还有一小部分延伸到 Brochon 村内。这里是 12 世纪熙笃会拥有的历史名园，近坡顶，有石灰岩基盘外露，曾作为采石场，也因此得名。这里主要种植黑皮诺，但在废弃的采石场边也种有半公顷的霞多丽。红酒风格紧涩，须经陈年方能适饮；白酒则有强劲酸味。Clos de la Perrière 的下坡处为 Clos du Chapitre，有 4.79 公顷，为 Guy Dufouleur 酒庄所独有，但亦出售葡萄给酒商，如 Méo-Camuzet F. & S.。其北侧为 Pierre Gelin 酒庄所独有的 Clos Napoléon，因前任庄主为拿破仑的随行军官而得名，酒风亦是菲尚村典型的强硬风格，相当耐久。Les Hervelets 和 Les Arvelets 两个相邻的一级园位于较北边的 Fixey 村这一侧，酒风稍柔和一点，多一些圆润的果味，也较早熟与易饮。拥有葡萄园的酒庄较多，也较为常见。

主要酒庄

Berthaut（酒庄）

公顷：13　主要一级园：Fixin Les Arvelets, Gevrey-Chambertin Les Cazetiers, Lavaux St. Jacques

位于菲尚村内，是由 Denis 和 Vincent 两兄弟共同经营的老牌酒庄。采用较老式的酿法，全部去梗，不降温直接发酵，旧桶培养十八个月。Arvelets 经常有圆熟的果味与香料香气，单宁强劲但不粗犷。

Bart（酒庄）

公顷：20　主要特级园：香贝丹-贝泽园（0.41公顷），邦马尔（1.03公顷）　主要一级园：Fixin Les Hervelets

Martin Bart 和 Bruno Clair 的祖父是同一个人，葡萄园也相邻近，同为马沙内村的重要酒庄。不过，Bart 生产更多马沙内的单一葡萄园酒，如优雅的 Langerois、Les Finotte 和 Grand Vignes，以及结实一些的 Echezots 和 Les Champs Salomo 等。不同于 Bruno Clair 的坚实，Bart 的红酒和白酒都有更为柔和的风格，年轻时品尝不只均衡、细致，而且新鲜多汁。

Bruno Clair（酒庄）

公顷：22.7　主要特级园：香贝丹-贝泽园（0.98公顷），邦马尔（0.41公顷），高登-查理曼（0.34公顷）　主要一级园：Gevrey-Chambertin Clos St. Jacques, Clos du Fonteny, Les Cazetiers, Petite Chapelle; Savigny Lès Beaune La Dominode

不仅是马沙内村内最精英的酒庄，也是金丘区重要的经典酒庄，以坚挺厚实较为多涩的酒风闻名。Bruno Clair 年事已高，由酿酒师 Philippe Brun 协助管理酒庄，从博讷丘到马沙内，生产二十多款红白酒，大部分能精确地体现各葡萄园的特色，无论葡萄园等级高低，都很值得细心品尝。在村内，有优雅的 Longeroies 和浓厚多涩的 Les Grasses Têtes。哲维瑞村有五片一级园，其中，1 公顷的 Clos St. Jacques 相当严谨硬挺，独占园 Clos du Fonteny 在村南高坡，风格较为轻盈。维萨尼村保留着百年老树的一级园，有强硬坚实的风格。

特级园中，贝泽园在均衡稳固中常有非常优雅的表现。邦马尔位于塔尔庄园南边，酒体较庞大，单宁更紧。即使是村庄级的酒也相当值得一试，如冯内-侯马内村质地精巧轻盈的 Champs Perdrix。白酒虽然不多，但亦非常精彩，特别是莫瑞村的 En la Rue de Vergy，为从山顶坚硬石

▲ Martin Bart

▲ Bruno Clair

▲ Pierre-Emmanuel Gelin

灰岩层中开垦成的葡萄园，主要在德国高瘦型的橡木桶及不锈钢桶中发酵培养，成熟却有非常有劲的灵动酸味，是夜丘最佳的白酒之一。高登-查里曼位于向南的高坡处，有足够的矿石与酸支撑华丽脂滑的口感。

Pierre Gelin（酒庄）

公顷：11.45　主要特级园：香贝丹-贝泽园（0.6 公顷）　主要一级园：Fixin Clos Napoléon, Les Hervelets, Les Arvelets; Gevrey-Chambertin Clos Prieur

菲尚村内的最佳酒庄，有相当多优秀的葡萄园，现由第三代的 Pierre-Emmanuel 酿造。酒风较为柔和精致，有村内少见的细节变化与轻巧质地。木桶培养的时间较长，两年之后才会上市，也存有许多老年份的酒。尤以独有的 Clos Napoléon 为招牌，虽硬实，但很优雅，经常是村内最佳的酒款。

Olivier Guyot（酒庄兼营酒商）

公顷：14　主要一级园：Gevrey-Chambertin Champeaux, Chambolle-Musigny Les Fuées

马沙内村最早的自然动力法酒庄，且以马犁田。在村内以八十年以上老树的 Montagny 最为知名，

产自哲维瑞村的葡萄酒亦有极佳水平，结构紧实、自然均衡。亦采买葡萄酿造特级园罗西庄园酒和圣丹尼庄园酒。

Huguenot Père & Fils（酒庄）

公顷：25　主要特级园：夏姆-香贝丹　主要一级园：Gevrey-Chambertin Fontenays

由第二代的 Philippe 负责的马沙内酒庄，在村内有极佳的葡萄园，如 Clos du Roy 和 Champs-Perdrix 等。酿成的红酒大多圆熟易饮，也产可口的粉红酒和白酒。

Manoir de la Perrière（酒庄）

公顷：6.8　主要一级园：Fixin Clos de la Perrière

菲尚村的历史酒庄，直接位于一级园 Clos de la Perrière 内的中世纪石造建筑中。由第六代的 Bénigne Joliet 酿造管理，2005 年向其他家族成员买下所有权后，曾聘任 Philippe Charlopin 协助酿造，更加积极地改造这片曾经非常知名的葡萄园与酒庄。产量变得较低，采用更多的新桶及更长久的木桶培养，甚至开始有二军酒。原本强硬粗犷的红酒变得优雅一些，但仍需要相当长的时间窖藏才能适饮。

▲ 左：Olivier Guyot　右：Bruno Clair 酒庄的培养酒窖

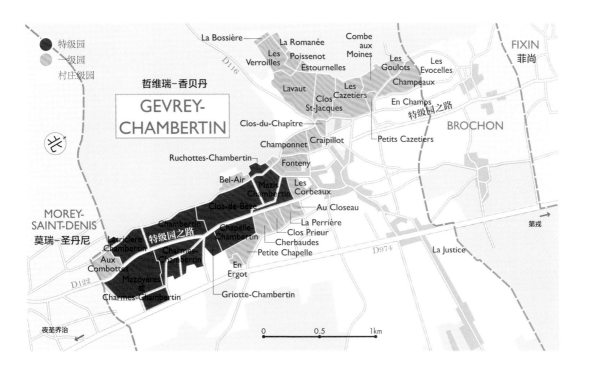

哲维瑞-香贝丹
Gevrey-Chambertin

哲维瑞-香贝丹村（Gevrey-Chambertin，以下简称哲维瑞村）是夜丘区葡萄园面积最大的村庄，集聚了一百多家酒庄，其中有非常多的名庄。村内更有全勃艮第数量最多的特级园，其中，香贝丹（Chambertin）和香贝丹-贝泽园（Chambertin Clos de Bèze）两片历史名园，让黑皮诺表现出较刚硬雄浑的气势，不仅是村中酒风的典型，也是全球黑皮诺红酒中最重要的经典风格之一。相较于夜丘区的其他名村，哲维瑞红酒被认为颜色最深，有最紧涩的单宁，需要较长久的木桶培养，也较能承受新桶的影响，在成熟的黑樱桃香气之外还有更多的香料香气和木桶香。Lavalle 在 1855 年的书中就提到产自此村的黑皮诺以紧密的口感及严谨的结构为特色，是最受酒商们喜爱的葡萄酒，可用来加强其他红酒的味道。

哲维瑞村是罗马时期就已经存在的古村，当时称为 Gibriaçois，村内在 La Justice 园东边的平原区有公元 1 世纪的葡萄种植遗迹，是勃艮第现存最早的纪录。630 年，勃艮第公爵捐献村内的土地给贝泽修道院（Abbaye de Bèze）开垦成贝泽园葡萄园，南边的土地由名叫 Bertin 的农民所有，因此称为"Chambertin"，这两片名园一直流传至今，成为村内最知名的两片特级园。13 世纪，Cluny 修会也在村内拥有大片葡萄园，并在村子高处建立至今完整保存的哲维瑞城堡。相较邻近的夜丘酒村，更具有历史感，是金丘最古老的酒村。1874 年时在原本的村名之后加上村内最知名的葡萄园香贝

▶ Clos St. Jacques 是哲维瑞村最知名的一级园，
因曾有一间供奉圣杰克的小教堂而得名

丹成为哲维瑞–香贝丹村，首开村名营销的手法，之后有许多勃艮第酒村仿效，让勃艮第的村名变得非常长，而且难念。

74号公路（Route nationale 74，或简称 N 74*）北起德法边境，南及中央山地，在经过金丘县内的路段，刚好由北而南连接了夜丘与博讷丘所有主要的酒村。路径穿越的位置大多位于村子东边地势比较平坦且接近坡底的平原区，74号公路途经金丘酒村，刚好将葡萄园划分成西边山坡的精华区及东边的非精华区。不只所有的特级园都位于西边，连全区五百多片一级

▲ 贝泽园中的修道院遗址

▲ 上：哲维瑞村的特级园之路，两旁经过八片特级园

下：部分改成 D974 的 74 号公路，是夜丘区葡萄园最重要的分界线

因紧邻许多知名酒村与葡萄园而无法拓宽，74 号公路在金丘葡萄园区的路面较狭窄，虽然路径并未变更，但近年已降级为县道，成为 D974 公路

园也都仅有一片位于路的东侧。大部分时候，山坡葡萄园到了西侧就终止了，延续到路东侧的村庄级葡萄园并不多见。但哲维瑞村却是少数例外，有很多村庄级的葡萄园一路延伸到东边的平原区。

此村有夜丘最广阔的 450 公顷葡萄园，除了发展早、名气大之外，多条背斜谷在村子西边切穿山脉是关键所在，特别是范围最大的 Combe de Lavaux 背斜谷，由西南往东北切穿山脉，让葡萄园山坡得以往西延伸，比其他村庄多出一片朝东南的向阳坡，是精华区之一，村内大部分的最佳一级园都位于此。Combe de Lavaux 的北边有一个较小的背斜谷 Combe aux Moines，是此村的北界，往北即进入 Brochon 村，不过，村庄级葡萄园还是延伸进 Brochon 村南侧，但一级园在村界就已经中止，徒留极佳的村庄级葡萄园 Les Evocelles。再往北到 Brochon 村北侧，即属于夜丘村庄等级。Combe de Lavaux 南边，有另一较小的背斜谷 Combe Grisard，是此村的南界，往南即进入莫瑞村。除了影响山坡的朝向，背斜谷也带来山区较为寒冷的气流，多风而寒冷，让葡萄更健康，但成熟速度减缓。

被背斜谷 Combe de Lavaux 所侵蚀冲刷下来的岩块，逐渐往山下堆积，形成冲积扇，村子本身及大部分的村庄级葡萄园大多位于这一区，石灰岩块的数量庞大，一路往坡底堆积，即使跨过了 74 号公路到平原区，还是有许多平坦但非常多石的优质葡萄园，特别是村子东北方的 La Justice 葡萄园，与其他村多河泥的平原区不同，仍可酿出质量相当高的红酒。最好的区域则位于村子南边朝东的山坡，是所有特级园所在之处。

▲ 左：哲维瑞村独有九片特级园，是勃艮第之最　右：哲维瑞城堡是 11 世初由贵族与地区主教捐赠给克里尼修会的产业

● 特级园

在金丘区有一条特级园之路（Route des Grands Crus），位于 74 号公路西边，平行穿过金丘区最精华的山坡中段，贯穿所有的特级园及其他最知名的葡萄园。这条路在夜丘区的北段，比较宽敞，为县道 D122，在村子的南边，由北往南将九片特级园切成两个南北相连的特级园带。在西边的五片位于上坡处，由北往南分别为马立-香贝丹，最高坡的乎修特-香贝丹、香贝丹-贝泽园、香贝丹，以及最南边的拉提歇尔-香贝丹。路的东边则为其他四片位处下坡的特级园，由北往南分别为夏贝尔-香贝丹、吉优特-香贝丹、夏姆-香贝丹和马索耶尔-香贝丹。跟村名一样，这九片特级园的名

字都附加了"香贝丹"，在法定产区制度成立之前，哲维瑞村及附近村庄产的红酒，曾经全都称为香贝丹。

这些特级园总面积达 87 公顷，相较于村北的山坡甚至其他主要的夜丘名村，这片特级园山坡坡度非常平缓，不过，石多土少，表土相当浅，常不及 1 米即是岩层。虽然都是侏罗纪中期的岩层，但因为有两条断层切过，岩层年代也跟着错动，最上部是坚硬的普雷莫玫瑰石石灰岩层，中段在 D122 公路的两旁多为年代更早的海百合石灰岩，在下坡一点的地方，因为岩层陷落，则反而变成年代较近、质地更为坚硬的贡布隆香石灰岩。海拔高度则介于 260 米至 300 米之间。

▲ 哲维瑞村子本身位于背斜谷的冲积扇内，右上角为哲维瑞城堡

香贝丹（Chambertin，12.9公顷）

村内最知名的特级园，将近13公顷，北边的特级园贝泽园依规定也可以称为香贝丹，但香贝丹却不能称为贝泽园。这似乎暗示贝泽园的等级高一些，不过这样做的酒庄并不多，Domaine Dujac 和 Reboursseau 是少数的特例。这两片葡萄园的酒风相当类似，但历史的差距让它们无法合而为一。贝泽园是7世纪就有的历史名园，而且曾经有石墙围绕，划出精确的范围，而香贝丹在13世纪才出现。无论如何，这两片特级园都是勃艮第顶尖的黑皮诺名园。

作为特级园，香贝丹的坡度出奇地低平，早晨的受光效果并不特别好，因有山顶树林保护，且远离 Lavaux 背斜谷，少有冷风，因此反而有很好的成熟度。表土很浅，仅有20厘米到50厘米，多为红褐色的石灰质黏土，混杂着一些白色的石灰岩块。酿成的黑皮诺红酒虽然因酒庄而异，但整体而言，有更多的涩味，仿如有强健的肌肉，酒风严肃刚直一些，需要十年以上的时间才会柔化适饮，常被形容为具有雄性风格。相较于其他名园，香贝丹与贝泽园比野性粗犷的高登细致，比精巧的蜜思妮更厚实强劲，比丰厚饱满的李堡奇更为硬挺结实。

有二十五家酒庄在此园拥有葡萄园，面积最大的分别是 Armand Rousseau（2.56公顷）、Trapet（1.85公顷）、Camus（1.69公顷）、Rossignol-Trapet（1.6公顷）、Jacques Prieur（0.84公顷）、Louis Latour（0.81公顷）、Leroy（0.5公

顷）、Pierre Damoy（0.48 公顷）、Rebrousseau（0.46 公顷）、Duband（0.41 公顷）、Tortochot（0.31 公顷）、Charlopin（0.21 公顷）、Bertagna（0.2 公顷）、Domaine Ponsot（0.2 公顷）、Albert Bichot（0.17 公顷）、Bouchard（0.15 公顷）、Denis Mortet（0.15 公顷）和 Chantal Rémy（0.14 公顷）。

香贝丹-贝泽园（Chambertin Clos de Bèze，15.4 公顷）

自 7 世纪至今未曾改变的历史名园，最早由贝泽教会开始整地种植。相较于香贝丹，面积稍大一些，在上坡处也稍陡，虽较靠近 Lavaux 背斜谷，但影响并不大，甚至常较香贝丹早一点采收，土壤的结构非常近似。酒的风格也很类似，也许略为多变细致，但一样雄壮坚实。

拥有此园的酒庄较少，有十八家，面积较大的分别为 Pierre Damoy（5.36 公顷）、Armand Rousseau（1.42 公顷）、Drouhin-Laroze（1.39 公顷）、Faiveley（1.29 公顷）、Prieuré-Roch（1.01 公顷）、Bruno Clair（0.98 公顷）、Pierre Gelin（0.60 公顷）、Groffier（0.47 公顷）、Louis Jadot（0.42 公顷）、Bart（0.41 公顷）、Rebrousseau（0.33 公顷）、Alain Burguet（0.27 公顷）、Domaine Dujac（0.24 公顷）、Jacques Prieur（0.14 公顷）和 Joseph Drouhin（0.12 公顷）。

马立-香贝丹（Mazis-Chambertin，9.1 公顷）

金丘位置最北的特级园，分为上坡的 Mazis Haut 和下坡的 Mazis Bas，后者的表土较深，且混合较多 Lavaux 背斜谷冲积带来的土壤，前者则几乎是贝泽园往北的延伸，一样的岩层，比后者风味较细致一点，也更接近贝泽园的酒风。整体而言，在村内五片特级园中马立的风格是常有最多单宁，带一点粗犷和野性，至少单宁的质地是如此，在年轻时比较难亲近一些。

在这里拥有葡萄园的酒庄多达二十八家，主要包括 Hospices de Beaune（1.75 公顷）、Faiveley（1.21 公顷）、Reboursseau（0.96 公顷）、Harmand-Geoffroy（0.73 公顷）、Maume（0.67 公顷）、Armand Rousseau（0.53 公顷）、

▶ 上：香贝丹特级园的地势平缓，但能生产质量相当稳定的优异红酒

中左：贝泽园的地势甚至比香贝丹还要平坦，但酒风更扎实有力

中中：香贝丹因曾为名叫 Bertin 的葡萄农所有而得名

中右：香贝丹的最南端与拉提歇尔-香贝丹相接，开始受到背斜谷冷风的影响

左下：马立-香贝丹和村子之间隔着一级园 Les Corbeaux

右下：虽与贝泽园相邻，但马立-香贝丹的酒风转为粗犷

▲ 左：Armand Rousseau 酒庄的独占园 Clos de la Ruchotte　右：位置较高且地势陡峭的乎修特－香贝丹

Philippe Naddef（0.42 公顷）、Tortochot（0.42 公顷）、Domaine d'Auvenay（0.26 公顷）、Dugat-Py（0.22 公顷）、Joseph Roty（0.12 公顷）、Confuron-Cotétidot（0.09 公顷）和 Charlopin（0.09 公顷）。不同的酒庄也有不同的拼法，除了 Mazis 外，还有 Mazy 和 Mazi 等版本。

乎修特－香贝丹（Ruchottes-Chambertin，3.3 公顷）

乎修特位于马立的高坡处，在村内特级园中海拔最高，坡度最陡，土中含有最多的岩块，这亦是此园名称的由来。分为上下两片，Armand Rousseau 在上坡的 Ruchottes Dessus 拥有一片独占园 Clos de la Ruchotte。特别贫瘠的土壤与高度，让此园的酒有更多的酸味，也有较多红色浆果的香气，酒体虽稍轻盈，但仍具有哲维瑞村的坚实单宁，并非柔和精致的酒风，亦须多年窖藏才能熟成适饮。只有七家酒庄拥有此园，主要有 Armand Rousseau（Clos de la Ruchotte，1.06 公顷）、Mugneret-Gibourg（0.64 公顷）、Frédéric Esmonin（0.52 公顷）、Christophe Roumier（0.54 公顷）和 Fréderic Magnien（0.16 公顷）。

拉提歇尔－香贝丹（Latricières-Chambertin，7.4 公顷）

位于香贝丹南边，坡度非常平缓，看似是香贝丹的延长，但土壤却不相同，因位于 Grisard 背斜谷的正下方，有较多自山顶冲刷下来的土壤与

左：拉提歇尔-香贝丹位于一个背斜谷下方，有不同的土壤与微气候　右：Rémy 家族的拉提歇尔-香贝丹葡萄园

砾石，表土深厚许多。背斜谷亦常带来冷风，葡萄成熟较慢一些，也较多霜害的风险。诸多因素让此园虽紧邻香贝丹，但酒风已经转变，单宁不是那么多且坚硬，酒体亦较为轻盈，也似乎较为早熟。有近十家酒庄拥有此园，主要为 Camus（1.51 公顷）、Faiveley（1.21 公顷）、Rossignol-Trapet（0.76 公顷）、Trapet（0.73 公顷）、Drouhin-Laroze（0.67 公顷）、Leroy（0.57公顷）、Arnoux-Lachaux（0.53 公顷）、Chantal Rémy（0.4 公顷）和 Simom Bize（0.28 公顷）。

夏贝尔-香贝丹（Chapelle-Chambertin，5.5 公顷）

和贝泽园只隔着特级园之路，位于下坡处，但其实是山坡中段，地势甚至稍微斜陡一些，仍然是少土多石，表土极浅，地下的岩层仍是海百合石灰岩。因 12 世纪曾建有小教堂（Chapelle）而有夏贝尔之名，但教堂原址已经在 19 世纪改建成葡萄园。进入下坡后，四片特级园的酒风变得比较柔和，夏贝尔亦是如此，少有贝泽园的架势，但已经是四园中涩味最重的一片。有九家酒庄在此拥有葡萄园，其中 Pierre Damoy 占有近半，有 2.22 公顷，其余较重要者包括 Trapet（0.6 公顷）、Rossignol-Trapet（0.55 公顷）、Drouhin-Laroze（0.51 公顷）、Louis Jadot（0.39 公顷）和 Claude Dugat（0.1公顷）。

吉优特-香贝丹（Griotte-Chambertin，2.7 公顷）

在香贝丹与贝泽园交界的下坡处，有一个外露的岩盘，为一旧采石场，今为 Jacques Prieur 的贝泽园所在。过了特级园之路，山坡突然陷落，形成一个小凹槽，亦曾为采石场，使得北端在朝东的同时有些朝南，而南段略为朝北，园中土壤则来自上坡的贝泽园。勃艮第的葡萄园除了自然天成的环境外，也有许多葡萄园是人造改变的结果，其中最常见的便是旧采石场改建成的葡萄园，吉优特便是一例。因岩盘出现裂缝，地底多处有泉水流经。在此特殊环境下，此园所产的红酒无论出自哪一酒庄，都相当均衡优雅，单宁的质地在九片特级园中最为精致，有丝滑的单宁质地和更多的樱桃果香。葡萄园面积最小，有九家酒庄拥有此园，最大的是以 Métayage 的方式租给 Domaine Ponsot 和 René Leclerc 的 Domaine Chézeaux，有 1.57 公顷，其他包括 Joseph Drouhin（0.53 公顷）、Fourrier（0.26 公顷）、Claude Dugat（0.16 公顷）和 Joesph Roty（0.06 公顷）。

夏姆-香贝丹（Charmes-Chambertin，12.2 公顷）
马索耶尔-香贝丹（Mazoyères-Chambertin，18.6 公顷）

在过去的一个多世纪里，马索耶尔大多以北邻的夏姆为名销售，真正称为马索耶尔的酒反而比较少见，而夏姆却只能叫夏姆。因为两处合起来面积颇大，酒商较易买到，加上不少酒庄在两边都拥有葡萄园，所以一起混合成为夏姆-香贝丹反而成了比较实际的做法，特别是夏姆从字面上来看，也迷人好记许多。就葡萄园的位置而言，夏姆的条件较佳，土少石多，坡也陡一些。马索耶尔是最南边的特级园，在拉提歇尔的下方，南端甚至位于一级园 Combottes 的下坡处，有较多冲刷下来的土壤，而且出乎意料地，葡萄园一路往下坡延伸到 D974 公路旁才终止。夏姆是最常见的特级园之一，酒款非常多，大多较村内其他特级园柔和易饮一些，可以早一点进入适饮期。有多达 67 家酒庄在这里拥有葡萄园，最大的是 Camus，有 6.9 公顷，其中有 3.87 公顷在夏姆；Perrot-Minot 有 1.65 公顷；Taupenot-Merme 有

▶ 左上：向下陷落的特级园吉优特-香贝丹　右上：夏贝尔-香贝丹（前）与吉优特-香贝丹（后）的交界处

左中：上方为贝泽园，下为吉优特，左下为夏姆　右中上：夏贝尔-香贝丹因曾建有教堂而得名

右中下：博讷酒商 Joseph Drouhin 拥有超过半公顷的吉优特园

左下二图：夏姆-香贝丹隔着特级园之路，位置在香贝丹下坡处

中下与右下二图：马索耶尔-香贝丹的面积广阔，一路延伸到 D974 公路边

1.42公顷，这三家因为面积较大，和Dugat-Py（0.72公顷）同为少数将夏姆跟马索耶尔分开装瓶的酒庄。

● 一级园

哲维瑞村有二十六片一级园，共80公顷，主要分布在三个区域。各有不同的风格，其中还包括有特级园水平的葡萄园，如Clos St. Jacques和Aux Combottes。最重要的一级园区在村子西边Lavaux背斜谷内的向阳山坡上，包括Clos St. Jacques等十片一级园。这一面山坡较为陡峭，海拔较高，达360米以上，高坡处多为白色的泥灰质土与白色石灰岩块，坡底则多为含铁质的红褐色石灰质黏土。葡萄园的方位较偏南，有比特级园区更佳的受光效果，但因位于背斜谷内，有较多冷风经过，气温较低，葡萄成熟较慢。越靠近谷地内侧（如Les Varoilles、La Romanée和Poissenot）受此影响越大，葡萄较为晚熟，强劲多酸有力，但在冷一点的年份会稍微偏瘦，适合陈年饮用。

谷地稍外侧，山势开始转向朝东，Clos St. Jacques正位于这个朝向东南的地带。受到冷风影响但又不会过多，葡萄园从坡底延伸到山顶树林，达40多米，兼具黏土与泥灰质土，经常可以酿成均衡且精致多变的红酒，是全勃艮第质量最佳与最稳定的一级园。6.7公顷的葡萄园有石墙围绕，由Armand Rousseau、Louis Jadot、Bruno Clair、Fourrier和Sylvie Esmonin等五家精英酒庄拥有，更能保证此园的高质量。在Clos St. Jacques南面有两片一级园可在名称后加上St. Jacques，下坡平缓多黏土，为Lavaux，上坡陡峭多石，为Estournelles，两者都稍微冷一些，也较为晚熟，但都可酿出强劲

而且优雅的均衡酒风。在Clos St. Jacques的北边，山坡转成面东，Les Cazetiers酒风类似Clos St. Jacques，相当均衡强劲而且优雅，但没有那么多变。再往北，产酒的酒风较少精细的内敛，上坡的Combe aux Moines有较硬的单宁，下坡一点的Champeaux则丰满多果香，相当可口。

第二个区域位于村子南边与特级园之间，属Lavaux背斜谷的南坡，有一部分如Champonnet和Craipillot较为简单柔和一些。但与Ruchottes相邻的Fontenay位处朝东的上坡梯田，有相当多外露的岩块，常酿成均衡有力的精致型红酒。下坡的Les Corbeaux与马立相邻，土壤较深、少石，有哲维瑞村的强硬，但少一些细腻变化。第三个区域是位于马立和夏贝尔下坡处的一级园，这一区的酒风类似夏贝尔的风格，但似乎更柔和细致一些，如Petite Chapelle和Clos Prieur。

位于村子最南端的Aux Combottes是一块四周皆被特级园环绕包围的一级园，据传因为曾多为邻村的酒庄所有，所以没有成为特级园。不过此园相当平坦，甚至有些凹陷，又位于Grisad背斜谷的下方，酒风没有那么挺直坚硬，但仍能酿成富于细致风格的黑皮诺。在贝泽园上方有另一片孤立的一级园Bel-Air，斜陡、多白色石灰岩，常能有轻巧一些的多酸风格。

村内有过百的独立庄园，老牌、精英与明星酒庄都相当多，少有其他村庄可及，如Armand Rousseau、Joseph Roty、Trapet、Rossignaol-Trapet、Geantet-Pansiot、Dugat-Py、Claude Dugat、Denis Mortet、Philippe Charlopin、Denis Bachelet和Fourrier等，知名的酒商如Louis Jadot和Faiveley也都在村内拥有许多名园，共同塑造出此村的经典风味。

▲ 上：村子西边的 Lavaux 背斜谷是精华区之一，包括 Clos St. Jacques 都位于此

下左上：Lavaux 背斜谷底的一级园 Les Varoilles 有较为冷凉的环境

下左下：特级园乎修特-香贝丹旁边的一级园 Fonteny

下中：村子南边的一级园 Aux Combottes，四周为特级园所环绕

下右：村内最北端的一级园 Champeaux

酒庄与酒商

Denis Bachelet（酒庄）··········

公顷：4.28　主要特级园：夏姆（0.43 公顷）
主要一级园：Gevrey Chambertin Les Evocelles,
Corbeaux

行事低调，有非常多老树园，酒风丰满圆润却又相当精致的精英小酒庄。由自小跟着祖母学习酿酒的 Denis Bachelet 从 1983 年开始独立经营，现在儿子 Nicolas 也已加入。采用全部去梗的酿法，经五天至六天的低温浸皮，以手工踩皮的方式酿造，使用较高比例的新桶培养。Denis 自己喜欢丰润风格的酒，他所酿制的每一款酒，即使是 Bourgogne 等级的酒也都相当肥厚性感，非常好喝。而以超过百年老树酿成的唯一特级园夏姆和种植于 1920 年的一级园 Corbeaux，都是兼具久存与适时享乐的模范酒款。

Olivier Bernstein（酒商）··········

微型精英酒商，只专注于特级园与顶尖的一级园，除了自酿，亦参与葡萄园的耕作，由村内的 Richard Séguin 协助种植与酿造。以哲维瑞和邻近村庄的名园为重心，但酿酒窖设在博讷市内。Bernstein 的红酒风格相当深厚饱满，不只可口，而且有颇细致的香气，在年轻时就颇易品尝。

Alain Burguet（酒庄兼营酒商）··········

公顷：9.48　主要特级园：贝泽园（0.27 公顷）
主要一级园：Gevrey-Chambertin Les Champeaux

庄主为白手起家的硬汉型庄主，拥有的主要为村庄级的葡萄园，少有其他名庄会把大部分的心血花在村庄级的酒上，但他却能酿出非常有个性的坚实酒风，特别是以 22 片老树葡萄园调配成的村庄级 Mes Favorites，强劲、精致、多变化，如金字塔般均衡稳定。村庄级酒只有 La Justice 是单一葡萄园酒，有圆熟饱满的享乐风格。新增的贝泽园则颇为紧实高雅。酿造时不使用温控，采用自然发酵，有时温度较高。Alain Burguet 说他喜爱浓厚的葡萄酒，但会小心至不至于过熟和过度萃取。

Philippe Charlopin（酒庄）··········

公顷：25　主要特级园：香贝丹（0.21 公顷），马立（0.09 公顷），夏姆（0.3 公顷），马索耶尔（0.3 公顷），圣丹尼庄园（0.17 公顷），邦马尔（0.12 公顷），梧玖庄园（0.41 公顷），埃雪索（0.33 公顷），高登-查理曼（0.21 公顷）　主要一级园：Gevrey-Chambertin Bel-Air, Chablis L'Homme Mort, Beauroy, Côte de Léchet

随着年龄的增长，Charlopin 原本浓厚外放的酒风也变得内敛一些，原本强调晚摘，但现已提早，虽然对喜好老式风味的人来说仍有些过头，但多能保持均衡。因儿子 Yann 加入，开始酿造更多白酒，跟红酒一样，也走浓厚坚固风，成熟却多酸，甚至有些咬劲。全新的现代酒窖位于村外的工业区，让总数已达数十种的酒款可以酿得更精确一些。在冷一点的年份或冷一点的葡萄园，如村内的 Bel-Air、Marsannay、Echézeaux-En Orveaux，甚至南边的 Pernand-

▲ Denis Bachelet　　▲ Olivier Bernstein　　▲ Alain Burguet　　▲ Alain Burguet　　▲ Philippe Charlopin

Vergelesses、Charlopin 反而可以酿出更精致的酒。

Drouhin-Laroze（酒庄兼营酒商）

公顷：12　主要特级园：贝泽园（1.39 公顷），拉提歇尔（0.67 公顷），夏贝尔（0.51 公顷），邦马尔（1.49 公顷），蜜思妮（0.12 公顷），梧玖庄园（1.03 公顷）　主要一级园：Gevrey-Chambertin Lavaux, Clos Prieur, Au Closeau, Craipillot

颇具历史的富有酒庄，位于村中心的宅邸内，Philippe Drouhin 接班之后，酒风逐渐变得细致精确，颇能表现葡萄园的风格，也开始有较优雅的质地与变化。女儿加入后甚至还成立了酒商企业 Laroze de Drouhin。

Pierre Damoy（酒庄）

公顷：10.48　主要特级园：香贝丹（0.49 公顷），贝泽园（5.36 公顷），夏贝尔（2.22 公顷）

在此村少有酒庄，特级园太多，一级园太少，而 Pierre Damoy 则是极端的一家，有面积相当大的贝泽园，并没有全部自己酿造，而是直接卖葡萄给许多精英酒商。Pierre Damoy 的酒风稍微方正粗犷，需要多一点时间熟成，并不适合太年轻就品尝。但近年来，已经变得柔和精致，也更现代。

▶ Pierre Damoy 的贝泽园区域

▲ Pierre Duroché

▲ Claude Dugat 父子

Claude Dugat（酒庄）

公顷：6.05　主要特级园：吉优特（0.16 公顷），夏贝尔（0.1 公顷），夏姆（0.3 公顷）　主要一级园：Lavaux

这是一家采用手工艺式酿造、事必躬亲的典型葡萄农酒庄，由 Claude Dugat 带领三个子女一起耕作与酿酒，甚至由儿子负责养马耕田。Claude Dugat 的酒风以鲜美的果味和丰郁可口的细致质地闻名。可以如此美味却又精致，刚装瓶不久就适饮，但又能耐久，主要在于葡萄园的努力。葡萄产量低，却又非常均衡，在酿造上反而很简单，全部去梗，发酵前少有低温浸皮，经十五天的浸皮和每天两次的踩皮即可。三片特级园中，以吉优特的酒最为精致优雅，夏贝尔的则最为坚实。一级园 Lavaux 的酒亦相当细致，甚至常比夏贝尔和夏姆的更迷人。为了训练儿女学习经营，也成立了酒商 La Gibryotte，不过并非采买葡萄自酿，只是买进村内的成酒调配与装瓶。

Dugat-Py（酒庄）

公顷：10　主要特级园：香贝丹（0.05 公顷），马立（0.22 公顷），夏姆（0.47 公顷），马索耶尔（0.22 公顷）　主要一级园：Champeaux, Lavaux, Petite Chapelle

Bernard Dugat 和堂哥 Claude Dugat 同为典型的葡萄农酒庄，也是和儿子一起耕作与酿酒。采用有机种植与自然动力种植法，一部分葡萄园的种植密度甚至高达每公顷 14,000 株，只能用马犁田。采用部分去梗酿造，没有低温浸皮直接发酵，每日踩皮一次，但亦进行一次淋汁，一级园以上的酒全部用新桶培养。Dugat-Py 早期（从 1989 年开始）风格较为浓厚，也较多受到新桶的影响，但近年来酒风更加均衡自然，亦见精巧的细节变化。

Lou Dumont（酒商）

由来自日本的仲田晃司于 2000 年设立的酒商，除了购买成酒外，也自酿一小部分的酒款。虽然生产跨金丘区的红酒、白酒，但专精于哲维瑞村的红酒，较多通过直接的关系买到，而非通过中介。虽是酒商，但仍具有相当高的水平。不过，因为漫画的关系，却是以酿造默尔索的白酒成名。

Gilles Duroché（酒庄）

公顷：8.5　主要特级园：贝泽园（0.25公顷），拉提歇尔（0.28公顷），吉优特（0.02公顷），夏姆（0.41公顷）　主要一级园：Gevery-Chambertin Lavaut, Estournelles, Les Champeaux

有多片老树名园的老牌酒庄，如1920年代种植的贝泽园和Lavaut。第四代的Gilles退休后，自2005年起已由儿子Pierre负责酿造，酒风变得更加细致精巧，也常能精确地展露葡萄园的经典风格，逐步成为村内的精英酒庄。采用理性种植，采收后大部分去梗，无低温浸皮，马上发酵。特级园采用50%～60%的新桶培养。不只特级园与一级园酿制极佳，连村庄园Aux Etelois都有顶级黑皮诺般的精致质地。

Sylvie Esmonin（酒庄）

公顷：7.22　主要一级园：Gevery-Chambertin Clos St. Jacques, Volnay-Santenots

直接位于一级园Clos St. Jacques石墙内的酒庄，拥有此园最北边1.61公顷的区域。1989年由前任庄主的女儿Sylvie接手酒庄之后才开始自行装瓶销售。酿造法从早期的全部去梗转为大部分采用整串葡萄，较少低温浸皮，也较多使用新桶，特别是来自Sylvie的男友Dominique Laurent

的桶厂的产品。酒风虽细致精确，但亦颇强劲有力。

Fourrier（酒庄）

公顷：8.68　主要特级园：吉优特（0.26公顷）主要一级园：Gevrey-Chambertin Clos St. Jacques, Combe aux Moines, Les Champeaux, Les Goulots, Les Cherbaudes, Morey St. Denis Clos Sorbé, Chambolle-Musigny Les Gruenchers, Vougeot Les Petits Vougeots

现由第二代的相当聪明理性、具有观察与反省力的Jean-Marie负责管理酒庄。酒风非常纯净透明，颇能表现葡萄园的风格。葡萄全部去梗，不降温，自然启动发酵，每日分多次踩皮。所有等级的酒都只采用20%的新桶。酿成的红酒常有干净新鲜的果味、非常精巧紧致的单宁质地与漂亮的酸味。在村内的五片一级园都有明确的风格表现，通常以Champeaux最为精致多变，拥有百年老树的Clos St. Jacques最为深厚结实，Les Goulots则相当灵巧。唯一的特级园位于吉优特的下坡处，有轻巧的精细风格。

Geantet-Pansiot（酒庄）

公顷：13　主要特级园：夏姆　主要一级园：Gevrey-Chambertin Le Poissenot, Chambolle-Musigny Les Baudes, Les Feusselottes

自1989年起由Vincent Geantet负责管理。葡萄经多次逐粒挑选，全部去梗，进行长达十天的发酵前低温浸皮、踩皮兼淋汁。所有等级的酒都采用30%的新桶培养14个月。Geantet-

▲ 仲田晃司

▲ Jean-Marie Fourrier

▲ Philippe Harmand Geoffroy

▲ Philippe Leclerc

▲ Arnauld Motret

Pansiot 有多款村内的村庄级酒，最特别的是 En Champ，有未嫁接砧木的百年老树，颇为坚硬有力。一级园 Le Poissenot 常最优雅细致，特级园夏姆则圆润丰厚，果味丰沛，虽不是特别坚挺，但浓缩，而且可口性感。Vincent 的女儿 Emilie Geantet 则自创与自己同名的酒商。

Harmand-Geoffroy（酒庄）

公顷：9　主要特级园：马立（0.73 公顷）　主要一级园：Gevrey Chambertin Lavaut, Les Champeaux, La Perrière, La Bossière

百年历史的家族酒庄，Gérard 退休后，2007 年由儿子 Philippe 逐步接掌酒庄，原本较粗犷的酒风也开始变得更加纯净、现代。葡萄园平均树龄超过半世纪，村内的各级酒都有相当高的水平与个性，在哲维瑞村的结实酒体中，保留细致的变化与均衡，独占的一级园 La Bossière 有村内少见的纤细酒风。葡萄多于水泥槽中发酵，全部去梗，但没有挤出果粒，而是整粒进酒槽，先进行五天左右的低温浸皮再开始发酵，先踩皮后段再淋汁，颇小心萃取，以 40%～80% 的新桶培养十至十六个月。

Philippe Leclerc（酒庄）

公顷：7.84　主要一级园：Gevrey-Chambertin Les Gazetières, Les Champeaux, La Combe au Moine

具有相当特异的极端风格。葡萄极晚采收，萃取相当多，采用非常多的新木桶，酒极为浓缩粗犷，带有烟熏与木桶香气，也许是适合赤霞珠爱好者饮用的勃艮第红酒。

René Leclerc（酒庄）

公顷：9.5　主要特级园：吉优特（0.75 公顷）　主要一级园：Gevrey-Chambertin Les Champeaux, La Combe au Moine, Lavaux

与 Philippe Leclerc 源自同一酒庄，但风格完全相反，较为简单柔和，也颇适合早喝。Griotte 是最精致的酒款，较 Domaine Ponsot 的版本更顺口易饮。

Denis Motret（酒庄）

公顷：10.87　主要特级园：香贝丹（0.15 公顷），梧玖庄园（0.31 公顷）　主要一级园：Gevrey-Chambertin Champeaux, Lavaux, Chambolle-Musigny Les Beaux Bruns

因前庄主自杀而成为热点的酒庄，现由儿子 Arnauld 酿造，风格甚至更胜具有完美主义个性的父亲。在 Denis Motret 时即相当注重种植，Arnauld 亦延续了这样的传统，不过，在酿造上有些许改变，从全部去梗变为开始采用一部分的整串葡萄去梗，低温浸皮长达五日至十日，踩皮的次数也减少，多一些淋汁，使用新桶的比例也降低。酿成的红酒延续过去饱满厚实且浓缩有劲道的风格，但在丰沛的果味外多一些变化和细节，酒的质地也更优雅精细。从最一般的 Bourgogne 到香贝丹都能酿出精确的葡萄园风味。在哲维瑞红酒有力的肌肉中，Champeaux 带有轻盈式的精致，Lavaux 则是玉树临风般的合度。产量极小的香贝丹通常最晚采收，直接在木桶中发酵，不只厚实强劲，而且可口美味。连位处最东北角落、居于坡底的梧玖庄园，都能酿成优美细致风味的酒。

Rossignol-Trapet（酒庄）

公顷：14.27　主要特级园：香贝丹（1.6 公顷），拉提歇尔（0.73 公顷），La Chapelle（0.53 公顷）　主要一级园：Gevrey-Chambertin Les Cherbaudes, Clos Prieur, Les Combottes, Les Corbeaux, Petite Chapelle, Beaune Les Teurons

村内的老牌酒庄，在 1990 年前与 Trapet 为同一家，也同样采用自然动力种植法，两家的葡萄园亦多相邻。不过酿法不同，采用全部去梗的方式，低温浸皮数日后发酵两到三周，踩皮逐渐减少，也增加了淋汁。使用 25%～50% 的新桶培

▲ Nicolas Rossignol-Trapet

养一年半。酒风颇能代表此村的风格，具有力量感相当强的优雅，但也许尚不及 Trapet 那么精致透明。

Philippe Roty（酒庄）

公顷：9.2　主要特级园：马立（0.12 公顷），吉优特（0.08 公顷），夏姆（0.16 公顷）　主要一级园：Gevrey-Chambertin Le Fonteny

这是一家相当低调的酒庄，不过酒的风格却是走非常美味性感的路线，特别是其三片产量极少的特级园。现在由儿子负责酿造，他在马沙内村也拥有葡萄园，以 Philippe Roty 的名字装瓶。酒庄的葡萄园大多采用有机种植，有相当多的老树，如种植于 1881 年、超级浓缩的夏姆–香贝丹。葡萄采收之后先经七到八天 10℃ 以下的低温浸皮，之后再经两周的酒精发酵，踩皮与淋汁兼用，经一年半的培养后装瓶。葡萄有极佳成熟度，酿成的红酒颜色相当深，有非常丰富的熟果香气，单宁圆熟细滑，虽浓缩肥美，但酒仍具有精致变化，非常吸引人，特别是完全没有粗犷气的马立和精巧的吉优特。

Armand Rousseau（酒庄）

公顷：14.1　主要特级园：香贝丹（2.56 公顷），贝泽园（1.42 公顷），马立（0.53 公顷），Clos de Ruchotte（1.06 公顷），夏姆（1.37 公顷〔包括部分马索耶尔〕），罗西庄园（1.48 公顷）　主要一级园：Gevrey-Chambertin Clos St. Jacques, Les Cazetiers, Lavaux

村内最重要的老牌精英酒庄，不论从历史、酒的风格还是所拥有的葡萄园来看，都称得上村内的第一名庄。除了特级园罗西庄园外，所有的葡萄园都在村内。Armand Rousseau 开独立酒庄风气之先，自 20 世纪 30 年代开始自己装瓶销售。虽然没有特别的种植法与酿造法，但长年以来，Rousseau 一直是村内水平最稳定的酒庄，风格亦少转变，持续地认真照顾葡萄园也许是关键。第二代的 Charles 已经退休，由第三代的 Eric 与两个女儿经营。

采收后最多只留约 20% 的整串葡萄，其余全部去梗，先降温，然后慢慢自然升温启动发酵，约维持 18 天左右，踩皮和淋汁兼有。之后香贝丹、贝泽园和有些年份的 Clos St. Jacques 会进 François Frères 的全新木桶培养 20 个月（也采用约 10% 来自远亲所开设的同名桶厂 Rousseau 的木桶），其余则放入一年的旧桶。不同于培养阶段完全不换桶的流行做法，Rousseau 会进行两次换桶并轻微过滤。Rousseau 对村内的四片特级园，以及三片邻近的一级园酒的酿造都是教科书级的范本。大多酒色深，酒体浓厚结实，强而有力，相当均衡细致，而且相当耐久，至少大部分年份的香贝丹、贝泽园和 Clos St. Jacques 是如此。

Sérafin（酒庄）

公顷：5.18　主要特级园：夏姆　主要一级园：Gevrey-Chambertin Cazetiers, Fonteny, Corbeaux, Morey St. Denis Millandes, Chambolle-Musigny Les Baudes

1988 年起由 Christian Sérafin 负责，已渐由下一代接任。Sérafin 的风格颇为特别，因采用

▲ Philippe Roty

▲ Armand Rousseau 桶边试饮

▲ Armand Rousseau 培养酒窖

50%～100% 的新桶，所以有相当多木桶的香气，酒的架构也比较坚固严肃，年轻时涩味较多，不过颇具潜力，特别是 Millandes 和 Cazetiers。

Trapet（酒庄）

公顷：16　主要特级园：香贝丹（1.85），拉提歇尔（0.73 公顷），La Chapelle（0.6 公顷）　主要一级园：Gevrey-Chambertin Clos Prieur, Petite Chapelle

村内的老牌酒庄，1990 年前与 Rossignol-Trapet 为同一家。自从 Jean-Louis Trapet 接手之后，质量逐渐提升，并开始采用自然动力法种植，是村内的先锋，也促使其他葡萄农加入。现在 Jean-Louis 保留大部分的整串葡萄酿造，低温浸皮五至七日后发酵两周，几乎没有使用二氧化硫，新桶的比例也较低。Trapet 早期的酒风较为粗犷，Jean-Louis 之后，风格转为严谨，更加紧密结实，但 21 世纪开始变得精致纯粹，也更加自然透明，有更多干净的果味，也更能精确反映葡萄园特色。除了勃艮第，Jean-Louis 也在阿尔萨斯拥有葡萄园并酿制白酒。

Tortochot（酒庄）

公顷：11　主要特级园：香贝丹（0.31 公顷），马立（0.42 公顷），夏姆（0.57 公顷），梧玖庄园（0.21 公顷）　主要一级园：Gevrey-Chambertin Les Champeaux, Lavaux, Morey St. Denis Aux Charmes

拥有相当多特级园，是一家价格平实的酒庄，由第四代的女庄主 Chantal Michel 负责酿造，全部去梗，发酵前先低温浸皮，约两周酿成，特级园采用 100% 新桶培养 15 个月。酒风较为自然一些，单宁质感稍硬，但适合陈年饮用。

Domaine des Varoilles（酒庄）

公顷：10.5　主要特级园：夏姆（0.75 公顷），梧玖庄园（1 公顷）　主要一级园：Gevrey-Chambertin Clos de Varoilles, La Romanée, Les Champonnets

庄主是来自瑞士的 Gilbert Hammel，拥有多片独占园，如位于 Lavaux 背斜谷最内侧、较为寒冷的一级园 La Romanée 和 12 世纪即种植葡萄的 Clos de Varoilles，另外还有两片村庄级的独占园。采用全部去梗，经过五至七日的低温浸皮与两周的发酵；特级园酒采用比例近半的新桶培养一年至两年。虽不是名厂，但水平颇高，风格相当均衡，大多优雅可口，尤其是高坡的 La Romanée 相当细致迷人。

René Bouvier（酒庄）

公顷：18　主要特级园：夏姆-香贝丹（0.3 公顷），梧玖庄园，圣丹尼庄园

源自马沙内（Marsannay）的酒庄，1992 年由原庄主的儿子 Bernard 经营与酿造，2006 年新建的酒窖位于村北的工业区内，拥有哲维瑞、马沙内和菲尚的葡萄园。葡萄采用原生酵母发酵，约 20 天完成，培养 16 至 18 个月装瓶。酒风多结实有力，颇具潜力。虽有三小片特级园，但以马沙内的多款红酒最为独特，亦分别酿出葡萄园的特色。

▲ Christian Sérafin　　▲ Jean-Louis Trapet　　▲ Chantal Michel Tortochot　　▲ Gilbert Hammel　　▲ Bernard Bouvier

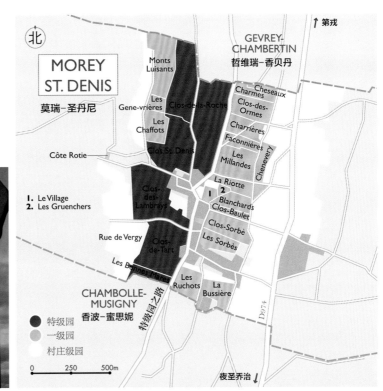

▲ 左：常出现在酒标上的莫瑞-圣丹尼村徽

◀ 历史名园塔尔庄园与莫瑞村

莫瑞-圣丹尼
Morey St. Denis

介于酒性强劲厚实的哲维瑞-香贝丹和酒风温和细腻的香波-蜜思妮两村之间，莫瑞-圣丹尼村（Morey St. Denis，以下简称莫瑞村）的红酒常被形容为兼具强劲与优雅。事实上，莫瑞村一直不如南北两个邻村来得知名，在法国法定产区成立之前，村内的葡萄园经常以邻村的名称销售，村内红酒没有明显特色的原因也许就在此。1927 年，莫瑞村于村名之后加

上村内特级园圣丹尼庄园（Clos St. Denis）的名称，成为现在的村名莫瑞-圣贝尼。不过，若论名气和葡萄酒的水平，罗西庄园和塔尔庄园这两个村内特级园都更适合加到村名之后以提高其知名度。相较于持有名园香贝丹和蜜思妮的邻村，莫瑞村的名字也更常被酒迷们忽略。

整体而言，在酒风上，莫瑞村比较接近哲维瑞村，强劲厚实，反而少见香波村的温柔多变或冯内-侯马内村的纯美深厚。不过，这完全不影响此村作为夜丘区的明星酒村，因为村内亦有相当多名园，如包括有千年历史的塔尔

庄园在内的五片特级园，以及 Domaine Ponsot 或 Domaine Dujac 等多家顶尖精英酒庄。

全村的范围不大，只有不到 150 公顷的葡萄园，甚至比香波村还小，在夜丘各村中只比梧玖村大一些。不过，却有五片总面积达 40 公顷的特级园，以及二十片共 33 公顷的一级园。除了葡萄园的条件佳，村内的酒庄较为团结也是此处多特级园及一级园的主因，加上圣丹尼庄园和罗西庄园的面积分别扩增 2.8 倍和 3.7 倍，许多村庄级葡萄园也陆续升为一级园才能有现在的规模。全村几乎都种植黑皮诺，不过，在坡顶多石的地带，也生产一点白酒，仅 3 公顷多，其中还包括不到 1 公顷的一级园，比较特别的是，除了霞多丽也有一部分种阿里高特。

由特级园之路往南，过了哲维瑞村的最后一片一级园 Les Combottes，紧接着就是莫瑞村的特级园罗西庄园。从这里开始，在特级园之路的西边是一整片长达 2 公里完全没有中断的特级园山坡，一直绵延到南边与香波村交界的特级园邦马尔。大部分的一级园则位于特级园之路东边的下坡处。村子的地形相对简单，只有一个小型的背斜谷 Combe de Morey 从村子上方切过山坡的上半段。高坡处是鱼卵状石灰岩，底下是质地柔软、多泥灰质的石灰岩，罗西庄园和圣丹尼庄园的上半部主要位于这样的岩层上，往下到山坡中段，岩层跟邻村的特级园香贝丹的下坡处一样，是侏罗纪中期巴柔阶的海百合石灰岩。

● 特级园

村内五片特级园由北往南彼此相连，位于海拔 270 米与 320 米之间，大多有石墙围绕，

至少最初的葡萄园是如此。这五家分别为罗西庄园、圣丹尼庄园、兰贝雷庄园、塔尔庄园和邦马尔，最后一家只有 10% 的面积位于村内，其他都跨过村界，位于南边的香波村。

罗西庄园
（Clos de la Roche，16.9 公顷）

位于山坡中段，原本只有 4.57 公顷，但在 20 世纪 30 年代末成立法定产区时，合并了山坡上的所有葡萄园，直到特级园之路的 Les Mochamps，甚至再往南一直延续到村边合并了 Les Froichots、Les Premières 和 Les Chabiots，往北还合并了 Monts Luisants 的下坡处，1970 年再继续往上坡扩充，形成今日的规模。Roche 是岩石的意思，不过是单数的，意思是一块巨大的岩盘，在山坡中段的原始区域表土非常浅，有时不到 30 厘米即是地底硬岩。

罗西庄园是村内面积最大的特级园，也被认为是质量最佳、最稳定的葡萄园。风格与哲维瑞村的特级园近似，如拉提歇尔-香贝丹。有极佳的结构与均衡感，深厚结实，还有许多人提到带有一点野性与土壤的香气。通常没有邦马尔那么粗犷，也没有那么厚实有力。但常比圣丹尼庄园浓厚许多，虽然也许没有那么精致，不过极佳的版本却也可以类似香贝丹。

▶ 左上：莫瑞村与一级园 Les Ruchots

右上：一级园 Clos Baulet

左下：罗西庄园是村内最大，也可能是最佳的特级园

右下上：位于山坡中段的最早的罗西庄园本园

右下下：Domaine Leroy 的罗西庄园位于原称为 Les Fremières 的地块

有多达四十家酒庄拥有此园，其中最主要有 Domaine Ponsot（3.35 公顷）、Domaine Dujac（1.95 公顷）、Armand Rousseau（1.48 公顷）、Pierre Amiot（1.2 公顷）、Georges Lignier（1.05 公顷）、Hubert Lignier（1.01 公顷）、Lecheneaut（0.82 公顷）、Leroy（0.67 公顷）、Guy Gastagnier（0.57 公顷）、Arlaud（0.44 公顷）、Hospices de Beaune（0.44 公顷）、Duband（0.41 公顷）、Chantal Rémy（0.4 公顷）、Michel Magnien（0.39 公顷）、Gérard Raphet（0.38 公顷）和 Lignier-Michelot（0.31 公顷）。

圣丹尼庄园

（Clos St. Denis，6.62 公顷）

11 世纪就已经存在的古园，曾是 Vergy 村圣丹尼修会的产业。原来只有 2.14 公顷，和罗西庄园一样，在 20 世纪 30 年代合并南边的 Maison Brulée 及上坡处的葡萄园成为现在的规模。虽然此庄园在 1927 年形成村名的一部分，但一直是村内最不被看好的特级园，Lavalle 在 1855 年甚至只将其列为第二级。不过，如果从酒风来看，却是村内最优雅精致的特级园，或者说，最接近香波村的酒风，酒体比较轻巧，单宁比较柔和，也比较早熟。圣丹尼庄园的南边刚好是背斜谷的边缘，有比较深厚的自山上冲刷下来的表土，南边的区域也有些朝南，有更佳的光照效果，但同时也有比较多的冷风吹过，这也许是此园与邻近的其他特级园风味不同的原因之一。

有二十家酒庄拥有此园，最主要的酒庄有 Georges Lignier（1.49 公顷）、Domaine Dujac（1.47 公顷）、Domaine Ponsot / Chezeaux（0.7 公顷）、Bertagna（0.53 公顷）、Castagnier（0.35 公顷）、Charlopin（0.2 公顷）、Arlaud（0.18 公顷）、Jadot（0.17 公顷）、Amiot-Servelle（0.18 公顷）和 Michel Magnien（0.12 公顷）。

兰贝雷庄园

（Clos des Lambrays，8.83 公顷）

夹在塔尔庄园和圣丹尼庄园之间的山坡，是一片几乎由 Domaine des Lambrays 所独有的特级园，酒庄就盖在园边的 Taupenot-Merme，拥有 0.043 公顷。这片 14 世纪曾经为熙笃会产业的葡萄园由多个区块构成，在法国大革

► 左上、右上：圣丹尼庄园的本园

左中：酒风较为优雅，几乎为独占园的兰贝雷庄园　右中：兰贝雷庄园的北侧位于背斜谷的东北坡上

左下：有八百多年历史的塔尔庄园只转手过三次，目前仍为独占园

右下：村后即为特尔庄园，几乎占满山坡的大半

命后还曾经分属于 74 家酒庄，在 19 世纪才又重组成现在的规模。虽然在 1855 年被 Lavalle 列为 Première Cuvée，但在 20 世纪 30 年代并没有申请成为特级园，至 1981 年才升级。

8 公顷多的葡萄园分为四个部分，最主要的部分称为 Les Larrets，坡度较陡，采用南北向种植，而且种植密度稍高，每公顷达 12,000 株，北半边则稍朝北。坡底的 Meix Rentier 较平缓，多黏土，在干旱的年份表现较佳。最北边的 Les Bouchot 位于背斜谷边，面朝东北，与圣丹尼庄园相望，较冷，也较少太阳，曾经主要用来生产二军酒 Les Loups。混合这些地块较易有均衡多变的风格，也让此园的酒风比相邻的特尔庄园精巧优雅一些。

塔尔庄园（Clos de Tart，7.53 公顷）

由本笃会的 Tart-le-Haut 修道院于 1141 年购置创立的历史名园，原称为 Clos de la Forge，由院内修女耕作酿造，直到 18 世纪法国大革命时期。曾陆续受到邻园的赠与，从原本的 5 公顷逐渐达到今日的规模，一直为独占园，有 14 世纪的石墙围绕，未曾分割，历年来也仅有三任庄主，法国大革命后经拍卖成为私人产业，1932 年由 Mommessin 家族买入至今。7.53 公顷的土地上有 6.17 公顷的葡萄园，其余近坡底处盖建了石造酒窖，里面仍保留着 16 世纪的木造榨汁机。在 19 世纪 Lavalle 的分级中，塔尔庄园是等级最高的 Tête de Cuvée。

此庄园虽然不像兰贝雷庄园有差异较大的自然环境，但仍有山坡区段上的差异。最低坡处是跟香贝丹一样的海百合石灰岩，中段为多泥灰质的黄褐色石灰岩，而最顶层则是白色的石灰岩层，由相邻的邦马尔一直延伸到兰贝庄园最上坡处，在这一区可酿出更细致的酒风。

为防土壤流失，葡萄园采用南北向种植，有一部分的百年老树，平均树龄也超过六十年。因是独占园，各区块分开酿造后调配，其中一部分调成二军酒 La Forge de Tart。此区的酒风较为强硬，比兰贝雷庄园更有力量，也较浓厚结实。近年来更精确的酿造方式让酒更细致，也更具细节变化。

邦马尔（Bonnes-Mares，1.5 公顷）

此特级园最主要的 13.5 公顷位于香波村，将在下一章一并讨论。

● 一级园

村内有二十片一级园，因有许多被并入特级园，所以面积都不太大，主要分为四个区块。首先，在罗西庄园和圣丹尼庄园上方的，是 Mont Luisant、Les Genavrières 和 Les Chaffots，这里土少石多，坡陡且海拔高，过去种植较多的白葡萄，如 Domaine Ponsot 的 Monts Luisants 一级园，其白酒主要以百年的阿里高特老树酿成，最近才陆续改种黑皮诺。这一区酒风偏酸，优雅耐久，但酒体较瘦。

在罗西庄园下方，则是村内最主要的一级园所在，也是条件最佳的部分，有六片一级园，最知名的包括 Les Milandes、Les Faconnières 和 Clos des Ormes，常能酿出深厚坚实，但带点野性的莫瑞风格。最北边的 Aux Charmes 和 Aux Cheseaux 与特级园马索耶尔–香贝丹相连，风格比较柔和一些。

在村子下方有八片面积较小的一级园，较常见的只有 La Riotte 和 Clos Sorbè。最南边的一级园是位于塔尔庄园下方的 Les Ruchots 和 Georges Roumier 的独占园 Clos La Bussiéres，此处山坡有些凹陷，风格较为粗犷。

▲ 上：位处高坡的一级园 Les Chaffots 和下坡的特级园圣丹尼庄园

左下：一级园 Clos des Ormes 是村内最精英的一级园之一

下中：村庄级园 Très Girard

右下：村子下方的一级园 Clos Sorbé

酒庄与酒商

Arlaud（酒庄）⸺⸺⸺⸺⸺

公顷：15　主要特级园：罗西庄园（0.44公顷），圣丹尼庄园（0.18公顷），邦马尔（0.2公顷），夏姆−香贝丹（1.14公顷）　主要一级园：Morey St. Denis Les Blanchards, Aux Cheseaux, Les Millandes, Les Ruchots, Gevrey-Chambertin Aux Combottes, Chambolle-Musigny Les Chatelots, Les Noirots, Les Sentiers

自2009年起采用自然动力种植法的酒庄，由Cyprien和弟弟Romain一起经营酿造，妹妹Bertille负责养马犁田。除了专注于葡萄园的种植，Cyprien在酿造上亦颇能精确地酿出葡萄园与年份的风格，酒风细致，不特别浓厚，相当优雅。通常全部去梗，发酵前低温浸皮，少踩皮，多淋汁，谨慎使用木桶，即使一般的Bourgogne也颇具个性。Arlaud的邦马尔在两村交界处，有较多的红土，风格较为圆润浓厚，罗西庄园甚至更加坚挺强硬，也更加高雅，圣丹尼庄园则常最厚实也最有力量，但亦相当细致，通常使用新桶。

Domaine Dujac（酒庄兼营酒商）⸺⸺⸺

公顷：15.46　主要特级园：罗西庄园（1.95公顷），圣丹尼庄园（1.47公顷），邦马尔（0.59公顷），香贝丹（0.29公顷），夏姆−香贝丹（0.7公顷），侯马内−圣维冯（0.17公顷），埃雪索（0.69公顷）　主要一级园：Morey St. Denis Mont Luisant; Gevrey-Chambertin Aux Combottes; Chambolle-Musigny Aux Gruenchers; Vosne Romanée Malconsorts, Les Beaux Monts.

由Jacques Seysses在1967年创立的精英酒庄，现逐渐由第二代的Jeremy和Alec兄弟管理酿造，同时开设了酒商Dujac Fils & Père。来自巴黎的Jacques Seysses当时采用一些较特别的方法，如用选育的无性繁殖系种植，运用较少见的Cordon de Royat引枝法，架设巨型风扇防霜害，采用不去梗的整串葡萄酿造，自己选购橡木，自行风干后再委托桶厂制桶。逐渐成为一种流派，以颜色较淡、风格较为优雅的红酒闻名，但亦具有极佳的久存潜力，可以熟成出迷人的细致风味。

自2008年起酒庄所有葡萄园采用有机种植法，为了可以用更自然的方法酿造，仍然尽可能保留整串葡萄，但只有在成熟的年份如2009年才会达到100%，通常只是简单地踩皮酿造。Domaine Dujac采用比例高达45%～100%的新桶，不过都是Remond桶厂特别订制的浅培木桶。最重要的两片特级园圣丹尼庄园和罗西庄园是最佳的范本，前者优雅细腻，后者强劲结实。

Robert Groffier（酒庄）⸺⸺⸺⸺

公顷：8　主要特级园：邦马尔（0.97公顷），香贝丹−贝泽园（0.42公顷）　主要一级园：Chambolle-Musigny Les Amoureuses, Les Haut

▲ Cyprien Arlaud

▲ Alec Seysses

▲ Serge Groffier

▲ Clos des Lambrays 酒庄

Doix, Les Sentiers

这是一家以香波村红酒闻名的酒庄，不过却位于塔尔庄园的葡萄园边。现由第二代的 Serge 负责管理酿造。葡萄大多去梗，但偶尔留一小部分的梗以增加个性，发酵前低温浸皮四至五天，较高温发酵，约两到三周完成，踩皮次数非常多但短暂轻柔。木桶培养仅十二个月，新桶的比例较低，即使特级园也仅 35% 左右。Groffier 的酒风通常相当多奔放的香气，也较为易饮，年轻时即颇可口，是爱侣园的最大生产者，大部分年份相当精致优雅。

Domaine des Lambrays（酒庄）

公顷：10.71　主要特级园：兰贝雷庄园（8.66 公顷）　主要一级园：Puligny Montrachet Clos des Caillerets, Les Folatières

这家以 Clos des Lambrays 特级园为主的酒庄现为 LVMH 集团的产业，但仍由 Thierry Brouin 负责管理酿造，自 21 世纪起已有极高水平。兰贝雷庄园的酒风更加细致均衡，有多变的细节和优雅的单宁质地。采收稍早一些，大多采用整串葡萄酿造，发酵前五至六日低温浸皮，发酵一周后再继续浸皮一周，多踩皮，少淋汁。酿成后采用 50% 的新桶培养，全都用 François Frères 桶厂的木桶培养十八个月。

Hubert Lignier（酒庄兼营酒商）

公顷：9　主要特级园：罗西庄园，夏姆 – 香贝丹　主要一级园：Morey St. Denis Les Chaffots, La Riotte, Clos Baulet, Les Blanchards; Gevrey-Chambertin Aux Combotte, La Perrière; Chambolle-Musigny La Baude

由第二代 Romain 建立名声的名庄，Romain 不幸英年早逝后，由 Hubert 和儿子 Laurent 共同经营，现在也产一点酒商酒，酒的品项更多，也有一些博讷丘的红酒和白酒。采用理性种植，先低温浸皮再发酵，手工踩皮，特级园以 50% 新桶培养近两年。酒风比 Romain 时期稍坚实一些，但仍多果香，也颇圆厚饱满。

Fréderic Magnien（酒商）

这家颇为新式的精英酒商由 Michel Magnien 的儿子于 1995 年创立，主要采买夜丘区顶尖葡萄园的葡萄酿造，同时亦负责酿造他父亲的自有酒庄。两边的酒风颇为近似，浓愿结实，萃取颇多，不过 21 世纪之后的年份开始有极佳的均衡，也较为细致内敛。

Michel Magnien（酒庄）

公顷：9.75　主要特级园：罗西庄园（0.39 公顷），圣丹尼庄园（0.12 公顷），夏姆-香贝丹（0.27 公顷）　主要一级园：Morey St. Denis Les Chaffots, Les Milandes, Aux Charmes; Gevrey-Chambertin Les Cazetiers, Les Goulots, Chambolle-Musigny Les Sentiers, Fremiéres

（见 Fréderic Magnien）

▲ Hubert Lignier

▲ Thierry Brouin

▲ Perrot-Minot 酒庄

▲ Christoph Perrot-Minot

Perrot-Minot（酒庄兼营酒商）

公顷：13.5　主要特级园：夏姆-香贝丹（0.91公顷），马索耶尔-香贝丹（0.74公顷）　主要一级园：Morey St. Denis La Riotte; Chambolle-Musigny La Combe d'Orveau, Les Baude, Les Charmes, Fuée; Vosne Romanée Les Beaux Monts; Nuits St. Georges Les Crots, Les Murgets, La Richemont

自 1995 年起由 Christoph Perrot-Minot 接手管理酒庄，以低产量、严格筛选葡萄和新近的酿造技术，大幅提升酒庄水平。葡萄全部去梗，偶尔添加一小部分的整串葡萄酿造，先经一周发酵前低温浸皮，共约二十一天到二十五天发酵与浸皮。后经十五个月到十八个月的木桶培养，采用约三分之一的新桶。酿成的酒大多相当浓厚饱满，有甜润的熟化单宁，相当多的果味，浓缩但均衡新鲜，年轻时就已经非常可口。除了酒庄外，也以 Christoph Perrot-Minot 为名生产酒商酒，主要向 Pierre Damoy 采买的特级园葡萄酿造成，包括夏贝尔-香贝丹、香贝丹和香贝丹-贝泽园等，风格与水平也和酒庄酒非常接近。

Domaine Ponsot（酒庄兼营酒商）

公顷：11.25　主要特级园：罗西庄园（3.35公顷），圣丹尼庄园（0.38公顷），香贝丹（0.14公顷），夏贝尔-香贝丹（0.47公顷），吉优特-香贝丹（0.89公顷）　主要一级园：Morey St. Denis Monts Luisants; Chambolle-Musigny Les Charmes

村内的最佳酒庄之一，1773 年创立，除卖给酒商之外，1872 年开始一部分装瓶供应自家在意大利北部开设的连锁餐厅 Ponsot Frères，1934 年开始全部自己装瓶销售，是勃艮第最早装瓶的酒庄之一，不过 Domaine Ponsot 最早期也是一家采买葡萄酒的酒商。1990 年起由 Laurent Ponsot 负责经营。Laurent 在酿造上颇特立独行，酒风也非常独特，极为精巧。葡萄大部分去梗，在木制开口式酒槽中酿造，几乎不使用二氧化硫，以氮气和二氧化碳保护，也不添加酵母，酿造的温度较高，也较少使用降温设备，甚至采用老式的木造垂直榨汁机。在培养上，完全不用新桶，

而且有许多极旧的老桶，培养时间长达一年半到两年。在葡萄园的种植上几乎使用有机种植，也采用一些自然动力法。酒的命名也相当独特，多采用虫鸟名，如以百灵鸟（Alouettes）为名的莫瑞-圣丹尼，或以蝉（Cigales）命名的香波-蜜思妮，在勃艮第酒庄中颇为少见。另外，自 2008 年起放弃软木塞，开始使用 Guala 塞厂推出的 AS-Elite 塑料塞为所有酒封瓶。Domaine Ponsot 的红酒即使是特级园酒也不特别浓厚，呈现出精巧版本的坚硬结实，单宁的质地常如丝般滑细，非常优雅迷人。一级园的 Monts Luisants 白酒更是独特，百分之百采用 1911 年种植的阿里高特酿成，是勃艮第一级园中的特例。一样没有新桶，风格相当坚实而且浓厚，即使晚熟仍保留着极强劲的酸味，具有久存的潜力。也以 Laurent Ponsot 为名设有酒商，以同样的方法酿造买进的特级园葡萄，如高登-查理曼、蒙哈榭、高登或香贝丹-贝泽园等。

Chantal Rémy（酒庄兼营酒商）

公顷：1.27　主要特级园：罗西庄园（0.4公顷），香贝丹（0.14公顷），拉提歇尔-香贝丹（0.4公顷）

相当小巧，常被遗忘的酒庄，但有非常迷人的独特风格。自 2009 年之后酒庄的葡萄园面积再度缩减，成为有多块小片特级园的迷你型酒庄，由女庄主 Chantal 依循家族传统的方式，酿造出较为轻柔，却颇耐久的风格。年轻的儿子协助管理酒庄，亦将成立酒商采买葡萄。酒庄自存非常多的老酒，待成熟适饮时才释出，就连普通的年份都相当均衡多变。

Clos de Tart（酒庄）

公顷：7.53　主要特级园：塔尔庄园（7.53公顷）

勃艮第唯一只产独占特级园酒的酒庄，同时，也以特级园的名称作为酒庄名。不同于勃艮第生产多款葡萄酒的其他酒庄，塔尔庄园只生产同名的特级园红酒以及一款自动降级为一级园的二军酒 La Forge de Tart，反而比较像是波尔多的城

堡酒庄。Mommessin 家族自 1996 年起聘任非酿酒师出身的 Sylvain Pitiot 负责管理，逐渐让塔尔庄园成为村内的精英酒庄。葡萄通常较晚采收，酿造时大部分先去梗，经一周的发酵前低温浸皮，再进行两周的发酵与浸皮，主要采用踩皮，每天多次但轻缓。整片特级园分成八块，分开采收、酿造与培养，其中有两块酿出的是二军酒，其余全部进新桶培养约一年半之后，在装瓶前才进行调配。自 2015 年起由 Jacques Devauge 接任管理酒庄。（关于塔尔庄园的葡萄园与酒风请见特级园）

Taupenot-Merme（酒庄）

公顷：13.2　主要特级园：兰贝雷庄园（0.04 公顷），夏姆-香贝丹（0.57 公顷），马索耶尔-香贝丹（0.85 公顷），Corton Le Rognet（0.41 公顷）　主要一级园：Morey St. Denis La Riotte, Le Village; Chambolle-Musigny La Combe d'Orveau; Nuits St. Georges Les Pruliers, Auxey Duresses Les Duresses, Les Grands champs

与 Perrot-Minot 源自同一酒庄，葡萄园也颇为类似，现由 Romain 和姐姐 Virginie 一起管理经营。自 2002 年起采用有机种植，不过并未经过认证。葡萄全部去梗，先经发酵前低温浸皮，再发酵浸皮一个半星期到两个星期。经 12 个月到 14 个月的木桶培养，采用 30% ～ 50% 新桶。自 21 世纪，酒风逐渐脱离较粗犷酸瘦的风格，更加均衡也颇坚挺有力。

▲ 塔尔庄园的培养酒窖位于地下一层，再往下到地下二层还有一陈年酒窖保存旧年份的老酒

▲ Laurent Ponsot

▲ Chantal Rémy

▲ Romain Taupenot

▲ Laurent Ponsot

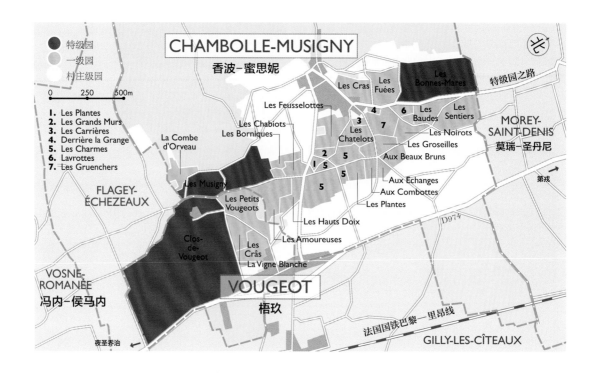

香波–蜜思妮
Chambolle-Musigny

在夜丘甚至全勃艮第所有生产红酒的酒村中，香波–蜜思妮村（Chambolle-Musigny，以下简称香波村）被认为最能表现黑皮诺的优雅特长。它不那么厚实坚硬，且常能以精巧细致的质地触动黑皮诺酒迷的心。尤其是村内的特级园蜜思妮和一级园 Les Amoureuses，常被视为黑皮诺细腻风格的典型代表。香波村即使村子不大，仅有两片特级园，似乎也不曾影响其在勃艮第与黑皮诺酒迷心中无可取代的位置。

村子虽同样位于夜丘朝东的山坡上，但本身的位置颇特别，由哲维瑞–香贝丹村一直平直往南延伸的山坡到了这边突然中断。一个称为 Combe d'Ambin 的背斜谷在村子的上方切穿金丘的石灰岩层，形成一条长达 3 公里的谷地，甚至有一条称为 Grône 的小溪流经，这让香波村更往西缩到谷内，村旁即可见山顶外露的白色石灰岩尖峰，原本笔直的特级园之路也被迫改变路径。这样的地形位置让此村有不同于邻村的环境，也可能影响其独特的酒风。

此处因背斜谷的侵蚀而较深入金丘，不同于其他夜丘村庄，南边有一大片位处高坡且面朝北边的葡萄园，比较寒冷少阳，朝北坡蔓延半公里之后，到近梧玖村的交界处才又转向，回复到原本的面东山坡，为 Les Amoureuses 与蜜思妮的所在。此处有断层经过，也曾为采石

▲ 香波村的酒庄不多且低调，连酒庄路标都显得冷清

场，大量挖掘的石灰岩让位于下坡处的梧玖村彷佛往下陷落，香波村南端的精华区葡萄园有如位于外露的石灰岩悬崖之上，此处金丘的山顶特别向外突出，让葡萄园显得有些挤迫，离岩床近，表土很浅。到了村子最南端与 Flagey Echézeaux 村的交界处又遇一背斜谷 Combe d'Orveau，与特级园梧玖庄园和 Echézeaux 相邻。

但在村子的下方，直到 D974 公路，因为堆积作用，形成了一片非常和缓平坦且地势开阔的冲积扇，1 公里的纵面仅爬升 30 米。这里是村内最主要的村庄级与一级园所在地，土壤较为深厚。在村子北边的葡萄园，自然条件比较类似典型的金丘山坡，酒风也较近似莫瑞-

圣丹尼村。从村边开始有一小片朝东南的陡坡，但很快就转为朝东的葡萄园山坡，一直延续到莫瑞村，村内另一特级园邦马尔就位于中坡处，也有相当多的一级园集中在周围。

香波村的葡萄园有较多的活性石灰质，黏土质反而较少，许多人相信这是香波村的红酒比较优雅的原因。黏土常让黑皮诺的皮具有更多的单宁，酿成的酒更厚实有力，而石灰质则常能突显精巧的质地。背斜谷引进较多山区的冷风，也造成较多朝北的葡萄园，另外也带来更多自山区冲刷下来的岩石和土壤。当然，大部分的酿酒师在酿造此村的红酒时，也常会特意不过度萃取，试图酿出更精巧细致的黑皮诺红酒。也许是这些因素共同汇集成此村独特的酒风。

村内约有 180 公顷的葡萄园，其中两片特级园蜜思妮和邦马尔共约 24 公顷，一级园有二十四片，共约 61 公顷，村庄级约 90 公顷。小巧优美的香波村虽是勃艮第重要名村，但因位于山坳内，周围环绕葡萄园，腹地狭隘，居民少，村内的酒庄不多，且多为小规模酒庄，约仅二十家。称得上名庄的仅有 Comte Georges de Vogüé、J.F. Mugnier、Georges Roumier、Amiot-Servelle 和 Ghislaine Barthod 五家，村内的葡萄园也有极大比例为其他村的酒庄所有。

☙ 特级园

香波村仅有两片特级园，一南一北，分处两处，自然环境与葡萄酒的风味也一样相去甚远，不过这样反而有相当大的戏剧性张力。一位在两处都拥有大片葡萄园的酿酒师说，如果它们是同一家族，应该是远房亲戚吧。在风格上，蜜思妮比较接近此村的主流，邦马尔则比

▲ 香波村深处于背斜谷内，村子下方的冲积扇上有许多一级园，但特级园却都位于村子的南北两端

较像是莫瑞村特级园的延伸，因此，1878 年香波村选择在村名之后加上蜜思妮，成为今日的村名香波-蜜思妮。

蜜思妮（Musigny，10.86 公顷）

最能表现黑皮诺细腻风味的特级园，也是勃艮第最佳的葡萄园之一。它呈长条的带状，位于村子最南端的高坡处，虽是面东的山坡，但同时朝向南边，由北往南分成三片有乡道隔开的葡萄园，最北边面积最大，称为 Les Musigny。海拔高度最高，在 270 米与 305 米之间，坡度也最陡，可达 15%。雨水的冲刷相当严重，须经常将冲到山下的表土搬回山上。上坡的岩层以巴通阶的鱼卵状石灰岩为主，白色岩块混合白色的泥灰质，只含少量的黏土质，但下坡处表土中的黏土质比例却非常高，底下则是坚硬的贡布隆香大理岩。绝大部分酒庄的蜜思妮园都位于此，占地较大，有 5.9 公顷，又称为大蜜思妮。

中间的部分有 4.19 公顷，因为面积较小称为小蜜思妮（Les Petits Musigny），为 Comte Georges de Vogüé 酒庄所独有，海拔稍低，在 262 米与 283 米之间，坡度也比较缓，直接位于梧玖庄园的上方。最南边的一块与南界的背斜谷同名，称为 La Combe d'Orveau，原本不属于蜜思妮，在 1929 年才将此园下坡处并入，1989 年重新调整成现的 0.77 公顷，为 Jacques Prieur 酒庄所独有。其余的 La Combe d'Orveau 现为一级园以及村庄级园。这里的海拔更低，在 259 米与 270 米之间。

除了红酒，蜜思妮是夜丘唯一可以生产白酒的特级园，称为 Musigny Blanc，只有 Comte Georges de Vogüé 种植了约 0.65 公顷的霞多丽，分别种植于大小蜜思妮的上坡处。自 20 世纪 90 年代大量种植后，因葡萄树尚年轻，酒庄酒直接降级为 Bourgogne 等级的白酒。风格颇特别，较为坚硬，有时粗犷有力，但不是特别精致。

有十四家酒庄在这片珍贵的区域上拥有土地，但只有十三家种植葡萄，其中最重要的四家拥有此园 90% 的面积，其余九家拥有的面积都相当小。因为稀有，这些酒庄几乎都自己装瓶，不卖给酒商，所以除了旧年份外，市面上由酒商装瓶的蜜思妮极为少见，如 Pascal Marchand 和 Dominique Laurent。这十三家酒庄分别为 Comte Georges de Vogüé（7.12 公顷，其中包

▲ 上：一级园 Les Borniques

下：村内的葡萄酒店

▶ 上：一级园 Les Charmes

左中：蜜思妮特级园以优雅细致的酒风闻名

中中：蜜思妮园中的 Les Petits Musigny

右中：蜜思妮园南端的 La Combe d'Orveau 在 1929 年并入蜜思妮园

左下：蜜思妮园与梧玖庄园仅一墙之隔，但熙笃会修士不曾将此二园的酒相混

右下：村北的一级园 Les Fuées

括0.65公顷的霞多丽）、Mugnier（1.14公顷）、Jacques Prieur（0.77公顷）、Joseph Drouhin（0.67公顷）、Leroy（0.27公顷）、Domaine de la Vaugeraie（0.21公顷）、Louis Jadot（0.17公顷）、Drouhin-Larose（0.12公顷）、Georges Roumier（0.1公顷）、Dufouleur Frères（0.1公顷）、Christian Confuron（0.08公顷）、Faiveley（0.03公顷）、Monthelie Douhairet Porcheret（0.02公顷）和Bertagna（0.02公顷，未种植）。

邦马尔（Bonnes-Mares，15.06公顷）

邦马尔以肌肉扎结的厚实口感闻名，浓厚中带些粗犷气，和讲究细腻变化的香波村酒风有点格格不入。位于村北与莫瑞村交界的地方，属于两村所共有的特级园，不过大部分的面积还是在香波村，占了13.5公顷。北接塔尔庄园，南邻香波村一级园 Les Fuées，海拔高度在256米与304米之间。邦马尔主要由两种不同的土质构成，北面靠近莫瑞村的下坡处，为海百合石灰岩区，颜色较深，呈红褐色，酒风似乎较圆润丰满且多果香；南面以及较高坡处，含较多的石灰质，土色浅白，出产单宁紧涩结实的强劲红酒。混合两者常成为更均衡的版本，如 Georges Roumier。

有20多家酒庄拥有此处的葡萄园，主要有 Comte Georges de Vogüé（2.7公顷）、Drouhin-Larose（1.49公顷）、Georges Roumier（1.39公顷）、Fougeray de Beauclaire（1.2公顷）、Bart（1.03公顷）、Robert Groffier（0.97公顷）、Domaine de la Vaugeraie（0.70公顷）、Domaine Dujac（0.59公顷）、Naigeon（0.5公顷）、Bruno Clair（0.41公顷）、J.F. Mugnier（0.36公顷）、Bertheau（0.34公顷）、Georges Lignier（0.29公顷）、Hervé Roumier（0.29公顷）、Louis Jadot（0.27公顷）、Domaine d'Auvenay（0.26公顷）、Bouchard（0.24公顷）、Joseph Drouhin（0.23公顷）、Arlaud（0.2公顷）和 Charlopin-Parizot（0.12公顷）。

● 一级园

在香波村有24片一级园分散在村内多处，各有不同的特性，其中最知名的是常被称为爱侣园的 Les Amoureuses。此园直接位于特级园蜜思妮的下坡处，酿成的酒风与之颇为近似，甚至更加精巧，具有特级园水平，价格亦常比邦马尔还高。此园共5.4公顷，分成多片梯田，面朝东南边，且位置高悬，有极佳的受阳效果。地底下为贡布隆香石灰岩层，表土非常浅，仅20厘米到60厘米，含有相当多的活性石灰；常酿成非常优雅的精巧型黑皮诺，有如丝般滑细的单宁质地与新鲜明亮的果味。许多名庄在此园拥有葡萄园，如 Roumier、Mugnier、Vogüé、Joseph Drouhin 和 Louis Jadot，更增此园水平。拥有面积最大的 Robert Groffier 酒庄认为，爱侣园名称的由来在于葡萄园的下方有泉水、小溪与树丛，相当幽静隐密，是村内许多情侣约会的地方。无论如何，此名与此园的酒风似乎亦相当契合。

在此园的上坡处与北侧一共有三片略朝向北边的一级园，其中有 Les Borniques 和 Les Hauts Doix，虽然位置佳，但似乎少有 Les Amoureuses 的水平。蜜思妮南边的一级园 La Combe d'Orveau 反而可酿出非常精致的红酒，是全村酒风最细腻的一级园。村子的下方因位于冲积扇上，土壤最深厚，地形宽阔平坦，有几片较大面积的一级园如 Les Feusselottes、Charmes 和 Les Chatelots 等，以及面积小一些

▲ 上：Comte Georges de Vogüé 酒庄独家拥有 7.12 公顷的蜜思妮特级园

左下：Comte Georges de Vogüé 也拥有最大面积的邦马尔特级园

右下：红土区域的邦马尔特级园

▲ 村南的一级园 La Combe d'Orveau 常能酿出非常优雅的黑皮诺红酒

的 Les Plants 和 Les Combottes 等，这一区所出产的红酒具有较多果香，口感较为圆润饱满，也较为可口易饮。

在村子的北侧到特级园邦马尔之间，有三片一级园，分别是 Les Cras、Les Fuées 和极狭小的 Les Véroilles。Les Cras 稍微朝南边，土少石多，且受背斜谷影响，成熟稍慢，但酒亦相当高雅，Les Fuées 直接与邦马尔相邻，而 Les Véroille 则位于邦马尔的上方。这一区出产的红酒单宁较为紧致，均衡且细致，但亦颇具力量，是村北一级园的精华区。另外还有相当多的一

级园位于邦马尔的下坡处，包括知名的 Sentier、Les Baudes、Les Noirot 和 Les Gruenchers。 这一区的风格也许带一点邦马尔和莫瑞村的粗犷气，但仍然有香波村的精致质地。

▶ 左上：香波村最知名，也可能是最优雅的一级园——爱侣园

　　右上：一级园 Les Feusselottes

　　左下：一级园 Les Cras 与 Les Fuées

　　右下：一级园 Les Gruenchers

酒庄与酒商

Amiot-Servelle（酒庄）

公顷：7.77　主要特级园：圣丹尼庄园（0.18公顷），夏姆–香贝丹（0.18公顷）　主要一级园：Chambolle-Musigny Les Amoureuses, Les Charmes, Derrière la Grange, Les Feusselottes, Les Plantes

由莫瑞村的女婿 Christian Amiot 所经营的酒庄，原称为 Servelle-Tachot。两片特级园与莫瑞村的葡萄园则来自 Pierre Amiot 酒庄（自 2010年起）。2003 年之后酒庄全部采用有机种植。Amiot-Servelle 酿的酒虽然常被认为有莫瑞村的影子，不过，其在村内的一级园除了近半公顷的 Les Amoureuses，其余主要集中在村子下方较平坦、土壤深厚的区域，酒风颇为浓厚，多新鲜樱桃果香，鲜美多汁，可口易饮。Les Amoureuses 位于中坡偏高处，颇具架势与力量，但质地相当细致。

Ghislaine Barthod（酒庄）

公顷：6.91　主要一级园：Chambolle-Musigny Les Baudes, Les Cras, Les Fuées, Grunchers, Les Véroilles, Beaux Bruns, Charmes, Chatelots, Combottes

虽然没有特级园，但这家由女庄主负责酿造的酒庄出产多达九片香波村一级园红酒，是村内的名庄之一，也是代表此村一级园的重要酒庄。采用全部去梗，发酵前先短暂低温浸皮，踩皮与淋汁兼用，一级园酒用约 30% 的新桶培养十八个月。女酿酒师相当有胆识，在反映葡萄园特色的同时，也展现了较结实的酒风。

Louis Boillot（酒庄兼营酒商）

公顷：6.88　主要一级园：Volnay Les Caillerets, Les Angles, Les Brouillardes; Pommard Les Croix Noires, Les Fremiers; Nuits St. Georges Les Pruliers; Gevrey-Chambertin Champonnet, Les Cherbaudes

出自渥尔内村的 Lucian Boillot 酒庄。分家后，Louis Boillot 因和 Ghislaine Barthod 结婚而搬到香波村，除了博讷丘，还有许多夜丘区葡萄园，也产一些酒商酒。两家共享种植团队与酿酒窖，酿法近似，Louis Boillot 浸皮的时间稍长一点，比较常淋汁，少踩皮，酿成的酒也相当高雅均衡。

Jacques-Frédéric Mugnier（酒庄）

公顷：14.42　主要特级园：蜜思妮（1.14公顷），邦马尔（0.36公顷）　主要一级园：Chambolle-Musigny Les Amoureuses, Les Fuées; Nuits St. Georges Clos de la Maréchale

J.F. Mugnier 原来是石油工程师，1985 年返乡接

▲ Christian Amiot

▲ Jacques-Frédéric Mugnier

▲ 香波城堡

管家族位于香波城堡内的酒庄。除了拥有村内最知名的三块葡萄园，在2004年自Faiveley手中收回租约，自己种植将近10公顷的Clos de la Maréchale并负责酿造，新建的地下酒窖就位于城堡的庭园内。蜜思妮的酒风不以浓郁取胜，常有相当精巧的变化，酒色也常较为清淡明亮。原本是喜好晚熟的葡萄，在十五年前常是村内最晚采收的酒庄，但现在却常最早采。二十年前会留一部分整串葡萄酿造，但现在却全部去梗。三到四天发酵前低温浸皮，先淋汁后踩皮，大约三个星期完成。新橡木桶的比例也日渐降低，不超过20%，将来可能减少到完全不采用。木桶培养十八个月后装瓶。这是最能表现香波村精巧细致风味的酒庄，即使是夜圣乔治村风格较粗犷的Clos de la Maréchale，相较于Faiveley时期，也有较为优雅的表现。

Georges Roumier（酒庄）

公顷：11.84　主要特级园：蜜思妮（0.1公顷），邦马尔（1.39公顷），高登-查理曼（0.2公顷），乎修特-香贝丹（0.54公顷），夏姆-香贝丹（0.27公顷）　主要一级园：Chambolle-Musigny Les Amoureuses, Les Combottes, Les Cras; Morey St. Denis Clos de la Bussière

第二部分第二章里介绍过这家酒庄的组织架构与运作模式。自1992年起负责管理的是第三代的Christophe Roumier，一个相当理性严谨而且脚踏实地的酿酒师。这样的个性也展现在酒庄越来越经典的酒风之中。即使有近三十年的经验，在细节上仍考虑甚多，除了顺应年份，也不断地尝试与修正，如采用去梗的做法，通常只留一小部分的整串葡萄。在他父亲Jean-Marie的时期，留的葡萄梗更多，达40%～50%。但2000年之后又增加整串酿的比例，等级越高，去梗越少，特级园蜜思妮因为葡萄太少，甚至全部不去梗。先经数日发酵前的浸皮，有时常达一周才缓慢开始发酵，整个酿造时间比20世纪90年代更长，约三周左右，原本主要用踩皮，但近年来在前后期改采用淋汁。除了蜜思妮全用新桶外，其余使用的比例在15%～50%之间。培养的时间为十四到十八个月，这期间只经过一次换桶，不经过滤直接装瓶。酿成的黑皮诺常有精确的葡萄园风味，在干净漂亮的果香中留有一些矿石味，口感颇结实严谨，但质地细致丝滑，为高雅内敛式的香波优雅风。

Anne & Hervé Sigault（酒庄）

公顷：9.3　主要一级园：Chambolle-Musigny Les Fuées, Les Sentier, Les Gruenchers, Les Groseilles, Les Noirots, Les Carrières, Les Charmes, Les Chatelots; Morey st. Denis Les Charrières, Les Milandes

在村内有相当多的一级园，2000年开始酿出迷人的香波村细致风味。与Amiot-Servelle一样，也是香波与莫瑞两村联姻形成的酒庄，由夫妻共

▲ Christophe Roumier

▲ Hervé Sigault

▲ Comte Georges de Vogüé 酒庄的培养酒窖

同经营。有颇先进的两层酒槽，可不用泵酿造，葡萄全部去梗，踩皮兼淋汁三周酿成，采用约30%的新桶培养。种植于1947年的Les Sentier是酒庄的招牌，精致而且可口。

Comte Georges de Vogüé（酒庄）

公顷：12.4　主要特级园：蜜思妮（7.12公顷〔包括0.65公顷的霞多丽〕），邦马尔（2.66公顷）
主要一级园：Chambolle-Musigny Les Amoureuses

香波村最重要也最知名的历史酒庄，在村内最重要的三片葡萄园里都拥有大片面积，特别是占有70%的蜜思妮特级园。Vogüé家族15世纪时就在村内拥有葡萄园，以1925年接掌酒庄的Georges de Vogüé伯爵之名命名。现任庄主是伯爵的两位外孙女，不过主要交由专业团队经营，由François Millet负责酿造，Eric Bourgogne负责耕作，Jean-Luc Pépin负责管理酒庄。为了降低产量，葡萄园大多采用高登式引枝法。精心照顾的葡萄园有如法式庭园般一丝不苟，近年来也开始使用马匹犁田。

François Millet在1986年接替Alain Roumier担任酿酒师，Vogüé酒庄开始进入新的时期。Millet说他并没有固定的酿酒模式，完全依照每年葡萄的情况来酿制，经验虽然重要，但常会让人感到太过自信。他觉得自己像个乐师，演奏慢版就该依慢版的要求来演奏。不过整体而言他通常会全部去梗，也很少有发酵前的浸皮，采用传统的木造酒槽，少踩皮，多淋汁，他说黑皮诺的酿造要用"浸泡"而非"萃取"的方式来达成。培养的部分，Millet采用15%～35%的新橡木桶，一年半后装瓶。蜜思妮园中的霞多丽葡萄全部在橡木桶发酵，只采用20%的新桶。

因酒庄的特级园相当多，村庄级的Chambolle中添加了许多一级园如Les Fuées和Les Baudes的葡萄，颇可口圆润。而一级园则经常全部采用蜜思妮特级园十年到二十五年的年轻葡萄树降级酿成，产量有时甚至占全园的40%，相当均衡，常有颇多可口的果味。因为经过严格汰选，多

▲ Comte Georges de Vogüé 的 Musigny

▲ François Millet

老树且产量低，Vogüé的红酒经常颜色相当深，香气亦颇多变，酒体相当浓厚而且非常结实，不过单宁质地细密，相当有力，Les Amoureuses反而更接近蕾丝般轻巧柔细的风格。邦马尔几乎位于红土区，浓厚多肌肉，带有一些野性。

▲ 梧玖园城堡与酒窖位于梧玖庄园的最高处，现已改为博物馆

梧玖
Vougeot

梧玖庄园（Clos de Vougeot）也许不是勃艮第最好的特级园，却是最知名的历史名园。特别是位处园内高坡处的梧玖园城堡，是勃艮第最具象征意义的历史建筑，九百多年前，熙笃教会的修士们曾在此种植葡萄与酿酒，长达六百多年。这片超过 50 公顷的历史遗产，有石墙环绕，占了村内大部分的土地，全部列级特级园。梧玖（Vougeot）村的一级园和村庄级的葡萄园反而相当少，一级园只有 11.7 公顷的，村庄级葡萄园更是仅有 3.2 公顷。由于地层陷落，整个梧玖村相较于香波村的葡萄园，地势较低，彷佛位处低洼。

梧玖庄园曾经种植与生产白酒，但现在已经专产红酒。不过，梧玖村的一级园和村庄级园仍然继续种植一部分的霞多丽来酿造白酒，出产的高比例的白酒反而成为此村的特色，甚至比红酒更受注意，价格也更高。一级园共有四块，全集中在梧玖庄园北面的上坡处，村庄级则在下方。因腹地狭隘，葡萄园也不多，村内仅有九家酒庄，最出名的是直接位于围墙内的 Château de la Tour 和村内的 Hudelot-Noëllat 与 Bertagna。

● 特级园

梧玖庄园

（Clos de Vougeot，50.97 公顷）

1109 年，熙笃教会收到一片位于现在梧玖庄园内的土地，陆续地，有其他捐赠者捐献周边的土地与葡萄园，加上修道院自行购置一部分的土地，于是在 1336 年扩充成今日的规模，并修筑环绕全园的石墙，范围和今日的庄园几乎没有差别。香波村的特级园蜜思妮与梧玖庄园仅由一条乡道隔开，也一样自 12 世纪起成为熙笃会的产业，但是两片葡萄园一直未曾合并。

虽然离熙笃教会的母院不远，但在 12 世纪园中另外建立了酿造窖。园中高坡处现存的梧玖园城堡则是 1551 年建造的 16 世纪文艺复兴风格的建筑。除了城堡主体外还有年代更老的酿酒窖与 13 世纪的储酒窖。一直到法国大革命后收归国有之前，此庄园一直由熙笃教会所有，前后经营了六百多年。酿成的酒除了教会自饮外，也经常作为馈赠教皇的礼物。1791年拍卖成为私人产业后，多次在银行家手中转手，1889 年后分割由多人共有，勃艮第的独立酒庄才开始有机会拥有此园。目前约有八十家酒庄在此拥有葡萄园，面积最大的是石造酒庄直接盖在园内的 Château de la Tour，有 5.39 公顷。最小的是 Ambroisie，仅 0.17 公顷。

因是历史名园，梧玖庄园在分级上全园列为最高等级，在法定产区成立后也被列为特级园。不过，这 50 公顷的葡萄园在地质条件上同构性并不强，有部分地区的条件并不特别优异，

◀ 梧玖庄园也许不是最佳的特级园，却是勃艮第葡萄酒业的地标

但是如果经过混调，也许能酿成更均衡的酒，毕竟直到近期这片葡萄园才分属于不同的酒庄。现在的八十多家酒庄中也有几家在园内的不同区域拥有葡萄园，如 Bouchard、Leroy、Faiveley、Albert Bichot 和 François Lamarche，在最低与最高坡处都有葡萄园。因为面积广阔，园内的不同区块也各有其名，其中较为知名的包括梧玖园城堡前的 Montiotes Hautes，和特级园蜜思妮相邻的 Musigni，以及与 Grand Echézeaux 仅一墙之隔的 Grand Maupertui。

此园因位居下坡处，坡度相当和缓，仅有 3% ~ 4% 左右。最低处与 D974 公路相邻，海拔约 240 米，最底下三分之一的葡萄园表土非常深，近 1 米，主要是黏土混合细河泥，并非绝佳的土壤，葡萄较难有好的成熟度。比葡萄园高的 D974 道路甚至像一道墙般让原本排水不佳的土壤更容易积水。越往高坡，表土越浅，到海拔 250 米处仅约 40 厘米深，土中有更多的石灰岩块，同时，红褐色的土壤中含有更多的黏土质，质地颇黏密，可酿成风格较强硬的红酒。在最高处，靠近梧玖园城堡周围的部分，黏土质减少，表土更浅，石灰岩块更多，岩层和蜜思妮的下坡处一样是坚硬的贡布隆香石灰岩。这一处是园内的最精华区，生产风格相当细致的红酒。此区最主要的酒庄包括 Méo-Camuzet、Gros Frère et Soeur、Eugénie、Domaine de la Vougeraie、Drouhin-Larose 及 Anne Gros。

有 82 家酒庄拥有此园，其中最重要的包括 Château de la Tour（5.48 公顷）、Méo-Camuzet（3.03 公顷）、Reboursseau（2.21 公顷）、Louis Jadot（2.15公顷）、Paul Misset（2.06公顷）、Leroy（1.91 公顷）、Grivot（1.86 公顷）、Gros Frère et

◀ 上：梧玖庄园最高坡的西北角落与蜜思妮相邻的区域称为
Musigni

左中：位于梧玖庄园高处的梧玖园城堡是 16 世纪文艺复兴时
期的建筑

中中：Louis Jadot 拥有超过 2 公顷位处中低坡的梧玖庄园

右中：早在 13 世纪梧玖庄园就开始用石墙做分隔

左下：蜜思妮园与一墙之隔的梧玖庄园　右下：爱侣园与梧玖
庄园

▼ 上：Le Clos Blanc 与梧玖庄园仅一墙之隔，却是只产白酒的
一级园

中：梧玖村的一级园跟村庄级园全都位于梧玖庄园北面较平缓
的区域

下：自香波村的爱侣园往下望，梧玖村有如位于一个凹陷的巨
坑之中

右下：Clos de la Perrière 一级园位于特级园蜜思妮之下的旧
采石场内

Soeur（1.56 公顷）、Raphet P. & F.（1.47 公顷）、Domaine de la Vougeraie（1.41 公顷）、Eugénie（1.36 公顷）、François Lamarche（1.35 公顷）、Faiveley（1.29 公顷）、Jacques Prieur（1.28 公顷）、Drouhin-Larose（1.03 公顷）、Anne Gros（0.93 公顷）、Joseph Drouhin（0.91 公顷）、Thibault Liger-Belair（0.75 公顷）、Daniel Rion（0.73 公顷）、Hudelot-Noëllat（0.69 公顷）、Albert Bichot（0.63 公顷）、Mongeard-Mugneret（0.63 公顷）、Prieuré-Roch（0.62 公顷）、Domaine d'Ardhuy（0.56 公顷）和 Jean-Jacques Confuron（0.5 公顷）。

● 一级园

四片一级园都贴着梧玖庄园北面的石墙，朝东，但也略微朝北。最上坡处是 Clos de la Perrière，原是熙笃会的采石场（梧玖园城堡即用此处的贡布隆香石灰岩盖成），后填土建成葡萄园；原种植霞多丽，但现全产红酒，为 Bertagna 的独占园。往下坡则为 Les Petits Vougeots，在熙笃会时期，只产红酒，现红酒和白酒皆产。相邻的 La Vigne Blanche 又称为 Le Clos Blanc，为 Domaine de la Vougeraie 的独占园，自 12 世纪种植白葡萄至今，为夜丘区唯一只产白酒的一级园。Les Crâs 在最下面，主产风格较坚硬的红酒。

酒庄

Bertagna（酒庄）

公顷：20.57　主要特级园：梧玖庄园（0.31 公顷），香贝丹（0.2 公顷），圣丹尼庄园（0.53 公顷），高登（0.25 公顷），高登-查理曼（0.25 公顷）　主要一级园：Vougeot La Perrières, Les Petits Vougeots, Les Crâs; Vosne Romanée Beaumont, Chambolle-Musigny Les Plantes; Nuits St. Georges Les Murgers

1982 年成为德国 Reh 家族的产业，现由前庄主的女儿 Eva Reh 经营，1999 年到 2006 年期间曾由女酿酒师 Claire Forestier 酿造，建立了颇为强劲结实且非常有个性的酒风，延续至今。葡萄全部去梗，发酵前低温浸皮时间较长，超过一周，以踩皮为主，经常三到四周才完成酿造。采用约三分之一的新桶培养十五到十八个月。如此酿成的红酒颜色深，萃取多，需要多一点时间陈年才适饮。

Christian Clerget（酒庄）

公顷：6　主要特级园：埃雪索　主要一级园：Chambolle Musigny Charmes; Vougeot Les Petits Vougeots

相当低调的小酒庄，酒风相当自然精致，仍以脚踩皮，非常小心地萃取，灵巧地应用橡木桶，常能透明地表现葡萄园特色，酿成质地轻巧细腻，且有许多细微变化的美味红酒。

Hudelot-Noëllat（酒庄）

公顷：6.61　主要特级园：梧玖庄园（0.69 公顷），李奇堡（0.28 公顷），侯马内-圣维冯（0.48 公顷）　主要一级园：Vougeot Les Petits Vougeots; Vosne Romanée Les Beaumonts, Les Malconsorts, Les Souchots; Chambolle-Musigny Les Charmes; Nuits St. Georges Les Murgers

以较轻巧的酒体和细致且自然的风味闻名，现由第三代的外孙 Charles van Canneyts 负责管理酒庄，与外祖父时期并没有太大不同。在流行浓厚酒风时 Hudelot-Noëllat 不太受注意，现在反倒显出其精致的优点，常有新鲜明亮的果味、均衡多酸的口感与丝滑的单宁质地。在酿造上全部去梗，有比较长的发酵前低温浸皮，主要用踩皮，但在酿造香波村的酒时采用淋汁以保留较精巧的风格，以 20% ～ 60% 的新桶培养十八个月。Charles 也以自己的名字采买葡萄酿造风格近似的酒商酒。

Château de la Tour（酒庄）

公顷：5.48　主要特级园：梧玖庄园（5.48 公顷）

1889 年博讷市酒商 Baudet Frères 购买梧玖庄园一部分的葡萄园及葡萄酒，但并没有买到城堡和酒窖，于是在园内北边中坡处盖了 Château de la Tour。现为 Baudet 家的两名外孙女所有，原由其中的大姐 Jacquline Labet 酿制，1986 年后由其子 François Labet 接手。5.48 公顷的葡萄园全是特级园，主要位于中坡部分，采用南北向种植，自 1992 年即采用有机种植法。除了一般的版本，也酿造以精选的老树葡萄酿成的 Vieilles Vignes。不去梗，采用整串葡萄酿造，先以 5℃ ～ 7℃ 的低温浸皮一周，再让温度回升开始发酵。重淋汁而轻踩皮，温度偏低，在 25℃ ～ 26℃ 之间。木桶培养十八个月，一般的梧玖庄园葡萄采用 50% 的新桶，老树葡萄则采用 100%。酿成的酒在年轻时有较紧涩的单宁，虽高雅均衡，但也颇严肃坚硬，常须十多年的陈年才适饮。

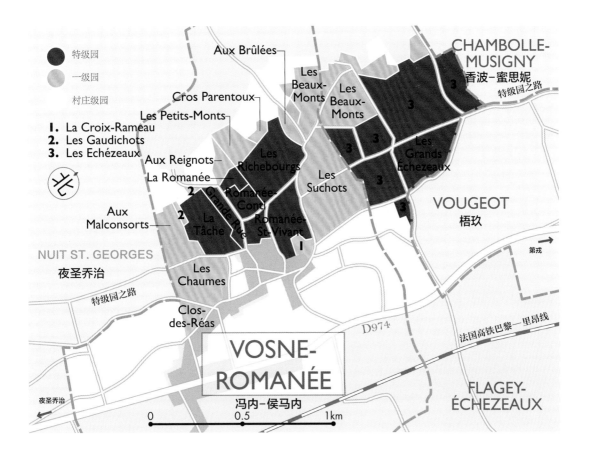

图例：
- 特级园
- 一级园
- 村庄级园

1. La Croix-Rameau
2. Les Gaudichots
3. Les Echézeaux

地图标注：
Aux Brûlées
CHAMBOLLE-MUSIGNY 香波-蜜思妮
特级园之路
Les Beaux-Monts
Cros Parentoux
Les Petits-Monts
Les Beaux-Monts
Les Richebourgs
Les Grands Echezeaux
Aux Reignots
La Romanée
Les Suchots
Romanée-Conti
VOUGEOT 梧玖
第戎
Aux Malconsorts
La Tâche
Romanée-St-Vivant
NUIT ST. GEORGES 夜圣乔治
Grande Rue
Les Chaumes
Clos-des-Réas
D974
法国高铁巴黎—里昂线
VOSNE-ROMANÉE 冯内-侯马内
FLAGEY-ÉCHEZEAUX
夜圣乔治
特级园之路
0   0.5   1km

冯内–侯马内
Vosne-Romanée

冯内–侯马内（Vosne-Romanée，以下简称冯内）村是夜丘最贵气的精华地带，不只是因为这里有多片勃艮第极为重要、昂贵的特级园，如侯马内–康帝、塔须、李奇堡和侯马内–圣维冯，也因为冯内村豪华气派的酒风（点级着香料气息的黑樱桃熟果酒香，配上深厚饱满的丰硕酒体，也许不像香波村那么有灵性，却非常性感迷人）是勃艮第最具明星特质的，而村内的酒庄更是众星云集，多达三十多家。

产区其实是由两个村子（冯内与Flagey）合并而成的，位于梧玖村南边的是Flagey-Echézeaux村，虽然在山坡上有许多葡萄园，但村子本身却远在平原区，也少有酒庄位于村内，葡萄园都归冯内村，其名下并没有自己的村庄级产区。除了勃艮第等级，全区只产黑皮诺红酒，两村合起来有200多公顷的葡萄园，其中包括八片共75公顷的特级园，以及十四片共58公顷的一级园，数目不是最多，但各有明确的个性。

产区北起与香波村交界的Combe d'Orveau背斜谷，直接与蜜思妮和梧玖庄园葡萄园相邻，

▲ 上：冯内村公所与一级园 Clos des Réas

　　下左：冯内村的山坡是勃艮第中的分级中的典范，山坡中段是特级园所在之处

　　下中：冯内村内的葡萄酒铺

　　下右：冯内村以生产圆厚饱满的黑皮诺红酒闻名

蔓延近 3 公里，直到接近夜圣乔治城区才中止。金丘山坡在冯内与 Flagey 两村交界处有一称为 Combe Brulée 的中型背斜谷切过，将区内的葡萄园切分成南北两半，但都同样是精华区。如同北边的三个邻村，村庄级的葡萄园以穿过山坡下方的 D974 公路为界，从海拔 230 米一路往西，爬升到 330 米的坡顶。各级葡萄园的分布堪称勃艮第分级中的典范。包括勃艮第第一名园侯马内–康帝在内的八片特级园都位于山坡的中段，而且彼此几近相连，仅有 Combe Brulée 背斜谷经过的地方变成了一级园 Les Souchots。其他的一级园几乎都环绕在特级园周围，大多在特级园的上坡与下坡处，村庄级则大多在坡顶与坡底处，少有例外。

区内的岩层和土壤也是夜丘的主要典型，多为侏罗纪中期的岩层，山坡最上层常为坚硬的贡布隆香石灰岩与白色鱼卵状石灰岩，中坡的特级园多位于普雷莫石灰岩与带小牡蛎化石的泥灰岩层上，较下坡的特级园则常位于海百合石灰岩层上。表土则多混合自上坡冲刷下来的较软的白色鱼卵状石灰岩块与较硬且带粉红色的贡布隆香石灰岩块，土壤多为红褐色带泥灰质的黏土。

● 特级园

冯内村内的六片特级园面积达 27.9 公顷，在 1855 年 Lavalle 的分级中，有四片被列为最高等级的 Tête de Cuvée，分别为侯马内–康帝、侯马内、塔须和李奇堡，而侯马内–圣维冯和大道园则被列为一级。Flagey-Echézeaux 村则有埃雪索和大埃雪索，前者是一级，后者是最高的 Tête de Cuvée，这八片合起来共达 75 公顷。

侯马内–康帝
（Romanée-Conti，1.8 公顷）

勃艮第最知名的特级园，酒价与名声都非其他名园可比，这不只在勃艮第，即使在全世界也可能没有太多争议。不过，产量相当少，年产约 3,000 瓶到 9,000 瓶，因价格高昂，收藏者多，开瓶喝过的人很少，所以更增添其传奇性。侯马内–康帝的起源有一点复杂，有不同的版本，但可以确定的是，此园源自 St. Vivant de Vergy 修道院（见特级园侯马内–圣维冯）在冯内村一片称为 Cloux des Cinq Journaux 的葡萄园。因为某些原因，修道院在 1584 年将此园释出，成为私人产业。之后辗转为 Croonembourg 家族所拥有。此园后来虽然经多次转卖，但一直都是没有分割的独占园。

Cloux 即为 Clos，Cinq 是五，Journaux 是 Journal 的复数，为葡萄园的面积单位，约等于三分之一公顷。这片五个 Journaux，面积约为 1.7 公顷的葡萄园，即为侯马内–康帝园的前身。在 1651 年左右，Croonembourg 家族开始将此园改称侯马内，酿成的酒价格相当高，在 18 世纪 30 年代常高出其他勃艮第顶级酒五到六倍。因为珍贵，甚至以容量较小、只有 114 升的 Feuillette 橡木桶销售。改名为侯马内的原因至今不明，可能因为曾为罗马人种植或有罗马时期的建筑，如夏山–蒙哈榭村的一级园侯马内即是一例，在邻近地区就有罗马时期的遗址。不过此名晚至 17 世纪才流行起来，也有可能如勃艮第作家 Jean-François Bazin 所猜测的，是源自当时相当知名的希腊葡萄酒 Romenie。在 1866 年，"冯内"的村名后附加了"侯马内"，成为今日的名字。

1760 年，康帝王子（Prince Conti）以

比同面积的贝泽园葡萄园高出十倍的价格向 Croonembourg 家族购买侯马内葡萄园（传闻因为有国王的情妇蓬帕杜尔竞争，王子被迫以高价买下），在之后的二十九年间，侯马内从市场上消失，成为王子自用的葡萄酒。康帝王子在村内兴建酿酒窖 La Goillotte，并继续雇用 Denis Mongeard 担任管理者。王子也许不曾到过此村，但他要求 Mongeard 降低产量以维持质量。Croonembourg 在出售此园时，为弥补面积估计的误差，将坡底北侧一小块、约 0.1 公顷的李奇堡并入侯马内一起卖给康帝王子，而成为现在的 1.8 公顷。

法国大革命后侯马内收归国有，并在 18 世纪末拍卖，为了吸引买家，侯马内被加上康帝一词成为今日的名称侯马内-康帝。拍卖成私人产业后经多次转卖，在 1868 年为松特内村的酒商 Duvault-Blochet 所有，至今仍由其后代经营。在 1942 年一半股权卖给 Henri Leroy，于是直接以特级园侯马内-康帝为名，成立了 Domaine de la Romanée-Conti 酒庄公司。

在全勃艮第，只有两片特级园四周都被其他特级园团团围住，侯马内-康帝便是其中之一。在上坡处为侯马内，下坡处有石墙，隔一乡道与侯马内-圣维冯为邻，北侧为 Richebourg，南侧亦有石墙，与大道园也仅一路之隔。侯马内-康帝的长宽各约 150 米，形状方正，在坡底的部分，因为 1760 年新增 0.1 公顷李奇堡的地块而略往北延伸，最上坡处也有一小片伸进侯马内。此处位处山坡中段，地势平坦，约 6% 的坡度，仅爬升 10 米，海拔在 260 米到 270 米之间。地下岩层与隔壁特级园的山坡中段类似，以小牡蛎化石的泥灰岩层为主，也有人认为是海百合石灰岩层。红褐色表土浅，仅 20 厘米，但也有些区域达 50 到 60 厘米，下坡处混合许多细小的牡蛎化石，上坡处则混合较多小型的石灰岩块。

在 Croonembourg 时期曾经自高坡运四百车的土填补流失的土壤，1785 年到 1786 年，康帝王子也一样自山区运来数百车土壤填入葡

▶ 勃艮第的第一名园侯马内-康帝

▼ 左一：侯马内-康帝与一路之隔的大道园

左二：侯马内-康帝只用马犁土，不使用耕耘机

左三：侯马内-康帝的黑皮诺嫁接了来自塔须园的接枝，常结着小串的果实

左四：靠近十字架的 0.1 公顷地块，于 18 世纪才从李奇堡并入侯马内-康帝

萄园。也许这是侯马内–康帝与其他园不同的原因之一。自从法国法定产区制度实施后已经完全禁止运来其他地区的土壤，只能将冲到下坡处的土壤运回上坡。侯马内–康帝的中坡处是受阳最好也最温暖的区域，葡萄较早熟，且没有霜害。颇特别的是，在 20 世纪初，几乎全勃艮第的葡萄园都开始用美洲种葡萄的砧木进行嫁接，但当时侯马内–康帝因采用将波尔多液打入土中的方法防治蚜虫病，整片葡萄园一直没有嫁接砧木，以黑皮诺原株种植，而且采用称为 provinage 的压条式种法，直接将葡萄藤埋入土中以长出新株，种植密度非常高。不过，最后仍不敌葡萄根瘤蚜虫病，在 1945 年全部拔掉，当年只生产 600 瓶，1946 年开始重种

塔须园中以玛撒法选育成的黑皮诺。1946 年到 1951 年之间完全停产。目前酒庄已经有机种植改为全面采用自然动力种植法，亦全部使用马匹犁土以避免耕耘机重压土地，让土壤中有更多的生命。

相较此村的各特级园，侯马内–康帝的风格似乎综合各园的一些特性，特别是集结了侯马内–圣维冯的优雅与塔须的强力，但在年轻时没有李奇堡那么浓厚饱满，似乎更为内敛，也更倾向于塔须，需要许多时间才能见其本貌。

侯马内（La Romanée，0.85 公顷）

直接位于侯马内–康帝上坡处，仅有一低矮、几乎看不见的石墙相隔，是全勃艮第面积

最小的特级园，也是全法国产量最少的 AOC/AOP 法定产区，每年约产三百多箱。在 19 世纪初曾分为九片，由 Comte Liger-Belair 在 1826 年全数购得之后才成独占园。在 2001 年之前，此园由村内的 Forey 家族耕作与酿造，然后卖给酒商，先后由 Maison Leroy、Albert Bichot 和 Bouchard P. & F. 培养与销售。在 2002 年才开始由第七代的庄主 Louis Michel Liger-Belair 自己耕作与酿造。2005 年之后，全部由 Comte Liger-Belair 酒庄自己销售。

此园的名称和侯马内–康帝在 17 世纪、18 世纪时的名称相同。和塔须园一样，两家酒庄曾经有过名称上的争执，不过 10 世纪创立的 St. Vivant de Vergy 修道院资料中并没有提到此

▲ 侯马内–康帝园下坡靠近侯马内–圣维冯处相当平坦，几乎没有坡度

▶ 上左：下坡的石墙阻挡土石流失，隔一段时间须将土壤运回上坡处

上中：康帝王子在村内兴建的酿酒窖

上右：全园已经全部采用自然动力法种植

下：较高坡一点的特级园候马内和一级园 Aux Reignots 坡度开始变陡

两园为同一园，而在 19 世纪前，此园也不叫侯马内。不过，侯马内–康帝曾经在重要的文件上被误写为侯马内，因而增加了一些争议。Liger-Belair 认为两处可能在 14 世纪前为同一园，但并无资料可考。

侯马内坡度比下坡的侯马内-康帝（6%）稍陡，约12%，但相较于上坡的一级园 Aux Reignots 20%的坡度还是相当和缓。不过有些区域表土达50厘米，反而比侯马内-康帝20厘米的表土还深，红褐色的石灰质黏土混合着一些普雷莫玫瑰石块。因东西向较狭窄，葡萄树采用南北向种植。此区的酒风在2000年之前常偏瘦，显得酸涩一些，近年来较为浓郁丰厚，也更细腻，是相当有潜力的名园。

侯马内-圣维冯
（Romanée St. Vivant，9.44 公顷）

在侯马内-康帝和李奇堡的下坡处与冯内村之间，有一片坡度更平缓，范围较大的特级园，此为村内的历史名园侯马内-圣维冯。公元12世纪时，勃艮第公爵捐赠村内的葡萄园给隶属于 Cluny 修会的 St. Vivant de Vergy 修道院，此院在公元900年左右创立于距村子西方约5公里的山谷内。此园原称为 Les Cloux de St. Vivant，到18世纪因邻近当时更知名的侯马内-康帝葡萄园而改称侯马内-圣维冯。为了就近耕作与酿造，修会在最下坡处建有酿酒窖，现为 Domaine de la Romanée-Conti 酒庄的培养酒窖。和 Clos de Vougeot 一样，一直到1791年法国大革命之前，此园一直由修会经营。

在16世纪之前，此区原有四片葡萄园，其中位置最高的 Cloux des Cinq Journaux 在1584年被卖掉成为私人产业，这片葡萄园即是今日

的侯马内-康帝。其他三片中，最知名的是位于侯马内-康帝下方的 Les Quatre Journaux，包括 Louis Latour、Arnoux-Lachaux、Domaine Dujac、Sylvain Cathiard、Follin-Arbelet 和 Poisot 都位于这一区。另外最大块的称为 Clos des Neuf Journaux，位于李奇堡下方，为 DRC 所独家拥有。北侧靠近一级园 Les Souchots 的这一区称为 Clos du Moytan，包括 Leroy、Jean-Jacques Confuron 和 Hudelot-Noëllat 都位于此。

此园地势非常平缓，海拔高度在 255 米到 260 米之间，几乎没有坡度。表土非常深厚，可达 80 厘米，含有颇多黏土，混合着一些石灰岩块，排水性并不特别佳。在北侧也许因为背斜谷的堆积，土壤中含有较多的石块，没有那么黏密。从自然条件上看来，此区似乎不是极佳，不过，就酒的风格来看，却是村内最为精巧细致的特级园。即使有许多黏土，单宁的质地也经常相当滑细，很少有太粗硬的涩味，再配上冯内村的深厚口感，相当精致迷人，虽然很少有李奇堡丰厚与强劲的酒体，但一样相当耐久。

有十一家酒庄拥有此园，分别为 Domaine de la 侯马内-康帝（5.29 公顷）、Leroy（0.99 公顷）、Louis Latour（0.76 公顷）、Jean-Jacques Confuron（0.5 公顷）、Poisot（0.49 公顷）、Hudelot-Noëllat（0.48 公顷）、Arnoux-Lachaux（0.35 公顷）、Follin-Arbelet（0.33 公顷）、Domaine de l'Arlot（0.25 公顷）、Sylvain Cathiard（0.17 公顷）和 Domaine Dujac（0.17 公顷）。

李奇堡（Richebourg，8.03 公顷）

在勃艮第各特级园中，李奇堡经常以一种非常深厚饱满的丰盛酒体展露其独特的酒风。不同于内敛、有所保留的塔须，李奇堡更直接外放，也比侯马内-圣维冯更厚实有力。如此华丽风格的黑皮诺也经常是此村红酒的招牌特性，只是除了更浓缩，也常有更强劲的架构，

▲ 李奇堡地势最陡且略朝东北的 Les Veroilles

以及成熟而细致的单宁质地。在勃艮第所有的红酒中，除了一些独占园外，李奇堡经常是价格最高的特级园。

李奇堡位于侯马内–圣维冯的高坡处，南边和侯马内与侯马内–康帝直接相邻，而且位于同样高度的山坡中段，海拔在 260 米与 280 米之间。1922 年，并入北边的 Les Varoilles sous Richebourg 园，成为今日的规模。和最原始的李奇堡不同的是，新加入的区域已经延伸到 Combe Brulée 背斜谷边，从面东开始略转向朝北，比较冷一些，通常要晚几日采收才会有同样的成熟度。Méo-Camuzet 与 Gros 家族的李奇堡（A. F. Gros 是唯一例外，只有 43%）主要位于这一区，Domaine de la Romanée-Conti 酒庄的李奇堡也有四分之一在此区。

熙笃会在法国大革命之前也拥有一大部分的 Richebourg，葡萄运到梧玖园城堡酿造，不过并非独家拥有。现在有十一家酒庄拥有此地，几乎没有酒商，而且大多是冯内村内的酒庄。分别为 Domaine de la Romanée-Conti（3.53 公顷）、Leroy（0.78 公顷）、Gros Frère et Soeur（0.69 公顷）、A. F. Gros（0.6 公顷）、Anne Gros（0.6 公顷）、Thibault Liger-Belair（0.55 公顷）、Méo-Camuzet（0.34 公顷）、Jean Grivot（0.31 公顷）、Mongeard-Mugneret（0.31 公顷）、Hudelot-Noëllat（0.28 公顷）和 Albert Bichot（0.07 公顷）。

▲ 塔须园的采收

塔须（La Tâche，6.1 公顷）

村内最南边的特级园，现由 Domaine de la Romanée-Conti 酒庄所独有，经常能酿出此村最坚硬结实的黑皮诺红酒。La Tâche 的本园只有 1.43 公顷，位于较南边的低坡处，在 1933 年前为 Comte Liger-Belair 酒庄所有。上坡处与北侧称为 Les Gaudichots，在 20 世纪 30 年代大多为 DRC 所有。两园后来合成一园，经历了颇复杂的诉讼过程。1930 年 DRC 将此园所产的酒全部以 La Tâche 为名销售，Comte Liger-Belair 酒庄决定诉讼侵权，不过，诉讼还没结束伯爵就过世了，DRC 趁机买下被伯爵的后代拍卖的塔须本园才结束纷争，两园在 1936 年合并成为 6.1 公顷的特级园。不过除了 DRC 所拥有的部分，Les Gaudichots 并没有全部成为特级园，位于 La Grand Rue 低坡处的一小片属村庄级，最南端的高坡处也只被列为一级园。

此区在山坡上的纵深达 400 米，海拔高度从 250 米爬升到近 300 米，最低处已经贴到村子边，坡度较平缓，在上坡处开始变得比较斜陡。隔一条乡道与更陡峭的村庄级园 Champs Perdrix 相邻。在中坡处有一便道横穿过，DRC 于此处建排水道以防雨水冲刷造成土壤流失。全园由上往下跨越三个岩层，最上段为普雷莫石灰岩，红褐色的表土浅，约 40 厘米，含有许多石块；中段为白色鱼卵状石灰岩层，表土仍然相当浅，到下坡处为带小牡蛎化石的泥灰岩层，表土深达 1.5米，含有许多黏土质。目前全部采用自然动力种植法，也以马代替耕耘机犁土。

混合了不同区段的葡萄酿制而成的塔须，除了稳定的质量、非常均衡的口感与多变的香气，也常能表现出此园相当独特的特性，有黑皮诺极少见的紧密结实的强力单宁。严谨的架构配上此村的深厚与饱满酒体，体格魁梧却骨肉匀称，除了黑樱桃味更常有香料香气，也许不是村内最优雅细致的特级园，但有最浑厚的力量，相当耐久，可变化出多变的香气，不过，也常需要更长的时间才能达到适饮，是勃艮第最顶尖的特级园酒之一。

大道园（La Grand Rue，1.65 公顷）

这片位于山坡中段精华区的特级园与侯马内、侯马内−康帝及侯马内−圣维冯只有一路之隔，和塔须园则全然相连，在 20 世纪 30 年代因庄主考虑到升级会提高税金，所以并没有提出申请，一直到 1992 年才成为特级园，升级时同时并入 0.22 公顷的 Les Gaudichots 才成为现在的规模。自 1933 年至今为 François Lamarche 酒庄的独占园，是村内所有特级园中最不知名的。称为"大道园"可能是因位处村内通往 Chaux 村的笔直路旁，隔着此路与三片

▲ 大道园到 1992 年才升格为特级园

► 上：埃雪素的面积广阔，最精华区位于本园与中坡处的 Les Rouges du Bas

下左：大埃雪素面积较小，紧贴在与梧玖庄园相邻的石墙边

下中：地势较为平缓的大埃雪素有颇深厚的土壤

下右上：埃雪素的北端进入 Combe d'Orveaux 背斜谷，酒风较轻巧些

下右下：大埃雪素（左）与埃雪素本园

以"侯马内"为名的特级园相邻，从村子边的海拔从 250 米爬升到 300 米，地下的岩层与隔邻三园近似。从葡萄园的条件来看，此园应该有酿成类似塔须的潜力，但从此村的特级园标准来看，却经常显得粗犷与干瘦，21 世纪初之后开始有更为深厚的酒体，但仍少一些细致。

埃雪索（Echézeaux，37.7 公顷）

埃雪索与大埃雪索都和梧玖庄园一样由熙笃会所创，延续到法国大革命之后才成为私人的产业。最原始的埃雪索葡萄园是今日称为 Echézeaux du Dessus 的地块，仅有 3.55 公顷，意思是上坡处的埃雪索，以和下坡处现在称为大埃雪索的埃雪索（Echézeaux du Bas）区分。在 20 世纪 20 年代及 30 年代，当法国开始进行法定产区分级时，埃雪索周围葡萄园的地主以其所酿的葡萄酒曾经也叫埃雪索为由，要求划入特级园的范围内，在政治权力的运作下才扩充成今日近 38 公顷的规模，成为此村质量与风格最不一致、价格也常最低的特级园。

此园共有十一个分区，由上坡处延伸到中下坡处，长达 800 多米，最坡底的 Les Quatiers de Nuits、Les Treux 与 Clos St. Denis 在 Lavalle 的分级中都仅是二级园。其余较知名的是最北边与香波村相邻，位于同名背斜谷下方的 Orveaux，而位于上坡处、坡度较斜陡的 Les Rouges du Bas，以及位于本园北边、曾被修士认为是本园一部分的 Les Poulaillères，现主要为 Domaine de la Romanée-Conti 所有。在最南边的 Les Crouts 有较多的白色石灰岩，曾经种植白葡萄。

因面积较大，多达八十四家酒庄拥有埃雪索园，主要的酒庄有 Domaine de la 侯马内-康帝（4.67 公顷）、Mongeard-Mugneret（2.5 公顷）、Gros Frère et Soeur（2.11 公顷）、Emmanuel Rouget（1.43 公顷）、François Lamarche（1.43 公顷）、Georges Mugneret-Gibourg（1.24 公顷）、Perdrix（1.14 公顷）、Christian Clerget（1.09 公顷）、Jacques Cacheux（1.07 公顷）、Albert Bichot（1 公

▲ 大埃雪索也曾经是熙笃会的产业

▶ 高坡阳光处为一级园 Aux Brûlée 与 Les Beaux Monts，前景则为塔须、大道园、侯马内-康帝、侯马内与李奇堡等特级园

顷）、Jean-Marc Millot（0.97 公顷）、Anne Gros（0.85 公顷）、Jean Grivot（0.84 公顷）、Faiveley（0.83 公顷）、Arnoux-Lachaux（0.8 公顷）、Domaine Dujac（0.69 公顷）、Liger-Belair（0.62 公顷）、Jean-Yve Bizot（0.56 公顷）、Eugénie（0.55 公顷）、Jayer-Gilles（0.54 公顷）、Louis Jadot（0.52 公顷）、Confuron-Cotétidot（0.46 公顷）、Joseph Drouhin（0.46 公顷）和 Méo-Camuzet（0.44 公顷）。

大埃雪素

（Grand Echézeaux，9.1公顷）

　　紧贴在梧玖庄园园南侧，两面为埃雪索园所包围，也是12世纪即为熙笃会教士所开创的葡萄园，原称为 Echézeaux du Bas，但因面积较原本的埃雪索本园大，后改称为大埃雪索。此园的地势更加平坦，表土含许多黏土质，而且相当深，地下的岩层与特级园 Musigny 相似。因面积较小，质量和风格都较隔邻的埃雪索和梧玖庄园来得稳定许多。通常有更浓厚的酒体，但单宁更加强劲，年轻时稍粗犷封闭一些，需要多一点时间熟成。

　　有二十一家酒庄拥有此园，主要的酒庄有 Domaine de la Romanée-Conti（3.53公顷）、Mongeard-Mugneret（1.44公顷）、Jean-Pierre Mugneret（0.9公顷）、Thénard（0.54公顷）、Eugénie（0.5公顷）、Henri de Villamont（0.5公顷）、Joseph Drouhin（0.48公顷）、Gros Frère et Soeur（0.37公顷）、François Lamarche（0.3公顷）和 Albert Bichot（0.25公顷）。

● 一级园

　　此村不只是有精彩独特的特级园，十四片一级园也都相当有个性，主要分布在四个区域。最密集处在村子最南边与夜圣乔治村交界的地方，有五片一级园，最高坡处是 Aux

▲ 上：一级园 Clos des Réas

　中上：一级园 Cros Parentoux

　中下：一级园 Aux Reignots

　下：Les Beaux Monts

Dessus des Malconsorts 和 Les Gaudichots，前者倾向于轻巧高瘦，后者常相当坚硬带野性；中坡处为 Aux Malconsorts，是最佳一级园，比隔邻的塔须更为柔和可口，也可能更细致，但常有此村的丰厚口感；再往下则是 Les Chaumes，虽不那么精细，但柔和圆润；最底下的一级园为 Michel Gros 的独占园 Clos des Réas，因土壤有些转变，即使在坡底，也相当优雅可口。

　　在李奇堡和侯马内等特级园的上坡处有三片条件极佳的一级园，大多土少石多，酒风均衡高雅。最北边为 Gros Parantoux，虽有些朝北，也较寒冷，但在 Méo-Camuzet 和 Emmanuel Rouget 的酒庄手中却常能酿出如李奇堡般饱满丰厚，但又内敛带矿石气的精彩红酒，常有紧涩单宁支撑，亦颇耐久。南边为风格较高瘦坚挺，但亦能显出优雅的 Aux Reignots。夹在中间、位于李奇堡本园正上方的则是 Les Petits Monts，常可酿出风格相当细腻多变的黑皮诺。

　　背斜谷 Combe Brulée 在冯内村和 Flagey-Echézeaux 村交界处切穿金丘，形成略朝东南的山坡，亦是精华区，上坡处为 Les Beaux Monts，在靠近特级园埃雪索的地区，甚至常能酿出比下方特级园更精致且有力的厚实红酒。背斜谷下坡处的谷底两侧为 Aux Brûlées，因地形破碎，有较多样的风格。小谷地往下延伸则是 Les Souchots，位处侯马内-圣维冯和埃雪索两片特级园间的凹陷处，是全村最大的一级园。酒风稍粗犷，但极佳者能近似侯马内-圣维冯。在侯马内-圣维冯的最下坡处有一小片比 Souchot 更具个性的一级园，称为 La Croix Rameau。在 Orveaux 背斜谷边有两片位处高坡的一级园 Les Rouges du Dessus 和 En Orveaux，气候比较冷，成熟较慢，常酿成比较轻巧优雅的红酒。

酒庄与酒商

Arnoux-Lachaux（酒庄）

公顷：14　主要特级园：侯马内-圣维冯（0.35公顷），埃雪索（0.8公顷），梧玖庄园（0.45公顷），拉提歇尔-香贝丹（0.53公顷）　主要一级园：Vosne-Romanée Les Souchots, Aux Reignots, Chaumes; Nuits St. Georges Les Procès, Corvées Pagets

原为 Robert Arnoux 酒庄，现由前庄主的女婿 Pascal Lachaux 经营管理，于 2009 年改为现在的名称。全部去梗，低温浸皮，只淋汁不踩皮，采用 30% ～ 100% 的新桶，酿成非常强劲的酒风，有时浓厚，却相当简洁有力，常常要多一点时间熟成。

Jean-Yve Bizot（酒庄）

公顷：3.1　主要特级园：埃雪索（0.56公顷）

相当小巧的手工艺式的酒庄，采用有机种植与无二氧化硫的自然酒酿造法。颇多老树，葡萄藤采用短剪枝，产量极低，采收稍早，亦不加糖，酒精度低，以整串葡萄酿造，全部新桶培养，不混调，完全以手工原桶装瓶，酒风清淡雅致，非常独特。亦酿制勃艮第白酒 Les Violettes，风格颇强硬。

Jacques Cacheux（酒庄）

公顷：6.93　主要特级园：埃雪索（1.1公顷）　主要一级园：Vosne-Romanée Croix Rameau; Chambolle-Musigny Les Charmes, Les Plante

风格较为老式朴实的酒庄，现由第二代的 Patrice Cacheux 经营，酒风已较为现代，也变得较华丽一些，全部去梗，低温浸皮和短暂发酵，三分之一到全新木桶培养。

Sylvain Cathiard（酒庄）

公顷：4.25　主要特级园：侯马内-圣维冯（0.17公顷）　主要一级园：Vosne-Romanée

Les Malconsorts, Aux Reignots, Les Souchots, En Orveaux; Nuits St. Georges Aux Murgers, Aux Thorey

小规模酿造，严谨认真的葡萄农酒庄，采用全部去梗与长达一周的发酵前低温浸渍，一级园以上采用 50% ～ 100% 的新桶，酿成的酒颇为浓厚结实，但亦常有纯粹与自然的多样变化。

Bruno Clavelier（酒庄）

公顷：6.54　主要特级园：Corton Rognet（0.34公顷）　主要一级园：Vosne-Romanée Les Beaux Monts, Aux Brûlées; Chambolle-Musigny La Combe d'Orveau, Les Noirots; Gevrey-Chambertin Les Corbeaux

Bruno Clavelier 自 1987 年开始接替外祖父的酒庄，2000 年采用自然动力种植法，亦拥有相当多老树。在酿酒上，颇注重保留葡萄园的特色，他自己有一套以葡萄园的岩质与土壤为基础对黑皮诺风格的诠释。酿法自然却精准地表现土地特色，大多去梗，小心萃取，使用低比例的新桶，酿成相当精致多香，且各有风貌的葡萄酒。香波村的一级园 La Combe d'Orveau 位于小蜜思妮上方，非常优雅，是酒庄的招牌。

Confuron-Cotétidot（酒庄）

公顷：10.41　主要特级园：埃雪索（0.46公顷），梧玖庄园（0.25公顷），夏姆-香贝丹（0.39公顷），马立-香贝丹（0.09公顷）　主要一级园：Vosne-Romanée Les Souchots, Gevrey-Chambertin Lavaut, Le Petite Chapelle, Les Craipillots; Nuits St. Georges Vigne Rondes

Yve 和 Jean-Pierre Confuron 两兄弟一起经营的酒庄，前者也是玻玛村名庄 Domaine Courcel 的总管，种植与酿造兼管，后者甚至大部分时间担任博讷市酒商 Chanson P. & F. 的酿酒师，不过这三处的酒风却很不相同。Yve 严肃勤奋，常见到他周末在葡萄园工作。葡萄的产量很低，而且等到葡萄非常成熟才采，Yve 甚至不太在意酸味，他相信葡萄总会找到自己的均衡。整串不去梗的葡萄在发酵前先经过一周甚至更久的浸皮，开始发酵后浸泡的时间很长，常超过一个月，然后经过至少一年半的橡木桶培养，有时甚至长达两年。这样的酿法确实有些极端，酒经常非常浓缩，相当结实有劲，有趣的是，有时甚至还颇新鲜，多果香。

Domaine d'Eugénie（酒庄）

公顷：7.51　主要特级园：大埃雪索（0.5 公顷），埃雪索（0.55 公顷），梧玖庄园（1.36 公顷）　主要一级园：Vosne-Romanée Aux Brûlées

原本是村内的老牌名厂 René Engel 酒庄，于 2006 年成为波尔多 Ch. Latour 庄主的产业，改名为 Domaine d'Eugénie。由负责管理 Ch. Latour 的酒庄总管 Fréderic Engeré 组成专业的团队一起管理。波尔多与财团在勃艮第向来不太受欢迎，酿成的酒风确实有些不同，颜色很深，而且相当浓缩。一部分的葡萄园已经开始采用自然动力种植法。

Domaine Forey（酒庄）

公顷：10　主要特级园：梧玖庄园，埃雪索　主要一级园：Vosne Romanée Les Gaudichots, Les Petits Monts; Nuits St. Georges Les St. Georges, Les Perrières

1840 年创立，现由第四代 Regis 经营。过去的酒风相当老式粗犷，多涩味，需颇长时间熟化。近年来酒风有大幅转变，加入部分整串葡萄酿造，采用低温发酵，少采皮，多淋汁，酿成的红酒灵巧精细且自有个性，逐步成为村内精英酒庄。

Jean Grivot（酒庄）

公顷：15.5　主要特级园：李奇堡（0.32 公顷），埃雪索（0.84 公顷），梧玖庄园（1.86 公顷）　主要一级园：Vosne-Romanée Les Beaux Monts, Aux Brûlées, Les Chaumes, Les Souchots, Les Rouges; Nuits St. Georges Boudots, Pruliers, Roncières

由第二代的 Etienne Grivot 经营，在 20 世纪 80 年代末曾以独特的发酵前低温浸皮酿法受到注意，但经过二十多年不断地精进，从原本稍浓缩与多萃取，演变成现在经常可以酿造出相当均衡多变化，且有精致单宁质地的优雅风味，是村内重要的精英酒庄。现在葡萄全部去梗，仍有近一周的发酵前低温浸皮，少踩皮，有些淋汁，约两周发酵即停止浸皮，约采用 40% 的新桶培养。除了拥有直升机，自 2009 年起，酒庄也开始使用马匹犁土。

Anne Gros（酒庄）

公顷：6.48　主要特级园：李奇堡（0.6 公顷），埃雪索（0.85 公顷），梧玖庄园（0.93 公顷）

Gros 家族中最小的酒庄，但也是最迷人的一家，Anne Gros 酿造的黑皮诺常有非常干净鲜美的果味，有着精巧变化，但又饱满可口的美味口感，似乎从年轻时就已经适饮。近年来有更多的矿石味，也更为内敛。通常葡萄全部去梗，没有发酵前浸皮，采用约 30%～80% 的新桶培养十五个月。除了位置极佳的梧玖庄园和非常丰盛性感的李奇堡，Anne Gros 的两片村庄级园 Les Barreaux 和 La Combe d'Orveau 都位于较寒冷的区域，常能酿成优雅的风格，前者强劲，

▲ Pascal Lachaux

▲ Jean-Yve Bizot

▲ Bruno Clavelier

▲ Yve Confuron

▲ Regis Forey

后者轻巧。

Gros Frère et Soeur（酒庄）

公顷：18.4　主要特级园：李奇堡（0.69 公顷），大埃雪索（0.37 公顷），埃雪索（0.93 公顷），梧玖庄园（1.56 公顷）　主要一级园：Vosne-Romanée Les Chaumes

由 Bernard Gros 负责管理，相较于目前越来越重自然的风潮，Bernard Gros 仍然采用较为主宰式的耕作与酿造法，也较少犁土。Bernard 自 1995 年起开始使用真空低温蒸发法，以浓缩取代加糖，采用人工选育的酵母，在发酵完成后加温到 40℃，所有的酒都在全新木桶中培养。以此方法酿成的红酒相当浓厚圆润，不过似乎少了较精致的细节变化。其梧玖庄园位于最高处称为蜜思妮的地块，与蜜思妮仅一墙之隔。

Michel Gros（酒庄）

公顷：23.3　主要特级园：梧玖庄园（0.2 公顷）　主要一级园：Vosne-Romanée Clos des Réas, Aux Brûlées, Nuits St. Georges Aux Murgers, Vignes Rondes

采用和 Gros Frère et Soeur 类似的理念耕作与

酿造，但更谨慎小心一些。葡萄一样全部去梗，也使用浓缩机提高浓度，发酵后也会升温到 35℃ 以加深酒色并让单宁更加圆润。采用 50%～100% 的新桶培养二十个月。Michel Gros 酿成的酒相当浓厚、丰满、可口，特别是独占园 Clos des Réas，常有优雅细致的单宁质地。

François Lamarche（酒庄）

公顷：11.24　主要特级园：大道园（1.65 公顷），大埃雪索（0.3 公顷），埃雪索（1.32 公顷），梧玖庄园（1.35 公顷）　主要一级园：Vosne-Romanée Les Malconsorts, La Croix Rameau, Les Souchots, Les Chaumes; Nuits St. Georges Les Crots

有相当多顶尖葡萄园，包括全勃艮第仅有五片的独占特级园大道园，现已由第二代接手，酿酒的是年轻娇小但颇有个性的侄女 Nicole Lamarche，比起过去较为酸瘦的酒体，新的年份有更接近冯内村风味的厚实酒体，也相当强劲有力。

Leroy（酒庄兼营酒商）

公顷：22.5　主要特级园：李奇堡（0.78 公顷），侯马内–圣维冯（0.99 公顷），香贝丹（0.5 公

Gros 家族

▲ Anne Gros

勃艮第酒庄复杂的家庭网络常让人混淆，冯内村的 Gros 家族就是现成的例子。目前 Gros 家族有四家酒庄，由 Louis Gros 的第三代经营。首先，Gros Frère et Soeur 酒庄是 Louis Gros 的女儿 Colette 和长子 Gustave 的产业共同组成的酒庄，因两人都未婚，所以由弟弟 Jean 的次子 Bernard 负责管理。Louis Gros 的次子 Jean 及其妻子成立 Jean Gros 酒庄，现由其长子 Michel 继任，成立 Michel Gros 酒庄。Jean 的女儿 Anne-Françoise 嫁入玻玛村的 Parent 家族，也分到一些葡萄园，现在和丈夫 François Parent 一起在博讷市成立了 Anne-Françoise Gros 酒庄。至于 Louis Gros 的小儿子 François 和女儿 Anne 成立的 Anne et François Gros 酒庄，现改名为 Anne Gros。Anne 虽然嫁入 Chorey-lès-Beaune 村的 Tollot-Beaut 家族，但仍在冯内村有自己的酒庄。

顷），拉提歇尔-香贝丹（0.57公顷），蜜思妮（0.27公顷），罗西庄园（0.67公顷），梧玖庄园（1.91公顷），Corton-Renard（0.5公顷），高登-查理曼（0.43公顷）　主要一级园：Vosne-Romanée Les Beaux Monts, Aux Brûlées; Nuits St. Georges Les Boudot, Vigne Rondes; Chambolle-Musigny Les Charmes; Gevrey-Chambertin Les Combottes, Volnay-Santenots; Savigny-lès-Beaune Les Narbandones

Leroy 自酒商起家，1868 年创建于博讷丘的 Auxey-Duresses 村内，第三代的 Henri Leroy 在 1942 年买下 Domaine de la Romanée-Conti 酒庄一半的股权。酒商的规模一直不大，1955 年由 Henri Leroy 的女儿 Lalou Bize-Leroy 接手，负责葡萄酒的采购，在 1974 年更接替 Henri，和 Aubert de Villaine 一起成为 DRC 的管理者，直到 1992 年由其侄儿 Henri Roch 取代。

1988 年购买 Charles Noëllat 与 Philippe Rémy 酒庄的葡萄园，在原本 Charles Noëllat 于村内的酒窖成立 Domaine Leroy。Lalou 和她先生还另有一家独立酒庄 Domaine d'Auvenay，拥有 3.87 公顷，包括马立-香贝丹、邦马尔、歇瓦里耶-蒙哈榭及克利欧-巴塔-蒙哈榭等特级园。自成立以来，所有葡萄园采用自然动力法种植，是勃艮第的先锋之一。此外，Leroy 的葡萄园也完全不修叶，而是任其蔓延生长后再固定于篱架上。因多为老树，且留的叶芽与葡萄串少，所以产量非常低。

酿制的方法和 DRC 相当类似，葡萄经严密挑选，不去梗，整串葡萄放入传统木制酒槽内，数日后自然开始发酵，一开始先淋汁，后来每天两次人工踩皮，十八到十九天完成发酵与浸皮。发酵温度较低，主要在 18℃～24℃。发酵完之后全部放进全新的橡木桶培养十六到十八个月，只换桶一次，完全不过滤直接装瓶。Leroy 酒庄的酒大多相当浓缩，但强劲且均衡，常有外放但多变的熟果、香料与木桶香气，亦具极佳的陈年潜力。

Domaine de Comte Liger-Belair（酒庄）
公顷：8.9　主要特级园：侯马内（0.85公顷），埃雪索（0.62公顷）　主要一级园：Vosne-Romanée Aux Reignots, Petits Monts, Chaumes, Aux Brûlées, Les Souchots; Nuits St. Georges Aux Cras

1815 年在村内创立庄园的 Liger-Belair 家族，曾经拥有包括塔须在内的重要名园，但一直到 2002 年才开始由第七代的庄主 Louis Michel Liger-Belair 自己耕作与酿造，现在已经全部自己装瓶销售。葡萄全部去梗，发酵前低温浸皮一周，再经两周的发酵与浸皮，多淋汁，少踩皮，酿成后进全新的橡木桶培养约一年半后装瓶。酿成的酒颇为优雅，在冯内村的丰满中有比较收敛的高雅姿态。

Méo-Camuzet（酒庄兼营酒商）
公顷：20.46　主要特级园：李奇堡（0.34公顷），埃雪索（0.44公顷），梧玖庄园（3.03公顷），高登（Clos Rognet, Perrières, Vigne aux St. 共 1.32 公顷）　主要一级园：Vosne-Romanée Cros Parentoux, Aux Brûlées, Les Chaumes; Nuits

▲ François Lamarche

▲ Leroy 的李奇堡葡萄园

▲ Lalou Bize-Leroy

▲ Comte Liger-Belair 酒庄

St. Georges Aux Boudot, Aux Murger

勃艮第重要的历史酒庄，曾拥有梧玖庄园城堡，但庄主非农民出身，葡萄园全部以 Métayage 方式租给村内包括亨利·贾伊尔在内的葡萄农，晚至 1985 年才自己装瓶。现由 Jean-Nicoas Méo 负责管理。酿造的方式也大致依循亨利·贾伊尔的理念，低产量，全部去梗，发酵前低温浸皮，先淋汁后踩皮，使用 50% ~ 100% 的新桶。酿成的酒颇浓厚，也相当结实有力，是冯内村的典型代表之一，其梧玖庄园酒强劲而细致，经常是全园最佳的范本。亦开设酒商 Méo-Camuzet F. & S.，以买进的葡萄酿成。

Gérard Mugneret（酒庄）

公顷：7　主要特级园：埃雪索　主要一级园：Vosne Romanée Les Souchots, Les Brulées, Nuits St.Georges Les Boudots; Chambolle Musigny Charmes

2005 年由原担任工程师的第二代 Pascal 返乡接手经营，酿法精确，有均衡严谨的扎实酒风，即使连 Bourgogne 和 Passe tout Grains 都极认真酿造，有超高水平。由十五片园混调成的冯内村庄酒非常性感精致，是教科书级的佳酿。

Mongeard-Mugneret（酒庄）

公顷：33　主要特级园：李奇堡（0.31 公顷），大埃雪索（1.44 公顷），埃雪索（2.5 公顷），梧玖庄园（0.63 公顷）　主要一级园：Vosne-Romanée Les Petits Monts, Les Souchots; Nuits St. Georges Aux Boudots; Vougeot Les Crâs; Savigny-lès-Beaune Les Narbantons; Pernand-Vergelesses Les Basses Vergelesses; Beaune Les Avaux

19 世纪 20 年代创立的老牌酒庄，现已成为全村葡萄园面积最大的酒庄，在埃雪索和大埃雪索的面积都仅次于 DRC。目前负责管理的是第三代的 Vincent Mongeard。全部去梗，发酵前低温浸皮四至五天，踩皮与淋汁并用，浸皮时间短，约两周即酿造完成，50% ~ 70% 新橡木桶培养一年半。酿成的酒也许不是特别精致典雅，但颇为浓厚均衡，而且经常相当可口。

Georges Mugneret-Gibourg（酒庄）

公顷：8.36　主要特级园：埃雪索（1.24 公顷），梧玖庄园（0.34 公顷），乎修特-香贝丹（0.64 公顷）　主 要 一 级 园：Chambolle-Musigny Les Feusselottes; Nuits St. Georges Les Vignes Rondes, Les Chaignots

由第二代的 Marie-Christine 与 Marie-Andrée 两姐妹共同经营，是村内相当迷人的经典老牌酒庄，全部去梗，偶尔留一小部分整串葡萄，发酵与浸皮两周，采用相当传统简单的酿法，使用 20% ~ 65% 的新桶培养。酿成的酒颇能表现土地特色，亦不会过度浓厚，圆熟却有力的结实单宁相当精致均衡。

Domaine de la Romanée-Conti（酒庄）

公顷：29.27　主要特级园：侯马内-康帝（1.8 公顷），塔须（6.06 公顷），李奇堡（3.51 公顷），侯马内-圣维冯（5.29 公顷），大埃雪索（3.53 公顷），埃雪索（4.67 公顷），蒙哈榭（0.68 公顷），巴塔-蒙哈榭（0.17 公顷），高登（Les

▲ Jean-Nicolas Méo

▲ Pascal Mugneret

▲ Marie-Christine 和 Marie-Andrée

▲ Mongeard-Mugneret 酒庄

▲ Aubert de Villaine

Bressandes, Le Clos du Roi, Les Renardes 2.27 公顷）主要一级园：Vosne-Romanée Les Gaudichots, Les Petits Monts, Au Dessus des Malconsorts

经常简称为 DRC 的 Domaine de la Romanée-Conti 是勃艮第的第一名庄。拥有包括两片独占园在内的九片特级园。此酒庄源自 1816 年由 Jacques-Marie Duvault-Blochet 于松特内村建立的酒商，曾在勃艮第拥有 133 公顷的葡萄园，其产业由两个女儿继承，酒庄为 de Villaine 和 Chambon 两个家族所共有。后者于 1942 年将持有的部分卖给 Henri Leroy，才创立了今日由 de Villaine 与 Leroy 两个家族共同经营的 Domaine de la Romanée Conti。现任的经营者是 Aubert de Villaine 及 Leroy 家族的 Henri Roch，负责酿造的是 Bernard Noblet。Aubert 的个性严谨小心，他非常细心地管理葡萄园，亦做了许多研究与试验，一切都是井然有序，组织严密。从 20 世纪 80 年代就开始采用有机种植，并试验自然动力种植法，现在已经全部实行此法，并以马匹犁土。

通常较为晚收，酿造法简单自然，大多不去梗，整串葡萄放入木造的酿酒槽中，再用脚踩出葡萄汁，让葡萄自己慢慢开始发酵，一开始淋汁让酵母运作，后踩皮。酿造过程大约要十八天到二十一天。酿成的葡萄酒全部放入大多为 François Frères 制桶厂所打造的全新橡木桶中培养十六个月到二十个月，只经一次换桶和一次黏合澄清。通常没有过滤就直接装瓶。至于唯一上市的白酒 Montrachet，通常在黑皮诺采收后再采，成为该园最晚收的酒庄。榨汁后，全在新橡木桶中发酵，通常乳酸发酵完成后即装瓶。DRC 的酒风结构相当严谨，厚实有力，常有多层次的变化，相当耐喝，需要较长的时间才能显露其潜力。

Emmanuel Rouget（酒庄）

公顷：7　主要特级园：埃雪索（1.43）　主要一级园：Vosne-Romanée Les Beaux Monts, Les Cros Parentoux

勃艮第近代最传奇的葡萄农 Henri Jayer 退休后，其葡萄园与葡萄酒大多由外甥 Emmanuel Rouget 协助耕作与酿造。2006 年亨利·贾伊尔过世后，家族的葡萄园继续由其外甥经营。酒庄位于 Flagey 村内，种植与酿造的方式亦保留贾伊尔的基础与遗风：低产量的成熟葡萄，全部去梗，发酵前低温浸皮，常用新桶，比例高达 100%。

Cécile Tremblay（酒庄）

公顷：4　主要特级园：埃雪索，夏贝尔-香贝丹　主要一级园：Vosne Romanée Les Rouge des Dessus, Les Beaumonts; Chambolle Musigny Les Feuselottes; Nuits St. Georges Les Murgers

村内的新兴名庄，但酿酒窖其实位在莫瑞村。拥有 7 公顷葡萄园，原租给其他葡萄农，2002 年起开始由 Cécile 取回自耕。采用有机法种植，大多以整串葡萄在木槽中酿造，少踩皮或淋汁，自然却极小心萃取，酒风相当精细飘逸，以精巧取胜。

▲ St. Vivant 修道院的酿酒窖现为 DRC 的培养酒窖

▲ DRC 的培养酒窖

▲ Cecile Tremblay

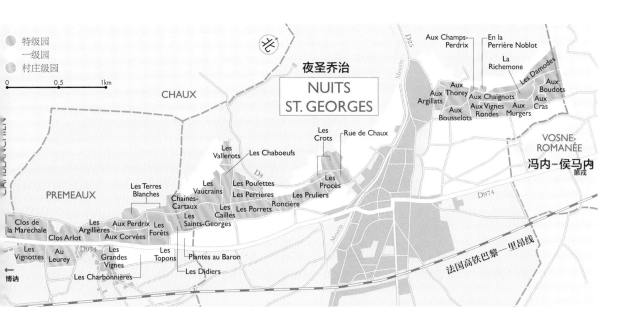

夜圣乔治
Nuits St. Georges

有五千多居民的夜圣乔治（Nuits St. Georges）是夜丘区最大的城市，亦是夜丘名称的由来。全区内主要的酒商，与全勃艮第规模最大的酒商集团 Boisset 都位于镇上。不同于南边的博讷市以酒商为主，夜圣乔治镇上同时还有非常多著名的独立酒庄，如 Henri Gouges、Robert Chevillon 及 Alain Michelot 等。此外，夜圣乔治也设有济贫医院，会在采收后的来年三月举行拍卖。

夜圣乔治城南、城北都是葡萄园，产区范围延伸到南边的普雷莫（Prémeaux）村，总共有 322 公顷，在全夜丘区是仅次于哲维瑞－香贝丹的第二大村。全区有三十八片一级园，几乎占了一半的面积，是夜丘拥有最多一级园的酒村。在 20 世纪 30 年代特级园开始分级的时候，夜圣乔治相当知名，村内许多优秀的葡萄园，如在 19 世纪被列为最高等级 Tête de Cuvée 的名园 Aux Boudots、Les Cailles、Les Vaucrains 及 Les St. Georges 等并没有申请成为特级园，因为若成为特级园就不能在标签上加注夜圣乔治。缺乏特级园对于镇上的酒庄也许是一个遗憾，不过，对于不是亿万富豪的勃艮第酒迷来说，反而多了一些一级园价格，却是特级园质量的选择。

夜圣乔治产区范围南北长达近 6 公里，是金丘区最长的村庄级产区，由北往南大致分为与冯内村相邻的镇北区、镇南区，以及更南边的普雷莫村三区，因自然环境的差异，风格有些不同。镇南和镇北之间有夜丘规模最大的 Meuzin 河谷切穿金丘山坡，城区沿着河岸两旁往山坡下蔓延。北面的葡萄园比较宽广，海拔为 240 米到 340 米，全部是面东的山坡，和冯内村连成一气，地质与地势的条件相当类似，酒风也颇接近，有较圆润的口感。一级园都位于偏上坡处，多为侏罗纪中期巴通阶的石灰

岩层，表土为多石块的石灰质黏土，山坡下段则转为更晚近的渐新世（Oligocene）岩层，表土混合着黏土与沙子，离镇上较近的葡萄园则覆盖着由 Meuzin 河谷自山区冲刷下来的河积沙石。

镇南的葡萄园山坡比较狭隘，山势也较陡斜，北边较靠近 Meuzin 河谷出口的一侧也较为狭隘且略为朝北，越往南，山势越朝东，葡萄园山坡越宽阔，直到与普雷莫村交界处，有一背斜谷切过，此处为全区最精华地段。山坡中段的一级园圣乔治是本镇名园，在 1892 年加上镇名"夜"之后成为现在的夜圣乔治。此处的酒风较为坚硬结实，虽少一些柔情，但相当有力且耐久，也许不是最可口，却是夜圣乔治最重要的典型酒风。

往南进入普雷莫村之后，葡萄园山坡又开始逐渐变窄，成为细长状，在普雷莫村附近，仅宽 120 米，是全夜丘区最狭窄的地段。大部分的葡萄园都直接位于岩床上，这里的岩层大多是与村子同名的普雷莫石灰岩，这是侏罗纪中期巴通阶年代最早的岩层，为坚硬的大理岩，常出现在夜丘较下坡处。因多石且陡斜，表土非常浅，但有较多黏土。在这个部分共有十片一级园，几乎所有在 D974 公路上坡处的葡萄园都属一级园，而且还有全勃艮第唯一位于 D974 公路下坡处的一级园 Les Grands Vignes。到了最南端与 Comblanchien 村交界处，山势转而平缓，开始进入夜丘村庄的产区范围。

夜圣乔治主产红酒，但也产一点白酒，葡萄园主要分布在坡顶多白色岩块的地带，如

◀ 位于 Les Crots 一级园的 Château Gris 有全镇最佳的视野

城北的 En la Perrière Noblo、城南的 Les Perrières，以及普雷莫村的 Les Terres Blanches、Clos de l'Arlot 与 Clos de la Maréchale 等。采用的品种主要为霞多丽，但也有一些由黑皮诺突变而成的白皮诺，甚至灰皮诺。此地的白皮诺主要为村内的黑皮诺突变产生，和别处的白皮诺不是同一无性繁殖系。

● 一级园

镇北共有十二片一级园，最知名的是直接和 Vosne 村相邻的 Les Damodes 和 Aux Boudots。前者位于上坡处，酒体稍清淡一些，后者与隔村的知名一级园 Les Malconsorts 直接相连，酿成的黑皮诺酒体饱满厚实，单宁细滑精致，内里亦具结实硬骨，是镇北最佳的一级园。往南的三片一级园 Aux Cras、La Richemone 和 Aux Murgers 亦接近 Aux Boudots 性感而优雅的酒风。南边较接近镇边的一级园，如 Aux Vignerondes、Aux Bousselots，以及一部分的 Aux Chaignots，表土层有较多的河积砾石与沙质，酒风转而较为柔和。

镇南有十六片一级园，最知名的区段在最南边的圣乔治，位处山坡中段，较深的表土中混合相当多的石块，常能生产单宁质地严密，且相当浓厚结实，又非常强劲有力的顶尖夜圣乔治红酒，是将来最有可能升为特级园的夜丘区一级园。Les Vaucrains 位于圣乔治的上坡处，虽亦多石，但含有更多的黏土质，酿成的红酒更加坚硬多涩。相反地，和 Les St. Georges 同在中坡的 Les Cailles 却表现出了非常精致、细致的质地，是镇南最为优雅的一级园。但其上坡的 Les Chaboef 位处冷风经过的背斜谷，风格稍粗犷一些。

在 Les Cailles 北边的中坡处接连三片一级园亦是精华区，Les Poirets（或写成 Les Porrets）有接近 Les St. Georges 的风格，也最为优雅；Roncière 坡度较陡一些，多白色与黄色的土壤，有更成熟的风味；往北到了 Les Pruliers 坡度稍缓，转回红褐色土壤，多熟果香，常被形容成矮壮风格。在 Les Poirets 的高坡处有 Les Perrières 和 Les Poulettes 两片位于多石梯田上的一级园，表土极浅，多为高瘦风格。Les Pruliers 的上坡处也有 Les Hauts Prulières 和 Les Crots，有稍清淡一些的酒体。

上：上村南的 Les Pruliers 一级园

下左：村北的平原区位于冲积扇上，也可酿成颇均衡优雅的红酒

下中：村南的葡萄园常酿出较多涩味的坚实风格

下右下：看似小巧的夜圣乔治镇是夜丘的酒业中心

▼ 上：村北的一级园 Aux Chaignots 与 Vigne Rond 有较为圆润的口感

中左：村内最知名的一级园 Les St. Georges

中右：虽位于 Les St. Georges 旁，但酒风却非常优雅的 Les Cailles

下左：村北近背斜谷的 Aux Thorey 一级园

下右：Prieuré-Roch 酒庄的独占一级园 Clos des Corvées

普雷莫村有十片一级园，普遍而言，这边的地形变化大，酒风多变，但多偏粗犷。最北边与 Les St.Georges 相邻的 Les Didiers 即是相当强硬粗犷的例子，但似乎颇耐久存，为夜圣乔治镇的济贫医院所独有。在此区有相当多的独占园，酒庄风格常凌驾于葡萄园之上，如 Domaine de l'Arlot 的 Clos de l'Arlot 与 Clos des Forêts St. Georges 有较精巧的特色，不过，后者仍有 Les St. Georges 般的结实口感。或如 Prieuré-Roch 酒庄结构非常严谨结实，有如金字塔般屹立不摇的 Clos des Corvées；最南端的 Clos de la Maréchale 则由原本 Faiveley 时期带野性的粗犷有力，变成 Mugnier 酒庄的均衡细致；Domaine des Perdrix 几乎独占的 Aux Perdrix 则有饱满厚实的酒体。

▲ 普雷莫村与一级园 Clos St. Marc

酒庄与酒商

Domaine de l'Arlot（酒庄）

公顷：15　主要特级园：侯马内-圣维冯（0.25公顷）　主要一级园：Nuits St. Georges Clos de l'Arlot, Clos des Forêts St. Georges; Vosne Romanée Les Souchots

金融集团的葡萄酒投资部门 AXA Millésime 在勃艮第的酒庄，自 2003 年开始采用自然动力种植。和 Domaine Dujac 一样，也自买橡木风干后由 Remond 桶厂制作。有两片独占的一级园 Clos de l'Arlot 和 Clos des Forêts St. Georges，因面积大，各分成多片种植与酿造，最后再调配。前者甚至有一半产白酒，以霞多丽混一点灰皮诺酿成相当多香、丰满圆润且多酸的白酒。红酒采用整串葡萄酿造，酒风较轻巧，颇均衡细致。

Jean-Claude Boisset（酒商）

勃艮第最大的酿酒集团，在勃艮第拥有包括 Charles Vienot、Bouchard Ainé、Jaffelin、Mommessin 和 Antonin Rodet 等在内的二十多家酒商，以及位于普雷莫村内的独立酒庄 Domaine de la Vougeraie，并在法国南部与美国加利福尼亚等地拥有酒厂。现已逐渐由第二代的 Jean-Charles 接班，他在 2009 年迎娶美国最大酒厂 E. & J. Gallo 的 Gina Gallo 为妻。以 Jean-Charles Boisset 为名的厂牌自 21 世纪初改由 Gregory Patria 全权酿造，不再采买成酒，仅买葡萄自酿，酒风开始有极大改变，相当精致均衡，而且不是特别商业化，即使买进的葡萄亦颇能表现土地特色。白酒全部整串榨，不除渣，在 500 升大桶中缓慢发酵。红酒发酵前低温浸皮加发酵后延长浸皮，酿造时间常超过一个月。

Robert Chevillon（酒庄）

公顷：13　主要一级园：Nuits St. Georges Les St. Georges, Les Vaucrains, Les Cailles, Les Perrières, Les Chaignots, Les Prulieres, Les Bousselots

夜圣乔治村内的精英酒庄，已经由第二代的 Denis 和 Bertrand 接手。同时比较 Chevillon 产的 Les St. Georges、Les Vaucrains、Les Cailles，是比较此三片一级名园的最佳方式。除了典型，Chevillon 在夜圣乔治坚硬的风格中还多了一些圆润与细致。葡萄全部去梗，发酵前低温浸皮加上发酵后长达一个月的浸皮，以 30% 新桶培养十八个月。

Jean-Jacques Confuron（酒庄）

公顷：8.42　主要特级园：侯马内-圣维冯（0.5公顷），梧玖庄园（0.52公顷）　主要一级园：Nuits St. Georges Boudots, Chaboeufs

现由女婿 Alain Meunier 负责管理，酒风相当干净纯粹，葡萄全部去梗，短暂发酵浸皮，50% ～ 100% 的新桶培养，常有细致的单宁质地和可口的果味。

Faiveley（酒商）

公顷：115　主要特级园：香贝丹-贝泽园（1.29公顷），马立-香贝丹（1.2公顷）拉提歇尔-香贝丹（1.21公顷），梧玖庄园（1.29公顷），蜜思妮（0.03公顷），埃雪索（0.87公顷），Corton Clos de Corton Faiveley（3.02公顷），高登-查理曼（0.62公顷），巴塔-蒙哈榭（0.5公顷），碧维妮-巴塔-蒙哈榭（0.51公顷）　主要一级园：Nuits St. Georges Les St. Georges, Les Porèts, Aux Chaignots, Aux Vignerondes, Les Damodes; Chambolle-Musigny Combes d'Orveau; Gevrey-Chambertin Les Cazetiers, Combe aux Moines, Champonnets, Crapillots, Clos des Issarts; Beaune Clos des Ecu; Pommard Rugiens; Volnay Fremiets, Puligny-Montrachet Clos de la Garennne

虽是酒商，但更像一家超大型的独立酒庄，拥有上百公顷葡萄园，大部分在夏隆内丘，有近 80 公顷，其他在金丘，在夏布利也拥有 Billaud-Simon 酒庄。Erwan 是 Faiveley 成立以来的第七代，他自 2004 年开始，从父亲 François 手中接管这家于 1825 年创立的酒商。家族同时拥有以制造高铁电动门闻名的科技公司 Faiveley 工业。

因资本雄厚，在许多地方不计成本，如坚持较低的产量及特殊的瓶型。在 François 时期，较为崇尚坚固均衡的古典风格，浓郁强劲，结构严谨，有点严肃，但不失细腻，需要相当长时间熟成才能适饮。

Erwan 接任之后酒风开始有些转变，有较多的果味，单宁亦较柔和精细一些，但仍保有 Faiveley 的硬骨。葡萄全部去梗，经发酵前低温浸皮后，发酵温度控制在 25℃～26℃ 的低温，让发酵浸皮的时间可以长达一个月，不淋汁，轻柔地踩皮。一级园以上采用手工装瓶，使用约 60% 的新桶，培养 18 个月。新增的许多博讷丘葡萄园让 Faiveley 成为更重要的白酒酿造者，仍然不搅桶，采用滚动木桶的方式以减少氧化，白酒风格也比过去多酸清新。

Henri Gouges（酒庄）

公顷：14.69　主要一级园：Nuits St. Georges Les St. Georges, Les Vaucrains, Clos des Porrets St. Georges, Les Pruliers, Les Chaignonts, Chaines Carteaux

无论从历史或酒风来看，都是夜圣乔治最具代表性的酒庄，现由第三代的 Christian 和侄儿 Grégory 一起经营。Henri 时期认为镇南的酒风较典型，因此现有的葡萄园大多在南边，自 2008 年起采用有机种植。Gouges 的酒风相当具有威严，封闭紧涩，年轻时最好不要轻易品尝。自 2007 年后有了新的酿酒窖，酿法经过调整之后有更多的果味以及较为滑细的单宁质地。葡萄全部去梗，发酵前低温浸皮二至三天，发酵后每天一次淋汁和五到六次踩皮。

Hospices de Nuits（酒庄）

公顷：12.4　主要一级园：Nuits St. Georges Les St. Georges, Les Boudots, Les Vignerondes, Les Murgers, Les Didiers, Les Porets, Rue de Chaux, Les Terres Blanches

相较于每年 11 月举行的博讷济贫医院葡萄酒拍卖会，夜圣乔治镇上的 Hospices de Nuits 济贫医院每年 3 月底在梧玖庄园城堡举行的拍卖就很少受到注意，买主大多是本地酒商。12.4 公顷由善心人士捐赠的葡萄园，酿成 18 款酒，各以捐赠者为名，大多产自夜圣乔治，也有一些产自哲维瑞-香贝丹。主产红酒，但也有一点点 Les Terres Blanches 白酒，每年大约有 140 桶。最珍贵的是独占的一级园酒 Les Didiers。过去的酒风较为坚实粗犷，但近年来新建的酒窖与新的管理团队让风格越来越细致。

Dominique Laurent（酒商），Laurent Père & Fils（酒庄）

公顷：9　主要特级园：梧玖庄园（0.5 公顷），埃雪索（0.26 公顷）　主要一级园：Nuits St. Georges Les Damodes; Meursault Les Poruzots

20 世纪 80 年代末成立的微型酒商，原是甜点师傅，一开始只专注于购买成酒培养，以极浓缩且多新木桶的风格成名，后亦成立自己的橡木桶厂。其后因儿子的加入才开始成立酒庄，并自己种植和酿造。自 2009 年开始有较具规模的葡萄园，且采用有机种植。在酿造上采用较为自然的酿法，大多整串葡萄不去梗，有些酒款甚至不加二氧化硫，风格较过去更为均衡，亦较精确、多细节。

▲ Domaine de l'Arlot

▲ Robert Chevillon

▲ Gregory Patria

▲ Faiveley

▲ Faiveley

Lechenaut（酒庄）

公顷：10　主要特级园：罗西庄园（0.08 公顷）　主要一级园：Nuits St. Georges Les Pruliers; Morey St. Denis Les Charrières; Chambolle-Musignt Les Plantes, Les Borniques

1986 年之后由 Philippe 和 Vincent 两兄弟一起负责，酿制相当精致可口的美味红酒。几乎全采用有机种植，葡萄大多去梗，但保留一小部分整串葡萄，发酵前低温浸皮数日，先多踩皮后多淋汁，酿成后经十八个月培养，采用 30% ～ 100% 的新桶。酒风虽较强劲，但更细致优雅，是镇上较为少见的风格。

Chantal Lescure（酒庄）

公顷：18　主要特级园：梧玖庄园（0.3 公顷）　主要一级园：Nuits St. Georges Les Damodes, Les Vallerots; Vosne-Romanée Les Suchots; Pommard Les Bertins; Beaune Les Chouacheux

20 世纪 70 年代创立的酒庄，但 1996 年才开始自产，由 François Chavériat 协助管理。酒庄位于镇上 19 世纪名酒商 Marey & Comte Liger-Belair 的原址上。酿法颇特别，全部去梗后在封闭的不锈钢桶中发酵，约二十天完成，只踩皮五次，酿成的红酒相当新鲜丰厚且多果香，质地亦颇为细致。

Thibault Liger-Belair（酒庄兼营酒商）

公顷：6.75　主要特级园：李奇堡（0.55 公顷），梧玖庄园（0.73 公顷）　主要一级园：Nuits St. Georges Les St. Georges; Vosne-Romanée Les Petits Monts

同样源自 Comte de Liger-Belair 家族，采用自然动力法种植，以较少萃取的方式酿造，酒风自然均衡，但也较为内敛，带有高雅气质。

Lupé-Cholet（酒商）

公顷：25　主要特级园：Blanchot　主要一级园：Nuits St. Georges Château Gris; Vosne-Romanée Les Rouges des Dessus; Chablis Vaillons, Vaucopins

现为博讷酒商 Albert Bichot 的产业，但仍然分开经营，不过自 Bichot 购入后，酒风与酿制其实非常相近，已具相当水平，有极可口的 Bourgogne 等级的红酒和白酒。虽是酒商，但在夏布利拥有 Château de Viviers 及镇上的 Château Gris 两家酒庄。

Marchand-Tawse（酒商）

来自加拿大魁北克省的名酿酒师 Pascal Marchand 曾先后担任 Comte Armand 和 Domaine de la Vougeraie 的酿酒师，也在南、北美洲与澳大利亚担任酿酒顾问。2006 年在镇上成立小型精英酒商，之后和 Maury Tawse 合作成立酒商 Marchand-Tawse，也买下哲维瑞村拥有颇多名园的 Domaine Maume，并开始在博讷市酿造白酒。Pascal 是生物动力法的先锋之一，酿成的红酒较为强硬结实，也较浓缩，但仍能兼具均衡与葡萄园特性。

▲ Christian 和 Grégory Gouges　　▲ Hospices de Nuits　▲ Vincent Lechenaut　▲ François Chavériat　▲ Thibault Liger-Belair

Louis Max（酒商）

公顷：27　主要一级园：Mercurey Les Vasses

位于镇边的中型酒商，较专长于红酒，平价的红酒和白酒有不错的水平，在 Mercurey 有自有葡萄园，是最值得购买的酒款。

Alain Michelot（酒庄）

公顷：7.74　主要一级园：Nuits St. Georges Les St. Georges, Les Vaucrains, Les Cailles, Les Forêts St. Georges, Les Chaignots, La Richemone, Les Champs Perdrix, En la Perrière Noblot; Morey St. Denis Les Charrières

酒庄现已逐渐由女儿接手酿造，但仍具有圆熟饱满的风格。全部去梗，低温浸皮七天，发酵与浸皮两周，先除酒渣，一个月再入桶，新桶比例不超过 30%。因通常乳酸发酵非常晚才完成，木桶培养时间亦较长。Alain Michelot 虽然较为柔和易饮，但和 Robert Chevillon 一样是代表夜圣乔治不同一级园风格的极佳典范，其 Les St. Georges 常是最易亲近的优雅版本。

Domaine des Perdrix（酒庄）

公顷：10.03　主要特级园：埃雪索（1.14 公顷）主要一级园：Nuits St. Georges Aux Perdrix, Les Terres Blanches（红/白）

Devillard 家族在夜丘区的酒庄（在梅克雷亦拥有 Château de Chamirey 酒庄）。1996 年才成立，现多由第二代的 Amaury 负责，不过负责酿造的是 Robert Vernizeau。酿成的酒相当浓厚，也颇

圆润，全部去梗，发酵前低温浸皮一周，以踩皮为主，60%～90% 的新桶，经一年半熟成。其一级园 Aux Perdrix 颇为优雅，有一款相当浓缩的版本，以 1922 年高密度种植的老树葡萄酿成，称为 Les 8 Ourvées。

Nicolas Potel（酒商）

Nicolas Potel 于 Nuits 镇成立的小型精英酒庄，以非常少量，但非常多种的酒款受到瞩目，虽酿造出极佳的质量，但因财务问题而转卖给酿酒集团，现为 Henri Maire 所有。Nicolas Potel 已于博讷市另成立 Domaine de Bellene，不再与此酒商有关联。

Prieuré-Roch（酒庄）

公顷：10.56　主要特级园：香贝丹–贝泽园（1.01 公顷），梧玖庄园（0.62 公顷）　主要一级园：Nuits St. Georges Clos des Corvées; Vosne-Romanée Les Souchots, Clos Goillotte

1988 年由 Leroy 家族的 Henri-Frédéric Roch 所创立的酒庄。采用有机种植，首任酿酒师 Philippe Pacalet 建立了无二氧化硫的自然酒酿造法，清晨采收，整串葡萄不去梗，原生酵母缓慢发酵，人工踩皮，橡木桶培养则长达两年以上。不同于较清淡的自然酒，Prieuré-Roch 的酒风颇浓厚，而且结构非常严谨内敛。5.21 公顷的独占园 Clos des Corvées 属于 Aux Corvée 的一部分，酿造成三款酒，除了只称 1er cru 的一般版本与使用老树葡萄酿成的之外，真正标示为 Clos des Corvées 的是更加浓缩、只使用结无籽小果

▲ Pascal Marchand

▲ Louis Max

▲ Elodie Michelot

▲ Amaury Devillard

▲ Prieuré-Roch 酒庄

（Millerandage）的葡萄酿造的。

Daniel Rion（酒庄）

公顷：17.94　主要特级园：梧玖庄园（0.55公顷），埃雪索（0.35公顷）　主要一级园：Nuits St. Georges Les Hauts Pruliers, Les Terres Blanches, Les Vignerondes, Vosne-Romanée Les Beaux Monts, Les Chaumes

位于普雷莫村的老牌酒庄，现由第二代的三兄妹一起经营。Rion 的酒质曾经较为干瘦，但近年来却已逐渐转变成极佳的 Nuits 镇风格，强劲而细致，相当迷人。通常全部去梗，发酵前低温浸皮，发酵十多天之后经十八个月的橡木桶培养，采用50%～70%的新桶。

Domaine de la Vougeraie（酒庄）

公顷：34　主要特级园：蜜思妮（0.21公顷），邦马尔（0.7公顷），夏姆-香贝丹（0.74公顷），梧玖庄园（1.41公顷），高登（Le Clos du Roi 0.5公顷），高登-查理曼（0.22公顷）　主要一级园：Nuits St. Georges Les Damodes, Corvée Pagets; Gevrey-Chambertin Bel Air; Vougeot Clos Blanc, Les Crâs; Beaune Les Grèves, Clos du Roi; Savigny-lès-Beaune Les Marconnets

1999年，Boisset 集团将所属的酒商所拥有的葡萄园全部集中到这家位于普雷莫村的独立酒庄，并聘请原来在 Comte Armand 的 Pascal Marchand 酿造。所有葡萄园都采用自然动力种植法耕作，自2005年起由 Pierre Vincent 接手。Pascal Marchand 酿出相当结实强劲、非常有力量的主宰式风格，

完全改变了过去因红酒过于清淡而造成的不佳名声。Pierre Vincent 原来是副手，他接任后则试图酿造稍轻柔一些，多一点细节、更新鲜可口的酒风。保留30%～50%的整串葡萄，全在木制酒槽中酿造，发酵前先低温浸皮，稍低温发酵，每日踩皮一次，约二十五天至二十八天完成。

其他重要酒庄

Nuits 镇上还有相当多优秀的酒庄，如酒风优雅精致的 Georges Chicotot，传统派的经典酒庄 Jean Chauvenet，由 Daniel Rion 长子自创的酒庄 Patrice & Micheèle Rion，酒风坚硬的 Remoriquet，以及同时经营酒商的 Bertrand Amboise 等。

▲ Loupé-Cholet 的地下酒窖，现已成为 Albert Bichot 的产业

▲ Olivier（左）和 Pascale Rion

▲ Pierre Vincent

▲ Domaine des Perdrix

夜丘村庄
Côte de Nuits Villages

　　夜丘的精华区集中于中段，在最南端和北端各有一些不那么出名的村庄也出产葡萄酒，这些村庄合称"夜丘村庄"。菲尚村、一部分纳入哲维瑞-香贝丹的 Brochon 村、大部分划入夜圣乔治的普雷莫村、最南端的 Comblanchien 村和 Corgoloin 村全都包含在内，其中菲尚村虽然已经独立成村庄级 AOC/AOP，但仍然可以选择以夜丘村庄的名义销售。目前几个村子合起来大约有 300 公顷的葡萄园，主产黑皮诺红酒和一点点白酒。不像南边的 Côte de Beaune Villages 可以混合许多村庄级的酒，夜丘村庄只能使用来自上述五个村庄的酒。

　　夜丘往南经过夜圣乔治之后山势变得低缓，适合种植葡萄的山坡也跟着窄缩成只有一两百米，马上就进入了太过肥沃的平原区。这一带有几家采石场，以出产美丽的贡布隆香大理岩闻名。Comblanchien 村和 Corgoloin 村就位于这个最南端和博讷丘交界的地带。产区内知名酒庄不多，但有一些认真、质量稳定的小酒庄如 Domaine Chopin et Fils、Domaine Gille 及 Domaine Gachot-Minot 等。

● Comblanchien 和 Corgoloin 的酒庄

Domaine d'Ardhuy（酒庄）⋯⋯⋯⋯⋯⋯⋯⋯⋯⋯⋯⋯⋯⋯⋯⋯⋯⋯⋯⋯⋯⋯⋯⋯

公顷：44　主要特级园：高登（Les Renardes, Le Clos du Roi, Pougets, Hautes Murottes, 3.35 公顷），梧玖庄园（0.56 公顷），高登-查理曼（1.28 公顷）　主要一级园：Beaune Les Champs Piemont, Petit Clos Blanc de Teuron; Pommard Les Fremiers; Volnay Les Fremiets, Les Chanlins; Savigny-lès-Beaune Les Peuillets, Clos des Guettes, Aux Clous, Les Narbantons, Les Rouvrettes; Puligny-Montrachet Sous le Puits

Arshy 家族晚至 2003 年卖掉酒商 Corton André 之后才独立成酒庄，是区内最重要的酒庄，聘任 Carel Voorhuis 酿造，开始自产葡萄酒。酒庄位于夜丘最南边的葡萄园 Clos des Langres 内，11 世纪由 Cluny 修会的修士所创，为一独占园。一开始即采用有机种植，之后采用自然动力法，在 2009 年得到认证。葡萄大部分去梗，只留 10%～20% 的整串葡萄，通常直接发酵，没有发酵前浸皮，主要用踩皮，但后段有些淋汁，两周之内即酿成。新桶的平均比例低于 20%，只有特级园可能达 50%。虽是新厂，但已酿成极佳水平，大部分的酒都相当均衡优雅。

► 上：Corgoloin 村的葡萄园与石矿堆

下左上：夜丘北边的 Brochon 村也可以产夜丘村庄的红酒

下左下：Mireille d'Ardhuy（右）和 Santiard（左）

下中：Clos des Langres 是夜丘最南端的一片葡萄园

下右：Comblanchien 村产的普雷莫玫瑰石

上夜丘与上博讷丘
Hautes-Côtes-de-Nuits et Hautes-Côtes-de-Beaune

新生代第三纪的造山运动在中央山地与苏茵河平原的交界处造成以侏罗纪岩层为主的数道南北向山脉，金丘区是其中的第一个山坡，但在金丘区之后还有许多和金丘区类似的山坡，称为上丘区（Les Hautes-Côtes）。由于海拔较高，葡萄园必须要能避风和受光良好才容易成熟。在这个广大的区域里，葡萄园比较分散，和树林、牧场、小麦田与黑醋栗园相邻。跟金丘区一样，上丘区也分为南北两区，北面叫上夜丘（Hautes-Côtes-de-Nuits），包括十九个村庄，600多公顷葡萄园；南面的区域叫上博讷丘区（Hautes-Côtes-de-Beaune），包括二十九个村庄，800多公顷的葡萄园。主要生产黑皮诺红酒，白酒只占约20%。

上丘区的葡萄园较常采用低密度高篱笆的种植法，过去上丘区的农庄多半以畜牧和种植谷物为主业，葡萄只是副业，低密度种植可让农民用一般机械种植葡萄。

在金丘区葡萄园已经饱和，很少有新葡萄园，但在上丘区还有许多机会，有很多金丘区的酒庄和酒商到此区创建新的葡萄园，让酿酒水平大幅提升，出现了相当多平价的勃艮第葡萄酒；特别是在比较温暖的年份，会有十分可口的黑皮诺。其实，在上夜丘区也开始有一些精英厂，亦生产夜丘区的顶级酒，如Jayer-Gilles、Jean Féry、Naudin-Ferrand、David Duband、Mazilly和Aurélien Verdet等。另外，也有专精于上丘区的酒庄，如上博讷丘的Didier Montchovet和上夜丘区的Domaine de Montmain。

▼ 夜丘区 Meuillet 村低密度种植的葡萄园

主要酒庄

David Duband（酒庄），François Feuillet（酒庄）

公顷：18.28　主要特级园：香贝丹（0.22公顷），拉提歇尔-香贝丹（0.28公顷），马索耶尔-香贝丹（0.65公顷），罗西庄园（0.41公顷），埃雪索（0.5公顷）　主要一级园：Nuits St. Georges Les Pruliers, Aux Thorey, Les Procès, Les Chaboeufs; Morey St. Denis Clos Sorbè

位于 Chevanne 村，自 1995 年开始由 David Duband 管理酿造，以 Métayage 的方式与 François Feuillet 合作，有颇多夜丘区名园。葡萄园已采用有机种植，因位于上夜丘，汰选葡萄的输送带直接运到葡萄园边，运回的都是选过的葡萄。在酿造时约留 30% 的整串葡萄，偏重发酵前低温浸皮，多淋汁少踩皮，常酿出相当细致的单宁质地。酒风现代、干净，也很有个性，虽以夜丘葡萄园闻名，其上夜丘的 Louis August 红酒亦相当鲜美多汁。

Jean Féry（酒庄）

公顷：11　主要特级园：高登（0.7公顷）　主要一级园：Savigny-lès-Beaune Les Vergelesses; Pernand-Vergelesses Les Vergelesses; Vougeot Les Crâs; Chassagne-Montrachet Abbaye de Morgeot

位于 Echevronne 村，葡萄园采用有机种植法，由 Pascal Marchand 担任酿酒顾问。保留一部分整串葡萄酿造，少踩皮多淋汁，长时间浸皮，因为气候比较寒冷，所以橡木桶的培养长达两年。酿成的酒颇具水平，接近 Pascal Marchand 相当结实有力量的黑皮诺风格。

Naudin-Ferrand（酒庄）

公顷：22　主要特级园：埃雪索（0.34公顷）　主要一级园：Nuits St. Georges Les Damodes; Ladoix La Corvée

位于 Magny-lés-Villers 村的老牌上丘区酒庄，1994 年起由原庄主的女儿 Claire 负责酿造，是上丘区最具代表性的关键酒庄，所生产的可能是全金丘区最超值、有趣的红酒与白酒。20 多公顷的葡萄园主要在上丘区，采用的剪枝法与种植密度各不相同，亦有相当多老树，有一部分采用有机种植法或自然动力种植法。近年来一部分酒款以自然酒的方式酿造，让酒风更加纯粹鲜美。将近三十款酒中有非常多独特的酒款，酿造方式亦都不同。如以近百年的阿里高特老树酿成的 Les Clous 34，以及极少萃取、非常轻巧可口的勃艮第红酒等。

Aurélien Verdet（酒庄兼营酒商）

公顷：12　主要一级园：Nuits St. Georges Les Boudots, Les Damodes, La Richemone

位于 Arcena 村，年轻的庄主曾与 David Duband 一起酿酒，葡萄园采用有机种植，100% 去梗，少踩皮，酒风相当现代、干净，专精于精巧细致的夜丘村庄级酒，三片新增的夜圣乔治一级园酒亦有少见的优雅质地。

▲ David Duband

▲ Aurélien Verdet

▲ Jean Féry 酒庄的壁画

▲ Jean Féry 酒庄的培养酒窖

▲ Naudin-Ferrand 酒庄

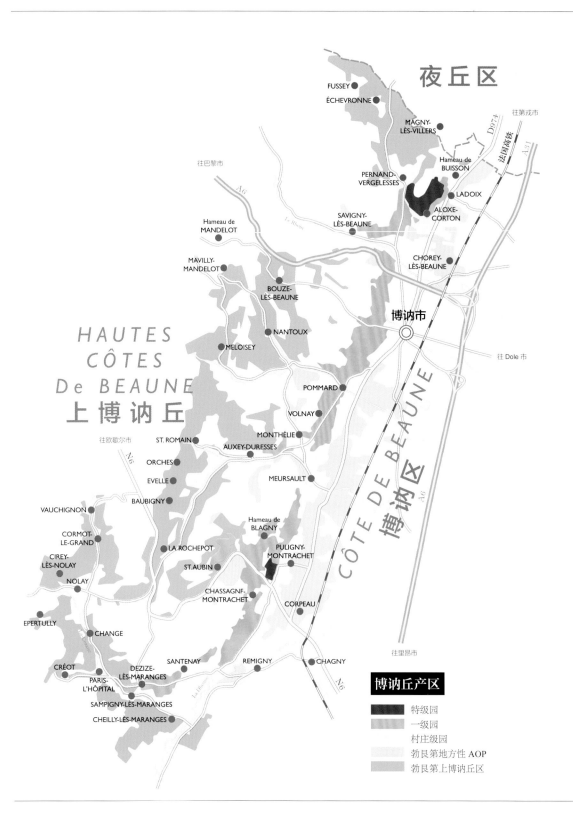

夜丘区

往第戎市

往巴黎市

FUSSEY
ÉCHEVRONNE

MAGNY-
LÈS-VILLERS

Hameau de
BUISSON

PERNAND-
VERGELESSES

LADOIX

ALOXE-
CORTON

SAVIGNY-
LÈS-BEAUNE

Hameau de
MANDELOT

CHOREY-
LÈS-BEAUNE

MAVILLY-
MANDELOT

BOUZE-
LÈS-BEAUNE

博讷市

NANTOUX

往 Dole 市

HAUTES
CÔTES
De BEAUNE
上博讷丘

MELOISEY

POMMARD

VOLNAY

往欧歇尔市

ST. ROMAIN

MONTHÉLIE

AUXEY-DURESSES

ORCHES

MEURSAULT

EVELLE

BAUBIGNY

VAUCHIGNON

Hameau de
BLAGNY

CORMOT-
LE-GRAND

CÔTE DE BEAUNE
博讷区

CIREY-
LÈS-NOLAY

LA ROCHEPOT

PULIGNY-
MONTRACHET

NOLAY

ST.AUBIN

CHASSAGNF-
MONTRACHET

EPERTULLY

CORPEAU

CHANGE

CRÉOT

SANTENAY

REMIGNY

CHAGNY

DEZIZE-
LÈS-MARANGES

往里昂市

PARIS-
L'HÔPITAL

SAMPIGNY-LÈS-MARANGES

CHEILLY-LÈS-MARANGES

博讷丘产区

特级园
一级园
村庄级园
勃艮第地方性 AOP
勃艮第上博讷丘区

第三章

博讷丘区

Côte de Beaune

金丘区南段以最大的城镇博讷市为名，称为博讷丘（Côte de Beaune）。博讷丘的葡萄园山坡变得更加开阔，葡萄园沿着切过金丘的谷地向平原区延伸，面积将近夜丘区的两倍，也有更长串的葡萄酒村。

因地层的巨大变动，博讷丘的葡萄酒风格也变化多端，红酒常比夜丘柔和易饮一些，但特级园高登，以及红酒名村如渥尔内

（Volnay）、玻玛（Pommard）和博讷市，也都能酿出精致耐久的顶尖黑皮诺红酒。

但这里不只产黑皮诺，博讷丘是毫无争议的全球霞多丽白酒的最佳产区，在厚实的酒体与充满劲道的酸味中常能保留别处少有的均衡

▼ 从金丘山坡向外分离的高登山，形成广阔的三面向阳的坡地，是特级园高登和高登–查里曼所在之处

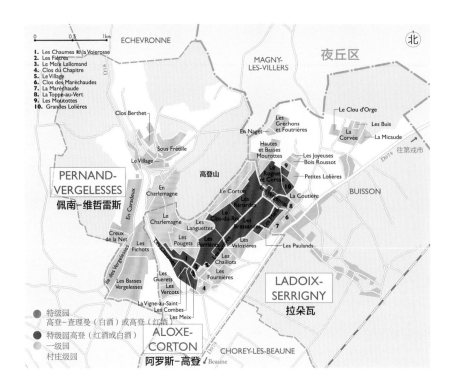

与细致。这里众多的白酒名村如默尔索村、普里尼-蒙哈榭村，连同蒙哈榭、歇瓦里耶与高登-查理曼等特级园，共同代表霞多丽白酒的典范风格。

拉朵瓦、阿罗斯-高登与佩南-维哲雷斯
Ladoix-Serrigny, Aloxe-Corton et Pernand-Vergelesses

　　夜丘区的葡萄园到了南端变得狭窄细长，但一进入博讷丘区，葡萄园马上变得相当广阔，著名的高登山从金丘山坡向外分离，形成了一个圆锥形的小山，提供了一大片面南与面东的坡地，这是特级园高登和高登-查里曼所在之处。环绕着高登山，有博讷丘区最北端的三个产酒村庄，拉朵瓦（Ladoix-Serrigny）村在山的东北侧，阿罗斯-高登村（Aloxe-Corton，以下简称阿罗斯村）在山脚东南方向，佩南-维哲雷斯村（Pernand-Vergelesses，以下简称佩南村）则出现在山的西侧谷地内，这三个村庄共享这两片著名的历史名园，也形成金丘北端同时以黑皮诺和霞多丽闻名的精华区。

　　三条背斜谷从三面切过高登山，形成金丘少见的面南与面西的山坡，北

▲ 上左：从俯瞰图可以清楚看到 Le Rognet 凹陷的采石场，以及下方由碎石堆成、专产高登白酒的 Vergennes 小圆丘

上右上：中高坡处的 Le Clos du Roi 是高登特级园内的精华区

上右下：中坡的 Les Bressandes 在高登特级园中以产雄厚有力的红酒闻名

下：Les Bressandes 和背后陡坡上的 Les Renardes

面有背斜谷 Combe de Vry 在拉朵瓦村切穿金丘，成为前往 Magny 村的天然通道，夜丘与博讷丘岩层之间的断层也约略在这附近切过。此背斜谷也让高登山的东北端略为朝向东北，成为拉朵瓦村的村庄级园与一级园所在之处。另一条背斜谷 Combe de la Net 范围更大，从西南边切过高登山，自山区带来大批的泥沙，在高登山西南边与阿罗斯村的南边堆积成极为广阔平坦的冲积扇。佩南村本身就位于谷内的向阳坡上。第三条背斜谷较为狭小，为一南北向的小谷，在高登山西边将佩南村和 Charlemagne 的葡萄园分隔开来，亦形成佩南村内面朝东南、与高登山相望的一级园。

▲ 阿罗斯村的 Le Charlemagne 比佩南村的 En Charlemagne 更温暖多阳

▶ 左：园区正面朝南的 Le Charlemagne 是高登山最早熟的区域

中：阿罗斯村与佩南村的分界

右上：Bonneau du Martray 酒庄在 Charlemagne 本园拥有 9.5 公顷的葡萄园

右下：Les Chaumes 位于 Le Charlemagne 之下，多红色黏土，较适合种植黑皮诺

● 特级园

高登与高登-查理曼是局部相交叠的两片特级园，总面积超过 160 公顷，两者分别是勃艮第面积最大的产红酒与白酒的特级园。范围横跨三个村庄，合并了周围的许多葡萄园。高

登的本园称为 Le Corton，只有 11.67 公顷，但现已扩至近百公顷；高登−查理曼最初的本园 Charlemagne 只有不到 2 公顷，现则扩至 50 公顷。这两片特级园几乎占满了整个高登山。全园一共划分成二十六个自有名称的小区，各区有各区的自然条件与酒风。有些较知名的分区名也常出现在酒标上，如 Le Clos du Roi、Les Bressandes 和 Les Renardes。

不过，复杂的不只是葡萄园本身，还包括这两片特级园（事实上是三片）之间的关系。主产白酒的两个小区分别是阿罗斯村的 Le Charlemagne 和佩南村的 En Charlemagne，都是高登山产高登−查理曼白酒的精华区。这两区可使用另一特级园法定产区的名称

Charlemagne，不用加 Corton，虽然现在已经极少有酒庄采用，但这其实只是最初的名字。在 Charlemagne 区域外也有生产高登−查理曼白酒的葡萄园，包括邻近的一些小区域，如 Les Pougets 和 Les Languettes，以及位于高登山坡顶贴近树林的区域，如 Le Corton、Les Renardes、Basses Mourottes、Hautes Mourottes 和坡顶部分的 Le Rognet。这几个小区域也产高登红酒，如果种植霞多丽，酿成的白酒也可以称为 Corton-Charlemagne。Lavalle 在 1855 年即提到 Le Corton 本园一半种白葡萄，一半种红葡萄。不过，最麻烦的是除这几个区之外，主产 Corton 红酒的其他十七个小区如果种植霞多丽酿成白酒，虽不能叫高登−查理曼，但仍

可以称为 Corton，也是属特级园等级的白酒，通常标示为 Corton Blanc，如博讷济贫医院的 Cuvée Paul Chanson 即是产自 Corton-Vergennes 的白酒。高登和蜜思妮一样，都是可以同时产红酒和白酒的特级园，但它们都是以红酒闻名的，白酒只是因为历史因素而存在。

在 Charlemagne 的两个小区内虽然主要都种植霞多丽，但是，仍然有少数的酒庄种植黑皮诺，酿成的红酒则称为高登，如 Bonneau du Martray 的高登红酒。由于这三片特级园的园区彼此重叠，很难精确地计算葡萄园的面积，特别是高登-查理曼的价格通常较高登红酒还高，酒庄改种霞多丽颇为常见，实际的面积经常变动。无论如何，目前这三片特级园列级的面积为 160 公顷，种植面积约 150 公顷，包括三分之一的高登-查理曼和三分之二的高登。

因为岩层陷落，高登山与北边的夜丘山坡有相当不同的岩层结构，分界点在拉朵瓦村往 Magny 村的道路附近，有一断层横切过金丘，南边这一面往下陷落，是年代比较近的侏罗纪晚期岩层。夜丘在山顶上是颇为常见的贡布隆香石灰岩，进入博讷丘后反而沉陷到地底下，在高登山脚下的葡萄园则是侏罗纪晚期的珍珠石板岩，往上接近中坡处是含有高比例铁质的红色鱼卵状石灰岩。通常有较深的表土，颜色也比较深，多为红褐色。

接着在中坡及上坡处都是属于 Argovien（又称为 Oxfordien）时期的泥灰质岩，与夜丘常见的红色泥灰岩不同，这里的泥灰岩有些颜色较浅，有时呈黄色或白色，特别是山坡南边和西边主要种植霞多丽的区域。但在朝东边的 Corton 这一侧则偏红褐色。在高登山顶是更为坚硬的 Rauracien 石灰岩，靠近坡顶的葡萄园

▲ 位于拉朵瓦村内的 Le Rognet 生产酒风较粗犷的高登红酒

► Le Corton 本园位于高登山朝东的高坡处

常在极浅的表土中混合着相当多的白色石灰岩块。山坡上部种植霞多丽，下部种植黑皮诺，确实也符合这样的岩层结构。高登山北端在拉朵瓦村境内有些特级园部分位于断层北侧，属夜丘岩层，这可能是此处的酒风较粗犷多涩的原因之一。

高登（Corton，160.19 公顷）

高登是博讷丘唯一产红酒的特级园，产区共分为 26 个小区，真正种植的面积大约 100 公顷，其中有约 4 公顷的 Corton Blanc。大部分的高登葡萄园主要位于朝东偏南的山坡上，葡萄园从海拔 240 米爬升到 350 米，从坡顶到坡底和梧玖庄园一样宽达 700 米，但是坡度却相当陡斜。Lavalle 在 1855 年的分级中，将高登中最高坡的 Le Clos du Roi、Les Renardes 和 Le Corton 列为最高等级的 Hors Ligne。其中 Le Corton 位于最高坡处，是高登全区的本园，只有产自此园的葡萄酒可以在标签上注明加冠词"Le"的 Le Corton，如 Bouchard P. & F. 的 Le Corton。其余除了直接标 Corton 外也可加上小区域的名称，如 Corton-Clos du Roi。

中低坡的 Les Perrières、Les Gréves 和 Les Bressandes，以及较多白色泥灰岩的 Les Pougets 和 Les Languettes，在 Lavalle 的分级中都只列为一级，至于更低坡的 Les Combes 和 Les Paulands 则只是二级。其他还有许多当时未被提及的小区。这样的分级也颇符合现在的看法，最佳的葡萄园大多在朝东的中坡与中高坡处，特别是从 Le Corton 的下坡处往下，经 Le Clos du Roi 到 Les Bressandes 这一区的葡萄园，以及稍北边的 Les Renardes 与 Rognet 的下半部，是最精华区，酿成的酒相当浓厚，结实有力，甚至带一点粗犷气，相当耐久。山坡转向朝南的区域酿成的黑皮诺大多较为柔和，少有雄浑的酒体，但可能酿成精致、精巧的风格，如一部分的 Les Languettes、Les Pougets 和 La Vigne au Saint，以及产自 Charlemagne 区内的高登红酒。

约有两百家酒庄在 Corton 拥有葡萄园，其中最重要的 28 家如下：Louis Latour（17 公顷）、Hospices de Beaune（6.4 公顷）、d'Ardhuy（4.74 公顷）、Comte Senard（3.72 公顷）、Bouchard P. & F.（3.25 公顷）、Faiveley（3.02 公顷）、Chapuis（2.8 公顷）、Domaine de la 侯马内-康帝（2.27 公顷）、Chandon de Brailles（1.9 公顷）、Louis Jadot（2.1 公顷）、Dubreuil-Fontaine（2.1 公顷）、Pousse d'Or（2.03 公顷）、Bellend（1.73 公顷）、Tollot-Beaut（1.51 公顷）、Rapet P. & F.（1.25 公顷）、Michel Gaunoux（1.23 公顷）、Michel Juillot（1.2 公顷）、Jacques Prieur（0.73 公顷）、Follin-Arbelet（0.7 公顷）、Ambroise（0.66 公顷）、Nudant（0.61 公顷）、Cornu（0.56 公顷）、Albert Bichot（0.55 公顷）、Champy（0.5 公顷）、Leroy（0.5 公顷）、Méo-Camuzet（0.45 公顷）、Bruno Clavelier（0.34 公顷）和 Dupont-Tisserandot（0.33 公顷）。

高登-查里曼
（Corton-Charlemagne，71.88 公顷）

高登-查理曼源自查理大帝在 775 年捐赠给 St. Andoche 教会的一片 2 公顷的葡萄园。教会经营此园近千年，直到法国大革命之后，才扩充至 3 公顷，但现在可以生产高登-查理曼的葡萄园已经扩至近 72 公顷，全部集中在高登山的南边与西边，以及东边最靠近山顶的区域。在此范围内的葡萄园大多含有较多白色泥灰岩以及较多石灰岩块，石灰质含量较高，黏土少一些，比较适合种植霞多丽，而此区出产的黑皮诺则比较轻柔一些。

即使面积扩充，高登-查理曼的水平与风格还是比高登来得一致，不过，仍有高坡与低坡，朝东、朝南与朝西的差别。位于阿罗斯村这边的 Le Charlemagne 是最初的本园所在，因全面向南，日照时间更长，加上山势更陡，向阳角度更佳，非常温暖多阳，在山坡中段的区域常能酿成带有丰沛的熟果香气、口感浓厚圆润、兼具极佳酸味的雄壮型霞多丽白酒。位于西坡在佩南村内的 En Charlemagne 则较为冷凉，特别是在西边谷地尽头的部分，甚至已经开始朝向西北方，只有下午能接收到西晒的阳光，加上背斜谷引来上丘区的冷风，成熟更为缓慢，但常能保有非常高的酸度，酒体比较轻盈，有高瘦坚挺的内敛风格，亦常有更多矿石香气。产自 Les Pougets 的高登－查理曼，则较类似 Le Charlemagne 的浓厚风格，但东边山坡高坡处（如 Le Corton）所产的则转为多矿石气且更多酸的风格。

约有 75 家酒庄在高登－查理曼拥有葡萄园，其中最重要的 21 家为 Louis Latour（9.64 公顷）、Bonneau du Martray（9.5 公顷）、Bouchard P. & F.（3.67 公顷）、Rapet（3 公顷）、Michel Voarick（1.66 公顷）、Louis Jadot（1.6 公顷）、Albert Bichot（1.2 公顷）、d'Ardhuy（1.04 公顷）、Roux P. & F.（1 公顷）、Champy（0.8 公顷）、Michel Juillot（0.8 公顷）、Dubreuil-Fontaine（0.7 公顷）、Faiveley（0.62 公顷）、de Montille（1.04 公顷）、Leroy（0.43 公顷）、Hospices de Beaune（0.4 公顷）、Bellend（0.36 公顷）、Bruno Clair（0.34 公顷）、Coche-Dury（0.34 公顷）、Joseph Drouhin（0.34 公顷）和 Charlopin-Parizot（0.3 公顷）。

▼ 左：阿罗斯－高登一级园 La Courtière 却是位于拉朵瓦村内

右：拉朵瓦村内的高登园包括 Les Vergennes、中坡的 Le Rognet 和高坡的 Hautes Mourottes，较高坡处也可产高登－查理曼白酒

● 拉朵瓦（Ladoix-Serrigny）

这是夜丘进入博讷丘的第一个村庄，村内亦生产高登和高登－查理曼，不过却非知名的酒村，村名是联合相邻的两村而成，并非如其他村庄那样加入村内的名园。规模颇大的背斜谷 Combe de Vry 在拉朵瓦村切穿金丘山坡，分出南边较陡的高登山，以及北边较和缓的向南坡。村内约有 100 公顷的葡萄园，其中有 25 公顷列为一级园，共十一片。不过，在拥有自己的一级园之前，拉朵瓦村内靠近阿罗斯村旁位于高登特级园下坡处的六片一级园被列为阿罗斯－高登村的一级园，让拉朵瓦失去了重要性。

拉朵瓦村主要产红酒，约占 80%，大多属柔和风味的黑皮诺，也常混调成博讷丘村庄红酒。在高登山北边延伸的区域，因山势转为朝北，有几片主产白酒的一级园，如 En Naget 和 Les Gréchons。位于北边向南坡的 La Corvée，因仍属夜丘区的地质，风味较为强劲有力。此村位于交通要道的两旁，所以路边就可见许多卖酒的市招。著名的酒庄包括 Capitain Gagnerot、Michel Mallard、Chevalier P. & F. 及 Domaine Nudant 等。

● 阿罗斯－高登（Aloxe-Corton）

阿罗斯村是博讷丘区最小巧美丽的酒村，位于高登山东南角的下坡处。高登和高登－查理曼两片特级园占了全村最佳的山坡，大部分的村庄级园位于平缓的最低坡处，以及 Combe de la Net 背斜谷的冲积扇上，约有 80 公顷。一级园连同延伸进拉朵瓦村内的六片，一共有十四片，约 38 公顷，几乎全紧挨着高登特级园的下坡处。这些一级园条件较佳的上半部分被合并进高登成为特级园，因此常有一级园与特级园的名称相同，如 Les Meix、Les Paulands、La Maréchaude 等，其中以又称为 Clos du Chapitre 的 Les Meix 最知名，常酿成圆熟细致的红酒。唯一不与高登相邻的是位于冲积扇上的 Les Guérats 和 Les Vercots，后者常可酿成深厚且结构紧密的独特红酒。虽然村内有闻名的高登－查理曼，但是村庄级园与一级园几乎都以黑皮诺为主，霞多丽只有不到 2 公顷。

因村子位于高登山的最精华区，土地珍贵，村落发展受限，居民不多，酒庄也较少，但村内仍有大型的酒商，如 Pierre André 和 Reine Pédauque，连 Louis Latour 自有酒庄的酿酒窖也设在村内，位于高登特级园的葡萄园内。另外，也有一家英国与澳大利亚合作的小型酒商 Mischief & Mayhem；独立酒庄以 Comte Senard 和 Follin-Arbelet 最为知名。

● 佩南－维哲雷斯（Pernand-Vergelesses）

佩南村的位置颇为独特，位于谷地内，而且村子本身位于两个谷地相交会的陡坡之上，这样的环境让佩南村拥有几乎朝向各个方位的葡萄园，酿造成的葡萄酒亦具有多重风格，红酒稍多一些，但亦产相当多的白酒。因为谷地的影响，村内的气候较为冷凉，葡萄比较晚熟，酿成的红酒常带有一些野性，也较偏瘦、多矿石味。村内的白酒亦相当独特，常保有干净明亮的酸味，非常生动有精神，是勃艮第最常被忽略的精彩白酒，即使村内产的高登－查理曼亦大多属于这样的风格。

除了高登－查理曼，佩南村有将近 150 公顷的葡萄园，其中约 60 公顷列为一级园，分属八片。白酒的精华区在村边小山谷的两侧，东边在朝西的高登–查理曼西侧有三片只有白酒列级的一级园，都是 2000 年才升级的。包括位于高坡朝东与朝南方向的一级园 Sous Frétille，以及两片独占园 Clos Berthet 和 Clos du Villages。佩南村的红酒也许较淡一些，不是特别厚实，却也常有紧涩的单宁，显得较为严肃。红酒的精华区在村子南边，谷地外面东的山坡上。一共有五片一级园，以南端位于中坡处的 Ile des Vergelesses 最为知名，常能酿成相当耐久且极为有力的精彩红酒。佩南村亦在 1922 年将此园的名称加进村名。此园下方为 Les Vergelesses 和 Les Fichots，酒风转而粗犷一些。村内有几家著名的酒庄，包括拥有 Charlemagne 本园的 Bonneau du Martray，老牌的 Dubreuil-Fontaine、Pierre Marey 和 Rapet P. & F. 等。

▲ 佩南村后高坡上的 Sous Frétilles 一级园以多酸的白酒闻名

▶ 上：阿罗斯–高登一级园 Les Chaillots

中：高登山脚下迷你优美的阿罗斯–高登村

下：佩南村内的高登–查理曼因环境较冷凉少日照，风格较为多酸有劲

主要酒庄

Bonneau du Martray（酒庄）

公顷：11　主要特级园：高登-查理曼（9.5 公顷），高登（1.5 公顷）

这是一家只产特级园酒的精英酒庄，亦是博讷丘北部的第一名庄，11 公顷的葡萄园全部连成一片，高登-查理曼位于两村交界处，两村约各一半，几乎占了山坡下半部所有的葡萄园，高登位于阿罗斯村低坡处红色土壤较多的部分。目前全园都采用有机种植。负责管理酒庄的是第二代的 Jean-Charles le Bault de la Morinière，原是住在巴黎的建筑师，在父亲过世后才迁居酒室。Comte Senard 是最早进行发酵前浸皮的酒庄，现仍采用相当长的发酵前低温浸皮，葡萄全部去梗，发酵的温度也特别低，只在 25℃ 左右，让发酵速度慢一些。Philippe 采用新桶的比例不高，在 30% 以下，但培养达两年之久。酿成的红酒浓厚丰满颇为可口，如 Les Bressandes，而 Le Clos du Roi 则较强劲有力，独占园 Clos de Meix 除了柔和的红酒，亦产相当强劲并带一点粗犷的高登白酒。佩南村虽然只有一片葡萄园，但高登-查理曼却分成十五片分开酿造，之后再调配在一起。葡萄整串不去梗直接榨汁，之后全在橡木桶里发酵，约采用三分之一的新桶，小心搅桶，培养十二个月到十八个月后装瓶。酿成的高登-查理曼并不特别浓厚饱满，在风味上更为高雅细致，带一点贵族气，有极佳的酸味与矿石气，也较为内敛。红酒虽相对不受注意，但仍与白酒有类似风格，亦相当优雅细腻，少有 Corton 红酒的浓厚与粗犷。

Chevalier P. & F.（酒庄）

公顷：155　主要特级园：高登-查理曼（0.5 公顷），高登（Le Rognet 1.15 公顷）　主要一级园：Ladoix-Serrigny Les Corvée, Le Clou d'Orge, Les Gréchons; Aloxe-Corton Valoziéres

自从 Prince Florent de Mérode 酒庄并入 Domaine de la Romanée-Conti 之后，这家由 Claude Chevalier 负责经营的酒庄便成为拉朵瓦村内最知名的一家。白红酒酿造时全部去梗，发酵前低温浸皮八天，再经两周的发酵与浸皮，以踩皮为主，但极小心，有些年份甚至完全没有踩皮，之后全用旧桶培养十个月，酒的风格相当可口迷人，亦颇均衡细致。白酒采用 20% ～ 50% 的新桶，亦相当均衡，常有活泼生动的酸味。

Dubreuil-Fontaine（酒庄）

公顷：20.25　主要特级园：高登-查理曼（0.69 公顷），高登（Le Clos du Roi, Les Bressandes, Perriéres, 2.02 公顷）　主要一级园：Pernand-Vergelesses Ile des Vergelesses, Clos Berthet, Sous Frétille; Aloxe-Corton Les Vercots, Savigny-Lès-Beaune, Les Vergelesses;Beaune Montrevenots; Pommard Epenots

佩南村经典的老牌酒庄，2000 年开始由第五代的女儿 Christine Gruere-Dubreuil 负责，酿成的酒均衡细致，也许不是风格强烈的精英风格，但仍非常迷人而且可口。虽处佩南村，但白酒颇为

▲ Claude Chevalier

▲ Chevalier 酒庄

▲ Bernard Dubreuil 和女儿 Christine

圆润，红酒较为结实，酿造时葡萄全部去梗，发酵前短暂低温浸皮。

Follin-Arbelet（酒庄）

公顷：6　主要特级园：高登-查理曼（0.35公顷），高登（Les Bressandes, Le Charlemagne 0.8公顷），侯马内-圣维冯（0.4公顷）　主要一级园：Aloxe-Corton Clos du Chapitre, Les Vercots; Pernand-Vergelesses En Caradeeux, Les Fichots

阿罗斯村内位于 Corton 的小巧精英酒庄，1993年由 Franck Follin-Arbelet 成立，酒风非常精细轻盈，如其 Corton 红酒采用种植于 Le Charlemagne 的黑皮诺酿造，是全高登山最灵巧细致的红酒。其 Romanée St. Vivant 位于 Les Quatres Journaux，亦相当精致高雅。葡萄全部去梗，极小心萃取，使用约四分之一的新桶经一年培养而成。

Mischief & Mayhem（酒商）

由澳大利亚 Two Hand 庄主与来自英国的 Michael Rag 合作的小型酒商，在阿罗斯村边设有相当新派的品酒室。2004 年成立，以白酒居多，但也有颇可口的黑皮诺红酒。

Rapet P. & F.（酒庄）

公顷：20　主要特级园：高登-查理曼（3公顷），高登（Les Pougets, Les Perrières 1.3公顷）　主要一级园：Pernand-Vergelesses Ile des Vergelesses, Les Vergelesses, En Caradeux, Sous Frétille, Clos deu Villages; Beaune Les Bressandes, Clos du Roi, Les Grèves; Savigny-Lès-Beaune Aux Fourneaux

佩南村有两百年历史的重要酒庄，Vincent Rapet 所酿造的佩南红酒与白酒是此村酒风的典型代表。其高登-查理曼有 2.5 公顷位于佩南村这一侧，0.5 公顷在与阿罗斯村交界处。整串葡萄榨汁后在木桶中发酵培养，采用约三分之一的新桶。年轻时，常带有极强硬的酸味与冷冽的矿石气，须久存方能适饮。其高登亦较偏内敛风格，常留 10% ～ 20% 的整串葡萄，发酵前浸皮一周，以 40% 的新桶培养一年。Rapet 的酒在年轻时虽细致均衡，但带有保留，须多等待一些时间。

Domaine Comte Senard（酒庄）

公顷：8.25　主要特级园：高登-查理曼（0.35公顷），高登（Le Clos du Roi, Les Bressandes, Clos de Meix, Paulands 4.19公顷），Corton Blanc（0.46公顷）　主要一级园：Aloxe-Corton Les Valoziéres

阿罗斯村内的历史酒庄，创立于 1857 年，现由 Philippe Senard 和女儿 Lorraine 一起管理。酿酒窖已迁往博讷市，原酒庄则成为品酒室。Comte Senard 是最早进行发酵前浸皮的酒庄，现仍采用相当长时间的发酵前低温浸皮，葡萄全部去梗，发酵的温度也特别低，只在 25℃ 左右，让发酵速度慢一些。Philippe 采用新桶的比例不高，都在 30% 以下，但培养达两年之久。酿成的红酒浓厚丰满颇为可口，如 Les Bressandes，而 Le Clos du Roi 则较强劲有力，独占园 Clos de Meix 除了柔和的红酒，亦产相当强劲并带一点粗犷的高登白酒。

▲ Franck Follin-Arbelet

▲ Vincent Rapet

▲ Jean-Charles le Bault de la Morinière

▲ 酒商 Mischief & Mayhem

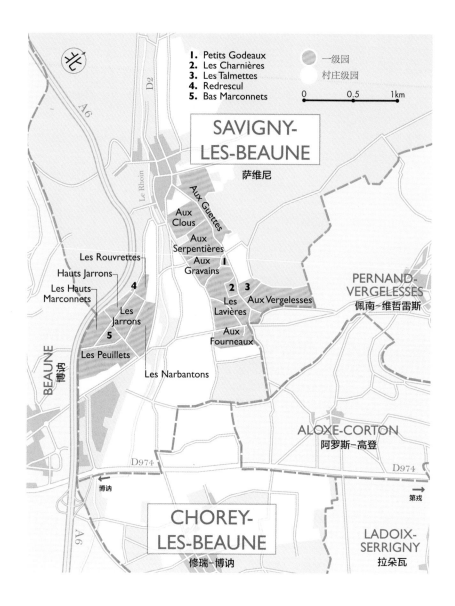

1. Petits Godeaux
2. Les Charnières
3. Les Talmettes
4. Redrescul
5. Bas Marconnets

一级园
村庄级园

0　　　　0.5　　　　1km

SAVIGNY-
LES-BEAUNE
萨维尼

Aux Guettes

Aux Clous

Aux Serpentières

Aux Gravains

Les Rouvrettes

Hauts Jarrons

Les Hauts Marconnets

Les Jarrons

Les Peuillets

Les Lavières

Aux Vergelesses

Aux Fourneaux

Les Narbantons

BEAUNE 博讷

PERNAND-VERGELESSES
佩南－维哲雷斯

ALOXE-CORTON
阿罗斯－高登

D974

博讷

第戎

CHOREY-
LES-BEAUNE
修瑞－博讷

LADOIX-
SERRIGNY
拉朵瓦

萨维尼与修瑞－博讷
Savigny-lès-Beaune et Chorey-lès-Beaune

　　博讷丘的葡萄园到了萨维尼（Savigny-lès-Beaune）村附近再度加宽，Rhoin 河切过山脉形成一个宽而深的河谷，自山区冲刷而下的石块在平原区堆积成广阔平坦的冲积扇，让葡萄园得以往山下延伸至已经位于平原区的修瑞－博讷（Chorey-lès-Beaune，以下简称修瑞）村。因为邻近博讷市，两村的村名都加了 lès-Beaune，有靠近博讷市之义。

▶ 上：萨维尼村内的精英酒庄 Chandon de Briailles

下：萨维尼村的一级园 Aux Clous

　　萨维尼村的范围不小，完全位于 Rhoin 河谷之内，这里有咖啡馆和面包店，还有一座设有飞机与古董车博物馆的 18 世纪城堡。葡萄园面积颇大，分布在谷地两旁的山丘以及冲积平原上，近 360 公顷，大部分种植黑皮诺，白酒不多。村内的一级园有 22 片，总面积 140 公顷，分列在村南与村北的山坡上。北边靠佩南村的部分全朝南或东南，葡萄的成熟度较高，以含铁质的鱼卵状石灰岩为主，下坡处则有较深厚、多黏土的红色石灰质土壤。其中，邻近佩南村、位于一级园 Ile des Vergelesses 上坡处的 Aux Vergelesses，常酿成村内最深厚与强劲的红酒。较下坡的 Les Lavières 和

Aux Gravains 酿出的酒则有较为轻柔的质地，相当可口。越往西边的山坡越深入河谷，气候较冷，酒风比较坚硬粗犷一些，如最西边的一级园 Aux Guettes，甚至也能酿成多酸有个性的白酒。

南边的一级园主要在面东与朝东北的山坡上，这一区有较多含沙质的石灰质黏土，即使面朝北边，似乎不是极佳的环境，也常能酿出精彩的红酒，最知名的是位于中坡的 Dominode，为 Les Jarrons 的一部分，有相当多名酒庄拥有此园。最南端的 Les Marconnet 和下坡一些的 Les Peuillets 与博讷市隔着 A6 高速公路相邻，山势较偏东，有较佳的受阳效果，常酿成均衡、稍带一点野性的黑皮诺红酒。在贴近山顶树林的多石区，有 Les Hauts Jarrons 和 Les Hauts Marconnets，除了红酒，也酿造相当均衡多酸的白酒。

萨维尼村有相当多优秀的酒庄群集，如 Chandon de Briailles、Simom Bize、Maurice Ecard、Antonin Guyon、Jean-Marc Pavelot、Jean-Michel Giboulot、Jean-Jacques Girard 及 Philippe Girard。除了名庄，村内也有几家酒商，包括中型的传统酒商 Daudet-Naudin 和大型的 Henrie de Villamont，以及微型酒商 Alain

▶ 上左：Chorey 村的葡萄园位于自 Rhion 河上游冲刷下来的石块堆积成的冲积扇上，虽然地势平坦，但仍能产不错的红酒

上右：Chorey 村并无一级园，近河岸边的 Aux Clous 有些砾石地

下：Tollot-Beaut 酒庄的地下酒窖

▼ 萨维尼村的一级园 Les Lavières

Corcia 等。

　　Chorey 村是全金丘区唯一葡萄园大多位于 D974 公路东侧的村庄级产区。全村的葡萄园都位于平坦的平原区，主要生产清新可口的柔顺型黑皮诺红酒。修瑞村约有 150 公顷的葡萄园，是 1970 年才成立的村庄级产区，几乎都种黑皮诺，白酒的产量非常低。村内没有任何一级园，大部分酒都卖给酒商，混合其他村庄的葡萄酒制成博讷丘村庄（Côte de Beaune Villages）红酒，温柔可爱的 Chorey 红酒具有柔化硬涩口感的功能。村子虽不知名，但也有几家名庄，如老牌的 Tollot-Beaut，其他还包括 Jean-Luc Dubois、François Gay 和 Maillard P. & F.，以及 2010 年走进历史的 Jacques Germain 酒庄等。当然，这些酒庄大多靠产自高登山的特级园和其他邻近村庄的葡萄园建立声誉，很少单以 Chorey 红酒闻名。

主要酒庄

Chandon de Briailles（酒庄）

公顷：13.9　主要特级园：高登-查理曼（0.3公顷），高登（Le Clos du Roi, Les Bressandes, Maréchaudes 1.9公顷），Corton Blanc（0.6公顷）
主要一级园：Savigny-lès-Beaune Aux Vergelesses, Aux Fournaux, Les Lavières; Pernand-Vergelesses Ile des Vergelesses; Aloxe-Corton Les Valozières, Volnay Les Caillerets

萨维尼村最精英的酒庄，无论葡萄园还是酒风皆然，所产的红白酒都非常精彩。现由François Nicolay 和妹妹 Claude 负责管理。自 2005 年开始采用自然动力种植法，在酿造上大多保留整串葡萄，浸皮的时间短，两个多星期完成。Claude 偏好老桶，大部分的木桶都超过六年，有些甚至已经有二十多年，如此酿成的红酒相当均衡细致，数年之后常能有迷人多变的自然美味。白酒虽然不多，但都非常特别，除了 Corton-Charlemagne 还有产自以黑皮诺闻名的 Vergelesses、Ile des Vergelesses、以及 Corton Les Bressandes 的白酒。以整串葡萄榨汁，不添加二氧化硫酿制，同样非常优雅，有精巧多变的迷人细节。

Alain Corcia（酒商）

由 Alain Corcia 于 1983 年创立的酒商，专精于经销勃艮第的知名酒庄酒，但亦与多家酒庄合作生产以 Alain Corcia 为名的酒商酒。大部分的酒都由各酒庄代工生产装瓶，其中不乏名厂，不过酒风亦较不一致，博讷丘的红酒都有不错的水平。除了勃艮第，亦生产许多罗讷区的教皇新城堡（Châteauneuf-du-Pape）红酒。

Doudet-Naudin（酒商）

公顷：15　主要特级园：高登-查理曼（0.7公顷），高登（Les Maréchaudes 0.8公顷）　主要一级园：Savigny-lès-Beaune Aux Guettes, Redrescut; Pernand-Vergelesses Les Fichots, Les Sous Frétille; Aloxe-Corton Les Maréchaudes, Les Guérets; Beaune Clos du Roi, Les Cent-Vignes

位于萨维尼村内，1849 年建立的中型酒商，现由 Yve Doudet 和他的女儿、酿酒师 Isabelle 一起经营，亦拥有自己的葡萄园酿造酒庄酒。勃艮第的老式风格酒商已经越来越少见，Doudet-Naudin 是少数仅存的，近年来酒风开始转为现代一些，不过仍保有旧风，酒年轻时稍坚硬粗犷，却非常耐久，在有两百多年历史的地下酒窖中还存有相当多的陈年美酒。

Jean-Michel Giboulot（酒庄）

公顷：12　主要一级园：Savigny-lès-Beaune Aux Gravains, Aux Seoentières, Les Narbantons, Les Peuillets

颇为诚恳的葡萄农酒庄，一半的葡萄园已采用有机种植，主产红酒，但也产一些以自然酒方式酿造的白酒。红酒全部去梗，发酵前低温浸皮五

右：Alain Corcia 夫妇
左：Claude Nicolay

天，先踩皮后淋汁，约三周完成。酒风均衡自然，以一级园 Aux Gravains 最为细致迷人。

Antonin Guyon（酒庄）......

公顷：48　主要特级园：高登-查理曼（0.55 公顷），高登（Les Bressandes, Le Clos du Roi, Les Renardes, Les Chaumes 1.96 公顷），夏姆-香贝丹（0.9 公顷）　主要一级园：Pernand-Vergelesses Les Vergelesses, Les Fichots, Sous Frétille; Aloxe-Corton Les Vercots, Les Fournières, Les Guérets; Volnay Clos des Chênes, Meursault Les Charmes

少见的大型酒庄，在 20 世纪 60 年代创立，虽有一半在上夜丘，但葡萄园仍相当可观，已逐渐采用有机种植。现由 Dominique Guyon 管理，酿造则聘任 Vincent Nicot 负责。葡萄全部去梗，在老式的木制酒槽中酿制，经一周 10℃低温浸皮，再加上两周的发酵与浸皮、踩皮和淋汁。颇能跟随潮流，酿出风格现代、均衡细致的红酒，只占 15% 的白酒也相当多酸有劲，特别是高登-查理曼。

Jean-Marc Pavelot（酒庄）......

公顷：12.47　主要一级园：Savigny-lès-Beaune La Damode, Les Narbantons, Les Peuillets, Aux Gravains, Les Serpentières, Aux Guettes, Pernand-Vergelesses Les Vergelesses, Beaune, Les Bressandes

萨维尼村的精英酒庄，主要的葡萄园都在村内，有六片一级园。现由 Jean-Marc 和儿子 Hugues 一起酿造，葡萄酒全部去梗，经短暂低温浸皮，谨慎萃取，先踩皮，但后段仅淋汁，新桶的比例并不高，只有 10% ～ 20%，存十个月到十二个月即装瓶。酿制成的红酒颇丰厚饱满，产自老树葡萄的 La Dominode 浓厚结实，是酒庄的招牌。

Tollot-Beaut（酒庄）......

公顷：23.25　主要特级园：高登-查理曼（0.24 公顷），高登（Les Bressandes 0.91 公顷）　主要一级园：Savigny-lès-Beaune Les Lavières, Champs Chevrey; Aloxe-Corton Les Vercots, Les Fourmières; Beaune Clos du Roi, Les Grèves

Chorey 村最知名的老牌酒庄，由 Tollot 家族团队共同经营。曾经遇到过 Nathalie 和 Jean-Paul，似乎都是相当认真严肃的人，但他们酿造的酒却都相当圆润迷人。除了高登山的特级园，亦生产相当可口的 Chorey 村红酒，如 Rhion 河岸边有较多砾石的单一葡萄园 Les Crais，酿出的酒圆润鲜美，且多果味。葡萄全部去梗酿造，而且绝无发酵前低温浸皮，酿造时间相当短，即使特级园高登也只有两周，平均采用三分之一的新桶培养，但即使一般的 Bourgogne 等级也用 25% 的新桶，是一家对所有的十六款酒都一样认真对待的酒庄。

▶
左：Jean-Michel Giboulot
中：Antonin Guyon
右：Natalie 和 Jean-Paul Tollot

博讷
Beaune

博讷市是勃艮第的酒业中心，酒商汇聚，也是一个非常迷人的历史古城，在公元 14 世纪之前曾经是勃艮第公国的首都，除了有国会、主教堂及 1443 年由掌印大臣 Nicolas Rolin 公爵创建的博讷济贫医院，旧城四周还完整地保留着石造城墙与称为 bastion 的大型防卫碉堡。几家博讷酒商如 Bouchard P. & F. 和 Chanson P. & F. 等，都在这些有着数米厚的墙壁的碉堡里窖藏陈酒。因位居北欧前往地中海岸的交通要道，顺道经过的观光客非常多，虽仅是两万人的小镇，但市中心不时地挤满人潮，随处是葡萄酒铺与纪念品店。博讷济贫医院的原址

l'Hôtel Dieu 是许多游客的目的地，济贫医院拥有几世纪以来善心人士捐赠的 80 公顷葡萄园，酿成酒后在每年 11 月的第三个星期日举行拍卖会，是法国葡萄酒界的年度盛会。

博讷市小巧美丽的街巷如迷宫般弯绕，随处可见酒商招牌，不过，在城里越是知名的酒商越低调，同样有百年以上历史的五大名门酒商虽都在旧城之内，但除了 Bouchard P. & F. 开始接待观光客，其他四家 Joseph Drouhin、Louis Jadot、Louis Latour 及 Chanson P. & F. 不仅不见招牌，常常连访客途经数回都不得其门而入。也许城市太过吸引人，以至于让人忽略了博讷市原来也拥有许多葡萄园，除了大酒商，也藏着一些小酒庄。

以博讷为名的村庄级与一级园共约 412 公

◀ 博讷市的市场广场 Place de la Halle

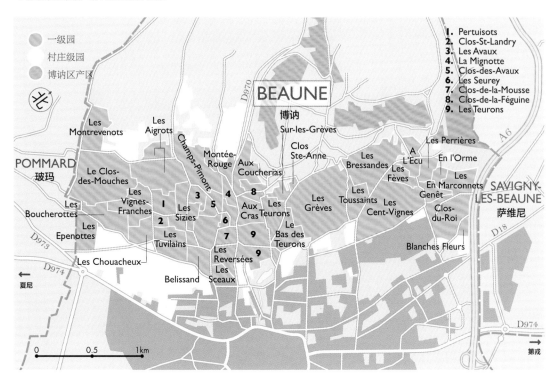

顷，在全金丘区仅次于哲维瑞-香贝丹村和默尔索村，不过却有最多的一级园，不只多达四十二片列级，而且总面积达 317 公顷，相比而言，只有 95 公顷的村庄级园反而比较稀有。葡萄园全都位于西边的山坡上，从北边与萨维尼村交界的 A6 高速公路往南蔓延到玻玛村，长达 4 公里。葡萄园从海拔 220 米爬升到 300 米的坡顶，与高登山、渥尔内村和玻玛村相较，稍微低一些。其实，自坡顶往上还有第二层葡萄园山坡，不过，已经是属于另一个法定产区博讷丘的葡萄园。

此区红酒与白酒都产，不过绝大多数种的是黑皮诺，霞多丽只占不到 15%。虽然一级园的标准似乎有点太宽松，但是确实也拥有非常优秀的葡萄园，如在 1855 年被 Lavalle 列为最高等级 Tête de Cuvée 的 Les Fèves、Les Grèves、Aux Cras（当时称为 Aux Crais）和 Les Champs Pimont，甚至上坡处的 Les Teurons 和 Les Vignes Franches，以及南北两端的 Les Marconnets 和 Clos des Mouches 也该被列入。虽然如此，但博讷市很少被认为是博讷丘的精英红酒村，也没有真正的明星级一级园。

这确实颇不寻常，博讷市的葡萄园大部分为酒商所有，如 Bouchard P. & F. 在区内即拥有 50 多公顷，Chanson P. & F. 也有近 30 公顷，而这些酒商甚至曾经是勃艮第葡萄酒在外销市场上最重要的推广者，不过，博讷的知名度还是不如渥尔内村和玻玛村，更不用提高登或夜丘区的明星村庄了。较少有明星酒庄专精于博讷市的葡萄酒也许是原因之一，毕竟相较于酒商，那才是勃艮第最耀眼的部分。

Lavalle 在 19 世纪认为虽然此区有许多绝佳且具个性的葡萄园，但大多由酒商混调成红

▲ 博讷济贫医院

▲ 博讷一级园 Les Teurons 一直往山下延伸到镇边的公园

▲ 博讷市拥有高比例的一级园，具有深厚土壤的地带大多盖成房舍，村庄级园反而较少见

酒，较少保留葡萄园的个性和特色。确实，混调各园能酿成更均衡协调、质量更高的葡萄酒，不过也常掩盖了迷人的明星特质，而这也许才是勃艮第最关键的价值所在。现在的情况其实已经不同，大部分酒商都推出多款博讷一级园酒，不过，各家酒商各有主打招牌，如 Louis Jadot 的 Clos des Ursules、Joseph Drouhin 的 Clos des Mouches、Chanson P. & F. 的 Clos des Féves，以及 Bouchard P. & F. 的 Gréves Vignes de L'Enfant Jésus，大部分是独占园，也免于为人作嫁。

博讷市的葡萄园地势相对简单一些，只有一条通往 Bouze-lès-Beaune 村的小背斜谷从中间切过金丘山坡，除了此区的一小部分葡萄园，几乎全部正面朝东。近坡底处与城市相连，较

为平坦，高坡处则颇陡斜，也较多石，有些葡萄园甚至构筑成梯田。不过因为长达 4 公里，众多一级园其实各有特色。此区有许多一级园面积广阔，占满整个山坡，如超过 31 公顷的 Les Grèves 或 21 公顷的 Les Teurons，即使非常优秀，也只有中高坡处的葡萄园具有酿造出一级园酒的潜能。

● 一级园

由北往南，几个最佳的一级园酒风如下。Les Marconnets 经常生产浓厚但坚硬多涩的红酒，带有粗犷气，却也相当耐久，常能熟成出迷人的多变香气。Les Fèves 位于中坡，常酿成博讷最优雅的红酒，多酸味与矿石味，有较柔和的单宁与细致的质地。Les Bressandes 则常有

极佳单宁结构，亦相当精致均衡。Les Grèves
有可能是最佳的博讷一级园，当然仅止于中高
坡处，特别是中段称为 Vignes de L'Enfant Jésus
的部分，可以酿成颇深厚却又相当精致高雅的
顶尖红酒，有许多细节变化，亦相当耐久。Les
Teurons 的上半段亦能酿出接近 Les Grèves 水
平的红酒，香气多变，单宁紧致，饱满且耐久。
Aux Cras 位于 Les Teurons 高坡的谷地边缘，
一部分略朝南，相当丰裕，有一部分位于梯田
上，较均衡，多矿石味。更高坡的 Clos de la
Féguine 红白酒皆产，白酒相当强劲多酸。

　　在往南跨过通往 Bouze-lès-Beaune 村的小
背斜谷进入南半部的一级园里，下坡的 Clos
de la Mousse 为 Bouchard P. & F. 的独占园，常

▲ 左：村南邻近玻玛村的一级园低坡的 Les Boucherottes 和高
　　坡的 Clos des Mouches

　　右：一级园 Les Avaux 与高坡的 Champs Pimont

▶ 左：位于极北的一级园 Les Marconnets 与萨维尼村的同名一
　　级园隔着 A6 高速公路相邻

　　右上：Clos des Avaux 一级园

　　右下：同时以红白酒闻名的村南一级园 Clos des Mouches

酿成柔和可口的细致红酒。上坡的 Champs
Pimont 可酿成颇浓厚强劲的红酒，很有水平，
但也许没有 Les Teurons 那么细致多变。中坡
的 Les Vignes Franches 多石少土，酒风细致，
颇有渥尔内村的精巧风格。最南端与玻玛村相
邻的 Clos des Mouches 虽位于高坡，但在此又
遇一背斜谷，山坡转向东南，有极佳的受阳效

果，酿成的红酒非常厚实圆润，有接近冯内-侯马内村的风格。 此园亦产颇多白酒，风格相当浓郁圆润。

在博讷市内有相当多的知名酒商，除了前述的五大名门酒商外，亦有历史最悠久的 Champy、老厂浴火重生的 Camille Giroud、酒风开始变得摩登新潮的 Albert Bichot、由久居勃艮第的美国人所建立的 Alex Gambal、自然酒先锋 Philippe Pacalet、由 Rotem Brakin 所创立的微型奢华酒商 Lucien Lemoine、名庄酿酒师自酿的 Benjamin Leroux，以及原酒商 Chanson P. & F. 的 Marion 家族、另起炉灶的 Séguin-Manuel。 博讷市较少有酒村气氛，并不以明星独立酒庄闻名，除了最知名的博讷济贫医院，亦有酒风相当有胆识的 Albert Morot、自玻玛迁来的 A-F Gros 和 François Parent、来自美国华盛顿 DC 的 Blair Pethel 所建立的 Domaine Dublère，以及一样来自美国的 Roger Forbes 所创的 Domaine de la Croix、Nicolas Potel 东山再起的 Domaine de Bellene，自然动力种植法先锋酒庄 Jean-Claude Rateau，同样采用自然动力种植法的 Emmanuel Giboulot，以及隐身窄巷中的 Coudray-Bizot 等。

酒庄与酒商

Domaine de Bellene（酒庄兼营酒商）

公顷：24　主要一级园：Beaune Clos du Roi, Les Perrières, Les Grèves, Les Teurons,Pertuisots, Montée Rouge; Savigny Les Hauts Jarrons, Les Peuillets; Vosne Romanée Les Suchots; Nuits St. Georges Aux Chaignots

由 Nicolas Potel 所成立的酒庄，同时亦经营酒商 Roche de Bellene，采买葡萄酒培养，也有精选贴标老酒的 CollectionBellenum 系列。葡萄园多老树园，遍及金丘各区，采用有机种植，酿法相当自然，采原生酵母发酵，连踩皮都越来越少，只用简单无帮浦的人工淋汁，甚至让葡萄在黑暗中发酵以避免光线的破坏。酿成的红酒更加纯粹，透明展露葡萄园特色。白酒则以垂直木造榨汁机压榨，在 600 公升木桶发酵培养，风格较为浓厚坚实。

Albert Bichot（酒商）

公顷：99.2　主要特级园：香贝丹（0.17 公顷），梧玖庄园（0.63 公顷），李奇堡（0.07 公顷），埃雪索（1 公顷），大埃雪索（0.25 公顷），高登（Clos des Maréchaudes 0.55 公顷），高登-查理曼（1.09 公顷）　主要一级园：Vosne-Romanée Les Malconsorts; Beaune Clos des Mouches; Aloxe-Corton Clos des Maréchaudes; Pommard Les Rugiens; Volnay-Santenots; Meursault Charmes; Mercurey Champs Martin

1831 年创立，现由 Alberic Bichot 经营管理，这家沉睡已久的博讷酒商正在进行大规模改造。Bichot 将近 100 公顷的自有葡萄园由三家独立酒庄所组成，各自有酿酒窖与团队，在夏布利有 Long-Depaquit，在夜丘区有位于夜圣乔治的 Clos Frantin，在博讷丘有位于玻玛的 Domaine du Pavillon，最近还增加了 Adélie。此外，夜圣乔治镇还拥有一家独立经营的酒商 Loupé-Cholet 及 24 公顷的葡萄园。

在酒庄之外，Albert Bichot 的酒商酒在 Alberic 父亲的时期，大多采买成酒调配。2006 年在 Bouchard P. & F. 的酿酒窖迁到城外后，Albert Bichot 买下原址，添购最先进的酿酒设备，开始只采买葡萄，自酿大部分的白酒和红酒。在金丘的部分由 Alain Serveau 负责统领酿造，自 2007 年份之后，Albert Bichot 的酒风出现全新的转变，香气干净明晰，有更多细致的变化，也体现出更多的葡萄园特色，后成为新兴的精英酒商。

Bouchard P. & F.（酒商）

公顷：130　主要特级园：蒙哈榭（0.89 公顷），歇瓦里耶-蒙哈榭（2.54 公顷），巴塔-蒙哈榭（0.8 公顷），高登-查理曼（3.25 公顷），邦

▲ Albert Bichot

▲ Albert Bichot

▲ Nicolas Potel

马尔（0.24 公顷），香贝丹（0.15 公顷），埃雪索（0.39 公顷），梧玖庄园（0.45 公顷），Le Corton（3.94 公顷） 主要一级园：Beaune Les Grèves Vigne de l'Enfant Jésus, Les Teurons, Les Marconnets, Clos de la Mousse, Clos St. Landry; Gevrey-Chambertin les Cazetiers; Nuits St. Georges les Cailles; Volnay Les Caillerets, Frémiets Clos de la Rougeotte, Clos des Chênes, Taillepieds; Pommard Rugiens, les Pézerolles; Savigny-lès-Beaune Les Lavières; Monthélie Les Duresses; Meursault Perrières, Genevrières, Charmes, Les Gouttes d'Or, Le Porusot

若论在勃艮第的影响力与重要性，除了 Louis Jadot 外，没有哪家酒商可与创立于 1731 年的 Bouchard P. & F. 相提并论，不过，这样的地位却是在最近十多年内才逐渐建立起来的。1995 年由来自香槟的 Joseph Henriot 买下这家历史酒商与葡萄园。Henriot 相继买了夏布利的 William Fèvre，以及薄若莱弗勒莉村的 Villa Ponciago，拥有的葡萄园总面积超过 200 公顷，成为勃艮第重要的酒业集团。

第一代的 Michel Bouchard 原为布商，后和儿子 Joseph 一起在渥尔内村成立酒商，购买许多葡萄园。1821 年才迁入博讷市内的现址 Château de Beaune。这座路易十一统治时期建立的 15 世纪防御碉堡内部，被整建成储酒的地下酒窖，许多 19 世纪以来的陈年葡萄酒在此沉睡至今。

Bouchard 家族第九代的 Christophe Bouchard 亦留任技术总监至今。经过十多年的投资与改造，Bouchard P. & F. 已经建立起相当现代且细致的风格，越来越接近干净纯粹，不论红酒与白酒都有相当高的水平。

新的酿酒窖自 2006 年之后已经迁往萨维尼村的平原区，由 Philippe Prost 负责酿造，十多年来酿法逐渐调整，越来越精进。白酒采用不去梗整串榨汁的方式，经短暂沉淀后先在钢槽开始发酵，再进橡木桶中低温进行缓慢的酒精发酵与培养，原本的搅桶也逐渐改成滚桶，以防氧化，并保留细致的风味，新桶所占比例也日渐降低到约五分之一。在红酒方面，通常大部分去梗，只留一小部分的整串葡萄。原本采用低温长时间浸皮的方式，但近年来逐渐缩短浸皮时间，依葡萄园不同，约八天到二十天，有一部分发酵前低温浸皮。主要为踩皮，少淋汁。采用新式的垂直式榨汁机压榨。村庄级以上的酒全都在橡木桶中培养十个月以上。

在每年生产的近百款酒中，博讷市的红酒是 Bouchard 最重要也最擅长的部分，渥尔内村亦是，白酒除了特级园外，则以多款的默尔索村白酒最为完整精彩，都是具有教科书意义的经典。（有关 Bouchard P. & F. 亦可参考第二部分第二章）

▲ Bouchard 城外酿酒窖

▲ Bouchard P. & F

▲ Philippe Prost

Maison Champy（酒商）

公顷：27　主要特级园：高登（0.5 公顷 Rognet, Les Bressandes），高登–查理曼（0.8 公顷）　主要一级园：Beaune Aux Cras, Les Teurons, Champs Pimont, Tuvilains, Les Reversées; Pernand-Vergelesses Iles des Vergelesses, Les Vergelesses, Les Fichots, Creu de la Net, En Caradeux, Sous Frétille; Savigny-lès-Beaune Les Vergelesses, Aux Fourches; Pommard Les Grands Epenots; Volnay Les Taillepieds

Champy 是全勃艮第现存历史最悠久的酒商，于 1720 年创立，曾拥有许多名园，1990 年 Meurgey 父子将 Champy 逐步重建。2010 年买入 Laleure-Piot 酒庄后已经拥有 27 公顷的葡萄园，采用自然动力种植法。现由 Dimitri Bazas 负责酿造与管理，Champy 逐渐成为博讷市内的精英酒商，酒风也越来越精致透明，颇能表现葡萄园特性。红酒保留一部分不去梗，以整串葡萄酿造，在木造酒槽中先短暂进行发酵前低温浸皮，尽量缓慢完成发酵。酿成的酒颇均衡，不过度萃取，相当精致自然。Dimitri 致力将酒酿成年轻时即相当可口，但也具久存潜力。

Chanson P. & F.（酒商）

公顷：45　主要特级园：Corton Blanc（Vergennes 0.65）　主要一级园：Beaune Clos des Fèves, Clos des Mouches, Les Bressandes, Les Grèves, Clos des Marconnets, Vignes Franches, champs Pimont, Clos du Roi; Savigny-lès-Beaune Dominode, Les Hauts Marconnets; Pernand-Vergelesses Les Vergelesses, En Caradeux; Chassagne-Montrachet Les Chenevottes; puligny-Montrachet Les Folatières; Santenay Beauregards

Chanson P. & F. 的前身是于 1750 年创立的酒商 Simon Very，只比最古老的 Champy 晚了 30 年。1774 年迁入现址，在 15 世纪的防卫碉堡 Bastion de l'Oratoire 内酿酒。Chanson 家族在 19 世纪和 Very 合伙经营，1846 年才改名为 Chanson P. & F.。1999 年成为香槟名厂 Bollinger 的产业，开始全面革新。2002 年由玻玛村历史酒庄 Domaine de Courcel 的庄主 Gilles de Courcel 担任总经理，由冯内–侯马内村 Confuron-Cotétidot 酒庄的 Jean-Pierre Confuron 担任酿酒师，以几乎全部翻新的方式重新定义，自 21 世纪初开始酿造出非常迷人的精致酒风，2009 年起开始采用有机种植，Chanson P. & F. 也再度进入新的黄金时期。

Jean-Pierre 喜爱采用整串葡萄完全不去梗酿造，并且经常运用发酵前低温浸皮，以酿出有奔放果味与圆滑细腻口感的黑皮诺红酒。浸皮的时间也延长至近一个月，每日进行多次踩皮。采用更多的新桶，培养增长为十八个月，利用死酵母，不换桶，过滤直接装瓶。酿成的酒相当饱满丰厚，果味充沛，单宁的质感相当柔滑精致，甚至常比 Domaine de Courcel 和 Confuron-

▲ Dimitri Bazas

▲ Jean-Pierre Confuron

▲ Gilles de Courcel

Cotétidot 的红酒还要可口细腻。白酒亦相当精细，不只多矿石味，且有干净明亮的果香，也常有极新鲜的细致酸味。Chanson P. & F. 主要的自有葡萄园都在博讷附近，以 Clos des Mouches 和独占园 Clos des Fèves 最为著名。特级园只有 Corton-Vergennes，位于采石场的石灰岩堆上，生产酸紧耐久的高登白酒，和济贫医院的 Cuvée Paul Chanson 来自同一片葡萄园。

Coudrey-Bizot（酒庄）

公顷：1.47 主要特级园：埃雪索（0.39 公顷）主要一级园：Vosne-Romanée La Croix Rameau; Gevrey-Chambertin Les Cazetières, Champeaux; Puligny-Montrachet Les Combettes

一家隐身在博讷巷中的超小型酒庄，跟冯内－侯马内的 Jean-Yve Bizot 一样源自外科医师 Denis Bizot 所创立的庄园。现在负责经营的外孙 Claude Coudrey 也是一位医师，葡萄园由各酒村的葡萄农代耕，自 2000 年才由 Claude 在自宅内酿造，属自酿自饮型，存有相当多老年份的葡萄酒。

Joseph Drouhin（酒商）

公顷：75 主要特级园：蒙哈榭（2.1 公顷），巴塔－蒙哈榭（0.1 公顷），高登－查理曼（0.34 公顷），高登（Les Bressandes 0.26 公顷），蜜思妮，邦马尔，香贝丹－贝泽园（0.13 公顷），吉优特－香贝丹（0.53 公顷），大埃雪索（0.48 公顷），埃雪索（0.46 公顷），梧玖庄园（0.91 公顷） 主要一级园：Beaune Clos des Mouches, Les Grèves; Chassagne-Montrachet Les Mogeort; Chambolle-Musigny Les Amoureuses; Nuits St. Georges Les Procès; Vosne-Romanée Les Petits Monts; Volnay Clos des Chênes; Savigny-lès-Beaune Aux Fourneaux（包含 Marquis de Laguiche，但不含 39 公顷的 Chablis，见第三部分第一章）

1880 年 Joseph Drouhin 买下一家 1756 年设立的酒商，并开始一百多年的葡萄酒事业。在博讷市，这算是历史较短的酒商，不过 Joseph Drouhin 在城内拥有勃艮第公爵府、法国国王亨利四世府、勃艮第国国会，以及教务会等博讷市最古老区段的历史建筑地窖作为储酒窖，让 Drouhin 拥有城里最显赫与古老的酒窖。相较城内其他酒商，Joseph Drouhin 的红酒以优雅婉约的风味见长，非以浓郁强劲与圆润浓厚为尚。在葡萄园的种植上，亦是勃艮第最早采用有机种植与自然动力种植法的酒商。

现由第四代的四兄妹一起经营，包括位于夏布利 39 公顷葡萄园的 Drouhin-Vaudon 酒庄，以及在美国奥勒冈州 42 公顷葡萄园的 Domaine Drouhin。由长子 Philippe 负责所有自有庄园的种植，新种的庄园依旧采用约三分之一的传统式选种法，其余混合多种人工选种。妹妹 Vronique 主要负责酿造和美国酒庄的经营，另外还有两个弟弟 Frédéric 和 Laurent 担任管理与销售的工作，是典型的传统资产阶级家族企业。

▲ 教务会酒窖

▲ 国王酒窖

▲ Veronique Drouhin

原本的女酿酒师 Laurence Jobard 已经退休，继任的是 Jérome Faure-Brac。所有金丘区的白酒在榨汁后经短暂沉淀直接入木桶发酵，低温发酵十五至六十天，发酵完成后才搅桶，最特别的是，采用类似自然酒的酿法，乳酸发酵后才添加二氧化硫。一般存上十到十二个月不再换桶，最后经皂土黏合澄清后装瓶。新桶所占的比例不高，特级园最多也只用 35%。红酒的酿制经两道挑选，第二次会选出较佳的葡萄整串酿造。并不刻意进行发酵前浸皮，全部采用原生酵母，发酵后踩皮淋汁并用，浸皮十五至二十一天，以垂直式榨汁机压榨。红酒的培养则采用较多新桶，约 40%，培养一到一年半后装瓶。相较其他酒商，Josephe Drouhin 的酿造法显得中庸适度，常能表现均衡细致的一面。

红白酒皆产的 Clos des Mouches（法文 mouche 在中世纪指的是蜜蜂，但如今是苍蝇的意思）是 Drouhin 的招牌，拥有近 14 公顷的葡萄园。下半部种植黑皮诺，上半部为霞多丽。Drouhin 亦相当擅长酒风较轻巧的香波−蜜思妮村红酒，各级酒都相当精致经典，是博讷城内风格最为优雅的精英酒商。

Domaine Dublère（酒庄兼营酒商）

来自美国华盛顿哥伦比亚特区的记者 Blair Pethel 于 2004 年在博讷市与 Chorey 村交界的地方成立酒庄 Domaine Dublère，不过仅有约 2 公顷的葡萄园，有一半的产品是买进的酒商酒，但也生产十多款颇具古风的葡萄酒，红酒颇为清淡轻巧，白酒酸紧有劲。

Alex Gambal（酒商）

久居勃艮第的美国人 Alex Gambal 于 1998 年所建立的小型酒商，大多自酿，生产十多款、共 6 万瓶红酒和白酒。

Emmanuel Giboulot（酒庄）

公顷：10　主要一级园：Rully La Pucelle

位于平原区的农民酒庄，拥有 85 公顷的谷物田地，自 1970 年开始实行有机种植，20 世纪 80 年代才开始种植葡萄酿酒，1990 年开始采用自然动力种植法。葡萄园主要在博讷丘的 La Grande Chatelaine 和 Les Pierres Blanches。白酒较佳，全在橡木桶中发酵，经十到十二个月培养后装瓶。口感颇圆厚但有均衡酸味。

Camille Giroud（酒商）

公顷：1.15　主要一级园：Beaune Aux Cras, Aux Avaux

1865 年建立的老派酒商，曾坚持出产坚固耐久的勃艮第红酒，年轻时大多粗犷多涩，相当诡奇且顽固，每个年份都会有三分之一的酒被藏入地下酒窖继续成熟，待数年或数十年成熟之后再出售。后因无酒庄供应此种风格红酒，便开始自

▲ Camille Giroud

▲ David Croix

▲ Blair Dublère

▲ Dublère 酒庄

酿。不过，因与时代脱节，库存过多，在 2002 年卖给包括知名加利福利亚酿酒师 Ann Colgin 在内的美国基金，并指派住在博讷市的美国酒商 Becky Wasserman 负责经营，由 David Croix 负责酿造，开始逐渐转变成一家小型的精致酒商。

原本 Camille Giroud 的酒风虽然不再，但新的团队仍然小心地保存一部分的传统，更重要的是，他们的地下酒窖中还存着为数庞大的、相当勇健的陈年老酒，最早的年份有 1937 年的。现在依然以红酒为主，更专精于夜丘区的一级园和特级园的红酒。全部去梗，多踩皮少淋汁，有时一天三到四次，发酵完成后延长浸皮，并采用老式的木制榨汁机压榨。酒的培养采用相当少的新橡木桶，有许多五到六年以上的老桶，培养的时间由原本的三年缩短为一年半。酿成的酒虽然完全不同，但仍有一点当年的遗风，不会有过多的桶味，而且喝起来相当有劲，都有颇结实的结构，相信应该也能耐久存，不过却干净新鲜，而且可口许多。酿酒师 David Croix 亦担任隔邻的 Domaine des Croix 酒庄总管。2005 年成立，拥有 6.5 公顷，包括高登−查理曼和 Corton Vigne au Saint 以及多片博讷一级园，酒风则与 Camille Giroud 颇为类似。

A-F Gros / François Parent（酒庄）

公顷：12　主要特级园：李奇堡（0.6 公顷），埃雪索（0.28 公顷）主要一级园：Beaune Montrevenots, Boucherottes; Pommard Les Arvelets, Les Pézerolles, Les Chanlins; Savigny-lès-BeauneClos des Guettes

源自 Vosne 村 Gros 家族的 Anne-Françoise 嫁给自 Parent 酒庄独立出来的 François Parent，两人一起在坐落于博讷市的酒窖酿酒，大部分一起由 François 负责酿造，但两家酒庄还是分别采用自己的标签和酒庄名。François 偏好在夏季除叶，让葡萄颜色更深、更少病害。酿造方式和 Gros 家族的兄弟类似，也采用较多的新桶。酿成的红酒也许不是特别精致，但颇为浓厚，而且结实有力。

Hospices de Beaune（酒庄）

有关 Hospices de Beaune，请参考第二部分第二章

Louis Jadot（酒商）

公顷：150　主要特级园：Chevalie-Montrachet Les Demoiselles（0.52 公顷），高登−查理曼（1.6 公顷），高登（Pougets, Grèves 1.66 公顷），香贝丹−贝泽园（0.42 公顷），夏贝尔−香贝丹（0.39 公顷），蜜思妮（0.17 公顷），邦马尔（0.27 公顷），梧玖庄园（2.15 公顷），圣丹尼庄园（0.17 公顷），埃雪索（0.52 公顷）主要一级园：Beaune Les Chouacheux, Clos des Ursules, Clos des Couchereaux, Les Boucherottes, Les Grèves, Les Bressandes, Les Cents Vignes,

▲ Louis Jadot 酿酒窖

▲ Jacques Ladière

▲ François Parent

Les Avaux, Les Teurons Gevrey; Chambertin Clos St. Jacques, Combe aux Moines, Les Cazetiers, Estournelles, Lavaux, Poissenots; Chambolle-Musigny Les Amoureuses, Les Baudes, Les Fuées, Les Feusselottes; Savigny-lès-Beaune La Dominode, Les Guettes, Les Narbantones, Les Lavières, Les Vergelesses, Les Hauts Jarrons; Pernand-Vergelesses Clos de la Croix de Pierre; Pommard Rugiens, La Cormaraine; Meursault genevrières, Les Poruzots; Puligny-Montrachet La Garenne, Clos de la Garenne, Les Folatières, Les Referts, Champ Gain, Les Combettes; Chassagne-Montrachet Morgeot Clos de la Chapelle, Abbaye de Morgeot

1826 年，Louis Jadot 由博讷城边的葡萄园 Clos des Ursules 起家，1859 年以自己的名字创立酒商，并逐渐买入葡萄园，传到第四代时委托 André Gagey 管理。1985 年，Jadot 家族将酒厂卖给美国进口商 Kobrand 公司，由 Gagey 第二代的 Pierre-Henri 继续负责经营管理至今。Louis Jadot 在勃艮第拥有面积惊人的 150 公顷葡萄园，包括数量非常庞大的十片特级园，除此之外，在薄若莱还有 Château des Jacques 酒庄，在普依-富塞产区还有 Ferret 酒庄，都是具有强烈地方风格的经典名庄。在金丘的部分除了公司的葡萄园外，还包括由家族所有的 Domaine Gagey 和 Domaine Heritier Louis Jadot 等，此外 Jadot 也拥有 Domaine Duc de Magenta 的专销权。

1970 年到 2012 年间由 Jacques Lardière 担任首席酿酒师，采用特殊酿法，建立了非常独特的风格，也让 Louis Jadot 成为过去几十年来质量最为稳定的酒商。接班的 Frédéric Barnier，也延续他的酿法。在红酒的酿造上，偏好高温发酵，有时甚至达到 38～40℃，超长时间浸皮亦是 Jadot 的特色，常长达 30 天甚至更久。白酒亦没有跟随潮流变得更多酸轻盈，仍然是浓厚多木香的丰富型霞多丽，但也经常能保有极佳的均衡与新鲜多变的香气。也常会半途中止乳酸发酵。1997 年启用的酿酒窖位于城郊，有旧式的木制酒槽环绕着新式的自动控温与搅拌的不锈钢槽，直式、横式、密封式、开盖式、人工踩皮、气垫式踩皮俱全。大多以去梗方式酿造，葡萄在约 12℃ 的酒槽中进行三到四天的发酵前浸皮，酒精发酵后，不降温直接升到 35～40℃ 以萃取颜色，因浸皮时间很长，所以通常不淋汁，以免氧化，但早晚各踩皮一次。即使发酵结束，也可能继续延长浸皮。Louis Jadot 红酒的风格经常显得浓厚，结构紧密，属于耐久存型的酒，风格经典。Jadot 的独特酿法标志了酒商的独特风格，却也常能保留葡萄园与年份的特色。因为是创厂第一园，酒风非常细致的 Clos des Ursules 常被视为 Jadot 的招牌，但从风格与所拥有的葡萄园来看，夜丘区的哲维瑞-香贝丹村才是 Jadot 最擅长也最具招牌性的区域，如 Clos St. Jacques 和贝泽园等。白酒则以普里尼村和夏山村最能表现

▲ Frédéric Barnier

▲ Louis Latour

▲ Château Grancey

Jadot 浓厚有活力的特长，最知名的是 Chevalier-Montrachet Demoiselles 特级园白酒。

Maison Kerlann（酒商）

公顷：2.85

位于平原区 Laborde 城堡的小型酒商，庄主 Hervé Kerlann 主业为向海外经销勃艮第名庄的葡萄酒，有不错的采买关系，一部分产品出自自有葡萄园与自酿，较专精于勃艮第与哲维瑞，以及少见的 IGP 等级 Sainte Marie de la Blanche，风格典型，价格实惠。

Louis Latour（酒商）

公顷：50　主要特级园：高登-查理曼（9.64 公顷），Chevalier-Montrachet Demoiselles，高登（Le Clos du Roi, Les Grèves, Les Bressandes, Les Pougets, Les Perrièrs, Clos de la Vigne au Saint, Les Chaumes 17 公顷），香贝丹（0.81 公顷），侯马内-圣维冯（0.76 公顷）　主要一级园：Beaune Les Vignes Franches, Les Perrières, Clos du Roi, Les Grèves, Aux Cras; Aloxe-Corton Les Chaillots, Les Founières, Les Guérets; Pommard Epenots, Volnay Les Mitans; Pernard-Vergelesses Ile des Vergelesses

走入 Louis Latour 位于阿罗斯村的酒窖 Chteau Grancey，会让人误以为时光倒退到上个世纪末机械主义萌兴的时代。酒窖看起来就像一座活生生的现代酿酒博物馆，自有庄园的红酒都在此酿制。如果 Louis Latour 的红酒有迷人的地方，也许就在他面对时代变更的自信，和因此营造出的独特酒风。自 1731 年 Latour 家族便开始在博讷市附近拥有葡萄园，1768 年后建基在阿罗斯村，买入许多高登葡萄园，两百多年来一直由家族经营。1867 年 Louis Latour 买下博讷市内一家创立于 1797 年的酒商 Lamarosse，开始由独立酒庄跨入酒商的事业，1890 年接续买入直接位于高登特级园里的酿酒窖 Château Grancey。

Louis Latour 拥有约 50 公顷的葡萄园，其中有近 30 公顷的特级园，是全金丘区之最。在夏布利拥有一家酒商 Simmonet-Febvre，在薄若莱拥有 Henri Fessy，在全勃艮第共有超过 120 公顷的葡萄园。Louis Latour 也拥有自己的橡木桶厂，制作符合自己需求与标准的木桶。历代家族里有许多人都叫 Louis，现在接任的是第十一代的 Louis-Fabrice Latour，负责酿造的是 Jean-Charles Thomas，Boris Champy 负责管理葡萄园。

Louis Laour 以丰满圆润的可口白酒闻名，红酒也圆润柔和，非常特别。采收后的黑皮诺经过筛选后 100% 去梗、破皮挤出果肉，葡萄的温度如果太低，会加热葡萄以利发酵马上进行，完全没有发酵前低温浸皮的过程。发酵在传统的木槽内进行。每天进行多次人工踩皮，很少淋汁。浸皮与发酵的时间只有八到十天。红酒极少存入新橡木桶培养，大部分的新桶用来酿造白酒，一两年后再存红酒，培养十四到十八个月后经巴

▲ Château Grancey 酿酒窖

▲ Hervé Kerlann

斯德灭菌法杀菌后装瓶。

白酒的酿造也相当特别，通常霞多丽葡萄非常成熟时才采，先去梗挤出果肉之后再榨汁，然后完全跳过沉淀去酒渣的程序直接发酵，启动之后放入橡木桶发酵，完全省略搅桶。乳酸发酵完成后，换桶一次去酒渣，发酵培养约一年的时间完成，最后经黏合澄清，过滤装瓶。新橡木桶所占的比例相当高，Corton-Charlemagne 经常采用100% 新桶，加上晚采收，让 Louis Latour 的白酒在浓郁的果味中常带有香草与榛果香，口感圆润丰美。

Louis Latour 最经典的红酒为 Corton Grancey，因独自拥有 17 公顷的高登园，分属于七个小区，只有 2.66 公顷的 La Vigne au Saint 独立装瓶，其余六个高登园小区挑选质量最好的葡萄，先分别酿造，最后再混合而成，是勃艮第少见的调配型城堡酒。常保有 Louis Latour 红酒圆熟可口的特色，因为是混调，质量亦相当稳定。白酒自然以高登-查理曼最具代表性，Latour 的葡萄园大多位于正面朝南的中坡处，葡萄非常成熟，酿成的高登-查理曼经常是最浓厚甜熟的版本，有相当多熟果、香草与烟熏香气，属豪华版的霞多丽风格。

Albert Morot（酒庄）

公顷：7.91　主要一级园：Beaune Les Grèves, Les Teurons, Les Bressandes, Les Marconnets, Les Aigrots, Les Toussaints, Les Cents Vignes; Savigny-lès-Beaune La Bataillières, Les Vergelesses

博讷市内的独立酒庄，除了酒商，应该就属这家最为重要，特别值得一提的是其拥有七片颇佳的一级园。现在负责酿造的是 Geoffroy Choppin，在其姑妈 Françoise Choppin 的时期，酒风较为粗犷，常有相当多坚硬的单宁，而 Geoffroy 则是等葡萄更成熟之后再采，全部去梗，减少踩皮，多淋汁，也采用较多的新桶，酿成无须等待十数年的较为圆润可口的风格。

Séguin-Manuel（酒商）

公顷：4.5　主要一级园：Beaune Clos des Mouches, Les Champs Pimont, Les Cents Vignes

家族原拥有 Chanson P. & F. 的 Thibaut Marion，在 2004 年重建了这家创立于 1824 年的酒商。红酒非常浓厚，白酒则极为多酸有劲，特别是自有葡萄园 Savigny-lès-Beaune 的 Goudelette，和博讷的一级园 Clos des Mouches，虽然葡萄极为成熟，但酸味像石头一样硬，如刀刃般锋利，风格颇有胆识。

Philippe Pacalet（酒商）

如果自然酒属于一个流派，Philippe Pacalet 便是此派在勃艮第最重要的代表人物，从 1991 到 2000 年，他担任 Prieuré-Roch 酒庄的酿酒师，成功地不添加二氧化硫，以最自然的方式和没有

▲ Geoffroy Choppin

▲ Albert Morot

▲ Thibaut Marion

▲ Séguin-Manuel

太多人为干扰的制作过程，酿造出非常精彩的顶尖勃艮第红酒。Philippe Pacalet 经常强调他是生物学科学的信徒，作为薄若莱自然酒先驱 Marcel Lapierre 的外甥，在酿造技术上，受到 Jules Chauvet 颇多的启发与影响。2001 年才开始自己成立酒商，并不拥有葡萄园，除了采买葡萄酿造，也租用葡萄园。以金丘的红酒为主，但也产一些白酒，因严选葡萄园，每批都是小量酿造。跟大部分的自然酒酿造法一样，以整串葡萄在木制酒槽中发酵，采用原生酵母，酿造时不加糖，不添加二氧化硫。不过，增加人工踩皮，以多一些萃取，浸皮的时间也较长，约三周左右。培养较少使用新桶，亦不换桶，约一年到一年半装瓶，只有在装瓶时才添加一点二氧化硫。如此酿成的葡萄酒有迷人的优雅风味，除了更能反映葡萄园特色，常有轻巧细腻的酒体和更多的细致变化。

▲ Philippe Pacalet

▲ 博讷市北区的一级园：Les Bressandes（左上）、A l'Écu（右上）、Les Fèves 和 Clos des Fèves（中），以及 Les Cent Vignes（下），而更接近山顶的葡萄园则为博讷丘

博讷丘（Côte de Beaune）
与博讷丘村庄（Côte de Beaune Villages）

博讷丘的葡萄酒并不常见，却容易弄混。一般博讷丘指的是整个博讷丘产区，但如果当作法定产区名，却是指位于博讷市山区，藏匿在树林里的 52 公顷葡萄园。因海拔较高，且地势较平坦，稍微寒冷一点，葡萄酒的口感比较清淡，也产较多的白酒。

这和博讷丘村庄不同，但标示法却很类似。在博讷丘区内有欧榭–都赫斯、修瑞–博讷、拉朵瓦、Maranges、默尔索、蒙蝶利、佩南–维哲雷斯等十四村的村庄级红酒可以在村名后面加上"博讷丘"（Côte de Beaune），如 Ladoix Côte de Beaune，但如果是混合这十四个村庄的红酒调配成的，则标示为"博讷丘村庄"。

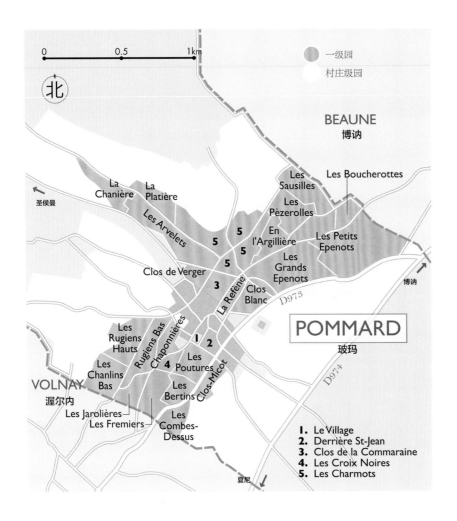

图例：
一级园
村庄级园

BEAUNE
博讷

Les Boucherottes
Les Sausilles
La Chanière
La Platière
Les Pèzerolles
Les Arvelets
En l'Argillière
Les Petits Epenots
5
5
Clos de Verger
5
Les Grands Epenots
3
La Refène
Clos Blanc
D973
博讷
圣侯曼

Les Rugiens Hauts
Les Rugiens Bas
Chaponnières
1 2
Les Poutures
4
Les Chanlins Bas
Clos-Micot
Les Bertins
VOLNAY
渥尔内
Les Jarolières
Les Fremiers
Les Combes-Dessus
D974
夏尼

POMMARD
玻玛

1. Le Village
2. Derrière St-Jean
3. Clos de la Commaraine
4. Les Croix Noires
5. Les Charmots

玻玛
Pommard

　　玻玛（Pommard）和南边的渥尔内（Volnay）是博讷丘最知名的专产红酒的村庄，虽然都没有特级园，但都有明星级的一级园，以及明显的酒村风格。贴近这两个村庄，但位于较高坡的渥尔内村酒风较为轻柔优雅，而玻玛村却浓厚结实，常有较多坚固的涩味，有主宰式的强硬酒体。村子本身位于 L'Avant Dheune 溪谷的出口处，这条小溪将玻玛村分为南北两半，同时也让村内的葡萄园沿着细长的溪谷延伸进金丘山区内近 2 公里，而村内大半

▲ Cave de Pommard 葡萄酒铺

▲ 村北一级园 Les Petits Epenots 位于平缓的平原区

的葡萄园都位于冲积扇上，包括村内最佳一级园 Les Epenots。跟其他的酒村不同，玻玛村内最佳的葡萄园并不在高坡处。

夹在博讷市与渥尔内村之间，玻玛村的葡萄园看似不大，但村内的葡萄园其实多达 321公顷，海拔高度在 230 米到 340 米。一级园有二十八片，共约 122 公顷，海拔高度在 240 米到 300 米，属中低坡。跟其他酒村不同，玻玛村的村庄级葡萄园反而多位于较高的坡上。南边靠近渥尔内村的 Les Rugiens 和北边靠近博讷市的 Epenots 是村内最知名的两片一级园，如果将来有升级特级园的可能，应该是这两园。而这两园的邻近区域也是一级园分布的主要区域。

在 Epenots 这一侧的一级园地势比较低平，面积超过 30 公顷的 Epenots 占了大部分低坡，其中南面 10 公顷是 Les Grands Epenots，北边 20 多公顷的 Les Petits Epenots 直接和博讷市同名的一级园 Les Epenots 相接。在两者中间还有一片横跨两区的 Clos des Epeneaux，为 Comte Armand 酒庄的独占园。虽位于冲积扇上，但是此区地底的珍珠石板岩岩层其实相当接近地表，覆盖其上的表土仅数十厘米。南边的 Les Grands Epenots 有较多 L'Avant Dheune 溪自山区冲积而下的含有铁质的红色黏土，酒风比较坚硬多涩味，也更结实有力；北边的 Les Petits Epenots 则比较优雅一些；至于混合两园的 Clos des Epeneaux 则可能是两者最佳的综合。

直接位于村边的一级园则多为沉积土壤，酒风较为粗犷，如 Clos de la Commaraine，也有较为简单可口的 Clos Blanc。位于 Epenots 之上的一级园表土反而变深，有较多白色的泥

Avant Dheune 溪谷内的玻玛村

灰质土壤，酿成的酒比较柔和可口一些，如 Les Pézerolles 高坡上的 Les Charmots 有一部分向南，常能酿成圆润甜熟的风格。

在村子南边的 Les Rugiens 有 12.66 公顷，又分为下坡的 Les Rugiens Bas 和上坡的 Les Rugiens Hauts，分别为 5.83 和 6.83 公顷，虽然大部分的酒庄很少在标签上注明，但这两区所酿成的酒却有相当大的差别。下坡 Les Rugiens Bas 的表土有较多含铁质的红色黏土（这亦是 Rugiens 名字的由来），和 Les Grands Epenots 的表土颇为近似，亦可能源自 L'Avant Dheune 溪的堆积。这一区所产的黑皮诺红酒酒体深厚且相当强劲结实，是此村最具代表性的典型，甚至比 Les Grands Epenots 更坚硬、更多涩味。至于上坡的 Les Rugiens Hauts 坡度更陡斜，土壤的颜色亦较灰白，酿成的酒虽然均衡，但力量与重量感都不及 Les Rugiens Bas。与 Les Rugiens Bas 同高度的 Les Jarolières，以及下坡处的几片一级园，如 Les Fremiers 和 Les Bertin 等，酒风转而较接近隔邻的渥尔内村，稍柔和一些，也较为早熟。

村子虽然不大，但有相当多的酒庄，最醒目的是常能吸引观光客的玻玛城堡。不过，最精英的当属 Comte Armand 和历史酒庄 Domaine de Courcel，另外也有非常老式、传统的 Michel Gaunoux，红酒和白酒皆佳，同时亦经营酒商的 Jean-Marc Boillot，另外 Domaine Parent、Aleth Girardin 及 Albert Bichot 的 Domaine du Pavillon 也都有不错的水平。

▲ 上：一级园 Les Epenots
　下：村南的一级园位于较高的坡上，如最知名的 Les Rougiens

▲ Domaine de Courcel 独占园 Grand Clos des Epenots

主要酒庄

Comte Armand（酒庄）

公顷：9　主要一级园：Pommard Clos des Epeneaux; Volnay Les Frémiets; Auxey-Duresses

村里最知名，也最具代表性的名庄。独家拥有的一级园 Clos des Epeneaux 是此村红酒风格的典范，非常精致优雅，但暗藏着玻玛严密结实的口感。源自 Marey-Monge 家族，现为 Armand 伯爵的产业，Pascal Marchand、Benjamin Leroux 等知名酿酒师都发迹自此。早年即开始引进自然动力种植法。葡萄采收后全不去梗，经一周发酵前低温浸皮才开始升温发酵，再进行一到两周的发酵浸皮以柔化单宁。两年的木桶培养后装瓶。酒风非常细腻，即使是村庄级酒都非常迷人。

Jean-Marc Boillot（酒庄兼营酒商）

公顷：11　主要一级园：Pommard Les Rugiens, Les Jarollières, Les Saussilles; Volnay Les Pitures; Beaune Les Epenots, Les Montrevenots; Puligny-Montrachet Les Combettes, Champ Canet, Les Referts, Les Truffières, La Garenne

在勃艮第少有红酒与白酒皆酿得好的独立酒庄，但 Jean-Marc Boillot 却是两者皆好的一家。我自己也相当赞同这种看法，因为这家酒庄无论红酒还是白酒都有非常美味好喝的享乐风格。这不是一家强调内敛和保留的酒庄，对于较为寒冷的年份或较高坡的葡萄园，酿出的酒常有出乎意料的均衡与细致。红酒全部去梗，发酵前经五天的低温浸皮，发酵完成后会延长浸皮八到十天，让单宁更圆滑，很少踩皮和淋汁亦是关键，培养的时间也较短，约十三个月即装瓶。白酒都在橡木桶中发酵，使用约 25%～30% 的新桶，虽然许多酒庄已减少搅桶，但喜好丰满口感的 Jean-Marc Boillot 仍然每周一次，每桶在十一个月的培养过程中都经过约四十次的搅桶。除了自有酒庄的葡萄酒，Jean-Marc Boillot 亦经营一家同名的小型酒商，主要生产夏隆内丘区的白酒。

Domaine de Courcel（酒庄）

公顷：8.9　主要一级园：Pommard Les Rugiens, Les Grand Clos des Epenots, Les Fremiers, Les Croix Noires

村内的精英酒庄，所有的葡萄园全在村内，现由 Gilles de Courcel 负责管理，不过耕作与酿造则由冯内-侯马内村 Confuron-Cotétidot 酒庄的 Yve Confuron 负责，Gille 则花较多的时间替香槟名厂 Bollinger 管理博讷市的酒商 Chanson P. & F.。不同于 Confuron-Cotétidot 红酒非常成熟饱满的风格及 Chanson P. & F. 精巧细腻的酒风，Domaine de Courcel 有非常严谨沉稳、相当内敛

▲ Domaine de Courcel

▲ Gaunoux 家族

▲ Clos des Epeneaux

▲ Jean-Marc Boillot

的古典风格，也许正是配合玻玛村葡萄园风格的最佳呈现，不过需要等待相当长的时间才能适饮。在 Les Rougiens 拥有最大的面积，上下坡都有，是最佳范例之一。葡萄通常非常晚摘，不去梗整串放入木制酒槽，先低温浸皮，低温缓慢发酵，甚至延长浸皮至一个月以上。经二十到二十二个月，使用 25% ～ 30% 的新桶培养而成。

Michel Gaunoux（酒庄）

公顷：10　主要特级园：高登（Les Renards，1.23 公顷）　主要一级园：Pommard Les Grands Epenots, Les Rugiens

1984 年，Michel Gaunoux 过世之后，Michel 的太太保留他生前的酿造方式，和儿子 Alexandre 一起经营这家看起来非常老式的酒庄。不论酒风还是经营方式都是如此。因年轻时较为坚实多涩，不提供桶边试饮，也保留非常多的老年份，待成熟后才上市，与默尔索村的 Ampeau 颇为类似，即使在保有最多传统的勃艮第，这样的酒庄也已经非常少见，因此显得特别的珍贵。葡萄全在旧式的开口木槽中进行发酵，全部去梗，不经发酵前低温浸皮，经八天到二十一天的酒精发酵，淋汁与踩皮每日各一回。酿成后经十八个月到二十四个月的橡木桶培养，新桶所占的比例只有 10%。依照老式的方法，得换桶二至三次，并且在蛋白凝结、澄清与过滤等多道手续后才装瓶。虽然年轻时单宁非常强劲，但却非常适合久存，就连一般的 Bourgogne 等级都相当耐久。

Aleth Girardin（酒庄）

公顷：6.29　主要一级园：Pommard Les Rugiens, Les Epenots, La Reféne, Les Charmots; Beaune Clos des Mouches, Les Montrevenots

由女庄主 Aleth Le Royer 酿造，不同于传统的波玛风格，常酿造出迷人的温柔酒风。约保留 10% 的整串葡萄，数日低温浸皮，踩皮次数少且轻柔，两到三周酿制完成。30% ～ 40% 的新桶培养，十二到十八个月后装瓶。酿成的红酒口感较肥厚，单宁质地滑细，相当可口，是较年轻时即适饮的玻玛红酒。

Château de Pommard（酒庄兼营酒商）

公顷：26　主要一级园：Chassagne-Montrachet Les Caillerets, Les Chaumées

勃艮第少见的城堡酒庄，创立于 1726 年，城堡本身位于低坡的村庄级葡萄园中，拥有从博讷市边界到玻玛村边的所有村庄级园，是勃艮第面积最广的独占园之一。现为美国硅谷富豪 Michael Baum 的产业，聘请专业团队酿造管理。除了自有的葡萄园酒，也酿造一些酒庄酒。城堡的酒窖亦设立博物馆，是勃艮第少见的兼具观光价值的酒庄。

▲ Château de Pommard

▲ Michel Gaunoux 酒庄

▲ Michel Gaunoux 酒庄

▼ 不同于位于河谷内的玻玛，渥尔内村位于海拔较高的坡顶

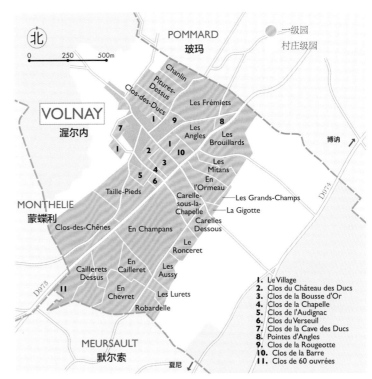

北

POMMARD
玻玛

一级园
村庄级园

VOLNAY
渥尔内

博讷

MONTHELIE
蒙蝶利

MEURSAULT
默尔索

Chanlin
Pitures-Dessus
Clos-des-Ducs
Les Frémiets
Les Angles
Les Brouillards
Les Mitans
En l'Ormeau
Carelle-sous-la-Chapelle
Les Grands-Champs
La Gigotte
Carelles Dessous
Taille-Pieds
Clos-des-Chênes
En Champans
Le Ronceret
Caillerets Dessus
En Cailleret
Les Aussy
En Chevret
Les Lurets
Robardelle
夏尼

1. Le Village
2. Clos du Château des Ducs
3. Clos de la Bousse d'Or
4. Clos de la Chapelle
5. Clos de l'Audignac
6. Clos du Verseuil
7. Clos de la Cave des Ducs
8. Pointes d'Angles
9. Clos de la Rougeotte
10. Clos de la Barre
11. Clos de 60 ouvrées

渥尔内
Volnay

　　渥尔内之于博讷丘，就如同香波-蜜思妮之于夜丘，各自表现了黑皮诺在各区内最优雅细致的一面。在历史上，渥尔内村成名相当早，13世纪，勃艮第公爵在村内即拥有葡萄园，并建有城堡。受勃艮第公爵的影响，法国国王路易十一和路易十四等都颇喜爱渥尔内红酒，也都曾在村内拥有葡萄园，村内有相当多石墙围绕的古园。在16世纪之前，历任勃艮第公爵的偏好让渥尔内村一直被认为是勃艮第最好的红酒产区之一，在当时甚至比夜丘区的葡萄园还知名。即使是现在，渥尔内红酒也和高登山及北邻的玻玛村同为博讷丘最知名的红酒产区，甚至在一部分的勃艮第酒迷心中，居此三者之最。

　　博讷丘的山势到此些微地转向东南，几乎全村的葡萄园都位于受阳极佳的向阳坡。村子本身位于接近坡顶的背斜谷中，居高临下，视野相当好。渥尔内村南边进入金丘区最宽阔的区域，在高坡处与蒙蝶利村相邻，下坡处则与默尔索村相接连，不过，渥尔内村本身的葡萄园并不大，约有210公顷，和玻玛村一样只产红酒，葡萄园的海拔较高，也较为陡斜，从坡底的230米一直爬升到将近370米。跟玻玛村相比，渥尔内村的黏土较少，有较多的石块和石灰质，海拔也稍高一些，也许这是酒风较为

▲ 上：小村内挤满许多小酒庄　中上：小巧拥挤的渥尔内村　中下：En Champans 一级园　下：村南高坡的一级园 Clos des Chênes

◀ 村南山顶上的一级园 Taille Pieds（削脚园），因陡峭多石而有此名

精巧的主因，但是，村子的南北两端并非全然如此。因为地层变动，村子南端和默尔索村的交接处附近，有许多夜丘区较为常见的巴通阶石灰岩，红酒的风格转而强硬，有较严密紧涩的口感。村北的山坡中段有类似的岩层，也常有类似的酒风。

渥尔内村虽是博讷区最小的酒村之一，却有相当多的一级园，隔邻的默尔索村在靠近渥尔内村边有以产红酒闻名的几片一级园，如 Les Pitures、Clos de Santenots 和 Les Santenots du Milieu 等六园，也划归渥尔内产区，统称为 Volnay Les Santenots，此区位于巴通阶石灰岩岩层上，有相当多红褐色的石灰质黏土，几乎全种植黑皮诺，不过若是种植霞多丽，所酿造的白酒仍属于默尔索。除了这部分约 20 公顷的一级园，渥尔内村还有三十五片约 115 公顷的一级园。渥尔内村的一级园集中在中坡处，坡顶和坡底都是村庄级，不过相较于玻玛村，一级园更贴近山顶，大部分的村庄级园都位于低坡处。因一级园数量实在太多，2006 年起将一部分相邻且酒风接近的一级园合并，如村北较低坡的三片一级园 Les Mitans、L'Ormeau 和 Les Grands Champs 合并成 Les Mitans。不过，如果酒庄坚持，仍可使用原名。

村内的一级园各区段各有特色。村北靠近玻玛村的一级园分别有上坡的 Les Pitures、中坡的 Les Frémiets 和 Les Angles，以及靠近下坡的 Les Brouillards 和 Les Mitans，这一带的红酒常被认为带有较多的涩味，特别是中间的 Les Frémiets，也有一些类似玻玛村 Les Rugiens 的含铁质红色黏土，风格较为坚硬，少一些渥尔内村的精致质地。村子周边的一级园大多统称为 Le Villages，有很多是有石墙围绕的旧有

▲ 渥尔内村边有非常多石墙围绕的古园，如图左，石墙后即有 Clos de la Bousse d'Or、Clos de la Chapelle、Clos du Verseuil 和 Clos de l'Audignac 四园

古园，面积都不大，也大多是独占园，如 Clos du Château des Ducs、Clos de la Barre、Clos de la Cave des Ducs、Clos de la Chapelle 和 Clos de la Bousse d'Or。最知名也最独特的是位于村子西北角高坡处的 Clos des Ducs，这里偏向东南，且陡斜多石，常可酿成非常强劲细致的顶尖红酒。

在村子南方的山坡上坡处有两片重要的一级园：近村子的一片有"削脚园"（Taille Pieds）之称，是一处非常陡且多石的山坡，表土多为灰白色的石灰质黏土；南边与蒙蝶利村相邻的 Clos des Chênes 山坡开始转向南，坡度稍缓一些，下半部转为红褐色的表土。这一区酿成的酒接近渥尔内村的最佳典型，有带着精巧质地的强劲力量，南边的 Clos des Chênes 常有更加坚挺的背骨，但仍保有优雅均衡。在此二园的下坡处为此村的另一精华区 Les Caillerets 和 En Champans，此区亦相当陡斜多石，1855 年被 Lavalle 列为全村之最，亦是强劲且具有丝滑质地的渥尔内典型。北边的 En Champans 常更饱满一些，南边的 Les Caillerets 还分上下两园，上园的条件较佳，园中有知名的独占园 Clos des 60 Ourvées。跨过默尔索村的 Les Santenots 亦是精华区，有更浓厚、强硬的黑皮诺风格。

名园环绕的渥尔内村位于狭窄的陡坡上，在弯绕的街巷中，挤着二十多家名庄，其中最知名的是 Marquis d'Angerville，以及已

▲ Les Caillerets 一级园

经拓展至夜丘区的 Pousse d'Or 和 Domaine de Montille，还有村内的自然动力种植法先锋 Michel Lafarge。除了这四家老牌名庄，亦有年轻而充满雄心的 Nicolas Rossignol 和酒风朴实迷人的 Jean-Marc Bouley。村内原本有多家 Boillot 家族的酒庄，但因分家或由第二代接手，现多已迁往别处，如默尔索村的 Henri Boillot、香波–蜜思妮村的 Louis Boillot，以及玻玛村的 Jean-Marc Boillot 等。

主要酒庄

Marquis d'Angerville（酒庄）

公顷：14.95　主要一级园：Volnay Clos des Ducs, Les Caillerets, Les Champans, Taille Pieds, Les Pitures, Les Frémiets, Les Angles, Les Mitans; Meursault Les Santenots; Pommard Les Combes Dessus

1804 年创立的 Angerville 侯爵酒庄，自 20 世纪 20 年代即开风气之先，自行装瓶销售，是全勃艮第最老牌的独立酒庄之一。现由第三代的 Guillaume 和其姐夫 Renaud de Vilette 一起经营酿造。在其父亲 Jacques 时期，建立了全博讷丘最迷人的细腻酒风，常有清新、纯净的黑皮诺果香。2009 年起全部采用自然动力种植法。近 15 公顷的葡萄园大部分在村内，唯一的白酒园 Meursault Santenots，亦是以红酒闻名的一级园。葡萄全部去梗，在老式的木制酒槽中进行，先经三天到八天的发酵前低温浸皮，短暂的发酵与浸皮，完全不踩皮，以每天两次的淋汁取代，最后经三天到八天的延长浸皮，然后进行十五个月到二十四个月的橡木桶培养，新桶所占比例不超过三分之一，只有换桶和凝结澄清过程，不经过滤即装瓶。

Jeam-Marc Bouley（酒庄）

公顷：7.16　主要一级园：Volnay Les Caillerets, Clos des Chênes, Les Carelles, En l'Ormeau; Pommard Les Rugiens, Les Fremiers; Beaune Les Reversées

酒庄就建在村子最顶端的独占园 Clos de la Cave 内，由 Jean-Marc 和儿子一起耕作酿造，年轻有冲劲的儿子和脚踏实地的父亲是颇佳的组合。酿成的渥尔内也许不是特别精致高雅，但相当诚恳实在，也颇为可口，常能表现葡萄园的风格。有时保留一些整串葡萄，发酵前短暂低温浸皮，约两到三周酿成。25% ～ 50% 的新桶培养十三个月到十六个月。玻玛使用新桶的比例比渥尔内多，Clos des Chênes 比 Les Caillerets 多。

Michel Lafarge（酒庄）

公顷：11.68　主要一级园：Volnay Clos des Chênes, Les Caillerets, Clos du Château des Ducs, Les Mitans; Pommard Les Pézerolles; Beaune Les Grèves, Les Aigrots

有百年历史的经典老厂，亦是一家酒风相当细致的酒庄，现由 Fréderic Lafarge 管理大部分的事。葡萄园从 1997 年就开始采用自然动力种植法。红酒的酿法相当简单，全数去梗，无发酵前低温浸皮，约两周即完成，采用非常少的新橡木桶培养，即使是强劲多涩的 Clos des Chênes 也仅使用15%，培养成的葡萄酒非常紧致丝滑，成为此园的最佳范本。

Domaine de Montille（酒庄兼营酒商）

公顷：17.02　主要特级园：梧玖庄园（0.29公顷），高登（Le Clos du Roi 0.84 公顷），高登–查理曼（1.04 公顷）　主要一级园：Volnay Taille Pieds, Champans, Mitans, Brouillards, La Carelle sous Chapelle; Pommard Les Rougiens, Les Grands Epenots, Les Pézerolles; Beaune Les Grèves, Les Perrières, Les Aigrots; Vosne-Romanée Les Malconsorts; Nuits St. Georges Les Thorey; Puligny-Montrachet Le Cailleret

由 Hubert de Montille 建立起名声的老牌酒庄，目前由儿子 Etienne 负责管理，已经逐渐扩充为中型酒庄，也延伸到夜丘区。村内的酒窖不敷使用，现已迁往默尔索村酿造。Etienne 和妹妹 Alix 亦雇有专精于白酒的酒商 Deux Montille，Montille 本人也是 Château de Puligny-Montrachet 的酒庄总管。现在主要聘任 Cyril Raveau 负责酿造，相较于村内其他风格优雅精巧的名庄，Montille 的酒风较为结实紧涩，年轻时稍带一点粗犷气。从 2005 年开始，葡萄园亦采用自然动力种植法。在酿造时通常保留一部分不去梗的整串葡萄，踩皮的次数也减少许多，以避免萃取太多单宁。采用 20% ～ 50% 的新桶培养十四到十八个月后装瓶。在 Etienne 接手之后，酒的质地越来越细腻，其 Taille Pieds 和玻玛村的 Les Rougiens 已成为此二名园的最佳典范。2012 年，Etienne de Montille 集资买下曾经由他担任酒庄总管的 Château de Puligny-Montrachet，新增包括 Chevalier Montrachet 在内的 20 公顷葡萄园，成为一家极少见的大型独立酒庄。

Domaine de la Pousse d'Or（酒庄）

公顷：17　主要特级园：邦马尔（0.17 公顷），高登（Les Bressandes, Le Clos du Roi 1.93 公顷）　主要一级园：Volnay Clos des 60 Ouvrées, Clos de la Bousse d'Or, Clos d'Audignac, En Caillerets; Pommard Les Jarolières; Chambolle-Musigny Les Amoureuses, Les Charmes, les Feusselottes, Les Groseilles; Santenay Clos Tavannes, Les Gravières;

▲ Renaud de Vilette

▲ Marquis d'Angerville

▲ Jean-Marc Bouley 父子

▲ Fréderic Lafarge

Puligny-Montrachet Clos du Cailleret

Patrick Landanger 在 1997 年买下这家曾为勃艮第公爵所有的酒庄，而且在村内拥有三个条件极佳的独占园，其中 Clos des 60 Ouvrées 更是全村最佳的葡萄园。Landanger 原本雇用酒庄总管，但1999 年开始自己酿造，酒风颇现代，色深多果香，亦颇浓厚结实。Landanger 亦陆续买进更多葡萄园，包括高登特级园及 2009 年新增的香波－蜜思妮村 Les Amoureuses。红酒的酿造颇为新式，采用全部去梗的方式，先经一周 8℃ 的极低温发酵前浸皮，若有必要也可能采用逆渗透浓缩机，以踩皮为主，辅以淋汁，约三周酿成。之后使用 30% 的新桶培养十五到十八个月后装瓶。

Nicolas Rossignol（酒庄）

公顷：16　主要一级园：Volnay Les Caillerets, Fremiets, Taille Pieds, Santenots, Cheveret, Clos des Angles, Le Ronceret; Pommard Epenots, Les Jarolières, Chanlins, Les Chaponnières; Beaune Clos des Mouches, Clos du Roi, Les Reversées; Savigny-lès-Beaune Lavières, Les Fichots, Fourneaux

村中最年轻也最有活力的酒庄，源自 Rossignol-Jeanniard 酒庄，但 1997 年开始自立，从原本的 3 公顷逐渐扩充成现在的 16 公顷。Nicolas 的酒中充满现代感的活力和冲劲，浓厚结实且有力。Nicolas 强调他不喜欢太多果香的酒，亦不喜欢太圆润的酒体，所以并没有采用流行的发酵前低温浸皮。较有个性的葡萄园通常都去梗，有些则保留一部分，如 Clos des Angles 保留 50%，约三周酿成，新桶最多占 80%，培养十到二十个月。

▲ 上左：Jean-Marc Bouley 在 Clos de la Cave 园内的地下培养酒窖

上右：位于 Clos de l'Audignac 之上的 Pousse d'Or 酒庄

下：Nicola Rossignol 酒庄在 Les Angles 园内的地下酒窖

▲ Michel Lafarge

▲ Domaine de Montille

▲ Etienne Montille

▲ Nicolas Rossignol

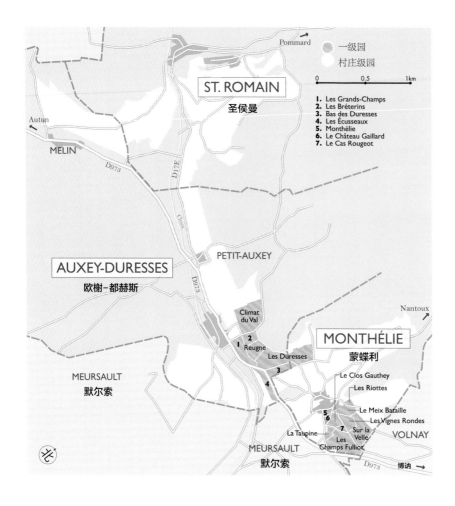

一级园
村庄级园

0   0.5   1km

1. Les Grands-Champs
2. Les Bréterins
3. Bas des Duresses
4. Les Écusseaux
5. Monthélie
6. Le Château Gaillard
7. Le Cas Rougeot

蒙蝶利、欧榭–都赫斯与圣侯曼
Monthélie, Auxey-Duresses et St. Romain

　　在渥尔内和默尔索两村的交界处，一条非常深远的东西向山谷切开博讷丘，小溪 des Cloux 穿过其间。在这个谷地内，金丘破例往西延伸 4 公里，进入应该属于上丘区的领域，葡萄园从海拔 350 米爬升到 430 米。在这条谷地中共有三个酒村各有独立的村庄级法定产区，最外侧的是与渥尔内村相邻的蒙蝶利（Monthélie）村，中段为欧榭–都赫斯（Auxey-Duresses，以下简称欧榭村）村，谷地尽头则是圣侯曼（St. Romain）村。这三个酒村红酒和白酒皆产，但越往山区气候较冷，黑皮诺较难成熟，所以种植较多的霞多丽。

▲ 蒙蝶利一级园 Les Clos Cauthey

● 蒙蝶利（Monthélie）

夹在渥尔内、默尔索和欧榭三村之间的蒙蝶利村虽已经位于东西向的谷地出口，但是仍有另一南北向的背斜谷将村子切分成两半，形成面向东、西、南三面的山坡，海拔虽高一些，但因向阳而颇为温暖。村庄的范围不及平原区，占地较小，葡萄园大多位于多石的坡地上，大约有 120 公顷，几乎全产红酒，白酒只占不到 10%。村内产的红酒过去经常以玻玛或渥尔内的名义销售，不过就酒风来看，蒙蝶利红酒颇具架势，和渥尔内比起来质地粗犷一些。

村内有十五片一级园，面积共约 36 公顷，大多位于与渥尔内村的 Clos des Chênes 相邻的山坡，山势在两村交界处转为向南，可接收更多的太阳，下坡处的 Les Champs Fuillot 常被认为是村内最佳一级园，有夜丘岩层经过，表土亦多为红色土壤，上坡一点的 Sur la Velle 和 Le Clou des Chênes 则有较多白色石灰岩，酒风较为轻盈一些。在村子西边与欧榭村相邻的山坡也有两片一级园，最知名者为 Les Duresses，风格颇为浓厚坚实。村内的酒庄颇多，较有名气的包括博讷济贫医院前任酿酒师 André Porcheret 酿造的 Monthelie Douhairet Porcheret、Château de Monthélie、Darviot-Perrin 及 Paul Garaudet 等。

▲ 和渥尔内村名园 Clos des Chênes 相邻的一级园 Les Champs Fuillot

▲ 上：蒙蝶利位于三个背斜谷交界处，有朝向非常多的葡萄园

下：因为 é 上有重音，须念成蒙蝶利

▲ 从欧榭村往渥尔内的 D 973 公路上看，蒙蝶利村好似层层叠叠的山间小村

● 欧榭－都赫斯
（Auxey-Duresses）

欧榭村完全位于山谷内，葡萄园位于南北两坡上，北坡面向东南，与蒙蝶利村相连，主产红酒；南坡朝北，在村子的东南角与默尔索村相连，可以酿出不错的白酒。村内产的红酒虽然较多，但白酒亦颇具潜力。因位于谷地内，即使有向南坡，气候仍比隔邻的蒙蝶利村寒冷，黑皮诺成熟较慢，酿成的红酒有较生涩的单宁。不过，在比较温暖或过热的年份，欧榭村反而可以有比较均衡的表现。欧榭的葡萄园约有 135 公顷，其中约 30 公顷（共九片）列为一级园，全都位于村北向南的山坡上。一级园中以最东边与蒙蝶利村交接的 Les Duresses

▲ Des Cloux 小溪流经欧榭村后，继续流往默尔索村

最为著名，位于面朝东南的陡坡上，有较多白色的泥灰质，虽然成熟较佳，但仍带欧榭村的粗犷气。最西边的一级园为 Climat du Val，气候较冷，常酿成较硬瘦的红酒，园中的 Clos du Val 为 Prunier 家族的独占园，有较饱满与细致的表现。

知名的精英酒商 Leroy 藏身在欧榭静僻的村边，村内有多家独立酒庄，以 Michel Prunier 最知名，此外亦有 Jean-Pierre Diconne、Gilles & Jean Lafouge、Alain Creussefond 和 Philippe Prunier-Damy 等酿造价格相当平实的葡萄酒。

● 圣侯曼（St. Romain）

地势险峻的圣侯曼村有群山环绕，已经离博讷丘有点距离，反而像是上博讷丘的村庄，产的酒也有点类似，事实上圣侯曼是在 1947 年由上博讷丘产区变成博讷丘村庄级产区的。因为海拔较高，气候寒冷，黑皮诺成熟不易，主要种植霞多丽，虽然酒体偏瘦，但常有极佳的酸味，除了果香，亦带一些矿石气。黑皮诺较少，只有较为炎热的年份才能全然成熟，通常口感较为清瘦。村内只有约 93 公顷的葡萄园，主要位于村子东面向南与向东的陡坡上，全属村庄级，没有一级园。村内酒庄不多，以 Alain Gras 最为知名，另外有专精于自然酒酿造的 Domaine de Chassorney 和酒商 Frédéric Cossard，以及老牌的 Henri & Gilles Buisson。不过村内最知名的并非酒庄，而是橡木桶厂 François Frères，它不只为勃艮第最大的厂，在国际上亦相当知名。

▲ 左：欧榭村的红酒常带一些粗犷气

中：圣侯曼的上村位于高耸的悬崖之上

右：圣侯曼的葡萄园海拔较高，酒风类似上博讷丘的风格

主要酒庄

Paul Garaudet（酒庄）

公顷：10　主要一级园：Monthélie Les Duresses, Le Meix Bataille, Clos Gauthey, Les Champs Fuillots; Volnay Les Pitures, Le Ronceret

蒙蝶利村内的精英酒庄之一，已经部分由儿子 Florent 接手，酒风较浓厚，虽带一点粗犷，但颇为可口。葡萄全部去梗之后经五至七天的低温发酵前浸皮，再经十五天的发酵。橡木桶储存约一年，新桶占三分之一。Champ-Fuillot 种的是霞多丽，有相当可口的风格。红酒 Clos Gauthey 颇细致，Les Duresses 则涩味较多。

Alain Gras（酒庄）

公顷：14

圣侯曼村最知名的酒庄，位于高坡近城堡处。大部分的葡萄园都在村内。Alain Gras 的白酒只有 10%～15% 在橡木桶中发酵，其余全在大型酒槽中进行，最后再混合，不论是木桶还是酒槽，全都定时进行搅桶以加强圆厚的口感。常

有新鲜的果味与圆润的口感，再配上圣侯曼强劲的酸味，相当均衡可口。

Château de Monthélie（酒庄）

公顷：8.85　主要一级园：Monthélie Sur la Velle, Le Clou des Chênes; Rully Meix Caillet, Preaux

位于蒙蝶利村内的城堡中，由 Eric de Suremaine 管理，以自然动力种植法耕作，酿造法亦相当传统，白酒以垂直木制榨汁机压榨，红酒全部去梗，在木制酒槽内发酵，只人工踩皮不淋汁。酒风颇自然均衡，特别是村内的两片一级园，有时亦有细致质地。

Michel Prunier（酒庄）

公顷：12　主要一级园：Auxey-Duresses Clos du Val; Volnay Les Caillerets; Beaune Les Sizies

欧榭村内最知名的酒庄，亦是村内 Prunier 家族的多家酒庄中最重要的一家。现由女儿 Estelle 负责酿造，酒风非常优雅，特别是其家族独有的 Clos du Val。葡萄大多局部去梗，经发酵前低温浸皮酿成。白酒先在酒槽中发酵再进木桶培养一年，八十年老树的村庄级白酒亦相当精彩。

Maison Leroy（酒庄）

1868 年由 François Leroy 创建于欧榭村，在第三代的 Henri Leroy 时期买下 Domaine de la Romanée-Conti 酒庄一半的股权，也曾经拥有 DRC 的经销权。酒商的部分规模一直不大，1955 年，Henri Leroy 二十三岁的女儿 Lalou Bize-Leroy 接手酒商至今。1988 年日本高岛屋入股，Lalou 在冯内村建立 Domaine Leroy，在离欧榭村不远的上博讷丘区还有一家独立酒庄 Domaine d'Auvenay。酒商的部分主要向各酒村内的精英酒庄采买酿制好的成酒培养与装瓶，很少自酿。在欧榭村内的酒窖内还保存有大量甚至超过半世纪的陈年勃艮第老酒。

Domaine de Chassorney（酒庄兼营酒商）

公顷：10　主要一级园：Volnay Carelle la Chapelle,Roncerets, Lurets; Pommard Pezzerolles

勃艮第自然派的重要酒庄，由 Frédéric Cossard 在 St. Romain 村内创立，也以酒商 Frédéric & Laure Cossard 的名义采买葡萄，酿造一些金丘区的名村红酒、白酒。有机式的种植，自然酒酿法，不添加二氧化硫，仅以原生酵母发酵。红酒以整串葡萄酿造，无人工控温设备，仅以灌进二氧化碳保护，发酵与浸皮约经四十天才完成，之后在橡木桶培养十二到十五个月。白酒则以整串榨汁，无沉淀即直接入橡木桶进行发酵与培养。

▲ Château de Monthélie

▲ Alain Gras

▲ Paul Garaudet

▲ Michel Prunier

▲ Château de Monthélie

▲ Michel Prunier

默尔索
Meursault

　　默尔索（Meursault）村是博讷丘最大的酒村，即使村内没有特级园，也仍是勃艮第最知名的白酒村庄之一，三片最知名的一级园 Les Perrières、Les Genevrières 和 Les Charmes 也都是勃艮第的白酒名园。默尔索村曾经以圆熟滑润的口感与带有奶油与香草的浓郁香气闻名，这也成为霞多丽白酒重要的典型风格。不过，默尔索村广阔的面积、多变的地形与自然条件，以及数量庞大的酒庄，让村内常能生产全勃艮第风格最多样的白酒，特别是山坡顶上的葡萄园亦常能酿成酸瘦敏捷、带着矿石香气的清新霞多丽，虽非一级园，却是村内相当值得注意的精华区。这里虽以白酒闻名，但亦产红酒，不过，酿成的酒大多以邻村的名称销

▲ 默尔索村是博讷丘南段的主要大村，不只酒庄集聚，也有较多的商店与餐厅

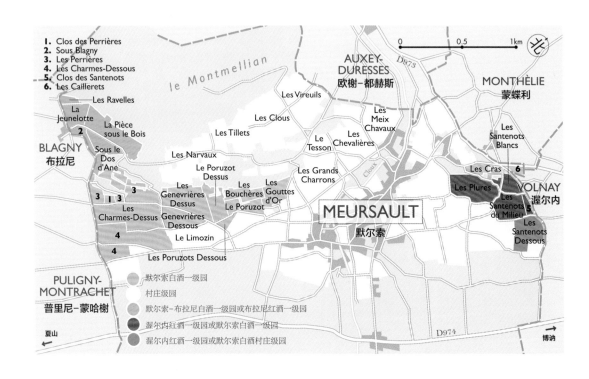

1. Clos des Perrières
2. Sous Blagny
3. Les Perrières
4. Les Charmes-Dessous
5. Clos des Santenots
6. Les Caillerets

默尔索白酒一级园

村庄级园

默尔索-布拉尼白酒一级园或布拉尼红酒一级园

渥尔内红酒一级园或默尔索白酒一级园

渥尔内红酒一级园或默尔索白酒村庄级园

▲ 村公所广场上的喷泉

售，最知名的是位于村北、与渥尔内村相邻的 Volnay-Santenots，村南与仅有几户房舍的布拉尼（Blagny）村交界处亦产一些红酒。

一条宽阔的东西向山谷在默尔索村横切过金丘山坡，葡萄园得以往坡顶与坡底延伸，博讷丘再度变得相当开阔，坡顶和坡底、村南和村北的葡萄园差异相当大。有一条小溪 des Cloux 沿着山谷往下流往苏茵平原。不只是葡萄园，有上千居民的默尔索村亦相当广阔，此村位于山谷的冲积扇上，街道蜿蜒交错，有多座城堡，亦藏着一百多家酒庄，是博讷丘最密集的酒村。默尔索城堡（Château de Meursault）位于村子靠近平原区的一侧，因每年 11 月第四个星期一举办的 La Paulée de Meursault 餐会而闻名。村内属于默尔索 AOP 的葡萄园约有 400 多公顷，分属于 21 片，共 132 公顷被列为一级，不过，还须再加上被并入渥尔内与布拉尼村的黑皮诺葡萄园。在村庄级葡萄园的下方还有非常多属于 Bourgogne 等级的葡萄园，一直延伸到 D974 公路边才终止。

村北与渥尔内村和蒙蝶利村相邻，山坡略朝东南，因有断层经过，使年代较早的岩层抬升，葡萄园大多位于夜丘区常见的巴通阶石灰岩层上，有相当多红褐色的石灰质黏土，比较适合种植黑皮诺。其中有多个以红酒闻名的一级园，如 Les Plures、Les Santenots du Milieu、Sentenots Dessous、Sentenots Blancs、Clos de Santenots 等，面积近 30 公顷，如种植黑皮诺，酿成的红酒便成为渥尔内村的一级园，统称为 Volnay Les Santenots。虽然相当少见，但这几片一级园如果种植霞多丽酿成白酒，则仍是默尔索一级园，不过，Sentenots Dessous 因为位置太接近平原区，若种植霞多丽则只能是村庄级酒。

村子北侧葡萄园的海拔高度较低，从 230 米爬升到 290 米左右即进入位于高坡的蒙蝶利村。在三村交界处还有另外两片一级园 Les Cras 和 Les Caillerets，后者甚至更像是渥尔内村一级园 Les Caillerets 的一部分。这两园红白酒皆产，但都只能称为默尔索一级园，不能叫 Volnay-Santenots，即使比较适合种植黑皮诺，但还是主产霞多丽白酒。极为少见的默尔索一级园红酒仅有 1 公顷多，全都来自此二园。在村北这边，往南越近村子通常种植越多的霞多丽，如村庄级园 Les Corbins 及 Domaine des Comtes Lafon 酒庄的独占园 Clos de la Barre，都产极佳的白酒。更往北或坡底的平原区则较适合种植黑皮诺，如村庄级园 Les Malpoiriers 和 Les Dressoles，在其下半部较低平的部分都只能生产红酒，若种植霞多丽则降为 Bourgogne 等级。

村子南边的山坡是产白酒的精华区，整片山坡从村子西边与欧榭－都赫斯村相邻、略朝东北东的村庄级园 Les Meix Chaux 开始，往南逐渐转为正面朝东，蔓延到普里尼村界的一级园 Les Charmes 及更高坡上的布拉尼村的 La Jeunellotte，葡萄园从坡底的海拔 230 米一直爬升到 370 米。土壤的颜色较浅，也较多石灰岩块，相当贫瘠，有多处地区岩层外露，几乎没有表土。特别是在中坡处，坚硬的贡布隆香岩层横亘，几乎无种植法葡萄，只能生长矮树丛，不过，通过磨石的机械搅碎岩层，还是可以改造成多石却完全无土的葡萄园，如 Chaumes des Narvaux 和 Les Casse Têtes 两片村庄级园。

贡布隆香岩石硬盘将山坡横切为上下两部分，上部土壤贫瘠，有相当多的白色泥灰岩石块，排水佳，因海拔较高，所以冷凉一些。其虽为村庄级葡萄园，但亦是此村的精华区，常能酿成多酸有劲、带矿石气的霞多丽白酒，不过，太靠近山顶的部分在较寒冷的年份会偏酸瘦一些。此区有相当多知名的村庄级葡萄园，经常单独装瓶，较少混合其他葡萄园。中高坡最知名的有 Les Chevalières 和 Le Tesson；高坡较知名的则有 Les Vireuils、Les Clous、Les Tillets 和 Les Narvaux 等，大多又分为上坡的 Dessus 和下坡的 Dessous，后者通常有较佳的均衡。在村内有相当多的葡萄园都分成上下两部分，如果是在高坡处，通常标为 Dessous 的下部较佳；若是位于坡底，上坡一点的 Dessus 则大多有较好的条件。

贡布隆香岩石硬盘的下方则是此村的最精华区，有六片最知名的一级园分列在山坡中坡与中下坡处，正向朝东，呈长三角形的形状。越近普里尼村界，面积越大，由南往北分别是高低坡相连的 Les Perrières 和 Charmes，接着是 Les Genevrières、Le Porusot、Les Bouchères 和 Les Gouttes d'Or。其中，Les Perrières 是所有一级园中最接近特级园质量的葡萄园，在 Lavalle 时期也被列为最高级的 Tête de Cuvée。顾名思义，这个葡萄园位于一片旧的采石场之上，园中的土壤可能来自回填的岩块以及自上坡冲刷下来的土壤与石块。近 14 公顷的葡萄园还分为三块，上坡的 Les Perrières Dessus 土少石多，虽强劲结实，但酒风较为轻盈。下坡的 Les Perrières Dessous 则有稍深厚一些的表土，条件较佳，常有强劲且细致的迷人酸味，酒风比四周隔邻的葡萄园都来得均衡，而且也更加耐久。园中有一石墙围绕的 Clos des Perrières，为 Albert Grivault 酒庄的独占园。

位于 Les Perrières 下坡处的 Charmes 则刚好相反，上坡的 Charmes Dessus 条件明显较表土深厚肥沃、极少石块的下坡 Charmes Dessous 为佳。不同于 Les Perrières 的精致风味，Charmes 以浓厚肥润的口感闻名，有较甜熟的果香，酸味也较为柔和，下坡处的 Charmes 已

▶ 上左：默尔索一级园 Le Porusot

上中：默尔索村公所

上右上：默尔索城堡

上右下：位居山顶的 Les Narvaux 虽仅是村庄级园，但有非常有力且漂亮的酸味

下：村子最北端与渥尔内交界处种植相当多黑皮诺红酒的一级园归 Volnay-Santenots

▲ 左：在默尔索村的一级园之后，还有另一道更高的村庄级山顶葡萄园

中：一级园 Les Bouchères，以及山顶的 Les Tillets

右上：以丰润口感闻名的一级园 Les Charmes

右下：一级园 Clos des Perrières 位于遗弃的采石场之下，土少石多

◄ 默尔索村的下坡处常可酿成圆润丰满的白酒，如位于一级园 Les Genevrières 坡底的 Les Limozin

经延伸到近平原区，常会显得过于浓腻少酸。北邻的 Les Genevrières 则像是 Charmes 和 Les Perrières 的综合，非常均衡协调，强劲且浓厚，是默尔索平均水平最佳的一级园之一，尤其值得称道的是位于较上坡段的 Les Genevrières Dessus。再往北的一级园开始限缩在山坡中段，Le Porusot、Les Bouchères 和 Les Gouttes d'Or 三片一级园常能酿成颇为均衡的白酒。再往北，山坡开始转向朝东北东，成为村庄级的葡萄园。在这些一级园的下坡处则是默尔索重要的村庄级葡萄园所在之处，酿成的白酒较为圆熟滑润，带有奶油与香草香气，是过去村内最典型的酒风。其中以 Les Genevrières 坡底的 Les Limozin 最为知名。

在一级园 Les Perrières 的上方，山势略转向朝东南，葡萄园更往山区逼近，是此村另一个一级园集聚的区域，因位于横跨 Puligny 和默尔索村的小村布拉尼范围内，又称为默尔索-布拉尼。这里的海拔相当高，在 300 米到 370 米之间，山势相当陡斜，受阳佳，产的白酒风格近似默尔索村上坡处的村庄级酒，较多矿石味，酸味相当强劲，有时口感较为酸紧。有 La Jeunellotte、La Pièce sous le Bois、Sous le Dos d'Ane、Sous Blagny 和 Les Ravelles 五片一级园，大多酿成白酒，除了称为默尔索一级园，有时也称为默尔索-布拉尼一级园，此区也产一些较为粗犷酸瘦的红酒，但以布拉尼一级园为名。

主要酒庄

Robert Ampeau（酒庄）

公顷：9.42　主要一级园：Meursault Les Perrières, Charmes, Les Pièce sous le Bois; Blagny La Pièce sous le Bois; Puligny-Montrachet Les Combettes; Volnay Les Santenots; Beaune Clos du Roi; Auxey-Duresses Les Ecusseaux

相当老式的酒庄，采用传统酿造：白酒约采用15%的新桶，每周一次搅桶；红酒更少使用新桶，仅10%。红酒和白酒皆佳，红酒的产量甚至比白酒还多一些。因酿造耐久型的葡萄酒，不销售新年份酒，待酒陈年适饮之后才会上市，大多相当耐久。

Arnauld Ente（酒庄）

公顷：4.81　主要一级园：Meursault Les Gouttes d'Or ,Volnay Les Santenots; Puligny-Montrachet Les Referts

手工精酿的微型葡萄农酒庄，虽然没有太多名园，但单位产量相当低，连一般的阿里高特或 Bourgogne 都相当浓厚，亦有极佳的均衡和酸味。

Ballot-Minot（酒庄）

公顷：11.3　主要一级园：Meursault Les Perrières, Charmes, Les Genevrières; Volnay-Santenots, Taillepieds; Pommard Rugiens, Les Charmots, La Refère, Les Pézerolles; Beaune Les Epenotes; Chassagne-Montrachet Morgeot

由第十五代的 Charles Ballot 负责酿造，白酒采用整串葡萄榨汁，25% ～ 30% 的新桶发酵培养十二个月，很少搅桶，酿成的白酒再经半年酒槽培养，风格较为精巧细瘦，是村内的新锐精英。红酒亦相当精致优雅，采用全部去梗的方式，发酵前低温浸皮，以50%的新桶培养。

Henri Boillot（酒庄兼营酒商）

公顷：14　主要一级园：Meursault Les Genevrières, Volnay Les Caillerets, Les Fremiets, Les Cheverets, Clos de la Rougeotte; Puligny-Montrachet Les Pucelles, Les Perrières, Clos de la Mouchère; Pommard Les Rugiens, Clos Blanc; Savigny Les Lavières, Les Vergelesses

渥尔内村的老牌酒庄 Jean Boillot，自 2005 年全部由 Henri Boillot 接手，现已迁至默尔索村的工业区内，连同酒商成为一家主要生产白酒的精英酒商。Henri Boillot 和 Jean-Marc Boillot 虽是兄

▲ Guy Roulot

▲ Charles Ballot

▲ Henri Boillot

弟，而且红酒和白酒都酿造得相当好，但酒风却颇不相同。Henri 主要生产白酒，通常较早采收以保有酸味与矿石气，也较能耐久。榨汁后没有除渣，直接进容量较大的 350 升木桶发酵培养，而且没有搅桶。白酒风格颇干净多酸，而且相当细致多变。不过他却认为黑皮诺要晚采一点，须等单宁成熟。采用全部去梗的方式，发酵前低温浸皮，多踩皮少淋汁，约四周酿成。

Michel Bouzereau（酒庄）

公顷：10.61　主要一级园：Meursault Les Perrières, Charmes, Les Genevrières, Blagny; Volnay Les Aussy; Puligny-Montrachet Le Cailleret, Le Champ Gain; Beaune Les Vignes Franches

村内多家 Bouzereau 酒庄中最知名的一家，亦拥有村内最佳的一级园与村庄级园，大部分的年份都相当均衡，亦颇具葡萄园特色，但酒风略偏柔和，较可口易饮。

Coche-Dury（酒庄）

公顷：11.5　主要特级园：高登−查理曼（0.33公顷）　主要一级园：Meursault Les Perrières, Les Genevrières; Les Caillerets; Volnay 1er Cru

村内最传奇的酒庄。Jean-François Coche-Dury 于 1973 年创立并以非常勤奋谦虚的葡萄农精神建立起这家酒庄的国际名声。2010 年后由儿子 Raphaël 接手管理酒庄，因不喜假手他人，大部分葡萄园都亲自耕作，酿法亦相当传统，仍保留着一台老式的水平式 Vaslin 榨汁机，兼用一台新的气垫式，挤汁后压榨，经较长时间的沉淀后进橡木桶发酵，采用约四分之一的新桶缓慢发酵，经搅桶，培养十五到二十二个月后才装瓶。如此酿制成的白酒常带细致的火药矿石香气，口感颇浓缩，但亦非常均衡，而且有难以拒绝的可口美味。虽然唯一的特级园高登−查理曼是 Coche-Dury 最传奇昂贵的酒款，但其村庄级的默尔索白酒也酿得极为精彩。不只是白酒，其红酒亦相当迷人、全部去梗，且萃取不多，风格相当细致轻巧。虽然 Coche-Dury 经酒商转手之后酒价以数倍飙涨，但 Coche-Dury 仍然保留一部分的平价葡萄酒售给餐厅与常客，在薄若莱与勃艮第的一些餐厅仍可用平实的价格喝到 Coche-Dury 是一家讲情义的勃艮第名庄。

Jean-Philippe Fichet（酒庄）

公顷：7　主要一级园：Puligny-Montrachet Les Referts; Monthélie Les Clous

虽然仅拥有极少的一级园，但 Jean-Philippe Fichet 只靠着村庄级的 Les Chevalières 和 Le Tesson 就足以成为村内的精英酒庄。酿法颇为传统，采用

▲ Thierry Matrot

▲ Raphaël Coche-Dury

▲ Raphaël Coche-Dury

约 30% 的新桶，亦经谨慎的搅桶，但酒风相当干净透明，常有极强劲的坚实酸味，却又非常可口均衡，是村内最佳的新一代酒庄。

Vincent Girardin（酒庄兼营酒商）

源自松特内村的 Vincent Girardin，于 20 世纪 90 年代中创立，曾经是红白酒皆产的重要精英酒商。除了拥有不少松特内村的葡萄园，自 2002 年开始投资葡萄园，转为以生产白酒为主的独立酒庄，自 2008 年起，全部采用自然动力种植法。但 2012 年卖给酒商 Compagnie des Vins d'Autrefois，原酿酒师 Eric Germain 继续留任，除了采买葡萄之外，也继续以购买葡萄的方式酿造原来 Vincent Giradin 个人自有的葡萄园酒。自 21 世纪初，酒风即大幅改变，更早采收，减少搅桶与新橡木桶的比例，酿成的白酒更干净少木香，而且有更坚挺有劲的强劲酸味，更精确地表现葡萄园特性，Eric Germain 也颇忠实地继续维系这样的风格。

Albert Grivault（酒庄）

公顷：6　主要一级园：Meursault Clos des Perrières, Les Perrières

独家拥有 0.95 公顷的 Clos des Perrières，是村内条件最佳的葡萄园之一。现由 Badet 家族继续经营，采用 20% 的新桶，经不到一年的发酵培养即装瓶。两片分开酿制的 Les Perrières 都有极佳水平，简单酿造，但颇具潜力。

Patrick Javillier（酒庄）

公顷：9.58　主要特级园：高登-查理曼（0.17 公顷）主要一级园：Meursault Les Charmes; Savigny Les Serpentières

一家并无太多一级园，却能以精彩的村庄级酒闻名的精英酒庄，仍然使用机械式的 Vaslin 榨汁机，虽然相较于气垫式压力较大，且汁较浑浊又易氧化，但常能酿成更具个性，甚至更耐久的白酒。新桶不多，特级园甚至全无新桶，经十二个月的橡木桶发酵培养，再于水泥酒槽中培养数月后装瓶。酒风相当严谨结实，也颇为耐久，在年轻时品尝亦非常可口。

Antoine Jobard（酒庄）

公顷：4.8　主要一级园：Meursault Charmes, Les Genevrières, Le Porusot, Blagny

村内的老牌经典酒庄 François Jobard，现已交由儿子 Antoine 负责，酒庄名称也跟着更改，不过较为内敛的酒风并无太多改变，酿法亦改变不多。不去梗整串压榨，几乎不除渣直接发酵，只采用 15% 的新桶，不搅桶经近两年的培养才装瓶。酿成颇为老式的坚硬风格。年轻时稍封闭粗犷一些，但相当有个性。

Rémi Jobard（酒庄）

公顷：8　主要一级园：Meursault Les Charmes, Les Genevrières, Le Porusot; Volnay Les Santenots; Monthèlie Les Champs Fuillots, Sur la VelleLes

▲ Vincent Girardin　　▲ Rémi Jobard　　▲ Comtes Lafon

Vignes Rondes

Rémi 是 Antoine Jobard 的堂兄弟，亦晋升为 Meursault 的精英酒庄，不过风格并不一样。2005 年开始采用有机种植的方式，不去梗整串缓慢压榨，采用 20% 的新桶，偏好使用来自奥地利桶厂的木桶，亦很少搅桶，部分白酒也采用 1,000 升装的椭圆形木制酒槽发酵。经一年木桶发酵培养，再经六个月酒槽 sur lie 培养才装瓶。酿造成的白酒非常优雅均衡，相当年轻即适饮，亦颇贴近葡萄园特性，是现代版的精致风味。

Domaine des Comtes Lafon（酒庄）

公顷：17　主要特级园：蒙哈榭（0.32 公顷）
主 要 一 级 园：Meursault Les Perrières, Charmes, Les Genevrières, Les Gouttes d'Or, Poruzot, Clos des Boucheres; Volnay-Santenots du Milieu, Les Champans, Clos des Chênes; Puligny-Montrachet Le Champ Gain; Monthèlie Les Duresses

村内最重要，也可能是全勃艮第最重要的白酒酒庄。原本葡萄园以 Métayage 方式租给 Pierre Morey，自 1982 年由 Dominique Lafon 接手管理酒庄后逐渐收回自己耕作与自酿。葡萄园全部采用自然动力法，是勃艮第重要的引导先锋之一。自 2003 年起在马贡区购买葡萄园，成立 Les Heritiers des Comtes Lafon 酒庄。虽然白酒极为知名，但红酒亦有极高水平。白葡萄采收后整串慢速榨汁，经短暂沉淀后进橡木桶缓慢发酵，只用野生酵母，村庄级酒完全不使用新桶，Montrachet 则使用 100% 的新桶，极少搅桶，只在发酵快完成时进行两三次。乳酸发酵完成后经一次换桶，通常在木桶培养十五个月之后才会装瓶。红酒则全部去梗，低温浸皮再发酵，踩皮不淋汁，经十八个月木桶培养。Dominique Lafon 从早期的浓厚强劲逐渐转为现在更精巧多变的酒风，而且更有纯粹干净多矿石的迷人风格，酸味更多，虽然仍然强劲有力，但增添了许多微妙的细节变化。

Thierry & Pascale Matrot（酒庄）

公顷：19.63　主要一级园：Meursault Les Perrières, Charmes, Blagny; Blagny La Pièce sous le Bois; Volnay Les Santenots; Puligny-Montrachet Les Combettes, Les Garennes, Les Chalumeaux

村内的资深酒庄，现由 Thierry 和太太 Pascale 及三个女儿租用家族成员的葡萄园生产，酿造十分精彩的白酒，红酒亦颇具水平。自 2000 年起葡萄园全部采用有机种植，榨汁后通常不经沉淀，直接进橡木桶发酵，而且完全不用新桶，只用一到五年的旧桶，酿成的酒亦颇能表现葡萄园的特色。如 Blagny 的 La Pièce sous le Bois 红酒与默尔索-布拉尼的白酒版本，都常常带有矿石香气且非常有力，在年轻时甚至微显粗犷的酸味。更特别的是亦生产阿里高特酿成的甜酒 L'Effronté。

▲ Dominique Lafon

▲ François Mikulski

▲ Nadine Gublin（左）与 Edouard Labruyère

François Mikulski（酒庄兼营酒商）

公顷：8.5　主要一级园：Meursault Les Charmes, Les Genevrières, Le Porusot, Les Gouttes d'Or, Les Caillerets; Volnay-Santenots

1992 年创立，接手舅舅 Pierre Boillot 的葡萄园，亦采买小量的葡萄汁酿造。已逐渐成为村内的经典酒庄。因特别注重矿石香气与酸味，白酒采收较早以保有新鲜的果味酸味，只采用 10% ～ 15% 的新桶酿造，亦不进行搅桶，培养十八个月后装瓶，酒风非常清新有劲，而且耐久，等上五年以上有更好的表现。Les Genevrières 及 Le Porusot 是 François 最喜爱的两片一级园，特别是前者经常有着充满律动与活力的均衡酒体，比买进的 Les Perrières 精彩许多。

Pierre Morey（酒庄兼营酒商）

公顷：10.13　主要特级园：巴塔-蒙哈榭　主要一级园：Meursaul Les Perrières; Volnay-Santenots; Pommard Les Grands Epenots

勃艮第重要的白酒酿酒师。Domaine des Comtes Lafon 酒庄在 Dominique Lafon 接手之前，除了家族酒庄的自有葡萄园，葡萄酒都由其酿造，后成立酒商 Morey Blanc 采买葡萄汁酿造酒商酒。在 1988 年到 2008 年之间担任 Domaine Leflaive 的酒庄总管，退休后从 2010 年起还担任 Olivier Leflaive 的顾问。现由女儿 Anne 协助经营酒庄和酒商事业。葡萄园全部采用自然动力种植法。白酒酿法颇为传统，只用野生酵母，最多采用 50% 的新木桶，每周搅桶两三次，木桶培养时间长达一年半。酿成的白酒质地浓厚饱满，亦常有坚挺酸味，具久存潜力。

Jacques Prieur（酒庄）

公顷：22.22　主要特级园：蒙哈榭（0.59 公顷），歇瓦里耶-蒙哈榭（0.14 公顷），高登-查理曼（0.22 公顷），香贝丹（0.84 公顷），香贝丹-贝泽园（0.15 公顷），蜜思妮（0.77 公顷），梧玖庄园（1.28 公顷），埃雪索（0.36 公顷），高登（Les Bressandes 0.73 公顷）主要一级园：Meursault Les Perrières, Charmes; Volnay Les Santenots, Clos des Santenots, Les Champans; Puligny-Montrachet Les Combettes; Beaune Les Grèvres, Le Champs Pimont, Clos de la Fégine; Chambolle-Musigny La Combe d'Orveau

勃艮第的独立酒庄少有横跨博讷丘与夜丘并同时拥有重要名园的，Jacques Prieur 几乎是特例。它不只有大面积的梦幻特级园，而且产红白酒的名园兼具。现由拥有 Pomerol 的 Château Rouget 与薄若莱的 Clos du Moulin 的 Labruyère 家族与原本的 Prieur 家族共有，主要由 Edouard Labruyère 和 Martin Prieur 共同管理，酿酒则仍由个性刚强的女酿酒师 Nadine Gublin 负责。她喜好晚摘成熟的葡萄，而且酿造时选择全部去梗，然后是五天发酵前浸皮和十至十六天的浸皮。为防氧化，没有淋汁，多踩皮，酒风较为浓厚结实。白酒则采用整串葡萄榨汁，特级园白酒采用 100% 的新桶发酵培养，十八到二十个月后装瓶。

Guy Roulot（酒庄）

公顷：12　主要一级园：Meursault Les Perrières, Charmes, Le Porusot, Les Bouchères, Clos des Bouchères; Monthèlie Les Champs Fulliots; Auxey-Duresses 1er cru

村内最具影响力的酒庄，自 1989 年起由以前的剧场演员 Jean-Marc Roulot 负责管理与酿造。酒庄最早的名声建立在以村庄级单一葡萄园酿成的白酒基础上，这些酒主要出自上坡有强劲酸味的葡萄园，开风气之先，现在亦在村内蔚为风潮。酒庄全部采用有机种植，Jean-Marc 喜爱清新多酸的白酒，为保有足够的酸味，他主张早一点采收，葡萄较为不熟的年份如 2004 年、2007 年和 2008 年对他反而是好年份。为了让酒保留更干净的香气与新鲜的活力，很少进行搅桶，也没有使用太多的新桶，这让酒庄的默尔索白酒更常有清新的矿石香气与锐利的酸味，而且常保新鲜并非常耐久，最好十年后再品尝。

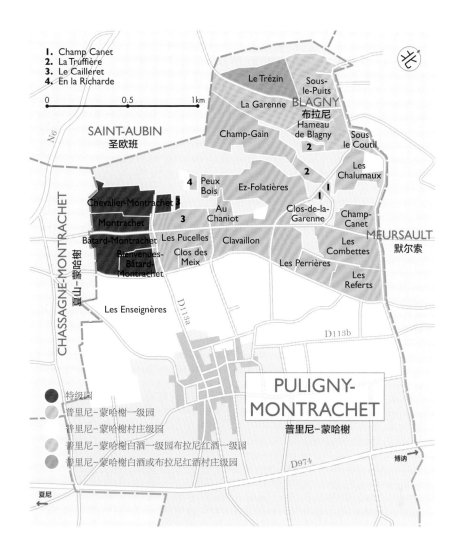

1. Champ Canet
2. La Truffière
3. Le Cailleret
4. En la Richarde

0   0.5   1km

北

SAINT-AUBIN
圣欧班

N6

Le Trézin

Sous-le-Puits

La Garenne

BLAGNY
布拉尼

Champ-Gain

Hameau de Blagny

Sous le Coutil

2

2

Les Chalumaux

4 Peux Bois

Ez-Folatières

1

CHASSAGNE-MONTRACHET
夏山-蒙哈榭

Chevalier-Montrachet

Montrachet

Au Chaniot

3

Clos-de-la-Garenne

Champ-Canet

MEURSAULT
默尔索

Bâtard-Montrachet

Les Pucelles

Clavaillon

Bienvenues-Bâtard-Montrachet

Clos des Meix

Les Combettes

Les Perrières

Les Enseignères

Les Referts

D113a

D113b

PULIGNY-MONTRACHET
普里尼-蒙哈榭

D974

博讷

夏尼

● 特级园
● 普里尼-蒙哈榭一级园
● 普里尼-蒙哈榭村庄级园
● 普里尼-蒙哈榭白酒一级园布拉尼红酒一级园
● 普里尼-蒙哈榭白酒或布拉尼红酒村庄级园

普里尼-蒙哈榭
Puligny-Montrachet

要选出勃艮第的最佳红酒村庄也许会有些争议，但如果是最佳白酒村，除了普里尼-蒙哈榭村（Puligny-Montrachet，以下简称普里尼村），并没有其他更具说服力的选项。当然，霞多丽的酒迷更常将此处视为全球最佳的酒村。博讷丘另外两个白酒名村，即北邻的默尔索村和南邻的夏山-蒙哈榭村（Chassagne-Montrache，以下简称夏山村）也许有更多的名庄，但是，普里尼村却标志着霞多丽葡萄最为难得，也可能最完美的酒风。在丰厚饱满的酒体中，加入了钢铁一般的强力酸味，却又常显出优雅与灵巧，而且带有一点咬感般的质地，以及非常独特、葡萄花般的细致香气。村内有全勃艮第最知名、数量最多的白酒特级园，如蒙哈榭、歇瓦里耶-蒙哈榭、巴塔-蒙哈榭，以及碧维妮-巴塔-蒙哈榭。

不过，相较于众多名园，位于坡底平原区

的村子本身却显得平实许多。这里并没有面包店，在两个主要的广场 Place de Monument 和 Place des Marronniers 上分别有 Olivier Leflaive 和 Le Montrachet 两家旅馆餐厅。亦有新旧两座城堡 Vieux Château 和 Château Puligny-Montrachet。仅有十多家酒庄，较为知名的也只有 Domaine Leflaive、Paul Pernot、Jean Chartron 和 2010 年分家的 Jacques 与 François Carillon，以及兼营酒商的 Etienne Sauzat 与 Olivier Leflaive，无法与默尔索村的上百家和夏山村的数十家相比。因地下水位非常高，村内的酒庄无法挖掘地下酒窖，葡萄酒的培养较为不便，有些酒庄必须在平面酒窖中装设空调设备以保持较佳的温湿度。

普里尼村约有 230 公顷村庄级以上的葡萄园，其中，有 21 公顷的特级园和 100 公顷的一级园，几乎都产白酒，但和默尔索村一样，在坡顶高处靠近布拉尼村一带也产一些红酒。没有背斜谷的切割，村内的葡萄园几乎全都正面朝东，大约位于海拔 225 米到 380 米。所有村庄级园几乎都位于 240 米以下，接近平原区的坡底处，很少位于高坡，除了土壤深厚，较为肥沃外，因村内地下水源较接近地表，土壤也比较潮湿。不像默尔索村有相当多顶尖的村庄级园甚至能酿出超越一级园的水平，普里尼村内的村庄级园缺乏高坡的葡萄园，反而较少有令人惊艳的杰出表现，村庄级园的名称亦较少出现在酒标上，唯一位于高坡的 Le Trézin 和特级园下坡处的 Les Enseignères 是少数的例外。

海拔稍高一点的一级园和特级园才是普里尼村最精华的区段。跟默尔索村南边的山坡一样，普里尼村的葡萄园亦有极为坚硬的贡布隆香岩层横贯山坡上段，在海拔 280 米至 320 米形成岩床外露、无种植法葡萄的岩石硬盘，上面粗疏地长着一些矮树丛，在村北形成一些分散在树林间的多酸味与矿石气的一级园。在此坚硬岩盘的下坡处是普里尼村最佳的一级园所在，其上则是划归普里尼和默尔索两村的布拉尼村，这里的葡萄园仿佛位于后段的第二道山坡上，陡峭的葡萄园直接爬升到海拔 380 米。有多片一级园位于这边，除了白酒也产一些布拉尼红酒。

坚硬的贡布隆香岩层延伸到了村南则成为低矮荒秃的哈榭山（Mont Rachaz），其名有秃头山的意思，勃艮第白酒第一名园 Montrachet 正是以此山为名，由"Mont"与"Rachet"两词

▲ Le Montrachet 酒店餐厅

▶ 上：普里尼村本身位于平原区，地下水位高，无法挖掘地下酒窖

中左：一级园 Clavaillon

中右：秋耕之后，已完成覆土的巴塔-蒙哈榭园

下左：与巴塔-蒙哈榭相邻的一级园 Les Pucelles

下右：蒙哈榭园旁的一级园 Le Cailleret

合并成 Montrachet，读音则仍保留未合并之前的念法。环绕着 Montrachet 园的其他四片特级园也位于此山之下，是全勃艮第最精华的白酒产区所在。哈榭山已经位于普里尼村与夏山村的交界，有蒙哈榭园和巴塔-蒙哈榭园两片特级园分属两村。在哈榭山的山顶之上，则进入圣欧班村最精华的葡萄园，此三村交界处虽为丑恶的平凡山头，但都是各村的最佳葡萄园所在。深广的 St. Aubin 背斜谷在夏山村北切穿过金丘山坡，是过去通往巴黎的重要道路。哈榭山在跨进夏山村后马上进入此背斜谷的边坡，开始往南倾斜，在普里尼村这一侧则仍维持全面向东。不过，背斜谷仍会带来山区的冷风，低矮的哈榭山只能略为遮蔽。

在哈榭山的贡布隆香硬盘山坡下，有多道断层穿过，岩层抬升，年代更早的白色鱼卵状石灰岩与和普雷莫玫瑰石同时期的夏山石灰岩（Pierre de Chassagne）上下相叠。此为特级园歇瓦里耶-蒙哈榭的所在，因坡度陡斜，侵蚀颇为严重。山下的岩层则向下陷落，出现侏罗纪晚期 Callovien 时期的岩层，地势也更趋平缓。表土中含有许多红色鱼卵状石灰岩，覆盖在珍珠石板岩之上。包括蒙哈榭园及更下坡的巴塔-蒙哈榭园都位于这样的岩层之上，只是后者更加低平，几乎没有倾斜度，前者则接收自上坡冲刷而下，较常出现在夜丘区的属于侏罗纪中期的岩石与风化土壤。

● 特级园

村内的四片特级园全位于与夏山村交界处，由哈榭山顶往山下分别为歇瓦里耶-蒙哈榭、蒙哈榭园、巴塔-蒙哈榭园及碧维妮-巴塔-蒙哈榭园。

歇瓦里耶-蒙哈榭
（Chevalier-Montrachet，7.36 公顷）

歇瓦里耶-蒙哈榭园以一若隐若现的断层与下坡的蒙哈榭园相隔。在海拔高度为 260 米到 300 米，坡度达 15% 的陡坡上，较陡的地带甚至须开辟成梯田才能种植葡萄。园内的地下岩层是与夜丘区类似的侏罗纪中期岩层，上坡为白色鱼卵状石灰岩，下坡有较多夏山石灰岩，表土浅，颜色灰白，土中含有非常多的白色石灰岩块，也有多处岩床几近外露。自然环境与下坡处相邻的蒙哈榭园完全不同，酿成的霞多丽白酒有较为瘦高匀称的酒体，香气经常是水果与矿石味兼具，虽然有非常优雅细致的质地，但也有相当硬挺的强劲酸味，只有极佳的 Meursault Les Perrières 才能有类似的水平。

全园还分处在多片彼此相隔的区域上。最北边的 1 公顷多位于一级园 Les Caillerets 的上方，是较晚近才陆续升级的，其中最知名的是 Louis Latour 和 Louis Jadot 两家酒商所拥有的 Les Demoiselles，即小姐园，因曾为 Voillot 姐妹的产业而得名。接着往南为 Chartron 的独占园 Clos des Chevalier，最南端的部分则开辟成以石墙相隔的多层梯田，最低一层几乎与蒙哈榭园融为一园，酒商 Bouchard P. & F. 独立酿成的特别款 La Cabotte 即来自此区。

只有 16 家酒庄拥有此园，Bouchard P. & F. 独占 2.54 公顷，其余重要的酒庄包括 Domaine Leflaive（1.82 公顷）、Louis Jadot（Les Demoiselles 0.52 公顷）、Louis Latour（Les Demoiselles 0.51 公顷）、Jean Chartron（Clos des Chevalier 0.47 公顷）、Château de Puligny-Montrachet（0.25 公顷）、Philippe Colin（0.24 公顷）、Michel Niellon（0.23 公顷）、Olivier Leflaive（0.17 公顷）、Domaine

▲ 上：Jean Chartron 的独占园 Clos des Chevaliers

下左上：歇瓦里耶-蒙哈榭园南端多辟成梯田

下左下：勃艮第最知名的白酒特级园蒙哈榭园

下中：蒙哈榭园南侧转为朝南，上坡处有从一级园升级划入的 Dents de Chien

下右：蒙哈榭园与歇瓦里耶-蒙哈榭园山顶的贡布隆香坚硬岩盘，完全无种植法

▲ 秃头山 Mont Rachet 之上为圣欧班村的一级园，往下则依序为歇瓦里耶、蒙哈榭和巴塔三片最知名的白酒特级园

d'Auvenay（0.16 公顷）、Michel Colin-Deléger（0.16 公顷）、Vincent Girardin（0.16 公顷）、Jacques Prieur（0.13 公顷）、Alain Chavy（0.1 公顷）、Vincent Dancer（0.1 公顷）和 Ramonet（0.09 公顷）。

蒙哈榭（Montrachet，8 公顷，有 3.99 公顷在夏山村）

全世界最知名的酿造霞多丽白酒的葡萄园，位于普里尼和夏山两村的交界上。为向此园致敬，也为提升村庄名声，这两家以霞多丽白酒闻名的酒村在 1879 年同时将蒙哈榭加进各自的村名之中。属于熙笃会的 Maizières 修会在 13 世纪曾获赠此园中的多片葡萄园，亦曾在园中兴建房舍与教堂。不过，蒙哈榭在当时并不特别知名，在 17 世纪才成为名园，当时还包含如今范围之外的一些葡萄园，环绕的石墙是 18 世纪才砌成的。修道院院长 Claude Arnoux 曾在 1728 年的著作中提到，蒙哈榭特有的甜美滋味即使用拉丁文或法文都难以形容。

Lavalle 在书中将普里尼村部分的蒙哈榭列为最高级的 Tête de Cuvée，并额外再加上 Extra 一词，在夏山村的部分亦列为最高级的 Hors Ligne。当时在夏山村内的蒙哈榭有 13 公顷之多，包括 Criots、Blanchot、En Remilly 和 Dents de Chien 等。但 18 世纪末法国大革命后收归国有的蒙哈榭两村加起来也只有 7.7 公顷，真正位于山坡中段的本园当时又称为 Grand

Montrachet 或 Montrachet Aîné。1921 年博讷法院在酒庄诉讼的判决中才确认了今日的实际范围，除了排除大部分本园外的葡萄园，亦加进夏山村内位于上坡处的几片称为 Dents de Chien 的梯田，成为今日的 8.08 公顷，但实际的种植面积是 7.998 公顷。

位于山坡中段的蒙哈榭海拔高度在 250 米与 270 米之间，看似落差大，但其实大部分的坡度相当平缓，主要是南北两侧拉大了落差。北侧在普里尼村内仅有 2% 的倾斜度，不过，进入夏山村之后，原本正面朝东的山坡开始往东南边倾斜，海拔高度骤降 20 米，原本顺着坡势东西向种植的葡萄园在夏山村内有一部分开始转成南北种植。虽然看似平凡，但此地的土壤却有其特别的地方，因断层刚好穿过本园上缘与上坡的特级园歇瓦里耶-蒙哈榭交会的地带，让园中同时混合了夜丘与博讷丘的土壤：较接近表层有红色鱼卵状石灰岩层，让表土的颜色相当深红，混合着从上坡冲刷下来的夏山石灰岩。除了多石少表土的 Dents de Chien 梯田区，蒙哈榭的表土较深厚，常达 50 厘米到 150 厘米，石灰质黏土中含有颇多石块，排水性佳，种植其上的霞多丽常能有不错的成熟度。

因为盛名与高价，蒙哈榭虽常水平颇高，但在品尝时却常让人以略为失望收场。不过此园确实有其独特之处，特别是相比歇瓦里耶-蒙哈榭有更为深厚强力的口感，比起下坡的巴塔-蒙哈榭亦明显有更精确明晰的细腻变化，在圆润丰沛的果味中潜藏着极强的酸味。这样的风格在同时酿制此三园的酒商中颇常显现。年轻时的蒙哈榭常较为内敛且带保留，偶尔稍多木香，甚至带一点涩感，较长的瓶中培养或过瓶醒酒则常能有更佳的香气表现。

现有十六家幸运的酒庄拥有蒙哈榭的葡萄园，最大的 Marquis de Laguiche 独有最北端的 2.06 公顷，全部由酒商 Joseph Drouhin 独家酿造销售。此家族从 1776 年即拥有此园，在法国大革命后，意外地未被没收拍卖，而成为如今勃艮第家族历史最长的一片葡萄园。至于面积最小的 René Fleurot 和 François Pinault 则只有 0.04 公顷。大部分的酒庄全都自酿，只有 Baron Thénard（1.82 公顷）由 Louis Latour 代理榨汁，Regnault de Beaucaron 与 Guillaume 两家族共有的两家酒庄（0.8 公顷）会将部分售给酒商。另外十一家酒庄分别为 Bouchard P.&F.（0.89 公顷）、Domaine de la Romanée-Conti（0.67 公顷）、Jacques Prieur（0.59 公顷）、Domaine des Comtes Lafon（0.32 公顷）、Ramonet（0.25 公顷）、Marc Colin（0.11 公顷）、Guy Amiot（0.09 公顷）、Domaine Leflaive（0.08 公顷）、Jean-Marc Blain-Gagnard（0.08 公顷）、Fontaine-Gagnard（0.08 公顷）和 Lamy-Pillot（0.05 公顷）。

巴塔-蒙哈榭
（Bâtard-Montrachet，11.87 公顷，其中 5.84 公顷在夏山村）

特级园之路分开蒙哈榭和下坡的巴塔-蒙哈榭，两园之间亦有些落差，巴塔园陷落进地

蒙哈榭园的土色为偏红褐、间杂白色的夏山岩

势更平坦、土壤更肥沃深厚的平原区，坡度也仅有几乎无法看出来的1%。跟蒙哈榭一样，此园横跨两村，在夏山村这边稍微朝南，表土较浅，也有较多石块。因为酒庄较多，巴塔的风格也许没有前述两园那么一致，但大多较为圆润肥硕一些，有稍多的重量感，多一点热带熟果香气，但亦常能保有普里尼村的坚硬酸味。

有多达四十九家酒庄拥有此园，以 Domaine Leflaive 的 1.71 公顷最大，其他主要的拥有者包括 Ramonet（0.64 公顷）、Paul Pernot（0.6 公顷）、Bachelet-Ramonet（0.56 公顷）、Faiveley（0.5 公顷）、Pierre Morey（0.48 公顷）、Caillot-Morey（0.47 公顷）、Jean-Marc Blain-Gagnard（0.46 公顷）、Jean-Noël Gagnard（0.36 公顷）、Hospices de Beaune（0.35 公顷）、Fontaine-Gagnard（0.33 公顷）、Olivier Leflaive（0.21 公顷）、Vincent Girardin（0.18 公顷）、Jean-Marc Boillot（0.18 公顷）、Etienne Sauzet（0.14 公顷）、Jean Chartron（0.13 公顷）、Vincent & François Jouard（0.13 公顷）、Marc Morey（0.13 公顷）、Domaine de la Romanée-Conti（0.13 公顷）、Morey-Coffinet（0.13 公顷）、Louis Lequin（0.12 公顷）、Michel Niellon（0.12 公顷）、Marc Colin（0.1 公顷）、Joseph Drouhin（0.1 公顷）、Thomas Morey（0.1 公顷）、Vincent et Sophie Morey（0.1 公顷）、Bouchard P. & F.（0.08 公顷）和 Château de Puligny-Montrachet（0.05 公顷）。

碧维妮－巴塔－蒙哈榭

（Bienvenues-Bâtard-Montrachet，3.69 公顷）

位于巴塔－蒙哈榭东北角的碧维妮更贴近平原区，无论自然条件还是酿成的酒风，都和巴塔没有太大的差别，依规定，亦可以巴

塔－蒙哈榭之名销售。十五家酒庄拥有此园，Domaine Leflaive 是最主要的拥有者，达 1.15 公顷，其他面积较大的包括 Faiveley（0.51 公顷）、Vincent Girardin（0.47 公顷）、Ramonet（0.45 公顷）、Paul Pernot（0.37 公顷）、Guillemard-Clerc（0.18 公顷）、Etienne Sauzet（0.15 公顷）、Bachelet-Ramonet（0.13 公顷）和 Jacques Carillon（0.12 公顷）。

● 一级园

普里尼村有十七片一级园，最精华区位于与特级园北侧同样海拔高度的山坡上，一直连绵到默尔索村边。最知名的是紧邻蒙哈榭的 Le Cailleret，其最南端直接与蒙哈榭相连的 0.6 公顷又称为小姐园。Le Cailleret 经常是最昂贵的一级园，有潜力生产出水平接近蒙哈榭的产品，但酒体没有那么坚实有力。园中最北端有一石墙围绕的 Clos du Cailleret，在 19 世纪，这一带的一级园大多种植黑皮诺酿造红酒，此园中还生产一点黑皮诺红酒。在 Le Cailleret 的下坡处为与巴塔－蒙哈榭相同海拔的 Les Pucelles，这里产的霞多丽白酒甚至比巴塔－蒙哈榭还要优雅精细一些，园中有 Chartron 酒庄的独占园 Clos de la Pucelle。

在村子的最北边，有与默尔索村一级园 Les Perrières 处于同一海拔的 Champ Canet、与 Charmes Dessous 处于同一海拔的 Les Combettes，和更下坡处的 Les Referts 三片一级园。其中，以中坡的 Les Combettes 最为突出，是村内最佳的一级园，它结合了 Les Perrières 和 Les Charmes 的优点，由普里尼村坚实而高雅的酸味撑起豪华富丽的酒体。下坡的 Les Referts 土壤较深厚，混有较多的黏土，酒风稍

▲ 左上：普里尼（左）和夏山两村的交界处，夏山村的蒙哈榭园改成南北向种植

左下：Bouchard P. & F. 的蒙哈榭园，与歇瓦里耶园之间几乎完全相连没有分界

中上：蒙哈榭与巴塔园间有一断层，地形往下陷落成更平缓的葡萄园

中下：巴塔园的南端延伸进夏山村，在南端也开始略为朝南，改为南北向种植

右：巴塔园的霞多丽常有很好的成熟度，可酿成丰厚圆润的白酒

粗犷肥厚一些。上坡的 Champ Canet 因有一部分位于旧的采石场之上，坡度比较平缓且多石。往南葡萄园突然中断，成为一片朝东南、多岩石的树林区，林中有两片附属于 Champ Canet 的一级园 Clos de la Garenne 和 La Jacquelotte，前者生产多矿石气的细致白酒。

在此树林的下方是位于旧采石场的一级园 Les Perrières，山坡略朝东南，虽然位于较低坡，却是村内最精巧细致的一级园之一，园中南侧有 Clos de la Mouchère，是 Henri Boillot 酒庄的独占园。穿过树林之后则为村内最广阔的一级园 Les Folatières，坡度颇陡，从中坡爬升 60 米到中高坡处。Les Folatières 亦是村内最佳

的一级园，风格颇具普里尼村的典型与特长，酸味强劲酒体厚实，均衡而优雅。下坡处则是与 Les Pucelles 北侧相连的 Clavaillon，园中含有较多的黏土，酒风较为粗犷一些。

在原本是坚硬岩盘的高海拔处，有一些从硬岩树林开辟成的葡萄园，其中有些亦成为一级园，如 Les Folatières 的上半部有许多都是第二次世界大战后才逐渐成为葡萄园。此外，在更高的后段坡上亦有 Les Chalumaux、La Truffière 和 Champ Gain 三片一级园位于类似的环境中，因较为寒冷、多石且几无表土，葡萄很少过熟，常带有矿石气，酿成的白酒有许多酸味，较为瘦瘠，在较热的年份通常有较好的表现。再往上坡，即进入布拉尼村，有三片一级园 Sous le Puits、La Garenne 和 Hameau de Blagny，和在默尔索村一样，如果产红酒则为布拉尼一级园；如果是白酒则为普里尼一级园。虽多为向阳陡坡，但海拔相当高，表土很浅，葡萄成熟较慢，无论红酒还是白酒都较为苗条清淡，较少普里尼村坡底丰厚的酒体，但可能较轻巧精致。

▲ 上左：碧维妮-巴塔-蒙哈榭已经接近平原区，几乎没有坡度

下左：仅 0.6 公顷的珍贵一级园 Les Demoiselles

▶ 上：村子最北边与默尔索交界的 Les Combettes 一级园

上中：位于高坡处的 Blagny

下中：酒风稍粗犷的 Clavaillon

下：爬升到 300 米的一级园 Les Folatiéres

主要酒庄

Jacques Carillon（酒庄）

公顷：5.5　主要特级园：碧维妮-巴塔-蒙哈榭（0.12公顷）　主要一级园：Puligny-Montrachet, Champs Carnet, Les Perrières, Les Referts, Chassagne-Montrachet Les Macherelles; St. Aubin Les Pitangerets

Louis Carillon 原为村内重要的老牌酒庄，由两个儿子一起管理，Jacques 负责酿酒，François 掌管种植，但自 2010 年起各自独立。Louis Carillon 向来以较细致的风格闻名，Jacques 亦延续此风。榨汁后，只经短暂澄清就入木桶发酵，一年后进钢槽培养，半年后才装瓶。新桶所占的比例不超过 25%。细致的一级园酒 Les Perrières 是酒庄招牌。François 则分有 Champ Gain、Les Perrières 和 Les Combettes 三片一级园，葡萄园扩增为 7 公顷。

Jean Chartron（酒庄）

公顷：13　主要特级园：歇瓦里耶-蒙哈榭（Clos de Chevalier 0.47公顷），巴塔-蒙哈榭（0.13公顷），高登-查理曼（0.08公顷）　主要一级园：Puligny-Montrachet Clos du Cailleret, Clos de la Pucelles, Les Folatières; Chassagne-Montrachet Cailleret; St. Aubin Les Murgers des Dents de Chien, Les Perrières

曾经转型为酒商 Cherton & Trébuchet，2005 年之后再度成为独立酒庄，现由儿子 Jean-Michel 负责管理这家在村内精华区拥有许多葡萄园的老牌酒庄。酿法并没有太多的改变，只是培养的时间延长到十五个月，搅桶和换桶都减少。成为独立酒庄后，酒风原本较为干净、清新的 Chartron 现在有更浑厚的力道，也更加细致多变，逐渐重新变成白酒的精英酒庄。

Alain Chavy（酒庄）

公顷：6.45　主要特级园：歇瓦里耶-蒙哈榭（0.1公顷）　主要一级园：Puligny-Montrachet Les Pucelles, Les Folatières, Les Clavoillons, Champ Gain; St. Aubib En Remilly

Chavy 是村内的重要家族，现在共有 Alain、Jean-Louis 和堂哥 Philippe 分别成立的三家酒庄，都有不错的水平，其中以 Alain Chavy 较为知名。

Domaine Leflaive（酒庄兼营酒商）

公顷：23.17　主要特级园：蒙哈榭（0.08公顷），歇瓦里耶-蒙哈榭（1.82公顷），巴塔-蒙哈榭（1.71公顷），碧维妮-巴塔-蒙哈榭（1.15公顷）　主要一级园：Puligny-Montrachet Les Pucelles, Les Folatières, Le Cavoillon, Les Combettes, Sous le Dos d'Ane

勃艮第的第一白酒名庄，创立于 1717 年，除了有百年历史，也拥有最佳名园，在霞多丽的种植上亦是自然动力种植法的先锋，酿成的霞多丽白酒也是各名园中的典范。包括四片特级园在内的 20 多公顷葡萄园全部在 Puligny 与布拉尼村内，2004 年在 Dominique Lafon 的推介下添购勃艮第南部的 Mâcon-Verzé 葡萄园。自 1990 年 Anne-Claude Leflaive 接管酒庄后就陆续采用自然动力种植法，于 1997 年正式全面施行。自 1989 年起由 Pierre Morey 担任酒庄总管，2008 年由 Eric Rémy 接任。榨汁后以原生酵母在橡木桶

▲ Leflaive 酒庄

中发酵，除了 Montrachet 外，全都采用 25% 以下的新桶，橡木桶大多来自 François Frères。搅桶次数减少到每周一到两次。不换桶，一年后继续在不锈钢桶培养半年才装瓶。除了自有的酒庄酒，Anne-Claude Leflaive 亦成立微型酒商 Leflaive & Associés，采买以自然动力种植法栽种的葡萄，再由 Eric Rémy 酿造。

Olivier Leflaive（酒商）

公顷：17.3　主要特级园：歇瓦里耶-蒙哈榭（0.17 公顷），巴塔-蒙哈榭（0.21 公顷）　主要一级园：Puligny-Montrachet Les Pucelles, Les Folatières, Blagny; Chassagne-Montrachet Abbaye de Morgeot, Clos St. Jean; Meursault Le Porusot

1984 年 Olivier Leflaive 离开家族酒庄在村内自创酒商，至今仍是勃艮第最知名，也最专精于白酒的酒商之一。多年来逐渐购置自有葡萄园，2011 年亦自 Domaine Leflaive 分得包括 Chevalier-Montrachet 在内的村内名园，并聘请 Pierre Morey 担任顾问，村庄级以上的葡萄园采用自然动力法耕作。酿造则由 Frank Grux 负责，年产 80 万瓶全部自酿，全以酒庄酒的水平为目标，酒风相当细致，常能纯净透明地表现各葡萄园的特色，年产八十款酒，其中除了招牌的普里尼村庄级酒之外，即使是 Bourgogne 等级的 Les Sétilles 也极具水平。

Paul Pernot（酒庄）

公顷：20　主要特级园：巴塔-蒙哈榭（0.6 公顷），碧维妮-巴塔-蒙哈榭（0.37 公顷）　主要一级园：Puligny-Montrachet Les Pucelles, Les Folatières, Clos de la Garenne; Meursault La Piece Sous le Bois; Beaune Les Teurons, Les Reversées

普里尼村的重要酒庄，在村内拥有 15 公顷的葡萄园，配成的酒大多以散装成酒卖给酒商，只有约五分之一装瓶自售，虽然比例低，但仍颇具水平，酒风较为柔和易饮。

Château de Puligny-Montrachet（酒庄）

公顷：20　主要特级园：歇瓦里耶-蒙哈榭（0.25 公顷）　主要一级园：Puligny-Montrachet Les Folatières, La Garenne, Les Chalumeaux; Meursault Les Perrières, Le Porusot; St. Aubin En Remilly; Monthélie Les Duresses; Nuits St. Georges Clos des Grandes Vignes

法国 Caisse d'Epargne 银行投资的产业，2002 年由 Etienne de Montille 担任酒庄总管后大规模改造，质量大幅提升。平时由 Jacques Montagnon 负责耕作及酿造，但与 Domaine de Montille 类似，已全采用自然动力种植法。酒风自然少木香，精确表现葡萄园特色，逐渐成为村内重量级的酒庄。2012 年 6 月由 Etienne de Montille 集资买下，成为 Domaine de Montille 的一部分。

▲ Jacques Carillon

▲ Jean-Michel Chartron

▲ Olivier Leflaive

▲ Olivier Leflaive

Etienne Sauzet（酒庄兼营酒商）

公顷：9.24　主要特级园：巴塔-蒙哈榭（0.14公顷），碧维妮-巴塔-蒙哈榭（0.12公顷）　主要一级园：Puligny-Montrachet Les Combettes, Les Folatières, Les Perrières, Les Referts, Champ Canet, La Garenne

村内的重要名庄，除了酒庄酒亦采买一部分的葡萄酿造。由 Gérard Boudot 经营，来自 Sancerre 的女婿 Benoît Riffault 逐渐接手后，酒风亦开始有些转变，更加精神有劲。葡萄园现已采用自然动力种植法，整串榨汁，采用 20%～40% 的新桶，培养十八个月后装瓶，搅桶也尽可能减少。

Domaine Martelet de Cherisey（酒庄）

公顷：8.25　主要一级园：Puligny-Montrachet LesChalumaux, Hameau de Blagny, LaGarenne; Meursault La Genelotte

位于布拉尼的历史庄园，在法国大革命前是熙笃会修道院 Abbay de Maizière 的产业，酒庄创立于 1811 年，过去以 Métayage 出租，换回的葡萄汁直接卖给酒商 Louis Latour。现由第五代 Hélène Martelet-de-Chérisey 和丈夫 Laurent 共同经营，开始自酿装瓶。大部分的葡萄园皆为一级园，虽然布拉尼以红酒闻名，但除广及 5 公顷的独占园 La Genelotte 有 0.34 公顷的黑皮诺外，其余全种植霞多丽。虽位于山顶，但酒风颇为浓厚，酸味极佳，有深厚的力道。

▲ Paul Perno

▲ Château de Puligny-Montrachet

▲ Laurent Martelet

▲ Marquis de Laguiche 的 Montrachet 园

▲ Chartron 的独占园 Clos de la Pucelle

夏山-蒙哈榭
Chassagne-Montrachet

博讷丘南段的白酒精华区北起默尔索村，往南经普里尼村一直延续到夏山-蒙哈榭村（Chassagne-Montrachet，以下简称夏山村）内，这三个村子是勃艮第白酒最知名的明星酒村。不过，跟其他两村不同的是，金丘山坡的岩质与土壤在夏山村子南端与下坡处开始转变成更适合种植黑皮诺的环境。在第二次世界大战后村内80%的葡萄园其实都种植黑皮诺，不过，白酒的名气及霞多丽较高的价格，让村内只剩下约三分之一的葡萄园种植黑皮诺。夏山村的红酒常有比较多的单宁，在年轻时较为封闭，虽然有耐久潜力但不讨喜。价格便宜却滞销的红酒一直是夏山村酒庄的困扰。

夏山村的葡萄园面积较大，蔓延3公里的山坡上有近350公顷，其中有180公顷的村庄级园、159公顷的一级园和约11.4公顷的特级园。由巴黎往里昂的N6号公路（现已改为D906）沿着圣欧班背斜谷穿过夏山村，村内的葡萄园被切分成两半，北边靠近普里尼村，虽然较窄小，却是最精华的区域，三片特级园蒙哈榭、巴塔-蒙哈榭和克利欧-巴塔-蒙哈榭都位于这边。因位于背斜谷北坡，这三片特级园都是东南朝向。下坡处的葡萄园则多位于背斜

▶ 上左：蜿蜒的夏山村子本身看似简朴，却挤满名庄

上右：村北侧的一级园区有 Les Vergers 和 Les Chenevottes

下左上：Fontaine-Gagnard 酒庄的独占一级园 Clos des Murées

下左下：夏山村内的村立酒铺是各酒村中间经营得最好的一家

下中：Château de Chassagne-Montrachet 现为酒商 Michel Picard 的产业

下右：村子坡底的葡萄园大多较适合种植黑皮诺

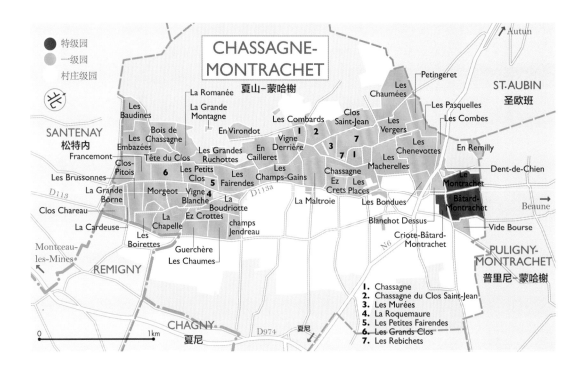

谷的冲积扇上，有深厚的表土，亦较为肥沃，多村庄级与 Bourgogne 等级的葡萄园。

公路南侧一开始因位于背斜谷的南坡，山势略为朝东北东，是村内产白酒的另一精华区。之后则转为全面向东的完整山坡，葡萄园位于海拔 210 米与 320 米之间。高坡处较多白色鱼卵状石灰岩，多石少土，较适合霞多丽生长。坡底表土较深，多为红色泥灰质土壤，比较适合种植黑皮诺。村子本身则位于山坡中段，原分上下两村，但现几已连成一片。村子的山坡顶端是一个占地 10 多公顷的巨大采石场，以产略带粉红或乳白色的夏山石灰岩闻名，巴黎罗浮宫的金字塔与 Trocadéro 广场和喷泉都是以此石材盖成。这是侏罗纪巴通阶最早期的岩层，

▲ 博讷丘面积最小的特级园克利欧-巴塔-蒙哈榭

▶ 上左：夏山村的巴塔-蒙哈榭和蒙哈榭有近两米的落差

上右：Roger Bellend 酒庄的克利欧-巴塔-蒙哈榭

下左：村南低坡处的一级园 La Boudriotte 本园，以红酒闻名

下右：酒风较为柔和的一级园 Les Chenevottes

亦是特级园歇瓦里耶-蒙哈榭最主要的地下岩层，蒙哈榭园表土中混杂的石块也多是夏山石。村南在靠近松特内村边界处有一小村 Morgeot，邻近区域是夏山村出产红酒的精华区，熙笃会曾在此拥有 Abbaye de Morgeot 修道院并开辟葡萄园，还在 Morgeot 本园中留有遗址，现为 Duc de Magenda 的产业。

● 特级园

村内的三片特级园有两片与普里尼村共有，单属于夏山村的只有克利欧–巴塔–蒙哈榭。夏山村在19世纪时将蒙哈榭周边的许多葡萄园都划入蒙哈榭的范围内，不过，在进行分级调查时除蒙哈榭本园外，只留了一小部分的Dents de Chien，另外，也让克利欧–巴塔–蒙哈榭独立成为特级园，其余的部分现在都只是一级园。

克利欧–巴塔–蒙哈榭（Criots-Bâtard-Montrachet，1.57公顷）

这是博讷丘最小的特级园，紧贴在巴塔–蒙哈榭的南边，因进入背斜谷的边缘，朝向东南东，海拔亦相当低，仅约240米。相较于上坡

的Bâtard园，土壤颜色较灰白，也混有较多的白色石灰岩块。酒的风格比较细致柔美，有较清新的酸味，但不是特别厚实有力。有七家酒庄拥有此园，分别为Roger Bellend（0.6公顷）、Richard Fontaine-Gagnard（0.33公顷）、Jean-Marc Blain-Gagnard（0.21公顷）、Bouard Bonnefoy（0.2公顷）、Domaine d'Auvenay（0.06公顷）、Hubert Lamy（0.05公顷）和Blondeau-Danne（0.05公顷）。

● 一级园

村内的一级园多达五十五片，类似夏布利的做法，有些一级园彼此组成群组，葡萄农可选择标示葡萄园名或群组名；有些一级园群组

下还有另一群组，最奇特的是 Morgeot，竟然涵盖了二十片一级园，有许多一级园甚至可能不曾出现在酒标上。这样的设计可以让酒庄混调多片葡萄园的酒，也可以避开难念或不知名的一级园名，对酒商来说更是便利。各一级园在生产红酒或白酒上各有擅长，以产红酒闻名的包括 Morgeot、La Boudriotte 和 Clos St. Jean，最知名的白酒一级园则有 Les Chaumées、Cailleret、Les Vergers、Les Grands Ruchottes、La Romanée 及蒙哈榭园边上的 Blanchot Dessus 等。不过各园并没有特别针对红酒或白酒，因白酒较为热门，许多适合种植黑皮诺、较为低坡的一级园也都逐渐为霞多丽所取代。依据位置，村内的一级园大致分为特级园周边、村子北侧、村南上坡及 Morgeot 四个区。

在特级园边有四片一级园，都以白酒闻名，在圣欧班、普里尼和夏山三村交接处的 En Remilly 与歇瓦里耶-蒙哈榭相连，生产风格轻盈、多矿石气与酸味的细致白酒；在巴塔-蒙哈榭下方的 Vide Bourse 则有小巴塔之称，相当圆熟丰满；蒙哈榭的上坡处原本已经被纳入 Dents de Chien，但仍有一小部分 Dents de Chien 一级园位于硬岩上，酿造类似歇瓦里耶-蒙哈榭风格的白酒。与蒙哈榭南端相邻的 Blanchot Dessus 位于一朝南的凹陷中，但仍常酿出圆润成熟的丰厚白酒。

村北的一级园大多位于略为朝东北东的背斜谷侧坡，主要产白酒，中高坡处为精华区，最高坡为 Les Chaumées，酿出的酒常有强劲却细致的酸味。中坡为 Les Vergers，虽然表土不深，但含有较多黏土，稍冷一些；亦包含北边的两片一级园，酿成的白酒非常坚实有力道。下坡则为 Les Chenevottes，风格比前两园更柔和一些，此园亦包含背斜谷底的 Les Commes 和 Les Bondues。在采石场下方的 Clos St. Jean 看似适合产白酒，却以细致的红酒闻名，酿成的黑皮诺不是很浓厚，常表现出相当精巧的质地。此园亦包含 Les Rébichets 和 Les Murée 等三片一级园。村子下方的 Maltroie 红白酒皆佳，白酒稍柔和一些，此园南侧有 Clos de

► Blanchot Dessus 虽然位于凹陷中，但因与 Comtes Lafon 和 Baron Thénard 酒庄的蒙哈榭园（图上方）相接，而成为村内最知名的葡萄园之一

▼ 左：位于采石场下的 Clos St. Jean，以生产精致细腻的红酒闻名

右：侯马内位于多岩石的坡顶，酒风精巧带矿石气

Maltroie，北侧为独占园 Clos du Château de la Maltroye，周边的 Les Places 等三园亦都可称为 Maltroie。

村南的上坡处生产的白酒较佳，也几乎都种植霞多丽，最靠近村子的是 Cailleret，除了本园还包含其他三片分园，是村内最佳的一级园之一，酒体丰厚且精致多酸。

下坡一点的 Les Champs Gain，常酿成较厚实的白酒。往南的山坡有较多的岩床外露，坡顶的葡萄园变得比较分散，多石少土，有五片可以称为 La Grand Montagne 的一级园位于此区，不过，最精彩与知名的是精致均衡的 Les Grand Ruchottes 和精巧带矿石香气的 La Romanée。最南端与 Santeney 村交界的一级园区域称为 Bois de Chassagne，但较知名的是坡顶的 Les Baudines 和下坡的 Les Embazées，都有非常紧致的酸味，后者丰厚一些，但仍常带矿石香气。

在村南的下坡处几乎全都属于 Morgeot 一级园群组的产区范围，二十片一级园，总面积超过 58 公顷。这一地区表土深，多红色石灰黏土，较适合种植黑皮诺，酿成的红酒颇为深厚坚实，具有耐久潜力，不过，如果萃取得多，单宁的质地会较为粗犷一些。最知名的除了 Morgeot 还有 La Bourdiotte，不过后者还包括其他五片一级园。此区的白酒口感较为柔和圆润一些，不是特别精致，但也有少数较适合种植霞多丽的一级园位于区内，如最靠近村子的 Les Fairendes、位于较高坡的 Tête du Clos，以及 Morgeot 本园北侧的 Vignes Blanche。

酒庄

村内的酒庄相当多，因家族兄弟分家，同姓的酒庄也很多，常造成混淆，如 Morey 酒庄现有六家以上，Colin、Pillot、Coffinet 和 Gagnard 也有多家。Marc Morey 和 Albert Morey 为堂兄弟，后者的两个儿子分别成立了 Jean-Marc Morey 和 Bernard Morey 酒庄，2006 年 Bernard 退休后，他的两个儿子分别成立 Vincent Morey 和 Thomas Morey 酒庄。Marc Morey 的儿子 Michel 与妻子一起成立 Michel Morey-Coffinet 酒庄。Pillot 家族在村内主要有三家酒庄，Alphones 和 Henri 兄弟分家后，后者成立了现在的 Paul Pillot 酒庄，Alphones 的两个儿子各自成立酒庄，分别为 Fernand & Laurent Pillot 和 Jean-Marc Pillot。另外，Mogeot 村的一个重要酒庄 Lamy-Pillot，则与前面所说的酒庄没有太直接的亲戚关系。

Colin 主要有三家，Michel Colin-Deléger 酒庄分成 Philippe Colin 和 Bruno Colin，而在圣欧班村，Michel 的堂兄弟 Marc Colin 的长子与 Jean-Marc Morey 的女儿在夏山村成立了 Pierre-Yve Colin-Morey 酒庄。Gagnard 家族的三家酒庄源自 Gagnard-Coffinet 与 Delagrnge-Bachelet 酒庄的联姻，长子成立 Jacques Gagnard-Delagrange

▲ Colin-Deleger

酒庄，次子则成立 Jean-Noël Gagnard 酒庄。Jacques Gagnard 的两个女儿和女婿各自成立 Blain-Gagnard 和 Fontaine-Gagnard。Ramonet 家族则有 Pierre Ramonet 成立的 Domaine Ramonet，他的姐姐嫁给 Georges Bachelet 后成立 Bachelet-Ramonet 酒庄。

Guy Amiot（酒庄）

公顷：12.45 主要特级园：蒙哈榭（0.09 公顷）主要一级园：Chassagne-Montrachet Les Baudins, En Cailleret, Les Champs Gain, Clos St. Jean, Les Chaumées, Les Vergers, Les Macherelles, La Maltroie; Puligny-Montrachet Les Demoiselles; St. Aubin En Remilly

村内建于 1920 年的老牌精英酒庄，现由 Guy Amiot 和儿子 Thierry 一起经营。拥有一些稀有的葡萄园，如位于 Dent de Chien 的 Montrachet 与普里尼村仅 0.6 公顷的一级园 Les Demoiselles。

Blain-Gagnard（酒庄）

公顷：8.17 主要特级园：蒙哈榭（0.08 公顷），巴塔-蒙哈榭（0.46 公顷），克利欧-巴塔-蒙哈榭（0.21 公顷）主要一级园：Chassagne-Montrachet En Cailleret, Clos St. Jean, La Boudriotte, Morgeot; Volnay Pitures, Champans

来自卢瓦尔河谷桑塞尔（Sancerre）产区的 Jean-Marc Blain，原本是到勃艮第学习酿酒，娶了 Gagnard-Delagrange 酒庄的女儿后留在村内创立 Blain-Gagnard。第二代的 Marc-Antonin 逐渐接手经营。酿法颇为传统，新桶不多，也少搅桶，酒风颇为优雅均衡。

Bruno Colin（酒庄）

公顷：8.39 主要一级园：Chassagne-Montrachet En Remilly, Blanchot Dessus, Les Chaumées, Les Vergers, Les Chenevottes, La Maltroie, La Bourdiotte, Morgeot; Puligny-Montrachet La Truffière; St. Aubin Le Charmois; Santenay Les Gravières; Maranges La Fussière

Colin-Deleger 酒庄在 2003 年分家，二儿子 Bruno 留在村内原本的酿酒窖。采用整串榨汁，在钢桶开始发酵再入木桶，新桶约占 30%，很少搅桶，培养十八个月后装瓶。Bruno 酿成的白酒比父亲酿得更加干净透明，甚至更能表现葡萄园的特色，众多的夏山村一级名园酒是体现 Chassagne 风格的极佳范本。

Philippe Colin（酒庄兼营酒商）

公顷：11.5 主要特级园：歇瓦里耶-蒙哈榭（0.24 公顷）主要一级园：Chassagne-Montrachet En Remilly, Les Chaumées, Les Vergers, Les Chenevottes, La Maltroie, Clos St. Jean, Embrazées, Morgeot; Puligny-Montrachet Les Demoiselles; St.

▲ Bruno Colin

▲ Bruno Colin

▲ Fontaine-Gagnard

▲ Abbaye de Morgeot

Aubin Le Charmois, Combes, Champelots; Santenay Les Gravières; Maranges La Fussière; Montagny Sous les Feilles

Michel Colin-Deléger 的长子 Philippe 分家后在村外通往 Chagny 的路边成立新的酒庄。酿法和 Bruno 颇为接近，亦是在钢桶中开始发酵再入木桶，新桶少一点，搅桶稍多一些，但培养时间较短。酿成的白酒相当可口，风格较 Bruno 优雅，但也稍柔和一些。分家后 Michel Colin-Deléger 还留有最珍贵的两片葡萄园，普里尼村内的 Chevalier-Montrachet 和一级园 Les Demoiselles 主要由儿子 Philippe 代酿。

Pierre-Yve Colin-Morey（酒庄兼营酒商）

公顷：6 主要一级园：Chassagne-Montrachet Cailleret, Les Chenevottes; St. Aubin En Remilly, Les Champelots, La Chatenière, Les Combes, Les Créots

Marc Colin 酒庄庄主的长子 Pierre-Yve 与 Jean-Marc Morey 酒庄庄主的女儿结婚后先成立微型精英酒商，后于 2005 年底成立酒庄，以 St. Aubin 为主。采用 350 升的木桶酿造，30% 的新桶，没有搅桶，也完全不换桶，培养十二到十八个月后装瓶。酿成的白酒颇为坚实有力而且颇浓厚。

Vincent Dancer（酒庄）

公顷：5.15 主要特级园：歇瓦里耶-蒙哈榭

（0.1 公顷）主要一级园：Chassagne-Montrachet La Romanée, Tête du Clos, Les Grands Bornes; Meursault Les Perrières; Pommard Les Pézerolles; Beaune Les Monttrevenots

1996 年成立的小型精英酒庄，葡萄园面积不大却遍及多村，以有机种植、小量精酿为主。白酒酿得越来越有精神，口感酸紧多矿石香气，充满活力与灵性，不只是彰显各园的特性，还常有意料不到，如与自然相唱和的曼妙变化。

Fontaine-Gagnard（酒庄）

公顷：11 主要特级园：蒙哈榭（0.08 公顷），巴塔-蒙哈榭（0.33 公顷），Criots-Bâtard-Montrachet 主要一级园：Chassagne-Montrachet Les Vergers, Cailleret, Clos St. Jean, La Maltroie, Les Chenevottes, La Romanée, La Grand Montagne, La Boudriotte, Morgeot, Clos de Murées; Pommard Les Rugiens; Volnay Clos des Chênes

Richard Fontaine 娶了 Gagnard-Delagrange 酒庄庄主的女儿后创立的酒庄，现在由他的女儿 Céline 逐步接手酿造。有夏山村最完整的特级园和一级园。酿法颇为传统，葡萄先破皮再榨汁，经一日沉淀后再发酵，新桶最多占三分之一，经换桶、搅桶、过滤，培养十二个月后装瓶。白酒极佳，一级园中以 La Romanée 最为出众，常带花香，精致迷人。红酒亦颇具水平。

▲ Blain Gagnard

▲ Richard（左）和 Céline Fontaine

▲ Château de la Maltroye

Jean-Noël Gagnard（酒庄）

公顷：9.42 主要特级园：巴塔-蒙哈榭（0.36 公顷）主要一级园：Chassagne-Montrachet Blanchot Dessus, Cailleret, Les Champs Gain, Les Chaumées, Les Chenevottes, Clos St. Jean, Clos de Maltroie, La Bourdriotte, Morgeot; Santenay Clos de Tavannes

跟哥哥 Jacques 一样，Jean-Noël 的产业亦是由女儿继承，不同的是，他的女儿 Caroline Lestimé 自己负责管理酿造，而不是交给女婿。虽然酿法仍颇传统，但酒风更加细致多变，也更加现代干净。通常采用 30% 的新桶，经十八个月培养而成。

Château de la Maltroye（酒庄）

公顷：13.16 主要特级园：巴塔-蒙哈榭（0.08 公顷）主要一级园：Chassagne-Montrachet Dent de Chien, La Romanée, Les Grandes Ruchottes, Clos du Château de la Maltroye, Vigne Blanche, Clos St. Jean, La Bourdriotte, Chenevottes; Santenay La Comme

勃艮第少见的带有当代新潮风格的城堡酒庄，在我拜访过的两百多家勃艮第酒庄中，是唯一一家让我在拜访时觉得自己穿着不够正式的。现任庄主 Jean-Pierre Cournut 自 1995 年接手管理，近年来开始建立酒庄的名声。霞多丽采用整串葡萄榨汁，在钢槽中发酵至中途才入木桶完成最后的发酵与培养，约采用 30% ～ 100% 的全新木桶，培养一年后装瓶，酿成的白酒颇圆熟均衡，红酒则相当细致。

Marc Morey（酒庄兼营酒商）

公顷：8.33 主要特级园：巴塔-蒙哈榭（0.14 公顷）主要一级园：Chassagne-Montrachet Cailleret, Les Vergers, Les Chenevottes, En Virondot, Morgeot; Puligny-Montrachet Les Pucelles; St. Aubin Le Charmois

Michel Morey 的儿子与媳妇成立 Michel Morey-Coffinet 酒庄之后，原来的产业由女婿 Bernard Mollard 负责经营，酿成颇诚恳自然的白酒。葡萄先破皮后再榨，不经沉淀即入钢槽发酵，快完成时才放入约 25% ～ 30% 的新桶培养，每周一次搅桶，约十一个月后装瓶。

Thomas Morey（酒庄）

公顷：7.44 主要特级园：巴塔-蒙哈榭（0.1 公顷）主要一级园：Chassagne-Montrachet Dent de Chien, Vide-Bourse, Les Embrazées, Les Baudines; Puligny-Montrachet La Truffière, St. Aubin Les Combes, Le Puits; Santenay Grand Clos Rousseau; Marangee La Fussière; Beaune Les Grèves

Bernard Morey 的次子在祖父 Albert Morey 的酒窖成立自己的酒庄，酿造风格更清新的霞多丽白酒。葡萄先破皮再榨，只经短暂沉淀直接入木桶发酵，完全不搅桶以保留更清爽有劲、带一点张力的口感。

▲ Morey-Coffinet

▲ René Lamy-Pillot

Vincent & Sophie Morey（酒庄）

公顷：20 主要特级园：巴塔-蒙哈榭（0.1 公顷）主要一级园：Chassagne-Montrachet Cailleret, Embrazées, Les Baudines, Morgeot, Puligny-Montrachet La Truffière, St. Aubin Le Charmois; Santenay Gravières, Passtemps, Beaurepaire; Maranges La Fussière

Bernard Morey 退休后，长子 Vincent 继续使用位于 Morgeot 村的酒窖，与来自松特内村 Coffinet 酒庄的妻子一同成立一家拥有近 20 公顷葡萄园的酒庄。酒风与父亲颇为近似，较为圆厚，但在较冷一些的葡萄园，如 Embrazées，则有极佳的均衡。

Michel Niellon（酒庄）

公顷：6.93 主要特级园：歇瓦里耶-蒙哈榭（0.22 公顷）主要一级园：Chassagne-Montrachet Les Chaumées, Les Vergers, Les Chenevottes, Clos St. Jean, Maltroie, Champs Gain

夏山村的老牌精英酒庄，以丰满圆润的白酒闻名，现由女婿 Michel Coutoux 经营。采用整串榨汁，极短暂沉淀即入桶发酵，约用 20%～25% 的新桶，每周搅桶一次，直到一年后装瓶前都不再换桶。

Jean-Marc Pillot（酒庄）

公顷：11 主要一级园：Chassagne-Montrachet Cailleret, Les Vergers, Chenevottes, Marcherelles, Clos St. Jean, Champs Gain, Fairendes

Jean-Marc 承袭自父亲 Jean Pillot 的酒庄，后来逐渐建立起酒庄的名声，酿成的白酒不只细致，而且相当有个性。霞多丽先破皮再榨，只经极短暂沉淀即直接入木桶发酵，所占的比例在 30% 以内，约十天才搅桶一次，培养十八个月后才装瓶。

Paul Pillot（酒庄）

公顷：13 主要一级园：Chassagne-Montrachet Cailleret, Champs Gain, Les Grandes Ruchottes, La Romanée, La Grand Montagne, Clos St. Jean; St. Aubin Le Charmois

现逐渐由第二代的 Thierry 和 Chrystelle 接手。酿法简单自然，颇能表现葡萄园特色，采收较早一些，榨汁后只采用 20%～30% 的新桶，培养十二个月到十八个月后装瓶，很少搅桶。酿成的白酒大多均衡多酸，相当可口，已逐渐晋升精英酒庄，一级园酒 Cailleret 是最精彩的酒款。

Ramonet（酒庄）

公顷：15.53 主要特级园：蒙哈榭（0.26 公顷），巴塔-蒙哈榭（0.64 公顷），歇瓦里耶-蒙哈榭（0.09 公顷），碧维妮-巴塔-蒙哈榭（0.45 公顷）主要一级园：Chassagne-Montrachet Les Chaumées, Les Vergers, Clos St. Jean, Cailleret, Les Grandes Ruchottes, La Boudriotte, Clos de la Boudriotte, Mogeot; Puligny-Montrachet Champs Canet; St. Aubin Le Charmois

夏山村老牌的第一名庄，由 Pierre Ramonet 于 1920 年代创立。在 1930 年代，Pierre Ramonet 是第一家外销到美国的勃艮第酒庄，商业上的成功让 Pierre 得以买入包括 Montrachet 在内的名园。现在负责经营的是第三代的 Noël 和他的弟弟 Jean-Claude。在葡萄园管理与酿造上，和他们爷爷经营的时期并没有太多改变。榨完汁之后不经沉淀除残渣是 Ramonet 酿造的特色，虽有含有草味或还原的风险，但也可能酿成更圆厚的酒体与较多变的香气。Noël 几乎没有搅桶，直到来年完成乳酸发酵才换桶，以避免搅动沉淀的酒渣。新桶所占的比例不高，一级园约 30%，特级园多一些。除了白酒，红酒亦颇具水平，Clos St. Jean 和 Clos de la Bourdiotte 一优雅一坚实，是 Chassagne 极佳的红酒典型。

▲ Paul（右）和 Thierry Pillot

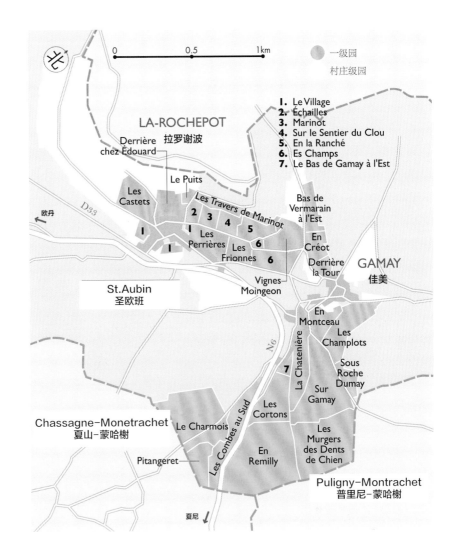

圣欧班

St. Aubin

　　位于高海拔谷地内的圣欧班村也许算是全球变暖的受益者，经常生产出非常迷人的霞多丽白酒，特别是在比较温暖的年份，仍然能保有钢铁般的酸味，其最佳的葡萄园甚至不逊于全世界最知名的白酒明星酒村普里尼村和夏山村。此二村的酒庄亦相继在圣欧班村内添置葡萄园，以供应更实惠的白酒。

　　狭长的圣欧班背斜谷在夏山村横切过金丘山坡，博讷丘的葡萄园借此

向山区延伸了4公里，圣欧班的葡萄园就位于谷地的两侧。圣欧班村是由本村和佳美村组成的，后者位于谷地的外侧，很有可能是佳美葡萄的发源地，圣欧班则隐藏在谷地内。在山谷最外缘的地方，地势最为开阔，葡萄园直接与普里尼村和夏山村相邻，是全村最精华的区域。特别是在谷地北坡，面朝东南边的葡萄园 En Remilly 和 Les Murgers des Dents de Chien，是圣欧班村的招牌名园。这一带的葡萄园相当陡斜，由与夏山村交界处的海拔255米爬升到北面与普里尼村相邻处的380米。

东西向的背斜谷到佳美村时，山谷转为与金丘平行的南北向，谷地更加狭迫，西侧的山坡相当陡峭，全部面向东南，虽然清晨的阳光

▲ 隐身谷内的圣欧班村，生产了许多质量极佳的霞多丽白酒

▶ 左：Mont Rachet 山顶上极为多石的一级园 Les Murgers des Dents de Chien

右上：朝南的 En Remilly 是圣欧班村内的最佳一级园之一

右下：En Remilly 和对面山头上的 Le Charmois 分占圣欧班背斜谷两侧的最佳位置

被对面的山坡阻隔，但仍有不错的受阳效果，从海拔270米到几近420米的山顶，有相当多葡萄园，圣欧班村就位于这片山坡下方。精华区在村子的上方和通往佳美村的山坡上，村南的山坡海拔更高，更加寒冷，葡萄较难成熟，分布在这片区域的全为村庄级葡萄园。

圣欧班村虽有237公顷的土地列级，但实际种植的葡萄园大约只有170公顷。红酒和白

酒皆产，但现在主要种植霞多丽，黑皮诺约占三分之一，而且正在快速减少。在 20 世纪 70 年代，红酒曾经有较佳的市场，有三分之二的葡萄园种植黑皮诺，但近年来白酒市场较佳，和夏山村一样，霞多丽又逐渐取代黑皮诺。不同的是，就自然环境而言，圣欧班村较为清淡的红酒也许可以有不错的水平，但白酒的水平更高，常有绝佳的表现。

● 一级园

村内有 156 公顷被列为一级园，实际种植近 130 公顷。为数众多的一级园几乎占满村内大部分的葡萄园，只有村南具有较多的村庄级葡萄园。村内的一级园分属三十片，和夏山村一样，有些也联合成同一群组。主要分为四个区块，蒙哈榭山山顶的向阳坡是村内最知名的一级园区域，几乎全都种植霞多丽。最贴近蒙哈榭山的是面朝南南西、坡势极陡的 En Remilly，在最陡斜处甚至须开辟成梯田，这里离歇瓦里耶－蒙哈榭仅数米，距离蒙哈榭则有 26 米，是村内最佳的一级园，常有类似普里尼村的坚实酒体。此园下坡处往西延伸，称为 Les Cortons，亦属 En Remilly 的一部分。位居 En Remilly 上坡处的 Les Murgers des Dents de Chien 可能是全勃艮第名称最长的一级园，意思为狗牙石堆，因园中到处覆盖着白色的尖锐石灰岩块而得名。此园北侧与普里尼村的一级园 Champ Gain 相邻，同样位于坚硬的山顶硬

盘上，石多土少，酒体具有矿石香气。

在 En Remilly 对面的山坡上有一片朝向东北方的一级园山坡，与夏山村的 Les Chaumées 和 Les Vergers 等一级名园相连，不过山势更朝北边一点。此区有四片一级园，可以统称为 Les Combes，不过，最常见的是 Le Charmois，常能酿成酸味强劲却精致的霞多丽白酒，有非常多的夏山村酒庄拥有此园。佳美村周边也有许多一级园，最知名的为 La Chatenière，位于略朝西的南坡，产品多有熟果香气，口感圆润。最后一区在圣欧班村边朝东南的山坡，下坡统称为 Les Frionnes，较常在对面山头的阴影中；上坡统称为 Sur le Sentierdu Clou，葡萄有较佳的成熟度。

▲ St. Aubin 东南侧的一级园 Le Charmois 和夏山村的名园 Les Chaumées 完全相连

▶ 上左：Damien Colin

下左：Damien Marc Colin

上中：Olivier Lamy

上右：高密度葡萄园

下右：Hubert Lamy

主要酒庄

Marc Colin（酒庄）..................

公顷：19.6 主要特级园：蒙哈榭（0.1 公顷），巴塔-蒙哈榭（0.1 公顷）主要一级园：St. Aubin En Remilly, Le Charmois, La Chatenière, Sur Gamay, Les Combes, Le Sentier du Clou, En Montceau, Créot; Chassagne-Montrachet Vide-

Bourse, Cailleret, Les Chenevottes, Les Champs Gains; Puligny-Montrachet La Garenne

创立于20世纪70年代末，是村内最知名的酒庄，除了拥有名园，亦颇具规模。原由长子Pierre-Yve接手酿造，但Pierre-Yve现已独立，改由其他三个儿女共同经营。次子Joseph负责酿造白酒，老三Damien酿造红酒，他们改变了Pierre-Yve的酿法，重回父亲时期更为简单的传统酿造法，其白酒酸味强劲而细致，是圣欧班和夏山村的重要典范。

Hubert Lamy（酒庄）......................................

公顷：17.18 主要特级园：克利欧-巴塔-蒙哈榭（0.05公顷）主要一级园：St. Aubin En Remilly, les Murgers des Dents de Chien, Clos de la Chatenière, Derrière Chez Edouard, Les Frionnes, Clos du Meix, Les Castets; Chassagne-Montrachet Les Macherelles

1995年第二代的Olivier接手后，在种植与酿造上进行了许多新的尝试，他从一些史料中得到许多灵感。他信奉在葡萄根瘤蚜虫病暴发之前所盛行的压条法，认为通过提高种植密度可种出高质量的葡萄。现在酒庄新种的葡萄园每公顷都达14,000棵，唯一的特级园克利欧-巴塔-蒙哈榭也从原本每公顷10,000棵的密度提升到20,000棵，因为密度太高，所有的农事都必须靠人工完成。村内的一级园Derrière Chez Edouard更有种植28,000棵的超高密度，每棵葡萄树上只长三串葡萄，葡萄特别早熟，可酿成圣欧班村内最浓缩的白酒。在酿造上亦颇特别，霞多丽榨汁后不经沉淀直接入木桶发酵培养，完全不搅桶。Olivier在早期即启用500升～650升的大容量橡木桶酿造，现在只使用300升与600升的木桶，其中约20%为新桶。相当有拼劲的Olivier酿成的白酒极有个性，酒体厚实圆润，但有均衡有劲的酸味，有时又细腻多变，如Criots。

松特内与马宏吉
Santenay et Maranges

在博讷丘南端尽头，在一直以霞多丽白酒闻名的夏山村南边，有两个主要生产红酒的酒村——松特内（Santenay）与马宏吉（Maranges）。不过，此两村产的红酒并非以优雅细致闻名，而是带着野性的多涩风格。松特内村的葡萄园位于正面朝东的金丘山坡上，蔓延 3.5 公里，葡萄园面积将近 330 公顷。接在金丘最尾端的马宏吉其实是由三个小村结合而成的，而且已经跨出金丘县，进入 Saône et Loire 县内。不过，若就自然环境而言，马宏吉村南边的 La Cosanne 河才是金丘南界。因此河侵蚀切穿山脉，金丘南端的葡萄园山坡由朝东转为朝向东南和正南，南北蔓延 50 公里的金丘葡萄园在此画下句号。

曾以赌场和水疗中心闻名的松特内村，分为带有中世纪气氛的上城与新兴热闹的下城。由南往北的 Dheune 河流经下城东边，将金丘与东南边的夏隆内丘区分隔开来，Dheune 旁则有中央运河（Canal de Centre）流经，过了运河不远就进入夏隆内丘最北边的葡萄园。在 19 世纪，松特内产的红酒曾经相当知名，在 Lavalle 的分级中，村内的 Clos de Tavannes 曾经与夜

▶ 上：松特内村（后）与夏隆内丘（前）仅隔着 Dheune 河谷
中左：松特内村的红酒稍微粗犷一些，但颇耐久存
中右：松特内村北的最佳一级园 Les Gravières
下左：马宏吉一级园 Le Clos des Loyères
下右：马宏吉高坡的一级园 La Fussière

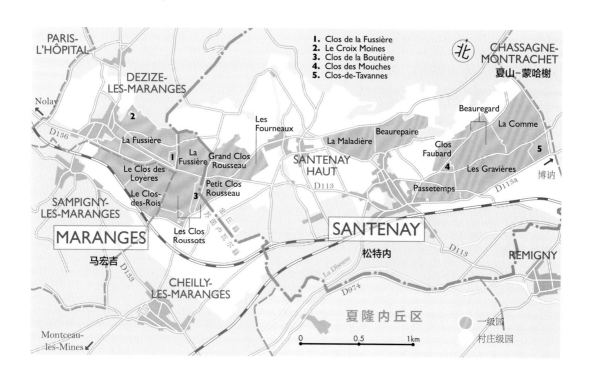

1. Clos de la Fussière
2. Le Croix Moines
3. Clos de la Boutière
4. Clos des Mouches
5. Clos-de-Tavannes

丘区的特级园如马立-香贝丹和埃雪索齐名，同列为 Tête de Cuvée 第二级，而且强调松特内红酒相当耐久存的特色。不过，即使此园仍继续生产极佳的黑皮诺红酒，名气与酒价也无法与夜丘名园相提并论。松特内亦是金丘最不受注意的角落之一，在许多酒庄的努力下，现在松特内也经常能酿出风格更细致的红酒。除了红酒，松特内村的自然条件亦颇适合种植霞多丽，且已酿成许多极佳范例，不过种植面积仍不大，仅约 15%。

村内的一级园虽只有十二片，却有 125 公顷，分别位于三个不同的区段，自然条件和风格都有些不同。村子北端靠近夏山村的面东

山坡中段有七片一级园，海拔在 220 米到 320 米，下坡稍微和缓，上坡有坚硬岩层通过，地形比较崎岖。以最北段的 Les Gravières、Clos de Tavannes 和 La Comme 最为知名，出产村内最细致多变的黑皮诺红酒，特别是位于下坡，坡度平缓的 Les Gravières 和 Clos de Tavannes，上坡的 La Comme 有较多硬岩与黏土质，酿成的酒有较为坚实的单宁，较靠近村子上坡的

Clos Faubard 则常有圆厚一些的涩味，酒体均衡。另有两片一级园位于下城上坡处，分别是 Beaurepaire 和 La Maladière，亦能酿出不错的红酒，特别是后者常能有较细致的表现。村南的 Clos Rouseau 又分为 les Fourneaux 和 Grand Clos Rousseau 等三园，直接和马宏吉村的一级园接壤，风格较为浓厚粗犷一些。

马宏吉甚至更不知名，1937 年时，原本 Dezize-lès-Maranges、Sampigny-lès-Maranges 及 Cheilly-lès-Maranges 三村分别独立成立的产区，在 1989 年才联合起来成为一片有 170 公顷葡萄园的村庄级产区。马宏吉也一样以出产黑皮诺红酒为主，白酒很少，仅占约 5%，不过，

在 19 世纪时白酒的种植面积曾超过红酒。村内红酒的风格甚至更为粗犷，有较多涩味，可以提高其他酒的单宁和酸味，是许多酒商调制 Côte de Beaune Villages 时常用的基酒。酒风虽粗犷，但马宏吉红酒却也颇耐久放。村内有 84 公顷的一级园，全位于三村交界处朝东南的高坡上，共有六片葡萄园列级，其中以上坡处的 La Fussière 较为知名，常能酿出相当坚硬的单宁质地，其西侧高坡有一小片一级园 Le Croix Moines，可酿出村内少见的细致风味。

主要酒庄

松特内和马宏吉的酒庄不少，自从 Vincent Girardin 迁至 Meursault 之后，知名的并不多。De Villaine 家族的前身，即 1868 年买下候马内－康帝的酒商 Duvault-Blochet 曾位于村内的 Château du Passetemps，其地下两层的大型酒窖现为拥有一小片蒙哈榭园的 René Fleurot 所有。村内酒庄以 Lucien Muzard、Roger Bellend、Antoine Olivier 与 René Lequin-Colin 最为知名。马宏吉较知名的酒庄 Domaine Chevrot、Domaine Contat-Grangé，以及晚近成立的 Domaine des Rouges Queues，亦是村内仅有的三家采用有机种植的酒庄。

Roger Bellend（酒庄）

公顷：23.9 主要特级园：克利欧－巴塔－蒙哈榭（0.61 公顷）主要一级园：Santenay Les Gravières, La Comme, Beauregard; Chassagne-Montrachet Clos Pitois; Maranges La Fussière; Puligny-Montrachet Champs Gains; Meursault Santenots; Volnay-Santenots

在博讷丘南段各村拥有许多葡萄园，包括特级园

克利欧，以及夏山村最南端的独占园 Clos Pitois。采用部分整串酿造，低温浸皮，少踩皮，每日淋汁，经五周酿成，最后以 40℃ 高温结束，其松特内红酒如 La Comme 和 Beauregard，以及夏山村的 Clos Pitois 都有相当细致的表现。在坡顶的 Comme Dessus 亦酿成相当多酸可口的村庄级酒。

Chevrot et Fils（酒庄）

公顷：18 主要一级园：Maranges Le Croix Moines, La Fussière, Le Clos Roussots; Santenay Le Clos Rousseau

位于 Cheilly-lès-Maranges 村，由第三代的 Pablo 和 Vincent 两兄弟一起经营，自 2008 年起采用有机种植，部分采用自然动力种植法。葡萄大多全部去梗酿造，短时间浸皮，20% 的新桶培养一年到一年半，年轻时颇多涩味，但有不错的果味，新增的 Le Croix Moines 则有马宏吉极少见的轻巧细致质地。

René Lequin-Colin（酒庄）

公顷：9 主要特级园：巴塔－蒙哈榭（0.12 公顷），高登－查理曼（0.09 公顷），高登（Lanquette 0.09 公顷）主要一级园：Santenay La Comme, Le Passe-Temps; Chassagne-Montrachet Les Vergers, Morget,

▲ Roger Bellend

▲ Clos Pitois

▲ Antoine Olivier

Cailleret

由第二代的 François 接手经营，自 2009 年开始采用有机种植，部分采用自然动力种植法。霞多丽榨汁后不经沉淀直接入橡木桶发酵，采用约 20%～30% 的新桶，每周搅桶一次，培养约十个月后装瓶。黑皮诺采收后全部去梗，发酵前先进行六至八天的低温浸皮，然后发酵约十天，踩皮淋汁并用，即使是特级园亦仅用 20% 的新桶。红酒与白酒都酿得颇干净细致。

Lucien Muzard（酒庄兼营酒商）

公顷：16 主要一级园：Santenay Les Gravières, Clos de Tavannes, Beauregard, Clos Faubard, Maladièr; Maranges La Fussière

松特内村名庄，在村内拥有五片一级园，亦经营酒商事业。已由第二代接手，Hervé 负责种植，Claud 掌管酿酒。现在酿造红酒时全部去梗，发酵前延长浸皮，尽可能减少淋汁和踩皮。经过十八个月的木桶培养后不过滤直接装瓶。酿成的红酒口感浓厚，多果味，单宁颇为细致，以 Clos de Tavannes 最为优雅。白酒则采用 50% 的新桶酿造，亦极具水平，如村内一级园 Clos Faubard 坡顶产的高雅白酒。

Antoine Olivier（酒庄兼营酒商）

公顷：10 主要一级园：Santenay Beaupaire; Savigny-lès-Beaune Les Peuillets

位于松特内村上城的新锐酒庄，也采买葡萄经营一小部分的酒商酒，红白酒各半，是松特内村生产白酒最多的酒庄，其白酒的水平与精彩度甚至更胜红酒，多采用高坡的村庄级园如 Sous la Roche 和 Biéveaux，以及一级园 Beaurepaire 的葡萄，酿成圆润却多酸味，且带一些咬感的个性白酒。

Domaine des Rouges Queues（酒庄）

公顷：5

位于马宏吉村内，由 Jean-Yve Vantey 经营的小型酒庄，只有村庄级园，自 2008 年采用有机种植，酿造相当可口的上博讷丘红白酒与典型多涩的马宏吉。

▲ Antoine Olivier

▲ Jean-Yve Vantey

▲ Domaine des Rouges Queues

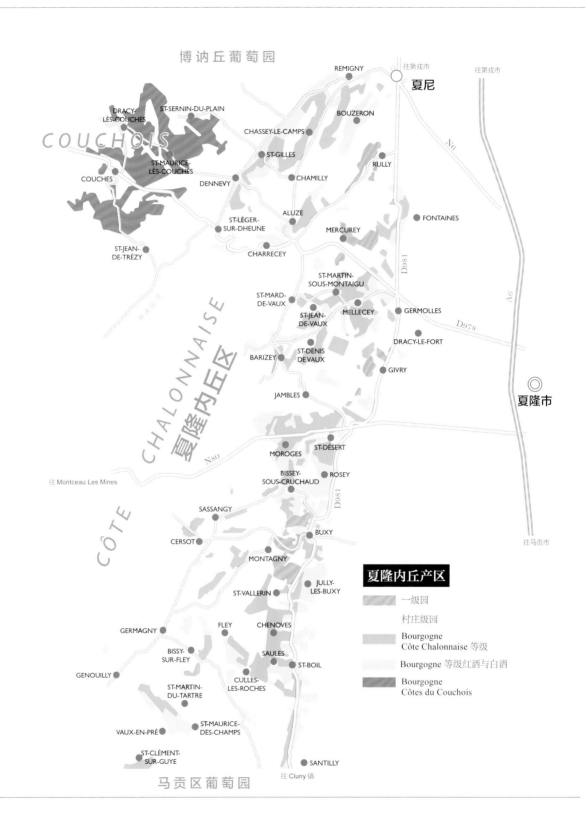

博讷丘葡萄园

REMIGNY

往第戎市

往第戎市

夏尼

DRACY-
LÈS-COUCHES

ST-SERNIN-DU-PLAIN

COUCHOIS

BOUZERON

A6

CHASSEY-LE-CAMPS

ST-MAURICE-
LÈS-COUCHES

ST-GILLES

RULLY

COUCHES

DENNEVY

CHAMILLY

ST-JEAN-
DE-TRÉZY

ST-LÉGER-
SUR-DHEUNE

ALUZE

FONTAINES

CHARRECEY

MERCUREY

D981

A6

ST-MARTIN-
SOUS-MONTAIGU

CHALONNAISE
夏隆内丘区

ST-MARD-
DE-VAUX

ST-JEAN-
DE-VAUX

MELLECEY

GERMOLLES

D978

中央运河

BARIZEY

ST-DENIS
DE-VAUX

DRACY-LE-FORT

N80

GIVRY

夏隆市

JAMBLES

CÔTE

ST-DÉSERT

MOROGES

往 Montceau Les Mines

BISSEY-
SOUS-CRUCHAUD

ROSEY

D981

SASSANGY

往马贡市

CERSOT

BUXY

MONTAGNY

JULLY-
LES-BUXY

ST-VALLERIN

GERMAGNY

FLEY

CHENOVES

BISSY-
SUR-FLEY

SAULES

GENOUILLY

ST-BOIL

CULLES-
LES-ROCHES

ST-MARTIN-
DU-TARTRE

VAUX-EN-PRÉ

ST-MAURICE-
DES-CHAMPS

ST-CLÉMENT-
SUR-GUYE

SANTILLY

往 Cluny 镇

马贡区葡萄园

夏隆内丘产区

一级园

村庄级园

Bourgogne
Côte Chalonnaise 等级

Bourgogne 等级红酒与白酒

Bourgogne
Côtes du Couchois

第四章

夏隆内丘区

Côtes Chalonnaises

位于金丘南边的夏隆内丘区，仿如金丘的延伸，酿制风格类似的红酒和白酒。这里的环境也有如金丘与马贡内区之间的过渡地带，葡萄园变得断续分散。

无论是红酒还是白酒，夏隆内丘区在勃艮第的葡萄酒世界中，都扮演着一个不那么重要的陪衬角色。只有在金丘葡萄酒价格飙涨时，才有较多的勃艮第酒迷愿意到这里找寻一些平价的替代品。

十多年前也许是如此，但今日的夏隆内丘各村，如梅克雷和吉弗里的红酒，以及胡利、蒙塔尼和布哲宏的白酒，早自有独特的酒村风格，也有相当多的精英酒庄，可以酿造出世界级的勃艮第葡萄酒。难以打破的只是酒迷心中只钟情于金丘的偏好。

▼ 吉弗里村是夏隆内丘最精彩的红酒村，虽然面积不大，却有相当多古园，酿造清丽优雅的黑皮诺红酒

与金丘县（Côte d'Or）南边相连的是苏茵-卢瓦尔县（Saône et Loire），这个勃艮第最南边的县内主要有夏隆内丘和马贡内两个南北相连的产区。不过，在西边还有一个称为Couchois的历史葡萄园，而博讷丘南边的马宏吉和薄若莱北部的 St. Amour 也进入县界之内。在 19 世纪之前，因有苏茵河的便利水运，夏隆内丘、马贡内与薄若莱联合，形成一个不同于博讷市的酒商系统，当时县内有多达 4 万公顷的葡萄园。

以夏隆为名的夏隆内丘，红酒和白酒皆产，虽然如今已非勃艮第的明星产区，但在中世纪颇为知名，勃艮第公爵菲利普二世送给公爵夫人玛格丽特的葡萄园城堡 Château de Germolle 就位于该区内。夏隆市位于苏茵河畔，且有勃艮第运河流经，因水路之便，自罗马时期即为重要的商业中心。类似夏布利的情况，自从水运没落、铁道兴起，夏隆内丘便不敌地中海沿岸北运的葡萄酒。在 19 世纪末葡萄根瘤蚜虫病摧毁了大部分的葡萄园后，夏隆内丘改种其他作物。20 世纪初前三十年，夏隆内丘的葡萄酒业几乎没落，之后复苏的脚步比金丘区晚且缓慢，即使在 20 世纪 80 年代后重新种植了许多葡萄园（现在已经有超过 2,000 公顷的葡萄园），也不及 19 世纪极盛期的半数。

从地理上来看，金丘山坡在夏山与松特内两村之间，Dheune 河谷分切出接续在南边的夏隆内丘。山坡上的岩层年代与土壤结构和金丘区相似，都为侏罗纪中晚期的石灰岩层，只有南边的蒙塔尼附近，因岩层抬升，出现侏罗纪早期的里亚斯岩层，以及比侏罗纪更早的三叠纪岩层。但夏隆内丘的葡萄园山坡稍微低平一些，地形也变得较为破碎和零散，山丘不仅断

▲ 布哲宏是唯一只生产阿里高特白酒的村庄级产区

▶ 虽然以阿里高特知名，但布哲宏村内较多阳的山坡仍多种植霞多丽和黑皮诺

断续续，而且分裂成多道山谷。近 2,000 公顷的葡萄园不再像金丘一样南北连贯地蔓延在朝东边的山坡上，而是集中在梅克雷、胡利、吉弗里和蒙塔尼等主要的产酒村庄附近，各村之间常隔着树林、牧场甚至农田，葡萄不再是唯一的作物。

夏隆内丘的葡萄园分级与金丘类似，但并没有特级园，地区性等级除了 Bourgogne 之外，也有专属的 Bourgogne Côte Chalonnaise，不过是在 1990 年才成立的。区内共有五片村庄级的产区，由北往南分别为专产阿里高特的布哲

宏、以白酒闻名的胡利、主产红酒的梅克雷和吉弗里，以及只产白酒的蒙塔尼，其中除较晚成立的布哲宏，其余都有一级园。最早的一级园分级在第二次世界大战德国占领期间，为避免德军没收而仓促成立，在 20 世纪 80 年代才经专家重新精细地分级。

在勃艮第的六个主要产区里，夏隆内丘因较少地方特色，且自然条件和种植的品种与邻近的博讷丘很类似，酒风亦颇接近，常被当成博讷丘区较不知名且廉价的邻居。知名三星餐厅 Lameloise 所在的夏尼镇（Chagny）是夏隆内丘最北边的起点，由此沿着 D 981 公路往南的 25 公里路程内，夏隆内丘所有的葡萄园几乎都位于公路旁西面的山坡上。

布哲宏
Bouzeron

夏尼镇西南郊有一窄小的南北向谷地，位于此山间谷地内的是小巧隐密的布哲宏村，它在 1998 年才升格为村庄级产区。不同于其他勃艮第白酒产区，村内的葡萄园必须采用阿里高特才能酿成布哲宏葡萄酒，该村是勃艮第唯一以此品种葡萄闻名的酒村，若种植霞多丽，反而只能酿成一般的 Bourgogne Côte Chalonnaise。布哲宏得以让此看似平庸的品种有较佳的表现，主要是此品种在别处大多种植于条件较差的平原区，而在布哲宏村则多种植于山坡上。此外，村内还保留着一些产量较低

▲ 左右：布哲宏是勃艮第位置最隐密的村庄级产区，隐身在夏尼镇边的小谷地内

且葡萄粒较小的老树，成熟后皮色会转黄，称为金黄阿里高特，比其他皮色青绿的阿里高特有更好的成熟度。

不过，出于价格的原因，布哲宏村内朝东南的葡萄园大多还是种植霞多丽和黑皮诺，只有朝西北与较高坡处种植阿里高特，因此生产布哲宏白酒的葡萄园还不到 50 公顷。因依规定村庄级酒在标签上不得标示品种名，而且产量规定较严格，所以有些酒庄还会将布哲宏降级为 Bourgogne Aligoté 销售。和布哲宏村内的霞多丽相比，阿里高特的口感较为清淡，有较多的酸味，常有柠檬与青苹果香气，有时甚至带一点花香。不过，与平原区产的阿里高特相比则又较为浓厚有个性。这样的差异通常也跟布哲宏白酒较少在橡木桶中培养有关，但胡利村的 Jacquesson 酒庄是以 100% 的橡木桶发酵培养，采用 1937 年的老树葡萄，也能有非常丰满圆润的均衡口感。

因产区小，布哲宏村内的酒庄并不多，其中以 A.et P.de Villaine 最为著名，另外还有 Domaine Chanzy，以及拥有最靠近夏尼镇的独占园 Clos de la Fortune。博讷市的酒商 Bouchard P. & F. 也有 5.5 公顷的布哲宏葡萄园。

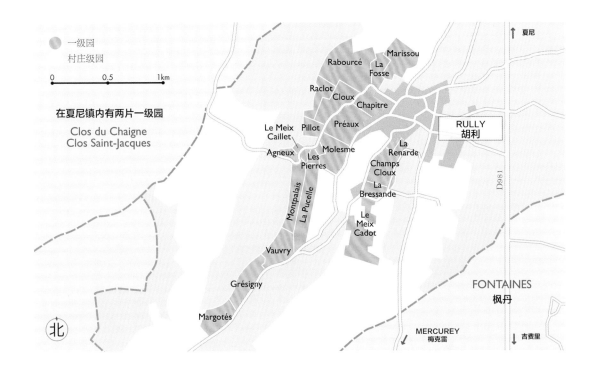

图例（地图中）：
一级园
村庄级园
0 0.5 1km

在夏尼镇内有两片一级园
Clos du Chaigne
Clos Saint-Jacques

（地图地名）夏尼、Marissou、Rabourcé、La Fosse、Raclot、Cloux、Chapitre、Le Meix Caillet、Pillot、Préaux、RULLY 胡利、Agneux、Les Pierres、Molesme、La Renarde、Champs Cloux、Montpalais、La Pucelle、La Bressande、Le Meix Cadot、Vauvry、Grésigny、Margotés、FONTAINES 枫丹、MERCUREY 梅克雷、吉费里、北、D981

胡利
Rully

可酿出高质量霞多丽白酒的胡利村，以平实的价格供应博讷丘风格的白酒，是许多博讷丘酒商和酒庄的后院酒仓。胡利的葡萄园北从夏尼镇开始，南郊的面东山坡有一部分的葡萄园划入胡利产区，由此往南经过一段硬岩外露的山坡后才进入胡利村主要的葡萄园。全区总共有 350 公顷的葡萄园，分布在海拔 225 米到 375 米、彼此相叠的三片面东山坡上。东边的第一道坡与平原区相连，海拔较低，往西进入一南北向的谷地，面朝东的向阳坡是精华区。坡顶树林之后还有海拔更高、较为寒冷的第三

道坡，几乎与布哲宏村的葡萄园相连，是较晚开辟的葡萄园。

胡利约有三分之二的面积种植霞多丽，主要种植于较高坡的石灰岩（以白色泥灰岩为主）山坡上，低坡处则种植较多黑皮诺。胡利在 19 世纪时就开始生产气泡酒，曾是知名产区，也曾有许多气泡酒厂位于村内。不过，现在胡利村内的酒庄都以酿制无气泡酒为主，André Delorme 是村内仅存的少数主产气泡酒的酒厂。

胡利产区有二十三片一级园，虽有 110 公顷列级，但种植面积仅约 90 公顷。类似于金丘区，这些一级园主要位于山坡中段，村庄级酒则主要位于海拔较高的后段山坡，以及接近平原区的低坡处。村子西边的第二道山坡

▲ 左：胡利村曾以气泡酒闻名，许多气泡酒厂都源自此颇具历史的酒村

　　右：除了白酒，胡利也产颇可口的黑皮诺红酒

◀ 高坡略朝东南的 Rabourcé 是全村最佳的白酒一级园

▼ 左：相当知名的白酒一级园 La Pucelle

　　右：低坡处的一级园主要种植黑皮诺，如 Préau 和 Chapitre

是大部分一级园所在的区域，最平坦的低坡一级园，如 Molesme、Préau 和 Chapitre 等主要种植黑皮诺。白酒的精华区在高坡处，如 Cloux、Rabourcé 和 Raclot，以及村子南边的 La Pucelle、Mont Palais，在更南边的尽头还有 Grésigny 和 Margotés。一般村庄级的胡利白酒，风格大多走圆润均衡路线，但近年新增高坡处的葡萄园如 Les Cailloux，也能保有较多的酸味和活力。高坡与南边几片条件较佳的一级园生产的白酒，亦常能有强劲酸味搭配厚实的酒体，除了熟果也能有一些矿石风味。

胡利村子本身腹地大，有多座城堡，其中建于 12 世纪的 Château de Rully 是夏隆内丘区最醒目的酒庄建筑，在村内亦拥有广大的葡萄园，由酒商 Antonin Rodet 负责酿造。除了有相当多的博讷丘酒商与酒庄酿造胡利葡萄酒，村内也有相当多的独立酒庄，其中以 Henri et Paul Jacqueson、Vincent Dureuil-Janthial 和 Michel Briday 最为知名，Domaine Belleville 和拥有独占一级园 Clos St. Jacques 的 Domaine de la Folie 和 Domaine Ninot 颇具水平。

梅克雷
Mercurey

梅克雷是夏隆内丘最知名、最大的产酒村，现有多达650公顷的葡萄园，几乎占满全村各处的山坡，并且延伸到南邻的 St. Martin Sous-Montaigu 村。梅克雷主要以红酒闻名，在夏隆内丘的各酒村中，以最浓厚结实的酒风为特色，也被认为是最耐久存的红酒产区，在勃艮第公爵时期即颇为知名，过去胡利和吉弗里村的红酒也常借用梅克雷之名销售。村内的白酒反而较少，只占约10%。

除了葡萄园面积广，梅克雷的地形也相当复杂，有各种面向和坡度的山坡，以及多种质地的土壤与不同年代的岩层。夏隆内丘的多条山脉在梅克雷村突然转为东西向，由 Le Giroux 溪流经的谷地所切穿，从 Autun 市往夏隆市的 D978 号公路亦取此自然的通道穿过谷底。梅克雷村本身分布在此主要道路的两旁，成为一长条形的村庄。葡萄园则被分成南北两部分。

▲ 梅克雷村内的 Caveau di Vin 提供村内四十二家酒庄的六十四款酒单杯试饮

◀ 梅克雷是夏隆内丘最知名的酒村，也有最广阔与最多面向的葡萄园，最精华区就位于村北开阔的背斜谷上

村子北边的葡萄园除了最东边靠近平原区的第一道山坡是朝向东边外，大部分的葡萄园主要位于向南坡，不过因有多道背斜谷切过，形成多个谷中谷，有相当多葡萄园位于朝西南与东南的谷边山坡上。位于谷底的葡萄园土壤深厚肥沃，酿成的酒较为柔和易饮，但山坡中段处则为梅克雷的精华区，有最多的一级园在这一区。继续往北边到胡利村边界的地方原先多为树林，现在也已开辟为葡萄园，其中包括 Faiveley 在20世纪60年代建立的数十公顷葡萄园。谷地南边则多为朝北面的山坡，不过，仍然有一些小谷内有略朝东边的山坡，自然环境较佳，但南边最精华的区域则在最东边近平原区面东的山坡，由村南一路蔓延进 St. Martin Sous-Montaigu 村内。

梅克雷拥有超过150公顷的一级园，有多达三十二片葡萄园列级，其中最知名的精华区段为位于村北旧村上方背斜谷内的几片一级园，由东往西分别为 Clos des Barraults、Les Champs Martin、Les Combins、La Cailloute 和 Les Croichots。前者位于谷边斜坡，全部朝南，酿成的红酒相当浓厚且多涩。Les Champs Martin 则位于谷内朝西南的斜坡上，这里主要为含有石灰质的泥灰质土壤，是村内最佳的葡萄园之一，经常酿成全村风格最优雅的红酒，有特别细致的单宁质地与细节变化。位于朝东南的斜坡上的 Les Croichots 与 La Cailloute，以及位居谷中的 Les Combins 有较多的石灰质与岩块，有稍紧涩的风格，但仍均衡细致。此区的一级园在坡顶高处也种植一些霞多丽，可酿成均衡多酸的白酒。

由此区继续往东连续有多个面朝南的一级园，高坡处多白色泥灰岩，种植较多霞多

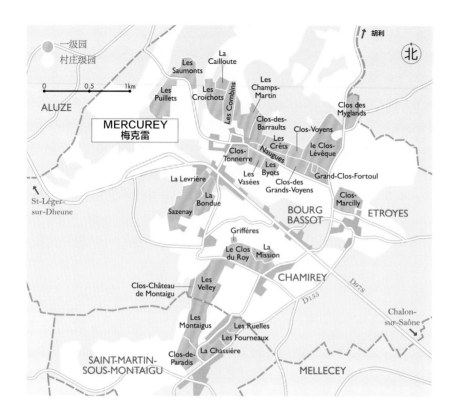

丽，如 Les Crêts；中坡的条件较佳，有较多红色泥灰岩，可酿制相当成熟但也相当强劲有力的红酒，如 Les Naugues。再往东则为向东的山坡，是另一精华区，以多达 20 公顷的 Le Clos l'Evêque 最为知名，生产出梅克雷村厚实多涩，亦颇耐久的典型红酒风格。其他较知名的包括位于下坡平坦区、多深厚黏土层的 Clos Marcilly，以及位于石灰岩层上的 Clos des Myglands。

南边的一级园除了面朝东北、酒风较为多涩有力的 En Sazenay，其余的主要位于与 St. Martin Sous-Montaigu 村交界的面东山坡，包括坡顶多石灰岩、只产白酒的 La Mission，以及环绕其下、酒风丰满圆厚的 Le Clos du Roy。

再往南一些的高坡处有多泥灰岩的 Les Velley，具有矿石气的优雅风格。St. Martin 村内以上坡的 Les Montaigus 和 Clos de Paradis 较为知名，多一些黏土与泥灰质，酒风浓厚结实。较靠近坡底的 La Chassière 和 Les Ruelles 带一些沙子，酒风较为柔和。

▶ 上：Le Giroux 溪谷由西往东穿过梅克雷产区

中左：以优雅精致闻名的一级园 Les Champs Martin

下左：梅克雷南区 St. Martin sous-Montaigu 村内的一级园 Les Ruelles

下右：含石灰岩块的白色泥灰质土壤

▲ 专门出产白酒的一级园 La Mission

吉弗里
Givry

　　位于梅克雷村南边的吉弗里距离夏隆市只有 5 公里的路程，它曾是有石墙环绕的古镇，不太像一般的酒村，更像是一个优雅的小型城市。吉弗里虽然也以红酒闻名，但跟梅克雷的葡萄园并不相连，隔着 3 公里的农田与树林，两村的酒风亦不相同。有较多石灰质、较少黏土的吉弗里村似乎更常酿出精致的、有更多新鲜果味的黑皮诺红酒，喝起来更可口。吉弗里的葡萄酒在历史上亦相当知名，跟西南部的 Jurançon 一样，传闻在 16 世纪时曾经是法国国王亨利四世最喜爱的葡萄酒。相较夏隆内丘的其他酒村，吉弗里的葡萄园面积较小，也比较集中，都位于苏茵河平原边一片从朝东转向朝南的山坡上，连同一小部分跨到邻村的葡萄园，共约 280 公顷，其中有二十五片一级园，约 110 公顷。除了红酒，亦产一些白酒，约占 15% 的葡萄园。

　　吉弗里的葡萄园北起 Dracy-Le-Fort 村的一级园 Clos Jus，此园于 20 世纪 90 年代才重新种植，在红色石灰岩土壤上混种新选育的黑皮诺无性繁殖系，常酿成相当鲜美多汁、可口却又多细致变化的红酒。因普遍种植质量较佳的无性繁殖系黑皮诺，吉弗里村相较于夏隆内丘的其他酒村（如梅克雷）有更为干净细致的

　　梅克雷村因葡萄园面积较大，吸引了较多金丘酒商如 Faiveley、Louis Max、Michel Picard（Emile Voarick）和 Boisset（Antonin Rodet）等到此投资，是夏隆内丘区在海外最常见的酒款。但村内亦有相当多的独立酒庄，其中包括规模相当大的 Michel Juillot 和 Château de Charmirey，两者都拥有 30 公顷以上的葡萄园。精英的名庄首推 François Raquillet 和曾担任酿酒顾问的 Bruno Lorenzon，其他还包括 Meix-Foulot、Theulot-Juillot、Brintet、Philippe Garrey 和 Aluz 村的 Les Champs de L'Abbaye 几家。

▶ 下左：吉弗里一级园 Le Paradis

　　下中：吉弗里镇的纹徽是一束麦穗，但现在却以葡萄酒闻名

　　下右：镇中心的圆型市场 Halle au Blé

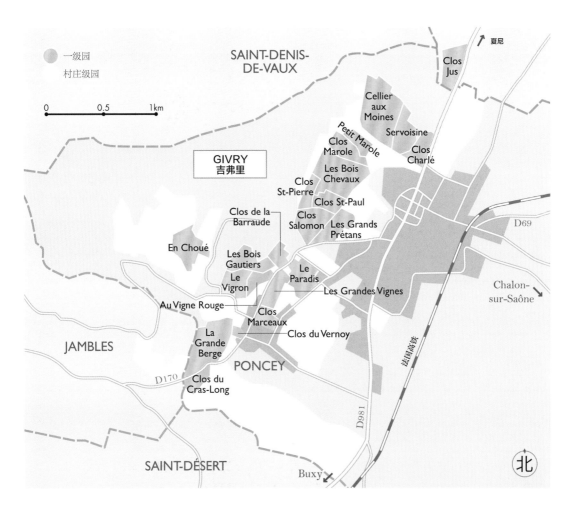

一级园
村庄级园

0   0.5   1km

SAINT-DENIS-
DE-VAUX

夏尼

Clos
Jus

Cellier
aux
Moines

Servoisine

GIVRY
吉弗里

Petit Marole

Clos
Marole

Clos
Charlé

Les Bois
Chevaux

Clos
St-Pierre

Clos St-Paul

Clos de la
Barraude

Clos
Salomon

Les Grands
Prétans

D69

En Choué

Les Bois
Gautiers

Le Paradis

Le
Vigron

Les Grandes Vignes

Chalon-
sur-Saône

Au Vigne Rouge

Clos
Marceaux

Clos du Vernoy

JAMBLES

La
Grande
Berge

PONCEY

D170

Clos du
Cras-Long

D981

法国高铁

SAINT-DÉSERT

Buxy

北

酒风。吉弗里村北有突出的荒秃硬岩区横踞山坡，是采石场所在，此硬岩区南坡即为吉弗里村北的精华区，全部朝南，坡度颇陡斜，知名的两片一级园 Cellier aux Moines 和 Servoisine 都位于此坡上。前者为 13 世纪即建立的历史名园，除有石墙围绕，在坡顶还留有熙笃会的酒窖，现为 Domaine du Cellier aux Moines 酒庄所在之地。吉弗里有相当多的古园，镇边的葡萄园几乎都有石墙环绕，如隔邻的 Servoisine 亦称为 Clos de la Servoisine。

由此往南的一级园都位于朝东的山坡上，葡萄园从镇边海拔 225 米的高度爬升到 325 米的坡顶，村庄级园多位于坡底及接近坡顶的高处，一级园则多位于中高坡处。其中最知名的

▲ 吉弗里是一座优雅的古镇，葡萄园多位于镇西向阳的山坡上

▶ 镇西面东的山坡是精华区，有成片的一级园，其中包括知名的 Clos Salomon

是历史名园 Clos Salomon，该园为独占园，生产的酒款中常有迷人的果味与细致的单宁，是吉弗里红酒的典范。从此园往南的山坡开始慢慢转向，进入通向 Russilly 村的背斜谷出口，葡萄园山坡转为朝东南，最后延伸进谷地内成为完全向南，葡萄园甚至爬升到 400 米以上，此区有一级园 En Choué。过此背斜谷后朝东山坡继续往南，在高坡处有 La Grande Berge 和 En Cras Long，都为黄灰色的石灰质土壤，常酿造出颇成熟却均衡的黑皮诺，也产一些白酒。

此处为吉弗里村的南界，有一大型的谷地切过，相当开阔，村庄级酒除了往平原区扩展，更往西延伸进 Jambles 村，坡顶的一级园 Crausot 多石灰岩，红酒和白酒皆产。

村内的酒庄数量不多，但却有多家精英酒庄，而且多为勤奋的小型葡萄农酒庄，最知名的为 Domaine Joblot 和 François Lumpp 两家，其他较知名的还包括 Domaine Ragot、拥有同名独占园的 Clos Salomon、Vincent Lummp、Parize Père et Fils，以及酒风圆熟可口的 Gérard Mouton 等。另外，拥有 1.8 公顷蒙哈榭的 Domaie Thénard 酒庄，Devillard 家族的 Domaine de la Ferté 和 Domaine du Cellier aux Moines，以及博讷酒商 Albert Bichot 的 Domaine Adélie 等皆位于村内。

蒙塔尼
Montagny

夏隆内丘南边的葡萄园更加分散，侏罗纪岩层构成的山坡也变得断续，甚至消失。过了吉弗里之后，往南约 5 公里后才进入最南边的村庄级产区蒙塔尼。葡萄园的范围除了 Montagny-lès-Buxy 本身，还囊括了 Buxy、Jully-lès-Buxy 和 St. Vallerin 三个村子。蒙塔尼是一个只产霞多丽白酒的产区，不过，在第二次世界大战前生产廉价红酒以供应附近的矿区市场，种植的也并非黑皮诺而是佳美，而且出产的大多是质量低劣的红汁佳美，在 20 世纪 60 年代才开始大规模改种霞多丽。

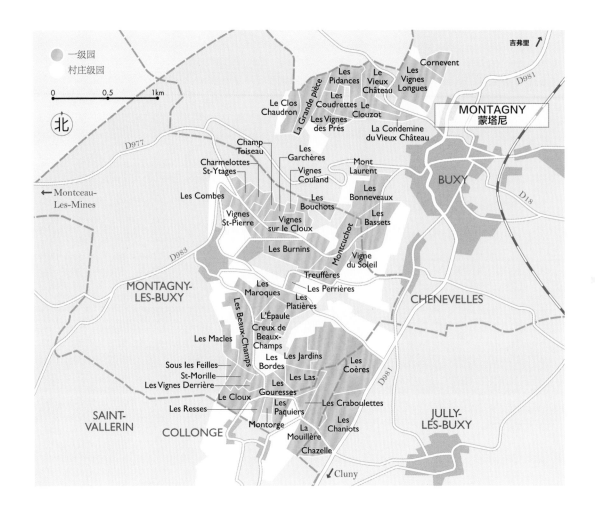

区内的土壤明显与其他北部产区不同，开始出现侏罗纪最早期的里亚斯岩层，以及比侏罗纪更早的三叠纪岩层。这些土壤的特性也许是蒙塔尼独特酒风的原因之一。虽然偏处南方，且有极佳的朝东与朝南的向阳坡，但蒙塔尼的酒体偏高瘦，口感极干，不是特别圆润，酒香中较少甜熟水果，反而常有一些植物及矿石气，酒风和北部较为丰盛圆润的胡利白酒形成对比。

蒙塔尼有300多公顷的葡萄园，一级园非常多，有五十三片之多，大部分被列为一级，村庄级反而较为少见。不过这些一级园的名字并不常出现在标签上，有些甚至从来不曾单独装瓶，即使产量占四分之三的酿酒合作社 Cave de Buxy 也只采用三片一级园的名称：Montcuchot、Les Coères 和 Les Chaniots。其他较知名的一级园还有 Le Vieux Château、Les

► 左上、右上：产区北端的知名一级园 Le Vieux Château

中左：村内全面朝南的一级园 Servoisne

中右：最北边的一级园 Clos Jus 常酿出鲜美多果香的美味红酒

左下：13 世纪即存在的朝东的一级园 Les Bois Chevaux

右下：13 世纪由熙笃会修道院创立的一级古园 Cellier aux Moines

▲ 上：蒙塔尼是夏隆内丘南端专产白酒的村庄级产区

下左：特殊的土壤让蒙塔尼的白酒常有特殊的矿石气

下中：Buxy 镇人口较多，是蒙塔尼的酒业中心

下右：蒙塔尼面积最大的一级园 Les Coères

主要酒庄

Stéphane Aladame（酒庄兼营酒商）

公顷：7 主要一级园：Montagny Le Burnins, Les Coères, Les Platières, Les Maroques

蒙塔尼村唯一的明星酒庄，庄主十八岁就接手不愿加入合作社的 Millet 家族的老树葡萄园。大部分酒都在酒槽内发酵，仅一小部分在木桶中进行，如 30% 的一级园和 50% 的老树葡萄（Vieilles Vignes）。在酒风清淡的蒙塔尼中常酿成浓厚多酸的精彩白酒。

Burnins、Les Maroques 和 Le Cloux。因酿酒合作社仍然扮演非常重要的角色，所以区内的独立酒庄不多，名庄更少，Stéphane Aladame 和 Laurent Cognard 是少数较知名者。

Domaine Belleville（酒庄）

公顷：28　主要一级园：Rully Cloux, Rabourcé, Chapitre, La Pucelle; Mercurey Clos L'Evêque

胡利村的重要酒庄，在村内有极佳的葡萄园，白酒颇具水平，大多有极佳的酸味，口感均衡而且可口，全用橡木桶发酵，但新桶较少，且不搅桶，经十八个月培养的 Rabourcé 是招牌。

Michel Briday（酒庄兼营酒商）

公顷：15　主要一级园：Rully Cloux, La Pucelle, Grésigny, Les Pierres, Les Champs Cloux; Mercurey Clos Macilly

胡利村的精英酒庄之一，现由第二代的 Stéphane Briday 经营，酿制非常均衡可口的胡利白酒，除了诚恳的平易酒风，一级园 Grésigny 也极有活力，其位于 Rabourcé 旁的独占园 Clos de Remenot 甚至可能是全村最佳的村庄级园。

Cave de Buxy（合作社）

蒙塔尼产区内最大的生产者，于 1931 年创立，现有五百五十八位葡萄农会员加入，共计拥有 860 公顷的葡萄园，遍布夏隆内丘区的二十二个产酒村庄，年产近 500 万瓶，大量供应价格平实的 Bourgogne。其产量占蒙塔尼的 75%，亦生产相当多其他夏隆内丘的葡萄酒。

Château de Charmirey（酒庄）

公顷：37.7　主要一级园：Mercurey La Mission, Le Clos du Roy, Les Ruelles, Les Champs Martin, En Sazenay, Le Clos l'Evéque

Devillard 家族离开 Antonin Rodet 之后，在梅克雷村另外成立 Domaines Devillard 管理自有的多家酒庄，除在梅克雷村拥有 Château de Chamirey 外，在夜丘也拥有 Domaine des Perdrix，另在吉弗里拥有 Domaine de la Ferté，并代酿 Domaine du Cellier aux Moines，此外亦成立酒商 Maison Devillard 酿制酒商酒。现由第二代的 Amaury 协助管理，由酿酒师 Robert Vernizeau 酿造。酿成的红酒颜色很深，相当浓厚，也颇圆润，有非常美味的风格，一级园亦颇精致，已逐渐成为村内精英名庄。黑皮诺全部去梗，经过十五至二十五天的发酵与浸皮，每日踩皮，约 30% ～ 50% 的新桶培养十二到十九个月装瓶。白酒则颇圆润易饮。

Les Champs de L'Abbaye（酒庄）

位于邻近梅克雷的 Aluze 村内，由白手起家的 Alain Hasard 负责种植与酿造，主要生产 Bourgogne 等级的葡萄酒，但也拥有梅克雷和胡利的葡萄园，全部采用自然动力种植法和手工艺式的简单酿造。虽无一级园，但红酒和白酒皆佳，颇具个性，且有很细致的变化，如胡利的 Les Cailloux 和梅克雷的 Les Macoeurs 常超越知名一级园的水平。

Domaine du Clos Salomon（酒庄）

公顷：8.4　主要一级园：Givry Clos Salomon, La

▲ Stéphane Aladame

▲ Amaury Devillard

▲ François Lumpp

▲ Stephane Briday

Grande Berge; Montagny Le Cloux

拥有吉弗里村独占的同名历史古园，酒庄就位于园内南侧，现为 du Gardin 家族所有，由 Fabrice Perrotto 负责管理。此园只产红酒，在吉弗里的鲜美果味背后有颇紧涩的单宁结构，须多一点时间熟成。另外两片一级园都产白酒。

Laurent Cognard（酒庄）

公顷：7.5　主要一级园：Montagny Le Vieux Château, Les Bassets

蒙塔尼村内的新锐酒庄，2008 年才开始自酿装瓶，部分采用 500 升的木桶发酵与培养，较一般的蒙塔尼白酒更加浓厚有个性，但仍保有极典型的矿石与酸味。Maxence 则以晚熟葡萄酿成，可能是有史以来最浓缩的蒙塔尼。

Domaine Vincent Dureuil-Janthial（酒庄）

公顷：17　主要一级园：Rully Margotés, Meix Cadot, Chapitre; Puligny-Montrachet Champs Gains; Nuits St. Georges Clos des Argillières

胡利村内的精英酒庄。除了葡萄园变多，改采用有机种植，Vincent 从早期的新派路线逐渐转化成更内敛、较均衡与细腻的风格。除胡利之外，亦有一些夜圣乔治的红酒与普里尼村的一级园。白酒采用较少的新桶，酒风也变得更为自然。一级园 Meix Cadot 用九十年的老树葡萄酿成的白酒一直是酒庄的招牌，强劲有力，虽浓厚，但也轻盈精致，是最佳的胡利白酒之一。

Philippe Garrey（酒庄）

公顷：4.5　主要一级园：Mercurey Clos de Paradis, Clos de Montaigu, La Chassières

梅克雷村的新锐酒庄，位于 St. Martin Sous-Montaigu 村内，主要精于附近的三片一级园红酒，采用自然动力种植法。红酒小量精酿，局部去梗，踩皮与淋汁并用，酒风颇为精致，也产相当有个性的村庄级白酒。

Henri et Paul Jacqueson（酒庄）

公顷：11　主要一级园：Rully La Pucelle, Cloux, Margoté, Grésigny

胡利村内最知名的经典酒庄，由第二代的女儿 Marie 逐渐接手管理与酿造。Jacqueson 成名早，白酒采用橡木桶发酵培养，长年来以特别圆润饱满的酒风闻名，延续至今一直是胡利村白酒风格的代表，虽浓郁却也能有清新的均衡酸味。红酒则颇为柔和可口。

Joblot（酒庄）

公顷：13.5　主要一级园：Givry Clos du Cellier des Moines, Clos de la Servoisine, Clos des Bois Chevaux, Clos Grand Marole

吉弗里村内的明星酒庄，由 Jean-Marc 和 Vincent 两兄弟共同经营，并开始有第二代的女儿加入。这是一家特立独行、认真耕作、非常有个性的葡萄农酒庄。Joblot 以独特的还原法酿制黑皮诺，葡萄全部去梗，在封闭的酒槽内进行发酵，减少

▲ Marie Jacqueson

▲ Laurent Juillot

▲ Jean-Marc Joblot

▲ François Raquillet

氧化，酒风非常干净，而且细致精巧，虽然使用多达 70% 的新木桶培养，但是常能精确地表现各葡萄园的特色，不为新桶所影响，而且具有极佳的陈年潜力。白酒虽然不多，但相当优雅均衡。

Michel Juillot（酒庄）

公顷：32.5 主要特级园：高登－查理曼（0.8 公顷），高登（Perrières 1.2 公顷）主要一级园：Mercurey Les Champs Martin, Clos des Barraults, Les Combins, Clos Tonnerre, Sazenay

梅克雷村内的大型名庄，现由儿子 Laurent Juillot 负责经营。葡萄全部去梗，经五天低温浸皮，约三周酿成，红酒颇为浓厚，但稍带一些粗犷气，颇典型的梅克雷。白酒亦浓，酸味较为柔和。

Bruno Lorenzon（酒庄）

公顷：5.28 主要一级园：Mercurey Les Champs Martin, Les Crochots

梅克雷村内相当独特的精英酒庄，庄主曾与村内的梅克雷木桶厂合作，在南半球与西班牙的产区担任顾问。现接手父亲的酒庄，酿造相当具有雄心、风格新潮的葡萄酒。虽说要回到 19 世纪的农耕法及传统酿法，以可喝性高、多矿石气与纯粹的酒风为目标，但仍使用了许多新式技术，如葡萄仍先经过冷冻库低温保存二十四小时再进酒槽。酿成的红白酒都颇优雅精致，如 Les

Champs Martin。除了一般的一级园，也产单桶的一级园红酒 Piéce 13 和白酒 Piéce 15。

François Lumpp（酒庄）

公顷：6.5 主要一级园：Givry Clos Jus, Clos du Cras Long, Petit Marole, Crausot

吉弗里村的精英酒庄，葡萄园全在村内，酿造的吉弗里红酒大多优雅迷人，新鲜多酸，而且果香充沛，非常可口，相当细致，几乎是吉弗里村红酒风格的典型极致表现。黑皮诺全部去梗，发酵前低温浸皮五到十天，少踩皮，亦可能代以淋汁。红酒采用 70% 的新桶培养一年，但几乎喝不出木桶的影响。村内的 Vincent Lumpp 为其弟弟的酒庄，亦酿造颇可口的吉弗里红酒，但不及 François 的吉弗里那么迷人与可口多汁。

Gérard Mouton（酒庄）

公顷：10 主要一级园：Givry Clos Jus, Clos Charlé, La Grande Berge, Les Grands Prétans

吉弗里村的酒庄，现逐渐由第二代的 Laurent 接手，酒风也渐趋现代，酿成的黑皮诺红酒有相当多的果味，单宁圆润顺口，也许不是特别精致，但相当均衡鲜美。

Domaine Ragot（酒庄）

公顷：8.5 主要一级园：Givry Clos Jus, La Grande Berge, Crausot

▲ Nicolas Ragot

▲ Laurent Cognard

▲ Château de Charmirey

吉弗里村内的精英酒庄，现由年轻的第二代 Nicolas Ragot 负责经营，酿出的酒较其父亲时期更浓缩，也稍浓涩一些，显得更加有个性，但近年来酒风变得较为细致，如 Clos Jus 红酒，有更多果味，也更能喝出葡萄园的特色。白酒则可口多酸与多矿石气。

François Raquillet（酒庄）

公顷：10　主要一级园：Mercurey Les Naugues, Les Puillets, Les Vassée, Les Velley, Clos l'Evêque

梅克雷村内的最佳酒庄，现任庄主于 20 世纪 90 年代接手父亲的葡萄园后即成为名庄。其白酒可口圆润，红酒则相当有个性，在梅克雷强劲多涩的风格中多一些果味与变化，也具有更优雅的单宁质地。葡萄通常全部去梗，发酵前低温浸皮七至十天，只有淋汁没有踩皮，约三周完成。

Theulot-Juillot（酒庄）

公顷：11.5　主要一级园：Les Champs Martin, Les Combins, La Cailloute

梅克雷村的精英酒庄，Jean-Claude Theulot 和他的太太 Nathalie 继承了 Juillot 家族的葡萄园，四片一级园都位于村边最精华的背斜谷，包括独占园 La Cailloute。此园位于面向东南方的高坡，酿造较优雅的红酒与浓厚多香的白酒。葡萄全部去梗，发酵前经四至五天的浸皮，两个多星期的酒精发酵，踩皮与淋汁并用。酒风颇为浓厚，单宁圆熟可口。一级园的白酒采用 35% 的新桶酿造，亦使用 500 升的大桶培养。

A. et P. de Villaine（酒庄）

布哲宏村内唯一的名庄，由 Domaine de la Romanée-Conti 的酒庄总管 Aubert de Villaine 在 1974 年创立。曾担任村长的 Aubert 是推动布哲宏成为村庄级产区的重要推手，他也一直致力于保存和选育阿里高特的品系。目前酒庄 20.6 公顷的葡萄园中有 12 公顷为布哲宏，其余也有胡利和梅克雷酿制极佳、价格平实的葡萄酒。现在由外甥 Pierre de Benoist 协助管理与酿造。葡萄园采用有机种植法，有颇多阿里高特老树。布哲宏白酒有 90% 在大型木槽中发酵，只有 10% 在不锈钢槽内进行。培养十二个月后才装瓶。酿成的布哲宏有颇多爽口酸味，亦常有丰沛的果味与细致的花香。

Domaine Michel Sarrazin（酒庄）

公顷：35　主要一级园：Givry Les Pièces d'Henry, Les Grands Prétants, La Grande Berge, Champs Lalot, Bois Gauthier

Givry 镇南 Charnaille 的老牌大型酒庄，现由第二代 Guy 与 Jean-Yve 管理酿造。红酒大多有奔放的樱桃果香与爽脆的清新口感，白酒则均衡多酸，红酒和白酒都酿制得相当好，可口迷人且价格平实，以一级园 Champs Lalot 的酒风最为细致。

Domaine Chanzy（酒庄兼营酒商）

公顷：38　主要一级园：Mercurey Clos du Roy; Santenay Beaurepaire

▲ Pierre de Benoist

▲ A. et P. de Villaine

▲ Champ d' Abbay

▲ Philippe Garrey

布哲宏村的酒庄兼酒商，拥有村内的独占园 Clos de la Fourtune。2013 年老厂新生，由相当年轻的 Jean-Baptiste Jessiaume 负责管理与酿造。虽偏向技术导向，但应用成熟，风格相当现代、细致，均衡且清新，颇具潜力。

▲ 上：Clos Salomon

　下：Cave de Buxy

▲ Bruno Lorenzon

▲ Jean-Yve Sarrazin

▲ Jean-Batiste Jessiaume

*Climats Côte Chalonnaise

虽然同样具有极佳的自然条件，但相较于金丘区的高知名度，夏隆内丘区受到的注意较少，尚无超级明星酒庄。十家来自区内五个酒村的精英名庄蒙塔尼（Aladame、Cognard）、吉弗里（Cellier aux Moines、de la Ferté、Ragot）、默尔索（Ch. de Chamirey、de la Framboisiére）、胡利（Jacqueson、de la Folie）和布哲宏（de Villaine）共同成立一非正式的联盟：Climats Côte Chalonnaise，让勃艮第酒迷有机会认识夏隆内丘区酿酒水平与酒村和葡萄园风格。

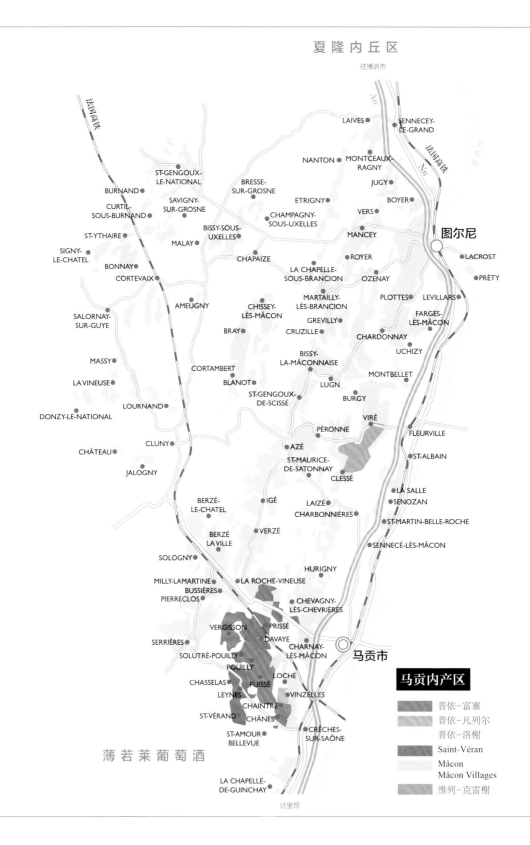

往博讷市

LAIVES
SENNECEY-LE-GRAND

NANTON
MONTCEAUX-RAGNY

ST-GENGOUX-LE-NATIONAL
JUGY

BURNAND
BRESSE-SUR-GROSNE
ETRIGNY
BOYER

CURTIL-SOUS-BURNAND
SAVIGNY-SUR-GROSNE
VERS

ST-YTHAIRE
BISSY-SOUS-UXELLES
CHAMPAGNY-SOUS-UXELLES
MANCEY

图尔尼

SIGNY-LE-CHATEL
MALAY
ROYER
LACROST

BONNAY
CHAPAIZE
PRÉTY

CORTEVAIX
LA CHAPELLE-SOUS-BRANCION
OZENAY

MARTAILLY-LÈS-BRANCION
PLOTTES
LEVILLARS

AMEUGNY
CHISSEY-LÈS-MÂCON
FARGES-LÈS-MÂCON

SALORNAY-SUR-GUYE
GREVILLY

BRAY
CRUZILLE
CHARDONNAY

UCHIZY

MASSY
CORTAMBERT
BISSY-LA-MÂCONNAISE

LA VINEUSE
BLANOT
LUGN
MONTBELLET

ST-GENGOUX-DE-SCISSÉ
BURGY

DONZY-LE-NATIONAL
LOURNAND

VIRÉ

CHÂTEAU
CLUNY
PÉRONNE
FLEURVILLE

AZÉ
ST-ALBAIN

JALOGNY
ST-MAURICE-DE-SATONNAY

CLESSÉ

LA SALLE
SENOZAN

BERZÉ-LE-CHATEL
IGÉ
LAIZÉ
CHARBONNIÈRES
ST-MARTIN-BELLE-ROCHE

BERZÉ-LA-VILLE
VERZÉ

SOLOGNY
SENNECÉ-LÈS-MÂCON

HURIGNY

MILLY-LAMARTINE
LA ROCHE-VINEUSE
BUSSIÈRES
PIERRECLOS
CHEVAGNY-LÈS-CHEVRIÈRES

VERGISSON
PRISSÉ
DAVAYE

SERRIÈRES
CHARNAY-LÈS-MÂCON
马贡市

SOLUTRÉ-POUILLY

POUILLY
LOCHÉ

CHASSELAS
FUISSÉ

LEYNES
VINZELLES

ST-VÉRAND
CHAINTRÉ
CHÂNES

ST-AMOUR-BELLEVUE
CRÊCHES-SUR-SAÔNE

薄 若 莱 葡 萄 酒

LA CHAPELLE-DE-GUINCHAY

往里昂

马贡内产区

- 普依-富塞
- 普依-凡列尔
- 普依-洛榭
- Saint-Véran
- Mâcon
- Mâcon Villages
- 维列-克雷榭

往南到了马贡内区，其实已经不再是典型的勃艮第酒乡风景；不仅葡萄园更加四散在树林、牧场与田野之间，酒村中，北方较高尖的屋顶也开始变得低平，换成铺满橘红色砖瓦的普罗旺斯风格屋顶。从马贡内区开始，有了一些法国南部的气氛。

这里出产的葡萄酒也跟勃艮第北部不同，5,000 多公顷的葡萄园几乎全部种植霞多丽，酿成的白酒多一点点的甜熟，多一些温厚的口感与奔放的香气，自然也可口易饮一些，不须太多时间熟成，就可开瓶享用。红酒的产量只占 10%，黑皮诺不再是主要的红酒品种，代之以佳美。葡萄酒的价格也更常从金丘区熟悉的两位数与三位数欧元降为平易近人的个位数，跟酒风一样，柔和亲切。

▼ 这是马贡内区最经典的风景，在普依与富塞两个知名酒村之后是 Solutré 和 Vergisson 彼此并连的山顶巨岩

跟大部分的法国产区一样，马贡内区也以区内的主要城市马贡市（Mâcon）为名。此城位于苏茵河边，城内并没有葡萄园，不过，通过便捷的水运网往南可直通法国第二大城里昂（Lyon），触及地中海沿岸。在铁路兴起前，不同于以博讷市为中心的金丘区酒商系统，马贡市自有一个包含勃艮第南区及薄若莱在内的酒业中心。马贡是勃艮第最南边的城市，往东跨过苏茵河就进入罗讷-阿尔卑斯区（Rhône-Alps），往南10公里即为薄若莱产区。从9世纪到17世纪，马贡市也一直是法国与神圣罗马帝国的边界城市，是一个曾有多元文化交会的小城。

在地理环境上，马贡内区也是多方交会的地带，气候偶尔会受来自南方地中海的热风与水汽影响，比勃艮第其他产区温暖一些，也有较高的降水量；葡萄的成熟速度较快，在超过400米的高海拔处仍然可以成熟。在地质上，马贡内区的葡萄园主要还是位于侏罗纪的岩层之上，但同时也混杂了三叠纪的砂岩与页岩，甚至还有一些葡萄园位于火成岩上。马贡内区的北界以果斯涅（Grosne）河谷与夏隆内丘的葡萄园山坡分隔开来，原本已经较为分散的葡萄园山坡在进入马贡内区后分裂成更多道南北向的纵谷。南北长达50公里的马贡内区在最宽的区域甚至宽达25公里。

另一条苏茵河的支流 La Petite Grosne 在马贡内区的南方横切过这多道分裂的山脉，葡萄园突然中断，过了此河谷的南边山区则是马贡的精华区，主要的村庄级产区都位于此地。但这里的地层错动更加激烈，除了海拔高低落差更大，山势更趋陡峭外，岩层的年代也更加混杂，除了所有勃艮第常见的岩层，还开始出现许多花岗岩，越往南边越明显，直到与薄若莱交界的地带，则完全转变成花岗岩沙。

▲ 上：富塞村是普依-富塞产区的最精华地带，村内有最多的名园

下：虽然大部分的葡萄园位于石灰岩地层之上，或具备石灰质黏土，但也有一些葡萄园有火成岩质的土壤，如富塞村东边的蓝黑色板岩

▶ 马贡内区的酒村样貌如图中的富塞村，与勃艮第北方不太一样，屋顶更平缓，有更多粉红砖瓦，带有南方气息

马贡内区的分级跟勃艮第其他地区有些不同，跟南邻的薄若莱产区比较类似。区内专属的地方性法定产区称为"马贡"，直接以区内的首府为名，并没有像其他二十多个地方性产区那样包含"Bourgogne"在名称之内。此等级的葡萄园大多位于条件较差的地带，分布在全区的九十六个村庄内，可酿造白酒、粉红酒和红酒。等级较高的葡萄园则称为 Mâcon Villages，此等级的酒只有白酒列级，不产红酒，全区有八十三个村庄列级，Villages 为村庄的意思，但此八十三个村庄内的所有土地并非都列级，而是依自然条件区分。

等级在此之上的名称为"马贡"加上村名，这种列级的村庄较少，只有二十六个村子可以将村名加在酒标上，如 Mâcon-La Roche-Vineuse 或 Mâcon-Lugny，其中也包括与霞多丽同名的霞多丽村，"马贡-霞多丽"是指产自此村的白酒，而非品种名。另外，区内的村庄级产区也有一些条件稍差的葡萄园被列为此级，如 Mâcon-Vergisson 和 Mâcon-Chaintré，这两个村子内的最佳葡萄园都被列级为村庄级产区普依-富塞。除此之外，一些海拔较高的村庄如 La Roche-Vineuse、Milly-Lamartine 和 Pierreclos 常可酿成颇多酸与矿石的白酒。除了先前提到的几处，较为知名的 Mâcon Villages 酒村还包括 Bussières、Cruzille、Igé、Uchizy 和 Verzé 等。此等级的马贡也产一些红酒，只占约 10%，适用的村庄较少，只有二十个，如有许多花岗岩的 Serrières。

以马贡为名的产区大约有 3,730 公顷的葡

白酒，除了北边的维列-克雷榭外，其他四片村庄级 AOP 为普依-富塞、普依-凡列尔、普依-洛榭及圣维宏，全集中在最南边与薄若莱交界的精华区。虽然在最有名的普依-富塞区有相当多知名的葡萄园，不过马贡区内并没有任何的一级园或特级园。相较于夏隆内丘区的酒村在第二次世界大战被德国占领期间仓促成立一级园，马贡内区因不在德国占领区内，无此急迫性，从而失去列级的时机。不过普依-富塞已经开始进行一级园的分级计划，在这个全勃艮第自然条件最为多样的村庄级产区内，将来很有可能出现精确分级的一级园。

自从 19 世纪末蚜虫病害暴发后，除了较为知名的产区如普依-富塞外，大部分的葡萄园都转种谷物或变成牧场，一直到二三十年代，随着酿酒合作社制度的兴起，马贡内区才开始慢慢恢复规模。不过，独立酒庄虽然越来越多，在马贡内区还是少数，产品大多卖给酒商，很少自己装瓶，而酿酒合作社一直具有最重要的影响力。现有的十多家合作社有上千位葡萄农社员，生产 70% 的马贡内区葡萄酒。其中，Lugny 村的合作社规模最大，有二百四十位社员，葡萄园面积 1,450 公顷，占马贡内区所有葡萄园的四分之一。合作社所出产的葡萄酒不仅便宜，而且产量大，除了自己装瓶以自有品牌销售，也有一大部分卖给酒商，但也有较注重质量的合作社，如 Prissé 村的合作社 Vignerons des Terres Secrètes。

马贡内区的传统酒商已经没落，金丘区

萄园，是勃艮第最大的产区，虽然有一部分葡萄园产出的酒名称上出现 "Villages" 的字眼或者村庄的名字，但都不属于村庄级的葡萄酒。这个等级的酒大多产自酿酒合作社，多以机器采收，钢桶酿制，但也常带有许多果香，柔和清淡，顺口易饮，适合年轻早喝。不过也有一些产自较佳酒村的葡萄园，可以酿造出不同个性的白酒，也有许多独立酒庄或精英酒商开始酿制出相当高质量的 Mâcon Villages 白酒，是勃艮第目前进步与改革最快的产区。马贡的红酒主要采用佳美葡萄酿成，虽然也可使用黑皮诺，但并不常见。因以佳美葡萄为主，马贡内区的红酒大多简单酿造，以果味为主，单宁少，较为顺口好喝，也不须久存培养。

马贡内区现有五片村庄级产区，全部只产

▲ 普依-富塞虽然较为圆熟，但仍具有久存的潜力

的酒商在此扮演更重要的角色，也有一些薄若莱酒商涉足，如Loron & Fils。不过，自质量提升后，一些由独立酒庄开设的小型酒商反而有更大的影响力，其中最为重要的是由 Domaine Guffens-Heynen 开设的 Verget、Domaine la Soufrandière 开设的 Bret Brother、Château de Beauregard 开设的 Joseph Burrier，以及 Château Fuissé 开设的 J.J. Vincent 等。除了上述几家名庄，马贡内区也有越来越多的知名独立酒庄，不过，主要还是集中在普依-富塞，如 Domaine Valette、Robert-Denogent、Daniel、Julien et Martine Barraud、J.A. Ferret-Lorton、Saumaize-Michelin、Château de Rontets 和 La Soufrandise 等，在圣维宏也有 Rijckaert、Domaine des Deux Roches 和 Domaine de la Croix Sénaillet 等。在维列-克雷榭产区内也有老牌名庄 Domaine de la Bongran。

在 Mâcon Villages 产区内也开始有较知名的酒庄，最有名的是南下投资的博讷丘名庄，如默尔索村的 Domaine des Comtes Lafon 酒庄在 Milly-Lamartine 拥有的 Héritiers du Comte Lafon，以及普里尼-蒙哈榭村的 Domaine Leflaive 在 Verzé 村投资的酒庄。本地也有一些值得注意的独立酒庄，如 La Roche-Vineuse村的 Merlin、Bussières 村的 Domaine de la Sarazinière、Cruzille 村的 Clos des Vignes du Maynes 和 Guillot-Broux，以及 Tournu 市附近的 Pascal Pauget。最可贵的是，这些酒庄大多采用有机种植或自然动力种植法。

普依-富塞
Pouilly-Fuissé

马贡内区最知名，范围最大的村庄级产区，有多达757公顷的葡萄园，由五片村庄的产区集结而成。在勃艮第，大部分集结多村的知名产区如夏布利，都有一个主村庄，但普依-富塞却是各村自有风格，同时各有支持者。普依-富塞在20世纪70年代因在美国市场上大受欢迎而成为国际知名的产区，传统的名园主要集中在普依和富塞两村，如Le Clos和Les Vignes Blanches。但在20世纪70年代末，海拔较高、较多酸味与矿石气的Vergisson村因酿出新风格的普依-富塞白酒，也开始受到注意，从此增添了一些新的名园。但产区大、风格多的普依-富塞，至今还是有65%为酒商所掌控，常常混调各村的酒，从而形成较均衡易饮的风格。

▲ 富塞村的 Derrière la Maison 园

产区的葡萄园由东南往西北横跨四个谷地，蔓延超过8公里，依序分属于Chaintré、富塞、普依、Solutré和Vergisson五个村子，其中普依村民较少，在行政区上并入隔邻的Solutré村。最东边的Chaintré村位于苏茵平原边，海拔最低也最为温暖，霞多丽常有较高的成熟度，口感比较圆厚，也有较多的熟果香气。村内的葡萄园大多位于面朝东边的山坡上，低坡区全部属于Mâcon Villages，约从海拔215米以上的中坡处才开始进入普依-富塞的产区，山坡在村南转为朝南，最后转为朝向西边。村庄本身位于最高处，也是村内的精华区所在，有较多的白色石灰岩层，如Aux Quarts、Les Verchères、Clos de Monsieur Noly和Aux Murs等。较低坡处黏土质与河泥较多，

▲ Vergisson 村的海拔最高，巨岩下的 Les Croux 酿出的酒常带有许多清新酸味

酒风稍粗犷些。Domaine Valette 是村内最知名的酒庄。

Chaintré 的葡萄园往西北延展翻过一个山头与树林后进入富塞村。此村是普依-富塞最重要的中心区，地形地势的变化和葡萄园的地层结构也最为多变。村庄本身位于由葡萄园山坡三面环绕的谷底内，有如希腊半圆型剧场般的环型坡，开口向东北方，从东边与洛榭村交界的面西山坡开始，往南慢慢转为朝北后继续绕到西边的朝东山坡。葡萄园主要分为五个区，东边的面西山坡海拔较低，也比较狭隘，位居年代较古老的岩层，有较多蓝黑色页岩与火成硅质沙地，较少石灰岩层，一般认为是质

量较差的地带，并无名园，仅 Les Vernays 和 La Croix 较为知名，酿成的普依-富塞口感较清淡紧瘦，有时具有非常特别的矿石气。

朝北的部分坡度更陡，葡萄园较少且多树林，也稍凉爽一些，酒风高瘦多酸带矿石气，如 Les Combettes。此区在树林之上的多石灰岩山顶有一独占园 Le Rontets，虽略朝北，但受阳佳，亦可酿成饱满且多酸有劲的白酒。树林的南边有一朝南延伸到 Chaintré 村的缓坡，此

处开始出现火成岩，有一些花岗岩沙，较难酿出细致的霞多丽白酒。

村子西边面东的山坡是富塞村的最精华区，酒风也最为典型，酿成的霞多丽白酒有非常豪华丰盛的香气与酒体，但也能保有坚实有力的酸味。葡萄园从村边海拔 250 米爬升到坡顶的 375 米，整片正面朝东的山坡上都有极佳的日照，霞多丽非常容易成熟，也常能保有酸味。最主要的精华区在山坡北侧、村子往普依村的低坡处，如 Le Clos、Les Ménétrières 和 Vers Pouilly，以及中低坡的 Les Brûlés 和 Les Isart 等，主要为泥灰岩质和石灰岩。中坡以及山坡南侧则有较多黏土质，表土较少石灰质，如低坡的 Le Plan，中坡的 Les Vignes Blanches，以及高坡的 Les Chataignier 等，酒风较为坚硬一些，需要多一点时间熟成。普依村的谷底区地势平坦，有较多的黏土堆积，但到了村子最北边与普依村交界处，地势再度抬升，成为横跨两村的石灰岩台地，土少石多，亦是精华区，称为 Vers Cras。

富塞村内有最多的名园，名庄也最多，以 Château Fuissé 和 J.A. Ferret-Lorton 两家老牌名厂最为重要，此外还包括 Château de Beauregard、Robert-Denogent、Château de Rontets、La Soufrandise 和 Domaine Cordier 等精英酒庄。

在名称上，普依村是马贡区最知名的酒村，除了普依-富塞外，另两片村庄级产区普依-洛榭和普依-凡列尔也都是借用普依的名称，不过普依村与葡萄园都相当迷你，村内的酒庄也不多。其葡萄园是富塞村西侧山坡精华区的延长，大部分葡萄园位于泥灰岩与石灰岩区，山坡先转为朝北，之后再继续朝东，到了西北边靠近 Davayé 村的山坡又开始转为黏土

区。普依村西北边跨过一个小山谷，就进入以秀丽的石灰岩巨岩山峰闻名的 Solutré 村。此村的海拔更高，葡萄园山坡主要朝向东南边，大部分位于石灰岩层上，较少有泥灰岩质与黏土。不过因为村内名庄较少，大部分的葡萄酒会被卖给酒商混调装瓶，名园较少。

翻过海拔 493 米的 Solutrè 岩峰之后，进入最北边的村子 Vergisson。此村高处也由石灰岩断崖构成，有一海拔 483 米的险峻山顶。Vergisson 村葡萄园的海拔更高，有更强硬多酸的矿石风味，较晚才成为普依-富塞区内的名村。有人认为是全球变暖让此村有较好的成熟度，也可能跟霞多丽的流行风格有关，但最关键的原因或许是 Vergisson 村内有最多努力与勤奋的酒庄，如 Domaine Guffens-Heynen、Daniel、Julien et Martine Barraud、Domaine Saumaize、Saumaize-Michelin、Domaine Forest 和 Roger Lassarat 等，是区内新兴独立酒庄最多的村子。

Vergisson 的葡萄园主要位于向南坡，不过也有一部分在 Solutré 山下的朝北坡，精华区则在山顶高坡处贴近石灰岩断崖下方的陡坡上，表土为带红褐色的石灰质黏土或泥灰质土，但混有非常多的石灰岩块，如 Les Crays 和 Les Cloux 两片名园，虽然海拔高，但全部朝阳，在保有强劲酸味的同时也能有极佳的成熟度。山坡中段和下坡的葡萄园，除了常在 Solutré 山的阴影下，土壤也转为三叠纪的砂岩与黏土质。断崖之上，往东倾斜的台地为巴通阶坚硬石灰岩层，此处的葡萄园 Sur La Roche 多石少土，有更为锋利的酸味。

普依-凡列尔与普依-洛榭
Pouilly-Vinzelles et Pouilly-Loché

　　凡列尔和洛榭这两个小型的酒村南北相邻，葡萄园的自然条件、酒风及酒业发展历史都极其类似。在法定产区制度成立之前，此二村所出产的白酒都以"普依"的名义出售，在 1940 年也各自成为在村名前加上"普依"的村庄级法定产区。位于南边的凡列尔村南接普依-富塞产区最东边的Chaintré 村，同位于最靠近苏茵河平原的面东山坡上。两村的葡萄园面积都不大，列为村庄级的更少，普依-凡列尔只有 52 公顷，普依-洛榭有 29 公顷，后者所产的葡萄园甚至可以用前者的名称销售。凡列尔的葡萄园以 Les Quarts 最为知名，Les Mures 则是洛榭村内唯一的名园。凡列尔村内的合作社 Cave des Grands Crus Blanc 是区内最大的生产者，产量占了大部分，不过亦有精英酒庄 Domaine la Soufrandière 和其开设的 Bret Brother 酒商，以及城堡酒庄 Château des Vinzelles，其 Les Petaux 为百年老树独占园，极为多酸有劲。洛榭村较知名的则有 Clos des Rocs 和 Domaine Tripoz。

◀ 普依–洛榭产区的 En Chanton 园

▲ 左：小巧的普依村以酒闻名，村名成为马贡内区最知名的葡
萄酒名称

　　右：凡列尔村接近苏茵平原，葡萄园位于朝东的山坡上

▶ 普依–凡列尔产区内的名园 Les Quarts

圣维宏
St. Véran

环绕在普依-富塞产区南北两侧的圣维宏是 1917 年才成立的产区，也一样只产白酒，是由多个村庄联合组成的村庄级法定产区。葡萄园的范围达 680 公顷，甚至跨越七个村庄，在南边靠近薄若莱有四个村子，由东往西有 Chânes、St. Véran、Leynes 和 Chasselas，北边主要有 Davayé 和 Prissé，还有一小块 6 公顷的葡萄园在 Solutré 村内。南区的四个村子最早发起联合升级的计划，北方的村子后来才加入，成为勃艮第唯一被分切开来的村庄级产区。在

这些酒村中以 Davayé 村产的霞多丽白酒最为知名，不过，最后为了名称比较响亮而选用圣维宏村为全区的名字。

在南半部的四个村子其实已经进入薄若莱产区，更精确地说，是马贡内区与薄若莱重叠的区域，虽有适合种植霞多丽的石灰岩层，但也掺杂着适合种植佳美葡萄的花岗岩区。在这些村中的葡萄园，如果种植佳美可酿成薄若莱红酒，如果种植霞多丽就成为 Mâcon Villages 或是圣维宏，当然，也可能酿成称为 Beaujolais Blanc 的薄若莱白酒。属圣维宏法定产区的葡萄园条件最佳，而面积也最小。圣维宏村本身甚至只有 25 公顷列级，其余大多种植佳美。

▲ 左上：圣维宏北侧的 Davayé 村是产区内的精华区

左下、中：Chasselas 村有陡斜的向阳坡，也是霞多丽与佳美皆佳

右：Leynes 村内的品酒中心

◄ 圣维宏南区的 Leynes 村虽较不知名，但也出产不错的霞多丽白酒，不过村内也有一些适合种植佳美的火成岩地

北面的 Davayé 和 Prissé，自然条件比较一致，主要是侏罗纪中期、晚期的石灰岩和泥灰岩，酿成的白酒和普依-富塞并无太多的差别，没有那么丰盛强劲，有较多的果味，也稍清爽易饮一些。事实上，圣维宏北区有许多葡萄园和普依-富塞完全相邻，通常只以村界相隔，并非有自然条件上的差异，特别是相当多的普依-富塞酒庄也生产酿造 Davayé 村的葡萄酒，更加提升了圣维宏北区的产酒水平。

圣维宏北区也有较多的葡萄园名称出现在标签上，如 Davayé 村的 Les Cras、En Crèches、Les Rochats、La Côte Rôtie 和 Prissé 村的 Le Grand Bussière。圣维宏的名庄主要集中在 Davayé，如 Domaine des Deux Roches 和 Domaine de la Croix Sénaillet，另外，葡萄酒业高级中学（Lycée Viticole de Davayé）也有附设的酒庄 Domaine des Poncetys，这家高职学校是勃艮第南区最重要的葡萄酒教学中心，许多酒庄庄主都从此校毕业。Pressé 村则有勃艮第南区酿造质量最佳的合作社 Vignerons des Terres Secrètes。南边的名庄较少，Leynes 村有 Rijckaert，Chasselas 村则有大型的城堡酒庄 Château de Chasselas。

▲ 左、右：维列−克雷榭产区靠近 Quintaine 区，以出产迟摘甚至贵腐型的霞多丽白酒闻名

维列−克雷榭
Viré-Clessé

霞多丽葡萄并不特别适合酿制成晚摘型的甜酒或贵腐甜酒。而维列−克雷榭则是目前少数出产霞多丽甜酒的地方。不过，这里主要生产的并非甜酒，而是不带甜味，但充满熟果香与口感肥美的白酒。这亦是由多个村庄所组成的村庄级产区，主要由维列和克雷榭这两个南北相邻的酒村组成。在 1998 年才由马贡−维列和马贡−克雷榭升级，不同于其他精英产区，维列−克雷榭独自位于马贡区北部，有近 400 公顷的葡萄园。

维列−克雷榭位于苏茵河平原边的第一道面东山坡，离河岸只有 3 公里。大部分的葡萄园位于海拔 200 米到 300 米的缓坡上，这些山坡多为石灰岩和泥灰岩质土壤，有非常好的受阳条件，温暖的气候让霞多丽相当容易成熟，常能有非常多的糖分，不须加糖就能超过 13% 的酒精度。酿成的霞多丽白酒有非常圆润可口的圆熟酒香，更有浓郁的甜熟果香。

至于迟摘的带甜味的霞多丽白酒，主要产自克雷榭村北边称为 Quintaine 的区域，酿造此类过熟型霞多丽的葡萄称为 Levrouté，葡萄通常转成棕色后才采收，糖分较高，有时甚至会长一些贵腐霉，让葡萄产生浓郁的香气。酿成的白酒中常带有一些残糖，因维列−克雷榭规定不可含有超过 3 克的残糖，所以此丰盛浓香类型的白酒原则上只能以 Mâcon Villages 销售，不过自 2006 年起已经可用特例方式称为维列−克雷榭。在特殊年份，甚至可以酿成浓甜的贵腐甜酒，不过生产它的酒庄并不多，Domaine de la Bongran 是其中最知名的一家。维列村的合作社 Cave Cooperative de Viré 是全马贡内区最重要的生产者，年产数千万升葡萄酒。

主要酒庄

Daniel, Julien et Martine Barraud
（酒庄 /Vergisson）

非常努力认真的葡萄农酒庄，由 Daniel 夫妻和儿子 Julien 一起经营。葡萄园采用有机种植，主要位于普依-富塞的 Vergisson 村和圣维宏的 Davayé 村。采用较大型的橡木桶发酵培养，酿成的霞多丽酒体劲道，非常有活力，而且每款都能精确地表现葡萄园特性，有不同风味的矿石与水果味，同时又都非常美味可口。是马贡内区的最佳酒庄之一，在 Vergisson 村有五款单一葡萄园，如细致精巧的 La Verchère、酸味与甜熟强烈对比的 Les Crays。

Château de Beauregard
（酒庄兼营酒商 /Fuissé）

位于富塞村北的历史名庄，自 19 世纪即为 Burrier 家族所有，现在负责经营的是第六代的 Frédéric-Marc。在 20 世纪初就已经自行装瓶，是勃艮第南部独立酒庄的先趋。自拥 42 公顷的葡萄园，包括许多普依-富塞的名园，如酒庄所在的 Vers Cras。在圣维宏，薄若莱的 Fleurie 和 Moulin à Vent 也都有葡萄园。除了酒庄亦经营酒商 Maison Joseph Burrier，在富塞镇上还开设品酒室 Oenothéque de Georges Burrier。因担任公会主席，Frédéric-Marc 同时也是普依-富塞一级园分级的最重要推动者。采用旧式的机械榨汁机，酿成的普依-富塞带有一点咬感，加上较熟的果味，浓厚有个性。

Domaine de la Bongran
（酒庄兼营酒商 /Clessé）

Thévenet 家族的 Bongran 酒庄是生产勃艮第高成熟度霞多丽白酒的专家，亦是甜熟的 Levrouté 风格最重要的守护者，辛苦地保留了马贡内区的珍贵传统。Quintaine 村的环境特殊，以低产量与有机方式种植，通过晚采收酿成独特的 Thévenet 甜熟风格，以圆润的口感与丰盛的糖渍水果与蜂蜜香气为招牌。现由第二代的 Jean 和 Gautier 兄弟一起经营 Bongran，并与另一家族酒庄 Emilian Gillet 共有 15 公顷的葡萄园。大多使用不锈钢桶，以 14℃低温长时间发酵，常耗时六个月以上，有时甚至超过一年半。即使是酿造干白酒，酒中也常留有一点甜味。虽然酸味似乎不多，但也颇能耐久，常能熟成出白松露般的香气，是勃艮第最独特的酒庄。一般干型酒称为 Cuvée Tradition。甜酒分为一般迟摘的 Levrouté 和最浓郁的贵腐甜酒 Botrytis 两种，后者只在特殊年份生产，甜度与酸味均高。

▲ Barraud 酒庄

▲ Martine Barraud

▲ Fréderic-Marc Burrier

▲ Stephanie Martin

Domaine de la Croix Sénaillet
（酒庄 /Davayé）

主要生产圣维宏白酒的精英酒庄，拥有 20 公顷的葡萄园，主要在 Davayé 村内。虽然大多以不锈钢桶酿造，以机器采收，但仍然酿出保有精确葡萄园风格的白酒，而且也颇耐久，如圣维宏朝北的 Les Rochats 和酒庄边的 Les Buis，现由第二代的 Stéphane 和 Richard Martin 兄弟共同经营，目前已采用有机种植。

Domaine des Deux Roches
（酒庄兼营酒商 /Davayé）

位于 Davayé 村外，拥有超过 30 公顷的葡萄园，主要位于 Davayé 和 Prissé 村，在法国南部 Limoux 产区亦有葡萄园，同时设有酒商 Collovray & Terrier，生产价格实惠的可口白酒。由 Jean-Luc Terrier 和妹夫 Christian Collovray 合作经营，葡萄大多使用机械采收，除了单一葡萄园的圣维宏和普依-富塞外全采用不锈钢槽发酵培养，以干净的果味和明晰的口感为特色。但其单一葡萄园亦颇具特色，如多石少土的 Les Cras 和 Les Terres Noires 葡萄园，全部在橡木桶中发酵培养，并采用三分之一的新桶，有更厚实坚硬的酒体。

Domaine J. A. Ferret-Lorton
（酒庄 /Fuissé）

普依-富塞区内最重要的老牌历史名庄，女庄主 Colette Ferret 过世后，成为博讷酒商 Louis Jadot 的产业，但仍维持原酒庄名，并指派女酿酒师 Audrey Braccini 延续这家标志性的典范酒庄。14.5 公顷的葡萄园主要在富塞村内，虽在 Vergisson 村有 4 公顷，但在 Colette Ferret 时期全都卖给酒商，现在也独立酿成非常锋利剔透的个性白酒。不过最知名的是 Fuissé 村的四片单一葡萄园，全都位于村子西边最精华的面东山坡上，包括称为 Hors Classes 等级的 Les Ménétrières 和 Tournant de Pouilly，以及称为 Têtes de Cru 等级的 Les Perrières 和 Le Clos，前者位于中坡突然转朝东南的多石地带，后者则是教堂边又称为 Le Plan 的葡萄园。这四款酒全在木桶中发酵，约采用 20% ～ 30% 的新桶，但各有风格，但都非常浓厚，配上相当坚硬强力的酸味，足以比拟大部分默尔索村的一级园。

Eric Forest（酒庄 /Vergisson）

Vergisson 村内的新锐酒庄，最佳的葡萄园也都位于村内，采用自然动力种植法，全都采用木桶发酵，越来越少搅桶，培养一年多之后才装瓶。最知名的单一园 Les Crays 有酸紧的矿石风格，混调的 L'Ame Forest 则是混调 La Côte 和 Tillier 两片葡萄园而成，有豪华多变的香气与完美均衡的口感。

▲ Ferret-Lorton 酒庄

▲ Audrey Braccini

▲ Eric Forest

▲ Château Fuissé

Château Fuissé（酒庄兼营酒商 /Fuissé）...........

普依–富塞最具代表性的历史酒庄。自 1852 年创立至今，拥有 30 公顷葡萄园，包括富塞村内知名的 Le Clos、Les Brûlés 和 Les Combettes 三片名园。由 Jean-Jacques Vincent 和其儿女经营，酿酒则由 Eric Vieux 负责。三片单一葡萄园全在橡木桶中发酵培养，各有特色，Les Combettes 石多土少且朝北，酒风较细腻多矿石味，中低坡的 Les Brûlés 相当浓厚有力，直接位于城堡旁的 Le Clos，则相当浓郁圆润。但以精选老树酿成的 Viellles Vignes 不只最浓厚，也最为均衡协调。除了酒庄酒，还成立酒商 J.J. Vincent 酿造马贡内区的白酒。

Domaine Guffens-Heynen（酒庄 /Vergisson）.....

来自比利时的 Jean-Marie Guffens 落脚马贡南区已经四十多年，1979 年从 Pierreclos 村的一小片葡萄园开始，创立 Domaine Guffens-Heynen 酒庄，现在拥有 5.3 公顷的葡萄园，包括 Vergisson 和 Davayé 两村的最佳葡萄园，如 Vergisson 的 Sur La Roche、Les Croux 和 Les Crays，让 Vergisson 这个海拔较高也不太知名的普依–富塞村庄通过 Guffens 的酒开始受到关注。1990 年继续成立专精于勃艮第白酒的酒商 Verget，生产北起夏布利南至马贡区的勃艮第白酒，1997 年在普罗旺斯还成立了另一家酒庄。Jean-Marie 一开始采用博讷丘的酿酒方式，如橡木桶发酵培养和搅桶来酿

造马贡区的白酒，因此引来许多注意。因为偏好较高海拔的葡萄园以保有更多的酸味，配合马贡区更为圆润的口感，以及木桶发酵所增添的香气与厚实质地，形成了一种相当独特的霞多丽风格。他的成功也启发了许多追随者，如 Olivier Merlin、Jean Rijckaert 和夏布利的 Patrick Piuze 都已经开设自己的酒庄。

Guillot-Broux（酒庄 /Cruzille）...........

专精于 Mâcon Cruzille 的酒庄，葡萄园采用有机种植，红酒和白酒皆佳。单一葡萄园的白酒如 Les Combettes 和 Les Genievrières 有非常强劲的清新酸味，以整串佳美葡萄酿造的 Beaumont 红酒则较淡雅细致。

Domaine des Héritiers du Comtes Lafon（酒庄 /Milly-Lamartine）...........

由默尔索村的明星酒庄 Domaine des Comtes Lafon 于 1999 年在马贡区建立的酒庄，自有 14 公顷的葡萄园并代酿 Château de Viré。葡萄园主要位于西南边的 Milly-Lamartine 和北边的 Uchizy 两村及邻近地区，主产 Mâcon Villages 和 Viré-Clessé 的白酒，大多在不锈钢桶或大型橡木桶中发酵。有多款单一葡萄园，包括风格非常优雅的 Mâcon Milly-Lamartine Clos du Four。

▲ Jean-Marie Guffens

▲ Verget

▲ Jean Rijckaert

▲ Fabio Gazeau-Montrasi

Merlin（酒庄兼营酒商 /La Roche-Vineuse）

由 Olivier Merlin 创立的精英酒庄，亦有部分为酒商酒。虽然也产薄若莱红酒与多款非常精彩的普依-富塞白酒，但在 Mâcon Villages 的 La Roche-Vineuse 村内的白酒却是招牌，如皆在橡木桶中发酵培养的 Vielles Vignes 和 Les Cras。

Domaine Rijckaert（酒庄兼营酒商 /Leynes）

Jean Rijckaert 曾为 Jean-Marie Guffens 的助手，后来在圣维宏南区的 Leynes 独立成立酒庄，同时也采买葡萄酿造马贡内各区的酒商酒，甚至在 Jura 产区内也有另一家酒庄，无论酒商酒还是酒庄酒都颇具水平，相当浓但又多酸均衡。他认为在圣维宏南区也有不错的葡萄园，只因到此开发的各庄较少，才较少受关注。在酿造上采用缓慢榨汁但快速除渣、全在橡木桶中长时间发酵培养的方法，通常需要十五个月或更久。

Château des Rontets（酒庄 /Fuissé）

位于富塞村山顶的城堡酒庄，庄主 Claire 和 Fabio Gazeau-Montrasi 夫妇都是建筑师出身，1994 年才开始重整家族酒庄，6 公顷的独占园 Le Rontets 位于城堡旁的山顶树林间，采用有机种植。葡萄整串压榨，全在木桶中发酵，熟成十二至二十二个月之后才装瓶。同一园中分三区酿造，Clos Varambon 多酸有劲，带有海水气息，Pierre Folle 充满热带水果香气，Birbette 则厚实饱满。另有薄若莱的圣艾姆，生产柔和可口的红酒。

Domaine Saumaize-Michelin（酒庄 /Vergisson）

采用自然动力种植法的名庄，由庄主 Roger Saumaize 种植酿造，葡萄园主要在 Vergisson 和 Davayé 村内，有多款精确酿造的单一葡萄园。例如，Le Haut de Crays，其混合调配的酒款，如 Vigness Blanches，甚至更加均衡多变化。

Domaine de la Soufrandière（酒庄兼营酒商 /Vinzelles）

由 Jean-Philippe Bret 和弟弟 Jean-Guillaume 回乡接手家族葡萄园后创立的精英酒庄，全部采用自然动力种植法，在凡列尔村内最知名的 Les Quarts 拥有 4 公顷的葡萄园，虽然自 2000 年才开始自酿，但已经是村内最精彩的酒庄。另开设小型的精英酒庄 Bret Brother，小量精酿马贡内区各地的白酒。其 Les Quarts 相当浓厚有劲，且精致多变带矿石气，为酒庄招牌，但其酒商酒水平甚至更胜酒庄酒。亦生产普依-凡列尔和极少见的贵腐甜酒 X-Taste，甜酸均衡，带花果香。

Céline & Laurent Tripoz（酒庄 /Loché）

洛榭村内实行自然动力种植法的葡萄农酒庄，有非常均衡可口的马贡-洛榭和普依-洛榭，以及

▲ Jean-Philippe（左）和 Jean-Guillaume Bret

▲ Domaine de la Soufrandière

▲ Tripoz 酒庄

▲ Château de Vinzelle

更有个性的马贡-凡列尔。自 1999 年起自产气泡酒，该种酒在手工除渣后完全不加糖，但非常均衡可口且多果香。

Domaine Valette（酒庄 /Chaintré）

Chaintré 村内唯一的名庄，现由第二代的 Baptiste 和 Philippe 兄弟接手管理酒庄，葡萄园采用有机种植，酿造时不使用二氧化硫，以自然酒的方式酿造，木桶培养的时间也较长。酿成的普依-富塞浓郁多酸，相当有力量，均带有苹果香气。Clos de Monsieur Noly 是招牌。

Verget（酒商 Sologny, 见 Guffens-Heynen）
Clos des Vignes du Maynes（酒庄兼营酒商 / Cruzilles）

历史悠久的有机种植酒庄，拥有曾为 Cluny 修会所有的 7 公顷同名葡萄园，自 20 世纪 50 年代 Guillot 家族买下酒庄后才开始采用有机种植，现在更以自然动力种植法耕种，酿造时几乎完全不添加二氧化硫。负责管理的是第三代的 Julien Guillot。不同于其他马贡区的酒庄，Clos des Vignes du Maynes 主要以红酒闻名，红酒产量甚至占总产量的三分之二，风格颇为优雅，其中以 100% 的佳美葡萄酿成的 Mâcon Cruzille Manganite 质地最为细致，并带有迷人的矿石香气。亦采买葡萄酿造一些相当典型的维列-克雷榭白酒。

Nicolas Maillet（酒庄 /Verzé）

Verzé 村内的精英酒庄，7 公顷的葡萄园都位于村内与北邻的 Igé 村，全部采用有机种植，只使用原生酵母，不锈钢桶发酵培养，不使用木桶。酒风优雅、有劲、非常独特、有个性，Nicolas 相信村内的葡萄园绝对可以媲美博讷丘的顶级葡萄园，其以 80 年老树酿成的 Le Chemin Blanc 质地精致轻巧即为实证。

Jean-Pierre Michel（酒庄 / Clessé）

位于 Quintaine 的新锐酒庄，拥有 Quintaine 与 Clessé 村 8.5 公顷的葡萄园，但却分散达 80 片，酿造颇多样的酒款。采用原生酵母，培养一年以上，大多经木桶培养。酒风较为圆熟浓缩，但都有极佳的酸味与均衡感，相当讨喜、易懂。除了不甜的白酒，也生产晚熟、带一点甜味的霞多丽白酒，如 Terroir Quintaine 和 Cuvée Melle 等。

▲ Julien Guillot

▲ Philippe Valette

▲ Château Fuissé 的名园 Le Clos

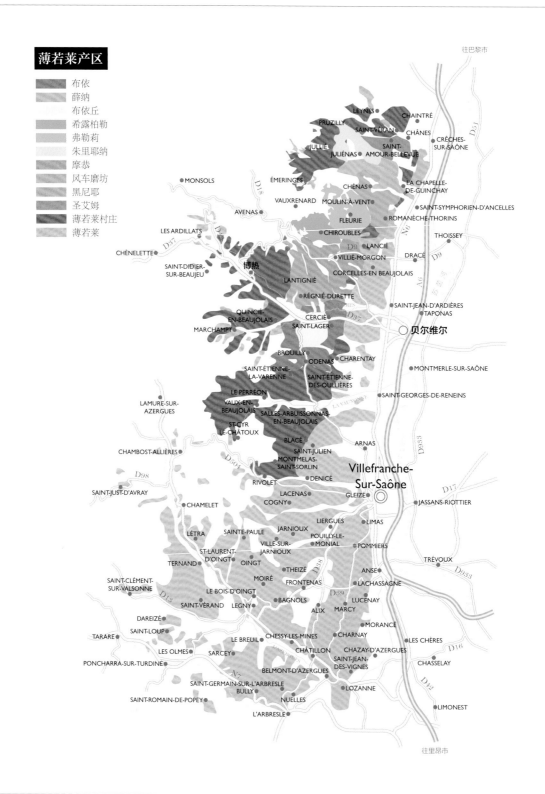

薄若莱产区

- 布依
- 薛纳
- 布依丘
- 希露柏勒
- 弗勒莉
- 朱里耶纳
- 摩恭
- 风车磨坊
- 黑尼耶
- 圣艾姆
- 薄若莱村庄
- 薄若莱

往巴黎市

LEYNES
CHAINTRÉ
PRUZILLY
SAINT-VÉRAN
CHÂNES
CRÈCHES-SUR-SAÔNE
JULLIÉ
JULIÉNAS
SAINT-AMOUR-BELLEVUE
MONSOLS
ÉMERINGES
CHÉNAS
LA CHAPELLE-DE-GUINCHAY
VAUXRENARD
MOULIN-À-VENT
SAINT-SYMPHORIEN-D'ANCELLES
AVENAS
FLEURIE
ROMANÈCHE-THORINS
LES ARDILLATS
CHIROUBLES
THOISSEY
CHÉNELETTE
博热
LANCIÉ
VILLIÉ-MORGON
DRACÉ
SAINT-DIDIER-SUR-BEAUJEU
LANTIGNIÉ
CORCELLES-EN-BEAUJOLAIS
RÉGNIÉ-DURETTE
SAINT-JEAN-D'ARDIÈRES
QUINCIÉ-EN-BEAUJOLAIS
CERCIÉ
TAPONAS
MARCHAMPT
SAINT-LAGER
贝尔维尔
BROUILLY
CHARENTAY
ODENAS
SAINT-ÉTIENNE-LA-VARENNE
SAINT-ÉTIENNE-DES-OULLIÈRES
MONTMERLE-SUR-SAÔNE
LE PERRÉON
VAUX-EN-BEAUJOLAIS
SALLES-ARBUISSONNAS-EN-BEAUJOLAIS
SAINT-GEORGES-DE-RENEINS
LAMURE-SUR-AZERGUES
ST-CYR-LE-CHÂTOUX
BLACÉ
ARNAS
CHAMBOST-ALLIÈRES
SAINT-JULIEN
MONTMELAS-SAINT-SORLIN
Villefranche-Sur-Saône
RIVOLET
DENICÉ
SAINT-JUST-D'AVRAY
LACENAS
GLEIZÉ
JASSANS-RIOTTIER
CHAMELET
COGNY
LIERGUES
LIMAS
LÉTRA
SAINTE-PAULE
JARNIOUX
POUILLY-LE-MONIAL
POMMIERS
ST-LAURENT-D'OINGT
VILLE-SUR-JARNIOUX
TRÉVOUX
TERNAND
OINGT
THEIZÉ
ANSE
SAINT-CLÉMENT-SUR-VALSONNE
MOIRÉ
FRONTENAS
LACHASSAGNE
LE BOIS-D'OINGT
BAGNOLS
LUCENAY
SAINT-VÉRAND
LEGNY
ALIX
MARCY
DAREIZÉ
MORANCE
TARARE
SAINT-LOUP
LE BREUIL
CHESSY-LES-MINES
CHARNAY
LES CHÈRES
LES OLMES
SARCEY
CHÂTILLON
CHAZAY-D'AZERGUES
CHASSELAY
PONCHARRA-SUR-TURDINE
SAINT-JEAN-DES-VIGNES
BELMONT-D'AZERGUES
SAINT-GERMAIN-SUR-L'ARBRESLE
BULLY
NUELLES
LOZANNE
SAINT-ROMAIN-DE-POPEY
LIMONEST
L'ARBRESLE

往里昂市

第六章

薄若莱

Beaujolais

薄若莱是否该成为勃艮第的一部分？答案虽是肯定的，但并非没有争议。无论如何，薄若莱都属于大勃艮第产区（Grande Bourgogne）的一份子，但许多勃艮第酒商称薄若莱是堂兄弟而非真正的至亲。

薄若莱因为新酒而渐失名声，这让这个非常独特，而且相当迷人的葡萄酒产区背负了误解与恶名。身为一个薄若莱葡萄酒的爱好者，我希望通过这一个新增的章节，让读者进一步认识这个全然奉献给佳美葡萄的法国酒乡。

▼ 不只是酒，薄若莱酒乡的风景与人情也和那里产的酒一样，容易亲近又非常迷人

薄若莱虽然在法国葡萄酒分区上属于勃艮第的一部分，但大部分谈勃艮第葡萄酒的专著都直接略过薄若莱。在开始谈论这个迷人的葡萄酒产区之前，也许该先说明为何薄若莱会出现在这里。确实，无论从文化、历史还是葡萄酒风格来看，薄若莱都自成一区。不过，它与勃艮第也并非全然没有关联。如薄若莱跟勃艮第南部的马贡内区曾属于同一个酒商系统，也有一部分的薄若莱葡萄园位于勃艮第境内；又如许多薄若莱区内的葡萄园也可以生产Bourgogne等级的葡萄酒。无论如何，薄若莱自有法国法定产区制度以来，就属于大勃艮第的一部分，这个名词虽是新近才被特别强调，却颇为合用，因为薄若莱与勃艮第之间的关系其实是若即若离的。实际的情况有些复杂，感兴趣的人可以参考篇末附加的注释。

薄若莱南北长达55公里，东西宽达20公里，种植多达2万公顷的葡萄，和勃艮第合起来成为一个将近5万公顷的葡萄园大型产区。相较于勃艮第，薄若莱最独特的地方在于这是一个全然属于佳美葡萄（见第一部分第二章）的国度。勃艮第虽然也种佳美葡萄，但只种在条件最差的葡萄园，因为最佳的山坡全都种植黑皮诺。但在薄若莱，所有最好的土地全都保留给佳美葡萄。这个口味特别柔和的葡萄品种其实也是黑皮诺的后代，有着一半的黑皮诺基因，甚至很有可能也是原产自勃艮第的品种，后来才引进薄若莱种植。

因为薄若莱只种植佳美葡萄，所以薄若莱红酒向来就以清淡易饮闻名，常散发着新鲜的红色浆果与芍药花香。因价格平实，薄若莱是亲切可口的法国国民酒，在法国两大城——巴黎或里昂的老式小酒馆里点一杯红酒，大多数时候喝的都是薄若莱。薄若莱是日常饮用红酒时首选的佐餐酒，无论是佐海鲜还是肉类的料理，都颇为合适。也许年轻时太鲜美、太平易近人了，薄若莱很少被视为精致的顶级珍酿，其陈年潜力更是完全被忽视。其实，口味均衡多酸的佳美葡萄，除了是完美的日常佐餐酒，还具有久藏的潜力，在瓶中经过一些时日的培养，也能发展出丰富多变的陈年酒香，甚至具有接近陈年勃艮第红酒的风味。

不过，适合年轻早喝的特性让薄若莱生发出颇独特的新酒商机。法国的法定产区法令规定，每年生产的葡萄酒必须在当年11月的第三个星期四才能开始贩卖。1951年，薄若莱开始

在这一天推出当年酿成的新酒，一开始只在里昂市的酒吧间形成风潮。因颇为新奇，20世纪70年代之后陆续在巴黎、伦敦、纽约和东京等国际大都市流行起来，到了1985年，已经有超过一半的薄若莱葡萄酒全都酿成新酒。因为生产新酒，薄若莱成为葡萄酒世界中相当知名的名字，仅次于波尔多和香槟，甚至超过勃艮第。不过，新酒的成功也带来新的负担，纯粹只为好玩和应景而存在的新酒，为了赶早上市，少有酿成风味细致的佳酿，大部分流于商业化，缺乏真诚与灵魂，让葡萄酒迷们对薄若莱日渐失去尊重之心，也更常让人忽略了薄若莱也产一般的可口红酒，以及更复杂多变且具耐久潜力的精致红酒。

有流行的时候，自然就会有过时不流行的时候，新酒市场的高低起伏也许正是最好的明证。一些不产新酒的薄若莱酒业，也因此常受殃及，这确实颇为可惜，毕竟，现在能生产柔和可口却又精致耐久，充满地方特色且价格平实的葡萄酒产区已经越来越少见了。薄若莱主要的葡萄园一直还是采用传统的杯形引枝法，葡萄像小树一样生长，必须仰赖人工种植，在采收上也依旧禁止使用机器，是相当传统且采用手工艺式生产的产区。如此辛苦种植的葡萄却用来酿成新酒，似乎有些不值，特别是新酒的酿造常运用一些特殊技术，让酒更具短暂的好卖相，却也常常扭曲葡萄原本的特性。也许，必须先忘记新酒才能看见薄若莱最迷人的一面。

薄若莱与马贡内区南边接壤，同样位于苏茵河右岸的山区，不过自然条件却和勃艮第各区不同。它比马贡内区受到更多地中海的影响，气候更为温暖，葡萄园可以从海拔200米爬升到450米以上，降水量也比较高。最特别的是，薄若莱的北部山丘因新生代第三纪的造山运动将地底的岩层抬升，开始出现坚硬的花岗岩与页岩等年代更久远的火成岩层。虽然在离勃艮第较远的薄若莱南部又转为和勃艮第相同的石灰岩山丘，但是这一段的花岗岩区已经成就了全世界最精华的佳美红酒产区。这些花岗岩山坡上大多覆盖着风化崩裂的粉红色粗沙，混合着长石和云母的沙中也掺杂着一些黏土，构成非常贫瘠但排水性佳的土壤，特别适合种植出产量低、皮更厚的佳美葡萄，酿成有更多涩味、更具个性的薄若莱红酒。

薄若莱的名字源自山区的博热（Beaujeu），但最大的城市却是位于苏茵河畔的Villefranche-sur-Saône市。大约从此城市北边开始，花岗岩层开始消失，往南的山丘又恢复成以侏罗纪沉积岩层为主，葡萄园多由石灰质黏土构成，土多石少，较肥沃，也具有较佳的保水性。种在这边的佳美葡萄比较容易生长，产量也恢复正常，皮也薄一些，较多汁，酿成的红酒比较柔和可口。不过南区的岩层变动比较复杂，有一些页岩或火成岩区，其实也可以酿出水平颇佳的佳美红酒（见第一部分第一章）。

除了使用佳美葡萄与自然环境的影响，薄若莱的酒风也和本地独特的二氧化碳浸皮法有关（见第二部分第四章）。整串葡萄在密闭的酒槽中酿造，因皮与汁少接触，皮中的单宁更少释出，酿成的酒质地更加柔和，而浸皮过程中葡萄果粒保持完整，也常能让佳美葡萄散发出非常奔放的果香。黑皮诺虽然也常采用整串的葡萄酿造，不过很少在封闭式的酒槽进行，浸皮的时间也比较长，同时葡萄粒也常在后来的踩皮过程中破裂，释出葡萄汁，和薄若莱更

▲ 不位于薄若莱北部的特级村庄 Régnié 村

封闭的酒槽与较少踩皮的酿法不同。不过，现在薄若莱的酿造方式也变得越来越多样，将葡萄全部去梗的操作也越来越常见，许多勃艮第的黑皮诺酿酒法也逐渐被引进。薄若莱是不添加二氧化硫酿造的自然酒的重要发源地，此法后来也成为薄若莱的特色，二氧化碳浸皮法本身也让这种较具风险的酿法更容易成功，区内自然酒酒庄的比例较法国其他地方更高。

● 薄若莱的分级

薄若莱区内除了和勃艮第相关的法定产区，如 Bourgogne Gamay、Bourgogne Chardonnay 和 Coteaux Bourguignon 外，自有十二个法定产区，依据产酒的条件，将其共分为三个等级，和勃艮第马贡内区有些类似，但也有不同的地方，其中最关键的是，只有两个法定产区可以生产新酒。最低等级的产区直接称为 Beaujolais，主要位于南部的石灰岩区和较肥沃的低坡区，产区的范围最广，超过 7,600 公顷，40% 的葡萄园属此等级，也是生产最多新酒的区域。这一区的石灰质黏土也颇适合种植霞多丽葡萄，可酿造少见的薄若莱白酒（Beaujolais Blanc），有些条件较佳的村庄所产的白酒甚至可以贴上"Bourgogne 白酒"销售。

在北部的精华区内，有三十八个村庄共 5,300 公顷的葡萄园被列级为"薄若莱村庄"（Beaujolais Villages），约占全区 28% 的葡萄园面积。此等级的薄若莱主要产自较贫瘠的

花岗岩区，酒风通常较一般的薄若莱酒浓厚一些，也多一些涩味和个性。此等级的酒也可产新酒，但大约只占四分之一。最高等级的薄若莱称为薄若莱特级村庄（Crus de Beaujolais），一共有十个村庄属此等级，共计 6,100 公顷的葡萄园，全都位于北部的精华区内，由北往南分别为 St. Amour、Juliénas、Chénas、Moulin à Vent、Fleurie、Chiroubles、Morgon、Régnié、Brouilly 和 Côte de Brouilly。它们各自成为独立的法定产区，葡萄园面积共计约占全薄若莱的三分之一。

薄若莱并没有一级园，而且也较少保留单一葡萄园名，较常见的是分成范围较大、称为 lieu-dit 的区域，如 Morgon 村的 Côte du Py 区或弗勒莉村的 Grille-Midi 等。薄若莱酒业公会已经开始进行葡萄园列级的计划，不过还处在最初步的分析葡萄园自然条件阶段。Antoine Budker 曾在 1874 年针对薄若莱、马贡内和夏隆内三个产区的葡萄园进行分级，这一分级后来成为马贡市酒商公会与公商会的参考指标。此份名单以 lieu-dit 为单位，共分为五级，最高为一级。在薄若莱有八十多个村庄，共两百多个 lieu-dit 列级，其中只有二十二个被列为一级，分属七个村庄，以弗勒莉村最多，共有 Les Moriers、Le Point du Jour、La Riolette、Chapelle du Bois、Le Vivier、Le Garrand 和 Poncié 七个，全都位于村子北边，靠近 Moulin à Vent 产区附近。第二多的是薛纳村，有四个

被列为一级，分别为 Roch-Gré、Les Caves、La Rochelle 和 Les Vériats，此四园现在也都属于 Moulin à Vent 的产区。这一分级虽然不完全与现在的情况相合，但也颇为接近，具有参考价值。

跟勃艮第一样，薄若莱有非常多的葡萄农庄园，总数多达 3,000 家，但不同的是，有一半的葡萄农直接将葡萄卖给合作社，自己不酿酒。即使自己酿酒的酒庄也将大部分或全部卖给酒商，由酒庄独立装瓶上市的薄若莱反而比较少，仅有四分之一，主要集中在薄若莱特级村庄区内。近年来，薄若莱区内也开始出现酒庄联盟，通过集体的方式来推展销售独立酒庄的葡萄酒，如有二十六家酒庄结盟的 Terroirs Originels、十三家酒庄的 Terroir et Talents 和十家酒庄组成的 Signature et Domaines。至于酿酒合作社现在有十六家，每年酿造全区三分之一的葡萄酒，比较知名的包括规模最大、位于南部的 Cave de Vigneron de Bully，北部有 St. Jean d'Ardières 村内的 Cave de Bel-Air、弗勒莉村的 Cave de Fleurie，以及薛纳村的 Cave du Château de Chénas 等，后者因为规模较小且位于最精华区，所以是薄若莱区内酿酒水平最高的一家。

不过，最常见到的薄若莱葡萄酒，主要还是来自酒商、酒庄和合作社，薄若莱自行装瓶的比例并不高，大多还是桶装卖给共约一百八十一家酒商，其中除了薄若莱当地的酒商外，也有相当多的勃艮第酒商。位于 Romanèche-Thorins 村的 Georges Duboeuf 是薄若莱最大也最具影响力的酒商，其他较知名的包括 Belleville 镇上的 P. Ferraud & Fils 和 La Chapelle-de-Guinchay 村的 Loron & Fils 等。也

有一些本地的酒商成为勃艮第酒商的产业，如 Louis Latour 拥有的 Henry Fessy 和 Boisset 拥有的 Mommessin。另外，也有小型的精英酒商，如 Trenel 和 Maison Coquard。

薄若莱特级村庄
Crus de Beaujolais

1963 年到 1983 年间，在法国法定产区创立初期，薄若莱将八个最知名的产区独立设置为村庄级法定产区，统称为薄若莱特级村庄，1946 年新增了圣艾姆，1988 年又增加 Régnié，成为十个。这些产区大多以区内最知名的酒村命名，不过也有一些例外，如 Côte de Brouilly 是以一个圆型山丘命名。

圣艾姆
St. Amour

位于最北边的圣艾姆已是火成岩区的尽头，村北跨过 L'Arlois 河谷，马上进入马贡区的白酒产区。因较靠近平原区，葡萄园的坡度比较平缓，也稍肥沃一些，主要位于海拔 300 米高的小台地与朝南的缓坡，多位于硅质黏土上。圣艾姆村的 Amour 一词有爱情的意思，常被用来当作情人节礼物，特别是村内有几片名字颇特殊的葡萄园，如天堂园（En Paradis）

▶ 上左、上中、上右：仅因为名字浪漫，圣艾姆成为最容易销售、价格也最高的薄若莱，不过质量却不一定相符

中左、中中、中右：Juliénas 是薄若莱北部的最精华区

下左、下右：Chénas 的酒风严谨结实，其实村内的精华区几乎都划入 Moulin à Vent 的产区内，两区的酒风颇为神似

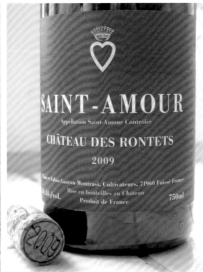

和疯迷园（La Folie）。不过，也因为光靠村名就相当容易销售，拥有 322 公顷葡萄园的圣艾姆村内并没有太多名庄，酿成的精致酒款也比较少见。

朱里耶纳
Juliénas

偏西侧的朱里耶纳村位于 L'Arlois 河谷更上游的两侧，有 595 公顷的葡萄园，西边是精华区，位于 Bessay 山下整片朝东南的山坡上，布满贫瘠粗犷的花岗岩，也有一些页岩，葡萄园甚至爬升到海拔将近 470 米的山顶，是薄若莱最北边的精华区，酒风结实也颇优雅。在 19 世纪的分级中有三片一级园 Les Chières、Les Mouilles 和 Les Capitains，后两者位于村子往圣艾姆的方向。东边稍低平，为中生代的沉积岩层，表土浅，带黏土质。虽然自然条件极佳，但村内的名庄不多，让朱里耶纳较少受到关注。较知名的有老牌的 Domaine du Clos du Fief 和新晋的 Domaine David-Beaupère，另外 Georges Duboeuf 在区内拥有 Château des Capitains，经常酿成均衡细腻的精致酒款。

薛纳
Chénas

薛纳村本身及村内最精华的葡萄园都归入风车磨坊产区，而属于薛纳产区的葡萄园反而偏处村子北边 L'Arlois 河谷南北两侧的台地上，其中大部分的葡萄园其实位于 La Chapelle-de-Guinchay 村内。因大多并入风车磨坊，薛纳的葡萄园面积只有 242 公顷，是薄若莱最小

的法定产区，主要位于风车磨坊北边的缓坡台地，有一部分甚至略朝北。西边的海拔较高，有较多的花岗岩沙，酒风类似风车磨坊，有时甚至有更强的涩味；东边海拔低处则多硅质黏土，产口感较柔顺的红酒。因邻近薄若莱最知名产区，区内的名庄较多，如 Pascal Aufranc、Hubert Lapierre、Domaine des Rosiers 和来自夜丘的 Thibault Liger-Belair 等，村内的 Cave du Château de Chénas 是薄若莱全区水平最高的酿酒合作社，但主要生产的却是风车磨坊红酒。

风车磨坊
Moulin à Vent

薄若莱区内最知名的产区，以最为结实多涩，也最耐久的佳美红酒闻名。共有 644 公顷的葡萄园位于薛纳和 Romanèche-Thorins 两村内。Romanèche-Thorins 村由位于低坡的 Romanèche 村和中坡的 Thorin 村组合而成。Thorin 村以产酒闻名，在 19 世纪时被列为一级，在山坡稍低一点的葡萄园中有一架风车矗立，称为风车园，亦为一级，1936 年成立法定产区时舍村名而采用此园名作为全区的名字。邻近风车的区域确实是薄若莱的最精华区，南邻的 Le Carquelin 同样曾列为一级园，这片面东与向南的山坡上到处都是粉红色的花岗岩粗沙，非常贫瘠，酿成的佳美红酒特别浓厚强劲，有相当严谨的单宁结构。

Romanèche-Thorins 村稍下坡一点的区域有比较多的黏土，表土也较深，酿成的佳美红酒则较为柔和圆润一些。Romanèche-Thorins 村曾是法国重要的锰矿产区，许多人认为此区的葡萄园中含有许多锰矿才造就了佳美在村内的

▲ Clos du Moulin 是风车磨坊的最精华区

独特风格，但地质专家认为，锰矿在地底 80 米深处，并不会对葡萄园产生太多的影响。

而薛纳村的风车磨坊葡萄园则位于 Thorin 村西侧海拔较高的山坡上，葡萄园一直爬升到 400 米，也一样是朝东，但在南边靠近弗勒莉村一侧转为朝东南。此区整片山坡都是纯粹的粉红色花岗岩层，表土浅，贫瘠多石，干燥又全面朝阳，亦是精华区，Roch-Gré、Les Caves 和 La Rochelle 等名园都位于这一区。此区的酒庄在酿造佳美时，浸皮的时间比较长，也常在酒槽内放置木制的格架，迫使葡萄皮与葡萄汁完全地泡在一起以萃取出更多的单宁。而较多的涩味也让风车磨坊的红酒更适合进行橡木桶培养，让佳美红酒有更复杂的香气变化。

因是名产区，风车磨坊区内有最多的知名 lieu-dit 或葡萄园，酒庄也较常酿造单一葡萄园的红酒，并在标签上标示葡萄园名，如 Thorin 和 Le Carquelin 等。有相当多名厂集聚在 Romanèche-Thorins 村内，如规模最大也最知名的酒商 Georges Duboeuf 便位于 Romanèche 村，邻近铁路边，并设有法国规模最大的葡萄酒博物馆 Harmeau du Vin。Château des Jacques 是薄若莱的第一名庄，现为博讷酒商 Louis Jadot 所有，也位于村内相隔不远的地方。其他较知名的酒庄还包括 Paul et Eric Janin、Richard Rottiers 和 Domaine Labruyère 等。

弗勒莉
Fleurie

弗勒莉位居所有薄若莱特级村庄的中心，和北边的风车磨坊及南边的 Morgon 共同组成全球最精华的一片佳美红酒产区。弗勒莉村产的红酒风格似乎介于强硬坚实的风车磨坊与丰厚饱满的 Morgon 之间，以均衡与精致为特长，也可能更加优雅一些。弗勒莉的红酒在 19 世纪时曾经相当知名，村内也有最多被评为一级的葡萄园。酒价与葡萄园的价格曾经接近勃艮第夜丘区的名园，如 1889 年博讷酒商 Bouchard P. & F. 曾用接近梧玖庄园的价格买下弗勒莉村的 Château Poncié，此园当时即为村内六片一级园之一。

不同于其他产区大多联结数个村庄而成，Fleurie 的 862 公顷葡萄园全位于同名的村内，虽然葡萄园相当广阔，但同构性却相当高，特别是在地下岩层与土壤结构上，村子周边一直到山顶的葡萄园，全都是带白色长石与黑色云母的粉红色花岗岩及其风化成的花岗岩沙，但也有些例外，如与 Moulin à Vent 相邻的 La Riolette，主要为混合着石块的砂质黏土。村内葡萄园大多朝东，但村子南北各有较深的河谷切过，出现一些朝南的山坡，如南边的 Les Raclets 和北边的 Poncié 与 Les Garants。因位置偏西，Fleurie 的海拔稍高一些，而且有多达 250 米的垂直差距，从最低处 Le Vivier 的 220 米，爬升到山顶将近 470 米。

弗勒莉村内有十三个知名的 lieu-dit 会标示在酒标上，如村北与 Moulin à Vent 产区交界的 Poncié、Les Moriers、Les Garrand、Le Point du Jour、La Riolette 和 Le Vivier，也有村南的 La Chapelle des Bois、村子东边低坡处的 Champagne、山顶高处的 Les Labourons 等，不过，还有一些不在名单内的名园，如位于村子上方圣母小教堂周边极为陡峭地段的葡萄园 La Madone。村内也

▶ 上左、上右：La Madone 教堂是弗勒莉村山顶上的地标

下：Poncié 是弗勒莉村北的精华区

▼ 左：风车磨坊极为贫瘠的粉红色花岗岩沙地，让佳美葡萄常能结成皮厚多单宁的葡萄

中：风车磨坊产区以酿造最坚固结实的佳美红酒闻名

▲ 左、右：希露柏勒村的海拔高，酒体轻盈，非常迷人

有颇多酒庄，较知名的有 Domaine Chignard、Clos de la Roilette、Domaine Métrat et Fils、Domaine de la Madone、Clos de Mez、Domaine de la Grand Cours 和 Villa Ponciago。

希露柏勒
Chiroubles

偏处西边的希露柏勒村有山间小村的幽静气氛，村内只有七十多位葡萄农和 359 公顷的葡萄园。此村亦是海拔最高的薄若莱特级村庄，葡萄园从海拔 250 米爬升到 450 米。此村气候比较冷凉，佳美成熟较慢，酿成的红酒特别地轻巧新鲜，是所有产区中酒体最清淡、口感最柔和的，称得上是最典型的薄若莱酒风，很少出现过于浓厚结实的红酒风格。知名的酒庄有 Emile Cheysson。

摩恭
Morgon

这是一个占地 1,108 公顷的广阔产区，所产的佳美红酒常被认为口感较丰厚，有不错的单宁，常带有樱桃香气，有近似黑皮诺的风味。有一些摩恭的红酒确实有这样的风格，如知名的 Côte du Py 区所产的佳美。不过摩恭区内各角落的自然环境各有特色，酒风也有所不同。摩恭在 1985 年将村内的葡萄园略分为六区，以方便辨识不同的风格，分别为 Grand Cras、Les Charmes、Côte du Py、Corcelette、Les Micouds 和 Douby。

区内的主要村庄为 Villié-Morgon 村，而摩恭村反而只是一个位于区内东南角落的小村，因位于一个称为 Côte du Py 的南侧山边，还分为上下两村，往西则进入地势低平的台地

▲ 左、右：Côte du Py 是摩恭村最显著的地标

区 Grand Cras。在 19 世纪时，这里是全区最精华的区域，当时 Villié-Morgon 村内被列为一级的 lieu-dit 只有摩恭、Le Py 和 Grand Cras 三处。现在最知名，也最常出现在标签上的要属 Côte du Py。这是一个隆起的圆丘，海拔约 350 米，由熔岩和火山灰在熔浆压力与高温作用下形成的变质岩组成，岩石的颜色为偏蓝的灰黑色，当地称之为 roche purrie，意为腐烂的石头，跟南边的 Côte de Brouilly 颇为类似。种在这种岩层上的佳美葡萄常表现出成熟的黑樱桃香气与香料香，也常有更厚实庞大的酒体。

位于 Côte du Py 下方的 Grand Cras 则有较多的页岩，酿成的红酒口感圆润，亦常有野樱桃香。其他较常出现的还有东边的 Corcelette 区，位于海拔 300 米到 400 米的山坡上，表土主要为粉红色的花岗岩沙，酒风较为均衡精致一些。南边的 Les Charmes 与黑尼耶村的葡萄园连成一片，表土亦多花岗岩沙，多红色小浆果香气，较为柔和可口。摩恭区内有全薄若莱最密集的精英酒庄，包括自然酒名庄 Marcel Lapierre、Jean Foillard、Jean-Paul Thévenet、Daniel Bouland 与 Raymond Bouland 两家兄弟酒庄，以及 Louis-Claude Desvignes、Jean-Marc Burgaud、Domaine Piron 和 Château Pizay 等。

黑尼耶
Régnié

最晚成立的特级村庄，也是最不知名的一个，位于摩恭西侧多粉红色花岗岩层的平缓台地上，约有 369 公顷的葡萄园。表土主要为沙质土，酒风类似摩恭村西南的 Les Charmes 区，常可酿成柔和多果味的可口红酒，因较不知名，常降级成为 Beaujolais Village。

布依
Brouilly

　　这是十个特级村庄中位置最靠南，范围最广的产区，1,300 公顷的葡萄园分布在六个村庄内，不过主要位于 St. Lager 和 Odena 两个南北相接的村内。 在布依产区的中央有一高起的圆锥形山称为布依丘，因为自然条件和葡萄酒风格都不相同，所以独立成为另一个薄若莱特级村庄。布依本身是一个相当小的村子，位于圆锥形山西南侧的山坡上，村子里只有数户人家。 这里其实属于布依丘的一部分，在 19 世纪末是区内唯一的一级园。 布依的海拔较低，所处的低缓丘陵以粉红花岗岩沙为主，但在低坡或东边也有一些泥灰岩和细黏土类土壤，酿成的酒各有特色。 不过，大部分的布依红酒属于柔和多果味的可口型红酒，很适合趁新鲜早喝，是巴黎家常小餐厅最常见的酒种之一。 布依的范围大，有相当多酒庄，如大型的城堡酒庄 Château de la Chaize、Château de Pierreux 和 Château de Terrière，也有精英名厂 Laurent Matray，以及葡萄农酒庄 Domaine de St. Ennemond 和自然酒庄 Christophe Pacalet 等。

▲ 黑尼耶是最近升格的特级村庄，酒风大多柔和多果味

▼ 左：摩恭村内的村立酒铺

　　中：摩恭村西南边的 Corcelette 区

　　右：Côte du Py 山上的蓝色变质岩被昵称为腐烂的石头

▲ 位于布依丘东北山脚的 Cercié 村

布依丘
Côte de Brouilly

在布依产区中孤立高起的布依丘有如一个隆起的火山锥，不过，这个最高海拔 480 米的山丘并非火山，而是一个由变质闪长岩构成的巨大岩块，这种质地非常坚硬的火成岩因颜色呈蓝灰色，在当地被称为 Pierre bleue。整个布依丘共 316 公顷的葡萄园大多位于此独特的岩层上，只有西侧山坡有一些本地较常见的粉红花岗岩。除了山顶的小片树林，四面的山坡上都布满葡萄园，是邻近区域最优异且独特的产区。山上产的佳美红酒颜色特别深，酒体厚实，在果香外常带有一点烟熏与矿石气，常

有不错的单宁结构，也颇能耐久。南坡的葡萄园酿出的酒口感特别圆润甜熟，北坡葡萄园酿出的酒稍清爽一些，但在炎热的年份有均衡的表现。山上的酒庄不多，最知名的为 Château Thivin 和 Domaine Les Roches Bleues 两家。

大勃艮第与薄若莱

勃艮第南边的马贡内区在历史上与薄若莱同属于一个酒商系统，同时销售薄若莱红酒与马贡白酒。如 1820 年创立的 Loron & Fils，至今还同时专精于薄若莱与马贡内区。虽然马贡的酒商后来逐渐由博讷市的酒商所取代，但许多勃艮第酒商仍然继续销售薄若莱的葡萄酒。

在行政区划上，薄若莱大多属罗讷-阿尔卑斯区（Rhône-Alps）内的罗讷县（Rhône），跟罗讷区北部的 Côte Rôtie 和 Hermitage 位于同一县内。不过，薄若莱最北部还是有一部分葡萄园隶属于勃艮第最南边的苏茵-卢瓦尔县，其中还包括许多薄若莱最知名的葡萄园，如风车磨坊和圣艾姆。薄若莱最北边的葡萄园甚至和马贡内区最南端的圣维宏村庄级法定产区重叠，交错分布于 Chsselas、Leynes 和圣维宏等村内。

1930 年 4 月 29 日第戎市的民事法庭判决薄若莱属于勃艮第葡萄园的一部分，这个判决在 1937 年也为勃艮第地区性法定产区所采纳，至今薄若莱仍然可以生产属于勃艮第等级的葡萄酒。除了可混入佳美葡萄的法定产区，如

▲ 上左：布依区内位于布依丘东边山脚的 St. Lager 村

上右：布依产区环绕在布依丘的四周，酿成的酒比较柔和可口

下左：布依丘虽似火山锥，但其实是一个由变质闪长岩构成的巨大岩块

下右：布依丘南坡山顶的葡萄园有极佳的受阳效果

▶ 在薄若莱，橡木桶比较少见，较常用大型的木制酒槽来培养佳美红酒

Bourgogne Passe-Tout-Grains 和 Bourgogne Grand Ordinare 配制的酒，薄若莱特级村庄的红酒还曾经可以依法降级成 Bourgogne 销售。除此之外，还有一部分薄若莱产的霞多丽白酒可以直接以 Bourgogne Chardonnay 的名义销售，而许多勃艮第气泡酒 Crémant de Bourgogne 中也常

混合薄若莱产的霞多丽，甚至把由佳美葡萄酿成的白酒当基酒。勃艮第酒商提出的大勃艮第概念，指的就是包含薄若莱在内的勃艮第产区。

是否应将薄若莱归为勃艮第葡萄酒产区的一部分？业界一直有不同的观点，大部分酒庄对此持反对意见，但酒商却颇为赞同。自2009年开始，勃艮第和薄若莱酒业公会与法国法定产区管理局通过漫长的协议，在2011年对勃艮第与薄若莱的关系做出了新的界定。薄若莱区内可以生产Bourgogne白酒的村庄从原本的九十六个限缩成四十二个，同时成立了新的Bourgogne Gamay，让薄若莱特级村庄的红酒可以用Bourgogne的名称销售，加注Gamay后就不会造成品种的混淆。另外，也通过将Bourgogne Grand Ordinare改名为Coteaux Bourguignon，让以佳美葡萄酿造的薄若莱也能够成为勃艮第最低价的入门酒。

主要酒庄

Louis-Claude Desvignes
（酒庄，Villié-Morgon）……………………

摩恭区的老牌精英酒庄，现由 Desvignes 家族的第八代一起经营。13 公顷的葡萄园都在摩恭，其中有 5 公顷的 Côte du Py，其他则在靠近弗勒莉村的 Douby 区。葡萄 60% ～ 80% 去梗，不进行低温浸皮，马上开始发酵，约两周浸皮酿成，酒风相当经典。入门款称为 La Voûte St. Vincent，采用 Douby 区葡萄，较为柔和。其 Côte du Py 分成两款，一般款完全无木桶培养，特别款产自山脚下的 Javenières，因为是 65 岁以上的老树葡萄，且土壤较多黏土质，所以酒更浓也更紧实细致。

Georges Duboeuf
（酒商，Romanèche-Thorins）……………………

全薄若莱地区最著名的酒商，是教父级的大厂，虽年产 3,000 万瓶，但保有不错的酿酒水平，价格也相当合理，花系列的 12 款薄若莱酒与薄若莱特级村庄酒是全球最常见的薄若莱酒。虽然是酒商，但 Duboeuf 仍生产 30 多款更有个性、由独立酒庄与城堡酒庄生产的薄若莱，其中包括其在 Juliéna 村自有的 Château des Capitains。另外亦有最高级的 Préstige 系列。除了酿酒，在酒厂旁设立的葡萄酒博物馆 Harmeau du Vin 则位于一座原本以运送葡萄酒为主的火车站内，是全法国规模最大，也最值得参观的葡萄酒主题公园，也是观光客必访之地。

Jean Paul Dubost（酒庄，Lantignié）……………………

位于薄若莱村庄 Latignié，21 公顷的葡萄园中包括 5 个特级村庄园，如风车磨坊和弗勒莉等，甚至也产一点 Viognier。在酿酒上颇具雄心，使用整串葡萄，也有酒款不用二氧化硫酿造，使用较多的橡木桶培养，酿成的薄若莱红酒强劲，多一些变化，颇具个性。

Pierre Ferraud（酒商，Belleville）……………………

1882 年创立的老牌酒商，自有 34 公顷的葡萄园，和 20 多家独立酒庄合作买酒，如布依区的 Domaine Rolland，由 Ferraud 装瓶已经超过 100 年。自有的庄园都以整串葡萄酿造，酒风传统平实。

Henry Fessy（酒商，St. Jean d'Ardières）……………………

1888 年创立的酒商，2008 年成为博讷酒商 Louis Latour 的产业，由 Laurent Chevalier 负责经营，并将自有葡萄园扩增至 70 公顷，除 Chirouble 外，在每一产区都有葡萄园。Henry Fessy 的风

▲ Louis-Benoit Desvignes

▲ Frank Duboeuf

▲ Jean Paul Dubost

▲ Jean Foillard

格柔和易饮，Louis Latour 入主后亦保留此酒风，但酿制得更精确，有更细致的表现，酒风干净新鲜，采用 20% 整串葡萄，其余去梗，淋汁，浸皮六天至七天，全部钢桶培养，不采用橡木桶。

Jean Foillard（酒庄，Villié-Morgon）

摩恭区的精英酒庄，14 公顷的葡萄园采用有机种植法，除了弗勒莉外都在摩恭区内，主要位于 Côte du Py 和 Corcelette 两区。亦采用自然酒酿造法，100% 采用整串葡萄，经过严格挑选，进冷藏室降温，水泥和木槽发酵，加二氧化碳保护，完全不用二氧化硫，经过二十五天至三十天浸皮，榨汁后低温发酵。所酿制的摩恭常有非常迷人的佳美葡萄果味，口感圆润均衡。而产自 Côte du Py 老树葡萄的酒在橡木桶与木槽中培养七八个月后装瓶，三年之后才上市，是最神似顶级黑皮诺红酒的薄若莱。

Domaine de la Grand Cour（酒庄，Fleurie）

位于村南同名葡萄园中的新锐酒庄，由庄主 Jean-Louis Dutraive 自己管理与酿造。10 公顷的葡萄园采用有机种植和不加二氧化硫的自然酒酿造法，葡萄不去梗，小心酿造成非常细致的弗勒莉红酒。其老树葡萄特酿的酒款全在橡木桶中培养并且使用 25% 的新桶，有非常优雅迷人的香气与如丝般滑细的质地。

Château des Jacques（酒庄，Romanèche-Thorins）

Louis Jadot 在 1996 年买入这家风车磨坊区的历史名庄，聘任 Guillaume de Castelnau 负责管理。不同于勃艮第的母厂，Château des Jacques 独自采用自然动力法种植。2001 年购入摩恭区的 Château des Lumières，自 2008 年起并入 Château des Jacques，成为一家拥有 70 公顷葡萄园的地标酒庄。在风车磨坊拥有许多名园，包括 Grand Clos de Rochegrès、Clos du Grand Carquelin、Champ de Cour、La Roche 和 Clos des Thorins，在摩恭则有 Côte du Py 和 Roche Noire，在 Chénas 区也有 en Papellet。葡萄全部去梗，经三周浸皮酿造完成，Guillaume de Castelnau 认为这是 18 世纪和 19 世纪的薄若莱传统酿法。酿成后经九个月的橡木桶培养装瓶。酿成的佳美红酒相当强劲坚实。在 Moulin à Vent 的几片单一园中，以靠近弗勒莉村的 Grand Clos de Rochegrès 结构最为严密坚实，Clos des Thorins 有较为圆润柔和的质地，在东南坡的 Grand Clos de Rochegrès 甚至更加精致均衡。

Domaine Labruyère（酒庄，Romanèche-Thorins）

拥有勃艮第 Jacques Prieur 和 Pomerol 两家名庄的 Labruyère 家族，在 2007 年买下风车磨坊最

▲ Jean-Louis Dutraive

▲ Guillaume de Castelnau

▲ Nadin Gublin

▲ Mathieu Lapierre

知名的独占园 Clos du Moulin。13 公顷的葡萄园都在风车磨坊，原由 Georges Duboeuf 酿造装瓶，2008 年后像 Jacques Prieur 一样由女酿酒师 Nadine Gublin 负责酿制。采用的亦是勃艮第的酿法，葡萄全部去梗，发酵前浸皮四天，踩皮与淋汁兼用，约十八天酿成，经一年的橡木桶培养。酒风相当精致多酸，特别是单一葡萄园 Le Clos du Moulin，有非常有力却细致的酒体架构。

Hubert Lapierre（酒庄, Chénas）

已经酿造半个世纪的年份，Hubert Lapierre 已半退休，保留最佳的 3 公顷葡萄园继续酿造优雅风味的 Chénas 和风车磨坊红酒。采用 80% 去梗，十天加木架浸皮，经橡木桶培养而成。

Marcel Lapierre（酒庄, Villié-Morgon）

2010 年过世的 Marcel Lapierre 用现代酿酒学兴起之前的古式方法酿酒，以尽可能不干扰葡萄的手工艺式酿造摩恭村内的葡萄酒。他证明了这样的酿法行得通，并且酿出的酒非常可口。如今不用二氧化硫酿酒在薄若莱形成风潮，很多酒庄愿意尝试，大多是受到 Marcel 的启发。勃艮第的自然派酿酒名师 Philippe Pacalet 正是 Marcel Lapierre 的外甥。现在酒庄由儿子 Mathieu 接手经营，Mathieu 同时兼管另一家酒庄 Château Cambon。Marcel Lapierre 一共有 13 公顷的葡萄园，全都在摩恭区内，其中有 2 公顷位于 Côte du Py，有非常多的老树，平均树龄达 60 年以上，自 1982 年即采用有机法种植耕作。其酿法颇为独特，手工采收葡萄，严格汰选后放入小型的塑料盒内，先置放于低温冷藏柜中保存。淘汰掉的葡萄并没有丢弃，而是直接榨汁发酵，酿成如新鲜葡萄汁般可口的 Raisins Gaulois 淡红酒。经冷藏的葡萄整串放入封闭的木制酒槽中，完全不加二氧化硫，只偶尔添加二氧化碳保护。酒槽仍然维持低温，酵母几乎无法运作，发酵前低温浸皮的过程延续两到三个星期，之后以老式的垂直木造榨汁机压榨，葡萄汁最后在橡木桶中完成发酵和培养。酿成的摩恭红酒非常圆熟新鲜，美味多汁，在优异年份还会酿造出特别浓缩的 Cuvée Marcel Lapierre。跟其他自然酒一样，须特别留意保存的条件。

Loron & Fils（La Chapelle-de-Guinchay）

拥有多家重要酒庄的大型酒商，如摩恭村的 Château Bellevue，弗勒莉村的 Château de Fleurie，Juliénas 村的 Domaine de la Vieille Eglise 等六家，葡萄园面积多达 120 公顷。现由 Grégorie Barbet 负责经营，酒商的部分除了薄若莱红酒外，也专精于马贡白酒，和勃艮第酒商 Louis Jadot 亦有合作关系。此外，Loron 是薄若莱地区最重要的葡萄酒顾问中心，提供葡萄酒的检验和酿造建议。

▲ Gilles Gelin

▲ Grégorie Barbet

▲ Jean-Marc Després

▲ Henry Fessy

法国的自然酒运动之父、薄若莱酿酒学家 Jules Chauvet 也曾在此进行研究。Loron 的每一家酒庄都由不同的酿酒师独立酿造，有如多家独立酒庄的联盟。如 2009 年新购入的 Château Bellevue 为 Louis Jadot 先前的 Château des Lumières，聘任 Claire Forestier 担任酿酒师，酒风浓厚坚实。在黑尼耶村的 Château La Pierre 甚至生产两款不加二氧化硫的自然酒。

Domaine de la Madone（酒庄, Fleurie）

位于弗勒莉村子上方的陡斜山坡上，以山顶的圣母教堂为名，有 18 公顷的葡萄园，由 Jean-Marc Després 和儿子一起经营酿造，在村内还拥有 Domaine du Niagara 酒庄，位于村子西边海拔更高的区域。葡萄园的位置稍高，但较晚收，葡萄相当成熟，一般的弗勒莉葡萄整串酿造，多新鲜花果香，口感圆润可口，但其称为 Vieilles Vignes 的老树红酒采用七十年到一百年的老树酿造，全部去梗，浸皮二十三天，有颇为惊人的浓缩口感与奔放香气。

Laurent Martray（酒庄, Odenas）

布依区的新锐酒庄，有 10 公顷的葡萄园，主要租用 Château de Chaize 位于 Combiaty 及邻近地区的葡萄园，此区位于花岗岩床之上，有沙质与河泥表土。另外在 Côte de Brouilly 也有小片的葡萄园，位于蓝色板岩陡坡上。Laurent 的酿造采用中庸之道，一半去梗一半整串葡萄酿造，浸皮约十二至十三天，多踩皮少淋汁，大多在大型旧橡木酒槽中培养，但也采用一些小橡木桶。其布依颇可口多酸，而 Côte de Brouilly 则相当典型精致，单宁强劲，酒体饱满厚实，带黑樱桃与矿石香气，亦具耐久潜力。

Clos de Mez（酒庄, Fleurie）

由 Marie-Elodie Zighera 接手家族葡萄园后所创立的新酒庄，拥有弗勒莉的 Bel-Air 和摩恭的 Château Gaillard 两片葡萄园，以酿造传统耐久的老式薄若莱为目标。以整串葡萄酿造，但是浸皮的时间长达三周。因产量低，葡萄梗较成熟，即使连梗一起酿也不会有太粗犷的单宁。酿成后经橡木桶培养才装瓶。酿成的佳美红酒颜色深，带有黑皮诺的樱桃与香料香气，年轻时单宁紧一些，但细致均衡，非常有个性，应该经得起数十年的瓶中熟成。

Domaine des Nugues（酒庄, Lancié）

位于颇知名的薄若莱村庄 Lancié 村内，是一家有 27.8 公顷葡萄园的中型精英酒庄，现由第二代的 Gilles Gelin 经营与酿造，在邻近的弗勒莉和摩恭也有葡萄园。采用相当具有雄心的酿造方式，一部分去梗，浸皮的时间也较长，酿的佳美红

▲ Laurant Matray

▲ Marie-Elodie Zighera

▲ Pascal Dufaitre

▲ Thomas Henriot

酒浓厚多涩，非常有个性，且有二十年以上的耐久潜力。全部去梗延长浸皮的 Quentessence du Gamay 则酿出精致的黑皮诺风味。亦产独特的气泡佳美红酒。

Richard Rottiers
（酒庄，Romanèche-Thorins）················

来自夏布利酿酒家族的年轻酿酒师，自 2003 年开始自创酒庄，仅有位于风车磨坊的 4 公顷葡萄园，其中包括位置极佳的老树葡萄园 Champs de Cour。酿造时葡萄先去梗，浸皮十五天并经大型木槽培养八个月，酿成的酒风格相当浓厚坚实，特别是 Champs de Cour。

Château de Pizay（酒庄，Morgon）··········

豪华城堡度假酒店的附属酒庄，但具有相当大的规模，拥有 60 公顷的葡萄园，包括 19 公顷的 Morgon，主要位于 Grand Cras 和 Côte du Py 两区，酒风颇自然均衡。

Villa Ponciago（酒庄兼营酒商，Fleurie）········

勃艮第酒商 Bouchard P. & F. 在 2008 年投资的城堡酒庄，由 Thomas Henriot 负责管理，原名为 Château de Poncié，位于弗勒莉北边，有 120 公顷土地，在 19 世纪曾是知名的一级产区。在城堡周边，有一整片广及 50 公顷的葡萄园，因地势起伏多变，有各种不同坡度和朝向。自 2009 年起，来自勃艮第的酿酒师 Frédéric Weber 带来新的种植法和酿法，葡萄全部去梗酿造，经发酵前低温浸皮，约十二天酿成，用 30% 的木桶培养。自有葡萄园的 La Reserve 和 Les Hauts du Py 都有着丝滑的质地和有劲的酸味，细致高雅却又相当可口多汁。位于朝北高坡上的风车磨坊的 La Roche Muriers 则相当强劲内敛，有极佳潜力。

Clos de la Roilette（酒庄，Fleurie）·············

位于弗勒莉与风车磨坊交界处面东的山坡上，拥有 9 公顷的 La Riolette 葡萄园，Alain Coudert 为现任庄主，在布依另有 Domaine Coudert 酒庄。酿造时采用整串不去梗，浸皮十到十五天。因环境较近似风车磨坊，酒风亦颇结实有劲，但质地相当细致，其特酿的 Cuvée tardive 则更为内敛，需更长的时间熟成。

Domaine de la Terre Dorées
（酒庄，Charnay-en-Beaujolais）··············

薄若莱南区最知名的精英酒庄，由 Jean-Paul Brun 创立，40 公顷的葡萄园除了南区的薄若莱酒外，也酿造北部薄若莱特级村庄酒和以 Bourgogne 名称销售的黑皮诺与霞多丽。其称为 L'Ancient 的薄若莱以古法一个月长时间浸皮酿造，浓厚且多樱桃果香，有非常类似黑皮诺的细

▲ Hubert Lapierre

▲ Jean-Paul Brun

▲ Claude Geoffray

▲ Richard Rottiers

致风格。 其单一葡萄园如弗勒莉的 Grille-Midi、风车磨坊的 La Tout de Bief 等结合了均衡、严谨与优雅，有薄若莱少见的内敛精英风味。

Château Thivin（酒庄，Odenas）

Côte Brouilly 区的第一名庄，亦是薄若莱的精英历史名庄，酒庄所在的 14 世纪城堡就位于布侬山西侧的山腰。 现由庄主 Claude Geoffray 和儿子一起经营。 有 24 公顷的葡萄园，除了 Côte de Brouilly 也产非常鲜美可口的 Brouilly 红酒。大部分葡萄都整串酿造，也有一部分去梗，约十二天完成，之后大多在大型木槽熟成，也有一部分在小型木桶培养。 目前酿造七款 Côte de Brouilly，以七片葡萄园混酿的 Les Sept Vignes 为基本款，是最典型的 Côte de Brouilly，浓厚却均衡多酸，熟果香混合矿石与香料香气。Les Griottes 位于南向低坡多黏土地区，酒风较为甜熟圆厚，Zaccharie 则有薄若莱少见的强劲与坚实，是非常耐久的顶尖酒款，位于朝西南高坡的 La Chapelle 甚至更为均衡精致。

Domaine Chermette（酒庄，St. Véran）

位于薄若莱南区的精英酒庄，由庄主 Pierre Chermette 酿造与管理，虽在弗勒莉和风车磨坊也有葡萄园，但是酒庄附近的佳美老树可酿出更精致有个性的红酒。 酒庄所在的圣维宏村有

不少深灰色的花岗岩，石灰质黏土反而少一些。有采用年轻葡萄树酿成的鲜美多汁的 Les Griottes 红酒，也有以四十年至八十年老树酿成的深厚结实的 Cuvée Traditionelle 红酒，而百年老树酿成的 Cuvée Coeur de Vendanges 则强劲紧密，连许多风车磨坊红酒都无法企及。

▲ Frédéric Weber

▲ Pierre Chermette

附录

Appendix

勃艮第最近半个世纪的年份特色

附录一

2015

红：★★★★
白：★★★

这是一个传统型的好年份，至少，在天气的变化上是如此，比较接近葡萄农对于好年份的期待，与勃艮第的平均值相比，日照时间更长，生长季也特别温暖，甚至极为炎热，有破纪录的高温，同时生长季的雨量少，相当干燥，甚至接近缺水的边缘，但采收季较为多雨，也较为凉爽。葡萄普遍有非常好的成熟度，无论糖度还是酚类物质的成熟度都非常高，而且都健康无病害，几乎没有汰选的必要。干燥的环境造成果串较小，葡萄的皮相当厚，汁少皮多，也让单位公顷的产量变低。葡萄颇为早熟，从8月底到9月底，勃艮第各区的采收都全部完成。

酿成的白酒酸味较前几个年份低，也普遍较为甜熟，口感柔和，圆润丰满，颇为美味，虽然有不少酒庄仍保有均衡与力道，但勃艮第南、北各区的白酒普遍无硬挺的劲道，也较难精确反映葡萄园风格，在马贡区更为明显，夏布利常保有均衡，但仍有不少酒显得甜润，是适合早饮的可口年份。红酒则相当浓缩、酒精度稍高，多酚类物质，色深且多涩，在甜润的果味下可能有较坚硬的单宁质地，类似于一样有些干旱的2005年，2015年的红酒颇有紧实的结构，

可能需要经过较长时间的瓶中培养才会适饮，但是否能优雅地成熟则有待时间考验。在稍冷凉的朝北园常保有较多的均衡。

薄若莱的采收季更早，早熟健康的葡萄被认为是完美的梦幻年份，也酿成颇多精彩的浓郁型酒款。但酸味较低，糖度高，皮厚的特性也常酿成较近似西拉风格的红酒，酒体较深厚，也多一些涩味和结构，是一较难体现佳美葡萄鲜美爽脆特性的伟大型年份。

2014

红：★★★★
白：★★★★★

艰困的气候条件在勃艮第逐渐成为常态，2014年也不例外；如6月底在博讷丘中段的默尔索、渥尔内和玻玛再度遭受严重的冰雹灾害，或如夏季异常寒冷多雨，也有铃木氏果蝇的攻击让葡萄酸败变质。1974年以来，以4结尾的年份仿佛受诅咒，都相当艰辛，2014年似乎也没逃过，然而，最后酿成的酒却相当精彩。2014年的白酒是过去20多年来最完美、好坏差异最小的世纪年份，很接近甚至超越2002年。红酒的酒体苗条匀称，伴着鲜美果味，相当迷人。这是奇迹吗？或许是运气，但也因勃艮第的葡萄农越来越习惯与自然共存，而不是对抗，反而能在逆境中显出价值。

虽然发芽较早，但因为关键的夏季相当冷凉，特别是8月份前半非常多雨，延迟了成熟的速度，8月下旬才开始转晴，但9月却又变得相当炎热，间有较冷的北风，葡萄缓慢成熟，但持续保有酸味，也较少病菌，葡萄比过去几个年份更为健康一些，产量也较为正常。夏秋季逆转的天气让葡萄在成熟时，却没有过高的酒精度，也保有清新有劲的酸味。霞多丽白酒有非常巧妙的均衡，除了有些太早采收的夏布利较偏酸瘦外，各区的白酒都有非常高的水平，丰润优雅却非常有活力，也颇具耐久潜力。黑皮诺有类似2008年的纯粹果香，但酸味和单宁都比2008年柔和一些，酒体中等，不如2012年或2010年那么厚实，但却颇能反映每片葡萄园的风土特色，在年轻时就非常均衡可口。薄若莱有非常多的鲜美果香，圆润可口且有不错的酸味，是相当能表现佳美葡萄特长的年份。

2013

红：★★★
白：★★★★

这是连续第三年的艰困年份，是非常多雨潮湿的一年。半世纪以来最寒冷多雨的春季，让生长季延迟两周，开花季遇雨，结果不佳，且多无籽小果，产量仍低。夏季虽温暖多阳，但博讷丘在7

月连续第三年遭遇严重的冰雹灾害，9月寒冷多雨，晚熟的葡萄遭受霉菌威胁，酸味一直相当高，许多葡萄到10月才勉强成熟，酒精度普遍较低，许多酒庄需靠加糖提升至少0.5%的度数。但出乎意料的是，酿成的黑皮诺在装瓶时，普遍多新鲜干净的果香，淡雅可口，带有清新酸味，虽少见深厚酒体，但亦无粗犷单宁，甚至比2011年和2012年的酒还精致迷人，而且非常美味，是一个较早适饮，具中等久存潜力的年份。白酒则普遍有极佳酸味，成熟度佳，均衡感相当好，比2011年有个性，也较2012年更清新有活力，有接近2010年的水平，应颇具耐久潜力。

2012

红：★★★★
白：★★★

这是多风雨灾祸之年，产量锐减，红酒甚至比平均少40%，但出乎意料的是，葡萄的成熟度佳，均衡且可口，质量颇为优异。春霜害，开花季大雨造成落花与结无籽小果，博讷丘遭多次冰雹损害，也有部分葡萄被夏季炙阳灼伤，但亦掺杂未转色成熟的果实，采收季也出现大雨，是近二十年来气候条件最差的年份。因产量大减且多小果，让葡萄进入成熟季后得以加速成熟，采收季气温较低，让染病压力大的葡萄的健康状况比想象佳，而且保有足够的酸味，葡萄的皮较厚，亦有助抗菌并酿成较浓缩多果香的风格。红酒普遍柔和、浓缩且多果香，单宁较软，不是特别硬实，却颇深厚，果味多且酸味佳，虽不及2010年，但比2011年更为厚实性感，却又同样早熟，美味易饮。夜丘区的整体表现较佳，产量也较稳定，博讷丘

受雹害较为严重。白酒因葡萄成熟度佳，颇浓厚圆润，但也有不错的酸味，熟果香气外放而直接，较少内敛的矿石味与细致漂亮的酸味，但均衡浓缩，应该也有一些潜力。

2011

红：★★★
白：★★★

这是气候状况颇多极端，多意外与困境之年，但没想到之后的2012年更加艰困。因发芽与开花较早，为葡萄非常早熟的年份，有些地区甚至比2003年还要早采收。但无论是红酒或是白酒，博讷丘还是夜丘，都不像其他早熟的年份，酒风并不特别粗犷浓缩，反而是稍微淡一点，也柔和易饮一些，最特别的是，即使葡萄已经成熟，但酒精度都比往常低。有较多的果香，稍瘦一些，但白酒的酸味比2008年和2010年柔和许多，特别是在夏布利产区。红酒的单宁少，涩味较低，但颇为均衡，很适合早喝，有些人会对其耐久潜力感到些许疑虑，不过许多精英酒庄还是酿出相当精巧优雅、颇具潜力的红酒与白酒。相较于酒风古典且格局雄伟的2010年，2011年显得比较平易近人一些，但也比可口易饮的2007年多一点个性和厚实感，可因产量不高，酒价仍颇高，并非如2001年和2004年为平价可得的友善年份。地方级和村庄级的酒与一级和特级园间的差距较不明显，无久存需要，也许是不错的采买方向。

2010

红：★★★★～★★★★★
白：★★★★～★★★★★

进入21世纪后最伟大的年份，虽然产

量低，但红、白酒都表现了勃艮第的经典风味，均衡内敛，充满潜力。不过，天气条件并不完美，前一年的12月就出现−20℃的低温，有颇多葡萄被冻死。春季较为温暖，发芽较早，但马上遇到5月的低温和多雨的天气。开花季持续出现忽冷忽热的多变气候，不仅落果多，而且许多葡萄都结出了无籽的小果。8月的天气较为凉爽，葡萄缓慢成熟，且保有许多酸味。在夏布利、松特内和马贡内区有多处葡萄园遭受冰雹灾害，有些地区葡萄的健康状况也不太佳。九月的天气好一些，但仍有几波雨势，间杂着一些晴天。在这种天气条件下，无论黑皮诺还是霞多丽，在缓慢且常中断的成熟过程里，都发展出极佳的酸甜比例，不像2009年那样过熟，又比2008年有更佳的成熟度，单宁也不像2005年那么坚硬又涩。酿成的红酒有相当古典的高雅风格，均衡协调，严谨内敛的架构配上新鲜干净的果香。白酒保有非常漂亮的活泼酸味，因产量低而保有的浓缩度与成熟度，让白酒非常均衡，骨肉匀称，跟红酒一样有着极佳的耐久潜力。产量小是唯一的缺点，较2009年减少了三分之一。

2009

红：★★★★★～★★★★★★
白：★★★

这是一个风调雨顺的完美年份。葡萄成熟度佳，无论红、白酒都果味充沛，口感浓厚圆润，美味外放。在需要热的时候出现温暖的天气，在葡萄需要水分的时候下雨，是2009年的最佳写照。葡萄在没有太多威胁和压力的情况下成熟，不只成熟度佳，单宁等酚类物质大多完全成熟，也没有太多病菌威胁葡

萄，产量相当稳定。因没有太多须汰除的葡萄，算是极佳的丰产年份，特别是经过 2007 和 2008 两个年份，葡萄都在困苦中挣扎地成熟。几乎所有的黑皮诺都酿成非常美味可口的风格，但背后有着相当多成熟且圆熟的单宁，口感厚实饱满，伴随丰沛果味，可早喝，也具有久存潜力。白酒亦相当丰盛且圆润，酸度稍低一些，很适合早喝。跟红酒一样，在一些较为寒冷的葡萄园和村庄有极佳的表现，但耐久潜力上可能不及 2010 年和 2008 年。

2008

红：★★★
白：★★★

这是酒风纯净新鲜与精巧多酸的寒凉年份。类似 2004 年与 2007 年，2008 年的天气也相当多雨且冷凉，开花迟缓，葡萄的成熟状况不佳，高酸少糖，也有颇多病菌，采收季较 2007 年甚至晚了近一个月。9 月中开始吹北风，寒冷却干燥多阳的天气让葡萄的糖分增加，但仍保有非常高的酸度，特别是有极多的苹果酸。有时甚至经过长达一年的漫长乳酸发酵后，看似天气状况不佳的 2008 年份却有较乐观的转变，在认真汰除不佳葡萄的酒庄中，不少黑皮诺展现颇迷人的纯粹清新果香，虽较酸瘦，但仍均衡，颇具个性。白酒甚至更佳，受益于九月的北风效应，有相当漂亮的酸味，也比 2004 年和 2007 年份多一点圆润，喝起来更加均衡，具有不错的潜力。

2007

红：★★～★★★
白：★★★

这是天气条件不佳的年份，红酒早熟易饮，白酒酸瘦有劲。春天较温暖，发芽与开花提前，但夏季却相当多雨，也有相当多的冰雹，葡萄的成熟状况不佳，也不太平均，霉菌亦相当多，健康状况堪虑，特别是黑皮诺。采收季相当早，有酒庄在八月底即开采，虽然九月有极佳的干冷天气，不过很多葡萄都在此之前完成采摘。红酒大多柔和且易饮，有非常奔放的果香，但少了深厚结实的酒体，属早喝、较不耐久的风格。霞多丽的健康状况较佳，糖分不高但有非常多的酸味，有苍劲有力的独特高瘦风格，年轻时较不讨喜，但颇具久存潜力。

2006

红：★★★
白：★★～★★★

这是较为柔和易饮的简单年份，红、白酒皆然。天气状况有些奇特，7 月相当炎热，出现接近 2003 年的超高温，而且相当干燥，但 8 月又转而非常寒冷潮湿，9 月才又温暖且干燥一些。整体而言，无论霞多丽还是黑皮诺都有不错的成熟度，多熟果香气，但酸味少一些。红酒柔和且多果味，也许没有 2007 年那么奔放的果香，但口感较厚实一些，有比较多的架构，但比起 2005 年却又相当柔和易饮，只有在夜丘区有较佳的结构。白酒的风格近似，也圆熟易饮，没有 2007 年那么多酸有劲，有时甚至过于柔软无力。

2005

红：★★★★★
白：★★★～★★★★

这是一个相当坚实耐久的伟大红酒年份，但酒的风格不是太容易亲近。白酒亦佳，较可口一些。由南到北，各区各品种都相当成功，有类似的具有主宰性、颇坚实有力的风格。因开花不是很均匀，产量略少一些，且有相当多的无籽小果。主要的生长季为 7 月和 8 月，降水量相当低，许多葡萄受干旱的威胁，受此压力，葡萄皮转厚，甚至暂时停止成熟。9 月初的雨稍解干旱，葡萄继续成熟，也让单宁不再变得更粗犷。少雨的一年让葡萄非常健康，少有病菌，采收季的天气也相当好。无论黑皮诺还是霞多丽都有绝佳的成熟度，也保有不错的酸味，皮相当厚，有非常多酚类物质。酿成的红酒颜色相当深，颇为丰厚且浓缩，而且结构严谨结实，涩味较重，是典型的耐久型伟大年份，但在年轻时常显封闭。白酒因成熟度佳，特别饱满多果味，因皮厚，即使直接榨汁后微带一些单宁，是质地较明显的白酒年份。因葡萄成熟同时具酸味，亦可能是耐久的年份酒，但较于 2004 年，则厚实少酸一些。

2004

红：★★～★★★
白：★★★～★★★★

这是产量稍多且较为寒冷潮湿的年份，虽然采收季前转晴，但葡萄的成熟度普遍不佳。最好的酒款清新多果味，有极佳的酸味，轻盈精巧，但也有相当多的红酒、白酒因为成熟度不足而带有青草味，酒体偏瘦。整体而言，霞多丽的成熟度比黑皮诺差一些，但白酒比红酒更值得期待，大多苗条高瘦，多酸有劲，有些草味成熟后甚至转为卢笋味。夏布利比较晚采收，情况比其他区好一点，但产量高，口味偏清淡。黑皮诺以夜丘的表现为佳，博讷丘受冰雹影响较严重，质量较不稳定。

2003

红：★★★
白：★★～★★★

2003 年夏季欧洲的极端酷热与干燥天气，在勃艮第成就了一个独一无二的奇特年份。在热浪之下，水分蒸发，糖分非常高，马贡内区创下于 8 月 13 日就开始采收的纪录。春天的霜害加上酷热与干燥让产量锐减三分之一。黑皮诺带有许多甜熟浓郁的果味，口感非常圆润丰满，但背后却有非常浓涩的单宁。整体而言，酒精度高，酸味低，粗壮而不是特别细腻，原本较晚熟的葡萄园如 Irancy、Chorey-lès-Beaune 和 St. Aubin 等，反而有优于平时的精彩表现。白酒则相当圆润，但酸味偏低，颇浓厚，常常有膏滑质地，虽不轻巧，但亦具耐久潜力。

2002

红：★★★★～★★★★★
白：★★★★～★★★★★

这是红酒、白酒皆佳的经典年份。产量中等，8 月略干旱，9 月初葡萄还不是很熟，但是温暖的气团北上带来水汽，11 日之后，来自北方的干冷的风让天气变冷转晴，葡萄既浓缩成熟却又有强劲的酸味。因为干旱缺水，葡萄承受生长压力，葡萄皮变得相当厚，黑皮诺有相当多的单宁，虽类似 2005 年，但较为细致一些。酿成的葡萄酒经培

养后，成为红酒或白酒都有极佳表现的优异年份。采收季的天气变化和 1996 年很类似，酒风相像，但 2002 年产量较低，口感更加丰满，酸度稍低，可以早喝，无论红、白酒都有耐久的潜力。红酒以夜丘区最突出，特别是晚采收的酒庄有非常好的表现，博讷丘和夏隆内丘也有不错的品质。白酒则以夏布利和博讷丘的表现最突出。夏布利因为采收晚，较多地得益于 9 月中旬之后优异的天气条件，博讷丘的白酒则以南段的 Puligny 和 Chassagne 水平最高。Mâcon 地区因较多雨，采收较早，葡萄的状况不是很好。

2001

红：★★★
白：★★★

这年虽有八月的超高温，但九月天气条件差，有持续的阴雨和寒冷天气，葡萄的成熟状况普遍不佳，条件不是很好的葡萄园很难达到应有的成熟度。开花季结果不均，也掺杂有一些较不成熟的葡萄。采收季普遍比 2000 年延后一到两周。在博讷丘靠近渥尔内村附近有严重的冰雹损害。和 2000 年一样，夜丘区的红酒状况较佳，但酒风比 2000 年有个性，有较严谨的单宁质地和不错的酸味，颜色亦较深，成熟后较显细致，颇具个性。白酒的情况较预期好一些，成熟度比黑皮诺好，因为温度较低，葡萄保有不错的酸味与均衡感。夏布利的情况较不理想，成熟度低，且感染霉菌。

2000

红：★★～★★★
白：★★★★

2000 年是早熟而且产量大的年份，7 月和 8 月的连绵大雨让葡萄的健康情况不是很好，特别是黑皮诺的情况最为严重，有很多葡萄感染灰霉病，以博讷丘最严重。博讷丘区虽然黑皮诺葡萄的成熟度不差，但因为灰霉病的关系，许多葡萄的酸度低，也难萃取出颜色，夜丘情况较佳一些。白酒稍微好一点，染病的情况不多，霞多丽的皮厚，成熟度也佳，酸度也没有过低。夏布利的表现最好，整个 9 月份都是晴朗，成熟度不差，酿成的酒均衡协调，有相当好的酸味，是耐久又可早喝的年份。2000年的红酒普遍酸度较低，而且显得清淡细瘦一些，不适陈年太久，大多在十年之后就已经相当成熟适饮。

1999

红：★★★★
白：★★★★

这是勃艮第自 1982 年以来产量最大的年份，但黑皮诺却意外地有相当好的表现，是少见的高产量亦高质量的红酒年份，白酒亦佳。除了一些产量过高的酒庄无法完全成熟外，黑皮诺大多有相当好的成熟度，单宁也较为圆熟柔和一些，而且有非常多的迷人果味。即使有一部分因为产量偏高而略显清淡，但经过十年的瓶中熟成后，也都有相当好的均衡感，风格细致，颇具潜力。霞多丽的状况亦佳，产量也相当高，不过仍然有很好的成熟度。酿成的白酒均衡饱满，有些酸味略偏柔和一些，较早熟适饮，但亦具潜力。

1998

红：★★★
白：★★

这是一个相当困难的年份，圣婴现象发威，接连有霜害、冰雹、多病、酷寒、暴雨、8月高达40℃的酷热、9月初的绵绵细雨与低温，以及采收季后期的连续大雨。过热的8月让一部分葡萄有晒伤的问题，9月大雨后吹北风带来寒冷多阳的天气，霞多丽受霜害与冰雹的影响较严重，也有较多霉菌的问题。黑皮诺的成熟度普遍不错，但单宁颇多，且带一点粗犷风格，不过也有不错的潜力。虽然整体不是很平均，但仍有许多不错的红酒，特别是在夜丘区，颜色深，结构扎实也有可口果味。白酒则普遍不佳。

1997

红：★★～★★★
白：★★～★★★

偏炎热的气候促成了一个甜美可口、果味成熟丰郁、单宁圆熟但酸味少一些的年份，无论红酒还是白酒，刚上市就已经相当好喝。1997年红酒的颜色普遍相当深，有不少酒庄酿出黑皮诺少见的深黑色泽，酒的味道浓厚，几乎掩盖了单宁的涩味，但较少有精巧细致的表现，不过却不一定无法久存。白酒也一样显得圆厚，有甜美的成熟果味，亦常缺一点清新酸味，有不少酒庄须添加酸味以求平衡，浓郁有余而细腻不足。

1996

红：★★★★～★★★★★
白：★★★★

这是一个产量颇高，且多酸味的年份。南起马贡，北至夏布利都有相似的年份特性，应该是一个红、白酒皆佳的伟大年份，但也有一些疑虑。1996年没有霜害、开花顺利，9月进入成熟季后，开始吹起寒冷干燥多阳的La Bize北风，不只让葡萄达到不错的成熟度，同时也非常健康没有病害，而且保留相当高的酸味，特别是还保有高比例的苹果酸，有些酒庄超过一年才完成乳酸发酵。不论是红酒或白酒，1996年都曾经是90年代中最受期待的年份，特别是在耐久度上。不过在不到十年间，1996年的白酒相较于其他年份出现相当多提早氧化的现象，虽然原因不明，但都让人怀疑1996年白酒的耐久力，不过仍然有不少白酒至今仍相当健康均衡。吹北风的年份如2008年和1978年，通常最能表现黑皮诺最细致的新鲜果香，1996年确实也有此潜力，不过因为酸度相当高，常会让酒有些失衡，甚至让单宁显得更粗犷、酸紧，不太适合在年轻时就品尝，未来也还需要不少时日。

1995

红：★★★★
白：★★★★

这是一个产量小、红酒和白酒皆优的好年份，但也许还不算是酒风强烈的独特年份。初夏的寒冷天气影响葡萄的结果，除了结果率低，也结了许多无籽小果。7月、8月温度炎热，9月前半个月下了两周的雨，延缓了葡萄的成熟，但下半个月的采收季有极佳的晴朗天气，无论黑皮诺还是霞多丽葡萄都普遍有相当好的成熟度，葡萄的健康状况也不错，酸度亦佳，黑皮诺因皮较厚且多无籽小果，单宁涩味较重一些，但仍相当均衡。白酒普遍浓郁厚实，酸度佳。红酒有不错的架构，也颇丰厚，且具耐久潜力。

1994

红：★★～★★★
白：★★★

1994年的天气条件原本相当优异，但大雨自9月10日下了一个多星期，直到19日才结束。白酒方面，葡萄在大雨前已有不错的成熟度，不过酸度较低或有感染霉菌的问题。除了受冰雹影响的普里尼外，白酒的表现还不差，偏柔和易饮的风格，也有一部分酸度不足。红酒方面，由于夜丘区采收较晚，在大雨过后还有一点机会弥补成熟度的不足，比博讷丘红酒普遍好一些，柔和易饮，但是整体而言还是略显干瘦，欠缺一点丰润的口感。

1993

红：★★★★
白：★★★

这年7月多雨潮湿，让葡萄容易染病，但8月酷热干燥，却又让葡萄（特别是黑皮诺）因稍缺水而长出厚皮，采收季又相当多雨。白酒的酸度高，博讷丘默尔索精华区因冰雹灾害受损严重，夏布利整体表现较佳。黑皮诺因采收时遇雨，成熟度稍不足，但皮厚、颜色深，特别是在夜丘区有颇多单宁，酒体稍瘦一点，不过架构严谨，是一个耐久的坚实年份，现已陆续开始成熟。

1992

红：★★～★★★
白：★★★★

这是一个没有霜害及冰雹的年份，发芽、开花顺利，产量非常高。收成季节一度有大雨出现，但好天气居多，霞多丽的成熟度相当好，白酒较为柔和早熟，酸度低一些，不过酒风均衡，丰富且圆熟，虽不特别强劲耐久，但白酒丰沛的果味在年轻时就颇迷人。因产量高，黑皮诺常酿成偏清淡柔和的风格，但口感细腻，相当可口易饮。

1991

红：★★★★
白：★★

这年春天的霜害、晚夏的冰雹，毁掉了不少葡萄，产量是 90 年代最低的一年。跟在超级年份 1990 年之后，又加上遇到经济萧条，让 1991 年一开始并没有特别受到注意，偏干热的 8 月让酿成的红酒少了 1990 年的丰厚口感，有较为紧涩、粗犷的单宁，但现在逐渐成熟后，却开始有相当好的表现，有极佳的均衡与非常多变的香气。特别是夜丘区有相当多杰出的佳酿，而且相当健康年轻。白酒的表现并没有超出预期，酸味较不足，多数为柔和、适合早饮的类型。

1990

红：★★★★★
白：★★★

在法国各地，1990 年都是数十年少见的世纪年份，在勃艮第也不例外，全区不论红、白酒都相当好，而且是质与量皆备。1990 年的特殊天气条件从暖冬开始，早来的春天使得生长季提前开始，加上夏季的干热与温暖，让葡萄稍有一些缺水的压力，但又不会过度，最后大多有非常好的成熟度，也维持完美的酸味。发芽、开花都很顺利，1990 年的产量相当高，比 1989 年、1991 年都高出甚多。白酒因为受到高产量的

拖累，不如 1989 年来得浓厚，但平衡感和成熟度俱佳，在夏布利更是大放异彩。红酒则是 20 世纪 90 年代最精彩的年份，浓厚坚实，架势十足，同时成熟圆润的迷人口感，难得的是，还兼顾了黑皮诺的细致风味，耐久的潜力更是无可限量。

1989

红：★★★
白：★★★★

这是一个炎热少雨的年份，葡萄的成熟度很高，在当时相当受瞩目。但黑皮诺的表现似乎不如预期，也许因为过热，1989 年的红酒刚装瓶时非常圆润丰满，但因酸度低，许多红酒经不起时间考验，有些失衡。但白酒的质量却颇优异，高成熟度酿成浓厚型的霞多丽白酒，由于同时保留了较多的酸味，足以平衡肥厚丰郁的口感，比红酒更有久存潜力，各区都有高水平的表现。

1988

红：★★★～★★★★★
白：★★～★★★

这是天气条件极佳的年份，但酒风有点出人意料，红酒的单宁涩味非常重，有许多红酒的涩味仍然相当具有主宰性。因少一些果香与圆润口感，一开始较不讨喜，近年来已逐渐开始柔化，且仍相当健康均衡。夏隆内丘和金丘区的水平都不差。比起红酒，白酒不如预期，有不错的酸味，但是偏柔和清淡，浓厚不足。马贡内区和夏隆内区普遍表现好一点。

1987

红：★★
白：★★★

这是一个产量小，柔和易饮的小年份。虽然九月份相当多阳，但整体而言却是一个极多雨的年份。虽然因开花季下雨产量相当低，但葡萄仍很难成熟，采收季即使延后至 10 月，成熟度仍不佳。酿成的黑皮诺红酒颜色浅，口感也较清淡，酒体轻巧，甚至有些脆弱，年轻时已适饮，柔和多果味。白酒因为保有颇多酸味，较红酒更值得期待，不过最耐久的也都已到了适饮期。

1986

红：★★
白：★★★

这是一个多病菌的红酒年份，但它有颇具潜力的白酒。春相当冷，虽然晚发芽，但之后皆相当顺利，为一颇多产的年份。不过采收季下大雨，且有相当多的葡萄感染病菌，须认真挑选葡萄才能酿成较佳的葡萄酒。红酒大多相当多酸，偏瘦。霞多丽因为染病不太严重而有较佳的水平，年轻时颇可口、多熟果香，但现多已失去新鲜口感。

1985

红：★★★★
白：★★★★

这是一个非常炎热干燥的极优异的年份，但年初的严酷冬季却冻死了许多葡萄。虽然春季稍冷，葡萄晚发芽，开花季寒冷多雨，但之后的天气条件极佳，温暖多阳的好天气从夏季一直延续到 10 月底，葡萄的产量不高，无论黑皮诺还是霞多丽都有非常好的成熟度。黑皮诺有相当多的成熟果香，口感极为

浓缩圆润，年轻时即颇可口，虽华丽外放，但亦颇具久存潜力。白酒也有极佳表现，相当浓缩丰厚，果味丰沛。酸味虽然不是特别有力，但有一些因葡萄皮较厚而产生的微涩单宁质地，让酒仍保有均衡，而且颇有耐久的潜力。

1984

红：★～★★
白：★★

这是一个非常晚熟且湿冷的年份，虽然产量小，但黑皮诺大多没有达到应有的成熟度，酿成的红酒相当酸瘦清淡。白酒的情况较佳，虽然葡萄不熟，但偏酸瘦的酒体却有利于久存。

1983

红：★★★～★★★★★
白：★★★

这是一个颇多灾的年份，冰雹与干燥的夏季之后紧接着绵延的大雨。葡萄因缺水而长出厚皮，随后又因遇雨而感染霉菌。酿成的红酒浓缩坚固，风格颇为粗犷，有相当多的单宁涩味，口感坚硬，虽颇能耐久，但少一些温柔与细腻。白酒酒精含量相当高，口感圆润浓缩，但缺乏优雅的酸味，不那么均衡。

1982

红：★★★
白：★★★★

这一年气候条件佳，开花相当顺利，葡萄盛产，产量非常高。夏季与采收季都相当温暖多阳，即使多产，葡萄也有不错的成熟度，而且健康状况极佳，少有染病。不过，黑皮诺对产量较敏感，酿成的红酒相当丰润可口、中等耐久。

霞多丽的表现更佳，圆润丰满，又均衡丰盛，不过，已经过了最佳的时候。

1981

红：★★
白：★★

这是颇潮湿多雨的寒凉年份，且春天有霜害。夏布利受灾严重，夏季亦有多处遭受冰雹灾害，葡萄的产量较小，但成熟度仍不足，质量不佳。七月与九月都相当多雨寒冷，九月采收季甚至出现超大雨，使得酿成的红酒和白酒都相当清淡细瘦。

1980

红：★★★
白：★★

这仍然是潮湿多雨的寒凉年份，加上开花季长，产量亦高，葡萄成熟度不佳而且不均匀。酿成的红酒颜色与酒体皆偏清淡，不过虽似脆弱，但即使过了数十年仍有一部分酒款可以保有果香与均衡。白酒的情况似乎不太理想，不过也许因为有较多酸味，虽极清淡，仍出乎意料地有一部分在数十年后还保有果香，且发展出多变的香气。

1979

红：★★★
白：★★★★

这是发芽晚，开花顺利，有颇多大雨与冰雹灾害的年份。这年产量极高，葡萄晚熟，酿成的红酒偏清淡，多果香，适合早饮。霞多丽对高产量不太敏感，白酒大多有清新酸味，均衡有劲，虽然是看似早熟的年份，但因为有不错的酸味与均衡感，有不少 1979 年的白酒，甚至红酒，都能常保鲜美果味。

1978

红：★★★★★
白：★★★★～★★★★★★

这是真正的世纪年份，至少对黑皮诺是如此，而且是一个非常有勃艮第特色的伟大年份。大部分的好年份都有炎热干燥的天气，但 1978 年却是寒冷而晚熟。开花季延迟，不是很顺利，有不少落果，也结了许多无籽小果，低产且极为晚熟，几乎较其他年份晚了一个月。夏季颇冷凉，到了 8 月底无论黑皮诺还是霞多丽的成熟状况都不佳，但自 9 月 1 日开始吹北风，多阳但寒凉的天气一直延续到 10 月，葡萄缓慢地成熟，直到 10 月才开采。低温抑制病菌，葡萄的健康状态佳，而且保有许多酸味与新鲜干净的果香，数十年之后仍常保年轻时的鲜美。酒体也不特别浓厚浓缩，非常均衡精致，且轻盈多变。勃艮第各区无论红、白酒都有此特性，且大部分的酒款非常耐久。

1977

红：★～★★
白：★★

这是 20 世纪 70 年代天气条件最差的年份之一，非常多雨，葡萄相当晚熟，采收季雨势甚至更大，无论黑皮诺还是霞多丽大多没有成熟，须添加许多糖才能达到基本的酒精度。酿成的酒颜色很淡，年轻时相当清淡且酸瘦，并不特别可口，但有不少数十年之久还能保持新鲜，甚至较年轻时美味均衡一些，白酒似乎比瘦弱的黑皮诺好一些。

1976

红：★★★ ~ ★★★★★
白：★★ ~ ★★★

这是因干旱而非常粗犷坚硬的奇特年份。经数十年后大部分的酒款都还很硬挺，并不一定变好或变柔和。7月、8月几乎没有下过雨，葡萄开始因干旱而长出硬皮，甚至停止成熟，靠着水分蒸发而让糖度增加，不过单宁并没有真正成熟，质地显得非常粗犷。酿成的黑皮诺浓厚且涩味多，年轻时几乎无法入口，有些可能需要半个世纪的熟成才真正适饮。白酒亦相当厚实粗犷，有较多的萃取物，甚至带一点咬感。

1975

红：★
白：★★

这原本可能是绝佳年份，但因为9月连续下了二十五天的雨而完全被摧毁。葡萄的健康状况不佳，感染霉菌的葡萄比例相当高，无论黑皮诺还是霞多丽都很难酿成健康耐久的葡萄酒。白酒稍微好一些，特别是夏布利因为采收较晚，有较佳的水平。

1974

红：★
白：★ ~ ★★

这是天气状况不佳的年份，从8月底到10月初的大部分时间都在下雨，葡萄相当晚熟或甚至没熟，酿成的葡萄酒无论红、白酒都相当清淡脆弱。

1973

红：★★
白：★★★

这年因开花季天气佳，产量非常高，但7月之后经常下雨，葡萄的成熟度受影响，特别是黑皮诺，但比1974与1975年好一些，风格较轻巧清淡。霞多丽对高产量不那么敏感，虽然不是特别浓厚，但相当均衡多酸，有些亦具耐久潜力。

1972

红：★★★
白：★★★

这年葡萄发芽早，但因为夏季普遍低温少阳，直到9月才开始转晴，是一个相当寒冷晚收的年份，延迟至10月才开始采收。较不成熟的葡萄酿成偏酸瘦但颇硬挺的红、白酒，有些还带有一点草味。年轻时也许有些粗犷，但高酸味让酒长保新鲜，熟成后相当均衡。

1971

红：★★★★ ~ ★★★★★
白：★★★ ~ ★★★★★

这年因为开花季天气湿冷，葡萄落果严重，也结了相当多的无籽小果，产量超低，几近平时的一半。采收季相当炎热多阳，低产的葡萄相当健康，而且成熟快速。酿成的葡萄酒相当浓缩，无论红、白酒皆佳，但白酒有些过熟，较难耐久。黑皮诺因低产与小果，有相当多成熟的单宁，多涩但细致均衡，仍有相当长远的未来。

1970

红：★★★
白：★★★

这是颇多产的年份，虽然天气状况佳，但有些葡萄还是无法完全成熟，偏清淡，却仍颇为均衡。进行产量控制的酒庄可以酿成相当优雅细致的红酒，可惜当时这样的酒庄并不多见。白酒受高产的影响较少，也许不是特别浓厚，但相当均衡。

1969

红：★★★★★
白：★★★★

这年葡萄稍晚发芽与开花，产量低一些，有不少无籽小果。夏季炎热干燥，葡萄承受缺水压力，有较厚的皮与较多的单宁。采收季前略有雨，为葡萄解旱，采收稍晚，天气状况佳。葡萄健康且有极佳的成熟度，酿成相当丰厚且结实有力的酒体，无论红、白酒都有相当多的果味，红酒年轻时颇多涩味，略粗犷，但现多已柔化成熟，是20世纪60年代最佳的年份。

1968

红：★
白：★

这是20世纪60年代天气条件最差的年份，夏季相当寒冷阴沉，九月甚至有多场连绵大雨，不熟的葡萄大多感染霉菌。因酒的质量太差，博讷济贫医院甚至取消了当年的拍卖会。

1967

红：★★
白：★★★

这年因春天的霜害，早发芽的霞多丽受到影响，产量低，夏季温暖，但近采收季颇多雨，葡萄遭受霉菌的威胁，黑皮诺多酿成清淡早饮的红酒，霞多丽因低产有较佳表现。

1966

红: ★★★★
白: ★★★★

这是红酒、白酒皆佳的年份。6月开花顺利，产量颇丰，但夏季湿冷，9月才开始放晴，靠着季末的好天气让葡萄达到不错的成熟度。酿成的酒颇均衡细致，也有不错的单宁结构，亦具耐久潜力。

1965

红: ★
白: ★

这是天气条件极糟的奇特年份，春天酷寒，发芽与开花延迟，6月至9月连绵多雨，葡萄大多染病，非常晚熟，直到10月才开采。无论红、白酒都脆弱酸瘦。

1964

红: ★★★★
白: ★★★★

这年开花顺利，产量多，天气条件佳，夏季相当炎热，也有适量的雨水，自8月底到9月中旬，以及采收季，都有相当晴朗的天气。虽然产量稍高，但葡萄皮厚、健康且成熟度佳，无论红、白酒都有极佳的表现，浓缩、厚实且坚固，相当耐久。

1963

红: ★
白: ★ ~ ★★

这年冬季相当严寒，发芽晚，夏季非常潮湿多雨，葡萄成熟迟缓，直到10月才开采，许多葡萄到11月都还没有采收。黑皮诺染病情况严重，色淡、酸味高，白酒稍佳，但仍相当削瘦。

1962

红: ★★★★ ~ ★★★★★
白: ★★★★ ~ ★★★★★

这年春天寒冷，发芽相当晚，开花也有延迟，但颇顺利，之后有相当炎热多阳的夏季与适量的雨水，9月亦佳，10月初开采，葡萄的质量极佳。酿成的黑皮诺非常均衡，而且柔和可口，相当细致迷人，颇为多变，即使没有太多坚固的单宁，但至今仍保有果味，相当耐久。霞多丽的产量稍低，酿成颇浓郁饱满且均衡细致的完美风格，为20世纪60年代最佳的白酒年份。

1961

红: ★★★ ~ ★★★★★
白: ★★★ ~ ★★★★★

这年早发芽但开花遇冷不顺，落果多，也有不少无籽小果，为一低产年份。夏季干热，葡萄较早熟，9月底开采，葡萄状况颇佳。酿成的黑皮诺颇有架势，较1962年浓厚硬挺一些，但少一些精巧的细节变化，也没有那么均衡，不过一样相当耐久。因产量低，霞多丽也有相当浓缩厚实的风格。

1960

红: ★
白: ★

这是一个相当寒冷的年份，夏布利有严重的霜害，从春天到采收季都相当多雨，夏季更是多雨且冷凉，葡萄大多感染霉菌。开花虽顺利却不均匀，产量大却有很多不成熟的染病葡萄，酿成的红、白酒大多相当酸瘦。

1959

红: ★★★★★
白: ★★★★

这是一个相当耐久，且迷人可口的世纪年份，红酒、白酒均佳。六月的天气温和稳定，开花顺利均匀，夏季非常炎热多阳，干燥少雨，葡萄遭受干旱压力，九月初适时降雨解旱，顺利成熟，为一产量佳且早熟的年份。霞多丽虽然非常成熟浓厚，但亦具均衡与酸味，香气奔放多果香，口感丰盛华丽。红酒甚至更佳，酒体格局庞大厚实，饱满圆润，同时亦具均衡与细节变化，而且大部分时候都相当可口美味。至今都还相当均衡健康，仍具久存潜力。

照片出处：

本书照片除下列之外，其余皆为作者所摄。

Bouchard P. & F.：P 98 中

Chanson P. & F.：P 139 上、P 136 左、P 175 左、P 176 左上、P 353 左、P 363、P 366—367

Joseph Drouhin：P 76、P 128 右、P 251 左中、P 274—275、P 353 右下、P 400

A. F. Gros：P 285

Michel Laroche：P 10 下、P 83 右下、P 149 下

Bruno Lorenzon：P 441 下左上、P 453 左下

Château Thivin：P 91 左上、P 91 右上

庄志民：P 79

产区名	副产区	等级	品种与颜色	葡萄园与产量		
				红酒、白酒（百升）	总产量（百升）	葡萄园面积（公顷）
Aloxe-Corton 阿罗斯－高登	Côte de Beaune	村庄与一级园	Pinot noir Chardonnay	4361 88	4449	118,87
Auxey-Duresses 欧榭－都赫斯	Côte de Beaune	村庄与一级园	Pinot noir Chardonnay	3319 1787	5106	132,87
Bâtard-Montrachet 巴塔－蒙哈榭	Côte de Beaune	特级园	Chardonnay	486	486	11,73
Beaune 博讷	Côte de Beaune	村庄与一级园	Pinot noir Chardonnay	12146 2195	14341	416,23
Bienvenues-Bâtard-Montrachet 碧维妮－巴塔－蒙哈榭	Côte de Beaune	特级园	Chardonnay	165	165	3,58
Blagny 布拉尼	Côte de Beaune	村庄与一级园	Pinot noir	142	142	4,31
Bonnes-Mares 邦马尔	Côte de Nuits	特级园	Pinot noir	453	453	14,71
Bourgogne 勃艮第	勃艮第全区	地方性等级	Pinot noir Gamay Chardonnay	82661 41173	123834	2623,33
Bourgogne Aligoté 勃艮第阿里高特	勃艮第全区	地方性等级	Aligoté	92530	92530	1655,57
Bourgogne Chitry 勃艮第希替利	Auxerrois	地方性等级	Pinot noir Chardonnay	1333 1823	3156	61,77
Bourgogne Côte Chalonnaise 勃艮第夏隆丘	Côte Chalonnaise	地方性等级	Pinot noir Chardonnay	15138 6867	22005	463,42
Bourgogne Côte d'Or 勃艮第金丘	Côte d'Or	地方性等级	Pinot Noir Chardonnay	新产区尚无资料		
Bourgogne Côte Saint-Jacques 勃艮第圣贾克丘	Auxerrois	地方性等级	Pinot noir Chardonnay	733 12	745	12,76
Bourgogne Côtes d'Auxerre 勃艮第欧歇尔丘	Auxerrois	地方性等级	Pinot noir Chardonnay	5928 3845	9773	192,92

Bourgogne Côtes du Couchois 勃艮第古舒瓦丘	Couchois	地方性等级	Pinot noir	387	387	8,36
Bourgogne Coulanges-la-Vineuse 勃艮第古隆吉－维诺兹	Auxerrois	地方性等级	Pinot noir Chardonnay	4637 922	5559	103.33
Bourgogne Epineuil 勃艮第埃皮诺依	Auxerrois	地方性等级	Pinot noir Chardonnay	3415 0	3415	65,89
Bourgogne Gamay 勃艮第佳美	勃艮第全区 与 Crus de Beaujolais	地方性等级	Gamay	新产区尚无资料		
Coteaux Bourguignons/ Bourgogne grand ordinaire ou Bourgogne ordinaire 勃艮第上博讷丘	勃艮第全区	地方性等级	Pinot noir Gamay Chardonnay Aligoté	10389 1704	12093	246,27
Bourgogne Hautes Côtes de Beaune 勃艮第上博讷丘	Hautes-Côtes de Beaune	地方性等级	Pinot noir Chardonnay	29115 6047	35162	803,54
Bourgogne Hautes Côtes de Nuits 勃艮第上夜丘	Hautes-Côtes de Nuits	地方性等级	Pinot noir Chardonnay	23588 5271	28859	701.88
Bourgogne Mousseux 勃艮第非传统法气泡酒	Bourgogne	地方性等级	Pinot noir & Gamay	产量极少	产量极少	—
Bourgogne Passe-tout-grains 勃艮第多品种	勃艮第全区	地方性等级	Pinot noir & Gamay	21502	21502	457,75
Bourgogne Tonnerre 勃艮第多内尔	Auxerrois	地方性等级	Chardonnay	3097	3097	56,30
Bouzeron 布哲宏	Côte Chalonnaise	村庄级	Aligoté	2112	2112	52.17
Chablis 和 Chablis 1er cru 夏布利和夏布利一级园	Chablisien	村庄与一级园	Chardonnay	225599	225599	4096,53
Chablis Grand Cru 夏布利特级园	Chablisien	特级园	Chardonnay	4589	4589	104,08
Chambertin 香贝丹	Côte de Nuits	特级园	Pinot noir	368	368	13,57
Chambertin-Clos de Bèze 香贝丹－贝泽园	Côte de Nuits	特级园	Pinot noir	465	465	15,78
Chambolle-Musigny 香波－蜜思妮	Côte de Nuits	村庄与一级园	Pinot noir	5322	5322	152,23
Chapelle-Chambertin 夏贝尔－香贝丹	Côte de Nuits	特级园	Pinot noir	151	151	5,48
Charlemagne 查理曼	Côte de Beaune	特级园	Chardonnay	0	0	0
Charmes-Chambertin 夏姆－香贝丹	Côte de Nuits	特级园	Pinot noir	916	916	29,57
Chassagne-Montrachet 夏山－蒙哈榭	Côte de Beaune	村庄与一级园	Pinot noir Chardonnay	3906 9346	13252	307,52

Chevalier-Montrachet 歇瓦里耶－蒙哈榭	Côte de Beaune	特级园	Chardonnay	287	287	7,47
Chorey-lès-Beaune 修瑞－博讷	Côte de Beaune	村庄级	Pinot noir Chardonnay	4712 425	5137	126,28
Clos de la Roche 罗西庄园	Côte de Nuits	特级园	Pinot noir	530	530	16,62
Clos de Tart 塔尔庄园	Côte de Nuits	特级园	Pinot noir	161	161	7,30
Clos de Vougeot 梧玖庄园	Côte de Nuits	特级园	Pinot noir	1391	1391	49,43
Clos des Lambrays 兰贝园	Côte de Nuits	特级园	Pinot noir	217	217	8,52
Clos Saint-Denis 圣丹尼园	Côte de Nuits	特级园	Pinot noir	198	198	6,24
Corton 高登	Côte de Beaune	特级园	Pinot noir Chardonnay	2789 151	2 940	97,53
Corton-Charlemagne 高登－查理曼	Côte de Beaune	特级园	Chardonnay	1929	1929	52,08
Côte de Beaune 博讷丘	Côte de Beaune	村庄级	Pinot noir Chardonnay	680 269	949	31,76
Côte de Beaune-Villages 博讷丘村庄	Côte de Beaune	村庄级	Pinot noir	178	178	4,66
Cote de Nuits-Villages 夜丘村庄	Côte de Nuits	村庄级	Pinot noir Chardonnay	5818 370	6188	170,92
Crémant de Bourgogne 勃艮第传统法气泡酒	勃艮第全区	地方性等级	Chardonnay & Pinot Noir	112670	112670	1847,97
Criots-Bâtard-Montrachet 克利欧－巴塔－蒙哈榭	Côte de Beaune	特级园	Chardonnay	67	67	1,57
Echezeaux 埃雪索	Côte de Nuits	特级园	Pinot noir	1065	1065	35,77
Fixin 菲尚	Côte de Nuits	村庄与一级园	Pinot noir Chardonnay	3452 151	3603	103,22
Gevrey-Chambertin 哲维瑞－香贝丹	Côte de Nuits	村庄与一级园	Pinot noir	13968	13968	411,75
Givry 吉弗里	Côte Chalonnaise	村庄与一级园	Pinot noir Chardonnay	9222 2172	11394	271,53
Grands Echezeaux 大埃雪索	Côte de Nuits	特级园	Pinot noir	269	269	8,78
Griotte-Chambertin 吉欧特－香贝丹	Côte de Nuits	特级园	Pinot noir	93	93	2,63
Irancy 依宏希	Auxerrois	村庄级	Pinot noir	7023	7023	154,24
La Grande Rue 大道园	Côte de Nuits	特级园	Pinot noir	55	55	1,65
La Romanée 侯马内园	Côte de Nuits	特级园	Pinot noir	31	31	0,84

La Tâche 塔须园	Côte de Nuits	特级园	Pinot noir	129	129	5,08
Ladoix 拉朵瓦	Côte de Beaune	村庄与一级园	Pinot noir Chardonnay	2478 952	3430	98,13
Latricières-Chambertin 拉提歇尔－香贝丹	Côte de Nuits	特级园	Pinot noir	218	218	7,31
Mâcon 马贡	Mâconnais	地方性等级	Pinot noir Gamay、 Chardonnay	16735 4843	21578	384,86
Mâcon（+ village） 马贡（+村庄）	Mâconnais	地方性等级	Pinot noir Gamay、 Chardonnay	9198 86106	95304	1571,9
Mâcon-Villages 马贡村庄	Mâconnais	地方性等级	Chardonnay	119998	119998	1876,31
Maranges 马宏吉	Côte de Beaune	村庄与一级园	Pinot noir Chardonnay	5390 357	5747	160,84
Marsannay 马沙内	Côte de Nuits	村庄级	Pinot noir Chardonnay	5615 1496	7111	202,7
Marsannay rosé 马沙内粉红酒	Côte de Nuits	村庄级	Pinot noir	1139	1139	33,01
Mazis-Chambertin 马利－香贝丹	Côte de Nuits	特级园	Pinot noir	281	281	8,95
Mazoyères-Chambertin 马索耶尔－香贝丹	Côte de Nuits	特级园	Pinot noir	54	54	1,82
Mercurey 梅克雷	Côte Chalonnaise	村庄与一级园	Pinot noir Chardonnay	19879 3196	23075	645,49
Meursault 默尔索	Côte de Beaune	村庄与一级园	Pinot noir Chardonnay	458 16563	17021	399,87
Montagny 蒙塔尼	Côte Chalonnaise	村庄与一级园	Chardonnay	17314	17314	327,17
Monthélie 蒙蝶利	Côte de Beaune	村庄与一级园	Pinot noir Chardonnay	3783 591	4374	121,6
Montrachet 蒙哈榭	Côte de Beaune	特级园	Chardonnay	271	271	8,00
Morey-Saint-Denis 莫瑞－圣丹尼	Côte de Nuits	村庄与一级园	Pinot noir Chardonnay	2890 162	3052	93,92
Musigny 蜜思妮	Côte de Nuits	特级园	Pinot noir Chardonnay	269 19	288	10,67
Nuits-Saint-Georges ou Nuits 夜圣乔治	Côte de Nuits	村庄与一级园	Pinot noir Chardonnay	10457 344	10801	308,69
Pernand-Vergelesses 佩南－维哲雷斯	Côte de Beaune	村庄与一级园	Pinot noir Chardonnay	2644 2373	5017	138,45
Petit Chablis 小夏布利	Chablisien	村庄级	Chardonnay	48856	48856	843,32
Pommard 玻玛	Côte de Beaune	村庄与一级园	Pinot noir	12014	12014	325,65

Pouilly-Fuissé 普依－富塞	Mâconnais	村庄级	Chardonnay	38794	38794	760,62
Pouilly-Loché 普依－洛榭	Mâconnais	村庄级	Chardonnay	1533	1533	31,95
Pouilly-Vinzelles 普依－凡列尔	Mâconnais	村庄级	Chardonnay	1944	1944	54,25
Puligny-Montrachet 普里尼－蒙哈榭	Côte de Beaune	村庄与一级园	Pinot noir Chardonnay	26 10066	10092	205,72
Richebourg 李奇堡	Côte de Nuits	特级园	Pinot noir	217	217	7,89
Romanée-Conti 侯马内－康帝	Côte de Nuits	特级园	Pinot noir	38	38	1,76
Romanée-Saint-Vivant 侯马内－圣维冯	Côte de Nuits	特级园	Pinot noir	242	242	8,45
Ruchottes-Chambertin 胡修特－香贝丹	Côte de Nuits	特级园	Pinot noir	106	106	3,25
Rully 胡利	Côte Chalonnaise	村庄与一级园	Pinot noir Chardonnay	4703 10047	14750	270,97
Saint-Aubin 圣欧班	Côte de Beaune	村庄与一级园	Pinot noir Chardonnay	1493 5054	6547	154,01
Saint-Bris 圣布利	Auxerrois	村庄级	Sauvignon	8155	8155	137,67
Saint-Romain 圣侯曼	Côte de Beaune	村庄级	Pinot noir Chardonnay	1409 2259	3668	92,26
Saint-Véran 圣维宏	Mâconnais	村庄级	Chardonnay	40283	40283	696,55
Santenay 松特内	Côte de Beaune	村庄与一级园	Pinot noir Chardonnay	8742 2102	10843	321,87
Savigny-lès-Beaune 萨维尼－博讷或萨维尼	Côte de Beaune	村庄与一级园	Pinot noir Chardonnay	11413 1620	13033	354,73
Vézelay 维日雷	Auxerrois	村庄级	Chardonnay	2520	2520	70
Viré-Clessé 维列－克雷榭	Mâconnais	村庄级	Chardonnay	23224	23224	403,26
Volnay 渥尔内	Côte de Beaune	村庄与一级园	Pinot noir	7587	7587	220,39
Vosne-Romanée 冯内－侯马内	Côte de Nuits	村庄与一级园	Pinot noir	5182	5182	154,04
Vougeot 梧玖	Côte de Nuits	村庄与一级园	Pinot noir Chardonnay	273 108	381	15,47
				总面积 27626		

数据源：B.I.V.B./Service viticulture des Douanes

Les climats du vignoble de Bourgogne

经过多年的努力，金丘区有历史的葡萄园在 2015 年以 "勃艮第葡萄园的克里玛"（Les climats du vignoble de Bourgogne）之名，正式被联合国教科文组织（UNESCO）收录为世界遗产，与葡萄牙生产波特酒的杜罗（Douro）河谷、波尔多的圣爱美浓（St. Emilion）、匈牙利的托卡伊（Tokaj），意大利的皮埃蒙特区（Piemonte）和奥地利的瓦豪（Wachau）产区，同为葡萄酒世界中世界遗产级的文化景观。

Climat 是勃艮第葡萄酒业特有的用语，虽然此词通常在法文中的意思是 "气候"，但在勃艮第，climat 另有其意，指的是一片有特定范围的葡萄园，拥有特殊的条件，可生产风格特殊的葡萄酒，和其他的 climat 有所差异。这些葡萄园都有自己的名字，也常常会在周围筑起石墙界分各园。此种有石墙环绕的葡萄园另有其名，称为 clos。climat 和 clos 的传统一直延续至今，仍然是勃艮第酒业最核心的精神所在，每个 climat 的葡萄大多分开酿造，单独装瓶，并以 climat 的名称作为酒名。

此概念源自中世纪的修道院，如于 7 世纪创园的贝泽园，是勃艮第最早的 climat。这个概念跟晚近法国非常盛行的 "terroir"（风土）一词相当接近，常被认为是 terroir 的起源和最佳的典范。但不同的是，climat 指的是更小范围的葡萄园，而非像 terroir 可以用来指较大范围的产区，以及葡萄酒以外产品的产地。例如，被收录成为世界遗产的，是位在博讷丘和夜丘山坡上共 1247 片独立的 climat，这些园最小的不及 1 公顷，最大的也只有 100 公顷，而且全部用来种植酿酒葡萄。

在法文中，也有另一类似的名词：lieudit（地块），指的是在地形上或历史上有独特性的一块地，常会跟 climat 产生混淆。确实，地块也都有名称和范围，甚至也可能有特别的自然环境，但其与 climat 的差别在于，地块的概念主要着重于空间，并不一定是一片可以生产独特葡萄酒的土地，也不一定是葡萄园。这样的对比正可以凸显出 climat 的珍贵与文化意蕴，是要经过人的努力与经营，才能通过酿成的葡萄酒体现出一片葡萄园的潜力与特色。

有一些面积较大的葡萄园，在 climat 中还分成很多面积较小的 climat，如有 37.7 公顷的特级园埃雪索就是由以下的 11 个 climats 所构成：Echézeaux du Dessus（3.55 公顷）、Orveaux（5.04 公顷）、Les Rouges du Bas（3.99 公顷）、Les Poulaillères（5.21 公顷）、Les Champs Traversins（3.59 公顷）、Les Beaux Monts Bas（1.27 ha）、Les Loachausses（2.49 公顷）、Les Treux（4.9 公顷）、Les Quartier de Nuits（1.13 公顷）、Les Cruots/Vignes Blanches（3.29 公顷）、Clos St. Denis（1.8 公顷）。它们属于 climat 中的 climat，但也有人将这些都视为地块。还有人主张，必须是列级的葡萄园才有资格成为 climat，一般的地区等级或村庄级的葡萄园，因为独特性较弱，所以除非是历史古园，不然就只是地块，而不是 climat。

无论定义如何区分，地块都只有空间的含义，climat 才是与葡萄酒有关联、有美味含义的名字。

A

Abbaye de Bèze 贝泽修道院 81、241

Abbaye de Morgeot 修道院 83、327、360、406、410、415

Alberic Bichot（人名）354

Aligoté doré 金黄阿里高特 69

Aligoté 阿里高特 42、49、56、60、68、69、73、153、174、193、232、262、266、270、327、390、393、432、433、434、452

Allier 180

Aloxe-Corton 阿罗斯-高登 81、106、330、337、338、339

André Porcheret 379

Ann Colgin（人名）359

Anne-Claude Leflaive 405、406

Anthroposophy 人智学 121、124

AOC 法定产区 38、40、67、90、143、162、177、187、188、191、193、195、296、324

AOP（Appellation d'Origine Protégée）法定产区 V、VII、38、40、66、143、162、177、187、188、191、193、195、234、296、324、328、385、459

Arcena 村 327

Argovien 时期（又称Oxfordien）27、30、40、41、45、334

AS-Elite 塑料塞 155、178、270

ATVB 勃艮第葡萄种植技术协会 69、73

Aubert de Villaine（人名）310、311、312、

452

Aubin vert 60

Autun 欧丹市 79、439

Auxerrois 欧歇瓦 VII、28、36、37、59、60、71、72、198、200、201、202、203、204、229、230、231、232

Auxey-Duresses 欧榭-都赫斯（简称 Auxey 村）15、41、310、363、369、378、379、380、381、382、383、386

AXA Millésime 319

B

Badet 家族 392

Bailly 村 232

Bajocien 巴柔阶 24、31、38、40、45、262

Bastion de l'Oratoire 碉堡 356

Bathonien 巴通阶 16、24、26、29、31、38、40、45、276、313、315、373、385、410、463

Beaujeu 镇 107、478

Beaujolais Blanc 薄若莱白酒 466、479

Beaujolais Village 489

Beaujolais Villages 薄若莱村庄 191、196、474、479、494、497

Beaujolais 薄若莱 I、V、VII、3、8、12、16、31、32、36、45、46、47、53、58、60、63、64、66、73、88、93、96、97、107、112、113、117、121、134、135、191、198、475、479

Beaune 1er cru 177

Beaune 博讷 V、VII、26、31、40、73、77、79、84、86、87、88、90、93、95、97、99、106、107、108、109、112、117、126、129、184、187、190、254、290、307、309、313、365、369、370、432、434、454、456、491

Beaunois 59

Beine 村 209、222、227

Belleville 镇 482

Benedictine 本笃会 82

Benjamin Leroux（人名）353、369

Benoît XIII 84

Bertrange 180

biodynamie 自然动力种植法 119、120、121、122、123、124、125、126、127、128、141、257、232、255、268、295、302、307、308、312、323、327、346、353、357、369、376、382、392、394、407、470、472、473

biologique 有机种植法 119、120、127、128、141、268、290、327、452、495

BIVB 勃艮第酒业公会 154

Blagny 布拉尼村 385、391、392、393、403、404、406

Blanc de Noirs 232

Blason de Bourgogne 114

Botrytis 469

bouillie bordelaise 波尔多液 120、128、141、295

Bourgogne Aligoté 68、69、191、200、434

Bourgogne Côte Chalonnaise 191、430、432、433

Bourgogne Chardonnay 191、479、492

Bourgogne Chitry 200、227、231

Bourgogne Epineuil 191、200、231

Bourgogne Gamay 66、191、196、479、493

Bourgogne Grand Ordinaire 63、66、193

Bourgogne Hautes-Côtes de Beaune 191

Bourgogne Passe-Tout-Grains 66、193、492

Bourgogne Pinot Noir 191

Bourgogne Rosé 191

Bourgogne Tonnerre 200、231

Bourgogne Vézelay 200、231

Bouze-lès-Beaune 村 351、352

Bouzeron 布哲宏 42、69、431、432、433、434、435、452、453

brettanomyces 菌 54

Brochon 村 238、243、324

Brouilly 布依 480、490

Bruges 布鲁日市 52

Burgondes 勃艮第人 66、80、171

Burgundia Oeenologie 117

Bussières 村 458、460

Buxy 村 445

C

Cadus 182

calcaires à entroques 海百合石灰岩 24、31、38、45、244、249、262、266、278、293、294

Callovien 26、27、29、31、40、45、398

Canal de Centre 中央运河 424

Cave Cooperatif（CC）酿酒合作社 III、

89、93、111、113、114、159、162、167、187、207、223、446、448、459、482、484

Celts 凯尔特人 78

Centre Oenologique de Bourgogne （COEB）116

César 恺撒 70、71、72、79、193、204、229、230、233

Château de Beaune 355

Château Grancey 360、361

Chablis Grand Cru 209

Chablis 夏布利 74、190、201、204、225、227、357

Chagny 夏尼镇 416、433

Chaintré 村 45、461、462、464、473

Chalon sur Saône 夏隆市 VII、430、432、439、442

Chambertin 香贝丹 24、31、241、245

Chambolle-Musigny 香波-蜜思妮（简称香波村）15、38、100、102、103、104、105、189、195、196、235、272

Champonnet 252、319

Chânes 466

Chardonnay 村 霞多丽村 82、458

Chardonnay 霞多丽（葡萄品种）58

Chardonnet 59

Charlemagne 查理曼大帝 81

Charles II 查理二世 81

Chassagne-Montrachet 夏山-蒙哈榭（简称夏山村）24、40、63、83、130、135、150、188、195、196、408

Chasselas 村 466、467

Chassin 182、184

Château de Chasselas 城堡酒庄 467

Château de Germolle 葡萄园城堡 84、432

Château de Viré 471

Château du Clos de Vougeot 107

Château du Passetemps 428

Château La Pierre 497

Chaux 村 302

Cheilly-lès-Maranges 村 427、428

Chénas 薛纳 480、482、484、495、496

Chenôve 村 84、236

Chevanne 村 327

Chichée 村 209、222

Chiroubles 希露柏勒 480、488

Chlorose 黄叶病 33、137

Chorey-lès-Beaune 修瑞-博讷（简称Chorey 村）177、195、309、342、345、363

Christie's 佳仕得 109

Christophe Bouchard（人名）97、355

Christophe Roumier（人名）101、102、104、105、248、283

Chsselas 村 492

Cinsault 56

Cîteaux 熙笃会 I、16、52、77、82、83、156、238、264、276、287、289、300、304、305、400、407、410、444、446

CITVB 154

Claude Bourguignon（人名）33、138

Clessé 村 克雷榭村 468

Clone & Marssale 无性繁殖系 72

Clos de Bussière 104

Clos de Duc 84

Clos de la Forge 266

Cluny 克里尼修会 82、241、297、324、473

Cochylis 120

colle 凝结剂 177

Combe Brulée 背斜谷 293、300、306

Combe d'Ambin 背斜谷 272

Combe de Concoeur 16

Combe de la Net 背斜谷 332、338

Combe de Lavaux 243

Combe de Morey 262

Combe de Vry 332、338

Combe d'Orveaux 背斜谷 302

Combe Grisard 243

Combiaty 497

Comblanchien 村 193、315、324

Comblanchien 贡布隆香石灰岩 16、31

Combottes 250、282

Cordon de Royat 268

Corgoloin 村 324

Corton Blanc 334、336、341、346、356

Corton de Royat 高登式 64、69、135、284

Corton Grancey 362

Côte Chalonnaise 夏隆内丘区 V、VII、23、26、27、31、36、42、43、53、58、82、84、193、369、424、430、431、435、437、442、449、453、459

Côte d'Auxerre 232

Côte de Beaune V、30、40、329、363

Côte de Beaune Villages 博讷丘村庄 94、177、324、345、363、427

Côte de Bouguerots 214、216、225

Côte de Brouilly 布依丘 16、46、474、480、482、489、491、497、499

Côte de Nuits Villages 夜丘村庄 193、236、243、272、315、324、327

Côte de Nuits 夜丘区 V、37、235、236

Côte Dijonnaise 第戎丘 236

Côte d'Or 金丘区 V、198、235、432

Coteaux Bourguignon 66、193、479、493

Côtes du Rhône 罗讷丘 191

Couchey 村 236

Couchois 历史葡萄园 23、31、432

Courgis 村 209、222、227

courtiers gourmets 葡萄酒中介 86、111

Court-noué 130

Crémant 62、204

Crémant de Bourgogne 66、153、191、200、492

Créme de Cassis 黑醋栗香甜酒 68

Cretacerous 白垩纪 28、30、43、45

cristallisation sensible 结晶图感应 124

Crus de Beaujolais 薄若莱特级村庄 480、482、486、488、490、492、493、494、498

Cruzille 村 458、460、471、473

D

Dall nacre 珍珠石板岩 26、27、31、40、334、365、398

Danguy 190

Davayé 村 73、463、466、467、469、470、471、472

débourrement 发芽 50

débuttage 136

Demeter International 126

demi-muie 179

des Cloux 溪 378、381、385

des Lambray 100

Deuxième Cuvée 二级 188

Dezize-lès-Maranges 427

Dheune 河 42、424、432

Diam 155、178

Domaine de L'Eglantiére 225

Dominique Lafon（人名）393、394、405

dormant 冬眠 51

Dracy-Le-Fort 村 442

Duc de Magenda 410

Durafroid 171

E

Echevronne 村 327

Ecoccert 128

Edouard Labruyère（人名）393、394

éleveur 培养者 94、173

embouteilleur 装瓶者 94

ENTAV 葡萄种植技术研究单位 72

entre-coeur 140、141

Entropie 171

Eric Vieux（人名）471

Esca 130

F

Fermage 101、102、103、104

Feuillette 橡木桶 179、204、207、208、224、227、228、293

Fixey 村 236、238

Fixin 菲尚 198、235、236、237、238、239、240、241、259、324

Flagey Echézeaux 村（简称 Flagey 村）273、291、293、306

Fleurie 弗勒莉 46、97、143、190、355、469、474、480、485、486、488、494、495、497、498

Fleys 村 209、220、225

floraison 开花 50

Föhn 焚风 8

François Bouchet（人名）126

François Frères 制桶厂 94、109、180、182、184、258、269、312、381、406

François Raveneau（人名）227

Fuissé 村 470、472

Fyé 村 208、209

G

Gamay à jus blanc 白汁佳美 64

Gamay Beaujolais 56、66

Gamay teinturier 红汁佳美 64

Gamay 佳美（葡萄品种）V、18、23、32、45、46、47、49、51、52、53、56、60、63、64、66、68、72、73、

84、86、88、131、134、135、143、153、164、165、166、167、168、169、173、180、189、232、233、236、420、445、455、459、466、467、471、473、475、476、478、481、486、488、489、491、493、495

Gamay 村 63、420、422

Gaulois 高卢人 78

Gérard Boudot（人名）407

Gevrey-Chambertin 哲维瑞-香贝丹（简称 哲 维 瑞 村）15、24、31、38、81、82、101、106、196、235、241、242、320、324

Gibriaçois 241

Gilles de Courcel（人名）356、369

Givry 吉 弗 里 42、43、84、190、194、431、432、439、442、443、444、445、449、450、451、452

goble 杯形式 64、66、134、135、481

Gore 46

Gouais Blanc 56、59、60、63、64、68

Gourmand 140

Grand Cru（GC）特级园 V、188、228

Grande Bourgogne 大 勃 艮 第 产 区 V、475

Grégoire XI 格列高利十一世 84

Grône 溪 272

Grosne 果斯涅河谷 45、456

Guala 瓶塞厂 178、270

Guigone de Salin 莎兰 86

Guillaume de Castelnau（人名）495

Guillaume 家族 375、401

Guy Accad 116

guyot double 双居由式 135

Guyot 居由式 134

H

Harmeau du Vin 葡萄酒博物馆 485、494

Hautes-Côtes-de-Beaune 上博讷丘区 132、326

Hautes-Côtes-de-Nuits 上夜丘区 326

Henri Jayer 亨利·贾伊尔 52、100、157、311、312

Hermitage 492

Histoire et Satistique de la Vigne des Grands Vins de la Côte-d'Or 188

Hors Classes 等级 470

Hors Ligne 188、189、334、400

Hospices Civils de Lyon 里昂医院 107

Hospices de Beaujeu 薄若莱济贫医院 107

Hospices de Beaune 博讷济贫医院 86、107、246、264、336、337、359、402

Hospices de Dijon 第戎济贫医院 107

Hospices de Nuits St. Georges 夜圣乔治济贫医院 107

Hospices de Nuits 夜丘济贫医院 320、321

Hubert de Montille（人名）376

I

Igé 458

IGP（Indication Géographique Protégée）187、196、361

INAO 国家法定产区管理局 90、128、189、195

INRA 国家农业研究单位 72

Irancy 71、72、200、202、203、204、223、228、229、230、232、233

J

Jacques Lardière（人名）360

Jambles 村 445

Jean II Le Bon 约翰二世 83

Jean sans Peur 约翰公爵 84

Jean-François Bazin（人名）49、79、293

Jean-François Coche-Dury（人名）391

Jean-Marie Guffens（人名）471、472

Jérom Prince 112

Joseph Henriot（人名）97、99、355

Jules Chauvet（人名）168、363、497

Jules Lavalle 88、188、189

Juliénas 朱里耶纳 474、480、482、484、496

Jully-lès-Buxy 村 445

Jura 53、472

Jurançon 442

Jurassic 30、31、223

Jurassic inférieur 侏罗纪早期 23

Jurassic moyen 侏罗纪中期 24

Jurassic superieur 侏罗纪晚期 26

K

Kimméridgien 26、28、30、36、37、201、204、206、212、223、229

Kir 68

Kloster Eberbach 修道院 82

Kyriakos Kynigopoulos 117

L

L'Abrégé des Bons Fruits《佳果简编》68

La Bise 拉比斯风 8

La Cabotte 398

La Chapelle-de-Guinchay 村 482、484、496

La Chapelle-Vaupelteigne 209

La Cosanne 河 424

La Forge de Tart 266、270

La Goillotte 294

La Marche du Roi 225

La Part des Anges 225

La Paulée de Meursault 385

La Petite Grosne 河 456

La Pièce au Comte 223

La Roche-Vineuse 村 59、458、460、472

Laborde 城堡 361

Ladoix-Serrigny 拉朵瓦 330、338、340

L'agriculture biologique 有机农业 128

Lalou Bize-Leroy（人名）126、310、383

Lancié 村 497

L'Arlois 河谷 482、484

L'Avant Dheune 溪 364、365、368

Le Banquet du Faisan 雉鸡飨宴 84

Le Giroux 溪 439、440

Les Evocelles 243

Les Hautes-Côtes 上丘区 326

Levrouté 468、469

Leynes 村 466、467、492

l'Hôtel Dieu 349

Lias 里亚斯 23、24、31、42、45、46、
432、446

lieu-dit 区域 480、485、486、489

Lignorelles 209、225

Limousin 180

Loché 村 24、31、472

Louis August 327

Louise XI 路易十一 86

Louis-Fabrice Latour（人名）361

Lugny 村 459

lutte raisonnée 理性控制法 119

Lycée Viticole de Davayé 葡萄酒业高级
中学 467

M

Mâcon 31、66、148、191、198、454、
456

Mâcon Cruzille 471

Mâcon Cruzille Manganite 473

Mâcon Milly-Lamartine Clos du Four 471

Mâcon Villages 66、191、454、458、
459、460、461、466、468、471、472

Mâcon Vinzelles 马贡-凡列尔 473

Mâcon-Chaintré 458

Mâcon-Clessé 马贡-克雷榭 468

Mâcon-Lugny 458

Mâconnais 马贡内区 43、198、455

Mâcon-Vergisson 458

Mâcon-Viré 马贡-维列 468

Magny-lés-Villers 村（简称 Magny 村）
327

Maizières 修会 400

Maltroie 412、414

Maranges 马宏吉 24、94、177、363、424

Marey-Monge 家族 369

Marguerite de Flandre 玛格丽特公主 84

Maria Thun 122、123、124

Marie de Bourgogne 玛丽 86

Marin 马林风 8

Marne de Pernand 佩南泥灰岩 27

Marne de Pommard 玻玛泥灰岩 27

Marsannay Rosé 236

Marsannay-la Côte 236

Marsannay 马沙内 162、192、195、254、
259

Maximilien I 86

Melon de Bourgogne 56、60、193

Melon（葡萄品种）153

Mercurey 梅克雷 20、31、33、42、43、
139、182、190、322、431、432、433、
435、439、440、442、449、450、451、
452

Mérovingiens 墨洛温王朝 80

Métayage 101、102、104、250、311、
327、393、407

Meursault Santenots 白酒 375、428

Meursault-Blagny 默尔索-布拉尼 389、
384

Meursault 默尔索 13、30、378、384、393、
428

Meuzin 河谷 313、315

micelle 胶体分子团 177

Microclimat 微气候 13

Micro-Négociant 96

millerandage 无籽小果 19、22、50、60、322

Milly-Lamartine 村（简称 Milly 村）458、
460、471

Mogeot 村 414、418

Mont Rachet 蒙哈榭山 400、420

Montagny-lès-Buxy 445

Montagny 蒙塔尼 23、24、31、42、43、
114、240、431、432、433、445、446、
448、449、450、453

Monthélie 蒙蝶利 363、371、374、378、
379、380、382、384、385

Morey St. Denis 莫瑞-圣丹尼（简称莫
瑞村）17、24、30、69、104、106、197、
261

Morgon 摩恭 16、88、480、486、488、498

Morillon 52、59

Moulin à Vent 风车磨坊 64、66、167、
190、469、474、480、481、482、484、
485、486、488、492、494、495、496、
498、499

Muscadet 56、60

N

Nadine Gublin（人名）393、394、496

Nature & progrès 128

Négociant（NE）葡萄酒酒商 86、104、228

Nevers 180

Nicolas Joly（人名）126

Nizerand 河 46

Noirien 52

Notre Dame de Tart 82、83

nouaison 结果 50

Nuits St. Georges 夜圣乔治 V、38、70、
88、90、107、190、235、283、293、
305、313、315、317、319、320、324、
327、354、450

O

Odena 村 490

OEnologue 116

OEno-Service 117

Oïdium 粉孢病 88

Oligocene 渐新世 28、315

Oolithe blanche 白色鱼卵状石灰岩 26、31

oolithe ferrugineuses 红色鱼卵状石灰岩 27、31

Orveaux 背斜谷 304、306

Ostrea acuminata 小型牡蛎 24、31

Ostrea virgula 小牡蛎 28、206

Oxfordien 27、334

P

Pagus Arebrignus 79

Paradis 164、165

Passe Tout Grains 233、311

Paul Masson（人名）66

Pernand-Vergelesses 佩南-维哲雷斯（简称佩南村）69、330、338、363

pépinière 葡萄育苗场 130

Petit Chablis 小夏布利 200、206、209、212、216、224

Petit Pontigny 83

Philippe de Rouvre 菲利普一世 83

Philippe Drouhin（人名）255

Philippe le Bon 菲利普三世 63

Philippe le Hardi 菲利普二世 52

Phylloxera 根瘤蚜虫病 33、64、131、134、190、202、295、423、432

Pièce 179、207

pied de cuve 158

pierre bleue 蓝岩 46、491

Pierre de Chassagne 夏山石灰岩 398

Pierre Masson 126

Pierreclos 村 458、471

pierres dorées 黄金石区 47

Pigeou 踩皮棍 160

Pineau 52

Pinot 52、56

Pinot Beurot 70

Pinot Blanc 白皮诺 56、70、193

Pinot Chardonnay 59

Pinot Droit 72

Pinot Gris 灰皮诺 56、70、193

Pinot Lièbault 56

Pinot Meunier 黑葡萄 56

Pinot Noir 黑皮诺 I、III、V、VIII、3、6、10、13、16、18、19、23、24、26、31、32、33、34、37、38、40、43、49、50、51、52、53、54、56、59、60、62、63、64、66、68、70、71、72、73、84、86、108、114、117、128、129、130、131、132、134、139、143、144、145、147、153、156、157、158、159、160、162、164、165、168、173、174、176、177、178、180、185、189、193、198、204、229、230、231、232、233、235、236、238、241、245、252、256、262、266、272、273、276、278、280、283、284、292、294、295、299、301、308、312、315、324、326、327、329、330、332、336、338、341、344、345、346、350、356、358、361、368、371、373、374、375、378、380、381、385、386、391、402、407、408、410、412、414、421、426、429、431、432、434、435、436、437、442、444、445、449、450、451、455、476、478、479、488、497、498

Pinot Teinturier 56

Pinotage 56

Plafond Limite de Classement（PLC）192

Poinchy 村 208、209、218、222

Pommard 玻玛 20、26、27、30、31、90、100、156、170、193、307、309、329、349、350、352、353、354、356、364、365、367、368、369、370、371、373、375、376、379

Pontigny 修道院 83、214、220、226

Portlandien 28、30、36、37、206、209、211、223

Pouilly-Fuissé 普依-富塞 45、108、145、168、190、193、194、454、456、458、459、460、461、462、463、464、466、467、469、470、471、472

Pouilly Fumée 198

Pouilly-Loché 普依-洛榭 454、464、465、472

Pouilly-Vinzelles 普依-凡列尔 127、454、459、463、464、465、472

Préhy 村 209、222、223、226

Prémeaux 普雷莫村 313、315、317、318、319、323、324

Première Cru 一级园 188、228

Première Cuvée 一级 188、266

Prince Conti 康帝王子 293

Prissé 村 459、466、467、470

provinage 压条式种法 295

Puligny-Montrachet 普里尼-蒙哈榭（简称普里尼村）13、26、30、40、62、143、330、384、395、396、405、408、419、460

Q

Quaternaire 新生代第四纪 28

Queue du Mâconnais 135

Quintaine 村 468、469、473

R

Rauracien 27、28、30、40、45、334

Régnié 黑尼耶 474、479、480、482、489、

490、497

Remond 桶厂 268、319

Repiquage 130

Rheingau 莱茵高 82

Rhion 河 342、343、345、347

Rhône-Alps 罗讷－阿尔卑斯区 45、456、
492

Rhône 罗讷县 45、492

Riparia 131、132

roche purrie 46、489

Nicolas Rolin 侯兰 86、108、109、349

Romanèche-Thorins 村 482、485、494、
495、498

Romorantin 60

rosé 粉红酒 162

rose de Prémeaux 普雷莫玫瑰石 24、31

Rouen 鲁昂市 102

Route des Grands Crus 特级园之路 244

Rudolf Steiner 121、122

Rully 胡利 20、42、43、106、431、432、
433、434、435、436、437、439、446、
449、450、452、453

Russilly 村 444

S

Sacy 60、71、153、193、204

saignée 流血法 171

Sainte Marie de la Blanche 361

Sampigny-lès-Maranges 427

Sancerre 桑塞尔 36、53、72、230、407、
415

Santenay 松特内 20、24、31、40、42、
103、135、294、312、392、410、418、
424、426、428、429、432

Saône et Loire 苏茵－卢瓦尔县 45、198、
424、432

Saône 苏茵河 43

Sauvignon blanc 长相思 36、72

Savigny-lès-Beaune 萨维尼（简称 Savigny
村）15、41、98、110、129、342、
343、344、345、346、347、352、355、
362

Seguin Moreau 182

sélection marssale 玛撒选种法 70、73、
130、131、295

Serein 西连溪 37、208

SGS OEnologie 117

SICAREX Beaujolais 研究中心 73

Signature et Domaines 482

Solutré 村 24、31、45、455、459、461、
463、466

St. Amour 圣艾姆 472、474、482、484、
492

St. Andoche 教会 81、336

St. Aubin 圣欧班 13、41、63、130、168、
395、398、400、408、412、416、419、
420、421、422、423

St. Bénigne 81

St. Bris 村 72、114、204、223、227、229、
230、232

St. Jean d'Ardières 村 482、494

St. Lager 村 490、492

St. Loup 修道院 81

St. Martin de Tour 教会 81

St. Martin Sous-Montaigu 村（简称 St.Martin
村）439、440、450

St. Romain 圣侯曼 195、364、378、381、
382、383

St. Sorlin 村 59

St. Vallerin 村 445

St. Véran 圣维宏 47、459、460、466、467、
469、470、472、492、499

St. Vivant de Vergy 修道院 82、293、296、
297

sur lie 培养 393

Sylvain Pitiot（人名）271

T

Tâcheron 葡萄工人 106

Tart-le-Haut 修道院 266

Terroir I, II, 81

Terroir et Talents 482

Terroirs Originels 482

Tertiaire 新生代第三纪 28

Tête de Cuvée 188、189、190、238、
266、293、313、350、386、400、426

Têtes de Cru 等级 470

Tonnerre 镇 202、231

Tournu 市 460

Trançais 180

Tressot 71、193、204

Trias 三叠纪岩层 23、31

Troisème Cuvée 三级 188

U

Uchizy 村 458、471

V

Valois 瓦洛王朝 83

Vaslin 榨汁机 149、391、392

VDP 196

VDQS 187、230

VDT 196

Vergisson 村 43、45、455、461、463、469、
470、471、472

Vergy 村 264

verjus 未成熟的葡萄 51

Verzé 村 458、460、473

Vieux Château 396

vigneron tractoriste 106

vigneron 葡萄农 106

Villefranche-sur-Saône 市 46

Villié-Morgon 村 488、489、494、495、496

Villy 209

vin de France 187、196

vin de goutte 自流酒 163

vin de gris 淡粉红酒 71

Vin de Pays 187

Vin de Pays de Sainte-Marie-la-Blanche 187

vin de press 压榨酒 163

Vin de Table 187

Vin naturel 自然酒 167

vinificateur 酿造者 94

Viré-Clessé 维列－克雷榭 454、459、460、468

viticulteur 种植者 94

Vivier 村 228

Volnay-Santenots 256、310、354、385、386、390、394、428

Volnay 渥尔内 20、26、27、30、31、40、84、90、128、190、282、329、350、352、355、364、365、368、371、373、374、375、378、379、380、384、385、386、390

Vosges 弗日 180

Vosne-Romanée 冯内－侯马内（简称冯内村）VIII、13、16、17、24、30、38、82、196、100、235、239、261、291、313、353、356、357、369

Vougeot 梧玖 262、272、285、289、291

Vouvray 121

Y

Yonne 53、198、202、229、232

Yve Herody（人名）138

A

A. et P. de Villaine 69、434、452

Alain Burguet 246、254

Alain Chavy 400、405

Alain Corcia 344、346

Alain Creussefond 381

Alain Gras 381、382、383

Alain Michelot 313、322

Albert Bichot 112、226、246、287、289、296、300、304、305、321、323、336、337、353、354、368、445

Albert Morot 353、362

Albert Pic 228

Aleth Girardin 368、370

Alex Gambal 353、358

Alice et Olivier de Moor 227

Amiot-Servelle 264、273、282、283

André Delorme 435

Anne & Hervé Sigault 283

Anne Gros 287、289、300、304、308、309

Anne-Françoise Gros 309、359

Antoine Jobard 392、393

Antoine Olivier 428、429

Antonin Guyon 344、347

Antonin Rodet 319、437、442、449

Arlaud 121、137、264、268、278

Armand Rousseau 89、245、246、248、252、258、264

Arnauld Ente 390

Arnoux-Lachaux 249、299、304、307

Aurélien Verdet 326、327

B

Bachelet-Ramonet 402、415

Bailly-Lapierre 114、232、233

Ballot-Minot 390

Baron Thénard 401、412

Bart 239、246、278

Baudet Frères 290

Benoît Droin 211、224

Bernard Morey 414、417、418

Bertagna 246、264、278、285、289、290

Berthaut 238、239

Bertheau 278

Bertrand Amboise 323

Billaud-Simon 223、319

Blain-Gagnard 415

Boisset 96、107、178、227、313、323、442、482

Bonneau du Martray 154、332、334、337、339、340

Bouard Bonnefoy 411

Bouchard Ainé 319

Bouchard P. & F.（Bouchard Père et Fils）86、93、95、97、99、100、129、155、296、336、337、349、350、353、352、354、355、398、401、402、403、434、486、498

Bret Brother 97、460、464、472

Brintet 442

Bruno Clair 236、239、240、246、252、278、337

Bruno Clavelier 128、307、336

Bruno Colin 414、415

Bruno Lorenzon 442、451、453

C

Caillot-Morey 402

Camille Giroud 353、358、359

Camus 245、249、250

Capitain Gagnerot 338

Castagnier 264

Cave Cooperative de Viré 468

Cave de Bel-Air 482

Cave de Buxy 113、114、446、449、453

Cave de Fleurie 482

Cave de Vigneron de Bully 482

Cave de Viré 114

Cave des Grands Crus Blanc 464

Cave du Château de Chénas 482、484

Caves des Hautes Côtes 113、114

Ch. Latour 308

Champy P. & Cie 93

Chandon de Brailles 336

Chanson P. & F.（Chanson Père et Fils）86、139、175、307、349、350、351、353、356、357、362、369

Chantal Lescure 321

Chantal Rémy 246、249、264、270、271

Chapuis 336

Charles Noëllat 310

Charles Vienot 319

Charlopin-Parizot 278、337

Château Bellevue 496、497

Château Cambon 496

Château de Beauregard 460、463、469

Château de Charmirey 442、449、451

Château de Fleurie 496

Château de la Chaize 490

Château de la Maltroye 416、417

Château de la Tour 285、287、290

Château de Maligny 225

Château de Meursault 385

Château de Monthélie 379、382、383

Château de Pierreux 490

Château de Pizay 498

Château de Pommard 370

Château de Poncié 498

Château de Puligny-Montrachet 376、398、406、407

Château de Rontets 460、463

Château de Rully 437

Château de Terrière 490

Château de Viviers 228、321

Château des Jacques 121、360、485、495

Château des Lumières 495、497

Château des Rontets 472

Château des Vinzelles 464

Château Fuissé 460、463、470、471、473

Château Grenouilles 114、115、212、214

Château Gris 315、321

Château Puligny-Montrachet 396

Château Thivin 491、499

Chevalier P. & F. 338、340

Chevrot et Fils 428

Christian Clerget 290、304

Christian Confuron 278

Christian Moreau 211、212、227

Christophe Pacalet 490

Christophe Roumier 101、102、104、105、248、283

Clair-Daü 236

Claude Dugat 89、96、100、101、137、178、249、250、252、255

Clos de la Roilette 488、498

Clos de Mez 166、488、497

Clos de Tart 266、270

Clos des Vignes du Maynes 460、473

Clos Frantin 354

Coche-Dury 89、100、154、337、391

Colin-Deleger 154、414、415

Collin-Bourisset 107、108

Collovray & Terrier 470

Comte Armand 100、126、321、323、365、368、369

Comte Georges de Vogüé 100、273、276、278、279、283、284

Confuron-Cotétidot 248、304、307、356、369

Corinne et Jean-Pierre Grossot 225

Cornu 336

Corton André 324

Coudray-Bizot 353

D

Daniel Bouland 489

Daniel Rion 289、323

Daniel, Julien et Martine Barraud 469

Daniel-Etienne Defaix 224

Daudet-Naudin 344

David Duband 326、327

Delagrnge-Bachelet 414

Denis Bachelet 252、254

Denis Mortet 236、246、252

Deux Montille 96、376

Didier Montchovet 326

Domaie Thénard 445

Domaine Adélie 445

Domaine Arlaud 128

Domaine Bart 236

Domaine Belleville 437、449

Domaine Chanzy 434、452

Domaine Chevrot 428

Domaine Chézeaux 250

Domaine Chignard 488

Domaine Chopin et Fils 324

Domaine Colinot 229、233

Domaine Comte Senard 341

Domaine Contat-Grangé 428

Domaine Cordier 463

Domaine Coudert 498

Domaine Courcel 307

Domaine d'Ardhuy 289、324

Domaine d'Auvenay 248、278、310、383、411

Domaine David-Beaupère 484

Domaine de Bellene 322、353、354

Domaine de Comte Liger-Belair 310

Domaine de Courcel 356、368、369

Domaine de la Bongran 460、468、469

Domaine de la Croix 353

Domaine de la Croix Sénaillet 460、467、470

Domaine de la Ferté 445、449

Domaine de la Folie 437

Domaine de la Grand Cour 488、495

Domaine de la Madone 488、497

Domaine de la Pousse d'Or 376

Domaine de la Romanée-Conti（DRC）
109、126、133、144、182、294、297、
300、301、304、305、310、311、312、
340、383、452

Domaine de la Sarazinière 460

Domaine de la Soufrandière 472

Domaine de la Terre Dorées 498

Domaine de la Vaugeraie 278

Domaine de la Vieille Eglise 496

Domaine de la Vougeraie 96、123、287、
289、319、321、323

Domaine de l'Arlot 299、317、319、320

Domaine de L'Eglantiére 225

Domaine de Montille 128、375、376、
377、406

Domaine de Montmain 326

Domaine de St. Ennemond 490

Domaine des Comtes Lafon 89、126、
154、385、393、394、401、460、471

Domaine des Croix 359

Domaine des Deux Roches 460、467、
470

Domaine des Héritiers du Comtes
Lafon 471

Domaine des Malandes 211、214、226

Domaine des Nugues 497

Domaine des Perdrix 317、322、323、
449

Domaine des Poncetys 467

Domaine des Rosiers 484

Domaine des Rouges Queues 428、429

Domaine des Varoilles 259

Domaine d'Eugénie 308

Domaine du Cellier aux Moines 444、445、
449

Domaine du Clos du Fief 484

Domaine du Clos Salomon 449

Domaine du Niagara 497

Domaine du Pavillon 354、368

Domaine du Vissoux 499

Domaine Dublère 353、358

Domaine Duc de Magenta 360

Domaine Dujac 157、173、245、246、
262、264、268、278、299、304、319

Domaine Forest 463

Domaine Gachot-Minot 324

Domaine Gagey 360

Domaine Gille 324

Domaine Guffens-Heynen 460、463、
471

Domaine Guilhem & Jean-Hugue
Goisot 232

Domaine Héritier Louis Jadot 360

Domaine Joblot 445

Domaine la Soufrandière 460、464

Domaine Labruyère 485、495

Domaine Leroy 126、262、299、310、
383

Domaine Les Roches Bleues 491

Domaine Marronniers 226

Domaine Métrat et Fils 488

Domaine Ninot 437

Domaine Nudant 338

Domaine Parent 368

Domaine Piron 489

Domaine Ponsot 68、69、89、155、
168、185、246、250、257、262、264、
266、270

Domaine Ragot 445、451

Domaine Ramonet 415

Domaine Rolland 494

Domaine Saumaize 463

Domaine Saumaize-Michelin 472

Domaine Trapet 126

Domaine Tripoz 464

Domaine Valette 460、462、473

Domaine Vincent Dureuil-Janthial 450

Dominique Laurent 94、256、276、320

Doudet-Naudin 346

Droin 143、212、214、224

Drouhin-Larose 278、287、289

Drouhin-Vaudon 211、224、357

Dubreuil-Fontaine 336、337、339、340

Dufouleur Frères 106、278

Dugat-Py 248、252、255

Dujac Fils & Père 268

Dupond-Tisserandot 336

Duvault-Blochet 294、312、428

E

Emile Cheysson 488

Emilian Gillet 469

Emmanuel Giboulot 353、358

Emmanuel Rouget 304、306、312

Eric Forest 470

Etienne Sauzat 396

F

Faiveley 94、112、129、206、223、246、
249、252、278、283、287、289、304、
317、319、320、336、337、402、439、
442

Fernand & Laurent Pillot 414

Ferret 360

Follin-Arbelet 299、336、338、341

Fontaine-Gagnard 154、401、402、408、
411、415、416

Fougeray de Beauclaire 278

Fourrier 250、252、256

François Carillon 396

François Feuillet 327

François Gay 345

François Jobard 392

François Lamarche 287、289、302、304、305、309、310

François Lumpp 445、449、451

François Mikulski 393、394

François Parent 309、353、359

François Raquillet 442、450、452

Frédéric Esmonin 248

Fréderic Magnien 96、248、269

G

Gagnard-Delagrange 415、416

Geantet-Pansiot 252、256

Georges Duboeuf 482、484、485、494、496

Georges Lignier 264、278

Georges Mugneret-Gibourg 304、311

Georges Roumier 102、266、273、278、283

Gérard Mouton 445、451

Gérard Raphet 264

Ghislaine Barthod 273、282

Gilles & Jean Lafouge 381

Gros Frère et Soeur 287、300、304、305、309

Guillemard-Clerc 402

Guillot-Broux 460、471

Guy Amiot 401、415

Guy Dufouleur 238

Guy Gastagnier 264

Guy Robin 212

Guy Roulot 390、394

H

Harmand-Geoffroy 246、257

Henri & Gilles Buisson 381

Henri Boillot 375、390、403

Henri de Villamont 305

Henri et Paul Jacqueson 437、450

Henri Fessy 361

Henri Gouges 89、138、313、320

Henrie de Villamont 344

Henry Fessy 482、494、496

Hervé Roumier 103、278

Hubert Lamy 133、411、422、423

Hubert Lapierre 484、496、498

Hubert Lignier 264、269

Hudelot-Noëllat 285、289、290、299、300

Huet 121

Huguenot Père & Fils 240

J

J.A. Ferret-Lorton 460、463

J.F. Mugnier 273、278、282

J.J. Vincent 460、471

Jacques Cacheux 304、307

Jacques Carillon 402、405、406

Jacques Gagnard-Delagrange 414

Jacques Germain 345

Jacques Prieur 245、246、250、276、278、289、336、394、400、401、495、496

Jacques-Frédéric Mugnier 282

Jacquesson 434

Jaffelin 319

Jayer-Gilles 304、326

Jeam-Marc Bouley 375

Jean Boillot 390

Jean Chartron 396、398、399、400、402、405

Jean Chauvenet 323

Jean Durup et Fils 206、225

Jean Féry 326、327

Jean Foillard 168、489、494、495

Jean Grivot 300、304、308

Jean Gros 309

Jean Paul Dubost 494

Jean-Claude Bessin 212、223、224

Jean-Claude Boisset 319

Jean-Claude Rateau 353

Jean-Jacques Confuron 289、299、319

Jean-Jacques Girard 344

Jean-Luc Dubois 345

Jean-Marc Blain-Gagnard 401、402、411

Jean-Marc Boillot 368、369、375、390、402

Jean-Marc Bouley 375、376、377

Jean-Marc Brocard 223、225

Jean-Marc Burgaud 489

Jean-Marc Millot 304

Jean-Marc Morey 414、416

Jean-Marc Pavelot 344、347

Jean-Marc Pillot 414、418

Jean-Michel Giboulot 344、346、347

Jean-Noël Gagnard 402、415、416

Jean-Paul & Benoît Droin 224

Jean-Paul Thévenet 168、489

Jean-Philippe Fichet 391

Jean-Pierre Diconne 381

Jean-Pierre Mugneret 305

Jean-Yve Bizot 304、307、357

Joesph Roty 250

Joseph Burrier 460

Joseph Drouhin 77、112、126、224、225、226、246、250、278、289、304、305、337、349、351、357、401、402

Julien et Martine Barraud 460、463

L

La Chablisienne 113、114、115、159、187、207、209、212、214、223

La Gibryotte 96、255

La Soufrandise 460、463

Laleure-Piot 356

Lamarosse 361

Lamy-Pillot 401、414

Laroche 82、97、178、211、225、226

Laroze de Drouhin 255

Laurent Cognard 448、450、451

Laurent Martray 497

Laurent Père & Fils 320

Laurent Ponsot 270、271

Laurent Roumier 103

Lecheneaut 264

Leflaive & Associés 406

Lequin-Roussot 103

Les Champs de L'Abbaye 442、449

Les Heritiers des Comtes Lafon 393

Lignier-Michelot 264

Long-Depaquit 212、214、225、226、228、354

Loron & Fils 460、482、491、496

Lou Dumont 255

Louis Boillot 282、375

Louis Carillon 405

Louis Jadot 96、145、162、246、249、252、278、287、289、304、336、337、349、351、355、359、360、398、470、485、496、497

Louis Latour 86、87、94、106、112、139、160、228、245、299、336、337、338、349、360、361、362、398、401、407、482、494

Louis Lequin 103、402

Louis Max 322、442

Louis Michel et Fils 185、211、212、214、226、227

Louis Moreau 97、227

Louis-Claude Desvignes 489、494

Loupé-Cholet 228、323、354

Lucian Boillot 282

Lucian Le Moine 96

Lucien Muzard 428、429

Lupé-Cholet 321

M

Maillard P. & F. 345

Maison Coquard 482

Maison Devillard 449

Maison Ilan 96

Maison Kerlann 361

Maison Leroy 296、383

Manoir de la Perrière 238、240

Marc Colin 401、402、414、416、422

Marc Morey 402、414、417

Marcel Lapierre 168、169、363、489、496

Marquis d'Angerville 89、374、375、376

Marquis de Laguiche 357、401、407

Maume 246

Maurice Ecard 344

Mazilly 326

Meix-Foulot 442

Méo-Camuzet 100、236、287、300、304、306、310、336

Méo-Camuzet F. & S. 96、238、311

Merlin 460、472

Michel Bouzereau 391

Michel Briday 437、449

Michel Colin-Deléger 400、414、416

Michel Gaunoux 336、368、370

Michel Gros 306、309

Michel Juillot 336、337、442、451

Michel Lafarge 126、375、376、377

Michel Magnien 96、264、269

Michel Mallard 338

Michel Morey-Coffinet 414、417

Michel Niellon 398、402、418

Michel Picard 408、442

Michel Prunier 381、382、383

Michel Voarick 337

Mischief & Mayhem 338、341

Mommessin 107、266、271、319、482

Mongeard-Mugneret 289、300、305、311

Monthelie Douhairet Porcheret 278、379

Morey Blanc 394

Morey-Coffinet 402、417

Mugneret-Gibourg 248

N

Naigeon 278

Naudin-Ferrand 326、327

Nicolas Potel 96、322、353、354

Nicolas Rossignol 375、377

Nudant 336

O

Olivier Bernstein 96、254

Olivier Guyot 236、240

Olivier Leflaive 97、394、396、398、402、406

P

P. Ferraud & Fils 482

Parize Père et Fils 445

Pascal Aufranc 484

Pascal Bouchard 223

Pascal Marchand 96、276、321、322、323、327、369

Pascal Pauget 460

Patrice & Micheèle Rion 323

Patrick Javillier 392

Paul et Eric Janin 485

Paul Garaudet 379、382、383

Paul Misset 287

Paul Pernot 396、402、406

Paul Pillot 414、418

Perrot-Minot 250、269、270、271

Philippe Charlopin 223、236、240、252、254

Philippe Colin 398、414、415

Philippe Garrey 442、450、452

Philippe Girard 344

Philippe Leclerc 256、257

Philippe Naddef 248

Philippe Pacalet 96、168、185、322、353、362、363、496

Philippe Prunier-Damy 381

Philippe Remy 310

Philippe Roty 258

Pierre Amiot 264、282

Pierre André 338

Pierre Damoy 246、249、255、270

Pierre Ferraud 494

Pierre Gelin 238、240、246

Pierre Marey 339

Pierre-Yve Colin-Morey 414、416

Pinson 211、227

Pousse d'Or 336、375、377

Prieuré-Roch 168、246、289、317、322、362

Prince Florent de Mérode 340

R

Rapet P. & F. 336、339、341

Raveneau 211、212、220、224、226、227、228

Raymond Bouland 489

Rebrousseau 246

Régis Bouvier 236

Régnard 228

Reine Pédauque 338

Rémi Jobard 392

Remoriquet 323

René Bouvier 236、259

René Engel 308

René Fleurot 401、428

René Leclerc 250、257

René Lequin-Colin 103、428

Richard Rottiers 226、485、498

Robert Ampeau 390

Robert Arnoux 307

Robert Chevillon 313、319、320、322

Robert Groffier 268、278

Robert-Denogent 460、463

Roger Belland 410、411、428

Roger Lassarat 463

Rossignol-Jeanniard 377

Rossignol-Trapet 245、249、257、259

Roux P. & F. 337

S

Samuel Billaud 223

Saumaize-Michelin 460、463

Séguin-Manuel 96、353、362

Sérafin 258

Servin 228

Simmonet-Febvre 361

Simom Bize 249、344

Simon Very 356

Stéphane Aladame 448、449

Sylvain Cathiard 299、307

Sylvain Pataille 236

Sylvie Esmonin 252、256

T

Taupenot-Merme 163、250、264、271

Theulot-Juillot 442、452

Thibault Liger-Belair 289、300、321、484

Thierry & Pascale Matrot 393

Thomas Morey 402、414、417

Tollot-Beaut 309、336、345、347

Tortochot 246、248、259

Trenel 482

V

Valette 168

Verget 97、460、471、473

Vignerons des Terres Secrètes 114、459、467

Villa Ponciago 97、98、355、488、498

Vincent & François Jouard 402

Vincent & Sophie Morey 417

Vincent Dancer 400、416

Vincent Dauvissat 211、214、223、224

Vincent Dureuil-Janthial 437

Vincent et Sophie Morey 402

Vincent Girardin 96、392、400、402、428

Vincent Lumpp 451

Vincent Morey 414

Vocoret et Fils 211、212、228

W

William Fèvre 97、98、211、212、214、216、225、227、231、355

A

Aux Boudots 313、315

Aux Bousselots 315

Aux Brûlées 13、16、306

Aux Chaignots 315、317、319

Aux Champ Perdrix 13

Aux Charmes 266、269

Aux Cheseaux 266、268

Aux Combottes 252、253

Aux Corvée 322

Aux Cras 315、350、352、361

Aux Dessus des Malconsorts 305

Aux Gravains 344、347

Aux Guettes 343、347

Aux Malconsorts 306

Aux Murgers 315

Aux Murs 461

Aux Perdrix 317、322

Aux Quarts 461

Aux Reignots 296、297、306、307

Aux Vergelesses 343

Aux Vignerondes 315、319

B

Basses Mourottes 333

Bâtard-Montrachet 巴塔−蒙哈榭 13、26、
32、40、108、196、310、311、319、
354、394、395、396、398、401、402、
406、407、408、411、412、416、417、
418、422、428

Beauregards 222、223

Beaurepaire 418、427、429

Beauroy 222、223、225、254

Bel-Air 252、254、497

Bienvenues-Bâtard-Montrachet 碧维妮−
巴塔−蒙哈榭 40、196、395、398、402、
404、405、406、407、418

Biéveaux 429

Birbette 472

Blanchot Dessus 412、415

Blanchot 布隆修 209、321、400

Bois de Chassagne 414

Bois Seguin 216、218

Bonnes-Mares 邦马尔 17、104、239、262、
266、278

Bourgogne Côte St. Jacques 71、231

Bourgogne Côtes d'Auxerre 200、231

Bourgogne Coulanges 231

Bourgos 布尔果 197、212、214、216、218、
223、225、228

Butteaux 220、226、227、228

C

Cellier aux Moines 444、446

Cent Vignes 109

Chambertin 香贝丹 24、241、245

Chambertin Clos de Bèze 香贝丹−贝泽园
246、319

Champ Canet 369、403、407

Champ de Cour 495

Champ Gain 306、403、405、421

Champagne 486

Champeaux 252、253、256、257

Champ-Fuillot 382

Champ-Martin 190

Champs de Cour 498

Champs Perdrix 240、302

Champs Pimont 352、356

Champs-Perdrix 240

Chapelle du Bois 480

Chapelle-Chambertin 夏贝尔−香贝丹
244、249、250、270、312

Chapitre 436、437、449、450

Charmes 278、355、386、389、391、393、
394

Charmes Dessous 386、402

Charmes Dessus 386

Charmes-Chambertin 夏姆−香贝丹 250、
268

Chatains 195、220

Château de Gevrey 哲维瑞城堡 81、82、
241、244、245

Château Gaillard 497

Château Poncié 486

Chaumes des Narvaux 30、386

Chenovre-Ermitage 107

Chevalier-Montrachet Demoiselles 361

Chevalier-Montrachet 歇瓦里耶−蒙哈榭
13、26、29、31、40、196、310、361、
394、398、401、410、412

Clavaillon 396、403、404

Climat du Val 381

Clos Berthet 339、340

Clos Blanc 365、390

Clos de Bèze 贝泽园 81、239、241、243、245、246、249、250、252、254、255、258、294、360

Clos de la Barre 374、385

Clos de la Bourdiotte 418

Clos de la Bousse d'Or 374、376

Clos de la Cave 375、377

Clos de la Cave des Ducs 374

Clos de la Chapelle 374

Clos de la Chapitre 238

Clos de la Commaraine 365

Clos de la Féguine 352

Clos de la Fortune 434

Clos de la Garenne 306、403、406

Clos de la Maréchale 283、315、317

Clos de la Mouchère 390、403

Clos de la Mousse 352、355

Clos de la Perrière 237、238、240、289

Clos de la Pucelle 402、405、407

Clos de la Roche 罗西庄园 24、31、32、69、108、197、240、258、261、262、264、266、268、269、270、310、321、327

Clos de la Ruchotte 248

Clos de la Servoisine 444、450

Clos de l'Arlot 315、317、319

Clos de Maltroie 412、417

Clos de Meix 340、341

Clos de Migraine 231

Clos de Monsieur Noly 461、473

Clos de Paradis 440

Clos de Remenot 449

Clos de Santenots 373、385

Clos de Tart 塔尔庄园 82、83、100、133、178、196、239、261、262、264、266、269、270、271、278

Clos de Tavannes 424、426、429

Clos de Varoilles 259

Clos de Vougeot 梧玖庄园 I、17、24、31、70、82、83、90、133、254、257、259、273、276、285、287、288、289、290、291、302、304、307、308、309、310、311、320、321、323、324、336、354、357、359、376、394、486

Clos des 60 Ourvées 374

Clos des Barraults 439、451

Clos des Chênes 26、31、355、373、374、375、376、379、380、393

Clos des Chevalier 398、399

Clos des Corvées 317、322

Clos des Ducs 27、30、374

Clos des Epeneaux 365、369

Clos des Féves 351、357、363

Clos des Forêts St. Georges 317、319

Clos des Hospices 211、227

Clos des Lambrays 兰贝雷庄园 195、262、264、266、269、271

Clos des Langres 324

Clos des Mariages 126

Clos des Mouches 350、351、352、357、358、362

Clos des Myglands 440

Clos des Neuf Journaux 299

Clos des Ormes 266、267

Clos des Perrières 386、389、392

Clos des Réas 292、306、309

Clos des Rocs 464

Clos des Thorins 190、495

Clos des Ursules 351、359、360

Clos du Cailleret 377、402

Clos du Chapitre 237、238、338

Clos du Château de la Maltroye 417

Clos du Château des Ducs 374、376

Clos du Fonteny 239

Clos du Grand Carquelin 495

Clos du Moulin 394、485、496

Clos du Moytan 299

Clos du Val 381、382

Clos du Villages 339

Clos Faubard 427、429

Clos Gauthey 382

Clos Jus 442、446、452

Clos La Bussiéres 266

Clos St. Landry 129、355

Clos Marcilly 440

Clos Napoléon 238、240

Clos Pitois 428

Clos Prieur 252、255、257、259

Clos Rouseau 427

Clos Salomon 190、444、445、453

Clos Sorbè 266、267

Clos St. Denis 圣丹尼庄园 24、31、240、254、259、261、262、264、267、268、269、270、282、290、359

Clos St. Jacques 189、239、242、252、253、256、258、360、437

Clos St. Jean 406、412、415、416、417、418

Clos Varambon 472

Cloux 293、437、450

Cloux des Cinq Journaux 293、297

Combe aux Moines 15、243、252、256、319、360

Comme Dessus 428

Corcelette 489、490、495

Corcoloin 193

Corton Vigne au Saint 359

Corton-Charlemagne 高登—查里曼 13、30、69、330、333、336、346、362

Corton-Vergennes 334、357

Corton 高登 197、235、333、334、336、341

Côte de Bréchain 218

Côte de Fontenay 216、218

Côte de Léchet 220、224、225、226、228、254

Côte du Moutier 229、233

Côte du Py 16、46、480、488、489、490、494、495、496、498

Crausot 445、451

Criots 400、423

Criots-Bâtard-Montrachet 克利优-巴塔-蒙哈榭 411、416

Cros Parentoux 306

D

Dents de Chien 399、401、411、412

Derrière Chez Edouard 423

Dine-Chien 218

Douby 488、494

E

Echézeaux du Bas 304、305

Echézeaux du Dessus 304

Echézeaux-En Orveaux 254

Echézeaux 埃雪索 16、90、133、190、254、268、290、293、302、304、305、306、307、308、309、310、311、312、319、320、322、323、327、354、355、357、359、426

En Champ 257、374

En Champans 373、374

En Charlemagne 332、333、337

En Choué 444

En Cras Long 444

En Crèches 467

En Genèt 109

En la Rue de Vergy 239

En Naget 338

En Orveaux 306、307

en Papellet 495

En Paradis 天堂园 482

En Remilly 400、412、420、421

En Sazenay 440、449

Epenot 26、31、365

F

Fourchaume 37、209、216、218、223、224、225、226

G

Grand Clos de Rochegrès 495

Grand Clos Rousseau 427

Grand Cras 488、489、498

Grand Echézeaux 大埃雪索 24、31、197、287、293、302、304、305、308、309、311、354、357

Grand Maupertui 287

Grenouilles 格内尔 114、115、212、214、223、224、228

Grésigny 437、449、450

Gréves Vignes de L'Enfant Jésus 351

Grille-Midi 480、499

Griotte 257

Griotte-Chambertin 吉优特-香贝丹 250、270

H

Hameau de Blagny 403、407

Hautes Mourottes 333、337

I

Ile des Vergelesses 339、343、346

L

La Boudriotte 410、412、415、416、418

La Cailloute 439、452

La Chaînette 231

La Chapelle des Bois 486

La Chapelle Vaupelteigne 209、216、218

La Chassière 440、450

La Chatenière 416、422

La Combe d'Orveau 15、195、276、278、280、308

La Comme 426、428

La Corvée 338

La Côte 470

La Côte Rôtie 467

La Croix 462

La Croix Rameau 306、309

La Dominode 347

La Ferme Couverte 216、218

La Folie 疯迷园 484

La Fussière 424、427、428

La Garenne 369、403、406、407

La Grand Montagne 414、416、418

La Grande Berge 444、451、452

La Grande Chatelaine 358

La Grande Côte 216、218

La Grand Rue 大道园 195、293、294、302、304、309

La Grange Charton 107

La Jacquelotte 403

La Jeunellotte 386、389

La Justice 38、241、243、254

La Madone 486

La Maladière 427

La Maréchaude 338

La Mission 440、442

La Moutonne 79、83、214、224、226

La Pièce sous le Bois 389、393

La Pucelle 436、437、449

La Reserve 498

La Richemone 315、322、327

La Riolette 480、486、498

La Riotte 266、269

La Roche Muriers 498

La Rochelle 482、485

La Romanée 侯马内 24、31、252、259、295、412、414、416、417、418

La Tâche 塔须 13、88、106、143、291、293、294、295、296、299、301、302、304、306、310、311

La Tout de Bief 499

La Truffière 403

La Verchère 469

La Vieille Plante 83

La Vigne au Saint 336、362

La Vigne Blanche 289

L'Ardillier 216、218

Latricières-Chambertin 拉提歇尔−香贝丹 244、246、248、262、270、307、310、319、327

Lavaux 245、246、252、253、255、257、258、259、360

Le Cailleret 396、402

Le Carquelin 485

Le Charlemagne 332、333、337、341

Le Charmois 420、422

Le Clos 461、463、470、471、473

Le Clos Blanc 289

Le Clos du Moulin 496

Le Clos du Roi 312、323、324、331、333、336、340、341、347、361、376

Le Clos du Roy 440、449

Le Clos l'Evêque 440、449

Le Cloux 448

Le Clou des Chênes 379、382

Le Corton 333、334、336、337、355

Le Croix Moines 426、427、428

Le Garrand 480

Le Grand Bussière 467

Le Haut de Crays 472

Le Plan 462、463、470

Le Point du Jour 480、486

Le Poissenot 257

Le Porusot 355、386、389、392、394、406

Le Py 489

Le Rognet 331、333、334、337、340

Le Rontets 462、472

Le Tesson 386、391

Le Trézin 396

Le Vieux Château 446

Le Villages 373

Le Vivier 480、486

Les Amoureuses 102、104、272、278、282、284、377

Les Angles 282、373、375、377

Les Arvelets 238、240

Les Barreaux 16、308

Les Baudes 280、284、360

Les Baudines 414、418

Les Beaux Monts 268、304、306

Les Bertin 368

Les Beugnons 195、220

Les Bondues 412

Les Borniques 276、278、321

Les Bouchères 386、389、394

Les Boucherottes 26、352、359

Les Bressandes 109、197、312、331、333、336、340、341、346、347、351、356、357、359、361、362、363、376、394

Les Brouillards 373

Les Brûlés 463、471

Les Buis 470

Les Caillerets 27、30、190、374、375、376、385、391、394、398

Les Cailles 229、233、313、315、316、317、319、322

Les Cailloux 437、449

Les Capitains 484

Les Casse Têtes 386

Les Caves 482、485

Les Cazetiers 239、252、258、360

Les Chabiots 262

Les Chaboef 315

Les Chaffots 266、267

Les Chalumaux 403

Les Champelots 13、416

Les Champs Fuillot 379、380、382

Les Champs Gain 414、415、417、423

Les Champs Martin 439、440、449、452

Les Champs Pimont 350、362

Les Chaniots 446

Les Chapelots 218

Les Charmes 270、276、282、283、376、384、386、389、402、488、489

Les Charmots 368、370、390

Les Chataignier 463

Les Chatelots 278、283

Les Chaumées 370、412、415、417、422

Les Chaumes 306、308、309、310、323、332、347、361

Les Chenevottes 408、410、412、415、416、417、418、423

Les Chevalières 386、391

Les Chières 484

Les Clos 克罗 13、211、214、218、223、224、225、226、227、228

Les Clous 327、386

Les Coères 446、448

Les Combes 336、416、422

Les Combettes 15、360、402、404、405、406、462、471

Les Combins 439、451、452

Les Combottes 104、257、262、280、283

Les Commes 412

Les Corbeaux 246、252、257

Les Corbins 385

Les Couvertes 216、218

Les Crais 347

Les Cras 104、280、282、283、385、467、470、472

Les Crâs 289、290、323

Les Crays 463、469、470、471

Les Crêts 440

Les Croichots 439

Les Crots 315、316

Les Crouts 304

Les Croux 461、471

Les Damodes 315、319、327

Les Demoiselles 小姐园 143、398、402、404、415、416

Les Didiers 107、317、320

Les Dressoles 386

Les Duresses 379、380、382

Les Embazées 414

Les Enseignères 396

Les Epenots 365、368、370

Les Faconnières 266

Les Fairendes 414

Les Feusselottes 256、278、280、282、360、376

Les Fèves 190、350、351、363

Les Fichots 339、341、347、356、377

Les Folatières 269、360、403、404、405、406、407

Les Forêts 220、223、224、226、228、322

Les Fourneaux 209、220、225、427

Les Fremiers 282、368、369、375

Les Frémiets 373、375、390

Les Frionnes 422、423

Les Froichots 262

Les Fuées 104、276、278、280、282、284、360

Les Garants 486

Les Garrand 486

Les Gaudichots 301、302、306

Les Genevrières 384、386、389、390、391、392、393、394

Les Genevrières Dessus 389

Les Goulots 256、269

Les Gouttes d'Or 355、386、389、390、393、394

Les Grand Ruchottes 414

Les Grands Champs 271、373

Les Grands Epenots 365、368

Les Grands Ruchottes 412

Les Grands Vignes 315

Les Grasses Têtes 239

Les Gravières 376、424、426

Les Gréchons 338、340

Les Grèves 26、31、109、190、336、341、347、350、351、352、354、356、359、361

Les Griottes 499

Les Gruenchers 280、283

Les Guérats 338

Les Gueules de Loup 233

Les Hauts Marconnets 344、356

Les Hauts Doix 278

Les Hauts du Py 498

Les Hauts Jarrons 344、360

Les Hauts Prulières 316

Les Hervelets 238、240

Les Isart 463

Les Jarolières 368、377

Les Jarrons 344

Les Labourons 486

Les Languettes 333、336

Les Larrets 266

Les Lavières 343、344、346、360

Les Limozin 389

Les Loups 266

Les Lys 13、195、207、220、224、225、226

Les Macoeurs 449

Les Malconsorts 290、315

Les Malpoiriers 386

Les Marconnets 350、351、352、355、362

Les Maroques 448

Les Mazelots 229、233

Les Meix 338

Les Meix Chaux 386

Les Ménétrières 463、470

Les Micouds 488

Les Mitans 373、375、376

Les Mochamps 262

Les Montaigus 440

Les Moriers 480、486

Les Mouilles 484

Les Murée 412

Les Mures 464

Les Murgers des Dents de Chien 420、421、423

Les Musigny 大蜜思妮 276

Les Narvaux 194、386

Les Naugues 440

Les Noirot 268、280、283

Les Pas de chat 104

Les Paulands 336、338

Les Perrières 16、27、30、70、190、315、316、319、336、341、361、376、384、386、389、390、392、394、403、405、407、470

Les Perrières Dessous 386

Les Perrières Dessus 386

Les Petaux 464

Les Petits Epenots 365

Les Petits Monts 306、308、312

Les Petits Musigny 小蜜思妮 276

Les Petits Vougeots 289、290

Les Peuillets 344、346、347、354

Les Pézerolles 355、359、368、376、390

Les Pierres Blanches 358

Les Pitures 373、375

Les Places 414

Les Plants 280

Les Plures 385

Les Poirets（Les Porrets）316

Les Pougets 333、336、337、341、361

Les Poulaillères 304

Les Poulettes 316

Les Premières 262

Les Preuses 214

Les Pruliers 316、317、320

Les Pucelles 396、402、403

Les Quarts 464、465、472

Les Quatiers de Nuits 304

Les Quatre Chemins 216、218

Les Quatre Journaux 299

Les Raclets 486

Les Ravelles 389

Les Rébichets 412

Les Referts 360、369、402、405、407

Les Renardes 324、331、336、347

Les Riceys 204

Les Rochats 467、470

Les Rouges du Bas 302、304

Les Rouges du Dessus 306

Les Rougiens 368、370、376

Les Ruchots 262、266、268

Les Ruelles 440、449

Les Rugiens 27、30、365、368、370、373

Les Rugiens Bas 368

Les Rugiens Hauts 368

Les Santenots 374

Les Santenots du Milieu 373、385

Les Sentier 283、284

Les Sept Vignes 499

Les Sétilles 406

Les Souchots 290、293、299、306、307、308、309、310、311

Les St. Georges 190、313、315、316、317、319

Les Terres Blanches 315、320、322、323

Les Terres Noires 470

Les Teurons 109、350、351、352、354、355、362

Les Tillets 386、389

Les Treux 304

Les Varoilles 252、253

Les Vaucrains 313、315、319、320、322

Les Vaupulans 218

Les Velley 440、452

Les Verchères 461

Les Vercots 338、341

Les Vergelesses 194、339、340、341、356、362、390

Les Vergers 408、412、415、417、418、422

Les Vériats 482

Les Vernays 462

Les Véroilles 104、280、282、300

Les Vignes Blanches 461、463

Les Vignes Franches 350、352

Les Vireuils 13、386

L'Homme Mort 216、218、225

Longeroies 236、239

L'Ormeau 373

M

Mâcon-Verzé 405

Margotés 437

Mazis Bas 246

Mazis Haut 246

Mazis-Chambertin 马立-香贝丹 108、244、246、307、310、319、426

Mazoyères-Chambertin 马索耶尔-香贝丹 104、244、250、266、270、271、327

Meix Cadot 450

Meursault Les Perrières 390、391、393、394、398、406、416

Les Milandes 266、269、283

Molesme 437

Mont de Milieu 37、218、220、223、224、225、226、227、228

Mont Luisant 68、266

Mont Palais 437

Montcuchot 446

Montée de Tonnerre 37、74、218、223、224、225、226、227、228

Montiotes Hautes 287

Montmains 220、222、223、224、225、226、227、228

Montrachet Aîné 401

Montrachet 蒙哈榭 13、26、29、32、40、94、196、270、311、330、354、357、393、394、395、398、399、400、401、402、403、408、410、412、415、418、421、422、428、445

Monts Luisants 69、262、266、270

Musigny Blanc 276

Musigny 蜜思妮 17、24、31、90、96、104、195、196、245、255、272、273、276、278、279、282、283、284、287、289、291、309、319、323、334、357、359、394

P

Palotte 229、233

Petite Chapelle 239、252、255、257、259

Pied d'Aloup 218

Pierre Folle 472

Poncié 190、480、486

Pouture 27、31

Préau 382、436、437

Preuses 普尔日 212、214、218、223、224、225、226、228

R

Rabourcé 436、437、449

Raclot 437

Richebourg 李奇堡 16、24、31、82、170、196、290、291、293、294、295、297、299、300、306、308、309、310、311、321、354、359

Roche Noire 495

Roch-Gré 482、485

Romanée St. Vivant 侯马内-圣维冯、38、82、291、297、319、341

Romanée-Conti 侯马内-康帝 24、30、31、38、121、130、291、293、402

Roncière 308、316

Ruchottes Dessus 248

Ruchottes-Chambertin 乎修特-香贝丹 102、104、248、253、283、311

Rue de Vergy 30

S

Sécher（Séchet）195、220、223、224

Sentenots Blancs 385

Sentenots Dessous 385

Servoisine 444

Sous Blagny 389

Sous Frétille 339、340、341、346、347、356

Sous la Roche 429

Sous le Dos d'Ane 389、405

Sous le Puits 13、30、405

Sur La Roche 463、471

Sur la Velle 379、382、392

Sur le Sentierdu Clou 422

T

Taille Pieds 373、374、375、376、377

Tête du Clos 414、416

Tillier 470

Tournant de Pouilly 470

V

Vaillons 195、220、223、224、225、226、227、228

Valmur 瓦密尔 114、212、214、223、224、225、227、228

Vau de Vey 209、222、225、226

Vau Ligneau 222

Vaucoupin 15、209、212、220、223、224、225、228

Vaudésir 渥玳日尔 15、212

Vaulignot 227

Vaulorent 13、15、139、212、216、218、225

Vaupulent 216、218

Vers Cras 463、469

Vers Pouilly 463

Vide Bourse 412、417

Vignes Blanche 414

Vignes de L'Enfant Jésus 352

Vosgros 222、224

Z

Zaccharie 499